누구나 합격할 수 있는 방법,
동일출판사와 함께 하는 것.

54년간 전기만을 연구해 온 최고의 집필진이 만든책!
동일출판사와 함께 합격의 기쁨을 누리시길 기원합니다.

수험서의 기준을 만듭니다.
합격을 위한 지름길을 안내합니다.
전·현직 전기인들이 가장 선호하는 수험서로 인정받았으며,
최다 누적 판매와 최다 합격자 배출의 기록을 자랑하고 있습니다.
동일출판사의 핵심은 다년간 축적된 노하우에 있습니다.
수험 과목의 핵심 개념을 명확하고 효과적으로 전달하며,
풍부한 예제와 실전 모의고사로 실력을 향상시킬 수 있는
최상의 환경을 제공합니다.
동일출판사와 함께라면 수험 고난의 시련을 극복하고
합격의 문을 두드릴 수 있습니다.
지금 동일출판사를 통해 성공적인 미래를 준비하세요.

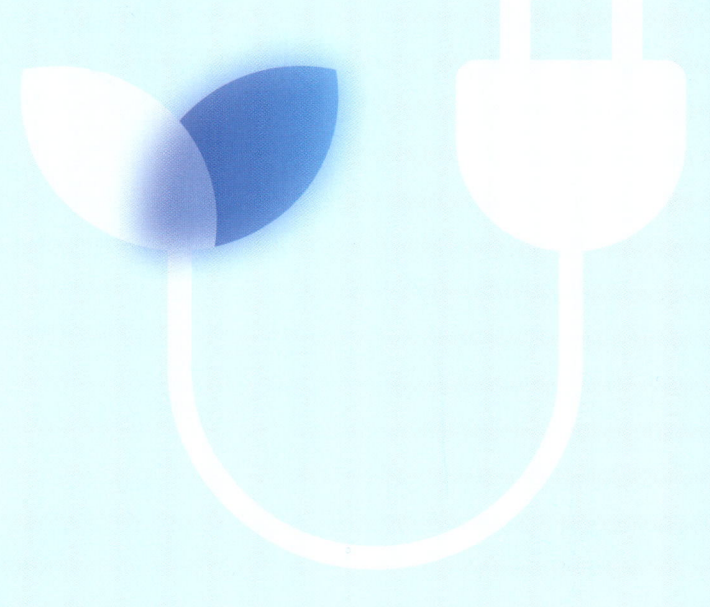

d 동일출판사

무료 강의 제공

회원가입만으로 무료 강의 동영상을 제한 없이 이용할 수 있습니다.

도서 구입만으로 무료강의까지! 합격하는 날까지 평생무료!
동일출판사 홈페이지 또는 ▶ YouTube 에서도 시청 가능합니다.

무료제공 동영상 강의목록

전기기사(산업기사) 이론	필기	전기자기 / 회로이론 / 전기기기 / 전력공학 제어공학 / 전기응용 공사재료 / 전기설비기술기준
	실기	전기설비설계 / 전기설비작업 전기설비의 운영관리 및 유지보수 시험점검 전기설비유지보수 및 점검 / 테이블스팩 / 감리
전기기사(산업기사) 기출문제 풀이	필기 기출문제 2007년 ~ 2025년	
	실기 기출문제 2014년 ~ 2025년	
전기기능사 이론	전기이론 / 전기기기 / 전기설비	
전기기능사 기출문제 풀이	필기 기출문제 2015년 ~ 2025년 (전기이론 / 전기기기)	

학습센터운영

홈페이지를 통한 학습센터를 운영하여
학습에 부족함이 없도록 지원합니다.

동영상강의 / 핵심요점정리 / 질문게시판 / 정오 및 자료실
회원가입만으로 무료로 이용가능합니다.

전기기사 필기

전기기사 필기 기본서 전기기사시리즈

전기자기 / 회로이론 / 전기기기 / 전력공학 / 제어공학 / 전기응용 공사재료 / 전기설비기술기준

`이론`　`기출문제`

51년간 과년도 및 복원문제를 완석분석하여 CBT시험에 완벽대비
어떠한 문제유형에도 대응이 가능하도록 핵심 유사문제 수록
10년간 과년도 및 복원문제 풀이 동영상 제공

기출문제 + 동영상강의
20년간 전기기사 필기
20년간 전기산업기사 필기

`기출문제`

20년간 기출문제 수록
19년간 과년도 및 복원문제 풀이 동영상 제공
가장 많은 문제를 수록하여
CBT시험에 대응할 수 있도록 구성

답이보인다 30일 단기완성
전기기사 · 산업기사 필기
전기공사기사 · 산업기사 필기

`이론`　`기출문제`

51년간 과년도 및 복원문제를 완전분석, 이론과 함께 수록
5년간 과년도 및 복원문제 수록
전기기사 · 전기산업기사 풀이 동영상 제공

과년도 문제 중심의
완벽대비 전기기사 필기
완벽대비 전기산업기사 필기

`이론` `기출문제`

28년간 과년도 및 복원문제를 엄선, 이론과 함께 수록
10년간 과년도 및 복원문제 수록, 풀이 동영상 제공

과년도 문제 중심의
완벽대비 전기공사기사 필기
완벽대비 전기공사산업기사 필기

`이론` `기출문제`

28년간 과년도 및 복원문제를 엄선, 이론과 함께 수록
10년간 과년도 및 복원문제 수록

최근 7년 과년도 문제
핵심 전기기사 필기
핵심 전기산업기사 필기

`이론` `기출문제`

과목별 핵심요점 및 문제
최근 7년 과년도 및 복원문제
과년도 및 복원문제 무료 동영상 제공

전기기사 실기

기출문제 + 동영상강의
30년간 전기기사 실기

`기출문제`

30년간 기출문제 수록
9년간 과년도 및 복원문제 풀이 동영상 제공

기출문제 + 동영상강의
30년간 전기산업기사 실기

`기출문제`

30년간 기출문제 수록
9년간 과년도 및 복원문제 풀이 동영상 제공

답이보인다 30일 단기완성
전기기사 · 산업기사 실기

`이론` `기출문제`

38년간 출제된 과년도 및 복원문제를 완전분석하여 이론과 함께 수록
15년간 과년도 및 복원문제를 연도별로 수록
9년간 과년도 및 복원문제 풀이 동영상 제공

답이보인다 30일 단기완성
전기공사기사 · 산업기사 실기

`이론` `기출문제`

38년간 출제된 과년도 및 복원문제를 완전분석하여 이론과 함께 수록
15년간 과년도 및 복원문제를 연도별로 수록

전기기능사 필기

CBT 완벽대비 전기기능사 필기

이론 **기출문제**

시험에 반복적으로 나오는내용을 과목별로 정리
출제되었던 과년도 및 복원문제를 완전분석하여 내용별로 수록
과년도 및 복원문제 풀이 동영상 제공[전기이론, 전기기기]

무료동영상의 전기기능사 필기

이론 **기출문제**

본문내용 전체를 무료 동영상 강의로 완벽 제공
(핵심요점정리 + 핵심예제 +출제예상문제)
8년간 과년도 및 복원문제 수록
과년도 및 복원문제 풀이 동영상 제공[전기이론, 전기기기]

새로운 출제기준에 따른 전기기능사 필기

이론 **기출문제**

상세한 이론, 기능사 필기의 바이블
10년간 과년도 및 복원문제 수록
출제기준에 따른 과목별 내용과 출제예상문제 수록
과년도 및 복원문제 풀이 동영상 제공[전기이론, 전기기기]

합격을 위한 지름길

동일출판사의 베스트셀러 수험서

기능장

신재생

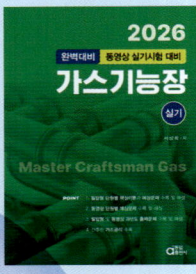

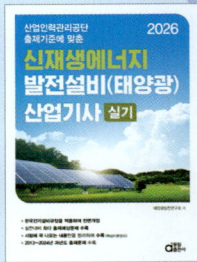

에너지관리

소방

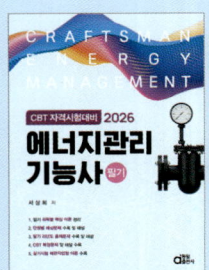

2026

CBT 완벽대비
전기기능사
필기

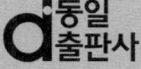동일
출판사

CBT 안내

CBT | 컴퓨터를 이용하여 시험을 평가(testing)하는 것으로 일반적으로 문서를 이용한 시험을 PBT(Paper Based Testing)라 하고 컴퓨터를 이용하는 시험은 CBT(Computer Based Testing)라 한다. Q-net 홈페이지에서 CBT 무료체험이 가능합니다. https://www.q-net.or.kr/

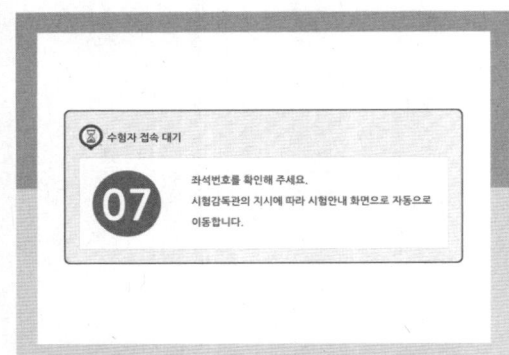

Step 1

좌석번호 확인

수험자에게 배정된 좌석을 확인합니다.

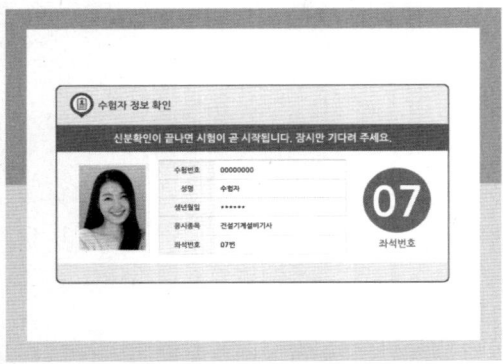

Step 2

수험자 정보 확인

좌석번호에 알맞게 앉아 있으면
신분확인 절차가 진행됩니다.

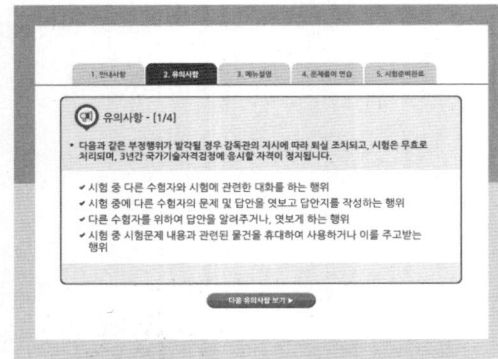

Step 3

안내사항 및 유의사항 확인

시험 시작전 CBT 시험 안내사항 및 유의사항,
메뉴설정 등을 주의깊게 살펴보며 시험 시작 후에
당황하는 일이 없도록 합니다.

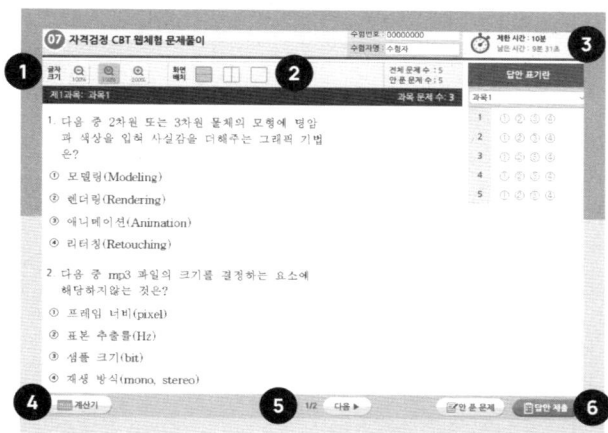

Step 4

시험창 도구설명

❶ 글자크기 조정 100%, 150%, 200%
   순으로 글자크기를 조정
❷ 시험창을 1단 또는 2단으로
   볼 수 있는 버튼
❸ 제한시간 + 남은시간 확인
❹ 계산기
❺ 다음페이지로 가는 버튼
❻ 답안제출 + 안푼문제

Step 5

답안작성 후 확인

❶ 문제의 보기번호 또는 답안표기란을
   클릭하면 답이 체크됩니다.
   수정 또한 같은 방법으로 번호를
   클릭하면 수정이 됩니다.

❷ 안 푼 문제 – 문제를 모두 작성한 후
   '안 푼 문제'버튼을 클릭하여
   풀지못한 문제가 있는지 검토합니다.

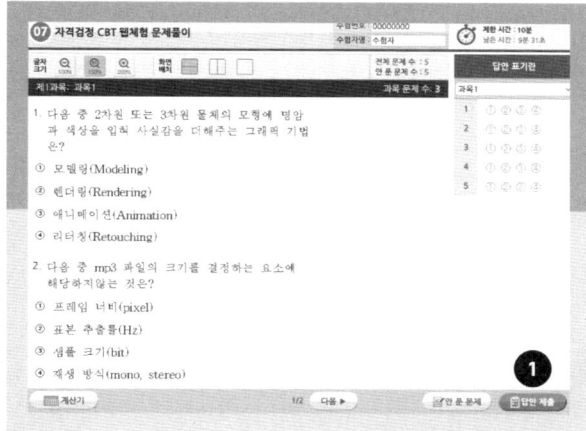

Step 6

답안제출

❶ 문제를 모두 작성한 후 '답안제출'버튼을
   눌러 제출합니다. 시험시간이 모두
   경과되면 자동적으로 종료되므로
   시간배분을 잘해야하며, 시험결과는 바로
   확인할 수 있습니다.

차례

2과목 전기기기

3과목 전기설비

CONTENTS

2021~2025년 CBT 복원문제

동일출판사 홈페이지 및 YouTube에서 무료동영상 강의(전기이론, 전기기기 해설)를 보실 수 있습니다.

2021~2025년(최근 5년) CBT 복원문제

Craftsman Electricity

1과목

전기이론

01 정전기와 콘덴서

< 1. 전기의 본질

1) 원자

① 양자는 (+) 전기, 전자는 (−) 전기를 가지고 있으며, 같은 종류의 전기를 가진 것은 서로 반발하고 다른 종류의 전기를 가진 것은 서로 흡인한다.

② 양성자와 전자가 지니는 전기의 절대량은 각각 절대값으로 1.60219×10^{-19}[C]을 가지고 있다.

③ 전자의 질량은 9.10955×10^{-31}[kg]이고, 양자는 전자보다는 매우 무거운 1.67261×10^{-27}[kg]이며, 전자의 약 1,840배가 된다.

2) 도체와 부도체

(1) 도체(conductor)

① 전하가 통하기 쉬운 물질(금속, 염류, 산류, 알칼리류의 수용액, 인체 등)

② 전류를 흘릴 수 있는 물질로 고유저항이 작다.

③ 전자가 원자와 원자 사이를 자유롭게 이동할 수 있는 자유전자를 가지고 있다.

(2) 부도체(non-conductor)

① 전하가 통하기 힘든 물질(공기, 에보나이트, 유리, 고무, 비닐, 플라스틱 등)

② 원자핵과 전자결합이 강하여 자유전자가 없다.

(3) 반도체(semi-conductor)

① 저온에서는 전류가 흐르기 힘들어 절연체와 같지만, 온도가 높아지면 도체와 같이 전류가 흐르기 쉬운 물질

② N(Negative)형 반도체 :
4족 원소(규소(Si), 게르마늄(Ge))
+ 5족 원소(인(P), 비소(As), 안티몬(Sb))

③ P(Positive)형 반도체 :
4족 원소(규소(Si), 게르마늄(Ge))
+ 3족 원소(붕소(B), 갈륨(Ga), 인듐(In))

(4) 단위의 승수

p 피코(pico)	10^{-12} = 0.000 000 000 001
n 나노(nano)	10^{-9} = 0.000 000 001
μ 마이크로(micro)	10^{-6} = 0.000 001
m 밀리(mili)	10^{-3} = 0.001
c 센티(centi)	10^{-2} = 0.01
d 데시(deci)	10^{-1} = 0.1
k 킬로(kilo)	10^{3} = 1 000
M 메가(mega)	10^{6} = 1 000 000
G 기가(giga)	10^{9} = 1 000 000 000
T 테라(tera)	10^{12} = 1 000 000 000 000

(5) 그리스 문자

A α 알파(alpha)	N ν 뉴(nu)
B β 베타(beta)	Ξ ξ 크사이(xi)
Γ γ 감마(gamma)	O o 오미크론(omicron)
Δ δ 델타(delta)	Π π 파이(pi)
E ε 입실론(epsilon)	P ρ 로(rho)
Z ζ 제타(zeta)	Σ σ 시그마(sigma)
H η 에타(eta)	T τ 타우(tau)
Θ θ 세타(theta)	Y υ 입실론(upsilon)

I ι 요타(iota)	Φ ϕ 파이(phi)
K κ 카파(kappa)	X χ 카이(chi)
Λ λ 람다(lambda)	Ψ ψ 프사이(psi)
M μ 뮤(mu)	Ω ω 오메가(omega)

2. 정전기의 성질 및 특수현상

1) 정전기현상

(1) 대전(electrification)
  ① 대전 : 절연체의 마찰에 의해 물체가 전기를 띠는 현상
  ② 대전체(electric body) : 대전된 물체를 대전체
  ③ 전하(electric charge) : 대전에 의해서 물체가 띠고 있는 전기

(2) 정전 유도
  대전하지 않은 물체에 대전체를 가까이 하면 대전체의 가까운 끝에는 대전체와는 다른 종류의 전하가 모이고, 먼 끝에는 같은 종류의 전하가 나타나는 현상

2) 정전기의 특성

(1) 전기력선
  전계 내에서 단위전하 +1[C]이 아무 저항없이 전기력에 따라 이동할 때 그려지는 가상선

(2) 전기력선의 성질
  ① 전기력선은 정전하에서 출발하여 부전하에서 멈추거나 무한원까지 퍼진다.
  ② 전기력선상의 임의의 한 점에서의 접선 방향은 그 점의 전계의 방향을 나타낸다. 즉, 전기력선의 방향은 전계의 방향과 일치한다.
  ③ 전기력선 밀도는 전계의 세기와 같다.

④ 전기력선은 서로 교차하지 않으며, 전하가 없는 곳에서는 전기력선의 발생과 소멸이 없고 연속적이다.
⑤ 전기력선은 전위가 높은 곳에서 낮은 곳으로 향한다.
⑥ 전기력선은 등전위면과 직교한다.

3. 콘덴서

1) 콘덴서의 연결방법과 용량계산

(1) 정전 용량(electrostatic capacity, 커패시턴스)
  도체의 전위 V와 전하 Q의 일정한 비례상수

  $$Q = CV[\text{C}]$$

  여기서, Q : 전기량[C]
  C : 정전 용량[F]
  V : 전위[V]

  ① **구 도체의 정전 용량**

  $$C = \frac{Q}{V} = 4\pi\epsilon_0 a[\text{F}]$$

  여기서, Q : 전하량[C]
  ϵ_0 : 진공중의 유전율[F/m]
  a : 구의 반지름[m]

  ② **평행판 도체의 정전 용량**

  $$C = \frac{\epsilon_0}{d}S[\text{F}]$$

  여기서, C : 평행판 전극 간의 정전 용량[F]
  S : 전극 면적[m²]
  d : 전극간 거리[m]

(2) 정전용량의 접속
  ① **병렬접속** : 저항의 직렬접속과 같은 형식으로 계산

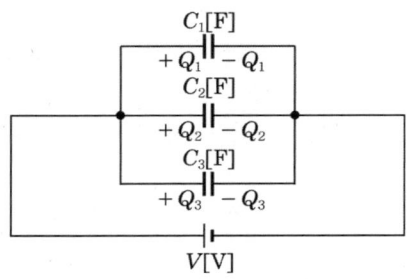

합성 정전 용량

$$C = C_1 + C_2 + C_3 + \cdots\cdots + C_n$$

② **직렬접속** : 저항의 병렬접속 시와 같이 계산

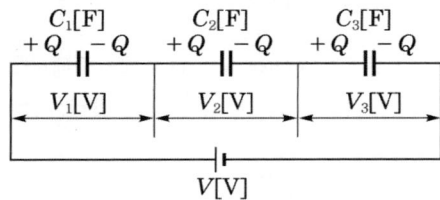

합성정전용량

$$C = \cfrac{1}{\cfrac{1}{C_1} + \cfrac{1}{C_2} + \cfrac{1}{C_3} + \cdots\cdots + \cfrac{1}{C_n}}$$

2) 정전에너지

(1) 콘덴서에 저축되는 에너지

$$W = \frac{1}{2} VQ = \frac{1}{2} CV^2 [\text{J}]$$

여기서, C : 정전 용량[F]

Q : 전기량[C]

V : 전위차[V]

(2) 정전에너지 밀도

$$w = \frac{1}{2} DE = \frac{1}{2}\epsilon_0 E^2 = \frac{1}{2}\frac{D^2}{\epsilon_0}[\text{J/m}^3]$$

여기서, E : 전계의 세기[V/m]

D : 전속 밀도[C/m^2]

◁ 4. 전기장과 전위

1) 전기장

(1) 쿨롱의 법칙

두 점전하 사이에 작용하는 정전력의 크기는 두 전하(전기량)의 곱에 비례하고 전하 사이의 거리의 제곱에 반비례한다.

$$F = \frac{1}{4\pi\epsilon_o} \cdot \frac{Q_1 Q_2}{\epsilon_s r^2} = 9 \times 10^9 \frac{Q_1 Q_2}{\epsilon_s r^2}[\text{N}]$$

여기서, F : 정전력[N] , Q_1 , Q_2 : 전기량[C]

r : 두 전하 사이의 거리[m]

ϵ_o : 진공의 유전율

$(= 8.855 \times 10^{-12}[\text{F/m}])$

ϵ_s : 비유전율

(진공 중에서 1, 공기 중에서 약 1)

2) 전기장의 방향과 세기

전계의 세기는 임의의 한 점에서의 전기력선 밀도와 같다.

(1) 한 개의 점전하에 의한 전계의 세기

$$E = \frac{1}{4\pi\epsilon_o} \cdot \frac{Q}{\epsilon_s r^2} = 9 \times 10^9 \frac{Q}{\epsilon_s r^2}[\text{V/m}]$$

(2) MKS 단위계에서 전계의 세기 E는 $Q = 1[\text{C}]$에 작용하는 힘이 1[N]이 되는 것을 의미하므로

$$E = [\text{N/C}] = \left[\frac{\text{N} \cdot \text{m}}{\text{C} \cdot \text{m}} \right] = \left[\frac{\text{J}}{\text{C}} \cdot \frac{1}{\text{m}} \right]$$

$$= [\text{V/m}]$$

의 단위를 사용한다.

(3) 정전력과 전계의 세기

$$F = E \cdot Q[\text{N}]$$

여기서, E : 전계의 세기[V/m]

Q : 전기량[C]

r : 전하로부터의 거리[m]

(4) 전계의 계산

① 균일하게 대전한 구에 의한 전계

$$E = \frac{Q}{4\pi\epsilon_o\epsilon_s r^2}[\text{V/m}]$$

② 균일하게 대전한 무한히 긴 원통에 의한 전계

$$E = \frac{Q_1}{2\pi r\epsilon_o\epsilon_s}[\text{V/m}]$$

③ 균일하게 대전한 무한히 넓은 평면에 의한 전계

$$E = \frac{\sigma}{2\epsilon_o\epsilon_s}[\text{V/m}]$$

④ 균일하게 대전한 무한히 넓은 평행판에 의한 전계

$$E = \frac{\sigma}{\epsilon_o\epsilon_s}[\text{V/m}]$$

여기서,

E : r점에 있어서의 전계의 세기[V/m]

r : 도체구의 중심으로부터의 거리[m]

Q : 대전한 구의 전기량[C]

Q_1 : 원통 길이 1[m]당 전하[C/m]

σ : 면적 1[m²]당 전하[C/m²]

(5) 전속

Q[C]의 전하에서 Q[개]의 전속이 나온다.

전속 밀도 $D = \epsilon E = \epsilon_o\epsilon_s E[\text{C/m}^2]$

여기서, D : 전속 밀도[C/m²]

r : 구의 반지름[m]

E : 전계의 세기[V/m]

Q : 전기량[C]

3) 전위(electric potential)

(1) 전위

전기장의 한 점에서 단위 전하가 가지는 전기적인 위치 에너지(지구의 전위는 0[V])

$$V = \frac{Q}{4\pi\epsilon_0 r}[\text{V}]$$

여기서, V : 전위[V]

Q : 전기량[C]

r : 전하로부터의 거리[m]

(2) 전위차(potential difference)

단위전하를 옮기는 데 필요한 일의 양으로, 단위는 [J/C] 또는 [V]를 사용

$$V_d = V_1 - V_2 = \frac{q}{4\pi\epsilon_o\epsilon_s}\left(\frac{1}{r_1} - \frac{1}{r_2}\right)[\text{V}]$$

4) 평행판 콘덴서의 정전용량

전극 면적 S[m²], 극판 간의 거리 d[m]라 하면,

진공 중의 콘덴서의 정전용량	절연체가 삽입된 콘덴서의 정전용량
$C_0 = \frac{\epsilon_0}{d}S[\text{F}]$	$C = \epsilon_s C_0 = \frac{\epsilon_0\epsilon_s}{d}S = \frac{\epsilon}{d}S[\text{F}]$

위 식에서

진공 중의 유전율 ϵ_0와 비유전율 ϵ_s의 곱을 임의의 절연체에 대한 **유전율**(permitivity)이라 한다.

$$\epsilon = \epsilon_0\epsilon_s[\text{F/m}]$$

01 1개의 전자 질량은 약 몇 [kg]인가?

① 1.679×10^{-31}　　② 9.109×10^{-31}

③ 1.67×10^{-27}　　④ 9.109×10^{-27}

풀이 전자 1개의 질량은 9.10955×10^{-31}[kg]이고,
양자 1개의 질량은 1.67261×10^{-27}[kg]이다.

02 다음 중 가장 무거운 것은?

① 양성자의 질량과 중성자의 질량의 합
② 양성자의 질량과 전자의 질량의 합
③ 원자핵의 질량과 전자의 질량의 합
④ 중성자의 질량과 전자의 질량의 합

풀이 원자핵은 양성자와 중성자로 구성되어 있으므로 원자핵과 전자의 합이 가장 무겁다.

03 원자핵의 구속력을 벗어나서 물질 내에서 자유로이 이동 할 수 있는 것은?

① 중성자　　　② 양자
③ 분자　　　　④ 자유전자

풀이 자유전자(Free electron)란 최외각 전자가 원자핵과의 결합력이 약해져서 외부의 자극에 의해 쉽게 궤도를 이탈한 것으로 자유전자의 이동이나 증감에 의해 도체에 전류가 흐르고 반도체(Semi conductor)가 여러 가지 전기적 작용을 하게 하며, 여러 가지 많은 전기적인 현상을 발생하게 한다.

04 "물질 중의 자유전자가 과잉된 상태"란?

① (−)대전상태　　② 발열상태
③ 중성상태　　　　④ (+)대전상태

풀이 (−)대전상태란 중성인 물체에 외부에서 자유전자가 주어진 상태이다.

05 전하의 성질에 대한 설명 중 옳지 않은 것은?

① 같은 종류의 전하는 흡인하고 다른 종류의 전하끼리는 반발한다.
② 대전체에 들어 있는 전하를 없애려면 접지시킨다.
③ 대전체의 영향으로 비대전체에 전기가 유도 된다.
④ 전하는 가장 안정한 상태를 유지하려는 성질이 있다.

풀이 같은 종류의 전하는 반발하고 다른 종류의 전하끼리는 흡인한다.

06 일반적으로 절연체를 서로 마찰시키면 이들 물체는 전기를 띠게 된다. 이와 같은 현상은?

① 분극(polarization)
② 대전(electrification)
③ 정전(electrostatic)
④ 코로나(corona)

풀이 어떤 물질이 정상 상태보다 전자의 수가 많거나 적어져 전기를 띠는 현상을 대전이라고 한다.

07 반도체의 특징이 아닌 것은?

① 전기적 전도성은 금속과 절연체의 중간적 성질을 가지고 있다.
② 일반적으로 온도가 상승함에 따라 저항은 감소한다.
③ 매우 낮은 온도에서 절연체가 된다.
④ 불순물이 섞이면 저항이 증가한다.

답 1. ② 2. ③ 3. ④ 4. ① 5. ① 6. ② 7. ④

풀이 반도체에 불순물을 첨가하면 도전성이 크게 향상되므로 저항은 감소한다.

08 다음 중 일반적으로 온도가 높아지게 되면 전도율이 커져서 온도계수가 부(−)의 값을 가지는 것 아닌 것은?

① 구리   ② 반도체

③ 탄소   ④ 전해액

풀이 구리와 같은 금속은 일반적으로 온도가 높아지게 되면 전도율이 작아져서(저항값은 증가) 온도계수가 정(+)의 값을 가지게 된다.

09 다음 중 저항의 온도계수가, 부(−)의 특성을 가지는 것은?

① 경동선   ② 백금선

③ 텅스텐   ④ 서미스터

풀이 금속은 정(+)의 온도 계수를 가지며, 반도체는 부(−)의 온도 계수를 가진다.

10 pn 접합 다이오드의 대표적 응용 작용은?

① 증폭 작용   ② 발진 작용

③ 정류 작용   ④ 변조 작용

풀이 pn 접합 다이오드는 순방향으로만 전류가 흐르는 특성(정류)이 있다.

11 P−N 접합 정류기는 무슨 작용을 하는가?

① 증폭 작용   ② 제어 작용

③ 정류 작용   ④ 스위치 작용

풀이 P−N 접합 다이오드는 정류작용을 하는 단방향성 2단자 소자이다.

12 P형 반도체의 설명 중 틀린 것은?

① 불순물은 4가 원소이다.

② 다수 반송자는 정공이다.

③ 불순물은 억셉터(acceptor)이다.

④ 정공 및 전자의 이동으로 전도가 된다.

풀이 P형 반도체의 불순물은 3가 원소이며, N형 반도체의 불순물은 5가 원소이다.

13 PN 접합의 순방향 저항은 (㉠), 역방향 저항은 매우 (㉡), 따라서 (㉢)작용을 한다. ( )안에 들어갈 말로 옳은 것은?

① ㉠ 크고, ㉡ 크다, ㉢ 정류

② ㉠ 작고, ㉡ 크다, ㉢ 정류

③ ㉠ 작고, ㉡ 작다, ㉢ 검파

④ ㉠ 작고, ㉡ 크다, ㉢ 검파

풀이 pn 접합 다이오드는 순방향으로만 전류가 흐르는 특성(정류)이 있다.

14 진성 반도체인 4가의 실리콘에 N형 반도체를 만들기 위하여 첨가하는 것은?

① 게르마늄   ② 갈륨

③ 인듐   ④ 안티몬

풀이 N(Negative)형 반도체 :
4족 원소(Si, Ge)
+ 5족 원소(인(P), 비소(As), 안티몬(Sb))

15 N형 반도체의 주반송자는 어느 것인가?

① 억셉터   ② 전자

③ 도우너   ④ 정공

풀이 N형 반도체의 주반송자는 전자고, P형 반도체의 주반송자는 정공이다.

답 8. ①   9. ④   10. ③   11. ③   12. ①   13. ②   14. ④   15. ②

16 인가된 전압의 크기에 따라 저항이 비직선적으로 변하는 소자로, 고압 송전용 피뢰침으로 사용되어 왔고 계전기의 접점 보호 장치에 사용되는 반도체 소자는?

① 서미스터　　　② CdS
③ 바리스터　　　④ 트라이악

풀이 바리스터를 부착하면 개폐 시 발생되는 아크등으로 부터 접점을 보호할 수 있다.

17 계전기 접점의 불꽃 소거용 등으로 사용되는 것은?

① 서미스터
② 바리스터
③ 터널 다이오드
④ 제너 다이오드

풀이 바리스터를 부착하면 개폐 시 발생되는 아크등으로 부터 접점을 보호할 수 있다.

18 주로 정전압 다이오드로 사용되는 것은?

① 터널 다이오드
② 제너 다이오드
③ 쇼트키베리어 다이오드
④ 바렉터 다이오드

풀이 제너 다이오드 : 제너 항복을 응용한 정전압 소자

19 정전용량(electrostatic capacity)의 단위를 나타낸 것으로 틀린 것은?

① $1[\text{pF}] = 10^{-12}[\text{F}]$
② $1[\text{nF}] = 10^{-7}[\text{F}]$
③ $1[\mu\text{F}] = 10^{-6}[\text{F}]$
④ $1[\text{mF}] = 10^{-3}[\text{F}]$

풀이 $1[\text{nF}] = 10^{-9}[\text{F}]$

20 콘덴서 용량 0.001[F]과 같은 것은?

① $10[\mu\text{F}]$
② $1000[\mu\text{F}]$
③ $10000[\mu\text{F}]$
④ $100000[\mu\text{F}]$

풀이 콘덴서 용량
$$C = 0.001 = 10^{-3} = 10^3 \times 10^{-6}[\text{F}]$$
$$= 1000[\mu\text{F}]$$

21 정전기 발생 방지책으로 틀린 것은?

① 대전 방지제의 사용
② 접지 및 보호구의 착용
③ 배관 내 액체의 흐름 속도 제한
④ 대기의 습도를 30[%] 이하로 하여 건조함을 유지

풀이 일반적으로 상대습도를 60~70[%] 이상으로 하면 정전기가 누설되는 것으로 생각할 수 있으므로 정전기의 축적을 방지할 수 있다.

22 어떤 물질이 정상 상태보다 전자의 수가 많거나 적어져 전기를 띠는 현상을 무엇이라 하는가?

① 방전　　　② 전기량
③ 대전　　　④ 하전

풀이 유리 막대를 옷감에 마찰시키면 종이 같은 가벼운 물체를 끌어당긴다는 것은 이미 알고 있다. 즉, 절연체를 서로 마찰시키면 이들 물체는 전기를 띠게 되고, 가벼운 물체를 끌어당기게 된다. 이와 같이 물체가 전기를 띠는 현상을 대전이라 한다.

답 16. ③ 17. ② 18. ② 19. ② 20. ② 21. ④ 22. ③

23 전기력선의 성질 중 옳지 않은 것은?

① 음전하에서 출발하여 양전하에서 끝나는 선을 전기력선이라 한다.
② 전기력선의 접선 방향은 그 접점에서의 전기장의 방향이다.
③ 전기력선의 밀도는 전기장의 크기를 나타낸다.
④ 전기력선의 서로 교차하지 않는다.

풀이 전기력선은 정전하에서 출발하여 부전하에서 멈추거나 무한원까지 퍼진다.

24 전기력선의 성질 중 맞지 않는 것은?

① 전기력선은 양(+)전하에서 나와 음(−)전하에서 끝난다.
② 전기력선의 접선방향이 전장의 방향이다.
③ 전기력선은 도중에 만나거나 끊어지지 않는다.
④ 전기력선은 등전위면과 교차하지 않는다.

풀이 전기력선은 등전위면과 직교한다.

25 다음 중 전기력선의 성질로 틀린 것은?

① 전기력선은 양전하에서 나와 음전하에서 끝난다.
② 전기력선은 접선 방향이 그 점의 전장의 방향이다.
③ 전기력선의 밀도는 전기장의 크기를 나타낸다.
④ 전기력선은 서로 교차한다.

풀이 전기력선은 서로 교차하지 않는다.

26 전기력선의 성질을 설명한 것으로 옳지 않은 것은?

① 전기력선의 방향은 전기장의 방향과 같으며, 전기력선의 밀도는 전기장의 크기와 같다.
② 전기력선은 도체 내부에 존재한다.
③ 전기력선은 등전위면에 수직으로 출입한다.
④ 전기력선은 양전하에서 음전하로 이동한다.

풀이 도체 내부에는 전기력선이 없다.

27 다음은 전기력선의 성질이다. 틀린 것은?

① 전기력선은 서로 교차하지 않는다.
② 전기력선은 도체의 표면에 수직이다.
③ 전기력선의 밀도는 전기장의 크기를 나타낸다.
④ 같은 전기력선은 서로 끌어당긴다.

풀이 같은 전기력선은 서로 밀어내며, 전기력선은 정전하에서 출발하여 부전하에서 멈추거나 무한원까지 퍼진다.

28 전기장(電氣場)에 대한 설명으로 옳지 않은 것은?

① 대전된 무한장 원통의 내부 전기장은 0이다.
② 대전된 구(球)의 내부 전기장은 0이다.
③ 대전된 도체 내부의 전하 및 전기장은 모두 0이다.
④ 도체 표면의 전기장은 그 표면에 평행이다.

풀이 도체 표면은 등전위이므로 전기력선(전계) 방향은 도체 표면에서 수직 방향이다.

답 23. ① 24. ④ 25. ④ 26. ② 27. ④ 28. ④

29 등전위면과 전기력선의 교차 관계는?

① 30°로 교차한다.

② 45°로 교차한다.

③ 직각으로 교차한다.

④ 교차하지 않는다.

풀이 전기력선은 등전위면과 직교한다.

30 전하를 축적하는 작용을 하기 위해 만들어진 전기소자는?

① free electron　② resistance

③ condenser　④ magnet

풀이 커패시터는 전하가 갖는 정전에너지를 저장할 수 있는 능력을 가진 전기소자를 말하며 일명 콘덴서 (condenser)라고도 한다.

31 다음 중 콘덴서가 가지는 특성 및 기능으로 옳지 않은 것은?

① 전기를 저장하는 특성이 있다.

② 상호 유도 작용의 특성이 있다.

③ 직류 전류를 차단하고 교류 전류를 통과시키려는 목적으로 사용된다.

④ 공진 회로를 이루어 어느 특정한 주파수만을 취급하거나 통과시키는 곳 등에 사용된다.

풀이 상호 유도 작용은 코일이 가지는 특성이다.

32 전기 분해하여 금속 표면에 산화 피막을 만들어 이것을 유전체로 이용한 것은?

① 마일러 콘덴서

② 마이카 콘덴서

③ 전해 콘덴서

④ 세라믹 콘덴서

풀이 전해 콘덴서 : 케미콘이라 한다. 유전체를 산화 피막으로 만들어 비교적 큰 용량을 얻을 수 있다.

33 비유전율이 큰 산화티탄 등을 유전체로 사용한 것으로 극성이 없으며 가격에 비해 성능이 우수하여 널리 사용되고 있는 콘덴서의 종류는?

① 마일러 콘덴서　② 마이카 콘덴서

③ 전해 콘덴서　④ 세라믹 콘덴서

풀이 세라믹 콘덴서 : 전극에 티탄산바륨과 같은 유전율이 높은 세라믹 재료로 만들었으며, 전극의 극성이 없는 것이 특징이다. 용량은 비교적 작아 아날로그 신호계에 사용한다.

34 용량을 변화시킬 수 있는 콘덴서는?

① 바리콘　② 마일러 콘덴서

③ 전해 콘덴서　④ 세라믹 콘덴서

풀이 바리콘 : 유전체로 공기를 사용하며, 라디오의 방송을 선택하는 곳에 사용된다.

35 1[μF]의 콘덴서에 100[V]의 전압을 가할 때 충전전하량은 몇 [C]인가?

① 1×10^{-4}　② 1×10^{-5}

③ 1×10^{-8}　④ 1×10^{-10}

풀이 전하량 $Q = CV$[C]에서

$Q = 1 \times 10^{-6} \times 100 = 1 \times 10^{-4}$[C]

36 10^{-2}[F]의 콘덴서에 100[V]의 전압을 가할 때 충전되는 전하는 몇 [C]인가?

① 0.1　② 1

③ 1.5　④ 2

답 29. ③　30. ③　31. ②　32. ③　33. ④　34. ①　35. ①　36. ②

풀이 전하량 $Q = CV$ [C]에서
$$Q = 10^{-2} \times 100 = 1 \text{[C]}$$ 이 된다.

37 $V = 200$[V], $C_1 = 10[\mu\text{F}]$, $C_2 = 5[\mu\text{F}]$인 2개의 콘덴서가 병렬로 접속되어 있다. 콘덴서 C_1에 축적되는 전하$[\mu\text{C}]$는?

① $100[\mu\text{C}]$　　② $200[\mu\text{C}]$
③ $1000[\mu\text{C}]$　　④ $2000[\mu\text{C}]$

풀이 병렬로 접속되어 있으므로 C_1에 축적되는 전하
$$Q_1 = C_1 V = 10 \times 200 = 2000[\mu\text{C}]$$ 이 된다.

38 어떤 도체에 10[V]의 전위를 주었을 때 1[C]의 전하가 축적되었다면 이 도체의 정전용량은 몇 [C]인가?

① $0.1[\mu\text{F}]$　　② $0.1[\text{F}]$
③ $0.1[\text{pF}]$　　④ $10[\text{F}]$

풀이 축전된 전기량 $Q = CV$ 에서
$$정전용량 \ C = \frac{Q}{V} = \frac{1}{10} = 0.1[\text{F}]$$ 가 된다.

39 어떤 콘덴서에 1000[V]의 전압을 가하였더니 5×10^{-3}[C]의 전하가 축적되었다. 이 콘덴서의 용량은?

① $2.5[\mu\text{F}]$　　② $5[\mu\text{F}]$
③ $250[\mu\text{F}]$　　④ $5000[\mu\text{F}]$

풀이 $Q = CV$[C]이므로
$$\therefore C = \frac{Q}{V} = \frac{5 \times 10^{-3}}{1000} = 5 \times 10^{-6}$$
$$= 5[\mu\text{F}]$$

40 두 콘덴서 C_1, C_2를 직렬로 접속하고 양단에 E[V]의 전압을 가할 때 C_1에 걸리는 전압은?

① $\dfrac{C_1}{C_1 + C_2}E$　　② $\dfrac{C_2}{C_1 + C_2}E$
③ $\dfrac{C_1 + C_2}{C_1}E$　　④ $\dfrac{C_1 + C_2}{C_2}E$

풀이 콘덴서의 경우 전압분배 법칙은 전압이 정전용량에 반비례하므로 $E_1 = \dfrac{C_2}{C_1 + C_2}E$ 가 된다.

41 정전 용량 C_1, C_2가 병렬 접속되어 있을 때의 합성 정전 용량은?

① $C_1 + C_2$　　② $\dfrac{1}{C_1} + \dfrac{1}{C_2}$
③ $\dfrac{C_1 C_2}{C_1 + C_2}$　　④ $\dfrac{1}{C_1 + C_2}$

풀이 • 병렬연결의 합성 정전용량 $C = C_1 + C_2$
• 직렬연결의 합성 정전용량 $C = \dfrac{C_1 C_2}{C_1 + C_2}$

42 C_1와 C_2를 직렬로 접속한 회로에 C_3를 병렬로 접속하였다. 이 회로의 합성 정전용량[F]은?

① $C_3 + \dfrac{1}{\dfrac{1}{C_1} + \dfrac{1}{C_2}}$　　② $C_1 + \dfrac{1}{\dfrac{1}{C_2} + \dfrac{1}{C_3}}$
③ $\dfrac{C_1 + C_2}{C_3}$　　④ $C_1 + C_2 + \dfrac{1}{C_3}$

풀이 합성 정전용량
$$C = \frac{1}{\dfrac{1}{C_1} + \dfrac{1}{C_2}} + C_3 = \frac{C_1 C_2}{C_1 + C_2} + C_3[\text{F}]$$

답 37. ④ 38. ② 39. ② 40. ② 41. ① 42. ①

43 그림과 같이 $C = 2[\mu F]$의 콘덴서가 연결되어 있다. A점과 B점 사이의 합성 정전용량은 얼마인가?

① $1[\mu F]$
② $2[\mu F]$
③ $4[\mu F]$
④ $8[\mu F]$

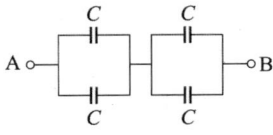

풀이 병렬 합성 용량은 $C_p = nC$

직렬 합성 용량은 $C_s = \dfrac{C}{n}$이다.

따라서 합성 정전용량

$C_0 = \dfrac{2C}{2} = C = 2[\mu F]$ 이다.

44 그림에서 a–b 간의 합성 정전용량은?

① C
② 2C
③ 3C
④ 4C

풀이 합성 정전용량

$$C_{ab} = \cfrac{1}{\dfrac{1}{2C} + \dfrac{1}{C + C}} = \dfrac{1}{\dfrac{2}{2C}} = C$$

45 규격이 같은 축전지 2개를 병렬로 연결하였다. 다음 설명 중 옳은 것은?

① 용량과 전압이 모두 2배가 된다.
② 용량과 전압이 모두 1/2배가 된다.
③ 용량은 불변이고 전압은 2배가 된다.
④ 용량은 2배가 되고 전압은 불변이다.

풀이 ① 동일용량의 축전지 2개를 병렬로 연결할 경우 용량은 2배가 되며, 전압은 일정하다.
② 동일용량의 축전지 2개를 직렬로 연결할 경우 용량은 일정하며, 전압은 2배가 된다.

46 다음 중 콘덴서 접속법에 대한 설명으로 알맞은 것은?

① 직렬로 접속하면 용량이 커진다.
② 병렬로 접속하면 용량이 적어진다.
③ 콘덴서는 직렬 접속만 가능하다.
④ 직렬로 접속하면 용량이 적어진다.

풀이 콘덴서는 직렬로 접속하면 용량이 적어지고, 병렬로 접속하면 용량이 커진다.

47 정전용량이 같은 콘덴서 10개가 있다. 이것을 병렬 접속할 때의 값은 직렬 접속할 때의 값보다 어떻게 되는가?

① $\dfrac{1}{10}$로 감소한다.
② $\dfrac{1}{100}$로 감소한다.
③ 10배로 증가한다.
④ 100배로 증가한다.

풀이 병렬 합성 용량 $C_p = nC$로 n배 되며,
직렬 합성 용량 $C_s = \dfrac{C}{n}$로 $\dfrac{1}{n}$배가 된다.

따라서 $\dfrac{C_p}{C_s} = \dfrac{nC}{\dfrac{C}{n}} = n^2$ 으로

콘덴서가 10개인 경우 100배로 증가한다.

48 다음 설명 중에서 틀린 것은?

① 코일은 직렬로 연결할수록 인덕턴스가 커진다.
② 콘덴서는 직렬로 연결할수록 용량이 커진다.
③ 저항은 병렬로 연결할수록 저항치가 작아진다.
④ 리액턴스는 주파수의 함수이다.

풀이 콘덴서는 직렬로 접속하면 용량이 적어지고, 병렬로 접속하면 용량이 커진다.

49 정전용량이 10$[\mu F]$인 콘덴서 2개를 병렬로 했을 때의 합성 정전용량은 직렬로 했을 때의 합성 정전용량 보다 어떻게 되는가?

① $\frac{1}{4}$ 로 줄어든다.

② $\frac{1}{2}$ 로 줄어든다.

③ 2배로 늘어난다.

④ 4배로 늘어난다.

풀이 병렬 합성 용량 $C_p = nC$,

직렬 합성 용량 $C_s = \dfrac{C}{n}$ 이므로

$\dfrac{C_p}{C_s} = \dfrac{nC}{\dfrac{C}{n}} = n^2$ 가 된다.

n은 콘덴서의 개수이므로 $2^2 = 4$배가 된다.

50 동일한 용량의 콘덴서 5개를 병렬로 접속하였을 때의 합성 용량을 C_p라고 하고, 5개를 직렬로 접속하였을 때의 합성 용량을 C_s라 할 때 C_p와 C_s의 관계는?

① $C_p = 5C_s$ ② $C_p = 10C_s$

③ $C_p = 25C_s$ ④ $C_p = 50C_s$

풀이 병렬 합성 용량 $C_p = nC$ 로 n배 되며,

직렬 합성 용량 $C_s = \dfrac{C}{n}$ 로 $\dfrac{1}{n}$ 배가 된다.

따라서 $\dfrac{C_p}{C_s} = \dfrac{nC}{\dfrac{C}{n}} = n^2$ 으로

콘덴서 개수의 제곱($5^2 = 25$)배가 된다.

51 그림과 같은 4개의 콘덴서를 직·병렬로 접속한 회로가 있다. 이 회로의 합성 정전용량은? 단, $C_1 = 2[\mu F]$, $C_2 = 4[\mu F]$, $C_3 = 3[\mu F]$, $C_4 = 1[\mu F]$이다.

① $1[\mu F]$
② $2[\mu F]$
③ $3[\mu F]$
④ $4[\mu F]$

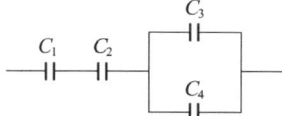

풀이 콘덴서의 직렬연결은 저항의 병렬연결처럼, 콘덴서의 병렬연결은 저항의 직렬연결처럼 합성 정전용량을 계산한다.

$$C_0 = \frac{1}{\dfrac{1}{C_1} + \dfrac{1}{C_2} + \dfrac{1}{C_3 + C_4}} = \frac{1}{\dfrac{1}{2} + \dfrac{1}{4} + \dfrac{1}{3+1}}$$
$$= 1[\mu F]$$

52 A–B 사이의 콘덴서의 합성 정전용량은 얼마인가?

① $1[C]$
② $1.2[C]$
③ $2[C]$
④ $2.4[C]$

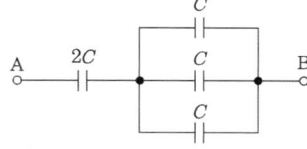

풀이 콘덴서의 직렬연결은 저항의 병렬연결처럼, 콘덴서의 병렬연결은 저항의 직렬연결처럼 합성 정전용량을 계산한다.

따라서 $C_{AB} = \dfrac{2C \times 3C}{2C + 3C} = 1.2C$가 된다.

단, $C[F]$의 콘덴서 3개를 병렬연결한 경우는 $3C$의 정전용량이 되며 $2C$와 직렬로 계산한다.

53 정전용량 $C_1 = 120[\mu F]$, $C_2 = 30[\mu F]$가 직렬로 접속되어 있을 때의 합성 정전용량은 몇 $[\mu F]$인가?

① 14 ② 24

③ 50 ④ 150

풀이 직렬연결의 합성 정전용량

$$C = \cfrac{1}{\cfrac{1}{C_1} + \cfrac{1}{C_2}} = \cfrac{C_1 C_2}{C_1 + C_2} = \cfrac{120 \times 30}{120 + 30}$$

$$= 24[\mu F]$$

풀이 병렬 합성용량

$$C = C_1 + C_2 + C_3$$

$$= 3 \times 10^{-6} + 4 \times 10^{-6} + 5 \times 10^{-6}$$

$$= 12 \times 10^{-6} = 12[\mu F]$$

54 3[F]와 6[F]의 콘덴서를 병렬로 접속했을 때 합성 정전용량은 몇 [F]인가?

① 2　　　　② 4　　　　③ 6　　　　④ 9

풀이 콘덴서를 병렬로 접속한 경우 합성 정전용량 C는

$$C = C_1 + C_2 = 3 + 6 = 9[F]$$

58 그림에서 a-b 간의 합성 정전 용량은 10[μF]이다. C_x의 정전용량은?

① 3[μF]
② 4[μF]
③ 5[μF]
④ 6[μF]

풀이 a-b간의 합성 정전 용량은 10[μF]이므로

$$C_{ab} = 2 + \frac{10 \times 10}{10 + 10} + C_x = 10[\mu F]$$

$$\therefore \ C_x = 3[\mu F]$$

55 0.02[μF], 0.03[μF] 2개의 콘덴서를 병렬로 접속할 때의 합성용량은 몇 [μF]인가?

① 0.05[μF]　　　② 0.012[μF]
③ 0.06[μF]　　　④ 0.016[μF]

풀이 병렬접속 시 합성용량

$$C = C_1 + C_2 = 0.02 \times 10^{-6} + 0.03 \times 10^{-6}$$

$$= 0.05 \times 10^{-6} = 0.05[\mu F]$$

59 0.2[F] 콘덴서와 0.1[F] 콘덴서를 병렬 연결하여 40[V]의 전압을 가할 때 0.2[F]의 콘덴서에 축전되는 전하는?

① 2　　　② 45　　　③ 8　　　④ 12

풀이 병렬연결이므로 전압이 일정하게 두 콘덴서에 걸린다. 따라서 축적되는 전하는

$$Q = CV = 0.2 \times 40 = 8[C]$$이 된다.

56 1[μF], 3[μF], 6[μF]의 콘덴서 3개를 병렬로 연결할 때 합성 정전용량은?

① 1.5[μF]　　　② 5[μF]
③ 10[μF]　　　④ 18[μF]

풀이 병렬연결시 합성 정전용량

$$C = C_1 + C_2 + C_3 = 1 + 3 + 6 = 10[\mu F]$$

57 3[μF], 4[μF], 5[μF]의 3개의 콘덴서를 병렬로 연결된 회로의 합성 정전용량은 얼마인가?

① 1.2[μF]　　　② 3.6[μF]
③ 12[μF]　　　④ 36[μF]

60 2[μF]과 3[μF]의 직렬회로에서 3[μF]의 양단에 60[V]의 전압이 가해졌다면 이 회로의 전 전기량은 몇 [μC]인가?

① 60　　　　② 180
③ 240　　　④ 360

풀이 3[μF]의 양단에 60[V]의 전압이 가해졌으므로 전기량 $Q = CV[C]$의 식에서

$$Q = 3 \times 10^{-6} \times 60 = 180 \times 10^{-6}[C]$$

$$= 180[\mu C]$$이 된다.

61 30[μF]과 40[μF]의 콘덴서를 병렬로 접속한 다음 100[V]의 전압을 가했을 때 전 전하량은 몇 [C]인가?

① 17×10^{-4} ② 34×10^{-4}

③ 56×10^{-4} ④ 70×10^{-4}

풀이 병렬 접속이므로 합성 정전용량
$C = C_1 + C_2 = 30 + 40 = 70[\mu\text{F}]$
따라서 전하량
$Q = CV = 70 \times 10^{-6} \times 100$
$\quad = 70 \times 10^{-4}[\text{C}]$

62 Q_1으로 대전된 용량 C_1의 콘덴서에 용량 C_2를 병렬 연결할 경우 C_2가 분배 받는 전기량은?

① $\dfrac{C_1 + C_2}{C_2} Q_1$ ② $\dfrac{C_1}{C_1 + C_2} Q_1$

③ $\dfrac{C_1 + C_2}{C_1} Q_1$ ④ $\dfrac{C_2}{C_1 + C_2} Q_1$

풀이 C_2가 받는 전기량
$Q_2 = C_2 V_0 = C_2 \times \dfrac{Q_1}{C_1 + C_2}$
$\quad = \dfrac{C_2}{C_1 + C_2} Q_1[\text{F}]$

63 콘덴서에 V[V]의 전압을 가해서 Q[C]의 전하를 충전할 때 저장되는 에너지는 몇 [J]인가?

① $2QV$ ② $2QV^2$

③ $\dfrac{1}{2} QV$ ④ $\dfrac{1}{2} QV^2$

풀이 정전 에너지 $W = \dfrac{1}{2} QV = \dfrac{1}{2} CV^2[\text{J}]$

64 5[μF]의 콘덴서를 1000[V]로 충전하면 축적되는 에너지는 몇 [J]인가?

① 2.5   ② 4

③ 1   ④ 10

풀이 정전 에너지 $W = \dfrac{1}{2} VQ = \dfrac{1}{2} CV^2[\text{J}]$에서
$W = \dfrac{1}{2} \times 5 \times 10^{-6} \times 1000^2 = 2.5[\text{J}]$이 된다.

65 어떤 콘덴서에 전압 20[V]를 가할 때 전하 800[μC]이 축적되었다면 이때 축적되는 에너지는?

① 0.008 [J]   ② 0.16 [J]

③ 0.8 [J]   ④ 160 [J]

풀이 정전 에너지
$W = \dfrac{1}{2} CV^2 = \dfrac{1}{2} VQ = \dfrac{1}{2} \times 20 \times 800 \times 10^{-6}$
$\quad = 0.008[\text{J}]$

66 2[kV]의 전압으로 충전하여 2[J]의 에너지를 축적하는 콘덴서의 정전용량은?

① 0.5[μF]   ② 1[μF]

③ 2[μF]   ④ 4[μF]

풀이 정전 에너지 $W = \dfrac{1}{2} CV^2$ 이므로
$\therefore C = \dfrac{2W}{V^2} = \dfrac{2 \times 2}{(2 \times 10^3)^2} = \dfrac{4}{4 \times 10^6}$
$\quad = 1 \times 10^{-6} = 1[\mu\text{F}]$가 된다.

67 200[μF]의 콘덴서를 충전하는 데 9[J]의 일이 필요하였다. 충전전압은 몇 [V]인가?

① 200   ② 300

③ 450   ④ 900

풀이 콘덴서에 충전되는 에너지 $W = \frac{1}{2}CV^2$에서

$9 = \frac{1}{2} \times 200 \times 10^{-6} \times V^2$ 이므로

$\therefore V = \sqrt{\dfrac{9 \times 2}{200 \times 10^{-6}}} = 300 [\text{V}]$

68 전계의 세기 50[V/m], 전속밀도 100[C/m²]인 유전체의 단위 체적에 축적되는 에너지 [J/m³]는?

① 2[J/m³]　　　② 250[J/m³]
③ 2500[J/m³]　④ 5000[J/m³]

풀이 전계 에너지

$w_e = \frac{1}{2} D \cdot E = \frac{1}{2} \times 100 \times 50$
$\quad\;\; = 2500 [\text{J/m}^3]$

69 다음은 정전 흡인력에 대한 설명이다. 옳은 것은?

① 정전 흡인력은 전압의 제곱에 비례한다.
② 정전 흡인력은 극판 간격에 비례한다.
③ 정전 흡인력은 극판 면적의 제곱에 비례한다.
④ 정전 흡인력은 쿨롱의 법칙으로 직접 계산한다.

풀이 정전 흡입력(F)은 정전 에너지(W)와 전압의 제곱(V^2)에 비례한다.

70 절연체 중에서 플라스틱, 고무, 종이 운모 등과 같이 전기적으로 분극 현상이 일어나는 물체를 특히 무엇이라 하는가?

① 도체　　　② 유전체
③ 도전체　　④ 반도체

풀이 전계 중에서 분극현상이 나타나는 절연체를 유전체라 한다.

71 유전율의 단위는?

① F/m　　　② V/m
③ C/m²　　　④ H/m

풀이 진공 중의 유전율 ϵ_0와 비유전율 ϵ_s의 곱은 $\epsilon = \epsilon_0 \epsilon_s [\text{F/m}]$의 관계가 있고, ϵ은 임의의 절연체에 대한 유전율(permitivity)이라 한다.

72 진공 중에서 비유전율 ϵ_r의 값은?

① 1
② 6.33×10^4
③ 8.855×10^{-12}
④ 9×10^9

풀이 진공 중의 비유전율의 값은 1이다.

73 비유전율이 9인 물질의 유전율은 약 얼마인가?

① $80 \times 10^{-12} [\text{F/m}]$
② $80 \times 10^{-8} [\text{F/m}]$
③ $1 \times 10^{-12} [\text{F/m}]$
④ $1 \times 10^{-8} [\text{F/m}]$

풀이 유전율 $\epsilon = \epsilon_s \epsilon_0 = 9 \times 8.85 \times 10^{-12}$
$\qquad\qquad = 80 \times 10^{-12} [\text{F/m}]$

74 유전체 중 유전율이 가장 큰 것은?

① 공기　　　② 수정
③ 운모　　　④ 고무

풀이

유전체	비유전율 ϵ_s	유전체	비유전율 ϵ_s
진 공	1.000	운 모	6.7
공 기	1.00058	유 리	3.5~10
종 이	1.2~1.6	물(증류수)	80
폴리에틸렌	2.3	산화티탄	100
변압기유	2.2~2.4	로 셀 염	100~1000
고 무	2.0~3.5	티탄산 바륨 자기	1000~3000

75 전하 및 전기력에 대한 설명으로 틀린 것은?

① 전하에는 양(+)전하와 음(−)전하가 있다.

② 비유전율이 큰 물질일수록 전기력은 커진다.

③ 대전체의 전하를 없애려면 대전체와 대지를 도선으로 연결하면 된다.

④ 두 전하사이에 작용하는 전기력은 전하의 크기에 비례하고 두 전하 사이의 거리의 제곱에 반비례 한다.

풀이 쿨롱의 법칙에서 힘(전기력)은 비유전율에 반비례하므로 비유전율이 큰 물질일수록 전기력은 작아진다.

76 $+Q_1$[C]과 $-Q_2$[C]의 전하가 진공 중에서 r[m]의 거리에 있을 때 이들 사이에 작용하는 정전기력 F[N]는?

① $F = 0.9 \times 10^{-9} \times \dfrac{Q_1 Q_2}{r^2}$

② $F = 9 \times 10^{-9} \times \dfrac{Q_1 Q_2}{r^2}$

③ $F = 9 \times 10^{9} \times \dfrac{Q_1 Q_2}{r^2}$

④ $F = 90 \times 10^{9} \times \dfrac{Q_1 Q_2}{r^2}$

풀이 쿨롱의 법칙 : 두 점전하 사이에 작용하는 정전력의 크기는 두 전하(전기량)의 곱에 비례하고 전하 사이의 거리의 제곱에 반비례한다.

77 10[V/m]의 전장에 어떤 전하를 놓으면 0.1[N]의 힘이 작용한다. 이 전하의 량은 몇 [C]인가?

① 10^2 ② 10^{-4}

③ 10^{-2} ④ 10^4

풀이 쿨롱력과 전계의 세기 사이의 관계는

$F = QE$ 이므로

$Q = \dfrac{F}{E} = \dfrac{0.1}{10} = 10^{-2}$[C]이 된다.

78 공기 중에서 3×10^{-5}[C]과 8×10^{-5}[C]의 두 전하를 2[m]의 거리에 놓을 때 그 사이에 작용하는 힘은?

① 2.7[N] ② 5.4[N]

③ 10.8[N] ④ 24[N]

풀이 작용하는 힘

$$F = 9 \times 10^9 \times \frac{Q_1 Q_2}{r^2}$$

$$= 9 \times 10^9 \times \frac{3 \times 10^{-5} \times 8 \times 10^{-5}}{2^2} = 5.4[N]$$

79 진공 중에 10^{-6}[C], 10^{-4}[C]의 두 점전하가 1[m]의 간격을 두고 놓여있다. 두 전하 사이에 작용하는 힘은?

① 9×10^{-2}[N] ② 18×10^{-2}[N]

③ 9×10^{-1}[N] ④ 18×10^{-1}[N]

풀이 진공 중 두 점전하 사이에 작용하는 힘

$$F = 9 \times 10^9 \times \frac{Q_1 Q_2}{r^2} = 9 \times 10^9 \times \frac{10^{-6} \times 10^{-4}}{1^2}$$

$$= 9 \times 10^{-1}[N]$$

답 75. ② 76. ③ 77. ③ 78. ② 79. ③

80 공기 중에 10[μC]과 20[μC]를 1[m] 간격으로 놓을 때 발생되는 정전력[N]은?

① 1.8[N]　　　　② 2×10^{-10}[N]

③ 200[N]　　　　④ 98×10^9[N]

풀이 두 점전하 사이의 정전력

$$F = 9 \times 10^9 \frac{Q_1 Q_2}{r^2}$$

$$= 9 \times 10^9 \times \frac{10 \times 10^{-6} \times 20 \times 10^{-6}}{1^2}$$

$$= 1.8[N]$$

81 전장 중에 단위 정전하를 놓을 때 여기에 작용하는 힘과 같은 것은?

① 전하　　　　② 전장의 세기

③ 전위　　　　④ 전속

풀이 전계(전장)의 세기 : 단위 전하가 전계(전장) 내에서 받는 힘의 크기[N/C]

82 전기장의 세기에 관한 단위는?

① H/m　　　　② F/m

③ AT/m　　　　④ V/m

풀이 MKS 단위계에서 전계의 세기

$$E = [N/C] = \left[\frac{N \cdot m}{C \cdot m} \right] = \left[\frac{J}{C} \cdot \frac{1}{m} \right]$$

$$= [V/m]$$

83 표면 전하밀도 σ[C/m²]로 대전된 도체 내부의 전속밀도는 몇 [C/m²]인가?

① $\epsilon_0 E$　　　　② 0

③ σ　　　　④ $\dfrac{E}{\epsilon_0}$

풀이 도체 내부의 전계의 세기 $E = 0$이므로
전속 밀도 $D = \epsilon_0 E = 0$

84 비유전율 2.5의 유전체 내부의 전속밀도가 2×10^{-6}[C/m²]되는 점의 전기장의 세기는?

① 18×10^4[V/m]

② 9×10^4[V/m]

③ 6×10^4[V/m]

④ 3.6×10^4[V/m]

풀이 전기장의 세기

$$E = \frac{D}{\epsilon} = \frac{D}{\epsilon_o \epsilon_s} = \frac{2 \times 10^{-6}}{8.855 \times 10^{-12} \times 2.5}$$

$$\fallingdotseq 9 \times 10^4 [V/m]$$

85 평행판 전극에 일정 전압을 가하면서 극판의 간격을 2배로 하면 내부 전기장의 세기는 어떻게 되는가?

① 4배로 커진다.

② $\dfrac{1}{2}$배로 작아진다.

③ 2배로 커진다.

④ $\dfrac{1}{4}$배로 작아진다.

풀이 $E = \dfrac{V}{d}$이므로 일정 전압을 가할 때

전계의 세기는 $E \propto \dfrac{1}{d} = \dfrac{1}{2}$배

86 유전체 내에서 크기가 같고 극성이 반대인 한 쌍의 전하를 가지는 원자는?

① 분극자　　　　② 전자

③ 원자　　　　④ 쌍극자

풀이 정·부의 점전하 $+Q$, $-Q$가 미소거리 d만큼 떨어져 있을 때 이 한 쌍의 전하를 전기쌍극자 (electric dipole)라 한다.

🗒 80. ①　81. ②　82. ④　83. ②　84. ②　85. ②　86. ④

87 유전율이 ϵ의 유전체 내에 있는 전하는 $Q[C]$에서 나오는 전기력선의 수는?

① Q　　② $\dfrac{Q}{\epsilon_0}$　　③ $\dfrac{Q}{\epsilon}$　　④ $\dfrac{Q}{\epsilon_s}$

풀이 가우스 법칙 : 유전율이 ϵ의 유전체 내에 있는 전하
는 Q의 전하에서는 Q개의 전속이 나오며, $\dfrac{Q}{\epsilon}$개
의 전기력선이 나온다.

88 0.02[μF]의 콘덴서에 12[μC]의 전하를 공급하면 몇 [V]의 전위차를 나타내는가?

① 600　　　　　　② 900
③ 1200　　　　　④ 2400

풀이 전하량 $Q = CV$에서
$$V = \frac{Q}{C} = \frac{12 \times 10^{-6}}{0.02 \times 10^{-6}} = \frac{12}{0.02} = 600[V]$$
가 된다.

89 2[C]의 전기량이 두 점 사이를 이동하여 48[J]의 일을 하였다면 이 두 점 사이의 전위차는 몇 [V]인가?

① 12[V]　　　　　② 24[V]
③ 48[V]　　　　　④ 64[V]

풀이 전위차 $V = \dfrac{W}{Q} = \dfrac{48}{2} = 24[V]$

90 2[C]의 전기량이 이동을 하여 10[J]의 일을 하였다면 두 점 사이의 전위차는 몇 [V]인가?

① 0.2[V]　　　　② 0.5[V]
③ 5[V]　　　　　④ 20[V]

풀이 전위차 $V = \dfrac{W}{Q} = \dfrac{10}{2} = 5[V]$

91 2[C]의 전기량이 두 점 사이를 이동하여 48[J]의 일을 하였을 때, 이 두 점 사이의 전위차는 몇 [V]인가?

① 12　　　　　　② 24
③ 48　　　　　　④ 64

풀이 전위차 $V = \dfrac{W}{Q} = \dfrac{48}{2} = 24[V]$

92 2[C]의 전기량이 2점 간을 이동하여 12[J]의 일을 했을 때 2점 간의 전위차[V]는?

① 6　　　　　　　② 12
③ 24　　　　　　④ 144

풀이 에너지 $W = V \cdot Q[J]$에서
전위차 $V = \dfrac{W}{Q} = \dfrac{12}{2} = 6[V]$가 된다.

93 그림과 같이 공기 중에 놓인 2×10^{-8}[C]의 전하에서 2[m] 떨어진 점 P와 1[m] 떨어진 점 Q와의 전위차는?

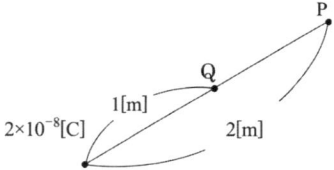

① 80[V]　　　　　② 90[V]
③ 100[V]　　　　④ 110[V]

풀이
$$V_{QP} = V_Q - V_P = \frac{Q}{4\pi\epsilon_0}\left(\frac{1}{r_Q} - \frac{1}{r_P}\right)$$
$$= 9 \times 10^9 \times 2 \times 10^{-8} \times \left(\frac{1}{1} - \frac{1}{2}\right)$$
$$= 90[V]$$

답 87. ③　88. ①　89. ②　90. ③　91. ②　92. ①　93. ②

◁ 1. 자석에 의한 자기현상

▣ 1) 자성체

(1) 자성체

어떤 물질이 자계 내에 있을 때 자화되는 물질을 자성체(magnetic substance), 자화되지 않는 물질을 비자성체(non-magnetic substance)라고 한다.

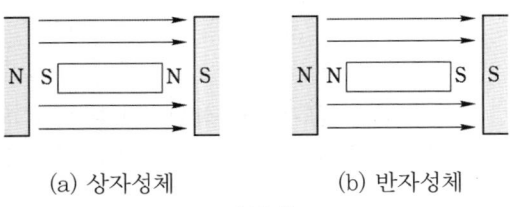

(a) 상자성체   (b) 반자성체

자성체

상자성체 중에서도 특히 강하게 자화되는 자성체를 강자성체라고 한다(일반적으로 자성체는 강자성체를 의미한다).

① 상자성체 : 백금(Pt), 알루미늄(Al), 산소(O_2), 공기(N_2)

② 반자성체 : 은(Ag), 구리(Cu), 비스무트(Bi), 물(H_2O)

③ 강자성체 : 철(Fe), 니켈(Ni), 코발트(Co)

(2) 히스테리시스 곡선

히스테리시스곡선에서 B_r은 잔류자기(residual magnetism) H_c는 보자력(coercive force)이라 한다.

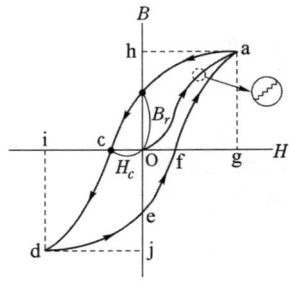

▣ 2) 자석의 성질

① 자석에는 N극과 S극이 있다.

② 자석은 같은 극끼리 서로 반발하고, 서로 다른 극끼리 끌어당기는 성질이 있다.

③ 자극으로부터 자력선이 나온다.

④ 자력선은 N극에서 나오고 S극으로 들어간다.

⑤ 자력선이 강할수록 자력선 수가 많다.

⑥ 자력선은 비자성체를 투과한다.

⑦ 발생되는 자력선은 아무리 사용해도 기본적으로 감소하지는 않는다.

⑧ 자력선은 장력이 존재한다.

⑨ 자석은 고온이 되면 자력이 감소되고, 저온이 되면 자력이 증가한다.

⑩ 자석은 임계온도(퀴리온도) 이상으로 가열하면 자석으로서의 성질이 없어진다.

▣ 3) 자기에 관한 쿨롱의 법칙

자극의 세기를 각각 m_1, m_2[Wb], 자극 간의 거리를 r[m], 상호 간에 작용하는 자기력을 F[N]라 하면

$$F = \frac{1}{4\pi\mu_0} \times \frac{m_1 m_2}{r^2}$$

$$= 6.33 \times 10^4 \times \frac{m_1 m_2}{r^2} [\text{N}]$$

힘의 방향은 두 극을 연결하는 직선상에 있으며, 여기서 진공의 투자율 μ_0는

$$\mu_0 = 4\pi \times 10^{-7} [\text{H/m}]$$

이다.

4) 자기장의 성질

(1) 자계의 세기

자계 중의 한 점에 단위자하($+1[\text{Wb}]$)를 놓았을 때, 이에 작용하는 힘의 크기 및 방향을 그 점에 대한 **자계의 세기**라 한다.

$$H = \frac{1}{4\pi\mu_0} \times \frac{m}{r^2} 3$$

$$= 6.33 \times 10^4 \times \frac{m}{r^2} [\text{N/Wb}] \text{ 또는 } [\text{AT/m}]$$

(2) 전자력과 자계의 세기

자계 내에 점자극 m을 놓으면 이 점자극에 작용하는 힘 $F = mH[\text{N}]$이 된다.

(3) 자기 모먼트

자석의 N 극($+m$)은 자계와 동일 방향, S 극($-m$)은 자계와 반대 방향으로 작용하여 자석에는 크기가 같고 방향은 반대인 회전력이 작용한다.
① 자기 모먼트 $M = ml[\text{Wb} \cdot \text{m}]$
② 자석의 토크 $T = MH\sin\theta[\text{N} \cdot \text{m}]$

(4) 비오 – 사바르의 법칙

임의의 형상의 도선에 전류 $I[\text{A}]$가 흐를 때, 도선상의 미소길이 dl 부분에 흐르는 전류에 의하여 거리 r만큼 떨어진 점 P에서의 자계의 세기 dH는

$$dH = \frac{Idl\sin\theta}{4\pi r^2} [\text{AT/m}]$$

가 된다.

(5) 전계와 자계의 비교

정 전 계	
전 하	$Q[\text{C}]$
진공의 유전율	$\epsilon_0 = 8.855 \times 10^{-12}[\text{F/m}]$
쿨롱의 법칙 (전기력)	$F = \frac{Q_1 Q_2}{4\pi\epsilon_0 r^2}[\text{N}]$
전계의 세기	$E = \frac{Q}{4\pi\epsilon_0 r^2}[\text{V/m}]$
힘과 전계	$F = QE[\text{N}]$
전 위	$V = \frac{Q}{4\pi\epsilon_0 r}[\text{V}]$

정 자 계	
자 하 (자극의 세기)	$m[\text{Wb}]$
진공의 투자율	$\mu_0 = 4\pi \times 10^{-7}[\text{H/m}]$
쿨롱의 법칙 (자기력)	$F = \frac{m_1 m_2}{4\pi\mu_0 r^2}[\text{N}]$
자계의 세기	$H = \frac{m}{4\pi\mu_0 r^2}[\text{AT/m}]$
힘과 자계	$F = mH[\text{N}]$
자 위	$U = \frac{m}{4\pi\mu_0 r}[\text{AT}]$

2. 전류에 의한 자기현상

1) 자기력선의 방향

(1) 암페어의 오른손 법칙

전류에 의한 자계 방향의 관계를 **암페어의 오른손 법칙** 혹은 **암페어의 오른 나사 법칙**이라고 한다.

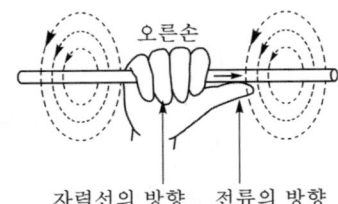

자력선의 방향   전류의 방향

암페어의 오른나사법칙

(2) 전류에 의한 자계의 세기

① 무한장 직선 전류에 의한 자계

$$H = \frac{I}{2\pi r}[\text{AT/m}]$$

여기서, H : 자계의 세기

r : 거리

I : 무한 직선에 흐르는 전류

② 무한장 솔레노이드에서의 자계

- 외부의 자계의 세기 : 0
- 내부의 자계의 세기 : $H = n_o I[\text{AT/m}]$

여기서, n_o : 단위 길이당의 권수

I : 솔레노이드에 흐르는 전류

③ 원형 코일 중심의 자계의 세기

$$H = \frac{NI}{2r}[\text{AT/m}]$$

여기서, N : 코일의 감은 횟수

I : 원형코일의 전류

r : 원형코일의 반지름

④ 환상 솔레노이드에 의한 자장

환상 솔레노이드 내부에서의 자계의 세기 H는

$$H = \frac{NI}{2\pi r} = \frac{NI}{l}[\text{AT/m}]$$

여기서, l : 자로의 길이[m]

가 된다. 즉, 환상 솔레노이드 내부의 자계는 투자율 μ에 관계없다.

3. 인덕턴스의 계산

- $N\phi = LI$에서 쇄교 자속수를 구하여 회로에 흐르는 전류 I로 나누는 방법
- 자계 에너지 $W = \frac{1}{2}LI^2$으로부터 자기 인덕턴스 L을 구하는 방법

1) 솔레노이드

① 솔레노이드 내부의 자계의 세기

$$H = nI = \frac{NI}{l}[\text{AT/m}]$$

여기서, l : 길이, N : 권수, I : 전류

② 솔레노이드의 내부 자속

$$\phi = BS = \mu HS = \frac{\mu SNI}{l}[\text{Wb}]$$

여기서, S : 단면적, μ : 투자율,

N : 권수, I : 전류, ϕ : 자속

따라서 인덕턴스 $L = \frac{N\phi}{I} = \frac{\mu SN^2}{l}[\text{H}]$

2) 자계 에너지

자계 에너지 $W = \frac{1}{2}LI^2[\text{W}]$

따라서 인덕턴스 $L = \frac{2W}{I^2}[\text{H}]$

4. 자기회로

1) 자기 회로의 옴의 법칙

(1) 자기저항

자기회로에서 코일의 권수 N, 코일의 전류 I, 평균자로 l, 투자율 μ, 자속밀도 B, 자속 ϕ로

하면 자기저항은

$$R_m = \frac{l}{\mu S}[\text{AT/Wb}]$$

(2) 기자력

N 회 감은 코일에 전류 I 를 흘리면 자속이 만들어지는데 이때 만들어지는 자속은 NI 에 비례하게 된다.

$$F_m = NI[\text{AT}]$$

이 기자력과 자속, 자기저항의 관계를 자기 옴의 법칙이라 한다.

$$F_m = NI = \phi R_m$$

$$\therefore \ \phi = \frac{NI}{R_m}[\text{Wb}]$$

자기회로와 전기회로의 비교

전 기 회 로		자 기 회 로	
기전력	$E[\text{V}]$	기자력	$F_m[\text{AT}]$
전 류	$I[\text{A}]$	자 속	$\phi[\text{Wb}]$
전 계	$E[\text{V/m}]$	자 계	$H[\text{AT/m}]$
전기저항	$R[\Omega]$	자기저항	$R_m[\text{AT/Wb}]$
도전율	$\sigma[\text{S/m}]$	투자율	$\mu[\text{H/m}]$
옴의 법칙	$E = IR[\text{V}]$ $\therefore \ I = \dfrac{E}{R}[\text{A}]$	옴의 법칙	$F_m = \phi R_m[\text{AT}]$ $\therefore \ \phi = \dfrac{NI}{R_m}[\text{Wb}]$

2) 자속밀도

(1) 자속

1[Wb]의 점자극에서 1개의 선속이 나오는 것을 자속 ϕ 라고 정의하며, m[Wb]의 자극에서 나오는 자속 $\phi = m$[Wb]가 된다.

(2) 자속밀도

자속밀도 B 는 자속의 수를 면적으로 나눈값이다.

$$B = \frac{\phi}{S} = \frac{m}{S}[\text{Wb/m}^2]$$

여기서, ϕ : 자속수
S : 면적
m : 자하량

자속밀도는 자계의 세기와 다음과 같은 관계가 있다.

$$B = \mu H[\text{Wb/m}^2] = \mu_o \mu_s H[\text{Wb/m}^2]$$

여기서, 투자율은

$$\mu = \mu_o \mu_s = 4\pi \times 10^{-7} \times \mu_s[\text{H/m}]$$

가 된다.

출제예상문제 — 자기의 성질과 전류에 의한 자기장

01 물질에 따라 자석에 반발하는 물체를 무엇이라 하는가?

① 비자성체　　　② 상자성체
③ 반자성체　　　④ 가역성체

풀이
- 비자성체 : 자화되지 않는 물체
- 상자성체 : 자석에 끌리는 물체
- 가역성체 : 모양은 변하나 본질은 변하지 않는 물체

02 다음 중 반자성체는?

① 안티몬　　　② 알루미늄
③ 코발트　　　④ 니켈

풀이 반자성체 : 은(Ag), 구리(Cu), 비스무트(Bi), 물(H_2O), 안티몬(Sb)

03 다음 중 상자성체는 어느 것인가?

① 철　　　② 코발트
③ 니켈　　　④ 텅스텐

풀이 상자성체 : 백금(Pt), 알루미늄(Al), 산소(O_2), 공기(N_2), 텅스텐(W)

04 다음 중 자기 차폐와 가장 관계가 깊은 것은?

① 상자성체
② 강자성체
③ 반자성체
④ 비투자율이 1인 자성체

풀이 투자율이 큰 강자성체를 사용하여 외부자계의 영향을 작게하는 자기적인 차단을 자기 차폐(magnetic shielding)라 한다.

05 다음 중 자기장 내에서 같은 크기 m[Wb]의 자극이 존재할 때 자기장의 세기가 가장 큰 물질은?

① 초합금　　　② 페라이트
③ 구리　　　④ 니켈

06 히스테리시스 곡선이 횡축과 만나는 점의 값은 무엇을 나타내는가?

① 자속밀도　　　② 자화력
③ 보자력　　　④ 잔류자기

풀이 종축과 만나는 점은 잔류 자기(잔류 자속 밀도)이고, 횡축과 만나는 점은 보자력을 표시한다.

07 히스테리시스 곡선의 ㉠ 가로축(횡축)과 ㉡ 세로축(종축)은 무엇을 나타내는가?

① ㉠ 자속 밀도　　㉡ 투자율
② ㉠ 자기장의 세기　㉡ 자속 밀도
③ ㉠ 자화의 세기　　㉡ 자기장의 세기
④ ㉠ 자기장의 세기　㉡ 투자율

풀이 종축과 만나는 점은 잔류 자기(잔류 자속 밀도)이고, 횡축과 만나는 점은 보자력(자기장의 세기)을 표시한다.

08 다음 설명의 (㉠), (㉡)에 들어갈 내용으로 옳은 것은?

> 히스테리시스 곡선에서 종축과 만나는 점은 (㉠)이고, 횡축과 만나는 점은 (㉡)이다.

① ㉠ 보자력,　　㉡ 잔류자기
② ㉠ 잔류자기,　㉡ 보자력
③ ㉠ 자속밀도,　㉡ 자기저항
④ ㉠ 자기저항,　㉡ 자속밀도

답 1. ③ 2. ① 3. ④ 4. ② 5. ③ 6. ③ 7. ② 8. ②

풀이 히스테리시스곡선에서 종축과 만나는 점을 잔류자기, 횡축과 만나는 점을 보자력이라 한다.

---

09 히스테리시스손은 최대 자속 밀도의 몇 승에 비례하는가?

① 1.1 　　② 1.6

③ 2.6 　　④ 3.2

풀이 스타인메츠의 식 $W_h = \eta f B_m^{1.6}$ 에서 최대 자속의 1.6제곱에 비례한다.

---

10 자석의 성질로 옳은 것은?

① 자석은 고온이 되면 자력이 증가한다.

② 자기력선에는 고무줄과 같은 장력이 존재한다.

③ 자력선은 자석 내부에서도 N극에서 S극으로 이동한다.

④ 자력선은 자성체는 투과하고, 비자성체는 투과하지 못한다.

풀이 자석은 고온이 되면 자력이 감소되고, 자력선에는 장력이 존재한다.

---

11 자석에 대한 성질을 설명한 것으로 옳지 못한 것은?

① 자극은 자석의 양 끝에서 가장 강하다.

② 자극이 가지는 자기량은 항상 N극이 강하다.

③ 자석에는 언제나 두 종류의 극성이 있다.

④ 같은 극성의 자석은 서로 반발하고, 다른 극성은 서로 흡인한다.

풀이 N극과 S극 각각의 자기량은 같고 자극간의 자기력의 작용은 반대로 나타난다.

---

12 다음 중에서 자석의 일반적인 성질에 대한 설명으로 틀린 것은?

① N극과 S극이 있다.

② 자력선은 N극에서 나와 S극으로 향한다.

③ 자력이 강할수록 자기력선의 수가 많다.

④ 자석은 고온이 되면 자력이 증가한다.

풀이 자석은 고온이 되면 자력이 감소되고, 저온이 되면 자력이 증가한다.

---

13 자기력선의 설명 중 맞는 것은?

① 자기력선은 자석의 N극에서 시작하여 S극에서 끝난다.

② 자기력선 상호간에 교차한다.

③ 자기력선은 자석의 S극에서 시작하여 N극에서 끝난다.

④ 자기력선은 가시적으로 보인다.

---

14 자기력선에 대한 설명으로 옳지 않은 것은?

① 자석의 N극에서 시작하여 S극에서 끝난다.

② 자기장의 방향은 그 점을 통과하는 자기력선의 방향으로 표시한다.

③ 자기력선은 상호간에 교차한다.

④ 자기장의 크기는 그 점에 있어서의 자기력선의 밀도를 나타낸다.

풀이 자기력선은 상호 간에 교차하지 않는다.

답 9. ② 10. ② 11. ② 12. ④ 13. ① 14. ③

15 **전류와 자속에 관한 설명 중 옳은 것은?**

① 전류와 자속은 항상 폐회로를 이룬다.

② 전류와 자속은 항상 폐회로를 이루지 않는다.

③ 전류는 폐회로이나 자속은 아니다.

④ 자속은 폐회로이나 전류는 아니다.

풀이 전기회로의 전류와 자기회로의 자속은 항상 폐회로를 이룬다.

16 **자력선의 성질을 설명한 것이다. 옳지 않은 것은?**

① 자력선은 서로 교차하지 않는다.

② 자력선은 N극에서 나와 S극으로 향한다.

③ 진공 중에서 나오는 자력선의 수는 m개이다.

④ 한 점의 자력선 밀도는 그 점의 자장의 세기를 나타낸다.

풀이 진공 중에서 m[Wb]의 자하로부터 나오는 자력선의 수는 $\Phi = \dfrac{m}{\mu_0}$[개]이다.

17 **진공 중에 두 자극 m_1, m_2를 r[m]의 거리에 놓았을 때 작용하는 힘 F의 식으로 옳은 것은?**

① $F = \dfrac{1}{4\pi\mu_0} \times \dfrac{m_1 m_2}{r}$[N]

② $F = \dfrac{1}{4\pi\mu_0} \times \dfrac{m_1 m_2}{r^2}$[N]

③ $F = 4\pi\mu_0 \times \dfrac{m_1 m_2}{r}$[N]

④ $F = 4\pi\mu_0 \times \dfrac{m_1 m_2}{r^2}$[N]

풀이 쿨롱의 법칙

$$F = \dfrac{1}{4\pi\mu_0} \cdot \dfrac{m_1 m_2}{r^2}$$

$$= 6.33 \times 10^4 \cdot \dfrac{m_1 m_2}{\mu_s r^2}\ [\text{N}]$$

18 **투자율 μ의 단위는?**

① AT/m　　② Wb/m²

③ AT/Wb　　④ H/m

19 **진공 중의 투자율 μ_o[H/m]는?**

① 6.33×10^4　　② 8.55×10^{-12}

③ $4\pi \times 10^{-7}$　　④ 9×10^9

풀이 투자율 $\mu_o = 4\pi \times 10^{-7}$[H/m]

유전율 $\epsilon_o = 8.855 \times 10^{-12}$[F/m]

20 **다음 설명 중 틀린 것은?**

① 앙페르의 오른 나사 법칙 : 전류의 방향을 오른나사가 진행하는 방향으로 하면, 이 때 발생되는 자기장의 방향은 오른나사의 회전 방향이 된다.

② 렌츠의 법칙 : 유도 기전력은 자신의 발생 원인이 되는 자속의 변화를 방해하려는 방향으로 발생한다.

③ 패러데이의 전자 유도 법칙 : 유도 기전력의 크기는 코일을 지나는 자속의 매초 변화량과 코일의 권수에 비례한다.

④ 쿨롱의 법칙 : 두 자극 사이에 작용하는 자력의 크기는 양 자극의 세기의 곱에 비례하며, 자극 간의 거리의 제곱에 비례한다.

풀이 쿨롱의 법칙

$$F = \frac{m_1 m_2}{4\pi \mu_0 r^2} = 6.33 \times 10^4 \frac{m_1 m_2}{r^2} [\text{N}]$$

∴ 자극 간의 거리의 제곱에 반비례한다.

풀이 쿨롱의 법칙

$$F = 6.33 \times 10^4 \frac{m_1 m_2}{r^2} = 6.33 \times 10^4 \times \frac{1 \times 1}{1^2}$$

$$= 6.33 \times 10^4 [\text{N}]$$

21 어느 자기장에 의하여 생기는 자기장의 세기를 1/2로 하려면 자극으로부터의 거리를 몇 배로 하여야 하는가?

① $\sqrt{2}$ 배   ② $\sqrt{3}$ 배
③ 2배   ④ 3배

풀이 자기장의 세기는 거리의 제곱에 반비례한다.

$$\left(H \propto \frac{1}{r^2} \right)$$

따라서 $r \propto \frac{1}{\sqrt{H}} = \frac{1}{\sqrt{1/2}} = \sqrt{2}$ 배이다.

22 2개의 자극 사이에 작용하는 힘의 세기는 무엇에 반비례하는가?

① 전류의 크기
② 자극 간의 거리의 제곱
③ 자극의 세기
④ 전압의 크기

풀이 쿨롱의 법칙 : 두 자하 간에 작용하는 자기력의 크기는 양 자하의 곱에 비례하며, 자하(자극) 간 거리의 제곱에 반비례 한다.

23 진공 중에서 같은 크기의 두 자극을 1[m] 거리에 놓았을 때, 그 작용하는 힘은? (단, 자극의 세기는 1[Wb]이다.)

① $6.33 \times 10^4 [\text{N}]$
② $8.33 \times 10^4 [\text{N}]$
③ $9.33 \times 10^5 [\text{N}]$
④ $9.09 \times 10^9 [\text{N}]$

24 진공 속에서 1[m]의 거리를 두고 10^{-3}[Wb]와 10^{-5}[Wb]의 자극이 놓여 있다면 그 사이에 작용하는 힘[N]은?

① $4\pi \times 10^{-5} [\text{N}]$
② $4\pi \times 10^{-4} [\text{N}]$
③ $6.33 \times 10^{-5} [\text{N}]$
④ $6.33 \times 10^{-4} [\text{N}]$

풀이

$$F = \frac{1}{4\pi \mu_0} \cdot \frac{m_1 m_2}{r^2}$$

$$= 6.33 \times 10^4 \times \frac{10^{-3} \times 10^{-5}}{1}$$

$$= 6.33 \times 10^{-4} [\text{N}]$$

25 자기장의 세기에 대한 설명이 잘못된 것은?

① 단위 자극에 작용하는 힘과 같다.
② 자속밀도에 투자율을 곱한 것과 같다.
③ 수직 단면의 자력선 밀도와 같다.
④ 단위 길이당 기자력과 같다.

풀이 자계의 세기 :
자기적 힘이 미치는 공간을 자계라 하며, 자계 중의 한 점에 단위자하[+1Wb]를 놓았을 때, 이에 작용하는 힘의 크기 및 방향을 그 점에 대한 자계의 세기라 한다. 즉, 자계의 세기는 단위길이당의 기자력으로 정의된다.

$$H = \frac{m}{4\pi \mu_0 r^2} [\text{N/Wb}] \text{ 또는 } [\text{AT/m}]$$

$$H = 6.33 \times 10^4 \frac{m}{r^2} [\text{N/Wb}] \text{ 또는 } [\text{AT/m}]$$

자계의 세기 단위는 [N/Wb]이지만, 일반적으로 [AT/m]를 사용한다.

26 공기 중에서 자기장의 세기가 100[A/m]인 점에 8×10^{-2}[Wb]의 자극을 놓을 때 이 자극에 작용하는 기자력은?

① 8×10^{-4}[N]　　② 8[N]

③ 125[N]　　④ 1250[N]

풀이 $F = mH = 8 \times 10^{-2} \times 100 = 8$[N]

27 공기 중 자장의 세기 20[AT/m]인 곳에 8×10^{-3}[Wb]의 자극을 놓으면 작용하는 힘[N]은?

① 0.16　　② 0.32

③ 0.43　　④ 0.56

풀이 쿨롱의 법칙과 자계의 세기 관계식 $F = mH$에서 $F = mH = 8 \times 10^{-3} \times 20 = 0.16$[N]이 된다.

28 평등자장 내에 있는 도선에 전류가 흐를 때 자장의 방향과 어떤 각도로 되어있으면 작용하는 힘이 최대가 되는가?

① 30°　　② 45°

③ 60°　　④ 90°

풀이 토크(회전력) $T = MH\sin\theta$[N · m]이므로 90°일 때($\sin 90° = 1$) 최대가 된다.

29 자극의 세기가 20[Wb]인 길이가 15[cm]의 막대 자석의 자기 모먼트는 몇 [Wb · m]인가?

① 0.45　　② 1.5

③ 3.0　　④ 6.0

풀이 자기 모먼트 $M = ml$에서 $M = 20 \times 15 \times 10^{-2} = 3$[Wb · m]가 된다.

30 자속밀도 $B = 0.2$[Wb/m²]의 자장 내에 길이 2[m], 폭 1[m], 권수 5회의 구형 코일이 자장과 30°의 각도로 놓여 있을 때 코일이 받는 회전력은?(단, 코일에 흐르는 전류는 2[A]이다.)

① $\sqrt{\dfrac{3}{2}}$[N · m]　　② $\dfrac{\sqrt{3}}{2}$[N · m]

③ $2\sqrt{3}$[N · m]　　④ $\sqrt{3}$[N · m]

풀이 회전력 $T = NIB\,ab\cos\theta$
$$= 5 \times 2 \times 0.2 \times 2 \times 1 \times \cos 30°$$
$$= 2\sqrt{3}\,[\text{N} \cdot \text{m}]$$

31 자극의 세기 4[Wb], 자축의 길이 10[cm]의 막대자석이 100[AT/m]의 평등자장 내에서 20[N · m]의 회전력을 받았다면 이때 막대자석과 자장과의 이루는 각도는?

① 0°　　② 30°

③ 60°　　④ 90°

풀이 회전력 $T = mlH\sin\theta$[N · m] 이므로
$$\sin\theta = \frac{T}{mlH} = \frac{20}{4 \times 10 \times 10^{-2} \times 100} = 0.5 \text{이다.}$$
$$\therefore \theta = \sin^{-1} 0.5 = 30°$$

32 전류에 의해 발생되는 자장의 크기는 전류의 크기와 전류가 흐르고 있는 도체와 고찰하려는 점까지의 거리에 의해 결정된다. 이러한 관계를 무슨 법칙이라 하는가?

① 비오-사바르의 법칙

② 플레밍의 법칙

③ 쿨롱의 법칙

④ 패러데이의 법칙

풀이 **비오-사바르 법칙**

임의의 형상의 도선에 전류 I[A]가 흐를 때, 도선상

의 미소길이 dl 부분에 흐르는 전류에 의하여 거리 r만큼 떨어진 점 P에서의 자계의 세기 dH는

$$dH = \frac{Idl\sin\theta}{4\pi r^2}[\text{AT/m}]$$가 된다.

33 비오-사바르(Biot-Savart)의 법칙과 가장 관계가 깊은 것은?

① 전류가 만드는 자장의 세기
② 전류와 전압의 관계
③ 기전력과 자계의 세기
④ 기전력과 자속의 변화

풀이 비오-사바르의 법칙
전류와 자장의 세기의 관계를 나타내는 법칙으로 자계의 세기 $dH = \frac{Idl\sin\theta}{4\pi r^2}[\text{AT/m}]$이다.

34 전류에 의한 자계의 세기와 관계가 있는 법칙은?

① 옴의 법칙
② 렌츠의 법칙
③ 키르히호프의 법칙
④ 비오-사바르의 법칙

풀이 비오-사바르의 법칙 : 미소 전류와 자계에 관한 법칙

35 다음 중 전류와 자장의 세기와의 관계는 어떤 법칙과 관계가 있는가?

① 패러데이의 법칙
② 플레밍의 왼손 법칙
③ 비오-사바르 법칙
④ 앙페르의 오른나사법칙

풀이 임의의 형상의 도선에 전류 $I[\text{A}]$가 흐를 때, 도선상의 미소길이 dl 부분에 흐르는 전류에 의하여 거리

r만큼 떨어진 점 P에서의 자계의 세기 dH는

$$dH = \frac{Idl\sin\theta}{4\pi r^2}[\text{AT/m}]$$가 된다.

36 그림과 같이 $I[\text{A}]$의 전류가 흐르고 있는 도체의 미소부분 $\triangle l$의 전류에 의해 이 부분이 r [m] 떨어진 점 P의 자기장 $\triangle H[\text{A/m}]$는?

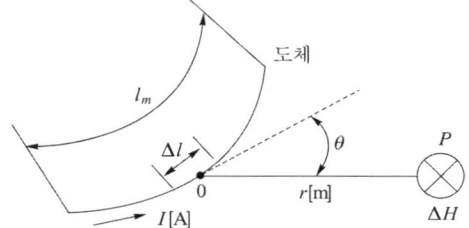

① $\triangle H = \dfrac{I^2\triangle l\sin\theta}{4\pi r^2}$

② $\triangle H = \dfrac{I\triangle l^2\sin\theta}{4\pi r}$

③ $\triangle H = \dfrac{I^2\triangle l\sin\theta}{4\pi r}$

④ $\triangle H = \dfrac{I\triangle l\sin\theta}{4\pi r^2}$

풀이 비오-사바르의 법칙 :
미소 전류와 자계에 관한 법칙
$$dH = \frac{Idl\sin\theta}{4\pi r^2}[\text{AT/m}]$$
(θ : 전류 방향과 거리가 이루는 각)

37 전류에 의한 자기장의 방향을 결정하는 법칙은?

① 앙페르의 오른나사 법칙
② 플레밍의 오른손 법칙
③ 플레밍의 왼손 법칙
④ 렌츠의 전자유도 법칙

풀이 앙페르의 오른나사 법칙 : 도선에 전류가 흐르면 오른나사가 회전하는 방향으로 동심원을 그리는 자기장이 형성된다.

38 전류에 의해 발생되는 자기장에서 자력선의 방향을 간단하게 알아내는 법칙은?

① 오른나사의 법칙
② 플레밍의 왼손법칙
③ 주회적분의 법칙
④ 줄의 법칙

풀이 앙페르의 오른나사 법칙 : 도선에 전류가 흐르면 오른나사가 회전하는 방향으로 동심원을 그리는 자기장이 형성된다.

39 자화력(자기장의 세기)을 표시하는 식과 관계가 되는 것은?

① NI ② $\mu I l$
③ $\dfrac{NI}{\mu}$ ④ $\dfrac{NI}{l}$

풀이 자장의 세기 $H = \dfrac{F}{l} = \dfrac{NI}{l}[\text{AT/m}]$

40 무한장 직선 도체에 전류를 통할 때 10[cm] 떨어진 점의 자계의 세기가 2[AT/m]라면 전류의 크기는 약 몇 [A]인가?

① 1.26 ② 2.16
③ 2.84 ④ 3.14

풀이 무한장 직선전류의 자계의 세기
$H = \dfrac{I}{2\pi r}[\text{AT/m}]$에서
$2 = \dfrac{I}{2\pi \times 10 \times 10^{-2}}$ 이므로
$I = 2 \times 2\pi \times 10 \times 10^{-2} = 1.26[\text{A}]$

41 공기 중에서 반지름 10[cm]인 원형 도체에 1[A]의 전류가 흐르면 원의 중심에서 자기장의 크기는 몇 [AT/m]인가?

① 5[AT/m] ② 10[AT/m]
③ 15[AT/m] ④ 20[AT/m]

풀이 원형 전류 중심에서 자계의 세기
$H_0 = \dfrac{I}{2r} = \dfrac{1}{2 \times 0.1} = 5[\text{AT/m}]$

42 반지름 25[cm], 권수 10의 원형 코일에 10[A]의 전류를 흘릴 때 코일 중심의 자장의 세기는 몇 [AT/m]인가?

① 32[AT/m] ② 65[AT/m]
③ 100[AT/m] ④ 200[AT/m]

풀이 원형 코일 중심의 자장의 세기
$H = \dfrac{NI}{2r} = \dfrac{10 \times 10}{2 \times 0.25} = 200[\text{AT/m}]$

43 반지름 0.2[m], 권수 50회의 원형 코일이 있다. 코일 중심의 자기장의 세기가 850[AT/m]이었다면 코일에 흐르는 전류의 크기는?

① 0.68[A] ② 6.8[A]
③ 10[A] ④ 20[A]

풀이 원형코일 중심자기장의 세기
$H = \dfrac{NI}{2r} = \dfrac{50 \times I}{2 \times 0.2} = 850[\text{AT/m}]$이므로
$\therefore I = \dfrac{850 \times 2 \times 0.2}{50} = 6.8[\text{A}]$

44 반지름 5[cm], 권수 100회인 원형 코일에 15[A]의 전류가 흐르면 코일중심의 자장의 세기는 몇 [AT/m]인가?

① 750 ② 3000
③ 15000 ④ 22500

풀이 원형 코일 중심의 자장의 세기

$$H = \frac{NI}{2r} = \frac{100 \times 15}{2 \times 0.05} = 15000[\text{AT/m}]$$

45 평균 반지름이 10[cm]이고 감은 횟수 10회의 원형코일에 20[A]의 전류를 흐르게 하면 코일 중심의 자기장의 세기는?

① 10[AT/m]　　② 20[AT/m]

③ 1000[AT/m]　④ 2000[AT/m]

풀이 원형코일 중심자장의 세기

$$H = \frac{NI}{2r} = \frac{10 \times 20}{2 \times 0.1} = 1000[\text{AT/m}]$$

46 반지름 50[cm], 권수 10[회]인 원형 코일에 0.1[A]의 전류가 흐를 때, 이 코일 중심의 자계의 세기 H는?

① 1[AT/m]　　② 2[AT/m]

③ 3[AT/m]　　④ 4[AT/m]

풀이 원형 코일 중심의 자계의 세기

$$H = \frac{NI}{2a} = \frac{10 \times 0.1}{2 \times 50 \times 10^{-2}} = 1[\text{AT/m}]$$

47 길이 5[cm]의 균일한 자로에 10회의 도선을 감고 1[A]의 전류를 흘릴 때 자로의 자장의 세기[AT/m]는?

① 5[AT/m]　　　② 50[AT/m]

③ 200[AT/m]　　④ 500[AT/m]

풀이 솔레노이드의 단위 길이 당 권수를 n이라 할 때 5[cm]당 10회 감으면 1[m]당 200회 감은 것이므로 자장의 세기 $H = nI = 200 \times 1$
$\qquad\qquad\qquad = 200[\text{AT/m}]$

48 단위 길이 당 권수 100회인 무한장 솔레노이드에 10[A]의 전류가 흐를 때 솔레노이드 내부의 자장[AT/m]은?

① 10　　　　② 100

③ 1000　　　④ 10000

풀이 솔레노이드 내부 자장의 세기

$$H = \frac{nI}{l} = \frac{100 \times 10}{1} = 1000[\text{AT/m}]$$

49 길이 2[m]의 균일한 자로에 8000회의 도선을 감고 10[mA]의 전류를 흘릴 때 자로의 자장의 세기는?

① 4[AT/m]　　② 16[AT/m]

③ 40[AT/m]　④ 160[AT/m]

풀이 자계의 세기

$$H = \frac{NI}{\ell} = \frac{8000 \times 10 \times 10^{-3}}{2} = 40[\text{AT/m}]$$

50 1[cm]당 권선수가 10인 무한 길이 솔레노이드에 1[A]의 전류가 흐르고 있을 때 솔레노이드 외부 자계의 세기[AT/m]는?

① 0　　　　　② 10

③ 100　　　　④ 1000

풀이 무한장 솔레노이드의 외부의 자계의 세기는 0, 내부의 자계의 세기는 $H = n_o I[\text{AT/m}]$이다.

51 환상 솔레노이드 내부의 자기장의 세기에 관한 설명으로 옳은 것은?

① 자장의 세기는 권수에 반비례한다.

② 자장의 세기는 권수, 전류, 평균 반지름과는 관계가 없다.

③ 자장의 세기는 평균 반지름에 비례한다.

④ 자장의 세기는 전류에 비례한다.

풀이 $H = \dfrac{NI}{2\pi r}$ [AT/m]이므로 자계의 세기는 평균 반지름에 반비례하고, 권수와 전류에 비례한다.

52 평균 반지름 r[m]의 환상 솔레노이드에 I[A]의 전류가 흐를 때, 내부 자계가 H[AT/m]이었다. 권수 N은?

① $\dfrac{HI}{2\pi r}$ ② $\dfrac{2\pi r}{HI}$

③ $\dfrac{2\pi r H}{I}$ ④ $\dfrac{I}{2\pi r H}$

풀이 평균 반지름 r[m]인 환상 솔레노이드의

자장의 세기 $H = \dfrac{NI}{2\pi r}$ [AT/m]이므로

권수 $N = \dfrac{2\pi r H}{I}$ 가 된다.

53 평균길이 40[cm]의 환상 철심에 200회의 코일을 감고, 여기에 5[A]의 전류를 흘렸을 때 철심 내의 자기장의 세기는 몇 [AT/m]인가?

① 25×10^2[AT/m]

② 2.5×10^2[AT/m]

③ 200[AT/m]

④ 8000[AT/m]

풀이 환상 솔레노이드에 의한 자장

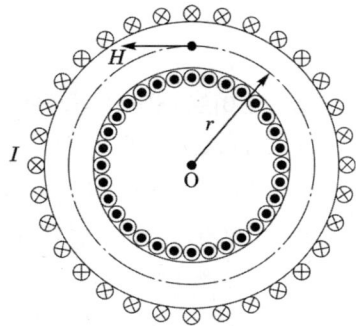

그림과 같이 환상철심에 코일을 감을 것을 환상 솔레노이드라 한다. 환상 솔레노이드 내부에서의 자계의 세기 H는 $H = \dfrac{NI}{2\pi r}$ [AT/m]가 된다.

즉, 환상 솔레노이드 내부의 자계는 투자율 μ에 관계없다.

또 길이가 40[cm]이므로 $2\pi r = 40 \times 10^{-2}$이 된다.

$\therefore H = \dfrac{200 \times 5}{40 \times 10^{-2}} = 25 \times 10^2$[AT/m]이 된다.

54 코일의 자체 인덕턴스는 어느 것에 따라 변환하는가?

① 투자율   ② 유전율

③ 도전율   ④ 저항률

풀이 코일의 자기인덕턴스 $L = \dfrac{\mu SN^2}{l}$에서

L은 μ에 비례한다.

55 환상철심의 평균자로길이 l[m], 단면적 A [m²], 비투자율 μ_s, 권수 N_1, N_2인 두 코일의 상호 인덕턴스는?

① $\dfrac{2\pi \mu_s l N_1 N_2}{A} \times 10^{-7}$[H]

② $\dfrac{A N_1 N_2}{2\pi \mu_s l} \times 10^{-7}$[H]

③ $\dfrac{4\pi \mu_s A N_1 N_2}{l} \times 10^{-7}$[H]

④ $\dfrac{4\pi^2 \mu_s N_1 N_2}{A l} \times 10^{-7}$[H]

풀이 상호 인덕턴스

$M = \dfrac{\mu S N_1 N_2}{l} = \dfrac{\mu_0 \mu_s S N_1 N_2}{l}$

$= \dfrac{4\pi \mu_s S N_1 N_2}{l} \times 10^{-7}$[H]

56 권선수 50인 코일에 5[A]의 전류가 흘렀을 때 10^{-3}[Wb]의 자속이 코일에 전체 쇄교하였다면 이 이 코일의 자체 인덕턴스는 몇 [mH]인가?

① 10 ② 20
③ 30 ④ 40

풀이 자기 인덕턴스

$$L = \frac{N\phi}{I} \text{[Wb/A] 또는 [H]에서}$$

$$L = \frac{50 \times 10^{-3}}{5} \times 10^3 = 10 \text{[mH]가 된다.}$$

57 권수 200회의 코일에 5[A]의 전류가 흘러서 0.025[Wb]의 자속이 코일을 지난다고 하면, 이 코일에 자체 인덕턴스는 몇 [H]인가?

① 2 ② 1
③ 0.5 ④ 0.1

풀이 자기인덕턴스 $L = \frac{N\Phi}{I}$에서

$$L = \frac{200 \times 0.025}{5} = 1 \text{[H]가 된다.}$$

58 단면적 4[cm²], 자기 통로의 평균 길이 50[cm], 코일 감은 횟수 1000회, 비투자율 2000인 환상 솔레노이드가 있다. 이 솔레노이드의 자기인덕턴스는? (단, 진공 중의 투자율 μ_0는 $4\pi \times 10^{-7}$임)

① 약 2[H] ② 약 20[H]
③ 약 200[H] ④ 약 2000[H]

풀이 자기인덕턴스

$$L = \frac{\mu S N^2}{l}$$

$$= \frac{2000 \times 4\pi \times 10^{-7} \times 4 \times 10^{-4} \times 1000^2}{50 \times 10^{-2}}$$

$$= 2.01 \text{[H]}$$

59 누설자속이 발생되기 어려운 경우는 어느 것인가?

① 자로에 공극이 있는 경우
② 자로의 자속 밀도가 높은 경우
③ 철심이 자기 포화되어 있는 경우
④ 자기회로의 자기저항이 작은 경우

풀이 자기회로의 자기저항이 작은 경우는 자속이 자기회로에만 한정되므로 누설자속이 발생되기 어렵다.

60 자기회로의 누설계수를 나타낸 식은?

① $\dfrac{누설자속 + 유효자속}{전자속}$

② $\dfrac{누설자속}{전자속}$

③ $\dfrac{누설자속}{유효자속}$

④ $\dfrac{누설자속 + 유효자속}{유효자속}$

61 자기저항의 단위는?

① [AT/m] ② [Wb/AT]
③ [AT/Wb] ④ [Ω/AT]

풀이 자기 저항 $R_m = \dfrac{F}{\phi} = \dfrac{NI}{\phi}$ [AT/Wb]

62 공기 중 +1[Wb]의 자극에서 나오는 자력선의 수는 몇 개인가?

① 6.33×10^4 ② 7.958×10^5
③ 8.855×10^3 ④ 1.256×10^6

풀이 자력선의 수

$$\Phi = \frac{m}{\mu} = \frac{1}{4\pi \times 10^{-7}} = 7.958 \times 10^5 \text{[개]}$$

63 자기회로의 길이 l[m], 단면적 A[m^2], 투자율 μ[H/m]일 때 자기저항 R[AT/Wb]을 나타낸 것은?

① $R = \dfrac{\mu l}{A}$ [AT/Wb]

② $R = \dfrac{A}{\mu l}$ [AT/Wb]

③ $R = \dfrac{\mu A}{l}$ [AT/Wb]

④ $R = \dfrac{l}{\mu A}$ [AT/Wb]

풀이 자기저항은 자속의 발생을 방해하는 성질의 정도로, 자로의 길이에 비례하고 단면적에 반비례한다.

64 전기와 자기의 요소를 서로 대칭되게 나타내지 않은 것은?

① 전계 – 자계
② 전속 – 자속
③ 유전율 – 투자율
④ 전속밀도 – 자기량

풀이 전속밀도는 자속밀도에 해당한다.

65 다음 중 자장의 세기에 대한 설명으로 잘못된 것은?

① 자속밀도에 투자율을 곱한 것과 같다.
② 단위자극에 작용하는 힘과 같다.
③ 단위 길이당 기자력과 같다.
④ 수직 단면의 자력선 밀도와 같다.

풀이 자계(자장)의 세기는 자속밀도를 투자율로 나눈 것과 같다($H = \dfrac{B}{\mu}$ [AT/m]).

66 비투자율이 1인 환상 철심 중의 자장의 세기가 H[AT/m]이었다. 이때 비투자율이 10인 물질로 바꾸면 철심의 자속밀도 [Wb/m^2]는?

① $\dfrac{1}{10}$ 로 줄어든다.
② 10배 커진다.
③ 50배 커진다.
④ 100배 커진다.

풀이 자속밀도는 비투자율에 비례하므로 비투자율이 10인 물질로 바꾸면 철심의 자속밀도는 10배 커지게 된다.

67 강자성체의 투자율에 대한 설명으로 옳은 것은?

① 투자율은 매질의 두께에 비례한다.
② 투자율은 자화력에 따라서 크기가 달라진다.
③ 투자율이 큰 것은 자속이 통하기 어렵다.
④ 투자율은 자속 밀도에 반비례한다.

풀이
• 자속밀도 $B = \mu H = \mu_o \mu_s H$[Wb/m^2]에서 투자율 $\mu = \dfrac{B}{H}$ 이므로 자속밀도(B)에 비례하며, 자계의 세기(H)에 반비례한다.
• 투자율이 크면 자속이 잘 통한다.
• 투자율은 자화력(자계의 세기)의 크기에 따라 달라진다.

답 63. ④ 64. ④ 65. ① 66. ② 67. ②

03 전자력과 전자유도

1. 전자력

1) 자계 내에서 전류 도체가 받는 힘

자계 $B[\text{Wb/m}^2]$, 전류 $I[\text{A}]$, 힘 $F[\text{N}]$의 관계는

$$F = BlI\sin\theta = \mu_o HlI\sin\theta \, [\text{N}]$$

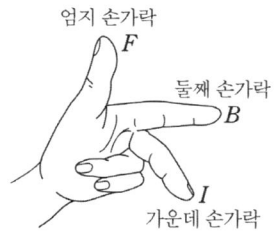

플레밍의 왼손 법칙

2) 평행 전류 사이에 작용하는 힘

같은 방향의 전류는 흡인력이 생기며, 반대방향의 전류는 반발력이 생긴다.

$$F = \mu_0 H_1 I_2 = \frac{\mu_0 I_1 I_2}{2\pi r} \, [\text{N/m}]$$

2. 전자유도

1) 전자유도작용

① 패러데이의 법칙(노이만의 법칙) : 기전력의 크기를 결정

$$e = -\frac{d\Phi}{dt} = -N\frac{d\phi}{dt} \, [\text{V}]$$

여기서, $\Phi = N\phi$는 쇄교 자속수라고 하며, $(-)$는 기전력의 방향이 쇄교 자속의 변화를 방해하는 방향으로 발생하는 것을 의미한다.

② 렌츠의 법칙(Lenz's law) : 기전력의 방향을 결정.

전자유도에 의해 발생하는 기전력은 자속변화를 방해하는 방향으로 전류가 발생한다.

③ 직선 운동에 의한 유도 기전력

$$e = Blv\sin\theta \, [\text{V}]$$

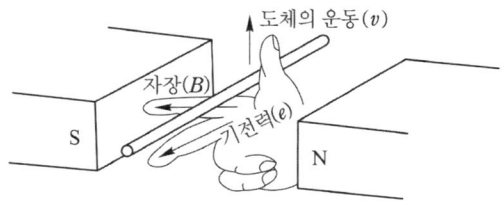

플레밍의 오른손 법칙

④ 인덕턴스

전자유도작용에 의해 발생한 기전력의 크기는 전류의 시간적인 변화율에 비례한다.

$$e = -L\frac{dI}{dt}[\mathrm{V}]$$

여기서, 비례상수 L을 **자기 인덕턴스**(self inductance)라고 한다.

$$e = -\frac{d\Phi}{dt} = -N\frac{d\phi}{dt} \text{ 이므로}$$

$$N\phi = LI$$

$$\therefore L = \frac{N\phi}{I}[\mathrm{Wb/A}] \text{ 또는 } [\mathrm{H}] : \text{Henry}$$

2) 코일의 접속

(1) 직렬 접속

합성 인덕턴스 $L_0 = L_1 + L_2 \pm 2M$

M의 부호는 가동 결합이면 (+), 차동 결합이면 (−)이다.

가동결합   차동결합

(2) 병렬 접속

합성 인덕턴스 $L_0 = \dfrac{L_1 L_2 - M^2}{L_1 + L_2 \pm 2M}$

분모의 M의 부호는 가동 결합이면 (−), 차동 결합이면 (+)이다.

가동결합   차동결합

3) 전자에너지

(1) 전자 에너지

$$W = \frac{1}{2}LI^2[\mathrm{J}]$$

여기서, L : 자기인덕턴스
I : 전류

(2) 자계 에너지 밀도

$$w = \frac{1}{2}\frac{B^2}{\mu_0} = \frac{1}{2}\mu_0 H^2 = \frac{1}{2}BH[\mathrm{J/m^3}]$$

여기서, B : 자속밀도
μ_o : 진공 중의 투자율
H : 자계의 세기

01 자장 내에 있는 도체에 전류를 흘리면 힘(전자력)이 작용하는데, 이 힘의 방향을 어떤 법칙으로 정하는가?

① 플레밍의 오른손 법칙
② 플레밍의 왼손 법칙
③ 렌츠의 법칙
④ 앙페르의 오른나사 법칙

풀이 자장 내에 도체에 전류가 흐를 때 이곳에 작용하는 힘의 방향을 결정하는 법칙은 플레밍의 왼손법칙이 여기에 해당한다.

02 다음 중 전자력 작용을 응용한 대표적인 것은?

① 전동기 　② 전열기
③ 축전기 　④ 전등

풀이 플레밍의 왼손 법칙은 전자력에 관계되는 법칙으로 전동기의 원리를 설명하는 법칙으로 사용된다.

03 플레밍의 왼손 법칙에서 엄지손가락이 뜻하는 것은?

① 자기력선속의 방향
② 힘의 방향
③ 기전력의 방향
④ 전류의 방향

풀이 플레밍의 왼손 법칙에서 엄지는 힘(F), 검지는 자기장(B), 중지는 전류(I)를 나타낸다.

04 플레밍의 왼손법칙에서 전류의 방향을 나타내는 손가락은?

① 약지 　② 중지
③ 검지 　④ 엄지

풀이 플레밍의 왼손 법칙 : 엄지는 힘의 방향, 검지는 자속의 방향, 중지는 전류의 방향이다.

05 다음 중 전동기의 원리에 적용되는 법칙은?

① 렌츠의 법칙
② 플레밍의 오른손 법칙
③ 플레밍의 왼손 법칙
④ 옴의 법칙

풀이 • 플레밍의 오른손 법칙 : 발전기의 원리
• 플레밍의 왼손 법칙 : 전동기의 원리

06 도체가 자기장에서 받는 힘의 관계 중 틀린 것은?

① 자기력선속 밀도에 비례
② 도체의 길이에 반비례
③ 흐르는 전류에 비례
④ 도체가 자기장과 이루는 각도에 비례 ($0°{\sim}90°$)

풀이 자계 내에서 도체가 받는 힘의 크기 $F = IBl\sin\theta$[N]이므로 힘은 도체의 길이에 비례한다.

07 공기 중에서 자속밀도 2[Wb/m²]의 평등 자계 내에 5[A]의 전류가 흐르고 있는 길이 60[cm]의 직선 도체를 자계의 방향에 대하여 60°의 각을 이루도록 놓았을 때 이 도체에 작용하는 힘은?

① 약 1.7[N] 　② 약 3.2[N]
③ 약 5.2[N] 　④ 약 8.6[N]

풀이 자장 내의 도체에 작용하는 힘

$$F = BIl \sin\theta = 2 \times 5 \times 0.6 \times \sin 60°$$
$$= 5.19[\text{N}]$$

08 자속밀도 0.5[Wb/m²]의 자장 안에서 자장과 직각 방향으로 20[cm]의 도체를 놓고 이것에 10[A]의 전류를 흘릴 때 도체가 50[cm] 운동한 경우 한 일은 몇 [J]인가?

① 0.5   ② 1
③ 1.5   ④ 5

풀이 일 $W = FS = BIlS$이므로
$$W = 0.5 \times 10 \times 20 \times 10^{-2} \times 50 \times 10^{-2}$$
$$= 0.5[\text{J}]\text{이 된다.}$$

09 14[C]의 전기량이 이동해서 560[J]의 일을 했을 때 기전력은 얼마인가?

① 40[V]   ② 140[V]
③ 200[V]   ④ 240[V]

풀이 $V = \dfrac{W[\text{J}]}{Q[\text{C}]} = \dfrac{560}{14} = 40[\text{V}]$

10 서로 가까이 나란히 있는 두 도체에 전류가 반대 방향으로 흐를 때 각 도체 간에 작용하는 힘은?

① 흡인한다.
② 반발한다.
③ 흡인과 반발을 되풀이 한다.
④ 처음에는 흡인하다가 나중에는 반발한다.

풀이 평행한 두 도체에 전류의 방향이 같을 경우는 흡인력이 작용하며, 전류의 방향이 다를 경우는 반발력이 작용한다.

11 무한히 긴 평행 2직선이 있다. 이들 도선에 같은 방향으로 일정한 전류가 흐를 때 상호간에 작용하는힘은?

① 흡인력이며 r이 클수록 작아진다.
② 반발력이며 r이 클수록 작아진다.
③ 흡인력이며 r이 클수록 커진다.
④ 반발력이며 r이 클수록 작아진다.

풀이 평행하는 두 도체 사이에 작용하는 힘은
$F = \dfrac{2I_1 I_2}{r} \times 10^{-7}$이며, 두 도체의 전류의 방향이 같을 경우 흡인력이, 전류의 방향이 다를 경우 반발력이 작용한다.

12 평행한 두 도체에 같은 방향의 전류를 흘렸을 때 두 도체 사이에 작용하는 힘은 어떻게 되는가?

① 반발력이 작용한다.
② 힘은 0이다.
③ 흡인력이 작용한다.
④ $\dfrac{I}{2\pi r}$의 힘이 작용한다.

풀이 평행하는 두 도체 사이에 작용하는 힘은
$F = \dfrac{2I_1 I_2}{r} \times 10^{-7}$이며, 두 도체의 전류의 방향이 같을 경우 흡인력이, 전류의 방향이 다를 경우 반발력이 작용한다.

13 0.25[H]와 0.23[H]의 자체 인덕턴스를 직렬로 접속할 때 합성 인덕턴스의 최댓값은 약 몇 [H]인가?

① 0.48[H]   ② 0.96[H]
③ 4.8[H]   ④ 9.6[H]

풀이 인덕턴스 직렬 접속 시 합성 인덕턴스
$L = L_1 + L_2 \pm 2\sqrt{L_1 L_2}$ 이므로

답 8. ① 9. ① 10. ② 11. ① 12. ③ 13. ②

인덕턴스의 최댓값
$$L_m = L_1 + L_2 + 2\sqrt{L_1 L_2}$$
$$= 0.25 + 0.23 + 2\sqrt{0.25 \times 0.23}$$
$$= 0.96[\text{H}]$$

14 감은 횟수 200회의 코일 P와 300회 코일 S를 가까이 놓고 P에 1[A]의 전류를 흘릴 때 S와 쇄교하는 자속이 4×10^{-4}[Wb]이었다면 이들 코일의 상호 인덕턴스는?

① 0.12[H]

② 0.12[mH]

③ 1.2×10^{-4}[H]

④ 1.2×10^{-4}[mH]

풀이 두 코일의 상호인덕턴스
$$M = \frac{N_2 \phi_2}{I_1} = \frac{300 \times 4 \times 10^{-4}}{1} = 0.12[\text{H}]$$

15 그림과 같은 회로를 고주파 브리지로 인덕턴스를 측정하였더니 그림(a)는 40[mH], 그림(b)는 24[mH]이었다. 이 회로의 상호 인덕턴스 M은?

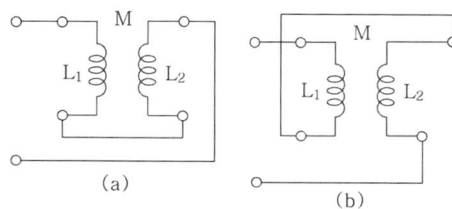

(a)

(b)

① 2[mH]   ② 4[mH]

③ 6[mH]   ④ 8[mH]

풀이 상호 인덕턴스를 M이라 하면 그림 (a), (b)에서
$$40 = L_1 + L_2 + 2M \cdots\cdots \text{①}$$
$$24 = L_1 + L_2 - 2M \cdots\cdots \text{②}$$
식 ①, ②에서 $M = \frac{1}{4}(40 - 24) = 4[\text{mH}]$

16 두 개의 자체 인덕턴스를 직렬로 접속하여 합성 인덕턴스를 측정하였더니 95[mH]이었다. 한쪽 인덕턴스를 반대로 접속하여 측정하였더니 합성 인덕턴스가 15[mH]로 되었다. 두 코일의 상호 인덕턴스는?

① 20[mH]   ② 40[mH]

③ 80[mH]   ④ 160[mH]

풀이 상호 인덕턴스를 M이라 하면
$$95 = L_1 + L_2 + 2M \cdots\cdots \text{①}$$
$$15 = L_1 + L_2 - 2M \cdots\cdots \text{②}$$
식 ①, ②에서
$$M = \frac{1}{4}(95 - 15) = 20[\text{mH}]$$

17 자체 인덕턴스 L_1, L_2, 상호 인덕턴스 M의 코일을 같은 방향으로 직렬 연결한 경우 합성 인덕턴스는?

① $L_1 + L_2 + M$

② $L_1 + L_2 - M$

③ $L_1 + L_2 - 2M$

④ $L_1 + L_2 + 2M$

풀이 합성 인덕턴스
• 가동결합 : $L^+ = L_1 + L_2 + 2M[\text{H}]$
• 차동결합 : $L^- = L_1 + L_2 - 2M[\text{H}]$

18 두 코일의 자체 인덕턴스를 L_1[H], L_2[H]라 하고 상호 인덕턴스를 M이라 할 때, 두 코일을 자속이 동일한 방향과 역방향이 되도록 하여 직렬로 각각 연결하였을 경우, 합성 인덕턴스의 큰 쪽과 작은 쪽의 차는?

① M ② $2M$

③ $4M$ ④ $8M$

풀이 코일을 직렬로 연결하였을 경우,
합성 인덕턴스 $L = L_1 + L_2 \pm 2M$[H]이므로
큰 쪽과 작은 쪽의 차 L'은
$L' = L_1 + L_2 + 2M - (L_1 + L_2 - 2M) = 4M$

19 자체 인덕턴스가 40[mH]와 90[mH]인 두 개의 코일이 있다. 두 코일 사이에 누설자속이 없다고 하면 상호 인덕턴스는?

① 50[mH]   ② 60[mH]
③ 65[mH]   ④ 130[mH]

풀이 상호인덕턴스
$M = k\sqrt{L_1 L_2} = 1 \times \sqrt{40 \times 90} = 60$[mH]
(누설자속이 없다고 하면 $k = 1$이다.)

20 상호 유도 회로에서 결합계수 k는? (단, M은 상호 인덕턴스, L_1, L_2는 자기 인덕턴스이다.)

① $k = M\sqrt{L_1 L_2}$
② $k = \sqrt{M \cdot L_1 L_2}$
③ $k = \dfrac{M}{\sqrt{L_1 L_2}}$
④ $k = \sqrt{\dfrac{L_1 L_2}{M}}$

풀이 상호인덕턴스 $M = k\sqrt{L_1 L_2}$이므로
결합계수 $k = \dfrac{M}{\sqrt{L_1 L_2}}$이다.

21 감은 횟수 200회의 코일 P와 300회의 코일 S를 가까이 놓고 P에 1[A]의 전류를 흘릴 때 S와 쇄교하는 자속이 4×10^{-4}[Wb]이었다면 이들 코일 사이의 상호 인덕턴스는?

① 0.12[H]   ② 0.12[mH]
③ 0.08[H]   ④ 0.08[mH]

풀이 인덕턴스
$L_1 = \dfrac{N_1 \phi}{I} = \dfrac{200 \times 4 \times 10^{-4}}{1} = 0.08$[H]
따라서 상호 인덕턴스
$M = L_1 \dfrac{N_2}{N_1} = 0.08 \times \dfrac{300}{200} = 0.12$[H]

22 자기 인덕턴스 200[mH], 450[mH]인 두 코일의 상호 인덕턴스는 60[mH]이다. 두 코일의 결합 계수는?

① 0.1   ② 0.2
③ 0.3   ④ 0.4

풀이 결합계수
$k = \dfrac{M}{\sqrt{L_1 L_2}} = \dfrac{60}{\sqrt{200 \times 450}} = 0.2$

23 자체 인덕턴스가 각각 L_1, L_2[H]인 두 원통 코일이 서로 직교하고 있다. 두 코일 사이의 상호 인덕턴스[H]는?

① $L_1 + L_2$ ② $L_1 L_2$
③ 0   ④ $\sqrt{L_1 L_2}$

풀이 두 코일이 서로 직교하고 있을 때의 상호 인덕턴스는 0이다.

24 패러데이의 전자 유도 법칙에서 유도 기전력의 크기는 코일을 지나는 (㉮)의 매초 변화량과 코일의 (㉯)에 비례한다.

① ㉮ 자속 ㉯ 굵기
② ㉮ 자속 ㉯ 권수
③ ㉮ 전류 ㉯ 권수
④ ㉮ 전류 ㉯ 굵기

풀이 패러데이의 전자유도법칙 : 유도 기전력의 크기는 폐회로에 쇄교하는 자속의 시간적 변화율에 비례한다.

25 유도 기전력과 관계되는 사항으로 옳은 것은?

① 쇄교 자속의 1.6승에 비례한다.
② 쇄교 자속의 시간에 변화에 비례한다.
③ 쇄교 자속에 반비례한다.
④ 쇄교 자속에 비례한다.

풀이 $e = N\dfrac{d\phi}{dt}$[V]이므로 기전력은 쇄교자속이 시간의 변화에 비례한다.

26 권수가 200인 코일에서 0.1초 사이에 0.4 [Wb]의 자속이 변화한다면, 코일에 발생되는 기전력은?

① 8[V]　　　　② 200[V]
③ 800[V]　　　④ 2000[V]

풀이 유도기전력
$$|e| = \left| -N\frac{d\phi}{dt} \right| = 200 \times \frac{0.4}{0.1} = 800[\text{V}]$$

27 1회 감은 코일에 지나가는 자속이 1/100 [sec] 동안에 0.3[Wb]에서 0.5[Wb]로 증가했다면 유도 기전력[V]은?

① 5　　　　　② 10
③ 20　　　　　④ 40

풀이 전자유도법칙에 의한 유도기전력
$e = -N\dfrac{d\phi}{dt}$ 에서
$e = 1 \times \dfrac{0.5 - 0.3}{\frac{1}{100}} = 20[\text{V}]$ 가 된다.

28 자속의 변화에 의한 유도 기전력의 방향 결정은?

① 렌츠의 법칙
② 패러데이의 법칙
③ 앙페르의 법칙
④ 줄의 법칙

풀이 렌츠의 법칙(Lenz's law)은 기전력의 방향을 결정한다.

29 유도기전력은 자신의 발생 원인이 되는 자속의 변화를 방해하려는 방향으로 발생한다. 이것을 유도 기전력에 관한 무슨 법칙이라 하는가?

① 옴(Ohm)의 법칙
② 렌츠(Lenz)의 법칙
③ 쿨롱(Coulomb)의 법칙
④ 앙페르(Ampere)의 법칙

풀이 렌츠의 법칙 : "전자유도에 의해 발생하는 기전력은 자속 변화를 방해하는 방향으로 전류가 발생한다." 이것을 렌츠의 법칙(Lenz's law)이라 하고, 기전력의 방향을 결정한다.

30 발전기의 유도전압의 방향을 나타내는 법칙은?

① 플레밍의 오른손법칙
② 플레밍의 왼손 법칙
③ 렌쯔의 법칙
④ 암페어의 오른나사의 법칙

풀이 • 플레밍의 오른손 법칙 : 발전기의 원리
• 플레밍의 왼손 법칙 : 전동기의 원리

답 25. ②　26. ③　27. ③　28. ①　29. ②　30. ①

31 도체가 운동하는 경우 유도 기전력의 방향을 알고자 할 때 유용한 법칙은?

① 렌쯔의 법칙
② 플레밍의 오른손 법칙
③ 플레밍의 왼손 법칙
④ 비오-사바르의 법칙

풀이 플레밍의 오른손 법칙 : 엄지손가락은 도체의 운동 방향, 검지손가락은 자속의 방향이면, 중지손가락은 기전력의 방향이 된다.

32 플레밍의 오른손 법칙에서 셋째 손가락의 방향은?

① 운동 방향
② 자속밀도의 방향
③ 유도기전력의 방향
④ 자력선의 방향

풀이 플레밍의 오른손 법칙 : 엄지손가락은 도체의 운동 방향, 검지손가락은 자속의 방향이면, 중지손가락은 기전력의 방향이 된다.

33 50회 감은 코일과 쇄교하는 자속이 0.5[sec] 동안 0.1[wb]에서 0.2[wb]로 변화하였다면 기전력의 크기는?

① 5[V]   ② 10[V]
③ 12[V]   ④ 15[V]

풀이 $e = -\dfrac{d\Phi}{dt} = -N\dfrac{d\phi}{dt}$

$= -50 \times \dfrac{0.2 - 0.1}{0.5}$

$= -10[V]$

(여기서, (−)는 기전력의 방향을 의미한다.)

34 자속밀도 B[Wb/m²]되는 균등한 자계 내에 길이 l[m]의 도선을 자계에 수직인 방향으로 운동시킬 때 도선에 e[V]의 기전력이 발생한다면 이 도선의 속도[m/s]는?

① $Ble\sin\theta$ ② $Ble\cos\theta$

③ $\dfrac{Bl\sin\theta}{e}$ ④ $\dfrac{e}{Bl\sin\theta}$

풀이 자장 중에 도체가 만드는 기전력
$e = Blv\sin\theta$[V]이므로

속도 $v = \dfrac{e}{Bl\sin\theta}$ [m/s]가 된다.

35 길이 10[cm]의 도선이 자속 밀도 1[Wb/m²]의 평등 자장 안에서 자속과 수직 방향으로 3[sec] 동안에 12[m]를 이동하였다. 이때 유도되는 기전력은 몇 [V]인가?

① 0.1   ② 0.2
③ 0.3   ④ 0.4

풀이 자장 중에 도체가 만드는 기전력
$e = Blv\sin\theta$[V]에서

$e = 1 \times 0.1 \times \dfrac{12}{3} = 0.4$[V]가 된다.

여기서 속도는 3초 동안에 12[m] 이동했으므로 12/3[m/sec]가 된다.

36 자체 인덕턴스 0.2[H]의 코일에 전류가 0.01초 동안에 3[A]로 변화하였을 때 이 코일에 유도 되는 기전력은?

① 40   ② 50
③ 60   ④ 70

풀이 전자유도법칙에 의한 유도기전력
$e = -L\dfrac{dI}{dt}$ 에서

$e = 0.2 \times \dfrac{3}{0.01} = 60$[V]가 된다.

37 $L = 0.05$[H]의 코일에 흐르는 전류가 0.05 [sec] 동안에 2[A]가 변했다. 코일에 유도되는 기전력[V]은?

① 0.5[V]   ② 2[V]
③ 10[V]   ④ 25[V]

풀이 유도기전력

$$|e| = \left| -L\frac{dI}{dt} \right| = 0.05 \times \frac{2}{0.05} = 2[\text{V}]$$

38 자체 인덕턴스 40[mH]의 코일에서 0.2초 동안에 10[A]의 전류가 변화하였다. 코일에 유도 되는 기전력은?

① 1   ② 2
③ 3   ④ 4

풀이 전자유도법칙에 의한 유도기전력

$e = -L\dfrac{dI}{dt}$ 에서

$e = 40 \times 10^{-3} \times \dfrac{10}{0.2} = 2[\text{V}]$가 된다.

39 2개의 코일을 서로 근접시켰을 때 한쪽 코일의 전류가 변화하면 다른 쪽 코일에 유도 기전력이 발생하는 현상을 무엇이라 하는가?

① 상호 결합   ② 자체 유도
③ 상호 유도   ④ 자체 결합

풀이 떨어져 있는 코일 상호간의 작용으로 기전력이 유도되는 현상을 상호유도작용이라 한다.

40 자체 인덕턴스 L_1, L_2, 상호 인덕턴스 M 인 두 코일을 같은 방향으로 직렬 연결한 경우 합성 인덕턴스는?

① $L_1 + L_2 + M$ ② $L_1 + L_2 - M$
③ $L_1 + L_2 + 2M$ ④ $L_1 + L_2 - 2M$

풀이 가동결합(같은 방향)의 경우 합성 인덕턴스는 $L = L_1 + L_2 + 2M$[H]이다.

41 코일이 접속되어 있을 때, 누설 자속이 없는 이상적인 코일간의 상호 인덕턴스는?

① $M = \sqrt{L_1 + L_2}$

② $M = \sqrt{L_1 - L_2}$

③ $M = \sqrt{L_1 L_2}$

④ $M = \sqrt{\dfrac{L_1}{L_2}}$

풀이 상호인덕턴스 $M = k\sqrt{L_1 L_2}$ 에서 누설자속이 없다고 하면 $k = 1$이므로 $M = \sqrt{L_1 L_2}$ 가 된다.

42 두 코일이 있다. 한 코일에 매초 전류가 150 [A]의 비율로 변할 때 다른 코일에 60[V]의 기전력이 발생하였다면, 두 코일의 상호 인덕턴스는 몇 [H]인가?

① 0.4[H]   ② 2.5[H]
③ 4.0[H]   ④ 25[H]

풀이 기전력 $e = M\dfrac{di}{dt} = M \times 150 = 60$[V]이므로

$\therefore M = \dfrac{60}{150} = 0.4$[H]

43 자기 인덕턴스에 축적되는 에너지에 대한 설명으로 가장 옳은 것은?

① 자기 인덕턴스 및 전류에 비례한다.
② 자기 인덕턴스 및 전류에 반비례한다.
③ 자기 인덕턴스에 비례하고 전류의 제곱에 비례한다.
④ 자기 인덕턴스에 반비례하고 전류의 제곱에 반비례한다.

답 37. ② 38. ② 39. ③ 40. ③ 41. ③ 42. ① 43. ③

풀이 $W = \dfrac{1}{2} L I^2 [J]$

단, W : 자계에너지

L : 자기인덕턴스

I : 전류

44 0.2[H]인 자기 인덕턴스에 5[A]의 전류가 흐를 때 축적되는 에너지[J]는?

① 0.2   ② 2.5

③ 5   ④ 10

풀이 전자에너지

$W = \dfrac{1}{2} L I^2 = \dfrac{1}{2} \times 0.2 \times 5^2 = 2.5 [J]$

45 자체 인덕턴스 0.1[H]의 코일에 5[A]의 전류가 흐르고 있다. 축적되는 전자 에너지는?

① 0.25[J]   ② 0.5[J]

③ 1.25[J]   ④ 2.5[J]

풀이 축적되는 전자에너지

$W = \dfrac{1}{2} L I^2 = \dfrac{1}{2} \times 0.1 \times 5^2 = 1.25 [J]$

46 자체 인덕턴스 20[mH]의 코일에 20[A]의 전류의 전류를 흘릴 때 저장 에너지는 몇 [J]인가?

① 2   ② 4

③ 6   ④ 8

풀이 코일에 저장되는 에너지

$W = \dfrac{1}{2} L I^2 = \dfrac{1}{2} \times 20 \times 10^{-3} \times 20^2 = 4 [J]$

47 자체 인덕턴스 20[mH]의 코일에 30[A]의 전류를 흘릴 때 저축되는 에너지는?

① 1.5[J]   ② 3[J]

③ 9[J]   ④ 18[J]

풀이 전자에너지

$W = \dfrac{1}{2} L I^2 = \dfrac{1}{2} \times 20 \times 10^{-3} \times 30^2 = 9 [J]$

48 자체 인덕턴스 4[H]의 코일에 18[J]의 에너지가 저장되어 있다. 이때 코일에 흐르는 전류는 몇 [A]인가?

① 1   ② 2

③ 3   ④ 6

풀이 전자에너지 $W = \dfrac{1}{2} L I^2$에서

$18 = \dfrac{1}{2} \times 4 \times I^2$이므로

$\therefore I = \sqrt{\dfrac{18 \times 2}{4}} = 3 [A]$가 된다.

49 자체 인덕턴스 2[H]의 코일에 25[J]의 에너지가 저장되어 있다면 코일에 흐르는 전류?

① 2[A]   ② 3[A]

③ 4[A]   ④ 5[A]

풀이 전자에너지 $W = \dfrac{1}{2} L I^2$이므로

$\therefore I = \sqrt{\dfrac{2W}{L}} = \sqrt{\dfrac{25 \times 2}{2}} = 5 [A]$가 된다.

04 직류회로

< 1. 전류

전류의 크기는 도체의 단면을 단위시간당에 이동한 전기량으로 정의된다.

$$I = \frac{Q}{t}[\text{A}] \quad \text{또는} \quad Q = I \cdot t[\text{C}]$$

여기서, Q : 전기량[C], t : 시간[s]

< 2. 전압

전위가 서로 다른 두 점간의 전위에너지 차를 전압 V라 한다.

$$V = \frac{\text{W}[\text{J}]}{Q[\text{C}]}[\text{V}] \quad \text{또는} \quad W = QV[\text{J}]$$

여기서, W : 일의 양[J], Q : 전기량[C]

< 3. 전기저항

1) 전기저항

① 전류의 흐름을 방해하는 성질을 가지는 전기소자를 전기저항이라 한다.

$$R = \frac{l}{\sigma S} = \rho \frac{l}{S}[\Omega]$$

여기서, l : 길이[m]

S : 단면적[m^2]

ρ : **저항률** 또는 **고유저항**[$\Omega \cdot$m]

② 저항률 ρ는 도전율 σ의 역수로서 다음의 관계를 가진다.

$$\rho = \frac{1}{\sigma}[\Omega \cdot \text{m}]$$

③ 저항 R의 역수를 **콘덕턴스**(conductance), G라 하고, 다음과 같이 표시한다.

$$G = \frac{1}{R} = \sigma \frac{S}{l} = \frac{S}{\rho l}[1/\Omega]$$

콘덕턴스 G의 단위는 [1/Ω]이고, 모(mho) [℧] 또는 지멘스(siemens)[S]라 한다.

2) 옴의 법칙

도체에 흐르는 전류는 도체에 가해지는 전압에 비례하고 저항에 반비례하는 것을 옴의 법칙이라 한다.

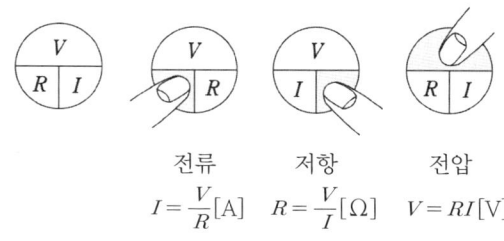

전류   저항   전압

$$I = \frac{V}{R}[\text{A}] \quad R = \frac{V}{I}[\Omega] \quad V = RI[\text{V}]$$

옴의 법칙

📖 3) 저항의 접속

(1) 직렬연결 : 전류는 일정

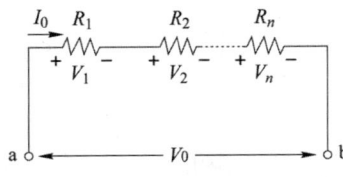

직렬접속

등가저항 $R_0 = R_1 + R_2 + R_3 + \cdots + R_n [\Omega]$

(2) 병렬연결 : 공급전압은 일정

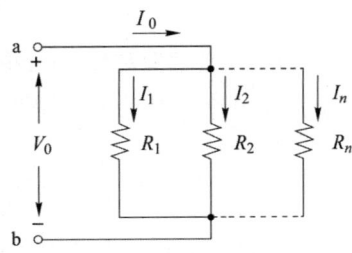

병렬접속

등가저항 $R_0 = \dfrac{1}{\dfrac{1}{R_1} + \dfrac{1}{R_2} + \cdots + \dfrac{1}{R_n}} [\Omega]$

📖 4) 전위의 평형

(1) 키르히호프의 법칙

① 키르히호프의 제1법칙 : 병렬회로
유입전류(전 전류) I는 유출전류(각 지로전류) $I_1, I_2, I_3, \cdots$의 합으로 계산된다.

$$I = I_1 + I_2 + I_3 + \cdots + I_n$$

② 키르히호프의 제2법칙 : 직렬회로
회로망 내의 임의의 폐회로(경로)에 있어서 전원전압(E_i)의 합은 전압강하의 합(V_i)과 같다.

$$E_1 + E_2 + E_3 + \cdots + E_n$$
$$= V_1 + V_2 + V_3 + \cdots + V_n$$

(2) 분류법칙 및 분압법칙

① 분류법칙

$$I_1 = \frac{R_2}{R_1 + R_2} I, \ I_2 = \frac{R_1}{R_1 + R_2} I$$

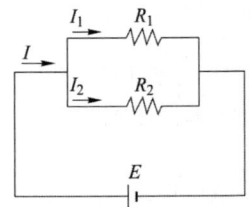

② 분압법칙

$$E_1 = \frac{R_1}{R_1 + R_2} E, \ E_2 = \frac{R_2}{R_1 + R_2} E$$

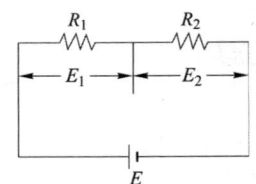

(3) 브리지회로 해석

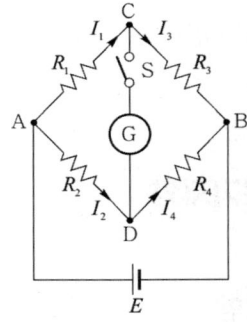

서로 마주보고 있는 대각선의 저항의 곱이 같으면 브리지의 평형조건이 된다.

$$R_1 R_4 = R_2 R_3$$

■ 5) 전지의 접속

(1) 직렬 접속

$$I = \frac{nE}{nr + R}[\text{A}]$$

여기서, n : 전지의 직렬 개수

R : 부하저항

r : 내부저항

E : 전지의 기전력

(2) 병렬 접속

$$I = \frac{E}{\dfrac{r}{m} + R}[\text{A}]$$

여기서, m : 전지의 병렬 개수

R : 부하저항

r : 내부저항

E : 전지의 기전력

■ 6) 전압과 전류의 측정

(1) 배율기

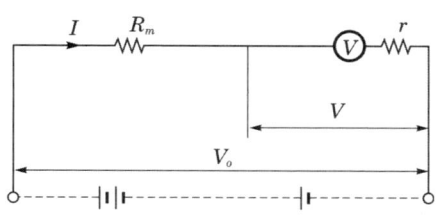

배율기

$$V_o = V\left(\frac{R_m}{r} + 1\right)[\text{V}]$$

여기서, V_o : 측정할 전압[A],

V : 전압계의 눈금[V]

R_m : 배율기의 저항[Ω]

r : 전압계의 내부 저항[Ω]

(2) 분류기

$$I_o = I\left(\frac{r}{R_s} + 1\right)[\text{A}]$$

여기서, I_o : 측정할 전류값[A]

I : 전류계의 눈금[A]

R_s : 분류기의 저항[Ω]

r : 전류계의 내부 저항[Ω]

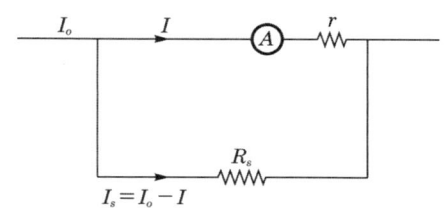

분류기

01 전류를 계속 흐르게 하려면 전압을 연속적으로 만들어주는 어떤 힘이 필요하게 되는데, 이 힘을 무엇이라 하는가?

① 자기력   ② 전자력
③ 기전력   ④ 전기장

풀이 전하를 계속 이동시켜 연속적으로 전위차를 발생시켜 전류를 흐르게 해주는 능력을 기전력이라 하고, 발전기, 전지 등과 같이 기전력을 갖고 회로에 전기 에너지를 공급하는 원천을 전원(electric source)이라 한다.

02 전선에 안전하게 흘릴 수 있는 최대 전류를 무슨 전류라 하는가?

① 과도전류   ② 전도전류
③ 허용전류   ④ 맥동전류

풀이 전선에서 안전하게 흘릴 수 있는 전류를 그 전선의 허용전류라 한다.

03 어떤 도체에 t초 동안에 Q[C]의 전기량이 이동하면 이때 흐르는 전류[A]는?

① $I = Q \cdot t$[A]   ② $I = Q^2 \cdot t$[A]
③ $I = \dfrac{t}{Q}$[A]   ④ $I = \dfrac{Q}{t}$[A]

04 1[AH]는 몇 [C]인가?

① 7200   ② 3600
③ 120   ④ 60

풀이 $Q = It = 1 \times 3600 = 3600$[C]
여기서, t[sec]는 시간으로,
1[H]는 3600[sec]에 해당한다.

05 어떤 도체에 1[A]의 전류가 1분간 흐를 때 도체를 통과하는 전기량은?

① 1[C]   ② 60[C]
③ 1000[C]   ④ 3600[C]

풀이 전기량 $Q = I \cdot t = 1 \times 60 = 60$[C]

06 어떤 전지에 5[A]의 전류가 10분간 흘렀다면 이 전지에서 나온 전기량은?

① 0.83[C]   ② 50[C]
③ 250[C]   ④ 3000[C]

풀이 전기량
$Q = I \cdot t = 5 \times 10 \times 60 = 3000$[C]

07 어떤 도체에 5초간 4[C]의 전하가 이동했다면 이 도체에 흐르는 전류는?

① 0.12×10^3[mA]
② 0.8×10^3[mA]
③ 1.25×10^3[mA]
④ 8×10^3[mA]

풀이 $I = \dfrac{Q}{t} = \dfrac{4}{5} = 0.8$[A] $= 0.8 \times 10^3$[mA]

08 가장 일반적인 저항기로 세라믹 봉에 탄소계의 저항체를 구워 붙이고, 여기에 나선형으로 홈을 파서 원하는 저항값을 만든 저항기는?

① 금속피막 저항기
② 탄소피막 저항기
③ 가변 저항기
④ 어레이 저항기

09 다음 중 저항 값이 클수록 좋은 것은?

① 접지저항　　　② 절연저항
③ 도체저항　　　④ 접촉저항

풀이 절연저항 : 절연물에 의해 분리된 두 도체 사이의 저항으로 클수록 좋다.

10 도체의 전기저항에 대한 설명으로 옳은 것은?

① 길이와 단면적에 비례한다.
② 길이와 단면적에 반비례한다.
③ 길이에 비례하고 단면적에 반비례한다.
④ 길이에 반비례하고 단면적에 비례한다.

풀이 $R = \dfrac{l}{\sigma S} = \rho \dfrac{l}{S}[\Omega]$

단, l : 길이, S : 단면적, σ : 도전율,
ρ : 저항률 또는 고유저항

11 고유저항 ρ의 단위로 맞는 것은?

① $[\Omega]$　　　　　② $[\Omega \cdot m]$
③ $[AT/Wb]$　　　④ $[\Omega^{-1}]$

풀이 $R = \dfrac{l}{\sigma S} = \rho \dfrac{l}{S}[\Omega]$이 된다. 여기서 ρ는 단위체적당의 저항을 나타내고, 저항률 또는 고유저항이라 하며 물질 고유의 값을 가진다. 단위는 $[\Omega \cdot m]$가 된다.

12 전선에서 길이 1[m], 단면적 1[mm²]을 기준으로 고유저항은 어떻게 나타내는가?

① $[\Omega]$
② $[\Omega \cdot m^2]$
③ $[\Omega/m]$
④ $[\Omega \cdot mm^2/m]$

풀이 $R = \dfrac{l}{\sigma S} = \rho \dfrac{l}{S}[\Omega]$이 된다.

여기서 ρ는 단위체적당의 저항을 나타내고, 저항률 또는 고유저항이라 하며 물질 고유의 값을 가진다. 단위는 $[\Omega \cdot m]$가 된다.

연동의 고유저항은 $\dfrac{1}{58}[\Omega \cdot mm^2/m]$이고,

경동의 고유저항은 $\dfrac{1}{55}[\Omega \cdot mm^2/m]$이다.

13 다음 중 도전율의 단위는?

① $[\Omega \cdot m]$　　　② $[\mho \cdot m]$
③ $[\Omega/m]$　　　　④ $[\mho/m]$

풀이 도전율 $\sigma = \dfrac{1}{\rho}[\mho/m]$ (ρ : 저항률)

14 전도도(conductivity)의 단위는?

① $[\Omega \cdot m]$　　　② $[\mho \cdot m]$
③ $[\Omega/m]$　　　　④ $[\mho/m]$

풀이 도전율(σ)은 고유저항(ρ)의 역수로 단위는 $[\mho/m]$이다.

15 1$[\Omega \cdot m]$와 같은 것은?

① $1[\mu\Omega \cdot cm]$
② $10^6[\Omega \cdot mm^2/m]$
③ $10^2[\Omega \cdot mm]$
④ $10^4[\Omega \cdot cm]$

풀이 $\begin{aligned} 1[\Omega \cdot m] &= 10^8[\mu\Omega \cdot cm] \\ &= 10^6[\Omega \cdot mm^2/m] \\ &= 10^3[\Omega \cdot mm] = 10^2[\Omega \cdot cm] \end{aligned}$

답 9. ②　10. ③　11. ②　12. ④　13. ④　14. ④　15. ②

16 어떤 도체의 길이를 n배로 하고 단면적을 $\dfrac{1}{n}$로 하였을 때의 저항은 원래 저항보다 어떻게 되는가?

① n배로 된다. ② n^2배로 된다.

③ $\sqrt{n}$ 배로 된다. ④ $\dfrac{1}{n}$로 된다.

풀이 전선의 저항 $R = \rho\dfrac{l}{S} = \rho\dfrac{l}{\pi r^2}$ 이므로

길이에 비례하며, 단면적에는 반비례한다.

따라서 $R \propto \dfrac{n}{\frac{1}{n}} = n^2$배

17 동선의 길이를 2배로 늘리면 저항은 처음의 몇 배가 되는가? (단, 동선의 체적은 일정함)

① 2배 ② 4배

③ 8배 ④ 16배

풀이 전선의 저항 $R = \rho\dfrac{l}{S}$[Ω]이므로 체적이 일정한

경우 길이를 2배로 늘이면 단면적은 $\dfrac{1}{2}$가 된다.

따라서 $R' = \rho\dfrac{2l}{\frac{1}{2}S} = 4\rho\dfrac{l}{S} = 4R$[Ω]이 되므로

저항은 4배가 된다.

18 구리선의 길이를 2배, 반지름을 $\dfrac{1}{2}$로 할 때 저항은 몇 배가 되는가?

① 2 ② 4

③ 6 ④ 8

풀이 전선의 저항 $R = \dfrac{l}{\sigma S} = \rho\dfrac{l}{S} = \rho\dfrac{l}{\pi r^2}$에서

길이에 비례하며, 반지름에는 제곱에 반비례한다.

따라서 $R = \dfrac{2}{\left(\frac{1}{2}\right)^2} = 8$배가 된다.

19 길이 1[m]인 도선의 저항값이 20[Ω]이었다. 이 도선을 고르게 2[m]로 늘렸을 때 저항값은?

① 10[Ω] ② 40[Ω]

③ 80[Ω] ④ 140[Ω]

풀이 저항 $R = \rho\dfrac{l}{S} = \rho\dfrac{l}{2\pi r} \propto \dfrac{l}{2r}$ 이므로

길이를 2배로 하면 지름은 $\dfrac{1}{2}$배가 된다.

따라서 $R \propto \dfrac{l}{2r} = \dfrac{2}{\frac{1}{2}} = 4$배가 되어,

저항값은 20[Ω]$\times$4배 = 80[Ω]

20 전선의 길이를 4배로 늘렸을 때, 처음의 저항값을 유지하기 위해서는 도선의 반지름을 어떻게 해야 하는가?

① 1/4로 줄인다. ② 1/2로 줄인다.

③ 2배로 늘인다. ④ 4배로 늘인다.

풀이 전선의 저항 $R = \rho\dfrac{l}{S} = \rho\dfrac{l}{\pi r^2}$[Ω]이므로

저항을 일정하게 유지하려면 $l \propto r^2$가 되어야 한다.

$\therefore r = \sqrt{l} = \sqrt{4} = 2$배

21 저항의 병렬접속에서 합성저항을 구하는 설명으로 옳은 것은?

① 연결된 저항을 모두 합하면 된다.

② 각 저항값의 역수에 대한 합을 구하면 된다.

③ 저항값의 역수에 대한 합을 구하고 다시 그 역수를 취하면 된다.

④ 각 저항값을 모두 합하고 저항 숫자로 나누면 된다.

풀이 병렬로 접속 할 때의 합성저항

$$R_0 = \cfrac{1}{\cfrac{1}{R_1} + \cfrac{1}{R_2} + \cdots + \cfrac{1}{R_n}} [\Omega]$$

22 그림과 같은 회로에서 합성저항은 몇 [Ω]인가?

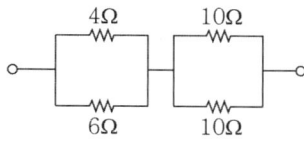

① 6.6 ② 7.4
③ 8.7 ④ 9.4

풀이
① 4[Ω]과 6[Ω]이 병렬연결되면
$$\frac{4 \times 6}{4 + 6} = 2.4 [\Omega]$$
② 10[Ω] 두 개의 저항이 병렬연결되면
$$\frac{10}{2} = 5 [\Omega]$$
따라서 합성저항
$$R_T = ① + ② = 2.4 + 5 = 7.4 [\Omega]이 된다.$$

23 저항 R_1, R_2를 병렬로 접속하면 합성저항은?

① $R_1 + R_2$ ② $\cfrac{1}{R_1 + R_2}$

③ $\cfrac{R_1 R_2}{R_1 + R_2}$ ④ $\cfrac{R_1 + R_2}{R_1 R_2}$

24 4[Ω], 6[Ω] 8[Ω]의 3개 저항을 병렬 접속할 때 합성 저항은 약 몇 [Ω]인가?

① 1.8 ② 2.5
③ 3.6 ④ 4.5

풀이 병렬 접속 회로의 합성저항
$$R_0 = \cfrac{1}{\cfrac{1}{4} + \cfrac{1}{6} + \cfrac{1}{8}} = 1.8 [\Omega]이 된다.$$

25 3[Ω]의 저항 5개, 7[Ω]의 저항 3개, 114 [Ω]의 저항 1개가 있다. 이들을 모두 직렬로 접속할 때의 합성저항은 몇 [Ω]인가?

① 120 ② 130
③ 150 ④ 160

풀이 직렬연결의 합성저항 :
$$R_0 = R_1 + R_2 + R_3 + \cdots + R_n [\Omega]이므로$$
$$R_o = 3 \times 5 + 7 \times 3 + 114 = 150 [\Omega]$$

26 4[Ω], 6[Ω], 8[Ω]의 3개 저항을 병렬 접속할 때 합성저항은 약 몇 [Ω]인가?

① 1.8[Ω] ② 2.5[Ω]
③ 3.6[Ω] ④ 4.5[Ω]

풀이 병렬 접속 회로의 합성저항
$$R_0 = \cfrac{1}{\cfrac{1}{R_1} + \cfrac{1}{R_2} + \cfrac{1}{R_3}} = \cfrac{1}{\cfrac{1}{4} + \cfrac{1}{6} + \cfrac{1}{8}} = 1.8 [\Omega]$$

27 그림과 같은 회로 AB에서 본 합성저항은 몇 [Ω]인가?

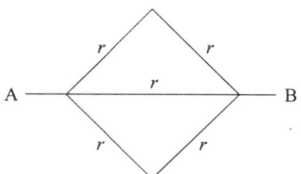

① $\cfrac{r}{2}$ ② r

③ $\cfrac{3}{2} r$ ④ $2r$

풀이 병렬연결이므로 합성저항
$$R = \cfrac{1}{\cfrac{1}{r+r} + \cfrac{1}{r} + \cfrac{1}{r+r}} = \cfrac{r}{2}$$

28 다음 회로에서 a, b 간의 합성 저항은?

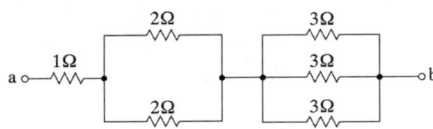

① 1[Ω] ② 2[Ω]
③ 3[Ω] ④ 4[Ω]

풀이 동일한 크기의 저항 r을 병렬로 n개 연결하면

합성저항 $= \dfrac{r}{n}$이 된다.

$\therefore R = 1 + \dfrac{2}{2} + \dfrac{3}{3} = 3[\Omega]$이다.

29 1[Ω], 2[Ω], 3[Ω]의 저항 3개를 이용하여 합성 저항을 2.2[Ω]으로 만들고자 할 때 접속 방법을 옳게 설명한 것은?

① 저항 3개를 직렬로 접속한다.
② 저항 3개를 병렬로 접속한다.
③ 2[Ω]과 3[Ω]의 저항을 병렬로 연결한 다음 1[Ω]의 저항을 직렬로 접속을 한다.
④ 1[Ω]과 2[Ω]의 저항을 병렬로 연결한 다음 3[Ω]의 저항을 직렬로 접속을 한다.

풀이 합성저항 $R = \dfrac{R_1 R_2}{R_1 + R_2} + R_3 = \dfrac{2 \times 3}{2+3} + 1$

$= 2.2[\Omega]$

30 10[Ω]의 저항 5개를 가지고 얻을 수 있는 가장 작은 합성저항 값은?

① 1[Ω] ② 2[Ω]
③ 4[Ω] ④ 5[Ω]

풀이 동일한 저항을 병렬연결 했을 때 가장 작은 저항의

값이 되므로 $R = \dfrac{R_o}{n} = \dfrac{10}{5} = 2[\Omega]$이 된다.

31 R_1, R_2, R_3의 저항 3개를 직렬 접속했을 때의 합성저항 값은?

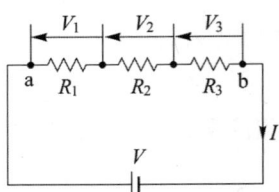

① $R = R_1 + R_2 \cdot R_3$ ② $R = R_1 \cdot R_2 + R_3$
③ $R = R_1 \cdot R_2 \cdot R_3$ ④ $R = R_1 + R_2 + R_3$

풀이 직렬연결 시 합성저항
$R = R_1 + R_2 + R_3 + \cdots + R_n[\Omega]$

32 저항 2[Ω]과 3[Ω]을 직렬로 접속했을 때의 합성 컨덕턴스는?

① 0.2[℧] ② 1.5[℧]
③ 5[℧] ④ 6[℧]

풀이 합성 컨덕턴스
$G = \dfrac{1}{R} = \dfrac{1}{R_1 + R_2} = \dfrac{1}{2+3} = 0.2[℧]$

33 같은 저항 4개를 그림과 같이 연결하여 a-b 간에 일정 전압을 가했을 때 소비전력이 가장 큰 것은 어느 것인가?

①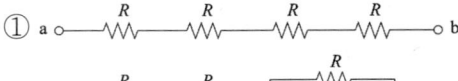

②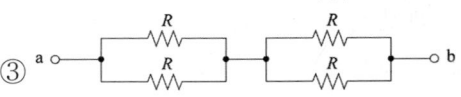

③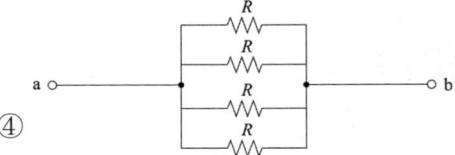

④

풀이 ④번의 합성저항은 $\dfrac{R}{4}$로 문제의 보기 중 가장 작다. 전압이 일정하다면, 소비전력과 저항은 반비례하므로 ④번의 소비전력이 가장 크다.

34 "회로에 흐르는 전류의 크기는 저항에 (㉮)하고, 가해진 전압에 (㉯) 한다."
( )에 알맞은 내용을 바르게 나열한 것은?
① ㉮−비례, ㉯−비례
② ㉮−비례, ㉯−반비례
③ ㉮−반비례, ㉯−비례
④ ㉮−반비례, ㉯−반비례

풀이 회로에 흐르는 전류의 크기는 저항에 반비례하고, 가해진 전압에 비례한다(옴의 법칙).

35 전류가 전압에 비례하고 저항에 반비례 한다. 다음 중 어느 것과 가장 관계가 있는가?
① 키르히호프의 제1법칙
② 키르히호프의 제2법칙
③ 옴의 법칙
④ 중첩의 원리

풀이 옴의 법칙은 그림에서

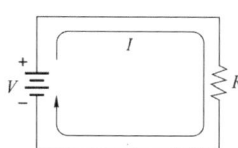

전압 $V = RI$[V], 전류 $I = \dfrac{V}{R}$[A]

저항 $R = \dfrac{V}{I}$[Ω]로 표현된다.

36 10[Ω]의 저항에 2[A]의 전류가 흐를 때 저항의 단자 전압은 얼마인가?
① 5
② 10
③ 15
④ 20

풀이 옴의 법칙 $V = RI$[V]에 의해
$V = 10 \times 2 = 20$[V]의 단자 전압이 걸린다.

37 그림에서 2[Ω]의 저항에 흐르는 전류는 몇 [A]인가?

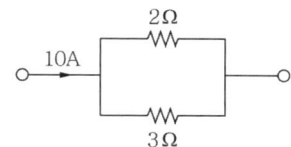

① 3
② 4
③ 5
④ 6

풀이 전류 분배 법칙 $I_1 = \dfrac{R_2}{R_1 + R_2} I$에서
$I_1 = \dfrac{3}{2+3} \times 10 = 6$[A]가 된다.

38 옴의 법칙을 바르게 설명한 것은?
① 전류의 크기는 도체의 저항에 비례한다.
② 전류의 크기는 도체의 저항에 반비례한다.
③ 전압은 전류에 반비례한다.
④ 전압은 전류의 2승에 비례한다.

풀이 옴의 법칙은 "도체에 흐르는 전류는 도체에 가해지는 전압에 비례하고 저항에 반비례한다."로 정의되며, 식으로 나타내면 전류 $I = \dfrac{V}{R}$, 전압 $V = RI$가 된다.

39 100[V]에서 5[A]가 흐르는 전열기에 120[V]를 가하면 흐르는 전류는?
① 4.1[A]
② 6.0[A]
③ 7.2[A]
④ 8.4[A]

풀이 전열기의 저항 $R = \dfrac{100}{5} = 20[\Omega]$이므로

120[V]를 가할 때의 전류 I는

$I = \dfrac{V}{R} = \dfrac{120}{20} = 6[A]$이다.

40 $R_1 = 3[\Omega]$, $R_2 = 5[\Omega]$, $R_3 = 5[\Omega]$의 저항 3개를 그림과 같이 병렬로 접속한 회로에 30[V]의 전압을 가하였다면 이때 R_2저항에 흐르는 전류[A]는 얼마인가?

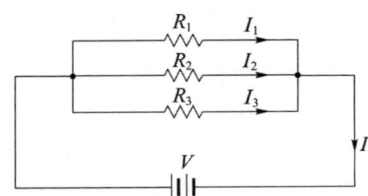

① 6 ② 10
③ 15 ④ 20

풀이 병렬로 연결한 회로는 전압이 일정하므로 $R_2 = 5[\Omega]$에는 30[V]의 전압이 걸린다. 따라서 옴의 법칙에 의해 전류

$I = \dfrac{V}{R} = \dfrac{30}{5} = 6[A]$가 흐른다.

41 20[Ω], 30[Ω], 60[Ω]의 저항 3개를 병렬로 접속하고 여기에 60[V]의 전압을 가했을 때, 이 회로에 흐르는 전체 전류는 몇 [A]인가?

① 3[A] ② 6[A]
③ 30[A] ④ 60[A]

풀이 합성 저항

$R = \dfrac{1}{\dfrac{1}{R_1} + \dfrac{1}{R_2} + \dfrac{1}{R_n}} = \dfrac{1}{\dfrac{1}{20} + \dfrac{1}{30} + \dfrac{1}{60}}$
$= 10[\Omega]$

따라서 전체 전류 $I = \dfrac{V}{R} = \dfrac{60}{10} = 6[A]$

42 기전력 4[V], 내부저항 0.2[Ω]의 전지 10개를 직렬로 접속하고 두 극 사상에 부하저항을 접속하였더니 4[A]의 전류가 흘렀다. 이때의 외부저항은 몇 [Ω]이 되겠는가?

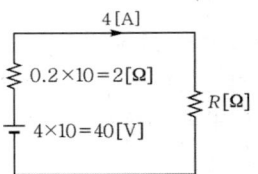

① 6 ② 7
③ 8 ④ 9

풀이 전 전류 $I = \dfrac{V}{R_T} = \dfrac{4 \times 10}{R + 0.2 \times 10} = 4[A]$이므로

따라서 $R = \dfrac{4 \times 10}{4} - 0.2 \times 10 = 8[\Omega]$

43 그림과 같은 회로에서 a, b간에 E[V]의 전압을 가하여 일정하게 하고, 스위치 S를 닫았을 때의 전전류 I[A]가 닫기 전 전류의 3배가 되었다면 저항 R_x의 값은 약 몇 [Ω]인가?

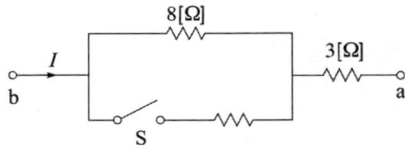

① 727[Ω] ② 27[Ω]
③ 0.73[Ω] ④ 0.27[Ω]

풀이 ab단자간의 전압은 동일하므로 스위치를 닫기 전의 전전류를 I_0, 닫은 후의 전전류를 I라 하면

$E = (8+3)I_o = \left(\dfrac{8R_x}{8+R_x} + 3\right)I$

닫았을 때의 전전류는 닫기 전 전전류의 3배이므로 ($I = 3I_0$)

$(8+3)I_o = \left(\dfrac{8R_x}{8+R_x} + 3\right)3I_o$

I_0를 약분하고, R_x에 대해 정리하면

$R_x = 0.73[\Omega]$

44 10[Ω]과 15[Ω]의 병렬 회로에서 10[Ω]에 흐르는 전류가 3[A]이라면 전체 전류[A]는?

① 2 ② 3
③ 4 ④ 5

풀이 10[Ω]에 3[A]의 전류가 흐르면
10[Ω] 양단의 전압은 $V = RI$[V]의 식에 의해
$V = 10 \times 3 = 30$[V]가 양단에 걸린다.
이 전압이 10[Ω]과 15[Ω]의 병렬회로에 가한
전압과 같으므로
합성저항 $R_o = \dfrac{10 \times 15}{10 + 15} = 6[\Omega]$에
30[V]의 전압이 가해진 것과 같다.
따라서 전전류 $I = \dfrac{30}{6} = 5$[A]가 된다.

45 컨덕턴스 G[℧], 저항 R[Ω], 전압 V[V], 전류를 I[A]라 할 때 G와의 관계가 옳은 것은?

① $G = \dfrac{R}{V}$ ② $G = \dfrac{I}{V}$
③ $G = \dfrac{V}{R}$ ④ $G = \dfrac{V}{I}$

풀이 컨덕턴스는 저항 R[Ω]의 역수이므로
$G = \dfrac{1}{R} = \dfrac{1}{\frac{V}{I}} = \dfrac{I}{V}[℧]$

46 0.2[℧]의 컨덕턴스 2개를 직렬로 연결하여 3[A]의 전류를 흘리려면 몇 [V]의 전압을 인가하면 되는가?

① 1.2[V] ② 7.5[V]
③ 30[V] ④ 60[V]

풀이 합성컨덕턴스 $G = \dfrac{0.2 \times 0.2}{0.2 + 0.2} = 0.1[℧]$이므로
전압 $V = IR = \dfrac{I}{G} = \dfrac{3}{0.1} = 30$[V]

47 키르히호프의 법칙을 맞게 설명한 것은?

① 제1법칙은 전압에 관한 법칙이다.
② 제1법칙은 전류에 관한 법칙이다.
③ 제1법칙은 회로망의 임의의 한 폐회로 중 전압강하의 대수 합과 기전력의 대수 합은 같다.
④ 제2법칙은 회로망에 유입하는 전류의 합은 유출하는 전류의 합과 같다.

풀이 ① 키르히호프의 제1법칙
(Kirchhoff's Current Law : KCL)
$I = I_1 + I_2 + I_3 + \cdots + I_n$
② 키르히호프의 제2법칙
(Kirchhoff's Voltage Law : KVL)
$\sum E_i = \sum V_i$ 로 계산된다.

48 "회로의 접속점에서 볼 때, 접속점에 흘러들어오는 전류의 합은 흘러 나가는 전류의 합과 같다."라고 정의되는 법칙은?

① 키르호프의 제1법칙
② 키르호프의 제2법칙
③ 플레밍의 오른손 법칙
④ 앙페르의 오른 나사 법칙

풀이 • **키르히호프의 제1법칙**
(Kirchhoff's Current Law : KCL) :
분기점에 있어서 유입전류(전 전류)는 유출전류(각 지로전류)의 합과 같다.
• **키르히호프의 제2법칙**
(Kirchhoff's Voltage Law : KVL) :
회로망 내의 임의의 폐회로(경로)에 있어서 전원전압의 합은 전압강하의 합과 같다.

49 키르히호프의 법칙을 이용하여 방정식을 세우는 방법으로 잘못된 것은?

① 키르히호프의 제1법칙을 회로망의 임의의 한 점에 적용한다.

② 각 폐회로에서 키르히호프의 제2법칙을 적용한다.

③ 각 회로의 전류를 문자로 나타내고 방향을 가정한다.

④ 계산결과 전류가 +로 표시된 것은 처음에 정한 방향과 반대방향임을 나타낸다.

풀이 키르히호프의 제1법칙(전류법칙)에서 계산결과 전류가 처음에 정한 방향과 같은 방향이면 (+), 반대 방향이면 (−)로 표시한다.

50 저항 R_1, R_2의 병렬회로에서 R_2에 흐르는 전류가 I일 때 전 전류는?

① $\dfrac{R_1 + R_2}{R_1} I$ ② $\dfrac{R_1 + R_2}{R_2} I$

③ $\dfrac{R_1}{R_1 + R_2} I$ ④ $\dfrac{R_2}{R_1 + R_2} I$

풀이 전류분배법칙에서 전전류를 I_T, R_2에 흐르는 전류를 I라 하면 $I = \dfrac{R_1}{R_1 + R_2} I_T [\text{A}]$이므로

$$\therefore I_T = \dfrac{R_1 + R_2}{R_1} I [\text{A}]$$

51 5[Ω], 10[Ω], 15[Ω]의 저항을 직렬로 접속하고 전압을 가하였더니 10[Ω]의 저항 양단에 30[V]의 전압이 측정 되었다. 이 회로에 공급되는 전전압은 몇 [V]인가?

① 30[V] ② 60[V]

③ 90[V] ④ 120[V]

풀이 전압 분배 법칙에 의해

$$V_2 = \dfrac{R_2}{R_1 + R_2 + R_3} V = \dfrac{10}{5 + 10 + 15} V = 30[\text{V}]$$

이므로

$$\therefore V = \dfrac{5 + 10 + 15}{10} \times 30 = 90[\text{V}]$$

52 직류 250[V]의 전압에 두 개의 150[V]용 전압계를 직렬로 접속하여 측정하면 각 계기의 지시값 V_1, V_2는 각각 몇 [V]인가? 단, 전압계 V_1, V_2의 내부 저항은 각각 6[kΩ], 4[kΩ]이다.

① $V_1 = 250$, $V_2 = 150$

② $V_1 = 150$, $V_2 = 100$

③ $V_1 = 100$, $V_2 = 150$

④ $V_1 = 150$, $V_2 = 250$

풀이 $V_1 = \dfrac{R_1}{R_1 + R_2} V = \dfrac{6}{6 + 4} \times 250 = 150[\text{V}]$

$V_2 = \dfrac{R_2}{R_1 + R_2} V = \dfrac{4}{6 + 4} \times 250 = 100[\text{V}]$

53 다음 회로에서 10[Ω]에 걸리는 전압은 몇 [V]인가?

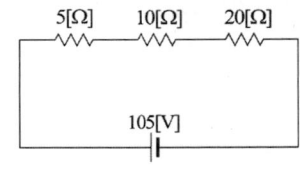

① 2 ② 10

③ 20 ④ 30

풀이 전압은 저항값에 비례하므로 전압 분배 법칙을 이용하여 구한다.

$$V_{10} = \dfrac{10}{5 + 10 + 20} \times 105 = 30[\text{V}]$$

54 그림과 같은 회로에서 4[Ω]에 흐르는 전류 [A] 값은?

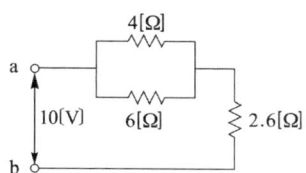

① 0.6   ② 0.8
③ 1.0   ④ 1.2

풀이 전전류 $I = \dfrac{V}{R} = \dfrac{10}{\dfrac{4 \times 6}{4+6} + 2.6} = 2[A]$

전류 분배법칙에 의해

$I_1 = \dfrac{R_2}{R_1 + R_2} I = \dfrac{6}{4+6} \times 2 = 1.2[A]$

55 그림의 회로에서 모든 저항값은 2[Ω]이고, 전체전류 I는 6[A]이다. I_1에 흐르는 전류는?

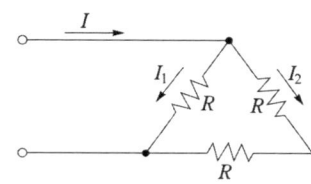

① 1[A]   ② 2[A]
③ 3[A]   ④ 4[A]

풀이 등가회로는 다음과 같으므로 전류 분배 법칙을 적용하면 $I_1 = \dfrac{4}{2+4} \times 6 = 4[A]$이다.

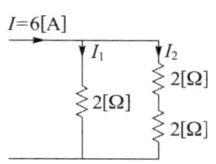

56 그림의 휘스톤 브리지의 평형조건은?

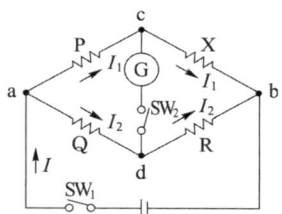

① $X = \dfrac{Q}{P} R$ ② $X = \dfrac{P}{Q} R$

③ $X = \dfrac{Q}{R} P$ ④ $X = \dfrac{P^2}{R} Q$

풀이 문제의 그림에서 브리지의 평형조건은
$PR = XQ$이므로 $X = \dfrac{P}{Q} R$ 이다.

57 다음 중 저 저항 측정에 사용되는 브리지는?

① 휘이스톤 브리지   ② 비인 브리지
③ 맥스웰 브리지   ④ 캘빈더블 브리지

풀이 ① 휘이스톤 브리지 : 검류계의 내부저항(특수저항 측정)
② 비인 브리지 : 커패시턴스 측정
③ 맥스웰 브리지 : 인덕턴스 측정
④ 캘빈더블 브리지 : 저 저항측정(1[Ω] 이하)

58 회로에서 검류계의 지시가 0일 때 저항 X는 몇 [Ω]인가?

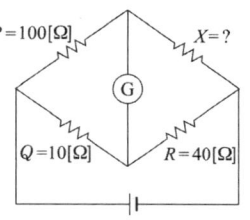

① 10[Ω]   ② 40[Ω]
③ 100[Ω]   ④ 400[Ω]

브리지의 평형조건$(PR = XQ)$에 대입하면,

$100 \times 40 = 10X$

$$\therefore X = \frac{100 \times 40}{10} = 400[\Omega]$$

---

59 브리지 회로에서 미지의 인덕턴스 L_X를 구하면?

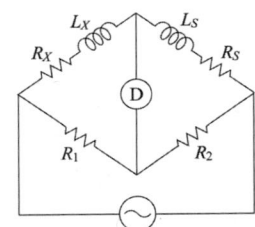

① $L_X = \dfrac{R_2}{R_1} L_S$ ② $L_X = \dfrac{R_1}{R_2} L_S$

③ $L_X = \dfrac{R_S}{R_1} L_S$ ④ $L_X = \dfrac{R_1}{R_S} L_S$

$R_1(R_S + j\omega L_S) = R_2(R_X + j\omega L_X)$

$\rightarrow R_1 R_S + j\omega R_1 L_S = R_2 R_X + j\omega R_2 L_X$

① 실수에서 $R_1 R_S = R_2 R_X$

② 허수에서 $j\omega R_1 L_S = j\omega R_2 L_X$

$$\therefore L_X = \frac{R_1}{R_2} L_S$$

---

60 그림의 브리지 회로에서 평형이 되었을 때의 C_x는?

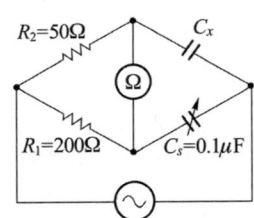

① $0.1[\mu C]$ ② $0.2[\mu C]$

③ $0.3[\mu C]$ ④ $0.4[\mu C]$

브리지 회로가 평형이 되었으므로

$$\frac{R_1}{C_x} = \frac{R_2}{C_s} \text{이다.}$$

$$\therefore C_x = \frac{R_1 C_s}{R_2} = \frac{200 \times 0.1}{50} = 0.4[\mu C]$$

---

61 그림을 테브냉 등가회로로 고칠 때 개방전압 V'와 저항 R'는?

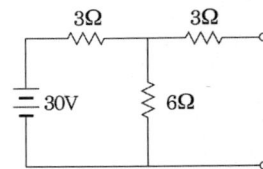

① 20[V], 5[Ω]

② 30[V], 8[Ω]

③ 15[V], 12[Ω]

④ 10[V], 1.2[Ω]

• $V' = 30 \times \dfrac{6}{3+6} = 20[V]$

• $R' = 3 + \dfrac{3 \times 6}{3 + 6} = 5[\Omega]$

---

62 기전력 $V_0[V]$, 내부저항이 $r[\Omega]$인 n개의 전지를 직렬로 연결하였다. 전체 내부저항은 얼마인가?

① $\dfrac{r}{n}$ ② nr

③ $\dfrac{r}{n^2}$ ④ nr^2

• 동일한 크기의 저항 r을 직렬로 n개 연결하면 합성저항 $R = nr$

• 동일한 크기의 저항 r을 병렬로 n개 연결하면 합성저항 $R = \dfrac{r}{n}$이 된다.

---

63 내부 저항이 0.1[Ω]인 전지 10개를 병렬 연결하면, 전체 내부 저항은?

① 0.01[Ω]　　② 0.05[Ω]
③ 0.1[Ω]　　④ 1[Ω]

풀이 동일한 크기의 저항을 병렬연결했으므로

전체 내부저항 $R = \dfrac{r}{n} = \dfrac{0.1}{10} = 0.01[\Omega]$

64 전압 1.5[V], 내부 저항 0.2[Ω]의 전지 5개를 직렬로 접속하면 전전압은 몇 [V]인가?

① 0.2　　② 1.0
③ 5.7　　④ 7.5

풀이

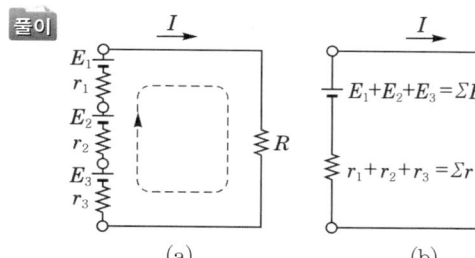

(a)　　　　　(b)

여기서, 기전력은
$E_o = nE = 5 \times 1.5 = 7.5[V]$가 된다.

65 기전력 E, 내부저항 r인 전지 n개를 직렬로 연결하여 이것에 외부저항 R을 직렬 연결하였을 때 흐르는 전류[A]는?

① $I = \dfrac{E}{nr + R}[A]$

② $I = \dfrac{nE}{r + R}[A]$

③ $I = \dfrac{nE}{r + Rn}[A]$

④ $I = \dfrac{nE}{nr + R}[A]$

풀이 전류 $I = \dfrac{\text{합성기전력}}{\text{합성저항}} = \dfrac{nE}{nr + R}[A]$

66 기전력 1.5[V], 내부 저항 0.2[Ω]인 전지 5개를 직렬로 접속하여 단락시켰을 때의 전류[A]는?

① 1.5[A]　　② 2.5[A]
③ 6.5[A]　　④ 7.5[A]

풀이 직렬연결이므로 흐르는 전류는
$I = \dfrac{nE}{nr} = \dfrac{5 \times 1.5}{5 \times 0.2} = 7.5[A]$
(단, n은 전지의 개수)

67 기전력이 1.5[V]이고 내부저항이 0.1[Ω]인 전지 10개를 직렬로 연결하고 2[Ω]의 저항을 가진 전구에 연결할 때 전구에 흐르는 전류는 몇 [A]인가?

① 2　　② 2
③ 4　　④ 5

풀이 기전력이 1.5[V]인 전지 10개를 직렬로 연결하면 전압은 $10 \times 1.5 = 15[V]$가 된다.
또, 내부저항이 0.1[Ω]을 10개 직결로 연결하면 합성저항은 $0.1 \times 10 = 1[\Omega]$이 된다.
즉, 15[V], 내부저항이 1[Ω]의 전지로 생각하고 이것에 2[Ω]의 저항을 연결하면
전류는 $I = \dfrac{V}{R + r} = \dfrac{15}{2 + 1} = 5[A]$가 된다.

68 전류계의 측정범위를 확대시키기 위하여 전류계와 병렬로 접속하는 것은?

① 분류기　　② 배율기
③ 검류계　　④ 전위차계

풀이 분류기 : 전류계의 측정 범위를 넓히기 위하여 전류계에 병렬로 접속하는 저항기

69 전압계의 측정 범위를 넓히는 데 사용되는 기기는?

① 배율기 　　② 분류기
③ 정압기 　　④ 정류기

풀이 전압계의 측정 범위를 넓히기 위하여 전압계에 직렬로 저항을 접속하여 측정하는데, 이때 직렬로 연결한 저항을 배율기라 한다.

70 전압계의 측정 범위를 넓히기 위한 목적으로 전압계에 직렬로 접속하는 저항기를 무엇이라 하는가?

① 전위차계(potential meter)
② 분압기(voltage divider)
③ 분류기(shunt)
④ 배율기(multiplier)

풀이 • 전위차계 : 전위차나 기전력을 측정하는 장치
• 분압기 : 고압의 전압을 적당한 크기의 전압으로 조정하는 장치
• 분류기 : 전류계의 측정 범위를 넓히기 위하여 전류계에 병렬로 접속하는 저항기

71 다음 (1)과 (2)에 들어갈 내용을 알맞은 것은?

> 배율기는 (1)의 측정범위를 넓히기 위한 목적으로 사용하는 것으로써 (2)로 접속하는 저항기를 말한다.

① (1) 전압계 (2) 병렬
② (1) 전류계 (2) 병렬
③ (1) 전압계 (2) 직렬
④ (1) 전류계 (2) 직렬

풀이 전압계의 측정 범위를 넓히기 위하여 전압계에 직렬로 저항을 접속하여 측정한다. 이때 직렬로 연결한 저항을 배율기라 한다.

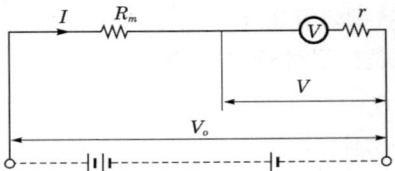

72 부하의 전압과 전류를 측정하기 위한 전압계와 전류계의 접속방법으로 옳은 것은?

① 전압계 : 직렬, 전류계 : 병렬
② 전압계 : 직렬, 전류계 : 직렬
③ 전압계 : 병렬, 전류계 : 직렬
④ 전압계 : 병렬, 전류계 : 병렬

풀이 전압계는 병렬로 접속하고, 전류계는 직렬로 접속한다.

73 전압계 및 전류계의 측정 범위를 넓히기 위하여 사용하는 배율기와 분류기의 접속 방법은?

① 배율기는 전압계와 병렬접속, 분류기는 전류계와 직렬접속
② 배율기는 전압계와 직렬접속, 분류기는 전류계와 병렬접속
③ 배율기 및 분류기 모두 전압계와 전류계에 직렬접속
④ 배율기 및 분류기 모두 전압계와 전류계에 병렬접속

풀이 ① 전압계의 측정 범위를 넓히기 위하여 전압계에 직렬로 저항을 접속하여 측정하는데, 이때 직렬로 연결한 저항을 배율기라 한다.
② 분류기 : 전류계의 측정 범위를 넓히기 위하여 전류계에 병렬로 저항을 접속하여 측정하는데, 이때 병렬로 연결한 저항을 분류기라 한다.

74 어떤 전압계의 측정 범위를 10배로 하자면 배율기의 저항을 전압계 내부저항의 몇 배로 하여야 하는가?

　① 10　　　　　　② $\dfrac{1}{10}$

　③ 9　　　　　　　④ $\dfrac{1}{9}$

풀이

$$V_o = V\left(\frac{R_m}{r} + 1\right)[\text{V}]$$

여기서, V_o : 측정할 전압[A]
　　　　V : 전압계의 눈금[V]
　　　　R_m : 배율기의 저항[Ω]
　　　　r : 전압계의 내부 저항[Ω]

여기서, 배율을 m이라 하면
$m = 10$인 경우
$m = \dfrac{V_o}{V} = \left(\dfrac{R_m}{r} + 1\right)$에서
$R_m = r(m-1) = r(10-1) = 9r$로
9배가 된다.

75 100[V]의 전압계가 있다. 이 전압계를 써서 200[V]의 전압을 측정하려면 최소 몇 [Ω]의 저항을 외부에 접속해야 하는가? (단, 전압계의 내부저항은 5000[Ω]이다.)

　① 10000　　　　② 5000
　③ 2500　　　　　④ 1000

풀이

$$V_o = V\left(\frac{R_m}{r} + 1\right)[\text{V}]에서$$

$\dfrac{200}{100} = \dfrac{R_m}{r} + 1$이므로
배율기 저항
$R_m = 1 \times 5000 = 5000[\Omega]$

05 교류회로

< 1. 정현파 교류회로

1) 교류 발생원의 특성

(1) 주기와 주파수

① **주파수(Frequency : f)**
주파수(周波數)는 1초 동안에 반복되는 사이클(cycle)의 수(數)로 정의한다.

$$1[\text{Hz}] = 1[\text{cycle/second} : \text{c/s}]$$

② **주기(period : T)**
파형이 1 사이클 이동할 때까지 걸린 시간

$$T = \frac{1}{f}[\sec]$$

③ **각속도(angular velocity : ω)**
회전에 의한 코일의 이동을 회전각도로 표시하는데, 이 회전각도를 각속도 또는 각주파수라 하며, $\omega = 2\pi f[\text{rad/sec}]$가 된다.

(2) 순시값과 위상

순간순간 나타나는 정현파의 값을 순시값(instantaneous value)이라 한다.

$$v = V_m \sin\theta = V_m \sin\omega t[\text{V}]$$

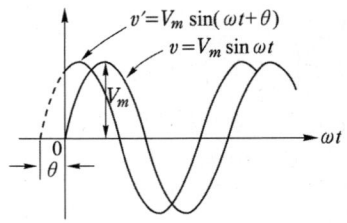

순시값과 위상

그림은 v'이 v보다 반시계 방향으로 θ만큼 이동한 것으로 v'의 식은 다음과 같이 표현된다.

$$v' = V_m \sin(\omega t + \theta)$$

여기서, θ를 초기위상(initial phase) 또는 간단히 위상이라 한다.

(3) 실효값과 평균값

① **평균값(average value)**
주기적인 교류파의 평균값은 한 주기 동안을 평균한 값을 말한다.

$$V_{av} = \frac{1}{T}\int_0^T v\,dt$$

② **실효값(effective value)**
동일한 저항회로에 직류와 교류를 동일시간 인가하였을 때 소비되는 전력량이 같은 경우 이때의 직류값을 정현파 교류의 실효값으로 정의한다.

$$V_{rms} = \sqrt{\left(\frac{1}{T}\int_0^T v^2\,dt\right)}$$

교류의 실효값 V는 순시값 v의 자승 평균의 평방근으로 정의되므로 실효값을 rms(root mean square value)라고도 한다.

실효값과 평균값

파 형	실효값	평균값
정현파	$\dfrac{V_m}{\sqrt{2}} \fallingdotseq 0.707\,V_m$	$\dfrac{2\,V_m}{\pi} \fallingdotseq 0.637\,V_m$
정현반파	$\dfrac{V_m}{2}$	$\dfrac{V_m}{\pi}$
삼각파	$\dfrac{V_m}{\sqrt{3}}$	$\dfrac{V_m}{2}$
구형반파	$\dfrac{V_m}{\sqrt{2}}$	$\dfrac{V_m}{2}$
구형파	V_m	V_m

(4) 파형률과 파고율

구형파를 기준으로 할 때, 비정현적인 파형이 어느 정도 일그러졌는가를 나타내는 척도

① 정현파의 파고율 :

$$\text{파고율} = \frac{\text{최댓값}}{\text{실효값}} = \sqrt{2} = 1.414$$

② 정현파의 파형률 :

$$\text{파형률} = \frac{\text{실효값}}{\text{평균값}} = \frac{\pi}{2\sqrt{2}} = 1.111$$

파형률과 파고율

	구형파	3각파	정현파	정류파 (전파)	정류파 (반파)
파형률	1.0	1.15	1.11	1.11	1.57
파고율	1.0	1.732	1.414	1.414	2.0

(5) 정현파 교류의 복소수 표현

① 허수의 기본개념

허수(imaginary number)는 제곱하여 -1로 되는 수를 기본단위로 하여 이를 i 또는 j로 표시한다. 즉 $j = \sqrt{-1}$을 의미한다.

② 복소수의 표현

• 직교좌표형식의 표현

$$\dot{A} = a + jb = A(\cos\theta + j\sin\theta)$$

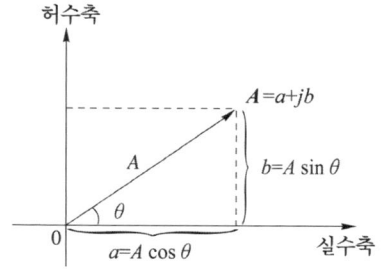

직교좌표 형식

• 극좌표 형식의 표현

$$\dot{A} = |A| = \sqrt{a^2 + b^2}$$

$$\theta = \arg(\dot{A}) = \tan^{-1}\frac{b}{a}$$

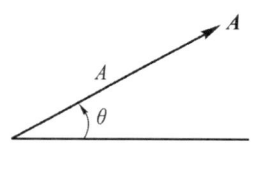

극좌표 형식

③ Phasor(정현파교류의 복소수 표현)

$$v = \sqrt{2}\,V\sin(\omega t + \theta)$$

$$\rightarrow \dot{V} = V\underline{/\theta}$$

$$\rightarrow \dot{V} = V\cos\theta + jV\sin\theta$$

2) RLC 직병렬 접속

(1) 수동소자

① 저항(Resistance) : R

• 전원으로부터 공급받는 에너지를 열(줄열)로 소비하는 회로소자
• 단위는 옴(ohm : $[\Omega]$)

② 인덕턴스(inductance) : L

• 다수의 코일을 감아서 만든 2단자 소자
• 단위는 헨리(henry : $[\text{H}]$)

③ 커패시턴스(Capacitance : 용량계수 또는 정
전용량, 콘덴서) : C
- 전하가 갖는 정전에너지를 저장할 수 있는
능력을 가진 전기소자
- 단위는 패럿(Farad : [F])

(2) 회로소자의 응답

① R의 회로해석

㉠ 순시전류 :

$$i = \frac{v}{R} = \frac{V_m \sin\omega t}{R} = \frac{V_m}{R} \sin\omega t [\text{A}]$$

㉡ 실효전류 : $I = \dfrac{V}{R}[\text{A}]$

② L 만의 회로 해석

㉠ 유도성 리액턴스 : $jX_L = j\omega L[\Omega]$

㉡ 실효전류 : $I = \dfrac{V}{\omega L}[\text{A}]$

③ C 만의 회로 해석

㉠ 용량성 리액턴스 : $-jX_C = \dfrac{1}{j\omega C}[\Omega]$

㉡ 실효전류 : $I = \omega C V[\text{A}]$

④ $R-X$ 직렬회로의 해석

㉠ 임피던스

$$|Z| = |R + jX| = \sqrt{(R^2 + X^2)}[\Omega]$$

㉡ 임피던스의 극좌표 표현 :

$$Z = \sqrt{R^2 + X^2} \angle \tan^{-1}\frac{X}{R}[\Omega]$$

㉢ 실효전류 : $I = \dfrac{V}{\sqrt{R^2 + X^2}}[\text{A}]$

㉣ 역률과 무효율

- 역률 $\cos\theta = \dfrac{R}{\sqrt{R^2 + X^2}}$

- 무효율 $\sin\theta = \dfrac{X}{\sqrt{R^2 + X^2}}$

3) 교류전력

(1) 유효전력 P

부하회로의 저항성분 R을 통해 일을 하면서 **실**

제로 에너지를 소비하는 전력

$$P = VI\cos\theta = I^2 R[\text{W}]$$

(2) 무효전력 Q

회로의 X_L, X_C 성분에 의한 에너지 축적효과
로 생기는 전력

$$Q = VI\sin\theta = I^2 X[\text{Var}]$$

(3) 피상전력 P_a

$$P_a = VI = I^2 Z = \sqrt{P^2 + P_r^2}[\text{VA}]$$

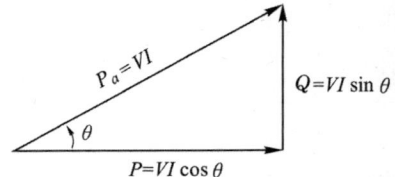

(4) 전력과의 관계

① 피상전력

$$P_a = \sqrt{P^2 + Q^2}$$
$$= \sqrt{\text{유효전력}^2 + \text{무효전력}^2}$$

② 역률 $\cos\theta = \dfrac{P}{P_a} = \dfrac{\text{유효전력}}{\text{피상전력}}$

③ 무효율 $\sin\theta = \dfrac{Q}{P_a} = \dfrac{\text{무효전력}}{\text{피상전력}}$

‹ 2. 3상 교류회로

1) 3상 교류의 표시법

(1) 3상 전압의 순시값

$$v_a = V_m \sin\omega t$$
$$v_b = V_m \sin(\omega t - 120°)$$
$$v_c = V_m \sin(\omega t - 240°)$$

(2) 페이저

① $V_a = V\underline{/0°}$

$V_b = V\underline{/-120°}$

$V_c = V\underline{/-240°}$

② 페이저도의 **상순은 위상차에 따라 시계방향으로 a–b–c로 정하는 것이 일반적이다.**

③ 평형 3상 전원 : 기전력의 크기가 같고 120°의 위상차를 갖는 3상 기전력

④ 평형 3상 전원에서는 3상 전원을 합하면 0이 된다.

$$V_a + V_b + V_c = 0$$

2) 3상 교류의 결선법

(1) Y 전원회로의 전압과 전류

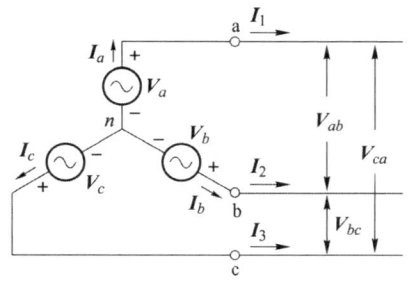

3상 Y전원 회로

① **각 상전압과 각 선간전압의 관계**

대표적으로 상전압을 V_p, 선간전압을 V_l이라 하면

$$V_l = \sqrt{3}\ V_p\underline{/30°}$$

로 되어 **각 선간전압은 각 상전압에 비해 크기가 $\sqrt{3}$ 배이며 위상은 30°빠르다.**

② **상전류와 선전류의 관계**

대표적으로 상전류를 I_p, 선전류를 I_l이라 하면

$$I_l = I_p$$

로 되어 각 선전류는 각 상전류와 크기와 위상이 같다.

(2) Δ 전원회로의 전압과 전류

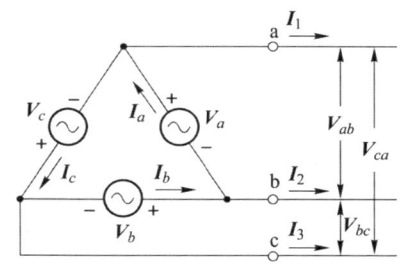

3상 Δ전원 회로

① **선간전압과 상전압의 관계**

대표적으로 상전압을 V_p, 선간전압을 V_l이라 하면

$$V_l = V_p$$

로 되어 **각 선간전압은 각 상전압과 크기와 위상이 같다.**

② **상전류와 선전류의 관계**

대표적으로 상전류를 I_p, 선전류를 I_l이라 하면

$$I_l = \sqrt{3}\ I_p\angle -30°$$

로 되어 **각 선전류는 각 상전류에 비해 크기가 $\sqrt{3}$ 배이며 위상은 30° 느리다.**

(3) V 결선

① 출력

$$P_V = \sqrt{3}\ P_1$$

여기서, P_V : V결선시의 출력

P_1 : 단상 변압기 1대의 용량

② 설비의 이용률 : 86.6[%]

③ △결선과의 출력비 : 57.74[%]

3) 3상 전력

(1) 3상 전력

① 유효전력

$$P = \sqrt{3}\, V_l I_l \cos\theta = 3 V_p I_p \cos\theta [\mathrm{W}]$$

② 무효전력

$$P = \sqrt{3}\, V_l I_l \sin\theta = 3 V_p I_p \sin\theta [\mathrm{Var}]$$

(2) 2전력계법에 의한 3상 전력측정

단상 전력계 2개를 연결하여 3상 전력을 측정하는 방법을 2전력계법이라 한다.

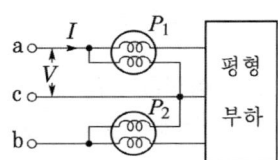

2전력계법

① 유효전력 $P = P_1 + P_2 = \sqrt{3}\, VI\cos\theta$

② 무효전력 $Q = \sqrt{3}\,(P_1 - P_2)$

③ 피상전력

$$P_a = \sqrt{P^2 + Q^2} = 2\sqrt{P_1{}^2 + P_2{}^2 - P_1 P_2}$$

④ 역률

$$\cos\theta = \frac{P}{P_a} = \frac{P_1 + P_2}{2\sqrt{P_1{}^2 + P_2{}^2 - P_1 P_2}}$$

◁ 3. 비정현파 교류회로

- 푸리에 급수는 주파수와 진폭을 달리하는 무수히 많은 성분을 갖는 비정현파를 무수히 많은 정현항과 여현항의 합으로 표현하는 방법을 말한다.
- 비정현파는 직류분, 기본파, 고조파로 구성된다.

$$f(t) = a_0 + \sum_{n=0}^{\infty} a_n \cos n\omega t + \sum_{n=0}^{\infty} b_n \sin n\omega t$$

(1) 실효값

직류분, 기본파 및 고조파 제곱의 합의 평방근

$$V = \sqrt{V_0{}^2 + V_1{}^2 + V_2{}^2 + \cdots + V_n{}^2}$$

(2) 왜형률(distortion factor)

비정현파에서 기본파에 대해 고조파 성분이 어느 정도 포함되었는가를 나타내는 지표

$$왜형률 = \frac{고조파\ 실효값의\ 합}{기본파\ 실효값}$$

$$= \sqrt{\left(\frac{V_2}{V_1}\right)^2 + \left(\frac{V_3}{V_1}\right)^2 + \cdots + \left(\frac{V_n}{V_1}\right)^2}$$

(3) 전력

직류분과 각 고조파 전력의 합

$$P = V_0 I_0 + \sum V_n I_n \cos\theta_n$$
$$= V_0 I_0 + V_1 I_1 \cos\theta_1 + V_2 I_2 \cos\theta_2$$
$$+ \cdots\cdots + V_n I_n \cos\theta_n$$

01 회전자가 1초에 30회전을 하면 각속도는?

① $30\pi[\text{rad/s}]$

② $60\pi[\text{rad/s}]$

③ $90\pi[\text{rad/s}]$

④ $120\pi[\text{rad/s}]$

풀이 주파수 $f=30[\text{c/s}]$이므로 각속도
$\omega=2\pi f=2\pi\times 30=60\pi[\text{rad/s}]$

02 각주파수 $\omega=100\pi[\text{rad/s}]$일 때 주파수 f [Hz]는?

① $50[\text{Hz}]$　　② $60[\text{Hz}]$

③ $300[\text{Hz}]$　　④ $360[\text{Hz}]$

풀이 각주파수 $\omega=2\pi f[\text{rad/sec}]$에서
$f=\dfrac{100\pi}{2\pi}=50[\text{Hz}]$

03 각속도 $\omega=300[\text{rad/sec}]$인 사인파 교류의 주파수[Hz]는 얼마인가?

① $\dfrac{70}{\pi}$　　② $\dfrac{150}{\pi}$

③ $\dfrac{180}{\pi}$　　④ $\dfrac{360}{\pi}$

풀이 주파수 $f=\dfrac{\omega}{2\pi}=\dfrac{300}{2\pi}=\dfrac{150}{\pi}[\text{Hz}]$

04 각속도 $\omega=377[\text{rad/sec}]$인 사인파 교류의 주파수는 약 몇 [Hz]인가?

① 30　　② 60

③ 90　　④ 120

풀이 정현파 교류는 발전기 코일의 회전에 의해서 발생되므로 코일의 이동을 회전각도로 표시하여 사용한다. 이 회전각도를 각속도 또는 각주파수(angular frequency) ω라 하며, $\omega=2\pi f[\text{rad/sec}]$가 된다.
$\therefore f=\dfrac{\omega}{2\pi}=\dfrac{377}{2\pi}=60[\text{Hz}]$

05 $e=100\sqrt{2}\sin\left(100\pi t-\dfrac{\pi}{3}\right)[\text{V}]$인 정현파 교류전압의 주파수는 얼마인가?

① $50[\text{Hz}]$　　② $60[\text{Hz}]$

③ $100[\text{Hz}]$　　④ $314[\text{Hz}]$

풀이 $\omega=2\pi f=100\pi$ 이므로
$f=\dfrac{100\pi}{2\pi}=50[\text{Hz}]$가 된다.

06 $e=141\sin\left(120\pi t-\dfrac{\pi}{3}\right)$인 파형의 주파수는 몇 [Hz]인가?

① 10　　② 15

③ 30　　④ 60

풀이 각속도 $\omega=2\pi f[\text{rad/sec}]$에서
$f=\dfrac{\omega}{2\pi}=\dfrac{120\pi}{2\pi}=60[\text{Hz}]$가 된다.

07 주파수 100[Hz]의 주기는?

① $0.01[\text{sec}]$　　② $0.6[\text{sec}]$

③ $1.7[\text{sec}]$　　④ $6000[\text{sec}]$

풀이 주기 $T=\dfrac{1}{f}=\dfrac{1}{100}=0.01[\text{sec}]$

답 1.② 2.① 3.② 4.② 5.① 6.④ 7.①

08 $e = 141\sin\left(120\pi t - \dfrac{\pi}{3}\right)$인 파형의 주파수는 몇 [Hz]인가?

① 120   ② 60
③ 30   ④ 15

[풀이] $\omega = 2\pi f = 120\pi$이므로 $f = 60$[Hz]가 된다.

09 $e = 100\sin\left(377t - \dfrac{\pi}{5}\right)$[V]의 파형의 주파수는 약 몇 [Hz]인가?

① 50   ② 60
③ 80   ④ 100

[풀이] 각속도 $\omega = 2\pi f = 377$에서
$f = \dfrac{377}{2\pi} = 60$[Hz]가 된다.

10 다음 전압과 전류의 위상차는 어떻게 되는가?

$$v = \sqrt{2}\,V\sin\left(\omega t - \frac{\pi}{3}\right)[\text{V}]$$

$$i = \sqrt{2}\,I\sin\left(\omega t - \frac{\pi}{6}\right)[\text{A}]$$

① 전류가 $\dfrac{\pi}{3}$ 만큼 앞선다.

② 전압이 $\dfrac{\pi}{3}$ 만큼 앞선다.

③ 전압이 $\dfrac{\pi}{6}$ 만큼 앞선다.

④ 전류가 $\dfrac{\pi}{6}$ 만큼 앞선다.

[풀이] 전압은 위상이 $\dfrac{\pi}{3}$ 느리고, 전류는 위상이 $\dfrac{\pi}{6}$ 느리므로 전류가 전압보다 $\dfrac{\pi}{6}$ 만큼 앞선다.

11 10[Ω]의 저항 회로에
$e = 100\sin\left(377t + \dfrac{\pi}{3}\right)$[V]의 전압을
가했을 때 $t = 0$에서의 순시전류는?

① 5[A]   ② $5\sqrt{3}$ [A]
③ 10[A]   ④ $10\sqrt{3}$ [A]

[풀이] 순시전류는

$$i = \frac{e}{R} = \frac{100\sin\left(377 \times 0 + \dfrac{\pi}{3}\right)}{10}$$

$$= 10\sin\frac{\pi}{3} = 10\sin 60° = 10 \times \frac{\sqrt{3}}{2}$$

$$= 5\sqrt{3}\,[\text{A}]$$

12 일반적인 경우 교류를 사용하는 전기난로의 저압과 전류의 위상에 대한 설명으로 옳은 것은?

① 전압과 전류는 동상이다.
② 전압이 전류보다 90도 앞선다.
③ 전류가 전압보다 90도 앞선다.
④ 전류가 전압보다 60도 앞선다.

[풀이] 전기난로는 저항부하이므로 전압과 전류가 동상이 된다.

13 $v = V_m \sin(\omega t + 30°)$[V],
$i = I_m \sin(\omega t - 30°)$[A]일 때
전압을 기준으로 할 때 전류의 위상차는?

① 60° 뒤진다.
② 60° 앞선다.
③ 30° 뒤진다.
④ 30° 앞선다.

[풀이] ① 전압을 기준으로 하므로 전류는 전압에 비해 위상이 뒤진다.
② 전압은 위상이 30° 빠르고, 전류는 위상이 30° 느리므로 그 차이는 60°이다.

14 교류 100[V]의 최댓값은 약 몇 [V]인가?

① 90   ② 100

③ 111   ④ 141

풀이

파형	정현파	정현반파	삼각파	구형반파	구형파
실효값	$\dfrac{V_m}{\sqrt{2}}$	$\dfrac{V_m}{2}$	$\dfrac{V_m}{\sqrt{3}}$	$\dfrac{V_m}{\sqrt{2}}$	V_m
평균값	$\dfrac{2V_m}{\pi}$	$\dfrac{V_m}{\pi}$	$\dfrac{V_m}{2}$	$\dfrac{V_m}{2}$	V_m

정현파의 경우 실효값과 최댓값의 관계는

$V = \dfrac{V_m}{\sqrt{2}}$ 이므로

최댓값 $V_m = \sqrt{2} \times 100 = 141[\mathrm{V}]$가 된다.

15 어떤 사인파 교류전압의 평균값이 191[V]이면 최댓값은?

① 150[V]   ② 250[V]

③ 300[V]   ④ 400[V]

풀이

정현파의 평균값 $V_{av} = \dfrac{2V_m}{\pi}$ 에서

$V_m = \dfrac{\pi}{2} V_{av} = \dfrac{\pi}{2} \times 191 = 300[\mathrm{V}]$가 된다.

16 $i = I_m \sin \omega t [\mathrm{A}]$인 교류의 실효값은?

① $\dfrac{I_m}{\sqrt{2}}$ ② $\dfrac{2}{\pi} I_m$

③ I_m ④ $\sqrt{2} I_m$

풀이

파형	정현파	정현반파	삼각파	구형반파	구형파
실효값	$\dfrac{V_m}{\sqrt{2}}$	$\dfrac{V_m}{2}$	$\dfrac{V_m}{\sqrt{3}}$	$\dfrac{V_m}{\sqrt{2}}$	V_m
평균값	$\dfrac{2V_m}{\pi}$	$\dfrac{V_m}{\pi}$	$\dfrac{V_m}{2}$	$\dfrac{V_m}{2}$	V_m

17 평균값이 220[V]인 교류 전압의 최댓값은 약 몇 [V]인가?

① 110[V]   ② 346[V]

③ 381[V]   ④ 691[V]

풀이

정현파 교류의 최댓값 = 평균값 $\times \dfrac{\pi}{2} = 220 \times \dfrac{\pi}{2}$

$\fallingdotseq 346[\mathrm{V}]$

18 어느 교류전압의 순시값이

$v = 311 \sin(120\pi t)[\mathrm{V}]$라고 하면

이 전압의 실효값은 약 몇 [V]인가?

① 180[V]   ② 220[V]

③ 440[V]   ④ 622[V]

풀이

실효값 $= \dfrac{최댓값}{\sqrt{2}} = \dfrac{311}{\sqrt{2}} = 220[\mathrm{V}]$

19 $e = 141.4 \sin 100\pi t [\mathrm{V}]$의 교류 전압이 있다. 이 교류의 실효값은 몇 [V]인가?

① 100   ② 110

③ 141   ④ 282

풀이

$e = 141.4 \sin 100\pi t[\mathrm{V}]$의 식에서

최댓값이 141.4 [V]이므로

실효값은 최댓값을 $\sqrt{2}$로 나누어 계산한다.

$V = \dfrac{V_m}{\sqrt{2}} = \dfrac{141.2}{\sqrt{2}} = 100[\mathrm{V}]$가 된다.

20 전기저항 25[Ω]에 50[V]의 사인파 전압을 가할 때 전류의 순시값은?

(단, 각속도 $\omega = 377[\mathrm{rad/sec}]$임)

① $2 \sin 377t [\mathrm{A}]$

② $2\sqrt{2} \sin 377t [\mathrm{A}]$

③ $4 \sin 377t [\mathrm{A}]$

④ $4\sqrt{2} \sin 377t [\mathrm{A}]$

풀이 전류의 순시값

$$i = \frac{v}{R} = \frac{\sqrt{2}\,E\sin\omega t}{R} = \frac{50\sqrt{2}\,\sin 377t}{25}$$
$$= 2\sqrt{2}\,\sin 377t\,[A]$$

21 일반적으로 교류전압계의 지시값은?

① 최댓값   ② 순시값

③ 평균값   ④ 실효값

풀이 정현파의 크기는 실효값으로 나타내는 것이 일반적이며, 교류의 전압계 전류계의 눈금은 실효값을 지시하게끔 되어있다.

22 $i = I_m \sin\omega t$ [A]인 정현파 교류에서 ωt가 몇 °일 때 순시값과 실효값이 같게 되는가?

① 90°   ② 60°

③ 45°   ④ 0°

풀이
$$i\,(순시값) = I_m\sin\omega t = I_m\sin 45° = \frac{I_m}{\sqrt{2}}\,(실효값)$$
따라서 $\omega t = 45°$일 때 순시값과 실효값이 같게 된다.

23 최댓값이 V_m[V]인 사인파 교류에서 평균값 V_e[V] 값은?

① $0.557\,V_m$ ② $0.637\,V_m$

③ $0.707\,V_m$ ④ $0.866\,V_m$

풀이 정현파 교류의 평균값

$$V_e = \frac{2\,V_m}{\pi} = 0.637\,V_m \text{이 된다.}$$

24 최댓값이 110[V]인 사인파 교류 전압이 있다. 평균값은 약 몇 [V]인가?

① 30[V]   ② 70[V]

③ 100[V]   ④ 110[V]

풀이 정현파의 평균값 $= \dfrac{2\,V_m}{\pi} = \dfrac{2 \times 110}{\pi} \fallingdotseq 70[V]$

25 최댓값이 200[V]인 사인파 교류의 평균값은?

① 약 70.7[V]   ② 약 100[V]

③ 약 127.3[V]   ④ 약 141.4[V]

풀이 정현파 교류의 평균값

$$V_{av} = \frac{2\,V_m}{\pi} = \frac{2 \times 200}{\pi} \fallingdotseq 127.3[V]$$

26 어떤 정현파 교류의 최댓값이 $V_m = 220$[V]이면 평균값 V_a는?

① 120.4[V]   ② 125.4[V]

③ 127.3[V]   ④ 140.1[V]

풀이 정현파의 평균값

$$V_{av} = \frac{2\,V_m}{\pi} = \frac{2 \times 220}{\pi} = 140.1[V]$$

27 최댓값이 10[A]인 교류 전류의 평균값은 약 몇 [A]인가?

① 0.2   ② 0.5

③ 3.14   ④ 6.37

풀이 평균값 $I_{av} = \dfrac{2I_m}{\pi} = \dfrac{2 \times 10}{\pi} = 6.37[A]$

28 교류에서 파형률은?

① $\dfrac{최댓값}{실효값}$ ② $\dfrac{실효값}{평균값}$

③ $\dfrac{평균값}{실효값}$ ④ $\dfrac{최댓값}{평균값}$

답 21. ④ 22. ③ 23. ② 24. ② 25. ③ 26. ④ 27. ④ 28. ②

풀이 파형률(form factor)$= \dfrac{\text{실효값}}{\text{평균값}}$ 이고,

파고율(crest factor)$= \dfrac{\text{최댓값}}{\text{실효값}}$ 이다.

29 다음 중 파고율을 나타낸 것은?

① $\dfrac{\text{실효값}}{\text{평균값}}$ 　　② $\dfrac{\text{최댓값}}{\text{실효값}}$

③ $\dfrac{\text{평균값}}{\text{실효값}}$ 　　④ $\dfrac{\text{실효값}}{\text{최댓값}}$

풀이 파형률(form factor)$= \dfrac{\text{실효값}}{\text{평균값}}$ 이고,

파고율(crest factor)$= \dfrac{\text{최댓값}}{\text{실효값}}$ 이다.

30 다음 중 삼각파의 파형률은 약 얼마인가?

① 1 　　② 1.155
③ 1.414 　　④ 1.732

풀이

	구형파	3각파	정현파	정류파 (전파)	정류파 (반파)
파형률	1.0	1.15	1.11	1.11	1.57
파고율	1.0	1.732	1.414	1.414	2.0

31 $A_1 = a_1 + jb_1$, $A_2 = a_2 + jb_2$인 두 벡터의 차 A를 구하는 식은?

① $(a_1 - a_2) + j(b_1 - b_2)$

② $(a_1 + a_2) - j(b_1 + b_2)$

③ $(a_1 - b_1) + j(a_2 - b_2)$

④ $(a_1 - b_1) - j(a_2 - b_2)$

풀이 $A = (a_1 + jb_1) - (a_2 + jb_2)$
$= (a_1 - a_2) + j(b_1 - b_2)$

32 다음 중 복소수의 값이 다른 것은?

① $-1 + j$ 　　② $-j(1 + j)$

③ $(-1 - j)/j$ 　　④ $j(1 + j)$

풀이 허수 $j = \sqrt{-1}$ 이므로

② $-j(1 + j) = -j + (-j) \times j = -j + (-j)^2$
$= 1 - j$

③ $(-1 - j)/j = -j(-1 - j) = j + j^2 = -1 + j$

④ $j(1 + j) = j + j^2 = -1 + j$

33 복소수 $3 + j4$의 절대값은 얼마인가?

① 2 　　② 4

③ 5 　　④ 7

풀이 $3 + j4 = \sqrt{3^2 + 4^2} = 5$

34 $i_1 = 8\sqrt{2}\sin\omega t$[A], $i_2 = 4\sqrt{2}\sin(\omega t + 180°)$[A]와의 차에 상당한 전류의 실효값은?

① 4[A] 　　② 6[A]

③ 8[A] 　　④ 12[A]

풀이 i_1과 i_2를 실효값 정지 벡터로 표시하면,

$I_1 = 8\underline{/0°} = 8$

$I_2 = 4\underline{/180°} = -4$

$\therefore I = I_1 - I_2 = 8 - (-4) = 12$[A]

35 콘덴서의 정전용량이 커질수록 용량리액턴스의 값은 어떻게 되는가?

① 무한대로 접근한다.

② 커진다.

③ 작아진다.

④ 변화하지 않는다.

답 29. ② 30. ② 31. ① 32. ② 33. ③ 34. ④ 35. ③

풀이 용량 리액턴스 $X_c = \dfrac{1}{2\pi fC}$ 에서 정전용량에 반비례하는 것을 알 수 있다. 즉, 정전용량이 증가하면, 용량리액턴스는 감소하게 된다.

36 자체 인덕턴스가 0.01[H]인 코일에 100[V], 60[Hz]의 사인파 전압을 가할 때 유도 리액턴스는 약 몇 [Ω]인가?

① 3.77 ② 6.28
③ 12.28 ④ 37.68

풀이 유도 리액턴스
$X_L = 2\pi fL = 2\pi \times 60 \times 0.01 \fallingdotseq 3.77[\Omega]$

37 자기 인덕턴스 10[mH]인 코일에 50[Hz], 314[V]의 교류전압을 가했을 때 몇 [A]의 전류가 흐르는가? (단, 코일의 저항은 없는 것으로 하며 $\pi = 3.14$로 계산한다.)

① 10[A] ② 31.4[A]
③ 62.8[A] ④ 100[A]

풀이 유도 리액턴스
$X_L = \omega L = 2\pi fL = 2 \times 3.14 \times 50 \times 10^{-3}$
$= 3.14[\Omega]$
따라서 $I = \dfrac{V}{X_L} = \dfrac{314}{3.14} = 100[A]$가 된다.

38 5[mH]의 코일에 220[V], 60[Hz]의 교류를 가할 때 전류는 약 몇 [A]인가?

① 43[A] ② 58[A]
③ 87[A] ④ 117[A]

풀이 전류 $I = \dfrac{V}{X_L} = \dfrac{V}{\omega L} = \dfrac{V}{2\pi fL}$
$= \dfrac{V}{2\pi \times 60 \times 5 \times 10^{-3}} = \dfrac{220}{1.88} \fallingdotseq 117[A]$

39 어느 회로 소자에 일정한 크기의 전압으로 주파수를 증가시키면서 흐르는 전류를 관찰하였다. 주파수를 2배로 하였더니 전류의 크기가 2배로 되었다. 이 회로 소자는?

① 저항 ② 코일
③ 콘덴서 ④ 다이오드

풀이 전압이 일정할 때
• 저항만의 회로전류 I_R : 주파수와 무관
• 코일만의 회로전류 I_L : 주파수에 반비례
• 콘덴서만의 회로전류 I_C : 주파수에 비례

40 어떤 회로에 $v = 200\sin\omega t$의 전압을 가했더니 $i = 50\sin\left(\omega t + \dfrac{\pi}{2}\right)$의 전류가 흘렀다. 이 회로는?

① 저항회로 ② 유도성회로
③ 용량성회로 ④ 임피던스회로

풀이 $i = 50\sin\left(\omega t + \dfrac{\pi}{2}\right)$는 $v = 200\sin\omega t$ 보다 위상이 90° 앞선 것을 나타낸다.(용량성 회로)

41 $R - L$ 직렬회로에서 전압과 전류의 위상차 $\tan\theta$는?

① $\dfrac{L}{R}$ ② ωRL
③ $\dfrac{\omega L}{R}$ ④ $\dfrac{R}{\omega L}$

풀이 임피던스각 또는 전압과 전류의 위상차
$\tan\theta = \dfrac{X_L}{R} = \dfrac{\omega L}{R}[rad]$

답 36. ① 37. ④ 38. ④ 39. ③ 40. ③ 41. ③

42 저항 3[Ω], 유도리액턴스 4[Ω]의 직렬회로에 교류 100[V]를 가할 때 흐르는 전류와 위상각은 얼마인가?

① 14.3[A], 37°
② 14.3[A], 53°
③ 20[A], 37°
④ 20[A], 53°

풀이 임피던스는 $Z = 4 + j3 = \sqrt{4^2 + 3^2} = 5[\Omega]$ 이므로

전류 $I = \dfrac{V}{Z} = \dfrac{100}{5} = 20[A]$가 된다.

임피던스각 또는 전압과 전류의 위상차

$\theta = \tan^{-1}\dfrac{X}{R}$ 에서

$\theta = \tan^{-1}\dfrac{X_L}{R} = \tan^{-1}\dfrac{4}{3} = 53.13°$ 가 된다.

43 교류 회로에서 전압과 전류의 위상차를 θ [rad]이라 할 때 $\cos\theta$를 회로의 무엇이라 하는가?

① 전압 변동률
② 파형률
③ 효율
④ 역률

풀이 역률 $\cos\theta = \dfrac{R}{\sqrt{R^2 + X^2}}$

44 1상의 $R = 12[\Omega]$, $X_L = 16[\Omega]$을 직렬로 접속하여 선간전압 200[V]의 대칭 3상 교류 전압을 가할 때의 역률은?

① 60[%]
② 70[%]
③ 80[%]
④ 90[%]

풀이 역률 $\cos\theta = \dfrac{R}{Z} \times 100 = \dfrac{R}{\sqrt{R^2 + X^2}} \times 100$

$= \dfrac{12}{\sqrt{12^2 + 16^2}} \times 100$

$= 60[\%]$

45 저항 8[Ω]과 유도 리액턴스 6[Ω]이 직렬로 접속된 회로에 200[V]의 교류 전압을 인가하는 경우 흐르는 전류[A]와 역률[%]은 각각 얼마인가?

① 20[A], 80[%]
② 10[A], 60[%]
③ 20[A], 60[%]
④ 10[A], 80[%]

풀이
• 전류 $I = \dfrac{V}{Z} = \dfrac{200}{\sqrt{8^2 + 6^2}} = 20[A]$

• 역률 $\cos\theta = \dfrac{R}{Z} = \dfrac{8}{\sqrt{8^2 + 6^2}} \times 100$

$= 80[\%]$

46 그림과 같은 회로에 흐르는 유효분 전류[A]는?

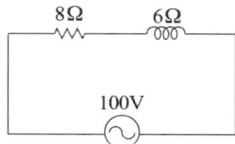

① 4[A]
② 6[A]
③ 8[A]
④ 10[A]

풀이 $\cos\theta = \dfrac{R}{Z} = \dfrac{R}{\sqrt{R^2 + X^2}} = \dfrac{8}{\sqrt{8^2 + 6^2}} = 0.8$

※ 유효분 전류 $= I\cos\theta = \dfrac{V}{Z} \times \cos\theta$

$= \dfrac{100}{\sqrt{8^2 + 6^2}} \times 0.8 = 8[A]$

47 8[Ω]의 용량리액턴스에 어떤 교류 전압을 가하면 10[A]의 전류가 흐른다. 여기에 어떤 저항을 직렬로 접속하여 같은 전압을 가하면 8[A]로 감소되었다. 저항은 몇 [Ω]인가?

① 6
② 8
③ 10
④ 12

풀이 8[Ω]의 용량리액턴스에 10[A]의 전류가 흐를 경우 전원 전압은 $V = 8 \times 10 = 80$[V]가 된다.
여기에 저항 R[Ω]을 직렬로 연결할 경우 임피던스에 의해 전류가 흐르므로

$$Z = \frac{V}{I} = \frac{80}{8} = 10[\Omega]\text{이 되며}$$

$$Z = R - jX_c \text{에서}$$

$$10 = R - j8 = \sqrt{R^2 + 8^2} \text{이므로}$$

$$R = \sqrt{10^2 - 8^2} = 6[\Omega]\text{이 된다.}$$

48 저항과 코일이 직렬 연결된 회로에서 직류 220[V]를 인가하면 20[A]의 전류가 흐르고, 교류 220[V]를 인가하면 10[A]의 전류가 흐른다. 이 코일의 리액턴스[Ω]는?

① 약 19.05[Ω]　　② 약 16.06[Ω]
③ 약 13.06[Ω]　　④ 약 11.04[Ω]

풀이 ① 직류를 인가한 경우 저항은

$$R = \frac{V}{I_{dc}} = \frac{220}{20} = 11[\Omega]$$

② 교류를 인가한 경우 전류는

$$I_{ac} = \frac{E}{Z} = \frac{E}{\sqrt{R^2 + X_L^2}} = \frac{220}{\sqrt{11^2 + X_L^2}}$$
$$= 10[A]$$

따라서 코일의 리액턴스

$$X_L = \sqrt{\left(\frac{220}{10}\right)^2 - 11^2} = 19.05[\Omega] \text{ 이다.}$$

49 $R = 10[\Omega]$, $C = 220[\mu F]$의 병렬 회로에 $f = 60$[Hz], $V = 100$[V]의 사인파 전압을 가할 때 저항 R에 흐르는 전류[A]는?

① 0.45[A]　　② 6[A]
③ 10[A]　　④ 22[A]

풀이 병렬 회로는 전압이 일정하므로 저항에 흐르는 전류
$$I = \frac{V}{R} = \frac{100}{10} = 10[A]\text{가 된다.}$$

50 $R = 6[\Omega]$, $X_c = 8[\Omega]$일 때 임피던스 $Z = 6 - j8[\Omega]$으로 표시되는 것은 일반적으로 어떤 회로인가?

① RL 직렬회로
② RL 병렬회로
③ RC 병렬회로
④ RC 직렬회로

풀이 • 용량성 리액턴스

$$X_C = \frac{1}{j\omega C} = -j\frac{1}{\omega C}[\Omega]$$

51 그림과 같은 회로에서 $R - C$ 임피던스는?

① $\dfrac{1}{\sqrt{\dfrac{1}{R^2} + \left(\dfrac{1}{\omega C}\right)^2}}$

② $\dfrac{1}{\sqrt{\dfrac{1}{R^2} + (\omega C)^2}}$

③ $\sqrt{\dfrac{1}{R^2} + (\omega C)^2}$

④ $\sqrt{R^2 + \left(\dfrac{1}{\omega C}\right)^2}$

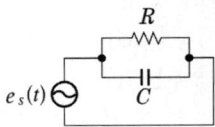

풀이

병렬 회로의 임피던스 $Z = \dfrac{\dfrac{R}{j\omega C}}{R + \dfrac{1}{j\omega C}}$ 에서

분자 분모에 $j\omega C$를 곱하면

$$Z = \frac{R}{1 + j\omega CR} \text{가 된다.}$$

여기에 분자 분모에 $\dfrac{1}{R}$를 곱하면

$$Z = \frac{1}{\dfrac{1}{R} + j\omega C} \text{가 된다.}$$

크기는 $Z = \dfrac{1}{\sqrt{\dfrac{1}{R^2} + (\omega C)^2}}$ 가 된다.

52 저항 9[Ω], 용량리액턴스 12[Ω]의 직렬 회로의 임피던스는 몇 [Ω]인가?

① 3   ② 15

③ 21   ④ 32

풀이 임피던스

$$Z = \sqrt{R^2 + X^2} = \sqrt{9^2 + 12^2} = 15[\Omega]$$

53 $R = 100[\Omega]$, $C = 318[\mu F]$의 병렬 회로에 주파수 $f = 60[Hz]$, 크기 $V = 200[V]$의 사인파 전압을 가할 때 콘덴서에 흐르는 전류 I_c 값은 약 얼마인가?

① 24   ② 31

③ 41   ④ 55

풀이 용량리액턴스

$$X_c = \frac{1}{2\pi f C} = \frac{1}{2\pi \times 60 \times 318 \times 10^{-6}}$$
$$= 8.35[\Omega]$$

병렬 회로는 전압이 일정하므로
콘덴서에 흐르는 전류

$$I_c = \frac{V}{X_c} = \frac{200}{8.35} = 23.95[A]가 된다.$$

54 저항 4[Ω], 유도리액턴스 8[Ω], 용량리액턴스 5[Ω]이 직렬로 된 회로에서의 역률은 얼마인가?

① 0.8   ② 0.7

③ 0.6   ④ 0.5

풀이 임피던스 $Z = R + jX_L - jX_C$ 에서
$Z = 4 + j8 - j5 = 4 + j3[\Omega]$이므로

역률 $\cos\theta = \dfrac{R}{\sqrt{R^2 + X^2}} = \dfrac{4}{\sqrt{4^2 + 3^2}} = 0.8$

이 된다.

55 $R = 15[\Omega]$인 RC 직렬 회로에 60[Hz], 100 [V]의 전압을 가하니 4[A]의 전류가 흘렀다면 용량 리액턴스 [Ω]는?

① 10   ② 15

③ 20   ④ 25

풀이

$$I = \frac{V}{Z} = \frac{V}{\sqrt{R^2 + X_c^2}} = \frac{100}{\sqrt{15^2 + X_c^2}} = 4[A]$$

$$\therefore X_c = \sqrt{\left(\frac{100}{4}\right)^2 - 15^2} = 20[\Omega]$$

56 $R = 6[\Omega]$, $X_c = 8[\Omega]$이 직렬로 접속된 회로에 $I = 10[A]$의 전류가 흐른다면 전압[V]은?

① $60 + j80$ ② $60 - j80$

③ $100 + j150$ ④ $100 - j150$

풀이 옴의 법칙에 의해
$$\dot{V} = \dot{Z} \cdot \dot{I} = (6 - j8) \times 10$$
$$= 60 - j80[V]가 된다.$$

57 교류회로에서 코일과 콘덴서를 병렬로 연결한 상태에서 주파수가 증가하면 어느 쪽이 전류가 잘 흐르는가?

① 코일

② 콘덴서

③ 코일과 콘덴서에 같이 흐른다.

④ 모두 흐르지 않는다.

풀이 주파수가 증가하면 용량성 리액턴스가 감소하므로 콘덴서 쪽이 전류가 더 잘 흐르게 된다.

58 $R = 4[\Omega]$, $X = 3[\Omega]$인 R–L–C 직렬회로에 5[A]의 전류가 흘렀다면 이때의 전압은?

① 15[V]   ② 20[V]

③ 25[V]   ④ 125[V]

풀이 $V = I \cdot Z = I \cdot \sqrt{R^2 + X^2} = 5 \times \sqrt{4^2 + 3^2}$
$\qquad = 25[\text{V}]$

$I = \dfrac{V}{Z} = \dfrac{130}{5 + j12} = \dfrac{130}{\sqrt{5^2 + 12^2}} = \dfrac{130}{13}$
$\qquad = 10[\text{A}]$가 된다.

59 $r = 3[\Omega]$, $\omega L = 8[\Omega]$, $\dfrac{1}{\omega C} = 4[\Omega]$인

RLC 직렬회로의 임피던스는 몇 $[\Omega]$인가?

① 5   ② 8.5

③ 12.4   ④ 15

풀이 임피던스 $Z = R + j\omega L - j\dfrac{1}{\omega C}$ 에서

$Z = 3 + j8 - j4 = 3 + j4 = 5 \angle 53.13$이 된다.

60 $R = 10[\Omega]$, $X_L = 15[\Omega]$, $X_C = 15[\Omega]$의

직렬회로에 100[V]의 교류 전압을 인가할 때

흐르는 전류는 [A]는?

① 6   ② 8

③ 10   ④ 12

풀이 $I = \dfrac{V}{Z} = \dfrac{V}{R + j(X_L - X_C)} = \dfrac{100}{10 + j(15 - 15)}$
$\qquad = \dfrac{100}{10} = 10[\text{A}]$

61 저항 5$[\Omega]$, 유도리액턴스 30$[\Omega]$, 용량리액

턴스 18$[\Omega]$인 RLC 직렬회로에 130[V]의 교

류 전압을 가할 때 흐르는 전류는 [A]는?

① 10[A], 유도성

② 10[A], 용량성

③ 5.9[A], 유도성

④ 5.9[A], 용량성

풀이 임피던스 $Z = R + j(X_L - X_C)[\Omega]$이므로

$Z = 5 + j(30 - 18) = 5 + j12[\Omega]$으로

유도성이 된다. 이때 흐르는 전류는

62 $R = 4[\Omega]$, $X_L = 8[\Omega]$, $X_C = 5[\Omega]$가 직

렬로 연결된 회로에 100[V]의 교류를 가했을

때 흐르는 ㉠ 전류와 ㉡ 임피던스는?

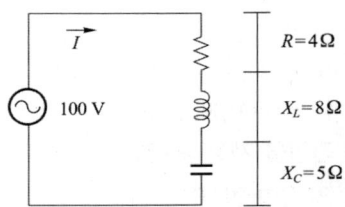

① ㉠ 5.9[A], ㉡ 용량성

② ㉠ 5.9[A], ㉡ 유도성

③ ㉠ 20[A], ㉡ 용량성

④ ㉠ 20[A], ㉡ 유도성

풀이 합성 임피던스
$\qquad Z = R + jX_L - jX_C = 4 + j8 - j5$
$\qquad = 4 + j3[\Omega]$(유도성)
$\qquad \therefore I = \dfrac{V}{Z} = \dfrac{100}{4 + j3} = \dfrac{100}{\sqrt{4^2 + 3^2}} = \dfrac{100}{5}$
$\qquad = 20[\text{A}]$

63 $\dot{Z} = 2 + j11[\Omega]$, $\dot{Z} = 4 - j3[\Omega]$의 직렬회

로에 교류전압 100[V]를 가할 때 합성 임피

던스는?

① 6$[\Omega]$ ② 8$[\Omega]$

③ 10$[\Omega]$ ④ 14$[\Omega]$

풀이 합성 임피던스
$\qquad Z = Z_1 + Z_2 = (2 + j11) + (4 - j3)$
$\qquad = 6 + j8 = \sqrt{6^2 + 8^2} = \sqrt{100}$
$\qquad = 10[\Omega]$

64 임피던스 $Z = 6 + j8[\Omega]$에서 컨덕턴스는?

① $0.06[\mho]$　　　② $0.08[\mho]$

③ $0.1[\mho]$　　　④ $1.0[\mho]$

풀이 컨덕턴스 $Y = \dfrac{1}{Z} = \dfrac{1}{G + jB} = \dfrac{1}{6 + j8}$
$$= 0.06 - j0.08[\mho]$$

65 $R = 4[\Omega]$, $X_L = 15[\Omega]$, $X_C = 12[\Omega]$의 RLC 직렬 회로에 $100[V]$의 교류 전압을 가할 때 전류와 전압의 위상차는 약 얼마인가?

① $0°$　　　② $37°$

③ $53°$　　　④ $90°$

풀이 임피던스각 또는 전압과 전류의 위상차
$$\theta = \tan^{-1}\frac{X}{R} = \tan^{-1}\frac{15 - 12}{4} ≒ 37°[\text{rad}]$$

66 어떤 회로에 $50[V]$의 전압을 가하니 $8 + j6$ $[A]$의 전류가 흘렀다면 이 회로의 임피던스 $[\Omega]$는?

① $3 - j4$　　　② $3 + j4$

③ $4 - j3$　　　④ $4 + j3$

풀이 $Z = \dfrac{V}{I} = \dfrac{50}{8 + j6} = \dfrac{50(8 - j6)}{(8 + j6)(8 - j6)}$
$$= 4 - j3[\Omega]$$

67 $Z_1 = 5 + j3[\Omega]$과 $Z_2 = 7 - j3[\Omega]$이 직렬 연결된 회로에 $V = 36[V]$를 가한 경우의 전류$[A]$는?

① $1[A]$　　　② $3[A]$

③ $6[A]$　　　④ $10[A]$

풀이 $I = \dfrac{V}{Z} = \dfrac{V}{Z_1 + Z_2} = \dfrac{36}{5 + j3 + 7 - j3} = \dfrac{36}{12}$
$$= 3[A]$$

68 임피던스 $Z_1 = 12 + j16[\Omega]$과 $Z_2 = 8 + j24[\Omega]$이 직렬로 접속된 회로에 전압 $V = 200[V]$를 가할 때 이 회로에 흐르는 전류$[A]$는?

① $2.35[A]$　　　② $4.47[A]$

③ $6.02[A]$　　　④ $10.25[A]$

풀이 합성 임피던스
$$Z = Z_1 + Z_2 = 12 + j16 + 8 + j24$$
$$= 20 + j40[\Omega]$$
따라서 이 회로에 흐르는 전류는
$$I = \frac{V}{Z} = \frac{200}{\sqrt{20^2 + 40^2}} = 4.47[A]$$

69 R–L–C 직렬공진 회로에서 최소가 되는 것은?

① 저항 값　　　② 임피던스 값

③ 전류 값　　　④ 전압 값

풀이

	직렬 공진	병렬 공진
임피던스	최소	최대
전압, 전류	최대	최소

70 RLC 직렬회로에서 전압과 전류가 동상이 되기 위한 조건은?

① $L = C$　　　② $\omega LC = 1$

③ $\omega^2 LC = 1$　　　④ $(\omega LC)^2 = 1$

풀이 직렬공진의 조건은 $\omega L = \dfrac{1}{\omega C}$이므로 $\omega^2 LC = 1$이다.

71 저항 $R = 15[\Omega]$, 자체 인덕턴스 $L = 35$ [mH], 정전용량 $C = 300[\mu F]$의 직렬회로에서 공진 주파수 f_r은 약 몇 [Hz]인가?

① 40   ② 50

③ 60   ④ 70

풀이 공진주파수

$$f_r = \frac{1}{2\pi\sqrt{LC}} = \frac{1}{2\pi\sqrt{35 \times 10^{-3} \times 300 \times 10^{-6}}}$$
$$\fallingdotseq 50[Hz]$$

72 $L - C$ 병렬 회로에 $E[V]$의 전압을 가할 때 전전류가 0이 되려면 주파수 $f[Hz]$는?

① $f = 2\pi\sqrt{LC}$ ② $f = \dfrac{1}{2\pi\sqrt{LC}}$

③ $f = \dfrac{\sqrt{LC}}{2\pi}$ ④ $f = \dfrac{2\pi}{\sqrt{LC}}$

풀이 $L - C$ 병렬 회로에서 전류가 0 이 되려면 임피던스가 무한대가 되어야 한다.

즉, $Z = \dfrac{1}{\dfrac{1}{X_L} - \dfrac{1}{X_C}}[\Omega]$에서

Z가 무한대가 되려면 $X_L = X_C$인 때이다. 이때를 병렬 공진상태라 하며

공진주파수는 $f = \dfrac{1}{2\pi\sqrt{LC}}[Hz]$가 된다.

73 그림의 병렬 공진회로에서 공진 임피던스 Z_0 [Ω]은?

① $\dfrac{L}{CR}$

② $\dfrac{CL}{R}$

③ $\dfrac{R}{CL}$

④ $\dfrac{CR}{L}$

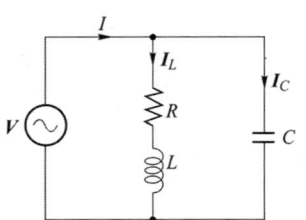

풀이 그림과 같은 병렬 공진회로에서 공진 임피던스

$$Z_0 = \frac{\omega_0^2 L^2}{R} = \frac{L}{RC}[\Omega]$$이다.

74 $R - L$ 직렬회로의 시정수 $\tau[s]$는?

① $\dfrac{R}{L}[s]$ ② $\dfrac{L}{R}[s]$

③ $RL[s]$ ④ $\dfrac{1}{RL}[s]$

풀이 RL 직렬 회로의 시정수 $\tau = \dfrac{L}{R}[sec]$

75 $R - L$ 직렬회로에서 $R = 20[\Omega]$, $L = 10$ [H]인 경우 시정수는 τ는?

① $0.005[s]$ ② $0.5[s]$

③ $2[s]$ ④ $200[s]$

풀이 $\tau = \dfrac{L}{R} = \dfrac{10}{20} = 0.5[s]$

76 $R = 5[\Omega]$, $L = 2[H]$인 직렬 회로의 시상수는 몇 [sec]인가?

① 0.1   ② 0.2

③ 0.3   ④ 0.4

풀이 $R - L$ 직렬회로의 과도상태 전류는

$$i(t) = \frac{V}{R}\left(1 - e^{-\frac{R}{L}t}\right)[A]$$이며

시상수는 이 전류값이

$i(t) = 0.632\dfrac{V}{R}$가 되는 시간을 말한다.

이 시간은 e^{-1}으로 되는 시간이므로

$\tau = \dfrac{L}{R}$이 되어야 한다.

따라서 시상수 $\tau = \dfrac{2}{5} = 0.4[sec]$가 된다.

답 71. ②   72. ②   73. ①   74. ②   75. ②   76. ④

77 $R = 10[k\Omega]$, $C = 5[\mu F]$의 직렬 회로에 110[V]의 직류 전압을 인가했을 때 시상수 (τ)는?

① 5[ms]   ② 50[ms]

③ 1[sec]   ④ 2[sec]

풀이 $R-C$ 직렬회로의 과도상태 전류는

$$i(t) = \frac{V}{R}e^{-\frac{1}{RC}t}[A] 이며$$

시상수는 이 전류값이

$$i(t) = 0.368\frac{V}{R} 가 되는 시간을 말한다.$$

이 시간은 e^{-1}으로 되는 시간이므로

$\tau = RC$ 가 되어야 한다.

시상수 τ는

$$\tau = 10 \times 10^3 \times 5 \times 10^{-6} = 0.05[sec]$$
$$= 50 \times 10^{-3}[sec] = 50[msec]가 된다.$$

78 RL 직렬회로의 시정수 $T[s]$는 어떻게 되는가?

① $\frac{R}{L}$ ② $\frac{L}{R}$

③ RL ④ $\frac{1}{RL}$

풀이 RL 직렬 회로의 시정수 : $T = \frac{L}{R}[sec]$

79 [VA]는 무엇의 단위인가?

① 피상전력   ② 무효전력

③ 유효전력   ④ 역률

풀이 • 피상전력 $P_a[VA]$

• 유효전력 $P[W]$

• 무효전력 $P_r[Var]$

80 다음 중 무효전력의 단위는 어느 것인가?

① W   ② Var

③ kW   ④ VA

풀이 무효전력 Q는 회로의 X_L, X_C 성분에 의한 에너지 축적효과로 생기는 전력으로서 단지 전원측과 에너지를 주고받을 뿐 일에는 실제로 관여하지 않으므로 에너지를 소비하지 않는다. 단위는 바(Volt-ampere reactive : [Var])가 사용된다.

81 교류 기기나 교류 전원의 용량을 나타낼 때 사용되는 것과 그 단위가 바르게 나열된 것은?

① 유효전력−[VAh]

② 무효전력−[W]

③ 피상전력−[VA]

④ 최대전력−[Wh]

풀이 피상전력[VA], 유효전력[W], 무효전력[Var]

82 교류회로에서 유효전력을 (P), 무효전력을 구하는 (P_r), 피상 전력을 (P_a)라 하면 역률 ($\cos\theta$)를 구하는 식은?

① $\frac{P}{P_a}$ ② $\frac{P_a}{P}$

③ $\frac{P}{P_r}$ ④ $\frac{P_r}{P}$

풀이 $역률(\cos\theta) = \dfrac{유효 전력(P)}{피상 전력(P_a)} = \dfrac{P}{\sqrt{P^2 + P_r^2}}$

83 저항 100[Ω]에 부하에서 10[kW]의 전력이 소비 되었다면 이때 흐르는 전류는 몇 [A]인가?

① 1   ② 2

③ 5   ④ 10

전력 $P = I^2 R$ 에서

$$I = \sqrt{\frac{P}{R}} = \sqrt{\frac{10 \times 10^3}{100}} = 10[\text{A}]$$ 가 된다.

84 저항 300[Ω]의 부하에서 90[kW]의 전력이 소비되었다면 이때 흐른 전류는?

① 약 3.3[A]
② 약 17.3[A]
③ 약 30[A]
④ 약 300[A]

전력 $P = I^2 R$ 에서

$$I = \sqrt{\frac{P}{R}} = \sqrt{\frac{90 \times 10^3}{300}} = 17.32[\text{A}]$$ 가 된다.

85 그림의 회로에서 전압 100[V]의 교류전압을 가했을 때 전력은?

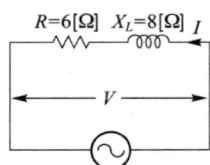

① 10[W]
② 60[W]
③ 100[W]
④ 600[W]

전력 $P = I^2 R = \left(\frac{V}{Z}\right)^2 \times R = \left(\frac{100}{\sqrt{6^2 + 8^2}}\right)^2 \times 6$
$$= 600[\text{W}]$$ 가 된다.

86 20[A]의 전류를 흘렸을 때 전력이 60[W]인 저항에 30[A]를 흘리면 전력은 몇 [W]가 되겠는가?

① 80
② 90
③ 120
④ 135

$P_1 = I_1^2 \cdot R[\text{W}]$이므로

$$R = \frac{P}{I_1^2} = \frac{60}{20^2} = 0.15[\Omega]$$이다.

따라서 30[A]를 흘렸을 때의 전력
$$P_2 = I_2^2 \cdot R = 30^2 \times 0.15 = 135[\text{W}]$$

87 100[V], 100[W] 필라멘트의 저항은 몇 [Ω]인가?

① 1
② 10
③ 100
④ 1000

전력 $P = \frac{V^2}{R}$에서

$$R = \frac{V^2}{P} = \frac{100^2}{100} = 100[\Omega]$$이 된다.

88 100[V], 300[W]의 전열선의 저항값은?

① 약 0.33[Ω]
② 약 3.33[Ω]
③ 약 33.3[Ω]
④ 약 333[Ω]

$P = \frac{V^2}{R}[\text{W}]$이므로 저항값은

$$R = \frac{V^2}{P} = \frac{100^2}{300} \fallingdotseq 33.3[\Omega]$$이다.

89 리액턴스가 10[Ω]인 코일에 직류전압 100[V]를 하였더니 전력 500[W]를 소비하였다. 이 코일의 저항은 얼마인가?

① 5[Ω]
② 10[Ω]
③ 20[Ω]
④ 25[Ω]

코일의 저항 $R = \frac{V^2}{P} = \frac{100^2}{500} = 20[\Omega]$

$$\left(\because P = \frac{V^2}{R}\right)$$

90 200[V]에서 1[kW]의 전력을 소비하는 전열기를 100[V]에서 사용하면 소비전력은 몇 [W]인가?

① 150 　　　　② 250
③ 400 　　　　④ 1000

풀이 전열기가 변경되지 않은 상태로 전열기에 전압을 가할 경우 전열기에 내부저항이 일정한 관계로 소비되는 전력은 전열기에 가하는 전압의 제곱에 비례하게 된다.

$$\frac{P'}{P} = \left(\frac{V'}{V}\right)^2$$

따라서 $P' = \left(\frac{100}{200}\right)^2 \times 1000 = 250[\text{W}]$

또, 다른 방법으로는 저항을 구하고, 저항에 의해 소비되는 전력을 구해도 된다.

전열기의 저항 $R = \frac{200^2}{1000} = 40[\Omega]$,

100[V] 사용 시 전력 $P = \frac{100^2}{40} = 250[\text{W}]$

91 220[V]용 100[W] 전구와 200[W] 전구를 직렬로 연결하여 220[V]의 전원에 연결하면?

① 두 전구의 밝기가 같다.
② 100[W]의 전구가 더 밝다.
③ 200[W]의 전구가 더 밝다.
④ 두 전구 모두 안 켜진다.

풀이 ① 100[W] 전구의 저항

$$R_1 = \frac{220^2}{100} = 484[\Omega]$$

② 200[W] 전구의 저항

$$R_2 = \frac{220^2}{200} = 242[\Omega]$$

두 전구 중 소비되는 전력이 큰 쪽이 더 밝게 되는데, 전구를 직렬로 접속할 경우 소비되는 전력은 전구의 내부저항에 비례하므로 100[W] 전구가 더 밝게 된다.

92 단상 전압 220[V]에 소형 전동기를 접속 하였더니 2.5[A]의 전류가 흘렀다. 이때의 역률이 75[%]이었다. 이 전동기의 소비전력[W]은?

① 187.5[W] 　　② 412.5[W]
③ 545.5[W] 　　④ 714.5[W]

풀이 소비전력
$$P = VI\cos\theta = 220 \times 2.5 \times 0.75$$
$$= 412.5[\text{W}]$$

93 100[V]의 교류 전원에 선풍기를 접속하고 입력과 전류를 측정하였더니 500[W], 7[A]였다. 이 선풍기의 역률은?

① 0.61 　　　　② 0.71
③ 0.81 　　　　④ 0.91

풀이 역률 $\cos\theta = \frac{P}{P_a} = \frac{P}{VI} = \frac{500}{100 \times 7} = 0.71$

94 200[V], 40[W]의 형광등에 정격 전압이 가해졌을 때 형광등 회로에 흐르는 전류는 0.42 [A]이다. 이 형광등의 역률[%]은?

① 37.5 　　　　② 47.6
③ 57.5 　　　　④ 67.5

풀이 역률 $\cos\theta = \frac{P}{P_a} = \frac{P}{VI} = \frac{40}{200 \times 0.42}$
$$= 0.476 = 47.6[\%]$$

95 어떤 3상 회로에서 선간 전압이 200[V], 선전류 25[A], 3상 전력이 7[kW]였다. 이때의 역률은?

① 약 60[%] 　　② 약 70[%]
③ 약 80[%] 　　④ 약 90[%]

풀이
$$\cos\theta = \frac{\text{유효전력}(P)}{\text{피상전력}(P_a)} \times 100 = \frac{P}{\sqrt{3}\,VI} \times 100$$
$$= \frac{7 \times 10^3}{\sqrt{3} \times 200 \times 25} \times 100 = 80.83[\%]$$

96 역률 0.8, 유효전력 4000[kW]인 부하의 역률을 100[%]로 하기 위한 콘덴서의 용량 [kVA]은?

① 3200　　② 3000
③ 2800　　④ 2400

풀이 역률 개선을 위한 콘덴서 용량 Q_c는
$$Q_c = P\left(\frac{\sqrt{1-\cos^2\theta_1}}{\cos\theta_1} - \frac{\sqrt{1-\cos^2\theta_2}}{\cos\theta_2}\right)$$
$$= 4000 \times \left(\frac{\sqrt{1-0.8^2}}{0.8} - \frac{\sqrt{1-1^2}}{1}\right)$$
$$= 3000[\text{kVA}]$$

97 기전력 50[V], 내부저항 5[Ω]인 전원이 있다. 이 전원에 부하를 연결하여 얻을 수 있는 최대전력은?

① 125[W]　　② 250[W]
③ 500[W]　　④ 1000[W]

풀이 부하의 최대전력
$$P_{\max} = \frac{V^2}{4R} = \frac{50^2}{4 \times 5} = 125[\text{W}]$$

98 평형 3상 △결선에서 선간 전압 V_l과 상전압 V_p와의 관계가 옳은 것은?

① $V_l = \frac{1}{\sqrt{3}} V_p$　　② $V_l = \frac{1}{3} V_p$
③ $V_l = V_p$　　④ $V_l = \sqrt{3}\, V_p$

풀이 △결선의 선간전압은 상전압과 같고, 선전류는 상전류에 비해 크기가 $\sqrt{3}$ 배이다.

99 평형 3상 교류 회로에서 △결선을 할 때 선전류 I_l과 상전류 I_p의 관계 중 옳은 것은?

① $I_l = I_p$　　② $I_l = 2I_p$
③ $I_l = \sqrt{3}\, I_p$　　④ $I_l = 3I_p$

풀이 △결선에서는 선전류가 상전류보다 $\sqrt{3}$ 배 크며, 위상은 30° 뒤지게 된다.

100 대칭 3상 교류를 올바르게 설명한 것은?

① 3상의 크기 및 주파수가 같고 상차가 60°의 간격을 가진 교류
② 3상의 크기 및 주파수가 각각 다르고 상차가 60°의 간격을 가진 교류
③ 동시에 존재하는 3상의 크기 및 주파수가 같고 상차가 120°의 간격을 가진 교류
④ 동시에 존재하는 3상의 크기 및 주파수가 같고 상차가 90°의 간격을 가진 교류

풀이 3상의 크기 및 주파수가 같고 서로 $\frac{2}{3}\pi[\text{rad}]$ 만큼의 위상차를 가지는 교류를 대칭 3상 교류라고 한다.

101 대칭 3상 △ 결선에서 선전류와 상전류와의 위상 관계는?

① 상전류가 $\frac{\pi}{6}[\text{rad}]$ 앞선다.
② 상전류가 $\frac{\pi}{6}[\text{rad}]$ 뒤진다.
③ 상전류가 $\frac{\pi}{3}[\text{rad}]$ 앞선다.
④ 상전류가 $\frac{\pi}{3}[\text{rad}]$ 뒤진다.

풀이 △결선에서 선전류(I_l)는 상전류(I_p)에 비해 크기가 $\sqrt{3}$ 배이고 위상은 $\frac{\pi}{6}[\text{rad}]$ 뒤진다.

102 △결선 시 V_l(선간전압), V_p(상전압), I_l(선전류), I_p(상전류)의 관계식으로 옳은 것은?

① $V_l = \sqrt{3}\,V_p,\ I_l = I_p$

② $V_l = V_p,\ I_l = \sqrt{3}\,I_p$

③ $V_l = \dfrac{1}{\sqrt{3}}\,V_p,\ I_l = I_p$

④ $V_l = V_p,\ I_l = \dfrac{1}{\sqrt{3}}\,I_p$

풀이 △결선 시 선간전압(V_l)과 상전압(V_p)은 같고, 선전류(I_l)는 상전류(I_p)보다 $\sqrt{3}$ 배 크다.

103 전압 220[V] 1상 부하 $Z = 8 + j6[\Omega]$의 △회로의 선전류는 몇 [A]인가?

① 22

② $22\sqrt{3}$

③ 11

④ $\dfrac{22}{\sqrt{3}}$

풀이 1상의 임피던스는

$Z = 8 + j6 = \sqrt{8^2 + 6^2} = 10[\Omega]$이므로

1상의 전류는 $I_p = \dfrac{V}{Z} = \dfrac{220}{10} = 22[A]$가 된다.

△결선의 경우 $I_l = \sqrt{3}\,I_p$이므로

선전류는 $22\sqrt{3}[A]$가 된다.

104 △결선인 3상 유도 전동기의 상전압(V_p)과 상전류(I_p)를 측정하였더니 각각 200[V], 30[A]이었다. 이 3상 유도 전동기의 선간전압(V_l)과 선전류(I_l)의 크기는 각각 얼마인가?

① $V_l = 200[V],\ I_l = 30[A]$

② $V_l = 200\sqrt{3}[V],\ I_l = 30[A]$

③ $V_l = 200\sqrt{3}[V],\ I_l = 30\sqrt{3}[A]$

④ $V_l = 200[V],\ I_l = 30\sqrt{3}[A]$

풀이 △결선의 선간전압은 상전압과 같고, 선전류는 상전류에 비해 크기가 $\sqrt{3}$ 배이다.

105 △결선의 전원에서 선전류가 40[A]이고 선간전압이 220[V]일 때의 상전류는?

① 13[A]

② 23[A]

③ 69[A]

④ 120[A]

풀이 △결선 시

I_l(선전류) $= \sqrt{3}\,I_p$(상전류)이므로

$\therefore\ I_p = \dfrac{I_l}{\sqrt{3}} = \dfrac{40}{\sqrt{3}} = 23.09[A]$

106 △-△ 평형 회로에서 $E = 200[V]$, 임피던스 $Z = 3 + j4[\Omega]$일 때 상전류 $I_p[A]$는 얼마인가?

① 30[A]

② 40[A]

③ 50[A]

④ 66.7[A]

풀이 △결선이므로 상전류

$I_p = \dfrac{E(=V)}{Z} = \dfrac{200}{\sqrt{3^2 + 4^2}} = 40[A]$

107 $R[\Omega]$인 저항 3개가 △결선으로 되어 있는 것을 Y결선으로 환산하면 1상의 저항[Ω]은?

① $\dfrac{1}{3}R$

② $\dfrac{1}{3R}$

③ $3R$

④ R

풀이 세 임피던스의 값이 모두 동일한 경우 △결선을 Y결선으로 변경하면 1/3배가 되고, Y결선을 △결선으로 변경하면 3배가 된다.

답 102. ② 103. ② 104. ④ 105. ② 106. ② 107. ①

108 그림과 같은 평형 3상 △ 회로를 등가 Y결선
으로 환산하면 각상의 임피던스는 몇 $[\Omega]$이
되는가? (단, $Z = 12[\Omega]$이다.)

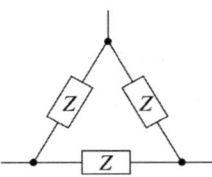

① 48$[\Omega]$　　　　② 36$[\Omega]$

③ 4$[\Omega]$　　　　④ 3$[\Omega]$

풀이 세 임피던스의 값이 모두 동일한 경우 △결선을 Y
결선으로 변경하면 1/3배가 되므로

$$\therefore Z_Y = \frac{1}{3} Z_\Delta = \frac{1}{3} \times 12 = 4[\Omega]$$

109 3상 교류를 Y결선하였을 때 선간전압과 상전
압, 선전류와 상전류의 관계를 바르게 나타낸
것은?

① 상전압 = $\sqrt{3}$ 선간전압

② 선간전압 = $\sqrt{3}$ 상전압

③ 선전류 = $\sqrt{3}$ 선간전압

④ 상전압 = $\sqrt{3}$ 선간전압

풀이 • Y결선 시에 선전류와 상전류는 같고, 선간전압은
상전압보다 $\sqrt{3}$ 배 크다.
　• △결선 시에 선간전압과 상전압은 같고, 선전류
는 상전류보다 $\sqrt{3}$ 배 크다.

110 평형 3상 Y결선에서 상전류 I_p와 선전류 I_l
과의 관계는?

① $I_l = 3I_p$　　　　② $I_l = \sqrt{3} I_p$

③ $I_l = I_p$　　　　④ $I_l = \frac{1}{3} I_p$

풀이 Y결선에서 선전류는 상전류와 크기가 같고, 선간
전압은 상전압에 비해 크기가 $\sqrt{3}$ 배이다.

111 평형 3상 성형 결선에 있어서 선간전압(V_L)
과 상전압 (V_P)의 관계는?

① $V_L = V_P$　　　　② $V_L = \frac{1}{\sqrt{3}} V_P$

③ $V_L = \sqrt{2} V_P$　　　④ $V_L = \sqrt{3} V_P$

풀이 성형결선(Y결선) :
V_l(선간전압)$= \sqrt{3} V_p$(상전압)
I_l(선전류)$= I_p$(상전류)

112 선간 전압이 210[V], 선전류 10[A]의 Y–Y
회로가 있다. 상전압과 상전류는 각각 얼마인
가?

① 121[V], 5.77[A]

② 121[V], 10[A]

③ 210[V], 5.77[A]

④ 210[V], 10[A]

풀이 상전압을 V_p, 선간전압을 V_l이라 하면
$V_l = \sqrt{3} V_p \angle 30°$로 되어 각 선간전압은 각 상전
압에 비해 크기가 $\sqrt{3}$ 배이며 위상은 30° 빠르다.
상전류를 I_P, 선전류를 I_l이라 하면 $I_l = I_P$로 되
어 각 선전류는 각 상전류와 크기와 위상이 같다.
그러므로 $V_p = \frac{210}{\sqrt{3}} = 121[V]$이 되며,
$I_l = 10[A]$가 된다.

113 성형 결선에서 상전압이 115[V]인 대칭 3상
교류의 선간전압은?

① 약 100[V]　　　② 약 150[V]

③ 약 200[V]　　　④ 약 250[V]

풀이 Y결선(성형결선)의 선간전압
$$V_l = \sqrt{3} V_p = \sqrt{3} \times 115 ≒ 200[V]$$

114 Y결선에서 상전압이 220[V]이면 선간전압은 약 몇 [V]인가?

① 110   ② 220
③ 380   ④ 440

풀이 Y결선 :

$$V_l(\text{선간전압}) = \sqrt{3}\, V_p(\text{상전압})$$
$$= \sqrt{3} \times 220 = 380\,[\text{V}]$$

115 대칭 3상 교류의 성형결선에서 선간전압이 220[V]일 때 상전압은 몇 [V]인가?

① 73   ② 127
③ 172   ④ 380

풀이 성형결선(Y결선)에서 선간전압은 상전압보다 $\sqrt{3}$ 배 크게 된다. $V_p = \dfrac{V_l}{\sqrt{3}}$ 이므로

$$V_p = \frac{220}{\sqrt{3}} = 127\,[\text{V}]\text{가 된다.}$$

116 Y-Y 결선 회로에서 선간 전압이 200[V]일 때 상전압은 약 몇 [V]인가?

① 100[V]   ② 115[V]
③ 120[V]   ④ 135[V]

풀이 Y-Y 결선이므로 상전압

$$V_p = \frac{V_l}{\sqrt{3}} = \frac{200}{\sqrt{3}} = 115\,[\text{V}]\text{가 된다.}$$

117 200[V]의 3상 3선식 회로에 $R = 4[\Omega]$, $X_L = 3[\Omega]$의 부하 3조를 Y결선했을 때 부하전류는?

① 약 11.5[A]   ② 약 23.1[A]
③ 약 28.6[A]   ④ 약 40[A]

풀이 Y결선 시, 상전압은 선간전압의 $\dfrac{1}{\sqrt{3}}$ 배이므로

$$\therefore\ I = \frac{E}{Z} = \frac{E}{\sqrt{R^2 + X^2}} = \frac{200/\sqrt{3}}{\sqrt{4^2 + 3^2}}$$
$$= 23.1\,[\text{A}]$$

118 선간 전압이 380[V]인 전원에 $Z = 8 + j6$의 부하를 Y 결선 접속했을 때 선전류는 약 몇 [A]인가?

① 12   ② 22
③ 28   ④ 38

풀이 Y결선시 임피던스는
$$Z = 8 + j6 = \sqrt{8^2 + j6^2} = 10$$
Y결선시 선전류는 상전류와 같으므로
$$I_l = I_P = \frac{\dfrac{380}{\sqrt{3}}}{10} = 22\,[\text{A}]$$

119 Y-Y 평형 회로에서 상전압 V_P가 100[V], 부하 $Z = 8 + j6[\Omega]$이면 선전류 I_l의 크기는 몇 [A]인가?

① 2   ② 5
③ 7   ④ 10

풀이 Y결선 시 선전류와 상전류는 같으므로
$$I_l = I_p = \frac{V_P}{Z} = \frac{100}{8 + j6} = \frac{100}{\sqrt{8^2 + 6^2}} = \frac{100}{10}$$
$$= 10\,[\text{A}]$$

120 부하의 결선방식에서 Y결선에서 △결선으로 변환하였을 때의 임피던스는?

① $Z_\Delta = \sqrt{3}\, Z_Y$ ② $Z_\Delta = \dfrac{1}{\sqrt{3}}\, Z_Y$

③ $Z_\Delta = 3 Z_Y$ ④ $Z_\Delta = \dfrac{1}{3}\, Z_Y$

풀이 Y 결선을 △결선으로 변경하면 저항의 값은 3배가 된다.

---

121 평형 3상 교류회로의 Y회로로부터 △ 회로로 등가 변환하기 위해서는 어떻게 하여야 하는가?

① 각 상의 임피던스를 3배로 한다.

② 각 상의 임피던스를 $\sqrt{3}$ 배로 한다.

③ 각 상의 임피던스를 $\dfrac{1}{\sqrt{3}}$ 배로 한다.

④ 각 상의 임피던스를 $\dfrac{1}{3}$ 배로 한다.

풀이 동일한 크기의 임피던스를 등가변환 하는 경우 :

$$Y \underset{\frac{1}{3}배}{\overset{3배}{\rightleftarrows}} \triangle$$

---

122 세변의 저항 $R_a = R_b = R_c = 15[\Omega]$인 Y결선 회로가 있다. 이것과 등가인 △ 결선 회로의 각 변의 저항은?

① $\dfrac{15}{\sqrt{3}}[\Omega]$ ② $\dfrac{15}{3}[\Omega]$

③ $15\sqrt{3}[\Omega]$ ④ $45[\Omega]$

풀이 세 저항의 값이 모두 동일한 경우 Y결선을 △결선으로 변경하면 3배가 된다.

---

123 3상 전원에서 한 상에 고장이 발생하였다. 이때 3상 부하에 3상 전력을 공급할 수 있는 결선 방법은?

① Y결선   ② △결선

③ 단상결선   ④ V결선

풀이 △-△ 결선 중 1대가 고장이 날 경우 V-V 결선으로 3상 운전이 가능하다.

---

124 출력 P[kVA]의 단상변압기 전원 2대를 V결선 한 때의 3상 출력 [kVA]은?

① P ② $\sqrt{3}\,P$

③ $2P$ ④ $3P$

풀이 V결선시 출력은 1대의 용량에 $\sqrt{3}$ 배이므로
$P_V = \sqrt{3}\,P$[kVA]가 된다.

---

125 100[kVA] 단상변압기 2대를 V결선하여 3상 전력을 공급할 때의 출력은?

① 17.3[kVA]   ② 86.6[kVA]

③ 173.2[kVA]   ④ 346.8[kVA]

풀이 V결선시 출력
$P_V = \sqrt{3}\,P_1 = \sqrt{3} \times 100 = 173.2[\text{kVA}]$

---

126 1대의 출력이 100[kVA]인 단상 변압기 2대로 V결선하여 3상 전력을 공급할 수 있는 최대전력은 몇 [kVA]인가?

① 100   ② $100\sqrt{2}$

③ $100\sqrt{3}$ ④ 200

풀이 V결선 시 출력
$P_V = \sqrt{3}\,P_1 = \sqrt{3} \times 100 = 100\sqrt{3}\,[\text{kVA}]$

---

127 용량이 250[kVA]인 단상변압기 3대를 △ 결선으로 운전 중 1대가 고장나서 V결선으로 운전하는 경우 출력은 약 몇 [kVA]인가?

① 144[kVA]   ② 353[kVA]

③ 433[kVA]   ④ 525[kVA]

풀이 V결선 시 출력
$P_V = \sqrt{3}\,P_1 = \sqrt{3} \times 250 = 433[\text{kVA}]$

답 121. ① 122. ④ 123. ④ 124. ② 125. ③ 126. ③ 127. ③

128 변압기 2대를 V결선했을 때의 이용률은 몇 [%]인가?

① 57.7[%]　　② 70.7[%]
③ 86.6[%]　　④ 100[%]

풀이 V결선 변압기의 이용률
$$= \frac{\text{V결선용량}}{\text{2대용량}} = \frac{\sqrt{3}\,P}{2P} = \frac{\sqrt{3}}{2} = 0.866$$
⇒ 86.6[%]이 된다.

129 평형 3상 회로에서 1상의 소비전력이 P라면 3상 회로의 전체 소비전력은?

① P　　② $2P$
③ $3P$　　④ $\sqrt{3}\,P$

풀이 3상 회로의 전체 소비전력 $= 3P = 3V_p I_p$
$$= \sqrt{3}\,V_l I_l$$
단, P : 1상의 소비전력, V_p : 상전압,
　　I_p : 상전류, V_l : 선간전압,
　　I_l : 선전류

130 전압 220[V], 전류 10[A], 역률 0.8인 3상 전동기 사용 시 소비전력은?

① 약 1.5[kW]　　② 약 3.0[kW]
③ 약 5.2[kW]　　④ 약 7.1[kW]

풀이 $P = \sqrt{3}\,VI\cos\theta = \sqrt{3}\times 220 \times 10 \times 0.8$
$$= 3048[\text{W}] \fallingdotseq 3[\text{kW}]$$

131 선간전압이 13,200[V], 선전류가 800[A], 역률 80[%]인 3상 부하의 소비전력은?

① 약 4,878[kW]
② 약 8,448[kW]
③ 약 14,632[kW]
④ 약 25,344[kW]

풀이 소비전력
$$P = \sqrt{3}\,VI\cos\theta$$
$$= \sqrt{3} \times 13200 \times 800 \times 0.8 \times 10^{-3}$$
$$= 14,632[\text{kW}]$$

132 대칭 3상 전압에 △결선으로 부하가 구성되어 있다. 3상 중 한 선이 단선되는 경우, 소비되는 전력은 끊어지기 전과 비교하여 어떻게 되는가?

① $\frac{3}{2}$으로 증가한다.

② $\frac{2}{3}$으로 줄어든다.

③ $\frac{1}{3}$로 줄어든다.

④ $\frac{1}{2}$로 줄어든다.

풀이 단상의 소비 전력을 $P_1[\text{W}]$라고 할 때,
△결선 시 소비전력은 $P_\Delta = 3P_1[\text{W}]$이고,
1선 단선 시 소비전력은 $P = \frac{3}{2}P_1[\text{W}]$이므로

따라서 $\dfrac{P}{P_\Delta} = \dfrac{\frac{3}{2}P_1}{3P_1} = \dfrac{1}{2}$ 배가 된다.

133 3상 교류회로에 2개의 전력계 W_1, W_2로 측정해서 W_1의 지시값이 P_1, W_2의 지시값이 P_2라고 하면 3상 전력은 어떻게 표현되는가?

① $P_1 - P_2$　　② $3(P_1 - P_2)$
③ $P_1 + P_2$　　④ $3(P_1 + P_2)$

풀이 2전력계법
① P(유효전력) $= P_1 + P_2$
② P_a(피상전력) $= 2\sqrt{P_1^2 + P_2^2 - P_1 P_2}$

134 2전력계법에 의해 평형 3상 전력을 측정하였더니 전력계가 각각 800[W], 400[W]를 지시하였다면, 이 부하의 전력은 몇 [W]인가?

① 600[W]   ② 800[W]
③ 1200[W]   ④ 1600[W]

풀이 2전력계법에 의한 부하의 전력[W]은
$P = P_1 + P_2 = 800 + 400 = 1200[W]$

135 2전력계법으로 3상 전력을 측정하였더니 전력계의 지시값이 $P_1 = 450[W]$, $P_2 = 450[W]$이였다. 이 부하의 전력[W]은 얼마인가?

① 450[W]   ② 900[W]
③ 1350[W]   ④ 1560[W]

풀이 전력 $P = P_1 + P_2 = 450 + 450 = 900[W]$

136 비정현파를 여러 개의 정현파의 합으로 표시하는 방법은?

① 중첩의 원리   ② 노튼의 정리
③ 푸리에 분석   ④ 테일러의 분석

풀이 푸리에 급수는 주파수와 진폭을 달리하는 무수히 많은 성분을 갖는 비정현파를 무수히 많은 정현항과 여현항의 합으로 표현하는 방법을 말한다.

137 비정현파가 발생하는 원인과 거리가 먼 것은?

① 자기포화   ② 옴의 법칙
③ 히스테리시스   ④ 전기자반작용

풀이 옴의 법칙 : 도체에 흐르는 전류는 도체에 가해지는 전압에 비례하고 저항에 반비례 한다.

138 주기적인 구형파 신호의 성분은 어떻게 되는가?

① 성분분석이 불가능하다.
② 직류분만으로 합성된다.
③ 무수히 많은 주파수의 합성이다.
④ 교류 합성을 갖지 않는다.

풀이 구형파는 비정현파(사인파가 아닌 파형)의 하나이다. 비정현파는 고조파와 직류분, 기본파로 이루어지며, 무수히 많은 주파수성분을 포함한다.
(푸리에 분석)

139 비사인파 교류의 일반적인 구성이 아닌 것은?

① 기본파   ② 직류분
③ 고조파   ④ 삼각파

풀이 비정현파 = 직류분 + 기본파 + 고조파

140 그림과 같은 비사인파의 제3고조파 주파수는? (단, $V = 20[V]$, $T = 10[ms]$이다.)

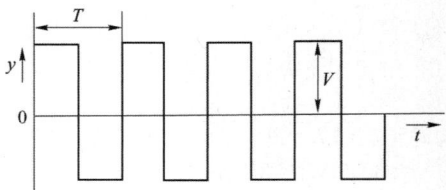

① 100[Hz]   ② 200[Hz]
③ 300[Hz]   ④ 400[Hz]

풀이 제3고조파 주파수(f_3)는
기본파 주파수(f_1)의 3배이므로
$$\therefore f_3 = 3f_1 = 3 \times \frac{1}{T} = 3 \times \frac{1}{10 \times 10^{-3}}$$
$$= 300[Hz]이다.$$

141 비정현파의 종류에 속하는 직사각형파의 전개식에서 기본파의 진폭[V]은?
(단, $V_m = 20[V]$, $T = 10[mS]$)

① 23.47   ② 24.47
③ 25.47   ④ 26.47

풀이 직사각형파에서 기본파의 진폭은

$$v_1 = \frac{4V_m}{\pi} = \frac{4 \times 20}{\pi} = 25.47[V]$$

142 비정현파의 실효값을 나타낸 것은?

① 최대파의 실효값
② 각 고조파의 실효값의 합
③ 각 고조파의 실효값의 합의 제곱근
④ 각 고조파의 실효값의 제곱의 합의 제곱근

풀이 왜형파의 실효값은 각 고조파 실효값 제곱의 합의 제곱근이다.

143 $V = 100\sin\omega t + 100\cos\omega t$의 실효값[V]은?

① 100[V]   ② 141[V]
③ 172[V]   ④ 200[V]

풀이

$$V_1 = \frac{100}{\sqrt{2}}$$

$$V_2 = 100\sin(\omega t + 90°) = j\frac{100}{\sqrt{2}}$$

$$\therefore 실효값 = \sqrt{V_1^2 + V_2^2} = \sqrt{\frac{100^2}{2} + \frac{100^2}{2}}$$

$$= \sqrt{\frac{100^2}{2} + \frac{100^2}{2}} = 100[V]$$

144 어느 회로의 전류가 다음과 같을 때, 이 회로에 대한 전류의 실효값은?

$$i = 3 + 10\sqrt{2}\sin\left(\omega t - \frac{\pi}{6}\right)$$
$$+ 5\sqrt{2}\sin\left(3\omega t - \frac{\pi}{3}\right)[A]$$

① 11.6[A]   ② 23.2[A]
③ 32.2[A]   ④ 48.3[A]

풀이 왜형파의 실효값

$$I = I_0 + I_1 + I_3 = \sqrt{3^2 + 10^2 + 5^2}$$
$$≒ 11.6[A]$$

145 $R = 4[\Omega]$, $\frac{1}{\omega C} = 36[\Omega]$을

직렬로 접속한 회로에

$$v = 120\sqrt{2}\sin\omega t + 60\sqrt{2}\sin(3\omega t + \phi_3)$$
$$+ 30\sqrt{2}\sin(5\omega t + \phi_5)[V]$$

를 인가했을 때 흐르는 전류의 실효값은 약 몇 [A]인가?

① 3.3[A]   ② 4.8[A]
③ 3.6[A]   ④ 6.8[A]

풀이

$$I_1 = \frac{V_1}{Z} = \frac{120}{\sqrt{4^2 + 36^2}} = 3.31[A]$$

$$I_3 = \frac{V_3}{Z} = \frac{V_3}{\sqrt{R^2 + \left(\frac{1}{3\omega C}\right)^2}} = \frac{60}{\sqrt{4^2 + \left(\frac{36}{3}\right)^2}}$$

$$= \frac{60}{12.65} = 4.74[A]$$

$$I_5 = \frac{V_5}{Z} = \frac{V_5}{\sqrt{R^2 + \left(\frac{1}{5\omega C}\right)^2}} = \frac{30}{\sqrt{4^2 + \left(\frac{36}{5}\right)^2}}$$

$$= \frac{30}{8.24} = 3.64[A]$$

$$\therefore I = I_1 + I_3 + I_5 = \sqrt{3.31^2 + 4.74^2 + 3.64^2}$$
$$≒ 6.83[A]$$

146 $R = 4[\Omega]$, $\omega L = 3[\Omega]$의 직렬 회로에
 $v = 100\sqrt{2}\sin\omega t + 30\sqrt{2}\sin3\omega t[\text{V}]$의
 전압을 가할 때 전력은 약 몇 [W]인가?

① 1170[W]   ② 1563[W]
③ 1637[W]   ④ 2116[W]

$$I_1 = \frac{V_1}{Z_1} = \frac{V_1}{\sqrt{R^2 + (\omega L)^2}} = \frac{100}{\sqrt{4^2 + 3^2}}$$
$$= 20[\text{A}]$$
$$I_3 = \frac{V_3}{Z_3} = \frac{V_3}{\sqrt{R^2 + (3\omega L)^2}} = \frac{30}{\sqrt{4^2 + (3\times3)^2}}$$
$$= 3.05[\text{A}]$$
$$\therefore\ P = I_1^2 R + I_3^2 R = 20^2 \times 4 + 3.05^2 \times 4$$
$$\fallingdotseq 1637[\text{W}]$$

147 **기본파의 3[%]인 제3고조파와 4[%]인 제5
고조파, 1[%]인 제7고조파를 포함하는 전압
파의 왜형률은?**

① 약 2.7[%]   ② 약 5.1[%]
③ 약 7.7[%]   ④ 약 14.1[%]

풀이

$$\text{왜형률}[\%] = \frac{\sqrt{I_3^2 + I_5^2 + I_7^2}}{I_1} \times 100$$
$$= \frac{\sqrt{0.03^2 + 0.04^2 + 0.01^2}}{1} \times 100$$
$$\fallingdotseq 5.1[\%]$$

148 **정현파 교류의 왜형률(distortion factor)은?**

① 0   ② 0.1212
③ 0.2273   ④ 0.4834

풀이 정현파 교류는 기본파만 존재하므로 왜형률은 0이
다.

< 1. 전류의 열작용

1) 줄의 법칙

다음 식에서 [W·sec]는 [J]과 단위가 같고 1[J]은 0.24[cal] 관계가 있다.

$$Q = 0.24P\,t = 0.24I^2Rt$$
$$= 0.24\frac{V^2}{R}t = Cm\,(\theta_2 - \theta_1)[\text{cal}]$$

여기서, 1[J] = 0.239[cal] ≒ 0.24[cal]
1[cal] = 4.186[J] ≒ 4.2[J]

2) 전력량과 전력

(1) 전력의 정의

전기가 단위시간당에 한 일로 나타내며 단위는 [W](와트)로 나타낸다.

$$P = \frac{W}{t}[\text{J/s}] = \frac{QV}{t} = VI[\text{W}]$$

(2) 전력량

전력량은 전기가 한 일에 해당된다.

$$W = Pt[\text{W·sec}]$$

(3) 열전효과

① 제어벡 효과
  • 서로 다른 두 종류의 금속으로 폐회로를 만들고, 두 금속의 접합점에 열을 가하여 온도 차이를 만들면 기전력이 발생하여 전류가 흐른다. 이때 발생하는 기전력을

열기전력이라 하며, 전류를 열전류, 장치를 열전대라 한다.
  • 열전대의 종류에는 철−콘스탄탄, 구리−콘스탄탄, 크로멜−알루멜, 백금−백금로듐 등이 있다.

② 펠티에 효과
  • 제어벡 효과의 반대되는 현상으로 두 종류의 금속을 폐회로를 만들고, 두 금속의 접합점에 전류를 흘려주면 접합점 주변에서 열의 흡수 또는 발생이 일어나는 현상
  • 전자 냉동기의 원리에 이용된다.

< 2. 전류의 화학작용

1) 전류의 화학작용

(1) 패러데이의 법칙

전기 분해에 의해 전극에 석출되는 물질의 양 $W[\text{g}]$는 전해액 속을 통과한 전기량 $Q[\text{C}]$에 비례하며, 총전기량이 같으면 물질의 석출량은 그 물질의 전기화학당량에 비례한다.

$$W = KQ = KIt\,[\text{g}]$$

2) 전지

(1) 1차 전지(방전 후 충전이 불가능)

① 종류
  • 망간 건전지
  • 알칼리·망간 건전지

- 산화은 전지
- 리튬 1차 전지
- 수은 전지
- 공기 전지
- 연료 전지
- 고체 전해질 전지

② 망간 건전지

　ⓣ 구조 :
- 양극 : 탄소봉

　전해액 : 염화암모니아(NH_4Cl)

　주성분 : 젤라틴
- 음극 : 아연판

　감극제 : 이산화망간(MnO_2)

　ⓛ 특징 : • 가격이 싸다.
- 연속적 사용에 적합하다.
- 급방전에 적합하지 않다.

　ⓒ 용도 : 전등용, 전화용, 라디오용

(2) 2차 전지(방전 후 충전이 가능)

① 종류
- 연(납)축전지
- 니켈-카드뮴 전지
- 니켈-수소 전지
- 리튬 2차 전지
- 공기 아연 전지

② 연(납) 축전지

　ⓣ 화학식

$$\underset{\text{(음극)}}{Pb} + \underset{\text{전해액}}{2H_2SO_4} + \underset{\text{(양극)}}{PbO_2} \underset{\text{충전}}{\overset{\text{방전}}{\rightleftharpoons}} \underset{\text{(양극)}}{PbSO_4} + \underset{\text{전해액}}{2H_2O} + \underset{\text{(음극)}}{PbSO_4}$$

　ⓛ 전해액 : 농도 27~30[%]

　　(비중 1.23~1.26)의 순수한 묽은 황산

　　(H_2SO_4)

　ⓒ 특징
- 가역 반응이 일어난다.
- 양극에서 산화반응, 음극에서 환원반응이 각각 진행되므로 양극 쪽은 얇아지고, 음극 쪽은 두터워진다.

② 알칼리 축전지

　ⓣ 특징
- 전지의 수명이 길다(납 축전지보다 3~4배 정도).
- 급격한 충·방전, 높은 방전율에 견디며 다소 용량이 감소되어도 사용 불능이 되지 않는다.

01 전류의 발열 작용에 관한 법칙으로 가장 알맞은 것은?

① 옴의 법칙　　　　② 패러데이의 법칙

③ 줄의 법칙　　　　④ 키르히호프의 법칙

풀이 줄의 법칙 : 도체에 흐르는 전류에 의하여 단위 시간에 발생하는 열량은 I^2R에 비례한다.

02 전류의 열작용과 관계가 있는 법칙은 어느 것인가?

① 옴의 법칙

② 키르히호프의 법칙

③ 줄의 법칙

④ 플레밍의 오른손 법칙

풀이 줄의 법칙 : 도체에 흐르는 전류에 의하여 단위 시간에 발생하는 열량은 I^2R에 비례한다.

03 다음 중 1[J]과 같은 것은?

① 1[cal]　　　　　② 1[W · s]

③ 1[kg · m]　　　　④ 1[N · m]

풀이 1[J]=1[W · s]=0.24[cal]이다.

04 1[cal]는 약 몇 [J]인가?

① 0.24　　　　　② 0.4186

③ 2.4　　　　　　④ 4.186

풀이 1[J]은 0.24[cal] 관계가 있다.

따라서 $1[cal]=\dfrac{1}{0.24}=4.1[J]$이 된다.

05 4[Wh]는 몇 [J]인가?

① 3600　　　　　② 5200

③ 7200　　　　　④ 14400

풀이 1시간은 3600초에 해당한다.

1[W · s]=1[J], 1[W · h]=3600[W · s]이므로

4[W · h]=4×3600=14400[J]이 된다.

06 5[Wh]는 몇 [J]인가?

① 720　　　　　② 1800

③ 7200　　　　　④ 18000

풀이 1[W]는 1[J/s]이므로 1[W · s]는 1[J]과 같다.

따라서 5[Wh]=5×3600=18000[W · s]이므로 18000[J]과 같다.

07 1[kWh]는 몇 [J]인가?

① $3.6×10^6$　　　② 860

③ 10^3　　　　　④ 10^6

풀이 1[kWh]=1000[Wh]

　　　=1000×60×60[W · s]

　　　=$3.6×10^6$[J]

08 1[kWh]는 몇 [kcal]인가?

① 860[kcal]　　　② 2400[kcal]

③ 4800[kcal]　　　④ 8600[kcal]

풀이 줄의 법칙 :

$Q=0.24\,Pt=0.24×1×60×60$

　　=864[kcal]

답 1. ③　2. ③　3. ②　4. ④　5. ④　6. ④　7. ①　8. ①

09 줄(joule)의 법칙에서 발열량 계산식을 옳게 표시한 것은?

① $H = 0.24I^2R$

② $H = 0.024I^2Rt$

③ $H = 0.024I^2R^2$

④ $H = 0.24I^2Rt$

풀이 줄의 법칙

$Q = 0.24\,Pt = 0.24\,VIt = 0.24I^2Rt\,[\text{cal}]$

10 줄의 법칙에서 발열량 계산식을 옳게 표시한 것은?

① $H = I^2R\,[\text{J}]$

② $H = I^2R^2t\,[\text{J}]$

③ $H = I^2R^2\,[\text{J}]$

④ $H = I^2Rt\,[\text{J}]$

풀이 줄의 법칙 : $H = Pt = VIt = I^2Rt\,[\text{J}]$

11 1.5[kW]의 전열기를 정격 상태에서 30분간 사용할 때의 발열량은 몇 [kcal]인가?

① 648   ② 1290

③ 1500   ④ 2700

풀이 줄의 법칙

$Q = 0.24\,Pt = 0.24 \times 1.5 \times 30 \times 60$

$\qquad = 648\,[\text{kcal}]$

12 2[Ω]의 저항에 3[A]의 전류를 1분간 흘릴 때 이 저항에서 발생하는 열량은?

① 약 4[cal]   ② 약 86[cal]

③ 약 259[cal]   ④ 약 1080[cal]

풀이 열량 $Q = 0.24I^2Rt = 0.24 \times 3^2 \times 2 \times 60$

$\qquad \fallingdotseq 259\,[\text{cal}]$

13 1[eV]는 몇 [J]인가?

① $1.602 \times 10^{-19}\,[\text{J}]$

② $1 \times 10^{-10}\,[\text{J}]$

③ $1\,[\text{J}]$

④ $1.16 \times 10^4\,[\text{J}]$

풀이 전위차가 1[V]인 두 점 사이에서 하나의 기본전하 (e)를 옮기는 데 필요한 일을 1[eV]라고 한다.

14 100[V]의 전위차로 가속된 전자의 운동 에너지는 몇 [J]인가?

① 1.6×10^{-20}

② 1.6×10^{-19}

③ 1.6×10^{-18}

④ 1.6×10^{-17}

풀이 운동 에너지

$E = eV = 1.6 \times 10^{-19} \times 100$

$\qquad = 1.6 \times 10^{-17}\,[\text{J}]$

15 물체의 온도상승 및 열전달 방법에 대한 설명으로 옳은 것은?

① 비열이 작은 물체에 열을 주면 쉽게 온도를 올릴 수 있다.

② 열전달 방법 중 유체가 열을 받아 분자와 같이 이동하는 것이 복사이다.

③ 일반적으로 물체는 열을 방출하면 온도가 증가한다.

④ 질량이 큰 물체에 열을 주면 쉽게 온도를 올릴 수 있다.

풀이 비열이란 어떤 물질 1[g]의 온도를 1[℃] 높이는 데 필요한 열량이므로 비열이 작은 물체에 열을 주면 쉽게 온도를 올릴 수 있다.

16 20[℃]의 물 100[l]를 2시간 동안에 40[℃]로 올리기 위하여 사용할 전열기의 용량은 약 몇 [kW]이면 되겠는가? (단, 이 전열기의 효율은 60[%]라 한다.)

① 1.938[kW] ② 3.876[kW]
③ 1938[kW] ④ 3876[kW]

[풀이] $Q = McT = 860PH\eta$ 이므로

$$\therefore P = \frac{Mc(T_1 - T_2)}{860H\eta} = \frac{100 \times 20}{860 \times 2 \times 0.6}$$
$$= 1.938[\text{kW}]$$

17 주위온도 0℃에서의 저항이 20[Ω]인 연동선이 있다. 주위 온도가 50℃로 되는 경우 저항은? (단, 0℃에서 연동선의 온도계수는 $a_0 = 4.3 \times 10^{-3}$이다.)

① 약 22.3[Ω] ② 약 23.3[Ω]
③ 약 24.3[Ω] ④ 약 25.3[Ω]

[풀이] $R_2 = R_1 + R_1\{a_0 \times (T_2 - T_1)\}$
$$= 20 + 20\{4.3 \times 10^{-3} \times (50 - 0)\}$$
$$= 24.3[\Omega]$$

18 100[V], 5[A]의 전열기를 사용하여 2[ℓ]의 물 20[℃]에서 100[℃]로 올리는 데 필요한 시간[sec]는 약 얼마인가? 단, 열량은 전부 유효하게 사용됨

① 1.33×10^3 ② 1.34×10^4
③ 1.35×10^5 ④ 1.36×10^6

[풀이] $Q = 0.24Pt = 0.24I^2Rt = 0.24\frac{V^2}{R}t$
$$= Cm(\theta_2 - \theta_1)에서$$
$0.24VIt = Cm(\theta_2 - \theta_1)$이므로
여기서 시간을 구한다.

$$t = \frac{Cm(\theta_2 - \theta_1)}{0.24VI} = \frac{1 \times 2000(100 - 20)}{0.24 \times 100 \times 5}$$
$$= 1.33 \times 10^3$$

19 10[℃], 5000[g]의 물을 40[℃]로 올리기 위하여 1[kW]의 전열기를 쓰면 몇 분이 걸리게 되는가? (단, 여기서 효율은 80[%]라고 한다.)

① 약 13분 ② 약 15분
③ 약 25분 ④ 약 50분

[풀이] 열량 $Q = 860Pt\eta = mC(\theta_2 - \theta_1)[\text{kcal}]$이고, 물의 비열은 1이므로

$$\therefore t = \frac{mC(\theta_2 - \theta_1)}{860P\eta} = \frac{5 \times 1 \times (40 - 10)}{860 \times 1 \times 0.8}$$
$$= 0.218[시간] = 13.08[분]$$

20 100[μF]의 콘덴서에 1,000[V]의 전압을 가하여 충전한 뒤 저항을 통하여 방전시키면 저항에 발생하는 열량은 몇 [cal]인가?

① 3[cal] ② 5[cal]
③ 12[cal] ④ 43[cal]

[풀이] 콘덴서에 저장 되는 에너지
$$W = \frac{1}{2}CV^2 = \frac{1}{2} \times 100 \times 10^{-6} \times 1000^2$$
$$= 50[\text{J}]$$
여기서, 1[J] = 0.24[cal] 이므로
열량 $Q = 50 \times 0.24 = 12[\text{cal}]$가 된다.

21 전력량의 단위는?

① [C] ② [W]
③ [W·s] ④ [Ah]

[풀이] 전력량 $W = P \cdot t[\text{W} \cdot \text{sec}]$

22 1.5[V]의 전위차로 3[A]의 전류가 3분 동안 흘렀을 때 한 일은?

① 1.5[J]　　　② 13.5[J]
③ 810[J]　　　④ 2430[J]

풀이 $W = Pt[\text{W} \cdot \text{sec}] = VIt = 1.5 \times 3 \times 3 \times 60$
$= 810[\text{J}]$

23 2분간에 876,000[J]의 일을 하였다. 그 전력은 얼마인가?

① 7.3[kW]　　② 29.2[kW]
③ 73[kW]　　　④ 438[kW]

풀이 전력 $P = \dfrac{W}{t} = \dfrac{876000}{2 \times 60} = 7300[\text{W}]$
$= 7.3[\text{kW}]$

24 3분 동안에 180000[J]의 일을 하였다면 전력은?

① 1[kW]　　　② 30[kW]
③ 1000[kW]　　④ 3240[kW]

풀이 전력 $P = \dfrac{W[\text{J}]}{t[\text{s}]} = \dfrac{180000}{3 \times 60} = 1000[\text{W}]$
$= 1[\text{kW}]$

25 열의 전달 방법이 아닌 것은?

① 복사　　　　② 대류
③ 확산　　　　④ 전도

풀이 열의 전달방법에는 전도, 대류, 복사의 3가지 경우가 있다.

26 종류가 다른 두 금속을 접합하여 폐회로를 만들고 두 접합점의 온도를 다르게 하면 이 폐회로에 기전력이 발생하여 전류가 흐르게 되는 현상을 지칭하는 것은?

① 줄의 법칙　　② 톰슨 효과
③ 펠티어 효과　④ 제벡 효과

풀이 제벡 효과 : 두 금속 접속점 간에 온도차가 있으면 열기전력(전류)이 발생하는 현상으로 열전 온도계 및 열전대에 사용된다.

27 두 개의 서로 다른 금속의 접속점에 온도차를 주면 열기전력이 생기는 현상은?

① 홀 효과　　　② 줄 효과
③ 압전기 효과　④ 제벡 효과

풀이 제벡 효과 : 두 금속 접속점 간에 온도차가 있으면 열기전력(전류)이 발생하는 현상으로 열전 온도계 및 열전대에 사용된다.

28 다음이 설명하는 것은?

> 금속 A와 B로 만든 열전쌍과 접점 사이에 임의의 금속 C를 연결해도 C의 양 끝의 접점의 온도를 똑같이 유지하면 회로의 열기전력은 변화하지 않는다.

① 제벡 효과
② 톰슨 효과
③ 제3금속의 법칙
④ 펠티에 법칙

풀이 중간 금속의 법칙 : 열전대 회로에 제3의 금속이 삽입됐을 때 새로운 두 접점의 온도가 같으면 열기전력은 변하지 않는다. 제3금속의 법칙이라고도 한다.

29 제벡 효과에 대한 설명으로 틀린 것은?

① 두 종류의 금속을 접속하여 폐회로를 만들고, 두 접속점에 온도의 차이를 주면 기전력이 발생하여 전류가 흐른다.

② 열기전력의 크기와 방향은 두 금속 점의 온도차에 따라서 정해진다.

③ 열전쌍(열전대)은 두 종류의 금속을 조합한 장치이다.

④ 전자 냉동기, 전자 온풍기에 응용된다.

풀이 제벡 효과는 열전 온도계 및 열전대에 사용되며, 펠티에 효과는 전자냉동 및 열전냉동에 사용된다.

30 서로 다른 종류의 안티몬과 비스무트의 두 금속을 접속하여 여기에 전류를 통하면, 그 접점에서 열의 발생 또는 흡수가 일어난다. 줄열과 달리 전류의 방향에 따라 열의 흡수와 발생이 다르게 나타나는 이 현상은?

① 펠티에효과   ② 제벡 효과

③ 제3금속의 법칙   ④ 열전효과

풀이 펠티에 효과 : 서로 다른 두 종류의 금속으로 폐회로를 만들고 온도를 일정하게 유지하면서 전류를 흘려주면 금속의 접합점에서 열의 흡수 또는 발생이 일어나는 현상이다.

31 전선에 일정량 이상의 전류가 흘러서 온도가 높아지면 절연물을 열화하여 절연성을 극도로 악화시킨다. 그러므로 도체에는 안전하게 흘릴 수 있는 최대 전류가 있다. 이 전류를 무엇이라 하는가?

① 줄 전류   ② 불평형 전류

③ 평형 전류   ④ 허용 전류

풀이 허용전류 : 전선이 정상상태의 경우에 온도가 지정된 수치를 초과하지 않는 조건하에 통전 가능한 최대전류

32 두 금속을 접속하여 여기에 전류를 통하여, 줄열 외에 접점에서 열의 발생 또는 흡수가 일어나는 현상은?

① 펠티에 효과   ② 제벡 효과

③ 홀 효과   ④ 줄 효과

풀이 펠티에 효과 : 두 종류의 금속을 폐회로를 만들고, 두 금속의 접합점에 전류를 흘려주면 접합점 주변에서 열의 흡수 또는 발생이 일어나는 현상

33 "같은 전기량에 의해서 여러 가지 화합물이 전해될 때 석출되는 물질의 양은 그 물질의 화학당량에 비례한다." 이 법칙은?

① 렌츠의 법칙

② 패러데이의 법칙

③ 앙페르의 법칙

④ 줄의 법칙

풀이 패러데이의 법칙 : 총 전기량이 같으면 물질의 석출량은 그 물질의 전기화학당량에 비례한다.

34 패러데이 법칙과 관계없는 것은?

① 전극에서 석출되는 물질의 양은 통과한 전기량에 비례한다.

② 전해질이나 전극이 어떤 것이라도 같은 전기량이면 항상 같은 화학당량의 물질을 석출한다.

③ 화학당량이란 $\dfrac{원자량}{원자가}$ 을 말한다.

④ 석출되는 물질의 양은 전류의 세기와 전기량의 곱으로 나타낸다.

풀이
• 패러데이 법칙 : 전극에서 석출되는 물질의 양은 통과한 전기량에 비례하며, 전기량이 같을 경우 석출되는 물질의 양은 그 물질의 화학 당량에 비례한다.
• 화학 당량 : 1[C]의 전하로 석출하는 물질의 양

35 패러데이 법칙에서 전기분해에 의해서 석출되는 물질의 양은 전해액을 통과한 무엇과 비례하는가?

① 총 전해질　　② 총 전류
③ 총 전압　　　④ 총 전기량

풀이 패러데이 법칙 : 전극에서 석출되는 물질의 양은 통과한 전기량에 비례하며, 전기량이 같을 경우 석출되는 물질의 양은 그 물질의 화학 당량에 비례한다.

36 다음 중 전기 화학당량에 대한 설명 중 옳지 않은 것은?

① 전기 화학당량의 단위는 [g/C]이다.
② 화학당량은 원자량을 원자가로 나눈 값이다.
③ 전기 화학당량은 화학당량에 비례한다.
④ 1[g] 당량을 석출하는 데 필요한 전기량은 물질에 따라 다르다.

풀이 전기화학당량은 1[C]의 전하로 석출하는 물질의 양을 말한다.

$$전기화학당량 = \frac{원자량}{원자가}$$

37 황산구리 용액에 10[A]의 전류를 60분간 흘린 경우 이 때 석출되는 구리의 양은? (단, 구리의 전기 화학 당량은 0.3293×10^{-3}[g/C]이다.)

① 약 1.97[g]　　② 약 5.93[g]
③ 약 7.82[g]　　④ 약 11.86[g]

풀이 $W = KIt = 0.3293 \times 10^{-3} \times 10 \times 60 \times 60$
$= 11.8548$[g] (단, t : 시간[s])

38 니켈의 원자가는 2.0이고 원자량은 58.70이다. 이때 화학 당량의 값은?

① 117.4　　　② 60.70
③ 56.70　　　④ 29.35

풀이 $화학당량 = \dfrac{원자량}{원자가} = \dfrac{58.7}{2} = 29.35$

39 질산은을 전기분해할 때 직류 전류 10시간 흘렸더니 음극에 120.78[g]의 은이 부착하였다. 이때의 전류는 약 몇 [A]인가? 단, 은의 전기화학당량 $K = 0.001118$[g/C]이다.

① 1　　　② 2
③ 3　　　④ 4

풀이 패러데이의 법칙
전기량 $Q = It$[C]이며, 전기분해시 전기량은 석출된 물질의 양을 전기화학당량으로 나누면 된다.

$Q = I(10 \times 3600) = \dfrac{120.78}{0.001118}$[C]에서 전류는

$I = \dfrac{120.78}{0.001118 \times 10 \times 3600} = 3$[A]가 된다.

40 전기 분해에 의해서 구리를 정제하는 경우, 음극에서 구리 1[kg]을 석출하기 위해서는 200[A]의 전류를 약 몇 시간[h] 흘려야 하는가? (단, 전기화학 당량은 0.3293×10^{-3} [g/C]임)

① 2.11[h]　　② 4.22[h]
③ 8.44[h]　　④ 12.65[h]

풀이 패러데이의 법칙 $W = KQ = KIt$[g]에서
$t = \dfrac{W}{KI} = \dfrac{1000}{0.3293 \times 10^{-3} \times 200} = 15183.72$[s]
1[h] = 3600[s]이므로
$\therefore\ T = \dfrac{15183.72}{3600} = 4.22$[h]

답 35. ④　36. ④　37. ④　38. ④　39. ③　40. ②

41 다음 중 1차 전지에 해당하는 것은?

① 망간 건전지
② 납축 전지
③ 니켈-카드뮴 전지
④ 리튬 이온 전지

풀이 1차 전지는 방전 후 충전지 불가능한 전지를 말하며, 알칼리 전지, 망간 전지 등이 있다.

42 1 차 전지로 가장 많이 사용되는 것은?

① 니켈-카드뮴전지
② 연료전지
③ 망간건전지
④ 납축전지

풀이 충전에 의하여 구성 물질의 재생이 불가능한 전지를 1차 전지라 하며, 망간 건전지, 알칼리 · 망간 건전지, 산화은 전지, 리튬 1차 전지, 수은 전지, 공기전지, 연료 전지 등이 있다.

43 망간건전지의 양극으로 무엇을 사용하는가?

① 아연판
② 구리판
③ 탄소막대
④ 묽은황산

풀이 양극 : 탄소봉, 전해액 : 염화 암모니아(NH_4Cl)
음극 : 아연판을 사용한다.

44 묽은 황산(H_2SO_4)용액에 구리(Cu)와 아연(Zn)판을 넣으면 전지가 된다. 이때 양극(+)에 대한 설명으로 옳은 것은?

① 구리판이며 수소 기체가 발생한다.
② 구리판이며 산소 기체가 발생한다.
③ 아연판이며 산소 기체가 발생한다.
④ 아연판이며 수소 기체가 발생한다.

풀이 (+)극 : 구리판 $2H^+ + 2e^- \rightarrow H_2$(수소)
(−)극 : 아연판 $Zn \rightarrow Zn^{2+} + 2e^-$

45 전지(battery)에 관한 사항이다. 감극제(depolarizer)는 어떤 작용을 막기 위해 사용되는가?

① 분극작용
② 방전
③ 순환전류
④ 전기분해

풀이 감극제는 분극현상에 의한 전압강하를 방지하기 위하여 사용한다.

46 납축전지의 전해액으로 사용되는 것은?

① H_2SO_4
② $2H_2O$
③ PbO_2
④ $PbSO_4$

풀이 납축전지는 전해액으로 묽은황산(H_2SO_4)을 사용한다.

47 납축전지의 전해액은?

① 염화암모늄 용액
② 묽은 황산
③ 수산화칼륨
④ 염화나트륨

풀이 연(납)축전지의 전해액으로 묽은 황산(H_2SO_4)을 사용한다.

48 (㉮), (㉯)에 들어갈 내용으로 알맞은 것은?

"2차 전지의 대표적인 것으로 납축전지가 있다. 전해액으로 비중 약 (㉮) 정도의 (㉯)을 사용한다."

① ㉮ 1.15 ~ 1.21, ㉯ 묽은 황산
② ㉮ 1.25 ~ 1.36, ㉯ 질산
③ ㉮ 1.01 ~ 1.15, ㉯ 질산
④ ㉮ 1.23 ~ 1.26, ㉯ 묽은 황산

답 41. ① 42. ③ 43. ③ 44. ① 45. ① 46. ① 47. ② 48. ④

풀이 납축전지의 전해액 : 농도 27~30[%](비중 1.20 ~1.30)의 순수한 묽은 황산(H_2SO_4)

49 다음은 연축전지에 대한 설명이다. 옳지 않은 것은?

① 전해액은 황산을 물에 섞어서 비중을 1.2~1.3 정도로 사용한다.
② 충전시 양극은 PbO로 되고 음극은 $PbSO_4$로 된다.
③ 방전 전압의 한계는 1.8[V]로 하고 있다.
④ 용량은 방전 전류×방전시간으로 표시하고 있다.

풀이

$$PbO_2 + 2H_2SO_4 + Pb \underset{충전}{\overset{방전}{\rightleftharpoons}} PbSO_4 + 2H_2O + PbSO_4$$
(+극)　전해액　(−극)　　 (+극)　　 전해액　(−극)

납축전지의 전해액으로 묽은황산(H_2SO_4)을 사용한다.

50 황산구리($CuSO_4$)의 전해액에 2개의 동일한 구리판을 넣고 전원을 연결하였을 때 구리판의 변화를 옳게 설명한 것은?

① 2개의 구리판 모두 얇아진다.
② 2개의 구리판 모두 두터워진다.
③ 양극 쪽은 얇아지고, 음극 쪽은 두터워진다.
④ 양극 쪽은 두터워지고, 음극 쪽은 얇아진다.

풀이 양극에서 산화반응, 음극에서 환원반응이 각각 진행되므로 양극 쪽은 얇아지고, 음극 쪽은 두터워진다.

51 10[A]의 전류로 6시간 방전할 수 있는 축전지의 용량은?

① 2[Ah]　　　② 15[Ah]
③ 30[Ah]　　　④ 60[Ah]

풀이 축전지의 용량 = 전류 × 시간
$$= 10 \times 6 = 60[Ah]$$

52 용량이 45[Ah]인 납축전지에서 3[A]의 전류를 연속하여 얻는다면 몇 시간 동안 축전지를 이용할 수 있는가?

① 10시간　　　② 15시간
③ 30시간　　　④ 45시간

풀이 축전지의 용량＝전류×시간[Ah]이므로
$$시간 = \frac{용량}{전류} = \frac{[Ah]}{[A]} = \frac{45}{3} = 15[시간]$$

53 접지저항이나 전해액저항 측정에 쓰이는 것은?

① 휘스톤 브리지
② 전위차계
③ 콜라우시 브리지
④ 메거

풀이 콜라우시 브리지 : 전해액의 저항 측정

Craftsman Electricity

2과목

전기기기

1. 직류발전기의 구조

직류기를 구성하는 **주요 부분은 계자, 전기자, 정류자**이다.

(1) 계자(Field magnet)

주 자속을 발생하는 부분으로 자극과 계철로 구성되어 있다.

(2) 전기자(Armature)

계자에서 만들어지는 자속을 쇄교하여(끊어) 기전력을 유기한다(만든다).

(3) 정류자(Commutator)

전기자에 의해 발전된 기전력을 직류로 변환하는 부분이다.

(4) 브러시(Brush)

내부회로와 외부회로를 전기적으로 연결하는 부분이며, **양호한 정류를 얻기 위해서는 접촉 저항이 큰 탄소브러시**를 사용한다.

2. 전기자 권선법

(1) 전기자 권선

① 환상권
② 고상권 ┬ 개로권
          └ 폐로권 ┬ 단층권
                    └ 2층권 ┬ 중권(병렬권)
                             └ 파권(직렬권)

※ 직류기는 대부분 2층권을 사용한다.

중권과 파권의 비교

비교 항목	중권(병렬권)	파권(직렬권)
전기자 병렬 회로수 (a)	극수와 같다. $(a = p)$	항상 $2(a = 2)$
브러시의 수(B)	극수와 같다. $(B = p)$	2개 또는 극수만큼 설치
균압 접속(전기자 권선의 국부적 과열을 방지)	4극 이상 필요	불필요
용 도	저전압, 대전류	고전압, 소전류

3. 유기 기전력

(1) 도체 총 수가 Z인 발전기의 유기기전력(E)

$$E = \frac{pZ}{a}\phi n = \frac{pZ}{a}\phi\frac{N}{60} = K\phi N[\text{V}]$$

단, Z : 전기자 도체수

ϕ : 자속수[Wb]

n : 회전 속도[rps]

N : 회전 속도[rpm]

K : 비례 상수$\left(\because K = \dfrac{pZ}{60a}\right)$

a : 병렬 회로수

p : 극 수

(2) 자속이 0인 경우는 기전력이 발생할 수 없으므로 자여자 발전기는 잔류자기가 있어야 발전이 가능하다.

< 4. 전기자 반작용

(1) 전기자 반작용

전기자 전류에 의하여 생긴 자속이 계자에 의해 발생 되는 주자속에 영향을 주는 현상

(2) 방지대책

① 보상 권선 설치
② 보극 설치
③ 전기자 기자력보다 상대적으로 계자 기자력을 크게 한다.

< 5. 정류작용

직류 발전기의 전기자 권선 안에 유기되는 기전력 교류를 직류로 변환하는 작용

(1) 정류 주기

$$T_c = \frac{b-\delta}{v} = \frac{b-\delta}{\pi DN} \times 60 [\mathrm{sec}]$$

여기서, b : 브러시 두께[m]
  v : 주변 속도[m/s]
  δ : 절연물 두께[m]
  N : 회전수[rpm]
  D : 회전자지름[m]

(2) 정류 개선 대책

① 평균 리액턴스 전압이 작을 것

$$e_r = L\frac{2I_c}{T_c}[\mathrm{V}]$$

② 보극 설치(전압 정류)
③ 접촉 저항이 큰 브러시 사용(저항 정류)
④ 보상 권선 설치(전기자 반작용을 줄여 정류를 개선한다.)

< 6. 직류 발전기의 종류 및 특성

1) 타여자 발전기

타여자 발전기는 별도의 독립된 여자 전원을 가지고 있는 발전기

  특성식 : $E = V \pm I_a R_a$, $I_a = I$

(1) 무부하 특성 곡선

① 유기 기전력 E 와 계자 전류 I_f 의 관계 곡선
② **잔류자기가 없어도 발전이 가능**

(2) 외부 특성 곡선

① 타여자 발전기는 **정전압 발전기**로 분류
② 전기 화학 공업용의 저전압 대전류용, 실험 실용 전원, 대형 교류발전기의 주여자기, 직류 전동기 속도 제어용 전원, 속도계용 발전 등에 사용

2) 자여자 발전기

(1) 분권 발전기(전기자와 계자 권선의 병렬접속)

① 특성식 : $V = R_f I_f$, $V = E - R_a I_a$
② 전압변동률이 적은 **정전압 발전기**
③ 여자 전원이 필요 없다.
④ 계자 저항기를 사용하여 전압을 조정
⑤ 전기 화학 공업용 전원, 축전지의 충전용, 동기기의 여자용 및 일반 직류 전원용으로 사용

(2) 직권 발전기(전기자와 계자 권선의 직렬접속)

① 특성식 : $E = V + I_a(R_a + R_s)$

$$I = I_f = I_a, \quad I = \frac{P}{V}$$

② 운전 중 전기자 회전 방향을 반대로 하면 잔류자기가 소멸되어 발전 불가능
③ 무부하 시에는 자여자로 전압을 확립할 수 없다.

3) 복권 발전기

① 직권 계자 권선과 분권 계자 권선이 직·병렬 접속된 발전기

② 두 계자 권선의 접속 방식에 따라 자속이 더해지는 가동 복권과 상쇄되는 차동 복권으로 구분

③ 그림과 같이 분권 계자 권선의 접속 방법에 따라 외분권과 내분권으로 나누어 진다.

7. 직류발전기의 병렬운전조건

(1) 병렬운전 조건

① 정격 전압 및 극성이 같을 것

② 외부 특성 곡선이 어느 정도 수하 특성일 것

③ 용량이 다를 경우 [%] 부하 전류로 나타낸 외부 특성 곡선이 거의 일치할 것

(2) 직권 발전기와 복권 발전기의 병렬운전

직권계자가 있는 직류 직권발전기와 직류 복권 발전기는 병렬운전을 안정히 하기 위하여 균압선을 설치해야 한다.

8. 전동기의 회전력

① $\tau = \dfrac{pZ}{2\pi a} \phi I_a \, [\mathrm{N \cdot m}]$

② $\tau = 0.975 \dfrac{P}{N} \, [\mathrm{kg \cdot m}] \times 9.8 [\mathrm{N \cdot m}]$

(∵ $1[\mathrm{kg \cdot m}] = 9.8[\mathrm{N \cdot m}]$)

9. 직류 전동기의 종류 및 특성

(1) 직류 전동기의 종류

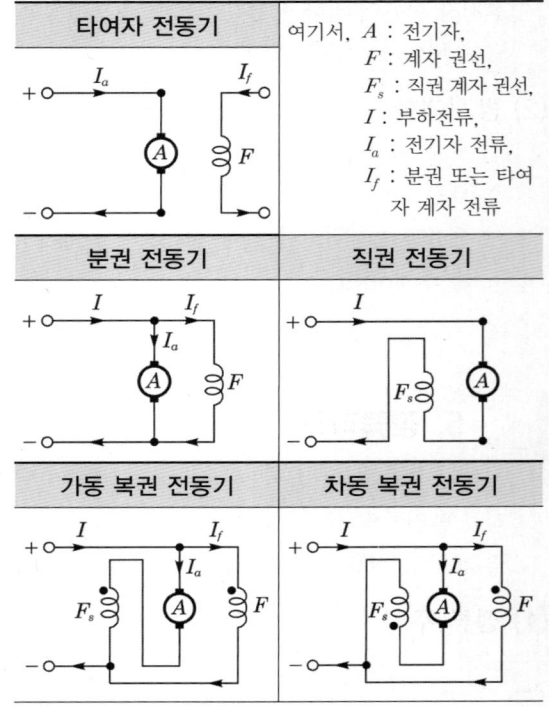

타여자 전동기	여기서, A : 전기자, F : 계자 권선, F_s : 직권 계자 권선, I : 부하전류, I_a : 전기자 전류, I_f : 분권 또는 타여자 계자 전류
분권 전동기	직권 전동기
가동 복권 전동기	차동 복권 전동기

(2) 직권 전동기

① 부하가 증가하면 속도는 반비례하여 감소

② 부하가 증가 할수록 토크는 증가

③ 전차, 권상기, 크레인과 같이 기동 횟수가 빈번하고 토크의 변동이 심한 부하에 사용

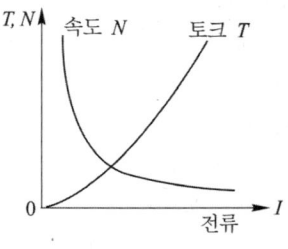

직권 전동기의 특성

(3) 속도 변동률

$$\epsilon = \frac{N_0 - N_n}{N_n} \times 100[\%]$$

단, N_0 : 무부하 속도, N_n : 정격 속도

10. 속도제어 및 제동

(1) 속도 제어

구분	특성
계자 제어법	• 효율 양호 • 정류 악화 • 정출력 가변 속도
직렬 저항법	• 효율 나쁨 • 정토크 가변 속도
전압 제어법	• 위의 두 가지에 비하여 고가이나 광범위한 속도 제어가 가능하다. • 워드 레오나드 방식, 일그너 방식, 승압기 방식 등이 있다.

(2) 전기 제동

① **발전 제동** : 운전 중인 전동기를 전원에서 분리하면 발전기로 동작한다. 이때 발생된 전력을 열로 소비하는 제동법을 발전제동이라 한다.

② **회생 제동** : 운전 중인 전동기를 전원에서 분리하면 발전기로 동작한다. 이때 발생된 전력을 제동용 전원으로 사용하면 회생제동이라 한다.

③ **플러깅(plugging) 제동** : 플러깅 제동은 급제동 시 사용하는 방법으로 역전제동이라고도 한다. 제동 시 전동기를 역회전시켜 속도를 급감시킨 다음 속도가 0에 가까워지면 전동기를 전원에서 분리하는 제동법이다.

11. 손실 및 효율, 정격

(1) 손실

총손실
- 무부하손
  - 철손 – 분권 계자 권선 동손, 타여자 권선 동손, 히스테리시스손, 와류손
  - 기계손 – 풍손, 베어링 마찰손, 브러시 마찰손
- 부하손
  - 전기자 저항손
  - 계자 저항손 (분권 계자 권선 및 타여자 권선 제외)
  - 브러시 손
  - 표류 부하손 – 철손, 기계손, 동손 이외의 손실

(2) 효율

① 실측 효율 $\eta = \dfrac{출력}{입력} \times 100[\%]$

② 규약 효율

$$\eta = \frac{출력}{출력 + 손실} \times 100[\%] (발전기)$$

$$\eta = \frac{입력 - 손실}{입력} \times 100[\%] (전동기)$$

12. 시험

(1) 토크 측정시험

① 보조 발전기를 쓰는 방법

② 프로니 브레이크를 쓰는 방법

③ 전기 동력계를 쓰는 방법(대형 직류 전동기 토크 측정)

(2) 온도 상승 시험

① 실부하법

② 반환 부하법

  • 종류 : **홉킨스법, 카프법, 블론델법**

01 직류기의 3대 요소가 아닌 것은?

① 전기자   ② 계자

③ 공극   ④ 정류자

[풀이] 직류기의 3요소 : 계자, 전기자, 정류자

02 직류 발전기 전기자 구성으로 옳은 것은?

① 전기자, 철심, 정류자

② 전기자 권선, 전기자 철심

③ 전기자 권선, 계자

④ 전기자 철심, 브러시

[풀이] 직류발전기의 전기자는 기전력을 유기하는 부분으로 철심과 전기자 권선으로 되어 있다.

03 직류발전기에서 계자의 주된 역할은?

① 기전력을 유도한다.

② 자속을 만든다.

③ 정류작용을 한다.

④ 정류자면에 접촉한다.

[풀이] 계자는 주 자속을 발생하는 부분이다.

04 철심에 권선을 감고 전류를 흘려서 공극(air gap)에 필요한 자속을 만드는 것은?

① 정류자   ② 계자

③ 회전자   ④ 전기자

[풀이] ① 정류자 : 정류 작용
② 계자 : 자속을 만듦
③ 회전자 : 전기자가 일반적으로 회전자에 해당한다.
④ 전기자 : 기전력을 유기함

05 직류발전기에서 자속을 만드는 부분은 어느 것인가?

① 계자철심   ② 정류자

③ 브러시   ④ 공극

[풀이] 계자 : 주자속을 발생하는 부분으로 계철, 계자철심, 자극편 및 계자권선으로 구성되어 있다.

06 직류 발전기 전기자의 주된 역할은?

① 기전력을 유도한다.

② 자속을 만든다.

③ 정류작용을 한다.

④ 회전자와 외부회로를 접속한다.

[풀이] 전기자는 기전력을 유기하는 부분이며, 철심과 전기자 권선으로 되어 있다.

07 직류기에서 브러시의 역할은?

① 기전력 유도

② 자속 생성

③ 정류 작용

④ 전기자 권선과 외부회로 접속

[풀이] 브러시는 내부회로와 외부회로를 전기적으로 연결하는 부분이다.

08 정류자에 접촉하여 전기자 권선과 외부 회로를 연결시켜 주는 것은?

① 전기자   ② 계자

③ 브러시   ④ 공극

[풀이] • 전기자 : 주 자속을 쇄교하여 기전력을 유기하는 부분

[답] 1. ③ 2. ② 3. ② 4. ② 5. ① 6. ① 7. ④ 8. ③

- 계자 : 주 자속을 발생하는 부분
- 브러시 : 내부회로와 외부회로를 전기적으로 연결하는 부분
- 공극 : 고정자와 회전자 사이

풀이

비교 항목	중권(병렬권)	파권(직렬권)
전기자 병렬 회로수 (a)	극수와 같다 ($a=p$)	항상 2 ($a=2$)
브러시의 수 (B)	극수와 같다 ($B=p$)	2개 또는 극수만큼 설치

09 직류 발전기에서 브러시와 접촉하여 전기자 권선에 유도되는 교류기전력을 정류해서 직류로 만드는 부분은?

① 계자 ② 정류자
③ 슬립링 ④ 전기자

풀이 정류자 : 만들어진 기전력 교류를 직류로 변환하는 부분

10 직류발전기를 구성하는 부분 중 정류자란?

① 전기자와 쇄교하는 자속을 만들어 주는 부분
② 자속을 끊어서 기전력을 유기하는 부분
③ 전기자 권선에서 생긴 교류를 직류로 바꾸어 주는 부분
④ 계자권선과 외부 회로를 연결시켜 주는 부분

풀이 정류자 : 만들어진 기전력 교류를 직류로 변환하는 부분

11 단중 중권의 극수가 P인 직류기에서 전기자 병렬 회로수 a는 어떻게 되는가?

① 극수 P와 무관하게 항상 2가 된다.
② 극수 P와 같게 된다.
③ 극수 P의 2배가 된다.
④ 극수 P의 3배가 된다.

12 8극 파권 직류 발전기의 전기자 권선의 병렬 회로수 a는 얼마로 하고 있는가?

① 1 ② 2
③ 6 ④ 8

풀이

비교 항목	중권(병렬권)	파권(직렬권)
전기자 병렬 회로수 (a)	극수와 같다 ($a=p$)	항상 2 ($a=2$)
브러시의 수 (B)	극수와 같다 ($B=p$)	2개 또는 극수만큼 설치

13 중권의 극수 P인 직류기에서 전기자 병렬 회로수 a는 어떻게 되는가?

① $a=P$ ② $a=2$
③ $a=2P$ ④ $a=3P$

풀이

비교 항목	중권(병렬권)	파권(직렬권)
전기자 병렬 회로수 (a)	극수와 같다 ($a=p$)	항상 2 ($a=2$)
브러시의 수 (B)	극수와 같다 ($B=p$)	2개 또는 극수만큼 설치

14 플레밍(fleming)의 오른손 법칙에 따르는 기전력이 발생하는 기기는?

① 교류 발전기
② 교류 전동기
③ 교류 정류기
④ 교류 용접기

풀이 플레밍의 오른손 법칙은 발전기의 원리에 해당하며, 플레밍의 왼손 법칙은 전동기의 원리에 해당된다.

15 2극의 직류발전기에서 코일변의 유효길이 l[m], 공극의 평균자속밀도 B[wb/m²], 주변속도 v[m/s]일 때 전기자 도체 1개에 유도되는 기전력의 평균값 e[V]은?

① $e = Blv$[V]

② $e = \sin\omega t$[V]

③ $e = 2B\sin\omega t$[V]

④ $e = v^2 Bl$[V]

풀이 플레밍의 오른손 법칙에 의해 코일에 발생되는 기전력의 크기는 $e = Blv$[V]이다.

16 전기자 지름 0.2[m]의 직류 발전기가 1.5[kW]의 출력에서 1800[rpm]으로 회전하고 있을 때 전기자 주변속도는 약 몇 [m/s]인가?

① 9.42

② 18.84

③ 21.43

④ 42.86

풀이 전기자 주변속도

$$v = \pi D \frac{N}{60} = \pi \times 0.2 \times \frac{1,800}{60} ≒ 18.85[\text{m/s}]$$

17 자속밀도 0.8[Wb/m²]인 자계에서 길이 50[cm]인 도체가 30[m/s]로 회전할 때 유기되는 기전력[V]은?

① 8

② 12

③ 15

④ 24

풀이 유기기전력

$$e = Blv = 0.8 \times 50 \times 10^{-2} \times 30 = 12[\text{V}]$$

18 직류 발전기에서 유기기전력 E를 바르게 나타낸 것은? (단, 자속은 ϕ, 회전속도는 n이다.)

① $E \propto \phi n$

② $E \propto \phi n^2$

③ $E \propto \dfrac{\phi}{n}$

④ $E \propto \dfrac{n}{\phi}$

풀이 직류 발전기의 유기기전력은

$$E = \frac{pz}{a}\phi n[\text{V}] \text{ 이므로}$$

$\dfrac{pz}{a}$ 가 일정하다면, $E \propto \phi n$이다.

19 6극 전기자 도체수 400, 매극 자속수 0.01[Wb], 회전수 600[rpm]인 파권 직류기의 유기 기전력은 몇 [V]인가?

① 120

② 140

③ 160

④ 180

풀이 직류발전기의 유기 기전력은

$$E = \frac{PZ\phi N}{60a} \text{에서 파권이므로 } a = 2\text{를 적용하면}$$

$$E = \frac{6 \times 400 \times 0.01 \times 600}{60 \times 2} = 120[\text{V}]\text{가 된다.}$$

20 10극의 직류 파권 발전기의 전기자 도체수 400, 매극의 자속수 0.02[Wb] 회전수 600[rpm] 때 기전력은 몇 [V]인가?

① 200

② 220

③ 380

④ 400

풀이 유도기전력 $E = \dfrac{pZ}{a}\Phi\dfrac{N}{60}$ 에서 파권이므로

$a = 2$를 기준으로 하여 기전력을 구하면

$$E = \frac{10 \times 400}{2} \times 0.02 \times \frac{600}{60} = 400[\text{V}] \text{ 가 된다.}$$

21 직류 발전기가 있다. 자극 수는 6, 전기자 총 도체수 400, 매극 당 자속 0.01[Wb], 회전수는 600[rpm]일 때 전기자에 유기되는 기전력은 몇 [V]인가? (단, 전기자 권선은 파권이다.)

① 40[V] ② 120[V]
③ 160[V] ④ 180[V]

풀이 파권인 경우, 병렬회로수 $(a) = 2$이므로

$$\therefore E = \frac{pZ}{a}\phi\frac{N}{60} = \frac{6 \times 400}{2} \times 0.01 \times \frac{600}{60}$$
$$= 120[V]$$

22 직류 분권발전기가 있다. 전기자 총도체수 220, 매극의 자속수 0.01[Wb], 극수 6, 회전수 1500[rpm] 일 때 유기기전력은 몇 [V]인가? (단, 전기자 권선은 파권이다.)

① 60 ② 120
③ 165 ④ 240

풀이
$$E = \frac{p}{a}z\phi\frac{N}{60} = \frac{6}{2} \times 220 \times 0.01 \times \frac{1500}{60}$$
$$= 165[V]$$
(∵ 파권에서 병렬회로수 $a = 2$)

23 직류 발전기에서 전기자 반작용을 없애는 방법으로 옳은 것은?

① 브러시 위치를 전기적 중성점이 아닌 곳으로 이동시킨다.
② 보극과 보상 권선을 설치한다.
③ 브러시의 압력을 조정한다.
④ 보극은 설치하되 보상 권선은 설치하지 않는다.

풀이 직류 발전기에는 전기자 반작용을 방지하기 위해 보극과 보상권선을 설치한다.

24 직류 발전기에 있어서 전기자 반작용이 생기는 요인이 되는 전류는?

① 동선에 의한 전류
② 전기자 권선에 의한 전류
③ 계자 권선의 전류
④ 규소 강판에 의한 전류

풀이 전기자 반작용 : 전기자 전류에 의하여 발생 자속이 계자에 의해 발생 되는 주자속에 영향을 주는 현상

25 다음 중 직류발전기의 전기자 반작용을 없애는 방법으로 옳지 않은 것은?

① 보상권선 설치
② 보극 설치
③ 브러시 위치를 전기적 중성점으로 이동
④ 균압환 설치

풀이 균압환은 국부 전류가 브러시를 통하여 흐르지 못하게 하는 작용을 한다.

26 보극이 없는 직류기의 운전 중 중성점의 위치가 변하지 않는 경우는?

① 무부하일 때 ② 전부하일 때
③ 중부하일 때 ④ 과부하일 때

풀이 무부하시에는 전기자 전류가 흐르지 않으므로 전기자 반작용이 존재하지 않아 중성충의 위치가 변하지 않는다.

27 보극이 없는 직류기 운전 중 중성점의 위치가 변하지 않는 경우는?

① 과부하 ② 전부하
③ 중부하 ④ 무부하

풀이 무부하 시에는 전기자 전류가 흐르지 않으므로 전기자 반작용이 존재하지 않아 중성충의 위치가 변하지 않는다.

28 직류 발전기의 전기자 반작용에 의하여 나타나는 현상은?

① 코일이 자극의 중성축에 있을 때도 브러시 사이에 전압을 유기시켜 불꽃을 발생한다.

② 주자속 분포를 찌그러뜨려 중성축을 고정시킨다.

③ 주자속을 감소시켜 유도 전압을 증가 시킨다.

④ 직류 전압이 증가한다.

풀이 전기자 반작용의 영향으로 자속이 왜곡되어 전기적 중성축이 이동하므로 정류가 불량해져 국부적 섬락(불꽃)이 발생한다.

29 직류 발전기의 전기자 반작용의 영향이 아닌 것은?

① 절연 내력의 저하

② 유도 기전력의 저하

③ 중성축의 이동

④ 자속의 감소

풀이 전기자 반작용은 주자속을 감소시켜 발전기의 경우 기전력이 감소하며, 또한 자속의 왜곡으로 중성축이 이동되므로 정류가 불량해져 국부적 섬락이 발생한다.

30 직류기에서 전기자 반작용을 방지하기 위한 보상권선의 전류의 방향은 어떻게 되는가?

① 전기자 권선의 전류 방향과 같다.

② 전기자 권선의 전류 방향과 반대이다.

③ 계자권선의 전류 방향과 반대이다.

④ 계자전류의 방향과 반대이다.

풀이 보상권선은 계자극에 홈을 파고 권선을 감아 전기자와 직렬로 연결하여 반대방향의 전류를 흘려줌으로서 대부분의 전기자 반작용 기자력을 상쇄시킨다.

31 직류기에서 보극을 두는 가장 주된 목적은?

① 기동 특성을 좋게 한다.

② 전기자 반작용을 크게한다.

③ 정류 작용을 돕고 전기자 반작용을 약화시킨다.

④ 전기자 자속을 증가시킨다.

풀이 주자극 사이의 중성점에 소자극을 설치한 것을 보극 또는 정류극이라 하며, 전기자 전류에 따라 필요한 정류 전압을 얻어 리액턴스 전압이 상쇄되므로 정류가 잘되고 중성점의 이동을 막을 수 있다. 즉, 보극은 정류 작용을 돕고 전기자 반작용을 줄이는 목적으로 사용된다.

32 보극이 없는 직류기의 운전 중 중성점의 위치가 변하지 않는 경우는?

① 무부하   ② 전부하

③ 중부하   ④ 과부하

풀이 무부하시 전기자 전류가 흐르지 않으므로 전기자 반작용이 존재하지 않아 중성축의 위치가 변하지 않는다.

33 직류기에서 보극을 두는 가장 주된 목적은?

① 기동 특성을 좋게 한다.

② 전기자 반작용을 크게 한다.

③ 정류 작용을 돕고 전기자 반작용을 약화시킨다.

④ 전기자 자속을 증가시킨다.

풀이 보극은 양호한 정류를 얻기 위해 사용하며, 중성대 부근의 전기자 반작용을 없애는 데도 유효하다.

34 직류발전기에서 전압 정류의 역할을 하는 것은?

① 보극
② 탄소 브러시
③ 전기자
④ 리액턴스 코일

풀이 • 저항 정류 : 접촉저항이 큰 탄소 브러시를 사용
• 전압 정류 : 보극을 설치

35 직류발전기의 정류를 개선하는 방법 중 틀린 것은?

① 코일의 자기 인덕턴스가 원인이므로 접촉저항이 작은 브러시를 사용한다.
② 보극을 설치하여 리액턴스 전압을 감소시킨다.
③ 보극 권선은 전기자 권선과 직렬로 접속한다.
④ 브러시를 전기적 중성축을 지나서 회전방향으로 약간 이동 시킨다.

풀이 접촉저항이 큰 탄소 브러시를 사용하여 정류 코일의 단락 전류를 억제하면 정류를 개선할 수 있다.

36 직류기에서 정류를 좋게 하는 방법 중 전압정류의 역할은?

① 보극
② 탄소
③ 보상권선
④ 리액턴스 전압

풀이 양호한 정류를 얻는 방법에는 보극설치(전압정류)와 탄소브러시 사용(저항정류) 등이 있다.

37 직류기에 있어서 불꽃 없는 정류를 얻는 데 가장 유효한 방법은?

① 보극과 탄소 브러시
② 탄소브러시와 보상권선
③ 보극과 보상권선
④ 자기포화와 브러시 이동

풀이 불꽃 없는 정류를 얻는 방법으로는 탄소 브러시 사용, 보극 설치, 단절권 채택 등이 있다.

38 계자권선이 전기자와 접속되어 있지 않은 직류기는?

① 직권기
② 분권기
③ 복권기
④ 타여자기

풀이 외부의 독립된 직류 전원에 의해 계자권선에 여자 전류를 공급하는 직류기를 타여자기라 한다.

39 직류 발전기에서 계자 철심에 잔류 자기가 없어도 발전을 할 수 있는 발전기는?

① 분권 발전기
② 직권 발전기
③ 복권 발전기
④ 타여자 발전기

풀이 타여자 발전기는 외부 전원으로부터 계자 권선에 전류를 공급받으므로 잔류 자기가 없어도 기전력이 확립된다.

40 직권 발전기의 설명 중 틀린 것은?

① 계자권선과 전기자권선이 직렬로 접속되어 있다.
② 승압기로 사용되며 수전 전압을 일정하게 유지하고자 할 때 사용된다.
③ 단자전압을 V, 유기 기전력을 E, 부하전류를 I, 전기자저항 및 직권 계자저항을 각각 r_a, r_s라 할 때 $V = E + I(r_a + r_s)$[V]이다.
④ 부하전류에 의해 여자 되므로 무부하시 자기여자에 의한 전압확립은 일어나지 않는다.

풀이 직권 발전기의 단자 전압 $V = E - I(R_a + R_s)$[V]이다.

41 유도 기전력 110[V] 전기자 저항 및 계자 저항이 각각 0.05[Ω]인 직권 발전기가 있다. 부하 전류가 100[A]이면 단자 전압[V]은?

① 95   ② 100
③ 105   ④ 110

풀이 직권 발전기의 단자 전압
$V = E - I_a(R_a + R_s)$ 에서
$V = 110 - 100(0.05 + 0.05) = 100[V]$가 된다.

42 **직류 발전기의 무부하 특성곡선은?**
① 부하전류와 무부하 단자전압과의 관계이다.
② 계자전류와 부하전류와의 관계이다.
③ 계자전류와 무부하 단자전압과의 관계이다.
④ 계자전류와 회전력과의 관계이다.

풀이 유기 기전력(E)과 계자 전류(I_f)의 관계 곡선을 무부하 특성곡선이라 한다.

43 **분권발전기는 잔류 자속에 의해서 잔류 전압을 만들고 이 때 여자 전류가 잔류 자속을 증가시키는 방향으로 흐르면, 여자 전류가 점차 증가하면서 단자 전압이 상승하게 된다. 이러한 현상을 무엇이라 하는가?**
① 자기 포화   ② 여자 조절
③ 보상 전압   ④ 전압 확립

풀이 분권발전기에서 잔류 자기가 기본이 되어 계자 전류의 증가에 따라 단자 전압이 증가하는 현상을 **전압의 확립**이라고 한다.

44 **계자 권선이 전기자에 병렬로만 접속된 직류기는?**
① 타여자기   ② 직권기
③ 분권기   ④ 복권기

풀이 분권기(발전기)는 계자 권선이 전기자 권선에 병렬로 연결되어 있다.

45 **전기자 저항 0.1[Ω], 전기자 전류 104[A], 유도 기전력 110.4[V]인 직류 분권발전기의 단자 전압은 몇 [V]인가?**
① 98[V]   ② 100[V]
③ 102[V]   ④ 105[V]

풀이 직류 분권 발전기의 단자전압
$V = E - R_a I_a = 110.4 - 0.1 \times 104 = 100[V]$

46 **분권 발전기의 회전 방향을 반대로 하면?**
① 전압이 유기된다.
② 발전기가 소손된다.
③ 고전압이 발생한다.
④ 잔류 자기가 소멸된다.

풀이 자여자 발전기인 분권발전기는 회전방향을 반대로 하면, 잔류자기가 소멸되어 발전이 이루어지지 않는다.

47 **타여자 발전기와 같이 전압변동률이 적고 자여자이므로 다른 여자 전원이 필요 없으며, 계자 저항기를 사용하여 저항 조정이 가능하므로 전기화학용 전원, 전지의 충전용 동기기의 여자용으로 쓰이는 발전기는?**
① 분권 발전기
② 직권 발전기
③ 과복권 발전기
④ 차동복권 발전기

풀이 자여자 발전기 중 전압변동률이 적은 것은 분권 발전기와 평복권 발전기이다.

48 직류 발전기의 부하 포화 곡선은 다음 중 어느 것의 관계인가?

① 부하 전류와 여자 전류
② 단자 전압과 부하 전류
③ 단자 전압과 계자 전류
④ 부하 전류와 유기 기전력

풀이

구분	횡축	종축	조건	
무부하 포화 곡선	I_f	$V(=E)$	n=일정	$I=0$
외부 특성 곡선	I	V	n=일정	R_f=일정
내부 특성 곡선	I	E	n=일정	R_f=일정
부하 특성 곡선	I_f	V	n=일정	I=일정
계자 조정 곡선	I	I_f	n=일정	V=일정

49 직류 분권발전기를 동일 극성의 전압을 단자에 인가하여 전동기로 사용하면?

① 동일 방향으로 회전한다.
② 반대 방향으로 회전한다.
③ 회전하지 않는다.
④ 소손된다.

풀이 직류 분권발전기를 동일 극성의 전압을 단자에 인가하여 전동기로 사용하면, 동일한 방향으로 회전한다.

50 정격전압 250[V], 정격출력 50[kW]의 외분권 복권발전기가 있다. 분권계자 저항이 25[Ω]일 때 전기자 전류는?

① 10[A]   ② 210[A]
③ 2000[A]   ④ 2010[A]

풀이 외분권 복권 발전기의 경우 전류는

$$I_a = I_f + I[\text{A}], \quad I = \frac{P}{V}[\text{A}]\text{이므로}$$

$$I_f = \frac{V}{R_f} = \frac{250}{25} = 10[\text{A}]$$

$$I = \frac{P}{V} = \frac{50 \times 10^3}{250} = 200[\text{A}]$$

$$\therefore \ I_a = I + I_f = 200 + 10 = 210[\text{A}]$$

51 직류 발전기 중 무부하 전압과 전부하 전압이 같도록 설계된 직류 발전기는?

① 분권 발전기
② 직권 발전기
③ 평복권 발전기
④ 차동복권 발전기

풀이 가동복권 발전기중 평복권발전기는 무부하 전압과 전부하 전압이 같도록 만들어진 발전기로 전압변동률이 0이 된다.

52 급전선의 전압강하 보상용으로 사용되는 것은?

① 분권기   ② 직권기
③ 과복권기   ④ 차동복권기

53 직류 복권 발전기의 직권 계자권선은 어디에 설치되어 있는가?

① 주자극 사이에 설치
② 분권 계자권선과 같은 철심에 설치
③ 주자극 표면에 홈을 파고 설치
④ 보극 표면에 홈을 파고 설치

풀이 복권 발전기의 직권 계자권선은 분권 계자권선과 같은 철심에 설치한다.

답 48. ③ 49. ① 50. ② 51. ③ 52. ③ 53. ②

54 직류발전기를 정격속도, 정격부하전류에서 정격 전압 V_n[V]를 발생하도록 한 다음, 계자 저항 및 회전 속도를 바꾸지 않고 무부하로 하였을 때의 단자전압을 V_0라 하면, 이 발전기의 전압 변동률 ϵ[%]는?

① $\dfrac{V_0 - V_n}{V_0} \times 100[\%]$

② $\dfrac{V_0 + V_n}{V_0} \times 100[\%]$

③ $\dfrac{V_0 - V_n}{V_n} \times 100[\%]$

④ $\dfrac{V_0 + V_n}{V_n} \times 100[\%]$

풀이 전압 변동률

$\epsilon = \dfrac{\text{무부하전압} - \text{정격전압}}{\text{정격전압}} \times 100$

$= \dfrac{V_o - V}{V} \times 100[\%]$

55 발전기의 전압 변동률을 표시하는 식은?

① $\epsilon = \left(\dfrac{E_o}{E_n} - 1 \right) \times 100[\%]$

② $\epsilon = \left(1 - \dfrac{E_o}{E_n} \right) \times 100[\%]$

③ $\epsilon = \left(\dfrac{E_n}{E_o} - 1 \right) \times 100[\%]$

④ $\epsilon = \left(1 - \dfrac{E_n}{E_o} \right) \times 100[\%]$

풀이 전압 변동률

$\epsilon = \dfrac{\text{무부하전압} - \text{정격전압}}{\text{정격전압}} \times 100$

$= \dfrac{E_o - E_n}{E_n} \times 100 = \left(\dfrac{E_o}{E_n} - 1 \right) \times 100[\%]$

56 발전기를 정격 전압 220[V]로 운전하다가 무부하로 운전하였더니, 단자 전압이 253[V]가 되었다. 이 발전기의 전압 변동률은 몇 [%]인가?

① 15[%]   ② 25[%]

③ 35[%]   ④ 45[%]

풀이 전압 변동률

$\epsilon = \dfrac{V_0 - V_n}{V_n} \times 100 = \dfrac{253 - 220}{220} \times 100$

$= 15[\%]$

57 무부하에서 119[V]되는 분권 발전기의 전압 변동률이 6[%]이다. 정격 전부하 전압은 약 몇 [V]인가?

① 110.2   ② 112.3

③ 122.5   ④ 125.3

풀이 전압 변동률 $\epsilon = \dfrac{V_o - V_n}{V_n} \times 100[\%]$이므로

$V_n = \dfrac{V_o}{1 + \dfrac{\epsilon}{100}} = \dfrac{119}{1.06} = 112.3[\text{V}]$가 된다.

58 직류기에서 전압 변동률이 (−) 값으로 표시되는 발전기는?

① 분권 발전기

② 과복권 발전기

③ 타여자 발전기

④ 평복권 발전기

풀이 타여자, 분권 및 부족 복권 발전기에서는 전압 변동률이 (+)이고, 과복권 발전기에서는 (−)가 된다.

📋 54. ③ 55. ① 56. ① 57. ② 58. ②

59 직류발전기에서 급전선의 전압강하 보상용으로 사용되는 것은?

① 분권기　　　　② 직권기
③ 과복권기　　　④ 차동복권기

풀이 과복권 발전기는 전압 변동률을 (−)로 설계한 발전기이다.

60 복권 발전기의 병렬 운전을 안전하게 하기 위해서 두 발전기의 전기자와 직권 권선의 접촉점에 연결해야 하는 것은?

① 균압선　　　　② 집전환
③ 합성저항　　　④ 브러시

풀이 직권계자가 있는 직류 직권발전기와 직류 복권발전기는 병렬운전을 안정히 하기 위하여 균압선을 설치해야 한다.

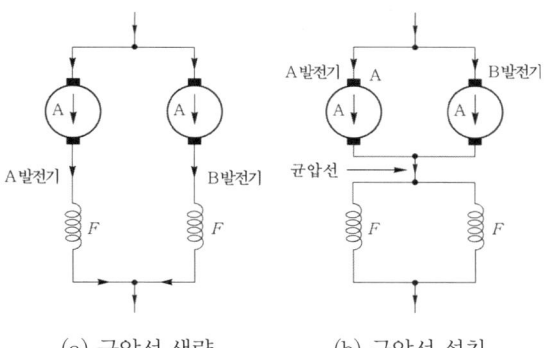

(a) 균압선 생략　　　(b) 균압선 설치

61 직류 복권 발전기를 병렬 운전할 때 반드시 필요한 것은?

① 과부하 계전기
② 균압선
③ 용량이 같을 것
④ 외부특성 곡선이 일치 할 것

풀이 직권계자가 있는 직류 복권발전기는 병렬운전을 안정히 하기 위하여 균압선을 설치해야 한다.

62 직류 복권 발전기의 병렬 운전에 있어 균압선을 붙이는 목적은 무엇인가?

① 운전을 안정하게 한다
② 손실을 경감한다
③ 전압의 이상 상승을 방지한다
④ 고조파의 발생을 방지한다

풀이 직복권 발전기는 직권 계자 권선이 있으므로 균압선 없이는 안정된 병렬 운전을 할 수 없다.

63 다음 중 특수 직류기가 아닌 것은?

① 고주파 발전기
② 단극 발전기
③ 승압기
④ 전기 동력계

풀이 특수 직류기에는 전기 동력계, 단극 발전기, 앰플리다인, 로젠베르그 발전기 등이 있다.

64 직류 분권 발전기의 병렬운전의 조건에 해당되지 않는 것은?

① 극성이 같을 것
② 단자전압이 같을 것
③ 외부특성곡선이 수하특성일 것
④ 균압모선을 접속할 것

풀이 균압선을 설치하는 발전기로는 직권 계자기 있는 직권발전기와 복권발전기가 있다.

65 다음 중 전기 용접기용 발전기로 가장 적당한 것은?

① 직류분권형 발전기
② 차동복권형 발전기
③ 가동복권형 발전기
④ 직류타여자 발전기

풀이 전기용접용에 적합한 발전기는 수하특성을 가지고 있어야 한다.
수하특성이란 부하가 증가할수록 단자 전압이 현저히 감소하는 현상을 말하며, 차동복권 발전기의 특성이 이에 속한다.

66 아크 용접용 발전기로 가장 적당한 것은?

① 타여자기　　　② 분권기
③ 차동복권기　　④ 화동복권기

풀이 아크 용접기의 전원은 수하특성(부하가 증가할수록 단자전압이 저하하는 특성, 부특성 이라고도 한다.)이 있는 전원을 사용한다.
직류 발전기의 경우 수하특성이 있는 전원은 차동 복권기가 해당된다.

67 다음 중 토크(회전력)의 단위는?

① [rpm]　　　　② [W]
③ [N・m]　　　④ [N]

풀이 [rpm]=회전수, [W]=전력,
[N・m]=토크, [N]=힘

68 P[kW], N[rpm]인 전동기의 토크[kg・m]는?

① $0.01625\dfrac{P}{N}$　　② $716\dfrac{P}{N}$

③ $956\dfrac{P}{N}$　　　　④ $975\dfrac{P}{N}$

풀이 $\tau=0.975\dfrac{P[W]}{N}=975\dfrac{P[kW]}{N}[kg・m]$

69 5마력을 와트[W] 단위로 환산하면?

① 4300[W]　　　② 3730[W]
③ 1317[W]　　　④ 17[W]

풀이 1[HP]는 746[W]이므로
5[HP]× 746 = 3,730[W]가 된다.

70 그림과 같은 접속은 어떤 직류전동기의 접속인가?

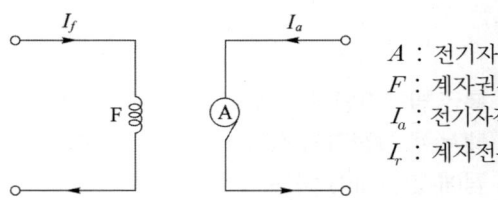

A : 전기자
F : 계자권선
I_a : 전기자전류
I_r : 계자전류

① 타여자전동기　　② 분권전동기
③ 직권전동기　　　④ 복권전동기

풀이 타여자 전동기는 독립된 직류 전원으로 계자권선에 여자전류를 공급하는 전동기이다.

71 직류 전동기의 출력이 50[kW], 회전수가 1,800[rpm]일 때 토크는 약 몇 [kg・m]인가?

① 12　　　　② 23
③ 27　　　　④ 31

풀이 토크 $T=0.975\dfrac{P}{N}=0.975\times\dfrac{50\times10^3}{1800}$
$=27.08[kg・m]$

72 속도를 광범위하게 조정할 수 있으므로 압연기나 엘리베이터 등에 사용되는 직류 전동기는?

① 직권 전동기
② 분권 전동기
③ 타여자 전동기
④ 가동 복권 전동기

답 66. ③　67. ③　68. ④　69. ②　70. ①　71. ③　72. ③

풀이 타여자 전동기의 용도 : 압연기, 대형의 권상기 및 크레인, 엘리베이터

73 직류 직권 전동기의 회전수(N)와 토크(τ)와의 관계는?

① $\tau \propto \dfrac{1}{N}$ ② $\tau \propto \dfrac{1}{N^2}$

③ $\tau \propto N$ ④ $\tau \propto N^{\frac{3}{2}}$

풀이 직류 직권 전동기의 토크는 회전수의 제곱에 반비례한다. ($\tau \propto \dfrac{1}{N^2}$)

74 직류전동기의 속도특성 곡선을 나타낸 것이다. 직권 전동기의 속도특성을 나타낸 것은?

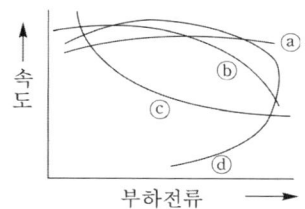

① ⓐ   ② ⓑ
③ ⓒ   ④ ⓓ

풀이 직류 직권전동기의 속도는 부하전류와 반비례한다.

75 정격 속도에 비하여 기동 회전력이 가장 큰 전동기는?

① 타여자기   ② 직권기
③ 분권기   ④ 복권기

풀이 직권 전동기는 포화하기 전에는 ϕ는 I에 비례하므로 I가 증가하면 토크는 현저하게 증가하나 ϕ가 증가되어 N은 감소한다.

76 직류 직권 전동기의 공급전압의 극성을 반대로 하면 회전방향은 어떻게 되는가?

① 변하지 않는다.
② 반대로 된다.
③ 회전하지 않는다.
④ 발전기로 된다.

풀이 전원극성을 반대로 할 경우 타여자의 경우는 회전방향이 반대로 되나, 자여자의 경우는 변하지 않는다.

77 직류 전동기에서 무부하가 되면 속도가 대단히 높아져서 위험하기 때문에 무부하운전이나 벨트를 연결한 운전을 해서는 안 되는 전동기는?

① 직권전동기
② 분권전동기
③ 타여자전동기
④ 분권전동기

풀이 직권 전동기의 경우 벨트 부하를 걸면 벨트가 벗겨져 무부하가 될 수 있으므로 벨트 부하를 사용하지 않으며, 기어부하를 사용한다.

78 직류 직권전동기의 벨트 운전을 금지하는 이유는?

① 벨트가 벗겨지면 위험속도에 도달한다.
② 손실이 많아진다.
③ 벨트가 마모하여 보수가 곤란하다.
④ 직결하지 않으면 속도제어가 곤란하다.

풀이 직권 전동기의 경우 벨트 부하를 걸면 벨트가 벗겨져 무부하가 될 수 있으므로 벨트 부하를 사용하지 않으며, 기어부하를 사용한다.

답 73. ② 74. ③ 75. ② 76. ① 77. ① 78. ①

79 전기 철도에 사용하는 직류전동기로 가장 적합한 전동기는?

① 분권전동기
② 직권전동기
③ 가동 복권전동기
④ 차동 복권전동기

풀이 직권 전동기는 저속에서 큰 토크를 발생($\tau \propto \dfrac{1}{N^2}$) 하므로 전기철도용 전동기 등에 사용된다.

80 직류 직권 전동기를 사용하려고 할 때 벨트(belt)를 걸고 운전하면 안 되는 가장 타당한 이유는?

① 벨트가 기동할 때나 또는 갑자기 중 부하를 걸 때 미끄러지기 때문에
② 벨트가 벗겨지면 전동기가 갑자기 고속으로 회전하기 때문에
③ 벨트가 끊어졌을 때 전동기의 급정지 때문에
④ 부하에 대한 손실을 최대로 줄이기 위해서

풀이 벨트가 벗겨지는 순간 무부하로 되어 전기자 전류, 즉 여자 전류가 거의 0이 되므로 위험속도가 된다.

81 기중기, 전기 자동차, 전기 철도와 같은 곳에 가장 많이 사용되는 전동기는?

① 가동 복권 전동기
② 차동 복권 전동기
③ 분권 전동기
④ 직권 전동기

풀이 직류 직권 전동기는 전차, 권상기, 크레인과 같이 기동 횟수가 빈번하고 토크의 변동이 심한 부하에 사용된다.

82 다음 그림의 전동기는 어떤 전동기인가?

① 직권 전동기
② 타여자 전동기
③ 분권 전동기
④ 복권 전동기

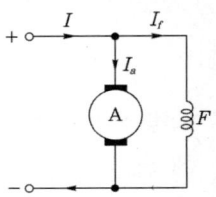

풀이 직류 전동기의 종류

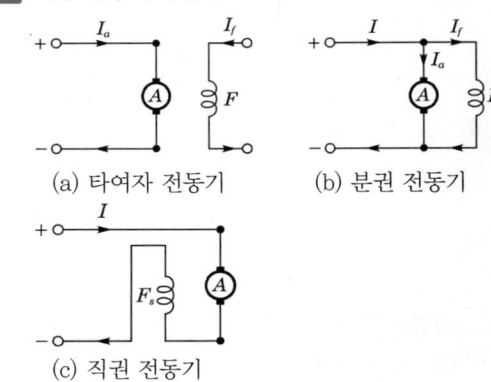

(a) 타여자 전동기   (b) 분권 전동기

(c) 직권 전동기

83 전기자 저항이 0.2[Ω], 전류 100[A], 전압 120[V]일 때 분권전동기의 발생 동력[kW]은?

① 5
② 10
③ 14
④ 20

풀이 역기전력
$$E_c = V - R_a I_a = 120 - 0.2 \times 100 = 100[\text{V}]$$
따라서 발생 동력
$$P = E_c I = 100 \times 100 \times 10^{-3} = 10[\text{kW}]$$

84 다음 중 정속도 전동기에 속하는 것은?

① 유도 전동기
② 직권 전동기
③ 교류 정류자 전동기
④ 분권 전동기

답 79. ② 80. ② 81. ④ 82. ③ 83. ② 84. ④

풀이 타여자 전동기와 분권 전동기는 정속도 특성을 나타낸다.

85 직류 전동기의 회전 방향을 바꾸는 방법으로 옳은 것은?

① 전기자 회로의 저항을 바꾼다.
② 전기자 권선의 접속을 바꾼다.
③ 정류자의 접속을 바꾼다.
④ 브러시의 위치를 조정한다.

풀이 직류 전동기의 회전방향을 변경하려면 전류의 방향이나 계자의 극성을 바꾸면 된다.

86 직류 전동기의 회전 방향을 바꾸려면?

① 전기자 전류의 방향과 계자 전류의 방향을 동시에 바꾼다.
② 발전기로 운전시킨다.
③ 계자 또는 전기자의 접속을 바꾼다.
④ 차동 복권을 가동 복권으로 바꾼다.

풀이 직류 전동기의 회전방향을 변경하려면 계자권선의 자속을 반대로 하여야 한다.

87 직류 전동기의 회전 방향을 바꾸기 위해서는 어떻게 하면 되는가?

① 전원 극성을 반대로 한다.
② 전류의 방향이나 계자의 극성을 바꾸면 된다.
③ 차동 복권을 가동복권으로 한다.
④ 발전기로 운전한다.

풀이 직류 전동기의 회전방향을 변경하려면 계자권선의 자속을 반대로 하여야 한다.

88 다음 그림에서 직류 분권전동기의 속도특성 곡선은?

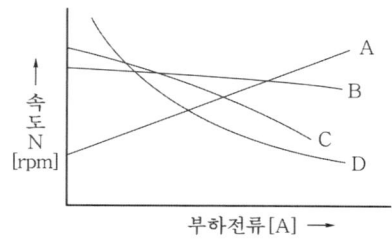

① A　　　　② B
③ C　　　　④ D

풀이 A : 차동복권전동기
B : 분권전동기
C : 가동복권전동기
D : 직권전동기

89 직류 분권전동기의 회전방향을 바꾸기 위해 일반적으로 무엇의 방향을 바꾸어야 하는가?

① 전원　　　　② 주파수
③ 계자저항　　④ 전기자전류

풀이 직류 분권전동기의 회전방향을 바꾸려면, 계자전류와 전기자전류 중 하나의 방향을 바꾸면 된다.

90 분권전동기에 대한 설명으로 옳지 않은 것은?

① 토크는 전기자 전류의 자승에 비례한다.
② 부하전류에 따른 속도 변화가 거의 없다.
③ 계자회로에 퓨즈를 넣어서는 안 된다.
④ 계자권선과 전기자권선이 전원에 병렬로 접속되어 있다.

풀이 분권전동기의 토크는 전기자 전류에 비례한다.

91 정속도 전동기로 공작기계 등에 주로 사용되는 전동기는?

① 직류 분권 전동기
② 직류 직권 전동기
③ 직류 차동 복권 전동기
④ 단상 유도 전동기

풀이 타여자 전동기와 분권 전동기는 정속도 특성을 가지고 있다.

92 직류 전동기의 특성에 대한 설명으로 틀린 것은?

① 직권전동기는 가변 속도 전동기이다.
② 분권전동기에서는 계자 회로에 퓨즈를 사용하지 않는다.
③ 분권전동기는 정속도 전동기이다.
④ 가동 복권전동기는 기동 시 역회전할 염려가 있다.

풀이 경우에 따라서 역전할 위험이 있는 복권전동기는 차동 복권전동기이다.

93 직류 복권 전동기를 분권 전동기로 사용하려면 어떻게 하여야 하는가?

① 분권 계자를 단락시킨다.
② 부하 단자를 단락시킨다.
③ 직권 계자를 단락시킨다.
④ 전기자를 단락 시킨다.

풀이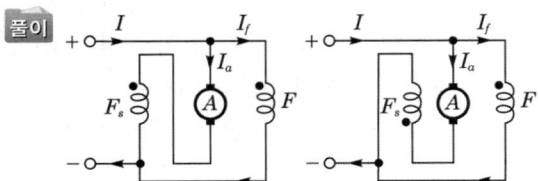

그림의 복권전동기를 분권 전동기로 사용하려면 직권계자를 제거해야 한다.

제거하는 방법으로는 직권계자를 단락시켜야 분권 전동기로 사용할 수 있다.

94 직류 분권 전동기의 기동 방법 중 가장 적당한 것은?

① 기동 저항기를 전기자와 병렬로 접속한다.
② 기동 토크를 작게 한다.
③ 계자 저항기의 저항값을 크게 한다.
④ 계자 저항기의 저항값을 0으로 한다.

풀이 계자 저항기의 저항값을 0으로 하여 계자 전류를 크게 한다.
계자 전류가 크게 되면 계자 자속이 증가하며, 기동 토크가 증가하여 기동하게 된다.

95 직류 전동기를 기동할 때 전기자 전류를 제한하는 가감저항기를 무엇이라 하는가?

① 단속기   ② 제어기
③ 가속기   ④ 기동기

풀이 기동할 때 전기자 전류를 제한하여 기동토크를 크게 하는 것을 기동기라 한다.

96 직류전동기 운전 중에 있는 기동 저항기에서 정전이 되거나 전원 전압이 저하되었을 때 핸들을 기동 위치에 두어 전압이 회복될 때 재기동할 수 있도록 역할을 하는 것은?

① 무전압계전기
② 계자제어기
③ 기동저항기
④ 과부하개방기

풀이 무전압 계전기는 전원전압이 없어지거나 저하되었을 때 동작하는 계전기이다.

---

97 직류전동기의 전기자에 가해지는 단자전압을 변화하여 속도를 조정하는 제어법이 아닌 것은?

① 워드 레오나드 방식
② 일그너 방식
③ 직·병렬 제어
④ 계자 제어

풀이 계자 제어는 계자 저항으로 계자 전류를 변화시켜 속도를 조정하는 제어법이다.

98 전기자 전압을 전원전압으로 일정히 유지하고, 계자전류를 조정하여 자속 Φ[Wb]를 변화시킴으로써 속도를 제어하는 제어법은?

① 계자 제어법
② 전기자 전압 제어법
③ 저항 제어법
④ 전압 제어법

풀이 전동기의 출력 P와 토크 τ, 회전수 N과의 사이에는 $P \propto \tau N$의 관계가 있고, Φ가 변화할 경우 토크 τ는 Φ에 비례하나 회전수 N은 Φ에 반비례하므로 계자 제어법은 정출력 제어로 된다.

99 직류 전동기의 속도 제어에서 자속을 2배로 하면 회전수는?

① 1/2로 줄어든다.
② 변함이 없다.
③ 2배로 증가한다.
④ 4배로 증가한다.

풀이 직류 전동기의 속도는 자속에 반비례하므로 자속을 2배로 하면, 회전수는 1/2로 줄어든다.

100 각각 계자 저항기가 있는 직류 분권 전동기와 직류 분권 발전기가 있다. 이것을 직결하여 전동 발전기로 사용하고자 한다. 이것을 기동할 때 계자 저항기의 저항은 각각 어떻게 조정하는 것이 가장 적합한가?

① 전동기 : 최대, 발전기 : 최소
② 전동기 : 중간, 발전기 : 최소
③ 전동기 : 최소, 발전기 : 최대
④ 전동기 : 최소, 발전기 : 중간

풀이 전동기의 경우 기동토크를 크게 하기 위하여 자속을 크게 하여야 한다. 따라서 계자전류를 크게 하여야 하며, 이를 위해서는 계자저항을 최소로 놓아야 한다.

101 직류 전동기의 속도 제어법에서 정출력 제어에 속하는 것은?

① 계자 제어법
② 전기자 저항 제어법
③ 전압 제어법
④ 워드 레오너드 제어법

풀이 전동기의 출력 P와 토크 τ, 회전수 N과의 사이에는 $P \propto \tau N$의 관계가 있고, Φ가 변화할 경우 토크 τ는 Φ에 비례하나 회전수 N은 Φ에 반비례하므로 계자 제어법은 정출력 제어로 된다. 또, 전압 제어법에서는 계자 자속은 거의 일정하고 전기자 공급 전압만을 변화시키므로 정토크 제어법이 된다.

102 직류 분권전동기를 운전 중 계자 저항을 증가시켰을 때의 회전 속도는?

① 증가한다.　② 감소한다.
③ 변함없다.　④ 정지한다.

풀이 분권 전동기는 운전 중 계자 저항을 증가하면 계자 자속이 감소하여 속도가 증가하는 특성이 있다.

103 **다음 직류 전동기에 대한 설명 중 옳은 것은?**

① 전기철도용 전동기는 차동 복권 전동기이다.

② 분권 전동기는 계자 저항기로 쉽게 회전 속도를 조정할 수 있다.

③ 직권 전동기에서는 부하가 줄면 속도가 감소한다.

④ 분권 전동기는 부하에 따라 속도가 현저하게 변한다.

풀이 계자 저항을 조정하는 것은 계자 코일과 직렬로 접속되어 있는 속도 조정기의 저항을 조정한다는 뜻이다.

104 **직류 전동기의 속도 제어 방법 중 속도 제어가 원활하고 정토크 제어가 되며 운전효율이 좋은 것은?**

① 계자제어

② 병렬 저항제어

③ 직렬 저항제어

④ 전압제어

풀이 전압 제어법은 제어 범위가 넓고 손실도 거의 없지만, 설비비가 많이 드는 것이 단점이다.

105 **직류 분권전동기의 계자 저항을 운전 중에 증가시키면 회전속도는?**

① 증가한다.   ② 감소한다.

③ 변화없다.   ④ 정지한다.

풀이 계자 저항이 증가하면 계자 전류와 자속이 감소한다. 직류 전동기 속도 $N = K\dfrac{V - I_a R_a}{\phi}$ 이므로 자속이 감소하면 속도는 반비례하여 증가한다.

106 **직류분권 전동기의 계자 전류를 약하게 하면 회전수는?**

① 감소한다.   ② 정지한다.

③ 증가한다.   ④ 변화 없다.

풀이 계자 저항이 증가하면 계자 전류와 자속이 감소한다. 직류 전동기 속도 $N = K\dfrac{V - I_a R_a}{\phi}$ 이므로 자속이 감소하면 속도는 반비례하여 증가한다.

107 **전압 제어에 의한 속도 제어가 아닌 것은?**

① 정지형 레어너드 방식

② 일그너 방식

③ 직병렬 제어

④ 회생 제어

풀이 회생 제어는 없으며, 회생 제동으로 전동기를 정지시키는 방법으로 사용된다.

108 **워드레어너드 속도 제어는?**

① 저항제어   ② 계자제어

③ 전압제어   ④ 직병렬제어

풀이 직류 전동기의 속도제어법

구분	특성	분권 및 타여자	직권
계자 제어법	효율 양호 정류 악화 정출력 가변 속도	속도 제어 범위는 최저 최고비가 1 : 2 ~ 1 : 4(보상 권선이 있을 때) 정도	무부하에 있어서 ϕ가 대단히 작으면 속도가 아주 높아지므로 주의가 필요
직렬 저항법	효율 나쁨 정토크 가변 속도	정속도 특성을 잃는다.	직렬 저항법과 전압 제어법을 병용하여 전차 등에 널리 사용되고 있다.
전압 제어법	위의 두 가지에 비하여 고가이나 광범위한 속도 제어가 가능하다.	타여자 전동기에 적용된다. 워드 레오나드 방식, 일그너 방식, 승압기 방식 등이 있다.	

109 직류 전동기의 속도제어 방법이 아닌 것은?

① 전압 제어　　② 계자 제어

③ 저항 제어　　④ 플러깅 제어

풀이 플러깅 제어법은 급제동 시 사용하는 제동방법으로 역전제동이라고도 한다.

110 직류 전동기의 속도 제어법 중 전압제어법으로서 제철소의 압연기, 고속 엘리베이터의 제어에 사용되는 방법은?

① 워드 레오나드 방식

② 정지 레오나드 방식

③ 일그너 방식

④ 크래머 방식

풀이 워드 레오나드 방식은 전압제어의 대표적인 속도제어 방식으로 가장 광범위하게 속도 조정을 할 수 있으며, 권상기, 엘리베이터, 기중기, 인쇄기 등에 사용된다.

111 직류 전동기의 속도 제어 방법 중 속도 제어가 원활하고 정토크 제어가 되며 운전 효율이 좋은 것은?

① 계자제어　　② 병렬 저항제어

③ 직렬 저항제어　　④ 전압제어

풀이 전압 제어법은 전동기의 공급 전압을 조정하는 방법으로 제어 범위가 넓고 손실도 거의 없다.

112 정격 전압 230[V] 정격 전류 28[A]에서 직류 전동기의 속도가 1680[rpm]이다. 무부하에서의 속도가 1733[rpm]이라고 할 때 속도 변동률[%]은 약 얼마인가?

① 6.1　　② 5.0

③ 4.6　　④ 3.2

풀이 속도 변동률 $\epsilon = \dfrac{N_0 - N_n}{N_n} \times 100[\%]$에서

$\epsilon = \dfrac{1733 - 1680}{1680} \times 100 = 3.15[\%]$가 된다.

113 직류전동기에 있어 무부하일 때의 회전수 N_0은 1200[rpm], 정격부하일 때의 회전수 N_n은 1150[rpm]이라 한다. 속도 변동률은?

① 약 3.45[%]　　② 약 4.16[%]

③ 약 4.35[%]　　④ 약 5.0[%]

풀이 속도 변동률

$\epsilon = \dfrac{N_0 - N_n}{N_n} \times 100 = \dfrac{1200 - 1150}{1150} \times 100$

$\fallingdotseq 4.35[\%]$

114 직류 전동기에서 전부하 속도가 1500[rpm], 속도 변동률이 3[%]일 때 무부하 회전 속도는 몇 [rpm]인가?

① 1455　　② 1410

③ 1545　　④ 1590

풀이 속도 변동률 $\epsilon = \dfrac{N_0 - N_n}{N_n} \times 100[\%]$에서

$N_0 = \left(\dfrac{\epsilon}{100} + 1\right)N_n = \left(\dfrac{3}{100} + 1\right) \times 1500$

$= 1545[\text{rpm}]$이 된다.

115 다음 제동 방법 중 급정지하는 데 가장 좋은 제동 방법은?

① 발전제동　　② 회생제동

③ 역전제동　　④ 단상제동

풀이 플러깅(plugging) 제동

플러깅 제동은 급제동 시 사용하는 방법으로 역전 제동이라 한다. 즉, 제동시 전동기를 역회전시켜 속

답 109. ④　110. ①　111. ④　112. ④　113. ③　114. ③　115. ③

도를 급감 시킨 다음 속도가 0에 가까워지면 전동기를 전원에서 분리하는 제동법을 플러깅 제동이라 한다.

116 전동기의 제동에서 전동기가 가지는 운동 에너지를 전기 에너지로 변화시키고 이것을 전원에 환원시켜 전력을 회생시킴과 동시에 제동하는 방법은?

① 발전제동(dynamic braking)
② 역전제동(plugging braking)
③ 맴돌이전류제동(eddy current braking)
④ 회생제동(regenerative braking)

풀이 운전 중인 전동기를 전원에서 분리하면 발전기로 동작하는데, 이때 발생된 전력을 제동용 전원으로 사용하는 것을 회생 제동이라고 한다.

117 직류 전동기의 전기적 제동법이 아닌 것은?

① 발전 제동
② 회생 제동
③ 역전 제동
④ 저항 제동

풀이 직류기의 전기적 제동법에는 발전 제동, 회생 제동, 플러깅 제동(역전제동)이 있다.

118 직류기의 손실 중 기계손에 속하는 것은?

① 풍손
② 와전류손
③ 히스테리시스손
④ 표유부하손

풀이 무부하손 = 철손(히스테리시스손 + 와류손) + 무부하 동손 + 기계손(풍손 + 마찰손)

119 입력이 12.5[kW], 출력 10[kW]일 때 기기의 손실은 몇 [kW]인가?

① 2.5
② 3
③ 4
④ 5.5

풀이 손실 = 입력 − 출력 = 12.5 − 10 = 2.5[kW]

120 측정이나 계산으로 구할 수 없는 손실로 부하 전류가 흐를 때 도체 또는 철심내부에서 생기는 손실을 무엇이라 하는가?

① 구리손
② 히스테리시스손
③ 맴돌이 전류손
④ 표유부하손

풀이 표유부하손 : 측정이나 계산에 의하여 구할 수 있는 손실 이외에 부하가 걸렸을 때에 도체 또는 금속 내부에서 생기는 손실

121 전기기계의 철심을 규소강판으로 성층하는 이유는?

① 동손 감소
② 기계손 감소
③ 철손 감소
④ 제작이 용이

풀이 규소강판을 성층하면 철손(히스테리시스손과 와류손)이 경감된다.

122 전기 기기의 철심 재료로 규소 강판을 많이 사용하는 이유로 가장 적당한 것은?

① 와류손을 줄이기 위해
② 맴돌이 전류를 없애기 위해
③ 히스테리시스손을 줄이기 위해
④ 구리손을 줄이기 위해

답 116. ④ 117. ④ 118. ① 119. ① 120. ④ 121. ③ 122. ③

풀이 전기기계의 철심은 규소 강판을 성층하여 만들며, 규소 강판을 사용하면 철손(히스테리시스손)이 감소하고, 성층하면 와류손을 적게 할 수 있다.

123 직류기의 전기자 철심을 규소 강판으로 성층하여 만드는 이유는?
① 가공하기 쉽다.
② 가격이 염가이다.
③ 철손을 줄일 수 있다.
④ 기계손을 줄일 수 있다.

풀이 전기기계의 철심은 규소 강판을 성층하여 만들며, 규소 강판을 사용하면 철손이 감소하고, 성층하면 와류손을 적게 할 수 있다.

124 전기기계의 철심을 성층하는 가장 적절한 이유는?
① 기계손을 적게 하기 위하여
② 표유 부하손을 적게 하기 위하여
③ 히스테리시스손을 적게 하기 위하여
④ 와류손을 적게 하기 위하여

풀이 전기기계의 철심은 규소 강판을 성층하여 만들며, 규소 강판을 사용하면 철손이 감소하고, 성층하면 와류손을 적게 할 수 있다.

125 직류발전기의 철심을 규소 강판으로 성층하여 사용하는 주된 이유는?
① 브러시에서의 불꽃방지 및 정류개선
② 맴돌이 전류손과 히스테리시스손의 감소
③ 전기자 반작용의 감소
④ 기계적 강도 개선

풀이 전기기계의 철심은 규소 강판을 성층하여 만들며, 규소 강판을 사용하면 철손이 감소하고, 성층하면 와류손을 적게 할 수 있다.

126 전기기계에 있어 와전류손(eddy current loss)을 감소하기 위한 적합한 방법은?
① 규소강판에 성층철심을 사용한다.
② 보상권선을 설치한다.
③ 교류전원을 사용한다.
④ 냉각 압연한다.

풀이 전기 기계는 히스테리시스손과 와류손을 경감하기 위해 규소 강판을 성층해서 사용한다.

127 전기기계의 효율 중 발전기의 규약 효율 η_G는? (단, 입력 P, 출력 Q, 손실 L로 표현한다.)
① $\eta_G = \dfrac{P-L}{P} \times 100[\%]$
② $\eta_G = \dfrac{P-L}{P+L} \times 100[\%]$
③ $\eta_G = \dfrac{Q}{P} \times 100[\%]$
④ $\eta_G = \dfrac{Q}{Q+L} \times 100[\%]$

풀이 $\eta_G = \dfrac{Q}{Q+L} \times 100[\%]$ (발전기)
$\eta_M = \dfrac{P-L}{P} \times 100[\%]$ (전동기)

128 직류 전동기의 규약효율을 표시하는 식은?
① $\dfrac{출력}{출력+손실} \times 100[\%]$
② $\dfrac{출력}{입력} \times 100[\%]$
③ $\dfrac{입력-손실}{입력} \times 100[\%]$
④ $\dfrac{입력}{출력+손실} \times 100[\%]$

[풀이] 규약 효율

$$\eta = \frac{출력}{출력+손실} \times 100[\%] \text{ (발전기)}$$

$$\eta = \frac{입력-손실}{입력} \times 100[\%] \text{(전동기)}$$

129 출력 10[kW], 효율 80[%]인 기기의 손실은 약 몇 [kW]인가?

① 0.6[kW] 　　② 1.1[kW]
③ 2.0[kW] 　　④ 2.5[kW]

[풀이] 효율 $= \dfrac{출력}{출력+손실} \times 100[\%]$이므로

$$손실 = \frac{출력}{효율/100} - 출력 = \frac{10}{0.8} - 10$$
$$= 2.5[kW] 가 된다.$$

130 출력 10[kW], 효율 90[%]인 기기의 손실은 약 몇 [kW]인가?

① 0.6 　　② 1.1
③ 2 　　④ 2.5

[풀이] $\eta = \dfrac{출력}{출력+손실} \times 100[\%]$이므로

$$손실 = \frac{출력}{\eta} - 출력 = \frac{10}{0.9} - 10 = 1.11[kW]$$
$$가 된다.$$

131 효율 80[%], 출력 10[kW]일 때 입력은 몇 [kW]인가?

① 7.5 　　② 10
③ 12.5 　　④ 20

[풀이] 입력을 p[kW]라 하면 효율은 출력을 입력으로

나눈 것으로 $0.8 = \dfrac{10}{p}$[kW]가 된다.

$$\therefore p = \frac{10}{0.8} = 12.5[kW]$$

132 E종 절연물의 최고 허용온도는 몇 [℃]인가?

① 40 　　② 60
③ 120 　　④ 155

[풀이]

절연의 종류	Y	A	E	B	F	H	C
허용 최고 온도[℃]	90	105	120	130	155	180	180 초과

133 직류 전동기의 최저 절연저항값은?

① $\dfrac{정격전압\ [V]}{1000+정격출력\ [kW]}$

② $\dfrac{정격출력\ [kW]}{1000+정격입력\ [kW]}$

③ $\dfrac{정격입력\ [kW]}{1000+정격전압\ [V]}$

④ $\dfrac{정격전압\ [V]}{1000+정격입력\ [kW]}$

[풀이] 최저 절연저항값 $= \dfrac{정격전압\ [V]}{정격출력\ [kW]+1000}[M\Omega]$

(JEC-37 규정)

02 동 기 기

1. 동기 발전기의 동기 속도

$$N_s = \frac{120f}{p} \, [\text{rpm}]$$

여기서, N_s : 동기 속도[rpm]

f : 주파수[Hz]

p : 극수

2. 수소 냉각 발전 방식

① 수소의 비중이 공기의 약 7[%]이므로 풍손이 공기 냉각의 약 1/10로 감소한다.

② 비열은 공기의 약 14배로 냉각 효과가 크고 동일 발전기에서의 온도 상승은 2/3배이며, 온도 상승이 같고 같은 치수이면 공기 냉각보다 출력은 약 25[%] 증가한다.

③ 수소는 공기가 혼입하여 순도가 낮아지면 폭발할 염려가 있으므로 방폭 구조로 해야 하기 때문에 설비가 많이 든다. 또 소음이 적은 이점도 있다. 이 방식은 터빈 발전기, 대용량의 동기 조상기에 사용한다.

3. 전기자 권선법

(1) 분포권

① 분포 계수 $k_d = \dfrac{\sin \dfrac{\pi}{2m}}{q \sin \dfrac{\pi}{2mq}}$

여기서, m : 상수

q : 매극 매상의 슬롯수

② 특징

㉠ **고조파 제거**

㉡ 코일에서 발생된 열을 골고루 발산시킨다.

㉢ 누설 리액턴스가 적다.

㉣ 집중권 보다 기전력이 적다.(분포권 계수로 인하여 기전력 감소)

(2) 단절권

① 단절 계수 $k_p = \sin \dfrac{\beta\pi}{2}$

여기서, β : $\dfrac{\text{코일 간격}}{\text{극 간격}}$

② 특징

㉠ **고조파를 제거**한다.

㉡ 동의 양이 감소되어 기계가 축소된다.

㉢ 가격이 싸다.

㉣ 전절권에 비해 유기되는 기전력이 적다. (단절권 계수로 인하여 기전력 감소)

4. 전기자 반작용과 동기리액턴스

(1) 전기자 반작용

전기자 전류로 인하여 생긴 전기자 자속이 계자 자속에 영향을 주는 현상을 말한다.

① 동기 발전기의 전기자 반작용
- **전압과 전류가 동상인 전류** : 횡축반작용 (교차자화작용)
- **진상인 전류** : 직축반작용(증자작용)
- **지상인 전류** : 직축반작용(감자작용)

② 동기 전동기의 전기자 반작용
횡축반작용은 동기 발전기와 같으나 직축반작용은 진상전류와 지상전류의 경우가 반대로 나타난다.

(2) 동기 임피던스

일반적으로 전기자 저항의 크기는 **동기리액턴스에 비해 무시할 수 있을 정도**로 작다.

$$Z_s = r_a + j\,x_s \fallingdotseq jx_s[\Omega]$$
$$x_s = x_a + x_l[\Omega]$$

여기서, r_a : 전기자 저항
　　　　x_a : 전기자 반작용 리액턴스
　　　　x_l : 누설 리액턴스

5. 3상의 출력

비돌극 발전기 3상의 출력은 다음과 같다.

$$P_s = 3\frac{EV}{x_s}\sin\delta \times 10^{-3}[\text{kW}]$$

여기서, E : 1상의 유기 기전력[V]
　　　　V : 단자 전압[V]
　　　　δ : 부하각

6. 동기 발전기의 특성

(1) 무부하 포화 곡선

무부하 포화곡선에서 oc를 공극선이라 하며, 이 공극선과 무부하 포화곡선의 정격전압을 유기하는 cc'과 만나는 점에서 **포화율**을 산출한다.

$$포화율 \; \delta = \frac{cc'}{bc'}$$

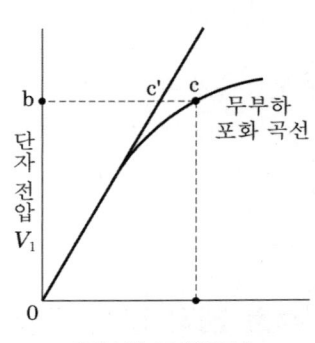

무부하 포화곡선

(2) 3상 단락곡선과 단락비

① 3상 단락곡선

$$I_s = \frac{E}{Z_s} = \frac{E}{\sqrt{r_a^2 + x_s^2}} \fallingdotseq \frac{E}{jx_s}[\text{A}]$$

여기서, E : 발전기의 유도기전력
　　　　I_s : 3상 단락전류
　　　　Z_s : 동기 임피던스
　　　　r_a : 전기자 저항
　　　　x_s : 동기 리액턴스

동기리액턴스에 의해 흐르는 전류는 90° 늦은 전류가 크게 흐르게 되며, 이 전류에 의한 **전기자 반작용이 감자 작용이 되므로 3상 단락곡선은 직선**이 된다.

② **단락비(short circuit ratio)**

$$K_s = \frac{\text{무부하에서 정격전압을 유지하는 데 필요한 계자전류}}{\text{정격전류와 같은 단락전류를 흘리는 데 필요한 계자전류}}$$

일반적으로 단락비가 큰 기계는
- 동기임피던스(리액턴스)가 작다.
- 전압강하 및 전압강하율, 전압변동률이 작다.
- 안정도가 좋다.
- 철이 많이 사용되어 철기계라 불린다.
- 공극이 크고, 기계 형태 중량이 증가한다.

③ K_s의 값은 터빈 발전기에서는 $0.6 \sim 1.0$, 수차 발전기에서는 $0.9 \sim 1.2$ 정도이다.

(3) %동기임피던스

정격 전류에 대한 임피던스 강하와 정격 상전압의 비에 대한 [%] 값

$$\%Z_s = \frac{Z_s I_n}{E} \times 100 [\%]$$

여기서, I_n : 정격 전류

Z_s : 동기 임피던스

E : 동기 발전기의 유도 기전력(또는, 단자전압을 $\sqrt{3}$ 으로 나눈값)

위 식에 정격전류와 유도 기전력을 대입하면 다음과 같다.

$$\%Z_s = \frac{P_n Z}{10 V^2} [\%]$$

여기서, $I_n = \frac{P_n}{\sqrt{3} \, V_n}$, $E = \frac{V_n}{\sqrt{3}}$

(4) 전압 변동률(ϵ)

$$\epsilon = \frac{V_0 - V_n}{V_n} \times 100 [\%]$$

여기서, V_0 : 무부하 단자 전압[V]

V_n : 정격 단자 전압[V]

① 유도 부하의 경우 : $+ \, (V_0 > V_n)$
② 용량 부하의 경우 : $- \, (V_0 < V_n)$

(5) 자기 여자

무여자로 운전하고 있는 동기 발전기에 무부하의 장거리 송전선을 접속하면, 발전기의 잔류 자기에 의한 전압 때문에 $90°$의 앞선 전류가 흐르므로 전기자 반작용은 자화 작용을 하여 단자 전압이 높아지고 충전 전류도 늘게 된다. 이때 단자 전압이 계속해서 높아지게 되는 현상을 **자기 여자**라 한다.

(6) 자기 여자 방지법

① 발전기 2대 또는 3대를 병렬로 모선에 접속한다.
② 수전단에 동기 조상기를 접속하고 이것을 부족 여자로 하여 송전선에서 지상 전류를 취하게 하면 충전 전류를 그만큼 감소시키는 것이 된다.
③ 송전 선로의 수전단에 변압기를 접속한다.
④ 수전단에 리액턴스를 병렬로 접속한다.

◀ 7. 동기 발전기의 병렬 운전

(1) 기전력의 크기가 같을 것
- **기전력의 크기가 같지 않은 경우** : 발전기 내부에 무효 횡류가 흐른다.

(2) 상회전이 일치하고, 기전력이 동위상일 것
- **기전력의 위상이 다른 경우** : 유효 횡류(동기화 전류)가 흐른다.

(3) 기전력과 주파수가 같을 것
- **기전력의 주파수가 다른 경우** : 동기화 전류가 교대로 주기적으로 흐른다. 즉 난조의 원인이 된다.

(4) 기전력과 파형이 같을 것

- 기전력의 파형이 같지 않은 경우 : 고조파 무효 순환 전류가 흐른다.

8. 동기 전동기

(1) 위상 특성 곡선 (V곡선)

- 정출력에서 유기기전력 E(또는 I_f)와 전기자 전류 I_a의 관계를 나타내는 곡선
- 동기 전동기는 그림에서 알 수 있는 바와 같이 계자 전류를 가감하여 전기자 전류의 크기와 위상을 조정할 수 있다. 이 곡선은 부하가 클수록 V곡선은 위로 이동한다.

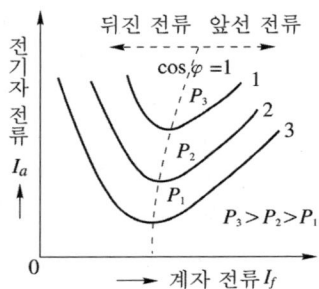

위상 특성 곡선(V곡선)

(2) 동기 전동기의 특징

① 장점
- 속도가 일정, 불변이다.
- 항상 역률 1로 운전할 수 있다.
- 필요시 앞선 전류를 통할 수 있다.
- 유도 전동기에 비하여 효율이 좋다.

② 단점
- 보통 구조의 것은 기동 토크가 적고 속도 조정을 할 수 없다.
- 난조를 일으킬 염려가 있다.
- 여자용의 직류 전원을 필요로 하여 설비비가 많이 든다.

③ 용도
- 저속도 대용량 : 시멘트 공장의 분쇄기, 각종 압축기, 송풍기, 제지용 쇄목기, 동기 조상기
- 소용량 : 전기 시계, 오실로그래프, 전송 사진

01 플레밍(Fleming)의 오른손 법칙에 따르는 기전력이 발생하는 기기는?

① 교류 발전기   ② 교류 전동기
③ 교류 정류기   ④ 교류 용접기

풀이 플레밍의 오른손 법칙 : 발전기의 원리
플레밍의 왼손 법칙 : 전동기의 원리

02 극수가 10, 주파수가 50[Hz]인 동기기의 매분 회전수는?

① 300[rpm]   ② 400[rpm]
③ 500[rpm]   ④ 600[rpm]

풀이 $N = \dfrac{120f}{P} = \dfrac{120 \times 50}{10} = 600[\text{rpm}]$

03 주파수 60[Hz]를 내는 발전기용 원동기인 터빈 발전기의 최고 속도는 얼마인가?

① 1800[rpm]   ② 2400[rpm]
③ 3600[rpm]   ④ 4800[rpm]

풀이 터빈 발전기(동기 발전기)는 극수가 최소일 때 속도는 최고가 되므로
$\therefore N_s = \dfrac{120f}{p} = \dfrac{120 \times 60}{2} = 3600[\text{rpm}]$

04 동기속도 30[rps]인 교류 발전기 기전력의 주파수가 60[Hz]가 되려면 극수는?

① 2   ② 4
③ 6   ④ 8

풀이 동기속도 $N_s = \dfrac{2f}{p}[\text{rps}] = \dfrac{120f}{p}[\text{rpm}]$이므로
극수 $p = \dfrac{2f}{N_s} = \dfrac{2 \times 60}{30} = 4$극이다.

05 동기속도 3600[rpm], 주파수 60[Hz]의 동기 발전기의 극수는?

① 2   ② 4   ③ 6   ④ 8

풀이 동기 속도
$N_s = \dfrac{120f}{p} = \dfrac{120 \times 60}{p} = 3600[\text{rpm}]$
$\therefore p = \dfrac{120 \times 60}{3600} = 2$극

06 동기속도 1800[rpm], 주파수 60[Hz]인 동기 발전기의 극수는 몇 극인가?

① 2   ② 4
③ 8   ④ 10

풀이 동기속도 $N = \dfrac{120f}{p}$에서 극수 $p = \dfrac{120f}{N}$이므로
$p = \dfrac{120 \times 60}{1800} = 4$극이 된다.

07 60[Hz], 20000[kVA]의 발전기의 회전수가 900[rpm]이라면 이 발전기의 극수는 얼마인가?

① 8극   ② 12극
③ 14극   ④ 16극

풀이 $N_s = \dfrac{120}{p}f[\text{rpm}]$이므로
극수 $p = \dfrac{120}{N_s}f = \dfrac{120}{900} \times 60 = 8$극

08 극수 10, 동기속도 600[rpm]인 동기 발전기에서 나오는 전압의 주파수는 몇 [Hz]인가?

① 50   ② 60
③ 80   ④ 120

풀이 주파수와 동기속도의 관계는

$N_s = \dfrac{120f}{p}$ [rpm]이므로

따라서 주파수

$f = \dfrac{N_s \cdot p}{120} = \dfrac{600 \times 10}{120} = 50$[Hz]가 된다.

09 우산형 발전기의 용도는?

① 저속 대용량기　② 저속 소용량기
③ 고속 대용량기　④ 고속 소요량기

풀이 우산형 발전기는 보통 저속 대용량기로 수차발전기에 사용된다.

10 동기발전기의 공극이 넓을 때의 설명으로 잘못된 것은?

① 안정도 증대
② 단락비가 크다.
③ 여자전류가 크다.
④ 전압변동이 크다.

풀이 공극이 넓다는 것은 단락비가 큰 기계를 의미하며, 단락비가 큰 기계는 전압변동률이 작다.

11 동기발전기를 회전계자형으로 하는 이유가 아닌 것은?

① 고전압에 견딜 수 있게 전기자 권선을 절연하기가 쉽다.
② 전기자 단자에 발생한 고전압을 슬립링 없이 간단하게 외부회로에 인가할 수 있다.
③ 기계적으로 튼튼하게 만드는 데 용이하다.
④ 전기자가 고정되어 있지 않아 제작비용이 저렴하다.

풀이 회전 계자형 동기 발전기의 전기자는 고정되어 있다.

12 3상 66000[kVA], 22900[V]인 동기 발전기의 정격전류는 약 몇 [A]인가?

① 8764　　　② 3367
③ 2882　　　④ 1664

풀이 $I = \dfrac{P}{\sqrt{3}\,V} = \dfrac{66000 \times 10^3}{\sqrt{3} \times 22900} \fallingdotseq 1664$[A]

13 전기기기의 냉각 매체로 활용하지 않는 것은?

① 물　　　② 수소
③ 공기　　　④ 탄소

14 동기발전기의 권선을 분포권으로 사용하는 이유로 옳은 것은?

① 파형이 좋아진다.
② 권선의 누설리액턴스가 커진다.
③ 집중권에 비하여 합성 유기기전력이 높아진다.
④ 전기자 권선이 과열되어 소손되기 쉽다.

풀이 교류 발전기의 파형 개선(고조파 제거)을 위해서는 분포권과 단절권을 채용한다.

15 동기 발전기의 권선을 분포권으로 하면 어떻게 되는가?

① 권선의 리액턴스가 커진다.
② 파형이 좋아진다.
③ 난조를 방지한다.
④ 집중권에 비하여 합성 유도 기전력이 높아진다.

풀이 분포권의 특징
① 고조파 제거하여 파형이 좋아진다.
② 코일에서 발생된 열을 골고루 발산시킨다.
③ 누설 리액턴스가 적다.
④ 집중권 보다 기전력이 적다.(분포권 계수로 인하여 기전력 감소)

16 동기기의 전기자 권선법이 아닌 것은?

① 전절권   ② 분포권
③ 2층권   ④ 중권

풀이 교류기의 전기자 권선은 전절권보다 단절권을 채용하여 기전력의 파형을 정현파로 만든다.

17 동기기의 전기자 반작용 중에서 전기자 전류에 의한 자기장의 축이 항상 주자속의 축과 수직이 되면서 자극편 왼쪽에 있는 주자속은 증가시키고, 오른쪽에 있는 주자속은 감소시켜 편자 작용을 하는 전기자 반작용은?

① 증자작용
② 감자작용
③ 교차 자화 작용
④ 직축 반작용

18 3상 동기 발전기에 무부하 전압보다 90° 뒤진 전기자 전류가 흐를 때 전기자 반작용은?

① 감자 작용을 한다.
② 증자 작용을 한다.
③ 교차 자화 작용을 한다.
④ 자기 여자 작용을 한다.

풀이 전압과 전류가 동상인 전류 : 횡축반작용(교차자화작용)
진상인 전류 : 직축반작용(증자작용)
지상인 전류 : 직축반작용(감자작용)

19 교류 발전기의 동기 임피던스는 철심이 포화하면?

① 증가한다.   ② 진동한다.
③ 포화된다.   ④ 감소한다.

풀이 철심이 포화하면 기자력은 생겨도 전기자 반작용에 의한 동기 임피던스는 충분히 생기지 않으므로 동기 임피던스는 감소하게 된다.

20 철심이 포화할 때 동기 발전기의 동기 임피던스는?

① 증가한다.   ② 감소한다.
③ 일정하다.   ④ 주기적으로 변한다.

풀이 철심이 포화하면 기자력은 생겨도 전기자 반작용에 의한 동기 임피던스는 충분히 생기지 않으므로 동기 임피던스는 감소하게 된다.

21 동기 발전기의 돌발 단락 전류를 주로 제한하는 것은?

① 권선저항   ② 동기 리액턴스
③ 누설 리액턴스   ④ 역상 리액턴스

풀이 동기기에서의 저항은 누설 리액턴스에 비하여 작으며 전기자 반작용은 단락 전류가 흐른 뒤에 작용하므로 돌발 단락 전류를 제한하는 것은 누설 리액턴스이다.

22 비돌극형 동기 발전기의 단자 전압을 V, 유기 기전력을 E, 동기 리액턴스를 X_s, 부하각을 δ라 하면 1상의 출력은?

① $\dfrac{E^2 V}{X_s} \sin\delta$ ② $\dfrac{EV^2}{X_s} \sin\delta$

③ $\dfrac{EV}{X_s} \sin\delta$ ④ $\dfrac{EV}{X_s} \cos\delta$

풀이 동기 발전기의 출력

$$P_s = \frac{E_l V_l}{x_s} \sin\delta \,[\text{kW}]$$

23 다음 중 단락비가 큰 동기 발전기를 설명하는 것으로 옳은 것은?

① 동기 임피던스가 작다.
② 단락 전류가 작다.
③ 전기자 반작용이 크다.
④ 전압 변동률이 크다.

풀이 단락비는 기계적 특성을 잘 나타내는 수치로서 일반적으로 단락비가 큰 기계는
① 동기임피던스(리액턴스)가 작다.
② 전압강하 및 전압강하율, 전압변동률이 작다.
③ 안정도가 좋다.
④ 철이 많이 사용되어 철기계라 불린다.
⑤ 공극이 크고, 기계 형태 중량이 증가한다.

24 단락비가 큰 동기 발전기를 설명하는 것으로 옳지 않은 것은?

① 동기 임피던스가 작다.
② 단락 전류가 크다
③ 전기자 반작용이 크다.
④ 공극이 크고 전압 변동률이 적다.

풀이 단락비는 기계적 특성을 잘 나타내는 수치로서 일반적으로 단락비가 큰 기계는
① 동기임피던스(리액턴스)가 작다.
② 전압강하 및 전압강하율, 전압변동률이 작다.
③ 안정도가 좋다.
④ 철이 많이 사용되어 철기계라 불린다.
⑤ 공극이 크고, 기계 형태 중량이 증가한다.

25 단락비가 큰 동기기에 대한 설명으로 옳은 것은?

① 기계가 소형이다.
② 안정도가 높다.
③ 전압 변동률이 크다.
④ 전기자 반작용이 크다.

풀이 단락비가 큰 기계(철기계)는 전압변동률과 안정도가 크며, 전기자 반작용이 작다.

26 단락비가 1.2인 동기발전기의 %동기임피던스는 약 몇 [%]인가?

① 68   ② 83
③ 100   ④ 120

풀이 %동기임피던스

$$\%Z_s = \frac{1}{K_s} \times 100 = \frac{1}{1.2} \times 100 = 83\,[\%]$$

27 동기발전기의 무부하 포화곡선에 대한 설명으로 옳은 것은?

① 정격전류와 단자전압의 관계이다.
② 정격전류와 정격전압의 관계이다.
③ 계자전류와 정격전압의 관계이다.
④ 계자전류와 단자전압의 관계이다.

풀이 무부하 포화 곡선

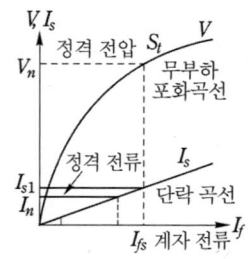

답 23. ① 24. ③ 25. ② 26. ② 27.④

28 동기발전기의 무부하 포화곡선에 대한 설명으로 옳은 것은?

① 정격전류와 단자전압의 관계이다.
② 정격전류와 정격전압의 관계이다.
③ 계전전류와 정격전압의 관계이다.
④ 계자전류와 단자전압의 관계이다.

풀이

구분	횡축	종축	조건	
무부하 포화 곡선	I_f	$V(=E)$	n=일정	$I=0$
외부 특성 곡선	I	V	n=일정	R_f=일정
내부 특성 곡선	I	E	n=일정	R_f=일정
부하 특성 곡선	I_f	V	n=일정	I=일정
계자 조정 곡선	I	I_f	n=일정	V=일정

29 동기 발전기의 역률 및 계자 전류가 일정할 때 단자전압과 부하전류와의 관계를 나타내는 곡선은?

① 단락 특성 곡선
② 외부 특성 곡선
③ 토크 특성 곡선
④ 전압 특성 곡선

풀이 외부 특성 곡선은 단자 전압과 부하 전류와의 관계이다.(단, n=일정, R_f=일정)

30 정격전압 220[V]의 동기발전기를 무부하로 운전하였을 때의 단자전압이 253[V]이었다. 이 발전기의 전압변동률은?

① 13[%]   ② 15[%]
③ 20[%]   ④ 33[%]

풀이 전압 변동률

$$\epsilon = \frac{V_0 - V_n}{V_n} \times 100 = \frac{253 - 220}{220} \times 100$$
$$= 15[\%]$$

31 동기기의 자기 여자 현상의 방지법이 아닌 것은?

① 단락비 증대
② 리액턴스 접속
③ 발전기 직렬 연결
④ 변압기 접속

풀이 동기기의 자기여자 현상이란 발전기가 무부하 장거리 송전선로에 접속한 것과 같이 선로의 충전용량이 큰 경우 발전기가 무여자 일지라도 무부하 충전전류에 의해 발전기가 여자되어 전압이 확립되는 현상을 말한다. 이를 방지하기 위하여 충전용량을 작게 하여야 한다.
① 발전기를 여러대 병렬운전하여 무부하 운전을 피한다.
② 수전단에 병렬로 리액터를 설치한다.
③ 수전단에 병렬로 변압기를 연결한다.
④ 단락비를 크게 한다.

32 2대의 동기 발전기의 병렬 운전 조건으로 같지 않아도 되는 것은?

① 기전력의 위상
② 기전력의 주파수
③ 기전력의 임피던스
④ 기전력의 크기

풀이 동기발전기의 병렬운전 조건 : 기전력의 크기, 위상, 주파수, 파형, 상회전 등이 같을 것

33 동기 발전기를 계통에 접속하여 병렬운전 할 때 관계없는 것은?

① 전류   ② 전압
③ 위상   ④ 주파수

풀이 동기발전기를 병렬운전 하려면 기전력의 크기, 위상, 주파수, 파형, 상회전이 같아야 한다.

34 동기 발전기의 병렬 운전 조건이 아닌 것은?

① 기전력의 크기가 같을 것
② 기전력의 위상이 같을 것
③ 기전력의 주파수가 같을 것
④ 기전력의 용량이 같을 것

풀이 동기발전기를 병렬운전 하려면 기전력의 크기, 위상, 주파수, 파형, 상회전이 같아야 한다.

35 동기발전기의 병렬운전에 필요한 조건이 아닌 것은?

① 유기기전력의 주파수
② 유기기전력의 위상
③ 유기기전력의 역률
④ 유기기전력의 크기

풀이 동기발전기를 병렬운전 하려면 기전력의 크기, 위상, 주파수, 파형, 상회전이 같아야 한다.

36 동기 발전기 2대를 병렬 운전하고자 할 때 필요로 하는 조건이 아닌 것은?

① 발생 전압의 주파수가 서로 같아야 한다.
② 각 발전기에서 유도 되는 기전력의 크기가 같아야 한다.
③ 발전기에서 유도된 기전력의 위상이 같아야 한다.
④ 발전기의 용량이 같아야 한다.

풀이 기발전기의 병렬운전 조건은 다음과 같다.
① 기전력의 크기가 같을 것
② 기전력의 위상이 같을 것
③ 기전력의 주파수가 같을 것
④ 기전력의 파형이 같을 것
⑤ 상회전 방향이 같을 것

37 동기발전기를 병렬운전하는 데 필요한 조건이 아닌 것은?

① 기전력의 파형이 작을 것
② 기전력의 위상이 같을 것
③ 기전력의 주파수가 같을 것
④ 기전력의 크기가 같을 것

풀이 동기발전기 병렬운전 조건
① 기전력의 크기가 같을 것(발전기 내부에 무효 횡류가 흐른다.)
② 상회전이 일치하고, 기전력이 동위상일 것(유효 횡류가 흐른다.)
③ 기전력과 주파수가 같을 것
④ 기전력과 파형이 같을 것

38 동기기를 병렬운전 할 때 순환전류가 흐르는 원인은?

① 기전력의 저항이 다른 경우
② 기전력의 위상이 다른 경우
③ 기전력의 전류가 다른 경우
④ 기전력의 역률이 다른 경우

풀이 두 발전기의 기전력의 크기, 위상, 주파수, 파형에 차가 있을 때 순환 전류가 흐른다.

39 동기 발전기의 병렬 운전에 필요한 조건이 아닌 것은?

① 기전력의 크기가 같을 것
② 기전력의 위상차가 최대가 될 것
③ 기전력의 주파수가 같을 것
④ 기전력의 파형이 같을 것

풀이 동기발전기의 병렬운전 조건은 다음과 같다.
① 기전력의 크기가 같을 것
② 기전력의 위상이 같을 것
③ 기전력의 주파수가 같을 것

답 34. ④ 35. ③ 36. ④ 37. ① 38. ② 39. ②

④ 기전력의 파형이 같을 것
⑤ 상회전 방향이 같을 것

40 3상 동기 발전기를 병렬 운전시키는 경우 고려하지 않아도 되는 조건은?

① 상회전 방향이 같을 것
② 전압 파형이 같을 것
③ 회전수가 같을 것
④ 발생 전압이 같을 것

풀이 동기발전기를 병렬운전 하려면 기전력의 크기, 위상, 주파수, 파형, 상회전이 같아야 한다.

41 다음 중 2대의 동기발전기가 병렬운전하고 있을 때 무효횡류(무효순환전류)가 흐르는 경우는?

① 부하 분담의 차가 있을 때
② 기전력의 주파수에 차가 있을 때
③ 기전력의 위상의 차가 있을 때
④ 기전력의 크기의 차가 있을 때

풀이 • 기전력의 크기가 다를 때 : 무효 순환 전류
• 기전력의 위상이 다를 때 : 유효 순환 전류 (동기화 전류)

42 동기발전기의 병렬 운전에서 한쪽의 계자 전류를 증대시켜 유기기전력을 크게 하면 어떤 현상이 발생하는가?

① 한 쪽이 전동기가 된다.
② 아무 이상 없다.
③ 고주파 전류가 흐른다.
④ 무효순환전류가 흐른다.

풀이 두 발전기의 기전력의 크기에 차가 있을 때 무효순환전류가 흐른다.

43 동기 임피던스 5[Ω]인 2대의 3상 동기 발전기의 유도 기전력에 100[V]의 전압 차이가 있다면 무효 순환 전류는?

① 10[A] ② 15[A]
③ 20[A] ④ 25[A]

풀이 무효순환전류
$$I_c = \frac{E_1 - E_2}{2Z_s} = \frac{100}{2 \times 5} = 10[A]$$

44 병렬운전 중인 동기 임피던스 5[Ω]인 2대의 3상 동기발전기의 유도기전력에 200[V]의 전압차이가 있다면 무효순환전류[A]는?

① 5 ② 10
③ 20 ④ 40

풀이 무효순환전류
$$I_c = \frac{E_1 - E_2}{2Z_s} = \frac{E_r}{2Z_s} = \frac{200}{2 \times 5} = 20[A]$$

45 동기 발전기의 병렬 운전 조건이 아닌 것은?

① 기전력의 주파수가 같은 것
② 기전력의 크기가 같을 것
③ 기전력의 위상이 같을 것
④ 발전기의 회전수가 같을 것

풀이 동기발전기를 병렬운전 하려면 기전력의 크기, 위상, 주파수, 파형, 상회전이 같아야 한다.

46 A, B의 동기 발전기를 병렬 운전 중 A기의 부하 분담을 크게 하려면?

① A기의 속도를 증가
② A기의 계자를 증가
③ B기의 속도를 증가
④ B기의 계자를 증가

풀이 두 대의 동기 발전기를 병렬 운전하고 있을 경우 유효 전력의 분담은 원동기의 속도 특성에 따라 정해진다.

47 동기 발전기의 병렬운전 시 원동기에 필요한 조건으로 구성된 것은?
① 균일한 각속도와 기전력의 파형이 같을 것
② 균일한 각속도와 적당한 속도 조정률을 가질 것
③ 균일한 주파수와 적당한 속도 조정률을 가질 것
④ 균일한 주파수와 적당한 파형이 같을 것

풀이 동기 발전기의 병렬운전 시 원동기에 필요한 조건
① 균일한 각속도를 가질 것
② 적당한 속도 조정률을 가질 것
③ 조속기가 적당한 불감도를 가질 것

48 동기 발전기의 병렬운전 중에 기전력의 위상차가 생기면?
① 위상이 일치하는 경우보다 출력이 감소한다.
② 부하 분담이 변한다.
③ 무효순환전류가 흘러 전기자 권선이 과열된다.
④ 동기화력이 생겨 두 기전력의 위상이 동상이 되도록 작용한다.

풀이 두 발전기의 기전력의 위상차가 있을 때 동기화전류(유효횡류)가 흐르며, 수수전력이 발생하고, 동기화력이 생긴다.

49 2대의 동기 발전기가 병렬운전하고 있을 때 동기화 전류가 흐르는 경우는?
① 기전력의 크기에 차이가 있을 때
② 기전력의 위상에 차가 있을 때
③ 부하분담에 차가 있을 때
④ 기전력의 파형에 차가 있을 때

풀이 두 발전기의 기전력의 위상차가 있을 때 동기화전류(유효횡류)가 흐르며, 수수전력이 발생하고, 동기화력이 생긴다.

50 병렬 운전 중인 두 동기 발전기의 유도 기전력이 2000[V], 위상차 60°, 동기 리액턴스 100[Ω]이다. 유효순환전류[A]는?
① 5   ② 10
③ 15   ④ 20

풀이 동기화 전류(유효순환전류)
$$I_c = \frac{E\sin\frac{\delta}{2}}{Z_s} = \frac{2000 \times \sin\frac{60°}{2}}{100}$$
$$= 10[A]가 된다.$$

51 2극 3600[rpm]인 동기 발전기와 병렬 운전하려는 12극 동기발전기의 회전수는 몇 [rpm]인가?
① 600   ② 1200
③ 1800   ④ 3600

풀이 병렬운전 조건에서 주파수가 같아야 하므로 주파수를 구하면
$$f = \frac{Np}{120} = \frac{3600 \times 2}{120} = 60[Hz]이므로$$
12극 동기발전기의 회전수는
$$N = \frac{120f}{p} = \frac{120 \times 60}{12} = 600[rpm]이 된다.$$

52 6극 1200[rpm]의 교류 발전기와 병렬 운전하는 극수 8의 동기 발전기의 회전수[rpm]는?

① 1200   ② 약 1000

③ 900   ④ 750

풀이 • 동기 발전기 병렬운전 조건에서 주파수가 같아야 하므로

$$f = \frac{N_s \cdot p}{120} = \frac{1200 \times 6}{120} = 60[\text{Hz}]$$

• 따라서 8극 동기발전기의 회전수는

$$N = \frac{120f}{p} = \frac{120 \times 60}{8} = 900[\text{rpm}]\text{이 된다.}$$

53 8극 900[rpm]의 교류 발전기로 병렬 운전하는 극수 6의 동기발전기의 회전수는?

① 675[rpm]   ② 900[rpm]

③ 1200[rpm]   ④ 1800[rpm]

풀이 병렬운전 조건에서 주파수가 같아야 하므로

$$f = \frac{Np}{120} = \frac{900 \times 8}{120} = 60[\text{Hz}]$$

따라서 6극 동기발전기의 회전수

$$N = \frac{120f}{p} = \frac{120 \times 60}{6} = 1200[\text{rpm}]\text{이 된다.}$$

54 동기 발전기에서 전기자 전류가 무부하 유도 기전력보다 $\pi/2$[rad] 앞서있는 경우에 나타나는 전기자 반작용은?

① 증자 작용

② 감자 작용

③ 교차 자화 작용

④ 직축 반작용

풀이 동기 발전기의 전기자 반작용
• 진상(앞선) 전류 : 증자작용
• 지상(뒤진) 전류 : 감자작용

55 동기발전기의 무부하포화곡선을 나타낸 것이다. 포화계수에 해당하는 것은?

① $\dfrac{ob}{oc}$

② $\dfrac{bc'}{bc}$

③ $\dfrac{cc'}{bc'}$

④ $\dfrac{cc'}{bc}$

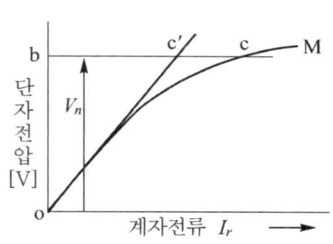

풀이 이 무부하 포화곡선에서 oc를 공극선이라 하며, 이 공극선과 무부하 포화곡선의 정격전압을 유기하는 cc'과 만나는 점을 포화율이라고 한다.

56 동기 발전기의 돌발 단락 전류를 주로 제한하는 것은?

① 누설 리액턴스   ② 동기 임피던스

③ 권선 저항   ④ 동기 리액턴스

풀이 동기기에서 저항은 누설 리액턴스에 비하여 작으며 전기자 반작용은 단락 전류가 흐른 뒤에 작용하므로 돌발 단락 전류를 제한하는 것은 누설 리액턴스이다.

57 비돌극형 동기발전기의 단자전압(1상)을 V, 유도 기전력(1상)을 E, 동기 리액턴스를 X_S, 부하각을 δ라고 하면, 1상의 출력[W]은? (단, 전기자 저항 등은 무시한다.)

① $\dfrac{EV}{X_S}\sin\delta$ ② $\dfrac{E^2}{2X_S}\cos\delta$

③ $\dfrac{EV}{X_S}\cos\delta$ ④ $\dfrac{E^2}{2X_S}\sin\delta$

풀이 비돌극형 동기발전기 1상의 출력

$$P = \frac{EV}{x_s}\sin\delta[\text{W}]$$

답 52. ③   53. ③   54. ①   55. ③   56. ①   57. ①

58 동기발전기의 전기자 반작용에 대한 설명으로 틀린 사항은?

① 전기자 반작용은 부하 역률에 따라 크게 변화된다.
② 전기자 전류에 의한 자속의 영향으로 감자 및 자화 현상과 편자현상이 발생된다.
③ 전기자 반작용의 결과 감자현상이 발생될 때 반작용 리액턴스의 값은 감소된다.
④ 계자 자극의 중심축과 전기자전류에 의한 자속이 전기적으로 90°를 이룰 때 편자현상이 발생된다.

풀이 동기발전기 전기자 반작용의 감자현상은 지상(뒤진)인 전류에서 발생하므로 리액턴스의 값은 증가한다.

59 전기자 반작용이란 전기자 전류에 의해 발생한 기자력이 주자속에 영향을 주는 현상으로 다음 중 전기자반작용의 영향이 아닌 것은?

① 전기적 중성축 이동에 의한 정류의 약화
② 기전력의 불균일에 의한 정류자 편간 전압의 상승
③ 주 자속 감속에 의한 자속의 평균치 증가
④ 기전력의 파형에 차가 있을 때

풀이 기전력의 파형에 차가 있으면 동기 발전기를 병렬 운전하지 못하며, 전기자 반작용과는 관계가 없다.

60 동기발전기의 전기자 반작용 현상이 아닌 것은?

① 포화 작용   ② 증자 작용
③ 감자 작용   ④ 교차자화 작용

풀이 동기 발전기의 전기자 반작용에는 교차자화작용, 증자작용, 감자작용이 있다.

61 동기기에서 전기자 전류가 기전력보다 90° 만큼 위상이 앞설 때의 전기자 반작용은?

① 교차 자화 작용
② 감자 작용
③ 편자 작용
④ 증자 작용

풀이 동기 발전기의 경우 전류가 기전력보다 90° 뒤지면 감자 작용, 90° 앞서면 증자 작용을 한다.

62 동기임피던스 5[Ω]인 2대의 3상 동기 발전기의 유도 기전력에 100[V]의 전압 차이가 있다면 무효순환전류[A]는?

① 10   ② 15
③ 20   ④ 25

풀이
$$I_c = \frac{E_1 - E_2}{2Z_s} = \frac{E_r}{2Z_s} = \frac{100}{2 \times 5} = 10[\text{A}]$$

63 6극 36슬롯 3상 동기 발전기의 매극 매상당 슬롯수는?

① 2   ② 3
③ 4   ④ 5

풀이 1극 1상의 슬롯수 : $q = \dfrac{Z}{3p} = \dfrac{36}{3 \times 6} = 2$

64 동기속도 3600[rpm], 주파수 60[Hz]의 동기 발전기의 극수는?

① 2극   ② 4극
③ 6극   ④ 8극

풀이 동기속도 $N_s = \dfrac{120f}{p}$[rpm]이므로

극수 $p = \dfrac{120f}{N_s} = \dfrac{120 \times 60}{3600} = 2$[극]

58. ③ 59. ④ 60. ① 61. ④ 62. ① 63. ① 64. ①

65 단락비가 1.2인 동기발전기의 %동기 임피던스는 약 몇 [%]인가?

① 68   ② 83
③ 100   ④ 120

풀이 단락비 $K_s = \dfrac{1}{\%Z_s} \times 100$이므로

%동기임피던스

$\%Z_s = \dfrac{100}{K_s} = \dfrac{100}{1.2} = 83[\%]$

66 3상 동기발전기에서 전기자 전류가 무부하 유도기전력보다 $\pi/2$[rad] 앞선 경우(X_c만의 부하)의 전기자 반작용은?

① 횡축반작용   ② 증자작용
③ 감자작용   ④ 편자작용

풀이 동기 발전기의 경우 전류가 기전력보다 $\pi/2$ 뒤지면 감자 작용, $\pi/2$ 앞서는 경우는 증자 작용을 한다.

67 동기발전기에서 비돌극기의 출력이 최대가 되는 부하각(power angle)은?

① 0°   ② 45°
③ 90°   ④ 180°

풀이 동기 발전기의 출력 $P_s = \dfrac{E_l V_l}{x_s} \sin\delta$이므로

δ(부하각) = 90°일 때 최대가 된다.
($\because \sin 90° = 1$)

68 동기 검정기로 알 수 있는 것은?

① 전압의 크기   ② 전압의 위상
③ 전류의 크기   ④ 주파수

69 동기기에서 사용되는 절연재료로 B종 절연물의 온도상승한도는 약 몇 [℃]인가? (단, 기준온도는 공기 중에서 40[℃]이다.)

① 65   ② 75
③ 90   ④ 120

풀이 B종 절연물의 최고 허용 온도는 130[℃]이므로 온도상승한도 = 130 − 40 = 90[℃]이다.

70 동기 발전기에서 난조 현상에 대한 설명으로 옳지 않은 것은?

① 부하가 급격히 변화하는 경우 발생할 수 있다.
② 제동권선을 설치하여 난조 현상을 방지한다.
③ 난조의 정도가 커지면 동기이탈 또는 탈조라 한다.
④ 난조가 생기면 바로 멈춰야 한다.

풀이 난조가 생기면 이를 제거하기 위하여 난조 방지법인 제동권선을 설치하여야 한다.

71 동기기에서 난조(hunting)를 방지하기 위한 것은?

① 계자권선   ② 제동권선
③ 전기자 권선   ④ 난조 권선

풀이 난조의 원인은 회전자가 어떤 부하각에서 새로운 부하각으로 변화하는 도중 회전자의 관성에 의해 생기는 하나의 과도적인 진동 현상을 말한다.
이것을 방지하기 위해서 회전자극의 극편에 홈을 파고, 이것에 유도 전동기의 농형 권선과 같이 권선을 설치한 구조의 제동 권선(damper winding)으로 막을 수 있다.

72 동기 발전기의 난조를 방지하는 가장 유효한 방법은?

① 회전자의 관성을 크게 한다.
② 제동 권선을 자극면에 설치한다.
③ X_S를 작게 하고 동기화력을 크게 한다.
④ 자극 수를 적게 한다.

풀이 난조의 방지는 회전자극의 극편에 홈을 파고, 이것에 유도 전동기의 농형 권선과 같이 권선을 설치한 구조의 제동 권선으로 막을 수 있다.

73 병렬 운전 중인 동기 발전기의 난조를 방지하기 위하여 자극 면에 유도전동기의 농형권선과 같은 권선을 설치하는데 이 권선의 명칭은?

① 계자권선   ② 제동권선
③ 전기자권선   ④ 보상권선

풀이 제동권선은 회전 자극 표면에 설치한 유도 전동기의 농형 권선과 같은 권선으로서 진동 에너지를 열로 소비하여 진동을 방지한다.

74 동기 전동기에서 난조를 방지하기 위하여 자극면에 설치하는 권선을 무엇이라 하는가?

① 제동권선   ② 계자권선
③ 전기자권선   ④ 보상권선

풀이 난조의 원인은 회전자가 어떤 부하각에서 새로운 부하각으로 변화하는 도중 회전자의 관성에 의해 생기는 하나의 과도적인 진동 현상을 말한다.
이것을 방지하기 위해서 회전자극의 극편에 홈을 파고, 이것에 유도 전동기의 농형 권선과 같이 권선을 설치한 구조의 제동권선(damper winding)으로 막을 수 있다.

75 난조 방지와 관계가 없는 것은?

① 제동권선을 설치한다.
② 전기자 권선의 저항을 작게 한다.
③ 축 세륜을 붙인다.
④ 조속기의 감도를 예민하게 한다.

풀이 원동기의 조속기 감도가 지나치게 예민하면 난조가 발생할 수 있다.

76 3상 동기기의 제동 권선의 역할은?

① 난조방지   ② 효율증가
③ 출력증가   ④ 역률개선

풀이 자극면에 슬롯을 파고, 여기에 저항이 작은 단락 권선, 즉 제동권선을 설치하면 난조를 방지할 수 있다.

77 3상 동기기에 제동 권선을 설치하는 주된 목적은?

① 출력 증가   ② 효율 증가
③ 역률 개선   ④ 난조 방지

풀이 난조의 방지는 회전자극의 극편에 홈을 파고, 이것에 유도 전동기의 농형 권선과 같이 권선을 설치한 구조의 제동 권선(damper winding)으로 막을 수 있다.

78 주파수 60[Hz]의 전원에 2극의 동기 전동기를 연결하면 회전수는 몇 [rpm]인가?

① 3600   ② 1800
③ 60   ④ 12

풀이 동기 속도 $N_s = \dfrac{120f}{p}$[rpm]에서

$N_s = \dfrac{120 \times 60}{2} = 3600$[rpm]이 된다.

답 72. ② 73. ② 74. ① 75. ④ 76. ① 77. ④ 78. ①

79 동기기 운전 시 안정도 증진법이 아닌 것은?

① 단락비를 크게 한다.
② 회전부의 관성을 크게 한다.
③ 속응여자방식을 채용한다.
④ 역상 및 영상임피던스를 작게 한다.

풀이 안정도를 증진하기 위해서는 역상 및 영상 임피던스를 크게 하여야 한다.

80 4극인 동기전동기가 1800[rpm]으로 회전할 때 전원 주파수는 몇 [Hz]인가?

① 50[Hz]   ② 60[Hz]
③ 70[Hz]   ④ 80[Hz]

풀이 $f = \dfrac{NP}{120} = \dfrac{1800 \times 4}{120} = 60[\text{Hz}]$

$\left(\because N = \dfrac{120f}{P} \right)$

81 3상 동기전동기의 출력(P)을 부하각으로 나타낸 것은? (단, V는 1상의 단자전압, E는 역기전력, x_s는 동기 리액턴스, δ는 부하각이다.)

① $P = 3\,VE\sin\delta[\text{W}]$

② $P = \dfrac{3\,VE\sin\delta}{x_s}[\text{W}]$

③ $P = \dfrac{3\,VE\cos\delta}{x_s}[\text{W}]$

④ $P = 3\,VE\cos\delta[\text{W}]$

풀이 3상 동기전동기의 출력

$P = 3EI\cos\theta = \dfrac{3\,VE\sin\delta}{x_s}[\text{W}]$

82 3상 동기 전동기의 토크에 대한 설명으로 옳은 것은?

① 공급전압 크기에 비례한다.
② 공급전압 크기의 제곱에 비례한다.
③ 부하각 크기에 반비례한다.
④ 부하각 크기의 제곱에 비례한다.

풀이 $\tau = \dfrac{V_l E_l}{\omega x_s} \sin\delta[\text{N} \cdot \text{m}]$이므로

$\tau(\text{토크}) \propto V_l(\text{공급전압})$이다.

83 3상 동기 전동기의 특징이 아닌 것은?

① 부하의 변화로 속도가 변하지 않는다.
② 부하의 역률을 개선 할 수 있다.
③ 전부하 효율이 양호하다.
④ 공극이 좁으므로 기계적으로 견고하다.

풀이 동기기는 공극의 길이를 크게 하여야 한다.

84 동기 전동기에 대한 설명으로 틀린 것은?

① 정속도 전동기이고, 저속도에서 특히 효율이 좋다.
② 역률을 조정할 수 있다.
③ 난조가 일어나기 쉽다.
④ 직류 여자기가 필요하지 않다.

풀이 동기 발전기의 계자 권선에 여자 전류를 공급하는 직류 전원 공급 장치를 여자기라고 한다.

85 동기 전동기의 특징으로 잘못된 것은?

① 일정한 속도로 운전이 가능하다.
② 난조가 발생하기 쉽다.
③ 역률을 조정하기 힘들다.
④ 공극이 넓어 기계적으로 견고하다.

📖 79. ④ 80. ② 81. ② 82. ① 83. ④ 84. ④ 85. ③

풀이 동기전동기를 과여자 또는 부족여자로 운전하면 앞선 역률 또는 뒤진 역률을 취할 수 있다.

86 동기 전동기에 대한 설명으로 옳지 않은 것은?

① 정속도 전동기로 비교적 회전수가 낮고 큰 출력이 요구되는 부하에 이용된다.
② 난조가 발생하기 쉽고 속도제어가 간단하다.
③ 전력계통의 전류 세기, 역률 등을 조정할 수 있는 동기 조상기로 사용된다.
④ 가변 주파수에 의해 정밀속도 제어 전동기로 사용된다.

풀이 보통 구조의 동기 전동기는 기동 토크가 적고 속도 조정을 할 수 없다.

87 다음 중 역률이 가장 좋은 전동기는?

① 반발 기동 전동기
② 동기 전동기
③ 농형 유도 전동기
④ 교류 정류자 전동기

풀이 동기전동기는 역률을 1로 운전할 수 있다. (V곡선)

88 동기 전동기의 특징과 용도에 대한 설명으로 잘못된 것은?

① 진상, 지상의 역률 조정이 된다.
② 속도 제어가 원활하다.
③ 시멘트 공장의 분쇄기 등에 사용된다.
④ 난조가 발생하기 쉽다.

풀이 동기 전동기는 속도가 항상 일정하며, 기동 토크가 작다.

89 동기전동기의 여자전류를 변화시켜도 변하지 않는 것은? (단, 공급전압과 부하는 일정하다.)

① 동기속도
② 역기전력
③ 역률
④ 전기자 전류

풀이 동기 속도 $N_s = \dfrac{120f}{p}$[rpm]이므로
여자 전류와는 관계가 없다.
(단, f : 주파수, p : 극수)

90 동기 전동기 전기자 반작용에 대한 설명이다. 공급전압에 대한 앞선 전류의 전기자 반작용은?

① 감자 작용
② 증자 작용
③ 교차 자화 작용
④ 편자 작용

풀이 동기전동기의 전기자 반작용 : 진상(앞선)인 경우는 감자작용, 지상(뒤진)인 경우는 증자작용을 한다.

91 동기 전동기의 계자 전류를 가로축에, 전기자 전류를 세로축으로 하여 나타낸 V곡선에 관한 설명으로 옳지 않은 것은?

① 위상 특성 곡선이라 한다.
② 부하가 클수록 V곡선은 아래쪽으로 이동한다.
③ 곡선의 최저점은 역률 1에 해당한다.
④ 계자 전류를 조정하여 역률을 조정할 수 있다.

풀이 동기 전동기의 위상 특성 곡선(V곡선)은 부하가 클수록 위로 이동한다.

답 86. ② 87. ② 88. ② 89. ① 90. ① 91. ②

92 그림은 동기기의 위상 특성 곡선을 나타낸 것이다. 전기자전류가 가장 작게 흐를 때의 역률은?

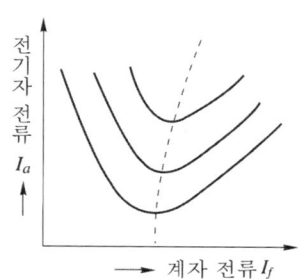

① 1
② 0.9[진상]
③ 0.9[지상]
④ 0

풀이 V곡선에서 역률이 1인 경우 전기자 전류가 최소로 된다.

93 동기전동기의 공급전압이 앞선 전류는 어떤 작용을 하는가?

① 역률작용
② 교차자화작용
③ 증자작용
④ 감자작용

풀이 동기 전동기의 전기자 반작용은 진상인 경우는 감자작용, 지상인 경우는 증자작용을 한다.

94 동기 전동기의 부하각(load angle)은?

① 공급전압 V와 역기전압 E와의 위상각
② 역기전압 E와 부하전류 I와의 위상각
③ 공급전압 V와 부하전류 I와의 위상각
④ 3상 전압의 상전압과 선간 전압과의 위상각

풀이 공급전압(V)과 역기전압(E)과의 위상차를 위상각, 공급전압(V)과 부하전류(I)와의 위상각을 역률각이라고 한다.

95 3상 동기전동기의 단자전압과 부하를 일정하게 유지하고, 회전자 여자전류의 크기를 변화시킬 때 옳은 것은?

① 전기자 전류의 크기와 위상이 바뀐다.
② 전기자 권선의 역기전력은 변하지 않는다.
③ 동기전동기의 기계적 출력은 일정하다.
④ 회전속도가 바뀐다.

풀이 동기 전동기는 여자 전류를 가감함으로써 전기자 전류의 크기와 위상을 조정할 수 있다.

96 동기 전동기의 전기자 전류가 최소일 때의 역률은?

① 0.5
② 0.707
③ 0.866
④ 1.0

풀이 V곡선에서 전기자 전류가 최소일 때의 역률은 1 이다.

97 동기조상기를 과여자로 사용하면?

① 리액터로 작용
② 저항손의 보상
③ 일반부하의 뒤진 전류 보상
④ 콘덴서로 작용

풀이 동기조상기를 과여자 운전하면 콘덴서로 작용하며, 부족여자 운전하면 리액터로 작용한다.

98 동기조상기를 부족여자로 운전하면 어떻게 되는가?

① 콘덴서로 작용한다.
② 리액터로 작용한다.
③ 여자 전압의 이상 상승이 발생한다.
④ 일부 부하에 대하여 뒤진 역률을 보상한다.

답 92. ① 93. ④ 94. ① 95. ① 96. ④ 97. ④ 98. ②

풀이 동기조상기는 과여자로 운전되면 콘덴서로 작용하여 뒤진 역률을 보상하고, 부족여자로 운전되면 리액터로 작용하여 단자전압의 이상 상승을 방지할 수 있다.

99 동기 전동기를 송전선의 전압 조정 및 역률 개선에 사용한 것을 무엇이라 하는가?

① 동기 이탈　　② 동기 조상기
③ 댐퍼　　　　④ 제동권선

풀이 송전선을 일정한 전압으로 운전하기 위해 필요한 무효전력을 공급하는 장치를 조상설비라 하며 그 종류로는 동기 조상기, 전력용 콘덴서, 분로 리액터가 있다.

100 다음 중 제동권선에 의한 기동토크를 이용하여 동기전동기를 기동시키는 방법은?

① 저주파 기동법　② 고주파 기동법
③ 기동 전동기법　④ 자기 기동법

풀이 동기 전동기를 자기동시킬 때 계자 회로를 단락시켜 사용하는 데, 이것을 제동권선이라 한다.

101 전력계통에 접속되어 있는 변압기나 장거리 송전 시 정전 용량으로 인한 충전특성 등을 보상하기 위한 기기는?

① 유도 전동기　　② 동기 발전기
③ 유도 발전기　　④ 동기 조상기

풀이 동기 조상기를 부족 여자로 운전하면 일종의 리액터로 작용하여 무부하의 장거리 송전 선로에 흐르는 충전 전류에 의하여 발전기의 자기 여자 작용으로 일어나는 단자 전압의 이상 상승을 방지할 수 있다.

102 동기조상기가 전력용 콘덴서보다 우수한 점은?

① 손실이 적다.
② 보수가 적다.
③ 지상 역률을 얻는다.
④ 가격이 싸다.

풀이

	진상	지상	조정
콘덴서	○	×	단계적
리액터	×	○	단계적
동기 조상기	○	○	연속적

103 동기 전동기의 자기 기동에서 계자 권선을 단락하는 이유는?

① 기동이 쉽다.
② 기동 권선으로 이용한다.
③ 고전압이 유도된다.
④ 전기자 반작용을 방지한다.

풀이 보통 기동 시에는 계자 권선 중에 고전압이 유도되어 절연을 파괴하므로 방전 저항을 접속하여 단락 상태로 기동한다.

104 동기 전동기를 자기 기동법으로 기동시킬 때 계자 회로는 어떻게 하여야 하는가?

① 단락시킨다.
② 개방시킨다.
③ 직류를 공급한다.
④ 단상교류를 공급한다.

풀이 보통 동기 전동기를 자기 기동법으로 기동시키면 계자 권선 중에 고전압이 유도되어 절연을 파괴하므로 방전 저항을 접속하여 단락 상태로 기동한다.

105 동기 전동기의 자기 기동에서 계자권선을 단락하는 이유는?

① 기동이 쉽다.
② 기동권선으로 이용
③ 고전압 유도에 의한 절연파괴 위험 방지
④ 전기자 반작용을 방지한다.

풀이 보통 기동 시에는 계자 권선 중에 고전압이 유도되어 절연을 파괴하므로 방전 저항을 접속하여 단락 상태로 기동한다.

106 동기 전동기의 자기 기동법에서 계자권선을 단락하는 이유는?

① 기동이 쉽다.
② 기동권선으로 이용
③ 고전압 유도에 의한 절연파괴 위험 방지
④ 전기자 반작용을 방지한다.

풀이 보통 기동시에는 계자 권선 중에 고전압이 유도되어 절연을 파괴하므로 방전 저항을 접속하여 단락 상태로 기동한다.

107 동기 전동기의 용도로 적합하지 않은 것은?

① 송풍기 ② 압축기
③ 크레인 ④ 분쇄기

풀이 크레인의 운전용 전동기로는 3상 권선형 유도 전동기가 사용된다.

108 동기 전동기의 용도로 적당하지 않은 것은?

① 분쇄기 ② 압축기
③ 송풍기 ④ 크레인

풀이 동기 전동기의 특징
① 장점
- 속도가 일정, 불변이다.
- 항상 역률 1로 운전할 수 있다.
- 필요 시 앞선 전류를 통할 수 있다.
- 유도 전동기에 비하여 효율이 좋다.
② 단점
- 보통 구조의 것은 기동 토크가 적고 속도 조정을 할 수 없다.
- 난조를 일으킬 염려가 있다.
- 여자용의 직류 전원을 필요로 하여 설비비가 많이 든다.
③ 용도
- 저속도 대용량 : 시멘트 공장의 분쇄기, 각종 압축기, 송풍기, 제지용 쇄목기, 동기 조상기
- 소용량 : 전기 시계, 오실로그래프, 전송 사진

109 3상 동기 전동기 자기동법에 관한 사항 중 틀린 것은?

① 기동토크를 적당한 값으로 유지하기 위하여 변압기 탭에 의해 정격전압의 80[%] 정도로 저압을 가해 기동을 한다.
② 기동토크는 일반적으로 적고 전부하 토크의 40~60[%] 정도이다.
③ 제동권선에 의한 기동토크를 이용하는 것으로 제동권선은 2차 권선으로서 기동토크를 발생한다.
④ 기동할 때에는 회전자속에 의하여 계자 권선 안에는 고압이 유도되어 절연을 파괴할 우려가 있다.

풀이 동기 전동기의 자기동법은 제동권선에 의한 기동토크를 이용하는 것으로, 기동토크를 적당한 값으로 유지하고 전류를 억제하기 위해 변압기 탭에 의하여 정격전압의 30~50[%] 정도의 저압을 가해 기동을 한다.

110 교류 동기 서보 모터에 비하여 효율이 훨씬 좋고 큰 토크를 발생하여 입력되는 각 전기신호에 따라 규정된 각도만큼씩 회전하며 회전자는 축방향으로 자회된 영구 자석으로서 보통 50개 정도의 톱니로 만들어져 있는 것은?

① 전기 동력계
② 유도 전동기
③ 직류 스테핑 모터
④ 동기전동기

111 회전계자형인 동기전동기에 고정자인 전기자 부분도 회전자의 주위를 회전할 수 있도록 2중 베어링 구조로 되어 있는 전동기로 부하를 건 상태에서 운전하는 전동기는?

① 초동기 전동기
② 반작용 전동기
③ 동기형 교류 서보전동기
④ 교류 동기 전동기

풀이 초동기 전동기는 경부하에서 기동이 거의 불가능한 동기전동기를 중부하에서도 기동이 되도록 한 것으로, 고정자 회전 기동형이라고도 한다.

112 속도가 일정하고 구조가 간단하여 동기이탈이 없는 전동기로서 전기시계, 오실로스코프 등에 많이 사용되는 전동기는?

① 유도동기 전동기
② 초동기 전동기
③ 단상동기 전동기
④ 반동 전동기

03 변압기

1. 변압기의 원리

(1) 전압비

1차 기전력과 2차 기전력 크기의 비를 **전압비**라고 한다.

$$a = \frac{E_1}{E_2} = \frac{N_1}{N_2}$$

여기서, E_1 : 1차 기전력, E_2 : 2차 기전력

$\quad\quad\quad N_1$: 1차 권수, N_2 : 2차 권수

$\quad\quad\quad a$: 권수비, 전압비

즉, 변압기의 변성되는 전압의 크기는 권수비에 비례함을 나타낸다.

(2) 변류비

$$a = \frac{I_2}{I_1} = \frac{V_1}{V_2}$$

여기서, $\frac{I_1}{I_2}$ 를 변류비라 하며, 권수비 a의 역수가 된다.

(3) 권수비

$$a = \frac{E_1}{E_2} = \frac{N_1}{N_2} = \frac{I_2}{I_1} = \sqrt{\frac{Z_1}{Z_2}}$$

2. 변압기유의 조건

변압기유는 변압기의 냉각과 절연을 목적으로 사용되는 것으로 다음과 같은 조건을 구비하여야 한다.

① 변압기의 기름으로서 갖추어야 할 조건
  - 절연 내력이 클 것
  - 절연 재료 및 금속에 화학 작용을 일으키지 않을 것
  - 인화점이 높고, 응고점이 낮을 것
  - **점도가 낮고**(유동성이 풍부), 비열이 커서 냉각 효과가 클 것
  - 고온에서도 석출물이 생기거나 산화하지 않을 것
② 변압기 기름의 열화 방지 : 콘서베이터는 높은 온도의 기름이 직접 공기와 접촉하는 것을 방지하여 기름의 열화를 방지한다.

3. 여자 전류

① 여자 전류는 자화전류와 철손전류의 벡터합으로 표시된다.

$$I_0 = I_\phi + I_i = \sqrt{I_\phi{}^2 + I_i{}^2}$$

$$I_i = \frac{P_i}{V_1}[\mathrm{A}]$$

여기서, I_0 : 여자 전류

I_ϕ : 자화 전류

I_i : 철손 전류

P_i : 철손

② 철심에는 자기포화 및 히스테리시스 현상이 있으므로 변압기 여자전류에는 제3고조파가 가장 많이 포함되어 있다.

③ 변압기의 여자전류는 자기포화와 히스테리시스 현상 때문에 왜곡이 된다.

✕ 4. 전압 변동률

(1) 전압 변동률

① 전압 변동률

$$\epsilon = \frac{V_{20} - V_{2n}}{V_{2n}} \times 100 [\%]$$

여기서, V_{20} : 무부하 2차 단자 전압

V_{2n} : 정격 2차 단자 전압

② 부호는 지상 부하 시 전압변동률

$$\epsilon \fallingdotseq p\cos\phi + q\sin\phi [\%]$$

③ 부호는 진상 부하 시 전압변동률

$$\epsilon \fallingdotseq p\cos\phi - q\sin\phi [\%]$$

여기서, p : %저항 강하

q : %리액턴스 강하

ϕ : 부하의 위상각

(2) 최대 전압변동률

$$\epsilon_{\max} = \sqrt{p^2 + q^2}$$

(3) 최대 전압변동률을 발생하는 역률

$$\cos\theta_{\max} = \frac{p}{\sqrt{p^2 + q^2}}$$

✕ 5. 변압기의 손실과 효율

(1) 철손 (무부하손)

$$P_i = P_h + P_e [\text{W}]$$

① 히스테리시스손 : $P_h = \delta_h f B_m^{1.6} [\text{W/kg}]$

② 와류손 : $P_e = \delta_e (t f k_f B_m)^2 [\text{W/kg}]$

여기서, δ_h : 히스테리시스 정수

δ_e : 재료에 의한 정수

f : 주파수[Hz]

B_m : 자속 밀도의 최댓값[Wb/m²]

t : 철판의 두께[m]

k_f : 파형률

변압기 철심(core)에는 히스테리시스손과 와류손을 감소시키기 위하여 규소 강판을 성층하여 사용한다.

(2) 효율

① 규약 효율

$$\eta = \frac{출력}{출력 + 손실} \times 100 [\%]$$

$$= \frac{입력 - 손실}{입력} \times 100 [\%]$$

$$= \frac{V_2 I_2 \cos\theta_2}{V_2 I_2 \cos\theta_2 + P_i + I_2^2 r} \times 100 [\%]$$

② 전부하 효율

$$\eta = \frac{V_2 I_2 \cos\theta}{V_2 I_2 \cos\theta + P_i + P_c} \times 100 [\%]$$

여기서, P_i : 무부하손(철손)

$P_c = r_{12} I_2^2$

V_2, I_2 : 정격 2차 전압 및 전류

$\cos\theta$: 부하 역률

③ m배 부하의 효율

- $\eta_m = \dfrac{m V_2 I_2 \cos\theta}{m V_2 I_2 \cos\theta + P_i + m^2 P_c} \times 100 [\%]$

- 최대 효율 조건 $m = \sqrt{\dfrac{P_i}{P_c}}$

◁ 6. 변압기의 3상결선

(1) 극성 시험

① 감극성인 경우 : $V = V_1 - V_2$
② 가극성인 경우 : $V = V_1 + V_2$

고압측을 U V, 저압측을 u v 로 하여 아래와 같이 극성을 표시한다.

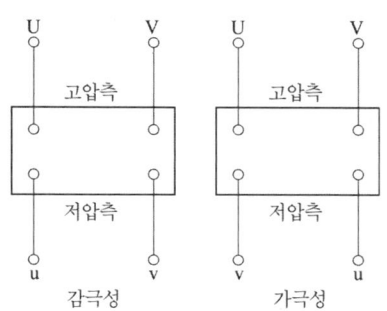

극성의 기호

우리나라에서는 감극성을 표준으로 하고 있다.

(2) △−△ 결선

① 결선도

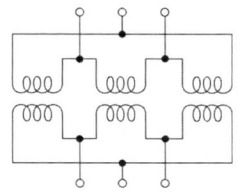

② 전압
$$V_l = V_p \angle 0°$$

③ 전류
$$I_l = \sqrt{3}\, I_p \angle -30°$$
단, V_l : 선간전압, V_p : 상전압
I_l : 선전류, I_p : 상전류

④ 특징
- 제3고조파 전류가 △결선 내를 순환하므로 정현파 교류 전압을 유기하여 기전력의 파형이 왜곡되지 않는다.
- 1상분이 고장이 나면 나머지 2대로써 V결선 운전이 가능하다.
- 중성점을 접지할 수 없으므로 지락 사고의 검출이 곤란하다.

(3) Y−Y 결선

① 결선도

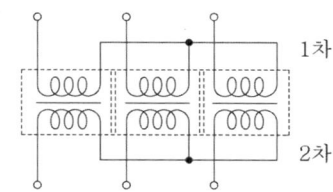

② 전압
$$V_l = \sqrt{3}\, V_p \angle 30°$$

③ 전류
$$I_l = I_p \angle 0°$$
단, V_l : 선간전압, V_p : 상전압
I_l : 선전류, I_p : 상전류

④ 특징
- 1차, 2차 모두 중성점을 접지할 수 있으며 고압의 경우 이상 전압을 감소시킬 수 있다.
- 상전압이 선간 전압의 $1/\sqrt{3}$ 배이므로 절연이 용이하다.
- 기전력의 파형이 제3고조파를 포함한 왜형파가 된다.
- 중성점을 접지하면 제3고조파 전류가 흘러 통신선에 유도 장해를 일으킨다.

(4) Y-△, △-Y 결선

① 결선도(△-Y)

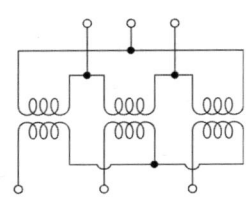

② 특징

- 한 쪽 Y결선의 중성점을 접지 할 수 있다.
- Y결선의 상전압은 선간 전압의 $1/\sqrt{3}$ 이 므로 절연이 용이하다.
- 1, 2차 중에 △결선이 있어 제3고조파의 장해가 적고, 기전력의 파형이 왜곡되지 않는다.
- Y-△ 결선은 강압용으로, △-Y 결선은 승압용으로 사용할 수 있어서 송전 계통에 융통성 있게 사용된다.
- 1, 2차 선간전압 사이에 30°의 위상차가 있다.
- 1상에 고장이 생기면 전원 공급이 불가능해 진다.
- 중성점 접지로 인한 유도 장해를 초래한다.

(5) V-V 결선

① 결선도

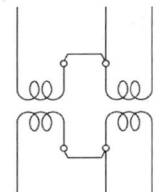

② 출력

$$P_V = \sqrt{3}\,P_1$$

여기서, P_V : V결선시의 출력,

P_1 : 단상 변압기 1대의 용량

③ 특징

- △-△ 결선에서 1대의 변압기 고장 시 2 대만으로도 3상 부하에 전력을 공급할 수 있다.
- 설비의 이용률이 86.6[%]로 저하된다.
- △결선에 비해 출력이 57.74[%]로 저하된다.

< 7. 상수의 변환

(1) 3상-2상간의 상수 변환

① 스코트 결선(T결선)
② 메이어 결선
③ 우드 브리지 결선

(2) 스코트 결선의 이용률

$$이용률 = \frac{\sqrt{3}\,VI}{2\,VI} = 0.866$$

(3) 3상-6상간의 상수 변환

① 환상 결선　　② 2중 3각 결선
③ 2중 성형 결선　④ 대각 결선
⑤ 포크 결선

< 8. 병렬 운전

(1) 병렬 운전의 조건

① 각 변압기의 극성이 같을 것
② 각 변압기의 권수비가 같고, 1차와 2차의 정격 전압이 같을 것
③ 각 변압기의 % 임피던스 강하가 같을 것
④ 3상식에서는 위의 조건 외에 각 변압기의 상회전 방향 및 위상 변위가 같을 것

(2) 3상 변압기의 병렬 운전

병렬 운전 가능	병렬 운전 불가능
$\triangle-\triangle$와　$\triangle-\triangle$	
$Y-\triangle$와　$Y-\triangle$	$\triangle-\triangle$와　$\triangle-Y$
$Y-Y$와　$Y-Y$	$\triangle-Y$와　$Y-Y$
$\triangle-Y$와　$\triangle-Y$	$\triangle-\triangle$와　$Y-\triangle$
$\triangle-\triangle$와　$Y-Y$	$Y-Y$와　$Y-\triangle$
$\triangle-Y$와　$Y-\triangle$	

◁ 9. 특수 변압기

(1) 3상 변압기

1대로 3상 변압을 할 수 있는 변압기를 3상 변압기라 한다.

(2) 단권 변압기

① 자기 용량과 부하 용량

$$\frac{\text{자기 용량}}{\text{부하 용량}} = \frac{\text{직렬 권선부분의 전류} \times \text{승압(강압) 전압}}{\text{출력}}$$

$$= 1 - \frac{V_l}{V_h} = 1 - \frac{1}{a}$$

여기서, V_h : 고압측 전압

V_l : 저압측 전압

② 단권 변압기의 3상 결선

다음 표는 단권변압기의 3상 결선 시 부하용량에 대한 자기용량의 비를 나타낸 것이다.

결선방식	$\dfrac{\text{자기 용량}}{\text{부하 용량}}$
Y결선	$1 - \dfrac{V_l}{V_h}$
$\triangle$결선	$\dfrac{V_h^2 - V_l^2}{\sqrt{3}\,V_h V_l}$
V결선	$\dfrac{2}{\sqrt{3}}\left(1 - \dfrac{V_l}{V_h}\right)$
변연장 $\triangle$결선	$-\dfrac{\sqrt{3}}{2}\left(\dfrac{V_l}{V_h}\right) + \sqrt{1 - \dfrac{1}{4}\left(\dfrac{V_l}{V_h}\right)^2}$

01 다음 중 변압기의 원리와 관계있는 것은?

① 전기자 반작용

② 전자 유도 작용

③ 플레밍의 오른손 법칙

④ 플레밍의 왼손 법칙

풀이 변압기는 전자유도작용에 의해 권선에 비례하여 유도 기전력이 발생한다.

02 변압기의 자속에 관한 설명으로 옳은 것은?

① 전압과 주파수에 반비례한다.

② 전압과 주파수에 반비례한다.

③ 전압에 반비례하고 주파수에 비례한다.

④ 전압에 비례하고 주파수에 반비례한다.

풀이 자속은 전압에 비례하고, 주파수에 반비례한다.
($\because E = 4.44 N f \phi_m$)

03 다음 중 변압기에서 자속과 비례하는 것은?

① 권수   ② 주파수

③ 전압   ④ 전류

풀이 유도기전력 $E = 4.44 f N \phi_m [\text{V}]$이므로

자속 $\phi_m = \dfrac{E}{4.44 f N}[\text{Wb}]$이다.

04 50[Hz]의 변압기에 60[Hz]의 전압을 가했을 때 자속밀도는 50[Hz] 때의 몇 배인가?

① $\dfrac{6}{5}$배   ② $\dfrac{5}{6}$배

③ $\left(\dfrac{6}{5}\right)^2$배   ④ $\left(\dfrac{5}{6}\right)^2$배

풀이 변압기의 유도기전력
$E_2 = 4.44 f N_2 \phi_m = 4.44 f N_2 B_m A$에서
최대자속밀도는 주파수에 반비례한다.
따라서 주파수가 증가하면 자속밀도는 감소하므로
$\dfrac{5}{6}$배가 된다.

05 복잡한 전기회로를 등가 임피던스를 사용하여 간단히 변화시킨 회로는?

① 유도회로   ② 전개회로

③ 등가회로   ④ 단순회로

06 변압기의 정격 1차 전압이란?

① 정격 출력일 때의 1차 전압

② 무부하에 있어서 1차 전압

③ 정격 2차 전압×권수비

④ 임피던스 전압×권수비

풀이 $a = \dfrac{N_1}{N_2} = \dfrac{V_1}{V_2} = \dfrac{I_2}{I_1} = \sqrt{\dfrac{Z_1}{Z_2}}$에서
$V_1 = a V_2$

07 1차 전압 3300[V], 2차 전압 220[V]인 변압기의 권수비(turn ratio)는 얼마인가?

① 15   ② 220

③ 3300   ④ 7260

풀이 $a = \dfrac{N_1}{N_2} = \dfrac{V_1}{V_2} = \dfrac{3300}{220} = 15$

답 1. ②   2. ④   3. ③   4. ②   5. ③   6. ③   7. ①

08 1차 권수 3000, 2차 권수 100인 변압기에서 이 변압기의 전압비는 얼마인가?

① 20　　　　② 30
③ 40　　　　④ 50

풀이 전압비 $a = \dfrac{V_1}{V_2} = \dfrac{N_1}{N_2}$ 이므로

$a = \dfrac{3000}{100} = 30$이 된다.

09 1차 권수 6000회, 2차 권수 200회인 변압기의 변압비는?

① 30　　　　② 60
③ 90　　　　④ 120

풀이 변압기의 전압비는 $a = \dfrac{E_1}{E_2} = \dfrac{N_1}{N_2}$ 이므로

$a = \dfrac{6000}{200} = 30$이 된다.

10 변압기의 2차 저항이 0.1[Ω]일 때 1차로 환산하면 360[Ω]이 된다. 이 변압기의 권수비는?

① 30　　　　② 40
③ 50　　　　④ 60

풀이 변압기 권수비

$a = \dfrac{N_1}{N_2} = \sqrt{\dfrac{R_1}{R_2}} = \sqrt{\dfrac{360}{0.1}} = 60$

11 변압기의 1차 권회수 80회, 2차 권회수 320회일 때 2차 측의 전압이 100[V]이면 1차 전압(V)은?

① 15　　　　② 25
③ 50　　　　④ 100

풀이 $V_1 = a V_2 = \dfrac{80}{320} \times 100 = 25\,[\text{V}]$

12 6600/220[V]인 변압기의 1차에 2850[V]를 가하면 2차 전압[V]은?

① 90　　　　② 95
③ 120　　　　④ 105

풀이 권수비 $a = \dfrac{6600}{220} = 30$이므로

변압기 2차 전압은

$V_2 = \dfrac{V_1}{a} = \dfrac{2850}{30} = 95\,[\text{V}]$가 된다.

13 권수비 30인 변압기의 1차에 6600[V]를 가할 때 2차 전압은?

① 220[V]　　　　② 380[V]
③ 420[V]　　　　④ 660[V]

풀이 변압기 2차 전압

$V_2 = \dfrac{V_1}{a} = \dfrac{6600}{30} = 220\,[\text{V}]$

14 1차 전압 13200[V], 2차 전압 220[V]인 단상 변압기의 1차에 6000[V]의 전압을 가하면 2차 전압은 몇 [V]인가?

① 100　　　　② 200
③ 50　　　　④ 250

풀이 권수비 $a = \dfrac{V_1}{V_2} = \dfrac{13200}{220} = 60$

변압기 2차 전압

$V_2 = \dfrac{V_1}{a} = \dfrac{6000}{60} = 100\,[\text{V}]$

15 권수비 2, 2차 전압 100[V], 2차 전류 5[A], 2차 임피던스 20[Ω]인 변압기의 ㉠ 1차 환산 전압 및 ㉡ 1차 환산 임피던스는?

① ㉠ 200[V], ㉡ 80[Ω]

② ㉠ 200[V], ㉡ 40[Ω]

③ ㉠ 50[V], ㉡ 10[Ω]

④ ㉠ 50[V], ㉡ 5[Ω]

풀이 권수비 $a = \dfrac{V_1}{V_2} = \dfrac{I_2}{I_1} = \sqrt{\dfrac{Z_1}{Z_2}}$ 에서

㉠ $V_1 = aV_2 = 2 \times 100 = 200[\text{V}]$

㉡ $Z_1 = a^2 Z_2 = 2^2 \times 20 = 80[\Omega]$

16 권수비가 100인 변압기에 있어서 2차측의 전류가 1000[A]일 때, 이것을 1차측으로 환산하면?

① 16[A]　　② 10[A]

③ 9[A]　　④ 6[A]

풀이 $I_1 = \dfrac{I_2}{a} = \dfrac{1000}{100} = 10[\text{A}]$

17 3상 100[kVA], 13200/200[V] 변압기의 저압측 선전류의 유효분은 약 몇 [A]인가? (단, 역률은 80[%]이다.)

① 100　　② 173

③ 230　　④ 260

풀이 저압측 선전류

$I_2 = \dfrac{P}{\sqrt{3}\, V_2} = \dfrac{100 \times 10^3}{\sqrt{3} \times 200} = 288.68[\text{A}]$이므로

유효분 전류

$I = I_2 \cos\theta = 288.68 \times 0.8 = 230.94[\text{A}]$

18 변압기를 운전하는 경우 특성의 약화, 온도상승에 수반되는 수명의 저하, 기기의 소손 등의 이유 때문에 지켜야 할 정격이 아닌 것은?

① 정격전류　　② 정격전압

③ 정격저항　　④ 정격용량

19 변압기의 정격출력으로 맞는 것은?

① 정격 1차 전압 × 정격 1차 전류

② 정격 1차 전압 × 정격 2차 전류

③ 정격 2차 전압 × 정격 1차 전류

④ 정격 2차 전압 × 정격 2차 전류

풀이 일반적으로 전기기기에서는 1차측을 입력, 2차측을 출력이라고 한다.

20 다음 중 변압기의 1차측이란?

① 고압측　　② 저압측

③ 전원측　　④ 부하측

풀이 변압기의 1차측은 전원측을 의미하며, 2차측은 부하측을 의미한다.

21 변압기 명판에 표시된 정격에 대한 설명으로 틀린 것은?

① 변압기의 정격출력 단위는 [kW]이다.

② 변압기 정격은 2차측을 기준으로 한다.

③ 변압기의 정격은 용량, 전류, 전압, 주파수 등으로 결정된다.

④ 정격이란 정해진 규정에 적합한 범위 내에서 사용할 수 있는 한도이다.

풀이 변압기의 정격출력 단위는 [kVA]이다.

답 15. ①　16. ②　17. ③　18. ③　19. ④　20. ③　21. ①

22 변압기의 권선 배치에서 저압 권선을 철심에 가까운 쪽에 배치하는 이유는?

① 전류 용량 　　② 절연 문제
③ 냉각 문제 　　④ 구조상 편의

풀이 내철형 변압기의 권선은 절연의 문제로 철심에 직접 저압권선을 감고, 절연 후 고압권선을 감는다.

23 주상변압기의 고압측에 탭을 여러개 만든 이유는?

① 역률 개선
② 단자 고장 대비
③ 선로 전류 조정
④ 선로 전압 조정

풀이 고압측 탭 : 변압기의 권수비(변압비)를 바꾸어 2차 전압을 일정한 값으로 유지한다.

24 변압기 절연물의 열화 정도를 파악하는 방법으로서 적절하지 않은 것은?

① 유전정접
② 유중가스분석
③ 접지저항측정
④ 흡수전류나 잔류전류측정

풀이 접지저항측정은 접지선 및 접지극 등의 저항을 파악하기 위한 방법이다.

25 변압기의 권선과 철심 사이의 습기를 제거하기 위하여 건조하는 방법이 아닌 것은?

① 열풍법 　　② 단락법
③ 진공법 　　④ 가압법

풀이 변압기 건조하는 방법 : 진공법, 단락법, 열풍법

26 다음 변압기의 냉각 방식 종류가 아닌 것은?

① 건식 자냉식 　　② 유입 자냉식
③ 유입 예열식 　　④ 유입 송유식

풀이 변압기는 권선 및 철심을 직접 냉각하는 매체와 냉각하는 주위의 냉각매체(공기 또는 물)의 종류와 순환방식에 따라　JEC168에서는 표와 같이 분류하고 있다.

냉각방식	표시기호	권선철심의 냉매체		주위의 냉각매체	
		종류	순환방식	종류	순환방식
건식자냉식	AN	공기	자연	–	–
건식풍냉식	AF		강제	–	–
건식밀폐자냉식	ANAN	공기(가스)	자연	공기(가스)	자연
유입자냉식	ONAN	유	자연	공기	자연
유입풍냉식	ONAF			공기	강제
유입수냉식	ONWF			수	강제
송유자냉식	OFAN		강제	공기	자연
송유풍냉식	OFAF			공기	강제
송유수냉식	OFWF			수	강제

27 변압기유의 열화 방지를 위해 쓰이는 방법이 아닌 것은?

① 방열기 　　② 브리이더
③ 컨서베이터 　　④ 질소봉입

풀이 방열기는 변압기의 열을 효과적으로 발산시키기 위한 장치이다.

28 변압기 외함 내에 들어 있는 기름을 펌프를 이용하여 외부에 있는 냉각 장치로 보내서 냉각시킨 다음 냉각된 기름을 다시 외함의 내부로 공급하는 방식으로, 냉각효과가 크기 때문에 30000[kVA] 이상의 대용량 변압기에서 사용하는 냉각방식은?

① 건식풍냉식 　　② 유입자냉식
③ 유입풍냉식 　　④ 유입송유식

답 22. ② 23. ④ 24. ③ 25. ④ 26. ③ 27. ① 28. ④

풀이 유입 송유식(oil immersed forced oil circulating type) : FOA, FOW
외함 내에 있는 가열된 기름을 순환펌프에 의해 외부의 수냉식 냉각기 및 풍냉식 냉각기에 의해 냉각시켜 다시 외함 내에 유입시키는 방식

29 유입 변압기에 기름을 사용하는 목적이 아닌 것은?
　① 열 방산을 좋게 하기 위하여
　② 냉각을 좋게 하기 위하여
　③ 절연을 좋게 하기 위하여
　④ 효율을 좋게 하기 위하여

풀이 변압기에 사용하는 기름(절연유)는 변압기의 냉각과 절연을 좋게하기 위하여 사용한다.

30 변압기유가 구비해야 할 조건으로 틀린 것은?
　① 점도가 낮을 것
　② 인화점이 높을 것
　③ 응고점이 높을 것
　④ 절연내력이 클 것

풀이 변압기의 기름은 인화점이 높고, 응고점이 낮아야 한다.

31 변압기 기름의 구비조건이 아닌 것은?
　① 절연내력이 클 것
　② 인화점과 응고점이 높을 것
　③ 냉각 효과가 클 것
　④ 산화현상이 없을 것

풀이 변압기의 기름은 인화점이 높고, 응고점이 낮아야 한다.

32 변압기유로 쓰이는 절연유에 요구되는 성질이 아닌 것은?
　① 점도가 클 것
　② 비열이 커 냉각효과가 클 것
　③ 절연재료 및 금속재료에 화학작용을 일으키지 않을 것
　④ 인화점이 높고 응고점이 낮을 것

풀이 변압기의 기름으로서 갖추어야 할 조건
　• 절연 내력이 클 것.
　• 절연 재료 및 금속에 화학 작용을 일으키지 않을 것
　• 인화점이 높고, 응고점이 낮을 것
　• 점도가 낮고(유동성이 풍부), 비열이 커서 냉각 효과가 클 것
　• 고온에서도 석출물이 생기거나 산화하지 않을 것

33 변압기유가 구비해야 할 조건은?
　① 절연 내력이 클 것
　② 인화점이 낮을 것
　③ 응고점이 높을 것
　④ 비열이 작을 것

풀이 변압기의 기름으로서 갖추어야 할 조건
　• 절연 내력이 클 것
　• 절연 재료 및 금속에 화학 작용을 일으키지 않을 것
　• 인화점이 높고, 응고점이 낮을 것
　• 점도가 낮고(유동성이 풍부), 비열이 커서 냉각 효과가 클 것
　• 고온에서도 석출물이 생기거나 산화하지 않을 것

34 변압기유의 열화 방지와 관계가 가장 먼 것은?
　① 브리더　　　　② 컨서베이터
　③ 불활성 질소　　④ 부싱

35 부흐홀쯔 계전기로 보호되는 기기는?

① 발전기   ② 변압기
③ 전동기   ④ 회전 변류기

풀이 변압기 내부고장을 보호하기 위한 계전기 : 부흐홀쯔 계전기, 비율차동 계전기, 차동 계전기

36 변압기에 콘서베이터(conservator)를 설치하는 목적은?

① 열화 방지   ② 코로나 방지
③ 강제 순환   ④ 통풍 장치

풀이 변압기 기름의 열화 방지를 위해 콘서베이터를 설치한다.

37 변압기 내부고장 시 급격한 유류 또는 gas의 이동이 생기면 동작하는 부흐홀츠 계전기의 설치 위치는?

① 변압기 본체
② 변압기의 고압측 부싱
③ 컨서베이터 내부
④ 변압기 본체와 컨서베이터를 연결하는 파이프

풀이 부흐홀쯔 계전기는 변압기의 주탱크와 콘서베이터와의 연결관 도중에 설치한다.

38 부흐홀츠 계전기의 설치 위치로 가장 적당한 곳은?

① 변압기 주 탱크 내부
② 콘서베이터 내부
③ 변압기 고압측 부싱
④ 변압기 주 탱크와 콘서베이터 사이

풀이 부흐홀쯔 계전기는 변압기의 내부 고장으로 발생하는 기름의 분해 가스 증기 또는 유류를 이용하여 부저를 움직여 계전기의 접점을 닫는 것이므로 변압기의 주탱크와 콘서베이터와의 연결관 도중에 설치한다.

39 변압기의 무부하인 경우에 1차 권선에 흐르는 전류는?

① 정격 전류   ② 단락 전류
③ 부하 전류   ④ 여자 전류

풀이 변압기 2차를 개방하고 1차에 정격전압을 가할 경우 1차에 미소 전류가 흐르는데, 이 전류를 여자전류라고 한다.

40 변압기의 여자 전류가 일그러지는 이유는 무엇 때문인가?

① 와류(맴돌이 전류) 때문에
② 자기 포화와 히스테리시스 현상 때문에
③ 누설리액턴스 때문에
④ 선간의 정전용량 때문에

풀이 변압기의 여자전류는 자기포화와 히스테리시스 현상 때문에 왜곡 된다.

41 절연물을 전극 사이에 삽입하고 전압을 가하면 전류가 흐르는데 이 전류는?

① 과전류   ② 접촉전류
③ 단락전류   ④ 누설전류

풀이 절연물의 내부 또는 표면을 통해서 흐르는 미소 전류를 누설전류라 한다.

42 1차 전압이 13200[V], 무부하 전류 0.2[A], 철손 100[W]일 때 여자 어드미턴스는 약 몇 [℧]인가?

① 1.5×10^{-5}[℧]   ② 3×10^{-5}[℧]
③ 1.5×10^{-3}[℧]   ④ 3×10^{-3}[℧]

풀이 여자어드미턴스

$$Y_0 = \frac{I_0}{V_1} = \frac{0.2}{13200} = 1.5 \times 10^{-5} [\text{℧}]$$

43 어떤 변압기에서 임피던스 강하가 5[%]인 변압기가 운전 중 단락되었을 때 그 단락전류는 정격전류의 몇 배인가?

① 5   ② 20
③ 50   ④ 200

풀이 단락 전류

$$I_{1s} = \frac{100}{\%Z} I_{1n} = \frac{100}{5} \times I_{1n} = 20 I_{1n}$$

44 변압기의 임피던스 전압이란?

① 정격전류가 흐를 때 변압기 내의 전압강하
② 여자전류가 흐를 때 2차측 단자전압
③ 정격전류가 흐를 때 2차측 단자전압
④ 2차 단락 전류가 흐를 때 변압기 내의 전압강하

풀이 변압기의 임피던스 전압이란, 변압기의 임피던스와 정격 전류와의 곱을 말한다.

45 변압기의 백분율 저항강하가 2[%], 백분율 리액턴스강하가 3[%]일 때 부하역률이 80[%]인 변압기의 전압변동률[%]은?

① 1.2   ② 2.4
③ 3.4   ④ 3.6

풀이 $\sin\phi = \sqrt{1 - \cos^2\theta} = \sqrt{1 - 0.8^2} = 0.6$
$\therefore \epsilon = p\cos\phi + q\sin\phi = 2 \times 0.8 + 3 \times 0.6$
$\qquad = 3.4[\%]$

46 변압기에서 퍼센트 저항강하 3[%], 리액턴스 강하 4[%]일 때 역률 0.8(지상)에서의 전압 변동률은?

① 2.4[%]   ② 3.6[%]
③ 4.8[%]   ④ 6.0[%]

풀이 $\epsilon \fallingdotseq p\cos\phi + q\sin\phi = 3 \times 0.8 + 4 \times 0.6$
$\qquad = 4.8[\%]$

47 퍼센트 저항 강하 1.8[%] 및 퍼센트 리액턴스 강하 2[%]인 변압기가 있다. 부하의 역률이 1일 때의 전압 변동률은?

① 1.8[%]   ② 2.0[%]
③ 2.7[%]   ④ 3.8[%]

풀이 $\epsilon \fallingdotseq p\cos\phi + q\sin\phi = 1.8 \times 1 + 2 \times 0$
$\qquad = 1.8[\%]$

48 변압기에서 전압 변동률이 최대가 되는 부하 역률은? 단, p : 퍼센트 저항 강하, q : 퍼센트 리액턴스 강하, $\cos\theta_m$: 역률

① $\cos\theta_m = \dfrac{p}{\sqrt{p+q}}$

② $\cos\theta_m = \dfrac{p}{\sqrt{p^2+q^2}}$

③ $\cos\theta_m = \dfrac{p}{p^2+q^2}$

④ $\cos\theta_m = \dfrac{p}{p+q}$

49 퍼센트 저항강하 3[%], 리액턴스 강하 4[%]인 변압기의 최대 전압 변동률은?

① 1[%]   ② 5[%]
③ 7[%]   ④ 12[%]

답 43. ②   44. ①   45. ③   46. ③   47. ①   48. ②   49. ②

풀이 최대 전압 변동률

$$\epsilon_{\max} = \sqrt{p^2 + q^2} = \sqrt{3^2 + 4^2} = 5[\%]$$

50 다음 중 변압기 무부하손의 대부분을 차지하는 것은?

① 유전체손   ② 동손

③ 철손   ④ 저항손

풀이

$$무부하손 \begin{cases} (a)\ 철손 \begin{cases} 히스테리시스손 \\ 와류손 \end{cases} \\ (b)\ 여자\ 전류에\ 의한\ 권선의\ 저항손 \\ (c)\ 절연물\ 중의\ 유전체손 \end{cases}$$

(b), (c)는 (a)에 비하여 매우 적으므로 무부하손은 철손이라고 보는 것이 보통이다.

51 변압기의 손실에 해당되지 않는 것은?

① 동손

② 와전류손

③ 히스테리시스손

④ 기계손

풀이 기계손은 풍손, 베어링 마찰손, 브러시 마찰손 등으로 고정기인 변압기의 손실에는 해당되지 않는다.

52 변압기에서 철손은 부하전류와 어떤 관계인가?

① 부하전류에 비례한다.

② 부하전류의 자승에 비례한다.

③ 부하전류에 반비례한다.

④ 부하전류와 관계없다.

풀이 철손(무부하손)에는 히스테리시스손과 와류손이 있으며, 부하 전류와 관계없는 고정손이다.

53 변압기의 부하와 전압이 일정하고 주파수만 높아지면 어떻게 되는가?

① 철손감소   ② 철손증가

③ 동손증가   ④ 동손감소

풀이 철손 $P_i = K\dfrac{V^2}{f}$ 이므로 정격 전압이 일정한 상태에서 주파수가 증가하면 철손은 감소한다.

54 일정 전압 및 일정 파형에서 주파수가 상승하면 변압기 철손은 어떻게 변하는가?

① 증가한다.

② 감소한다.

③ 불변이다.

④ 어떤 기간 동안 증가한다.

풀이 $P_h \propto \dfrac{1}{f}$ 에서 히스테리시스손(철손)은 주파수에 반비례하므로, 주파수가 상승하면 철손은 감소한다.

55 변압기의 부하전류 및 전압이 일정하고 주파수만 낮아지면?

① 철손이 증가한다.

② 동손이 증가한다.

③ 철손이 감소한다.

④ 동손이 감소한다.

풀이 ① 부하 전류가 일정하면 동손($I^2 r$)은 변화가 없다.

② 철손은 히스테리시스손과 와전류손의 합이며, 전압이 일정한 경우 히스테리시스손은 주파수와 반비례, 와류손은 주파수와 무관 하다.

따라서 변압기의 부하 전류 및 전압이 일정하고 주파수만 낮아지면 철손이 증가한다.

56 변압기 철심에는 철손을 작게 하기 위하여 철이 몇 [%]인 강판을 사용하는가?

① 약 50~55[%] 　② 약 60~65[%]

③ 약 76~86[%] 　④ 약 96~97[%]

풀이 변압기 철심에는 철손(히스테리시스손)의 손실을 감소시키기 위해 규소 함량 1~1.4[%] 정도의 규소 강판을 사용한다.

57 정격 2차 전압 및 정격 주파수에 대한 출력 [kW]과 전체 손실[kW]이 주어 졌을 때 변압기의 규약 효율을 나타내는 식은?

① $\dfrac{입력}{입력 - 전체손실} \times 100[\%]$

② $\dfrac{출력}{출력 + 전체손실} \times 100[\%]$

③ $\dfrac{출력}{입력 - 철손 - 동손} \times 100[\%]$

④ $\dfrac{출력 - 철손 - 동손}{입력} \times 100[\%]$

58 변압기의 규약 효율은?

① $\dfrac{출력}{입력}$ 　② $\dfrac{출력}{출력 + 손실}$

③ $\dfrac{출력}{입력 + 손실}$ 　④ $\dfrac{입력 - 손실}{입력}$

풀이 변압기, 발전기의 규약효율

$$\eta = \frac{출력}{출력 + 손실} \times 100[\%]$$

59 출력에 대한 전부하 동손이 2[%], 철손이 1[%]인 변압기의 전부하 효율[%]은?

① 95 　② 96

③ 97 　④ 98

풀이 전부하 효율

$$\eta = \frac{출력}{출력 + 동손 + 철손} \times 100$$

$$= \frac{P}{P + 0.02P + 0.01P} \times 100 = \frac{P}{1.03P} \times 100$$

$$≒ 97[\%]$$

60 권수비 30인 변압기의 저압측 전압이 8[V]인 경우 극성시험에서 가극성과 감극성의 전압 차이는 몇 [V]인가?

① 24 　② 16

③ 8 　④ 4

풀이 극성시험에서 가극성(V_1)과 감극성(V_2)의 전압차이(V)는

$V_1 - V_2 = V_h + V_l - (V_h - V_l) = 2V_l$ 이다.

따라서 $V = 2V_l = 2 \times 8 = 16[\text{V}]$

61 송배전계통에 거의 사용되지 않는 변압기 3상 결선방식은?

① Y-△ 　② Y-Y

③ △-Y 　④ △-△

풀이 Y-Y 결선 방법은 기전력의 파형이 제3고조파를 포함한 왜형파가 되며, 중성점 접지 시 제3고조파 전류가 흘러 통신선 유도 장해를 일으키므로 거의 사용되지 않는다.

62 수전단 발전소용 변압기 결선에 주로 사용하고 있으며 한쪽은 중성점을 접지할 수 있고 다른 한쪽은 제3고조파에 의한 영향을 없애주는 장점을 가지고 있는 3상 결선 방식은?

① Y-Y 　② △-△

③ Y-△ 　④ V

풀이 Y결선은 중성점을 접지할 수 있으며, △결선은 3고조파에 의한 영향을 없애 줄 수 있다.

답 56. ④ 57. ② 58. ② 59. ③ 60. ② 61. ② 62. ③

63 변압기를 △－Y결선(delta–star connection)
한 경우에 대한 설명으로 옳지 않은 것은?

① 1차 선간전압 및 2차 선간전압의 위상차
　는 60°이다.
② 제3고조파에 의한 장해가 적다.
③ 1차 변전소의 승압용으로 사용된다.
④ Y결선의 중성점을 접지할 수 있다.

풀이 1차 선간전압 및 2차 선간전압의 위상차는 30°이
다.

64 변압기를 △－Y로 결선할 때 1, 2차 사이의
위상차는?

① 0°　　　　　　② 30°
③ 60°　　　　　　④ 90°

풀이 변압기의 △와 Y결선의 위상차 : 30° 변위가 발생
한다.

65 △결선 변압기의 한 대가 고장으로 제거되어
V결선으로 공급할 때 공급할 수 있는 전력은
고장 전 전력에 대하여 약 몇 [%]인가?

① 57.7[%]　　　　② 66.7[%]
③ 70.5V　　　　　④ 86.6[%]

풀이
$$\frac{\text{V결선의 출력}}{\triangle\text{결선의 출력}} = \frac{\sqrt{3}P_1}{3P_1} = \frac{\sqrt{3}}{3}$$
$$= 0.577 = 57.7[\%]$$

66 3상 전원에서 2상 전원을 얻기 위한 변압기
결선 방법은?

① △　　　　　　② Y
③ V　　　　　　④ T

풀이 스코트(T) 결선은 3상에서 2상을 얻는 결선이다.

67 3상 변압기의 병렬운전이 불가능한 결선 방
식으로 짝지은 것은?

① △－△와 Y－Y　② △－Y와 △－Y
③ Y－Y와 Y－Y　④ △－△와 △－Y

풀이 △－△와 △－Y, △－Y와 Y－Y의 결선은 병렬운전
이 불가능하다.

68 계기용 변압기의 2차측 단자에 접속하여야
할 것은?

① OCR　　　　　② 전압계
③ 전류계　　　　　④ 전열부하

풀이 ・ 계기용 변압기 2차측 접속기기 : 전압계
　　・ 계기용 변류기 2차측 접속기기 : 전류계

69 변류기 개방시 2차측을 단락하는 이유는?

① 2차측 절연보호
② 2차측 과전류 보호
③ 측정오차 감소
④ 변류비 유지

풀이 CT 2차측을 개방하면, 고전압이 유기되어 절연이
파괴되므로 단락하여야 한다.

70 아크 용접용 변압기가 일반 전력용 변압기와
다른 점은?

① 권선의 저항이 크다.
② 누설 리액턴스가 크다.
③ 효율이 높다.
④ 역률이 좋다.

풀이 아크 용접용 변압기는 수하특성을 갖도록 하기 위
해 부하의 임피던스에 비하여 변압기의 누설 리액
턴스를 월등히 더 크게 한다.

---

71 다음 설명 중 틀린 것은?

① 3상 유도 전압조정기의 회전자 권선은 분로 권선이고, Y결선으로 되어 있다.

② 디이프 슬롯형 전동기는 냉각 효과가 좋아 기동 정지가 빈번한 중·대형 저속기에 적당하다.

③ 누설 변압기가 네온사인이나 용접기의 전원으로 알맞은 이유는 수하특성 때문이다.

④ 계기용 변압기의 2차 표준은 110/220[V]로 되어 있다.

> **풀이** 계기용 변압기의 2차 표준은 110[V], 변류기의 2차 표준은 5[A]이다.

72 3권선 변압기에 대한 설명으로 옳은 것은?

① 한 개의 전기회로에 3개의 자기회로로 구성되어 있다.

② 3차 권선에 조상기를 접속하여 송전선의 전압조정과 역률개선에 사용된다.

③ 3차 권선에 단권변압기를 접속하여 송전선의 전압조정에 사용된다.

④ 고압배전선의 전압을 10[%] 정도 올리는 승압용이다.

> **풀이** Y-Y-△에서 △의 제3권선은 일반 전열등 소내용 전압 공급, 또는 조상 설비로 사용한다.

73 단상 유도전압조정기의 단락권선의 역할은?

① 절연 보호 　　② 철손 경감

③ 전압강하 경감 　④ 전압조정 수월

> **풀이** 2차 권선의 누설 리액턴스에 의한 전압 강하를 경감하기 위해 단락권선을 설치한다.

74 권선 저항과 온도와의 관계는?

① 온도와는 무관하다.

② 온도가 상승함에 따라 권선 저항은 감소한다.

③ 온도가 상승함에 따라 권선 저항은 증가한다.

④ 온도가 상승함에 따라 권선의 저항은 증가와 감소를 반복한다.

> **풀이** 권선의 재료는 구리로 되어있으며, 구리와 같은 금속의 온도계수는 (+)로 온도가 높아지면 저항도 같이 증가하게 된다.

75 다음 중 변압기의 온도 상승 시험법으로 가장 널리 사용되는 것은?

① 무부하 시험법 　② 절연내력 시험법

③ 단락 시험법 　　④ 실 부하법

> **풀이** 변압기의 온도 상승 시험법에는 실 부하법, 반환 부하법, 등가 부하법이 있다.

76 다음 중 변압기의 온도 상승 시험법으로 가장 널리 사용되는 것은?

① 반환부하법

② 유도시험법

③ 절연전압시험법

④ 고조파억제법

77 변압기의 무부하시험, 단락 시험에서 구할 수 없는 것은?

① 동손 　　　　② 철손

③ 전압변동률 　④ 절연 내력

> **풀이** 단락시험 : 동손 측정, 임피던스전압 측정
> 무부하 시험 : 철손 측정, 여자전류 측정

답 71. ④ 72. ② 73. ③ 74. ③ 75. ④ 76. ① 77. ④

78 변압기의 절연내역 시험 중 유도시험에서의 시험시간은? (단, 유도시험의 계속시간은 시험전압 주파수가 정격주파수의 2배를 넘는 경우이다.)

① $60 \times \dfrac{2 \times 정격주파수}{시험주파수}$

② $120 - \dfrac{정격주파수}{시험주파수}$

③ $60 \times \dfrac{2 \times 시험주파수}{정격주파수}$

④ $120 + \dfrac{정격주파수}{시험주파수}$

풀이 시험 주파수가 정격 주파수의 2배를 초과할 때 시험 시간은 다음과 같다.

$120 \times \dfrac{정격주파수}{시험주파수}$

(다만, 15초 이상이어야 한다.)

79 변압기 절연내력 시험과 관계 없는 것은?
① 가압시험　　　② 유도시험
③ 충격시험　　　④ 극성시험

풀이 극성시험은 가극성인지 감극성인지를 판별하는 시험으로 절연내력 시험과는 관계가 없다.

80 고장에 의하여 생긴 불평형의 전류차가 평형전류의 어떤 비율 이상으로 되었을 때 동작하는 것으로, 변압기 내부 고장의 보호용으로 사용되는 계전기는?
① 과전류계전기
② 방향계전기
③ 비율차동계전기
④ 역상계전기

풀이 변압기 내부고장을 보호하기 위한 계전기는 부흐홀쯔 계전기, 비율차동 계전기, 차동 계전기 등이 사용된다.

81 변압기 절연내력 시험 중 권선의 층간 절연시험은?
① 충격전압 시험　　② 무부하 시험
③ 가압 시험　　　　④ 유도 시험

풀이 유도 시험은 권선의 절연을 측정한다.

82 변압기 내부고장에 대한 보호용으로 가장 많이 사용되는 것은?
① 과전류 계전기
② 차동 임피던스
③ 비율차동 계전기
④ 임피던스 계전기

풀이 변압기 내부고장을 보호하기 위한 계전기는 부흐홀쯔 계전기, 비율차동 계전기, 차동 계전기 등이 사용된다.

83 변압기, 동기기 등의 층간 단락 등의 내부 고장 보호에 사용되는 계전기는?
① 차동 계전기　　② 접지 계전기
③ 과전압 계전기　④ 역상 계전기

풀이 변압기 내부고장을 보호하기 위한 계전기는 부흐홀쯔 계전기, 비율차동 계전기, 차동 계전기 등이 사용된다.

84 용량이 작은 변압기의 단락 보호용으로 주 보호방식으로 사용되는 계전기는?
① 차동전류 계전 방식
② 과전류 계전 방식
③ 비율차동 계전 방식
④ 기계적 계전 방식

풀이 과전류 계전 방식은 과부하, 단락 보호용으로 사용되며, 차동계전 방식은 보호구간 내의 고장을 검출하는 것으로 변압기 내부고장 보호에 사용된다.

답 78. ①　79. ④　80. ③　81. ④　82. ③　83. ①　84. ②

04 유 도 기

< 1. 유도 전동기의 원리

(1) 아르고의 원판

① 구리판에 영구자석을 넣고 회전시키면 플레밍의 오른손 법칙과 플레밍의 왼손 법칙에 의해 구리판이 따라 도는 것을 알 수 있다.

② 자극(회전자계)의 회전방향으로 도체는 추종하여 회전하게 된다.

(2) 유도 전동기 회전원리

① **슬립** : $s = \dfrac{N_s - N}{N_s}$

여기서, f : 주파수

$\quad\quad p$: 극수

$\quad\quad N_s$: 동기 속도

$\quad\quad N$: 회전자 회전속도[rpm]

- 회전자 정지 시 : $s = 1$
- 동기 속도일 때 : $s = 0$

$\quad s \begin{cases} \text{유도 전동기} : 1 > s > 0 \\ \text{유도 발전기} : 0 > s \end{cases}$

② **동기 속도** $N_s = \dfrac{120f}{p}$[rpm]

③ **회전자(유도 전동기) 회전속도**

$\quad N = (1-s)N_s = (1-s)\dfrac{120f}{p}$[rpm]

< 2. 유도 전동기의 구조

(1) 농형 회전자

① **구조가 간단하며, 튼튼하다.**

② 중, 소형 유도 전동기에 널리 사용된다.

③ 대형이 되면 기동토크가 작아 기동이 곤란하게 된다.

(2) 권선형 회전자

① 대형 유도전동기에 적합하며, 기동토크가 크다.

② 2차 회로에 저항을 삽입할 수 있어 **비례추이가 가능하다.**

< 3. 2차 유기 기전력

(1) 슬립 s로 회전시 2차 주파수

$$f_2 = f \times \frac{N_s - N}{N_s} = f \times \frac{sN_s}{N_s} = sf$$

여기서, f_2 : 회전자 기전력 주파수

$\quad\quad f$: 전원 주파수

(2) 슬립 s로 회전시 2차 유기기전력

$$E_2{'} = sE_2$$

여기서, $E_2{'}$: 회전시 2차 유도기전력

$\quad\quad E_2$: 정지시 2차 유도기전력

4. 전력의 변환

(1) 2차 입력 (회전자 입력) P_2와 2차 동손 P_{2c}

2차 입력(P_2)＝2차 동손(P_{2c})＋출력(P_o)

즉, $P_2 = I_1'^2 r_2' + I_1'^2 r = I_1'^2 \dfrac{r_2'}{s}$

$\therefore\ s = \dfrac{P_{2c}}{P_2} = \dfrac{2\text{차 동손}}{2\text{차 입력}}$

(2) 기계적 출력 (회전자 출력) P_o

기계적 출력(P_o)＝2차 입력(P_2)－2차 동손(P_{2c})

즉, $P_o = P_2 - P_{2c} = P_2 - sP_2$

$\qquad = (1-s)P_2 = \dfrac{N}{N_s}P_2[\text{W}]$

따라서 (1)과 (2)에 의해 유도전동기 비례식은 다음과 같다.

$P_2 : P_{2c} : P_o = P_2 : sP_2 : (1-s)P_2$

$\qquad\qquad\quad = 1 : s : (1-s)$

(3) 2차 효율 (회전자 효율)

$\eta_2 = \dfrac{P_o}{P_2} = 1 - s = \dfrac{N}{N_s} \times 100\ [\%]$

5. 동기 와트

(1) 동기와트

$$P_2 = 1.026 N_s \tau[\text{kg} \cdot \text{m}]$$

동기와트란 동기속도로 회전할 때 2차 입력을 토크로 표시한 것을 말한다.

(2) 기계적 출력

기계적 출력이란 전동기가 슬립 s로 회전 시 출력을 토크로 표시한 것을 말한다.

$$\tau = 0.975 \frac{P}{N} = 0.975 \frac{P_2}{N_s}[\text{kg} \cdot \text{m}]$$

6. 3상 유도 전동기의 특성

(1) 비례 추이

① 토크는 공급 전압 V_1이 일정하면 $\dfrac{r_2'}{s}$의 함수가 되어 일정한 토크에 대하여 s는 r_2'에 비례하여 변화하므로 2차 회로의 저항을 변화시킬 수 없는 농형 유도 전동기는 응용할 수 없다.

② 권선형 유도 전동기의 경우에는 비례 추이의 성질을 이용하여 기동 및 속도 제어를 할 수 있다.

③ 2차 삽입저항의 크기

$\dfrac{r_2}{s_m} = \dfrac{r_2 + R_s}{s_t}$

④ 비례추이를 하면
* 2차 저항 r_2'를 변화해도 **최대 토크는 변하지 않는다.**
* r_2'를 크게 하면 최대 토크 시 슬립 s_m도 커진다.
* r_2'를 크게 하면 **기동 전류는 감소하고 기동 토크는 증가**한다.

(2) 원선도

원선도 작성에는 다음 실험이 필요하다.
① 저항 측정
② 무부하 시험
③ 구속 시험

7. 유도전동기의 기동법

(1) 농형 유도 전동기의 기동법
* 전전압 기동법
* Y－△ 기동법
* 변연장 △결선법
* 기동 보상기법

(2) 권선형 유도 전동기의 기동법

2차 저항법으로 2차 회로에 가변 저항기를 접속하고 비례 추이의 원리에 의하여 큰 기동 토크를 얻고 기동 전류도 억제한다.
- 기동 저항기법
- 게르게스법

8. 유도전동기의 속도제어

① 2차 저항법
  권선형 유도 전동기의 2차에 저항을 삽입하여 비례추이를 이용한 속도제어
② 주파수 변환법
  - 농형 유도 전동기에 적용되는 방법으로 높은 속도를 원하는 곳에 적합
  - 포트 모터, 선박의 추진기 등에 이용
③ 극수 변환법
④ 전원 전압 제어법
  전원전압을 주파수에 반비례하여 변화시켜 속도제어 하는 방법
⑤ 2차 여자법
  권선형 유도 전동기 2차 회전자에 2차 유기기전력과 같은 주파수를 갖는 전압(**슬립주파수 전압**)을 가하여 속도제어 하는 방법
⑥ 종속 접속법
  두 대의 전동기를 종속으로 연결하여 속도제어하는 방법

$$직렬\ 종속법 : N = \frac{120f}{p_1 + p_2}[\text{rpm}]$$

$$차동\ 종속법 : N = \frac{120f}{p_1 - p_2}[\text{rpm}]$$

$$병렬\ 종속법 : N = \frac{2 \times 120f}{p_1 + p_2}[\text{rpm}]$$

여기서, p_1 : M_1의 극수
  p_2 : M_2의 극수

9. 단상 유도 전동기

① 원리
  - 3상 유도 전동기 : 회전자계
  - 단상 유도 전동기 : 교번자계
② 종류
  기동토크가 큰 순서대로 나열하면 다음과 같다.
  - 반발 기동형
  - 반발 유도형
  - 콘덴서 기동형
  - 콘덴서 운전형
  - 분상 기동형
    (저항 분상, 리액터 분상, 콘덴서 분상)
  - 셰이딩 코일형
  - 모노사이클릭 기동형

01 3상 유도전동기의 회전원리를 설명한 것 중 틀린 것은?

① 회전자의 회전속도가 증가하면 도체를 관통하는 자속수는 감소한다.

② 회전자의 회전속도가 증가하면 슬립도 증가한다.

③ 부하를 회전시키기 위해서는 회전자의 속도는 동기속도 이하로 운전되어야 한다.

④ 3상 교류전압을 고정자에 공급하면 고정자 내부에서 회전 자기장이 발생된다.

풀이 슬립 $s = \dfrac{n_s - n}{n_s}$ 이므로 회전자의 회전속도가 증가할수록 슬립은 작아진다.

02 정지된 유도전동기가 있다. 1차 권선에서 1상의 직렬권선회수가 100회이고, 1극당의 평균 자속이 0.02[Wb], 주파수 60[Hz]이라고 하면, 1차 권선의 1상에 유도되는 기전력의 실효값은 약 몇 [V]인가? (단, 1차 권선 계수는 1로 한다.)

① 377[V] ② 533[V]

③ 635[V] ④ 730[V]

풀이 유기 기전력
$E = 4.44 k_w f n \phi = 4.44 \times 1 \times 60 \times 100 \times 0.02$
$= 533[\text{V}]$

03 전부하에서의 용량 10[kW] 이하인 소형 3상 유도전동기의 슬립은?

① 0.1~0.5[%] ② 0.5~5[%]

③ 1~10[%] ④ 25~50[%]

풀이 대체로 정격 부하에서는 슬립 s는 소형 전동기의 경우에는 5~10[%] 정도가 되며, 중형 및 대형 전동기의 경우에는 2.5~5[%] 정도가 된다.

04 200[V], 10[kW], 3상 유도 전동기의 전부하 전류는 약 몇 [A]인가? (단, 효율과 역률은 각각 85[%]이다.)

① 30[A] ② 40[A]

③ 50[A] ④ 60[A]

풀이 $P = \sqrt{3}\, VI\cos\theta \cdot \eta$ 이므로
$\therefore I = \dfrac{P}{\sqrt{3}\, V\cos\theta \cdot \eta}$
$= \dfrac{10 \times 10^3}{\sqrt{3} \times 200 \times 0.85 \times 0.85} = 40[\text{A}]$

05 6극 60[Hz] 3상 유도 전동기의 동기속도는 몇 [rpm]인가?

① 200 ② 750

③ 1200 ④ 1800

풀이 동기속도
$N_s = \dfrac{120f}{p} = \dfrac{120 \times 60}{6} = 1200[\text{rpm}]$

06 3상 유도전동기의 최고 속도는 우리나라에서 몇 [rpm]인가?

① 3600 ② 3000

③ 1800 ④ 1500

풀이 전동기의 최소 극수는 2극이며, 우리나라 상용 주파수는 60[Hz]이므로
$N = \dfrac{120}{p} f = \dfrac{120}{2} \times 60 = 3600[\text{rpm}]$

답 1. ② 2. ② 3. ③ 4. ② 5. ③ 6. ①

07 50[Hz], 500[rpm]의 동기 전동기에 직결하여 이것을 기동하기 위한 유도 전동기의 적당한 극수는?
① 4극 ② 8극
③ 10극 ④ 12극

풀이 $p = \dfrac{120f}{N_s} = \dfrac{120 \times 50}{500} = 12[극]$

유도 전동기에 직결하는 동기 전동기를 기동하는 경우 실제의 극수보다 2극 적은 것을 사용하여야 한다.

08 유도전동기의 동기속도 n_s, 회전속도 n일 때 슬립은?
① $s = \dfrac{n_s - n}{n}$ ② $s = \dfrac{n - n_s}{n}$
③ $s = \dfrac{n_s - n}{n_s}$ ④ $s = \dfrac{n_s + n}{n_s}$

풀이 슬립 : $s = \dfrac{n_s - n}{n_s}$

09 3상 유도전동기의 슬립의 범위는?
① 0 < s < 1 ② −1 < s < 0
③ 1 < s < 2 ④ 0 < s < 2

풀이 유도 전동기가 회전하는 경우, 슬립의 영역 :
0 < s < 1

10 정지 상태에 있는 3상 유도전동기의 슬립 값은?
① ∞ ② 0
③ 1 ④ −1

풀이 유도 전동기의 슬립 : 0 < s < 1
① s = 1이면 N = 0이고 전동기는 정지 상태

② s = 0이면 N = N_s 가 되어 전동기가 동기속도로 회전

11 유도 전동기의 무부하시 슬립은 얼마인가?
① 4 ② 3
③ 1 ④ 0

풀이 슬립은 $s = \dfrac{N_s - N}{N_s}$ 에서 무부하시는 $N_s = N$이 되므로 슬립은 0이 된다.

12 유도 전동기에서 슬립이 0 이란 것은 어느 것과 같은가?
① 유도 전동기가 동기 속도로 회전 한다.
② 유도 전동기가 정지 상태이다.
③ 유도 전동기가 전부하 운전 상태이다.
④ 유도 제동기가 역할을 한다.

풀이 유도 전동기가 정지 상태($N = 0$)일 때 $s = 1$, 동기 속도로 회전할 때($N = N_s$) $s = 0$이다.

13 유도전동기에서 슬립이 가장 큰 경우는?
① 무부하 운전 시
② 경부하 운전 시
③ 정격부하 운전 시
④ 기동 시

풀이 유도 전동기 슬립의 범위는 $0 < s < 1$ 이며, 정지 시(기동 시) 슬립은 1이다.

14 $N_s = 1200[rpm]$, $N = 1176[rpm]$일 때의 슬립은?
① 6[%] ② 5[%]
③ 3[%] ④ 2[%]

풀이 슬립 $s = \dfrac{N_s - N}{N_s} \times 100 = \dfrac{1,200 - 1,176}{1,200} \times 100$
$= 2[\%]$

15 유도전동기의 동기속도가 1200[rpm]이고 회전수가 1176[rpm]일 때 슬립은?

① 0.06   ② 0.04
③ 0.02   ④ 0.01

풀이 슬립 $s = \dfrac{N_s - N}{N_s} \times 100 = \dfrac{1,200 - 1,176}{1,200} \times 100$
$= 2[\%]$

16 회전수 1728[rpm]인 유도전동기의 슬립(%)은? (단, 동기속도는 1800[rpm]이다.)

① 2   ② 3
③ 4   ④ 5

풀이 슬립 $s = \dfrac{N_s - N}{N_s} \times 100 = \dfrac{1,800 - 1,728}{1,800} \times 100$
$= 4[\%]$

17 50[Hz], 6극인 3상 유도전동기의 전부하에서 회전수가 955[rpm]일 때 슬립(%)은?

① 4   ② 4.5
③ 5   ④ 5.5

풀이 동기속도
$N_s = \dfrac{120f}{p} = \dfrac{120 \times 50}{6} = 1000[\mathrm{rpm}]$
따라서 슬립
$s = \dfrac{N_s - N}{N_s} \times 100 = \dfrac{1000 - 955}{1000} \times 100$
$= 4.5[\%]$가 된다.

18 회전수 540[rpm], 12극, 3상 유도전동기의 슬립[%]은? (단, 주파수는 60[Hz]이다.)

① 1   ② 4
③ 6   ④ 10

풀이 $N = \dfrac{120f}{P} = \dfrac{120 \times 60}{12} = 600[\mathrm{rpm}]$
따라서 슬립은
$s = \dfrac{N_s - N}{N_s} \times 100 = \dfrac{600 - 540}{600} \times 100$
$= 10[\%]$가 된다.

19 다음은 3상 유도전동기 고정자 권선의 결선도를 나타낸 것이다. 맞는 사항을 고르시오.

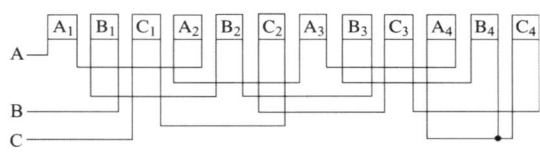

① 3상 2극, Y결선
② 3상 4극, Y결선
③ 3상 2극, △결선
④ 3상 4극, △결선

풀이 3상(A, B, C) 4극(1, 2, 3, 4)이 하나의 접접에 연결되어 있으므로 Y결선이다.

20 유도 전동기 권선법 중 맞지 않는 것은?

① 고정자 권선은 단층 파권이다.
② 고정자 권선은 3상 권선이 쓰인다.
③ 소형 전동기는 보통 4극이다.
④ 홈 수는 24개 또는 36개이다.

풀이 고정자 권선은 일반적으로 2층 권선의 중권을 사용한다.

21 4극 24홈 표준 농형 3상 유도 전동기의 매극 매상당의 홈 수는?

① 6   ② 3
③ 2   ④ 1

풀이 매극 매상당의 홈수 :

$$q = \frac{\text{홈수}}{\text{극수} \times \text{상수}} = \frac{24}{4 \times 3} = 2$$

22 4극 고정자 홈 수 36의 3상 유도전동기의 홈 간격은 전기각으로 몇 도인가?

① 5°   ② 10°
③ 15°   ④ 20°

풀이 기하각 $= \dfrac{360°}{36} = 10°$

※ 전기각 $= $ 기하각 $\times \dfrac{P}{2} = 10° \times \dfrac{4}{2} = 20°$

23 농형 회전자에 비뚤어진 홈을 쓰는 이유는?

① 출력을 높인다.
② 회전수를 증가시킨다.
③ 소음을 줄인다.
④ 미관상 좋다.

풀이 비뚤어진 홈을 사용하면 파형이 좋아지고, 소음이 경감되며, 기통특성이 개선된다.

24 60[Hz], 4극 슬립 5[%]인 유도 전동기의 회전수는?

① 1710[rpm]   ② 1746[rpm]
③ 1800[rpm]   ④ 1890[rpm]

풀이 회전수

$$N = (1-s)N_s = (1-s)\frac{120f}{p}$$
$$= (1-0.05) \times \frac{120 \times 60}{4} = 1710[\text{rpm}]$$

25 4극 3상 유도전동기가 60[Hz]의 전원에 연결되어 4[%]의 슬립으로 회전할 때 회전수는 몇 [rpm]인가?

① 1656   ② 1700
③ 1728   ④ 1880

풀이 회전자 속도 $N = (1-s)N_s[\text{rpm}]$이므로 슬립이 4[%]인 경우

$$N = (1-0.04) \times \frac{120 \times 60}{4} = 1728[\text{rpm}]$$

이 된다.

26 슬립이 0.05이고 전원 주파수가 60[Hz]인 유도전동기의 회로의 주파수(Hz)는?

① 1   ② 2
③ 3   ④ 4

풀이 $f_2 = sf_1 = 0.05 \times 60 = 3[\text{Hz}]$

27 4극 60[Hz], 200[kW]의 유도 전동기의 전부하 슬립이 2.5[%]일 때 회전수는 몇 [rpm]인가?

① 1600   ② 1755
③ 1800   ④ 1965

풀이 회전자 속도 $N = (1-s)N_s[\text{rpm}]$이므로 슬립이 4%인 경우

$$N = (1-0.025) \times \frac{120 \times 60}{4} = 1755[\text{rpm}]$$

이 된다.

28 3상 380[V], 60[Hz], 4P, 슬립 5[%], 55 [kW] 유도전동기가 있다. 회전자속도는 몇 [rpm]인가?

① 1200   ② 1526
③ 1710   ④ 2280

풀이 회전자속도

$$N = (1-s)N_s = (1-s)\frac{120f}{p}$$
$$= (1-0.05) \times \frac{120 \times 60}{4} = 1710[\text{rpm}]$$

29 주파수 60[Hz]의 회로에 접속되어 슬립 3[%], 회전수 1164[rpm]으로 회전하고 있는 유도 전동기의 극수는?

① 5극　　　　　② 6극
③ 7극　　　　　④ 10극

풀이 $N = (1-s)\frac{120f}{P}$이므로 극수 P는

$$P = (1-s)\frac{120f}{N} = (1-0.03) \times \frac{120 \times 60}{1164}$$
$$= 6[\text{극}]\text{이다.}$$

30 유도 전동기에 대한 설명 중 옳은 것은?

① 유도발전기일 때의 슬립은 1보다 크다.
② 유도전동기 회전자 회로의 주파수는 슬립에 반비례한다.
③ 전동기 슬립은 2차 동손을 2차 입력으로 나눈 것과 같다.
④ 슬립이 크면 클수록 2차 효율은 커진다.

풀이 전동기 슬립은 2차 동손을 2차 입력으로 나눈 것과 같다. $(s = \frac{P_{c2}}{P_2})$

31 회전자 입력 10[kW], 슬립 4[%]인 3상 유도 전동기의 2차 동손은 약 몇 [kW]인가?

① 0.4[kW]　　　② 1.8[kW]
③ 4.0[kW]　　　④ 9.6[kW]

풀이 2차 동손
$$P_{c2} = sP_2 = 0.04 \times 10 = 0.4[\text{kW}]$$

32 슬립 4[%]인 3상 유도전동기의 2차 동손이 0.4[kW]일 때 회전자 입력[kW]은?

① 6　　　　　　② 8
③ 10　　　　　　④ 12

풀이 회전자(2차) 입력
$$P_2 = I_2^2 \cdot \frac{r_2}{s} = \frac{P_{c2}}{s} = \frac{0.4}{0.04} = 10[\text{kW}]$$

33 전부하 슬립 5[%], 2차 저항손 5.26[kW]인 3상 유도 전동기의 2차 입력은 몇 [kW]인가?

① 2.63[kW]　　　② 5.26[kW]
③ 105.2[kW]　　④ 226.5[kW]

풀이 2차 동손 $P_{c2} = sP_2$에서
$$P_2 = \frac{P_{c2}}{s} = \frac{5.26}{0.05} = 105.2[\text{kW}]\text{가 된다.}$$

34 회전자 입력을 P_2, 슬립을 s라 할 때 3상 유도 전동기의 기계적 출력의 관계식은?

① sP_2　　　　　② $(1-s)P_2$
③ s^2P_2　　　　④ P_2/s

풀이 기계적 출력
$$P = P_2 - P_{c2} = P_2 - sP_2 = (1-s)P_2$$
$$= \frac{N}{N_s}P_2[\text{W}]\text{가 된다.}$$

35 3상 유도전동기의 1차 입력 60[kW], 1차 손실 1[kW], 슬립 3[%]일 때 기계적 출력은 약 몇 [kW]인가?

① 57　　　　　　② 75
③ 95　　　　　　④ 100

풀이 1차 출력 = 2차 입력 = 60−1 = 59[kW]이므로 기계적 출력
$$P_0 = (1-s)P_2 = (1-0.03) \times 59 = 57.23[\text{kW}]$$

36 15[kW], 60[Hz], 4극의 3상 유도 전동기가 있다. 전부하가 걸렸을 때의 슬립이 4[%]라면 이때의 2차(회전자)측 동손은 약 [kW]인가?

① 1.2 　　② 1.0
③ 0.8 　　④ 0.6

풀이 2차 출력 $P_o = (1-s)P_2$[W],
2차 동손 $P_{c2} = sP_2$[W] 이다.
따라서
$$P_{c2} = sP_2 = \frac{sP_o}{1-s} = \frac{0.04 \times 15}{1-0.04} \fallingdotseq 0.6[\text{kW}]$$

37 출력 10[kW], 슬립 4[%]로 운전되고 있는 3상 유도전동기의 2차 동손은 약 몇 [W]인가?

① 250 　　② 315
③ 417 　　④ 620

풀이 2차 출력 $P_o = (1-s)P_2$[W],
2차 동손 $P_{c2} = sP_2$[W] 이다.
따라서
$$P_{c2} = sP_2 = \frac{sP_o}{1-s} = \frac{0.04 \times 10 \times 10^3}{1-0.04}$$
$$\fallingdotseq 417[\text{W}]$$

38 200[V], 50[Hz], 8극, 15[kW] 3상 유도전동기에서 전부하 회전수가 720[rpm]이라면 이 전동기의 2차 효율은?

① 86[%] 　　② 96[%]
③ 98[%] 　　④ 100[%]

풀이 동기속도
$$N_s = \frac{120f}{p} = \frac{120 \times 50}{8} = 750[\text{rpm}]$$이므로
2차 효율은
$$\eta_2 = \frac{P_o}{P_2} = 1 - s = \frac{N}{N_s} = \frac{720}{750} \times 100 = 96[\%]$$

39 유도 전동기에 기계적 부하를 걸었을 때 출력에 따라 속도, 토크, 효율, 슬립 등의 변화를 나타낸 출력특성곡선에서 슬립을 나타내는 곡선은?

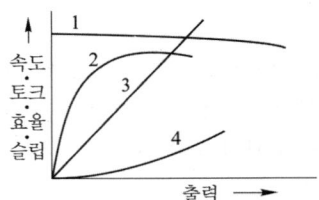

① 1　　② 2　　③ 3　　④ 4

풀이 1 : 속도, 2 : 효율, 3 : 토크, 4 : 슬립

40 3[kW], 1500[rpm] 유도 전동기의 토크 [N·m]는 약 얼마인가?

① 1.91[N·m] 　　② 19.1[N·m]
③ 29.1[N·m] 　　④ 114.6[N·m]

풀이
$$\tau = 0.975\frac{P}{N}[\text{kg}\cdot\text{m}] \times 9.8$$
$$= 0.975 \times \frac{3000}{1500} \times 9.8 = 19.11[\text{N}\cdot\text{m}]$$

41 220[V]/60[Hz], 4극의 3상 유도전동기가 있다. 슬립 5[%]로 회전할 때 출력 17[kW]를 낸다면, 이 때의 토크는 약 [N·m]인가?

① 56.2[N·m] 　　② 95.5[N·m]
③ 191[N·m] 　　④ 935.8[N·m]

풀이 전동기의 회전수
$$N = (1-s)\frac{120f}{P} = (1-0.05) \times \frac{120 \times 60}{4}$$
$$= 1710[\text{rpm}]$$
토크
$$\tau = 0.975\frac{P_o}{N} \times 9.8 = 0.975 \times \frac{17 \times 10^3}{1710} \times 9.8$$
$$\fallingdotseq 95[\text{N}\cdot\text{m}]$$

42 출력 12[kW], 회전수 1140[rpm]인 유도전동기의 동기 와트는 약 몇 [kW]인가? (단, 동기속도는 N_s는 1200[rpm]이다.)

① 10.4 　　　② 11.5
③ 12.6 　　　④ 13.2

풀이

$$T = 0.975 \frac{P}{N} = 0.975 \times \frac{12 \times 10^3}{1140}$$

$= 10.26[\mathrm{kg \cdot m}]$이므로
따라서 동기와트

$$P_2 = 1.026 N_s T = 1.026 \times 1200 \times 10.26 \times 10^{-3}$$
$$= 12.6[\mathrm{kW}]$$

43 3상 유도전동기의 토크는?

① 2차 유도기전력의 2승에 비례한다.
② 2차 유도기전력에 비례한다.
③ 2차 유도기전력과 무관하다.
④ 2차 유도기전력의 0.5승에 비례한다.

풀이

토크 $T = K_0 \dfrac{s E_2^{\,2} r_2}{r_2 + (s x_2)^2}[\mathrm{N \cdot m}]$이므로

2차 유도기전력(E_2)의 2승에 비례한다.

44 일정한 주파수의 전원에서 운전하는 3상 유도전동기의 전원 전압이 80[%]가 되었다면 토크는 약 몇 [%]가 되는가? (단, 회전수는 변하지 않는 상태로 한다.)

① 55 　　　② 64
③ 76 　　　④ 82

풀이 유도 전동기에서 토크는 전압의 제곱에 비례하므로
기동토크 $\tau = 0.8^2 = 0.64 = 64[\%]$이다.

45 비례추이를 이용하여 속도제어가 되는 전동기는?

① 권선형 유도전동기
② 농형 유도전동기
③ 직류 분권전동기
④ 동기 전동기

풀이 비례추이는 2차 회전자에 저항을 삽입할 수 있는 권선형 유도 전동기에서 가능하다.

46 3상 권선형 유도 전동기의 기동 시 2차측에 저항을 접속하는 이유는?

① 기동 토크를 크게 하기 위해
② 회전수를 감소시키기 위해
③ 기동 전류를 크게 하기 위해
④ 역률을 개선하기 위해

풀이 유도전동기의 2차측에 저항을 접속하여 적당히 저항을 증가시키면, 기동전류는 감소하고 기동토크는 증가하게 된다. (비례추이)

47 일반적으로 10[kW] 이하 소용량인 전동기는 동기속도의 몇 [%]에서 최대 토크를 발생시키는가?

① 2[%] 　　　② 5[%]
③ 80[%] 　　　④ 98[%]

풀이 동기속도의 80[%] 정도에서 최대 토크를 발생한다.

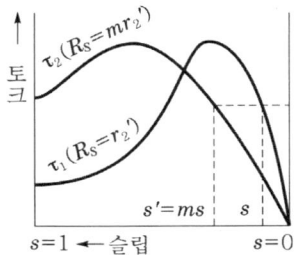

48 권선형 유도전동기 기동 시 회전자 측에 저항을 넣는 이유는?

① 기동 전류 증가
② 기동 토크 감소
③ 회전수 감소
④ 기동 전류 억제와 토크 증대

풀이 권선형 유도전동기 2차 회로(회전자 측)에 가변 저항기를 접속하면, 비례 추이의 원리에 의하여 큰 기동 토크를 얻고 기동 전류도 억제한다.

49 권선형 유도전동기의 회전자에 저항을 삽입하였을 경우 틀린 사항은?

① 기동전류가 감소된다.
② 기동전압은 증가한다.
③ 역률이 개선된다.
④ 기동 토크는 증가한다.

풀이 권선형 유도전동기 회전자(2차측)에 저항을 삽입하면 비례추이에 의해 큰 기동토크를 얻고 기동 전류도 억제한다.

50 다음 중 유도전동기에서 비례추이를 할 수 있는 것은?

① 출력
② 2차 동손
③ 효율
④ 역률

풀이 비례 추이할 수 있는 특성은 1차 전류, 2차 전류, 역률, 동기 와트 등이다.

51 유도 전동기에서 비례추이를 적용할 수 없는 것은?

① 토크
② 1차 전류
③ 부하
④ 역률

풀이 비례 추이 할 수 있는 특성은 1차 전류, 2차 전류, 역률, 동기 와트 등이고, 할 수 없는 것은 출력 외에 2차 동손, 효율 등이다.

52 2차 전압 200[V], 2차 권선저항 0.03[Ω], 2차 리액턴스 0.04[Ω]인 유도전동기가 3[%]의 슬립으로 운전 중이라면 2차 전류[A]는?

① 20
② 100
③ 200
④ 254

풀이
$$I_2 = \frac{sE_2}{\sqrt{r_2^2 + (sx_2)^2}}$$
$$= \frac{0.03 \times 200}{\sqrt{0.03^2 + (0.03 \times 0.04)^2}} ≒ 200[A]$$

53 유도 전동기의 2차에 있어 E_2가 127[V], r_2가 0.03[Ω], x_2가 0.05[Ω], s가 5[%]로 운전하고 있다. 이 전동기의 2차 전류 I_2는? (단, s는 슬립, x_2는 2차 권선 1상의 누설리액턴스, r_2는 2차 권선 1상의 저항, E_2는 2차 권선 1상의 유기 기전력이다.)

① 약 201[A]
② 약 211[A]
③ 약 221[A]
④ 약 231[A]

풀이 유도 전동기의 2차 전류
$$I_2' = \frac{sE_2}{\sqrt{r_2^2 + (sx_2)^2}}$$
$$= \frac{0.05 \times 127}{\sqrt{0.03^2 + (0.05 \times 0.05)^2}} = 210.94[A]$$

54 슬립 5[%]인 유도 전동기의 동기 부하 저항은 2차 저항의 몇 배인가?

① 5
② 19
③ 1.9
④ 24

📋 48. ④ 49. ② 50. ④ 51. ③ 52. ③ 53. ② 54. ②

풀이 유도 전동기의 기계적 출력을 나타내는 정수

$r = (\frac{1}{s}-1)r_2$이므로

$\therefore r = (\frac{1}{0.05}-1)r_2 = 19r_2$

55 3상 유도전동기에서 원선도 작성에 필요한 시험은?

① 전력측정
② 부하시험
③ 전압측정시험
④ 무부하시험

풀이 유도전동기의 원선도 작성에 필요한 시험 : 저항측 정시험, 무부하 시험, 구속시험

56 3상 유도 전동기에 공급전입이 일정하고 주파수가 정격값보다 수[%]감소할 때 다음 현상 중 옳지 않은 것은?

① 동기속도가 감소한다.
② 철손이 증가한다.
③ 누설 리액턴스가 증가한다.
④ 역률이 나빠진다.

풀이 • 동기속도는 주파수에 비례하므로 감소한다.
• 철손은 주파수에 반비례하여 증가한다.
• 리액턴스는 주파수에 비례하여 감소한다.
• 역률은 자속은 증가하나 자기포화 때문에 역률은 나빠진다.

57 유도전동기에서 원선도 작성 시 필요하지 않은 시험은?

① 무부하 시험   ② 구속 시험
③ 저항 측정   ④ 슬립 측정

풀이 유도전동기의 원선도 작성에 필요한 시험 : 저항측 정시험, 무부하 시험, 구속시험

58 3상 유도전동기의 원선도를 그리려면 등가 회로의 정수를 구할 때 몇 가지 시험이 필요하다. 이에 해당되지 않는 것은?

① 무부하시험
② 고정자 권선의 저항측정
③ 회전수 측정
④ 구속시험

풀이 유도 전동기의 원선도 작성시험 : 저항 측정시험, 구속시험(단락시험), 무부하시험(개방시험)

59 무부하시 유도전동기는 역률이 낮지만 부하가 증가하면 역률이 높아지는 이유로 가장 알맞은 것은?

① 전압이 떨어지므로
② 효율이 좋아지므로
③ 전류가 증가하므로
④ 2차측 저항이 증가하므로

풀이 부하가 증가하면 유효전류의 증가로 인해 역률은 점점 좋아지게 된다.

60 기중기로 100[t]의 하중을 2[m/min]의 속도로 권상할 때 소요되는 전동기의 용량은? (단, 기계 효율은 70[%]이다.)

① 약 47[kW]   ② 약 94[kW]
③ 약 143[kW]   ④ 약 286[kW]

풀이 권상기 용량

$P = \frac{WV}{6.12\eta} = \frac{100 \times 2}{6.12 \times 0.7} = 46.69[\text{kW}]$

61 권선형에서 비례추이를 이용한 기동법은?

① 리액터 기동법   ② 기동 보상기법
③ 2차 저항법   ④ Y-△ 기동법

답 55. ④ 56. ③ 57. ④ 58. ③ 59. ③ 60. ① 61. ③

풀이 권선형 유도 전동기는 비례추이를 이용한 2차 저항법을 적용한다

62 50[kW]의 농형 유도 전동기를 기동 하려고 할 때 다음 중 가장 적당한 기동 방법은?
① 분상 기동법   ② 기동보상기법
③ 권선형 기동법   ④ 슬립부하기동법

풀이 대용량의 농형유도 전동기는 기동보상기법을 사용하여 기동한다.

63 농형 유도 전동기의 기동법이 아닌 것은?
① Y−△ 기동법
② 기동보상기에 의한 방법
③ 전 전압기동법
④ 2차 저항기법

풀이 2차 저항기법은 권선형 유도 전동기의 기동법이다.

64 농형 유도 전동기의 기동법이 아닌 것은?
① 전전압기동법
② 저저항 2차 권선 기동법
③ 기동보상기법
④ Y−△ 기동법

풀이 2차 권선 기동법은 비례추이를 이용하는 방법으로 권선형 유도 전동기 기동법에 해당한다.

65 농형 유도전동기의 기동법이 아닌 것은?
① 전전압 기동
② △−△ 기동
③ 기동보상기에 의한 기동
④ 리액터 기동

풀이 농형 유도 전동기의 기동법에는 전전압 기동법, Y−△ 기동법, 변연장 △결선법, 기동 보상기법 등이 있다.

66 농형유도 전동기의 기동법과 가장 거리가 먼 것은?
① 기동보상기법
② 2차 저항 기동법
③ 전전압 기동법
④ Y−△ 기동법

풀이 2차 저항법은 비례추이를 이용하는 방법으로, 권선형 유도 전동기의 기동법에 해당한다.

67 5.5[kW], 200[V] 유도전동기의 전전압 기동 시의 기동전류가 150[A]이었다. 여기에 Y−△ 기동 시 기동전류는 몇 [A]가 되는가?
① 50   ② 70
③ 87   ④ 95

풀이 Y결선으로 기동 시 기동전류는 전전압으로 기동할 때의 1/3배이므로
$$\therefore \ I_Y = \frac{1}{3} \times 150 = 50[\text{A}]$$

68 기동전동기로써 유도전동기를 사용하려고 한다. 동기전동기의 극수가 10극인 경우 유도전동기의 극수는?
① 8극   ② 10극
③ 12극   ④ 14극

풀이 유도전동기의 회전 속도 N은 회전 자계속도(동기전동기 속도) N_s 보다 sN_s만큼 느리므로 유도 전동기의 극수는 동기기의 극수보다 2극 적은 것을 사용한다.

69 20[kW]의 농형 유도전동기를 기동하려고 할 때, 다음 중 가장 적당한 기동 방법은?

① 분상기동법　　② 기동보상기법
③ 권선형기동법　④ 2차저항기동법

풀이 15[kW] 이상 정도의 농형 유도 전동기를 사용하는 경우에는 기동 보상기법을 한다.

70 3상 농형 유도 전동기의 속도 제어에 주로 이용되는 것은?

① 사이리스터 제어
② 2차 저항 제어
③ 주파수 제어
④ 계자 제어

풀이 농형 유도 전동기의 속도 제어법에는 주파수 제어법, 극수 제어법, 전원 전압 제어법이 있다.

71 인견 공업에 쓰여 지는 포토 전동기의 속도 제어는?

① 극수 변화에 의한 제어
② 1차 회전에 의한 제어
③ 주파수 변환에 의한 제어
④ 저항에 의한 제어

풀이 포트 전동기는 전원 주파수를 변환하여 속도를 제어한다.

72 12극과 8극인 2개의 유도전동기를 종속법에 의한 직렬 종속법으로 속도 제어할 때 전원 주파수가 50[Hz]인 경우 무부하 속도 N은 몇 [rps]인가?

① 5　　　　　　② 50
③ 300　　　　　④ 3000

풀이
$$N = \frac{120f}{p_1 + p_2} = \frac{120 \times 50}{12 + 8} = 300[\text{rpm}]$$
$$= \frac{300}{60} = 5[\text{rps}]$$

73 유도 전동기의 화전자에 슬립 주파수의 전압을 공급하여 속도 제어를 하는 것은?

① 자극수 변환법
② 2차 여자법
③ 2차 저항법
④ 인버터 주파수 변환법

풀이 2차 여자법 : 권선형 유도 전동기 2차 회전자에 2차 유기기전력과 같은 주파수를 갖는 전압(슬립주파수 전압)을 가하여 속도제어 하는 방법

74 다음 중 유도전동기의 속도제어에 사용되는 인버터장치의 약호는?

① CVCF　　　　② VVVF
③ CVVF　　　　④ VVCF

풀이 VVVF(인버터)제어는 가변 전압 가변 주파수로 속도제어 및 기동을 하는 방법을 말한다.

75 3상 유도전동기의 회전방향을 바꾸기 위한 방법은?

① 3상의 3선 접속을 모두 바꾼다.
② 3상의 3선 중 2선의 접속을 바꾼다.
③ 3상의 3선 중 1선에 리액턴스를 연결한다.
④ 3상의 3선 중 2선에 같은 값의 리액턴스를 연결한다.

풀이 3상 유도 전동기의 회전 방향을 반대로 하려면 전원의 3선중 2선의 위치를 서로 교환하여 상회전을 반대로 하면 된다.

76 3상 유도전동기의 회전방향을 바꾸기 위한 방법으로 가장 옳은 것은?

① △-Y 결선으로 결선법을 바꾸어 준다.
② 전원의 전압과 주파수를 바꾸어 준다.
③ 전동기의 1차 권선에 있는 3개의 단자 중 어느 2개의 단자를 서로 바꾸어 준다.
④ 기동보상기를 사용하여 권선을 바꾸어 준다.

풀이 3상 유도 전동기는 3선 중 2선의 위치를 서로 교환하여 상회전을 반대로하면 회전방향이 바뀐다.

77 전동기의 회전 방향을 바꾸는 역회전의 원리를 이용한 제동 방법은?

① 역상제동　　② 유도제동
③ 발전제동　　④ 회생제동

풀이 3상 유도 전동기를 운전 중 급히 정지시킬 경우 1차 측 3선 중 2선을 바꾸어 접속해서 회전자의 방향을 반대로 하면 유도 전동기는 그 순간에 강력한 유도 제동기가 된다. 이것을 역상 제동이라 한다.

78 정속도 및 가변속도제어가 되는 전동기는?

① 직권기　　② 가동 복권기
③ 분권기　　④ 차동 복권기

풀이 교류 분권 정류자 전동기는 토크의 변화에 대한 속도의 변화가 매우 작아, 분권 특성의 정속도 전동기인 동시에 교류 가변 속도 전동기로서 널리 사용된다.

79 다음 중 단상 유도 전동기 기동 방법에 따른 분류에 속하지 않는 것은?

① 분상 기동형　　② 저항 기동형
③ 콘덴서 기동형　　④ 세이팅 코일형

풀이 단상 유도 전동기의 종류
- 분상 기동형(저항 분상, 리액터 분상, 콘덴서 분상)
- 콘덴서 기동형　　• 콘덴서 운전형
- 반발 기동형　　• 반발 유도형
- 셰이딩 코일형　　• 모노사이클릭 기동형

80 다음 중 단상 유도 전동기의 기동 방법 중 기동 토크가 가장 큰 것은?

① 분상 기동형　　② 반발 유도형
③ 콘덴서 기동형　　④ 반발 기동형

풀이 기동 토크는 ④-②-③-①의 순이다.

81 다음 중 기동 토크가 가장 큰 전동기는?

① 분상기동형　　② 콘덴서모터형
③ 셰이딩코일형　　④ 반발기동형

풀이 단상 유도 전동기의 기동 토크
반발 기동형 > 반발 유도형 > 콘덴서 기동형 > 분상 기동형 > 셰이딩 코일형

82 단상 유도 전동기의 기동 방법 중 기동 토크가 가장 큰 것은?

① 분상 기동형　　② 반발 유도형
③ 콘덴서 기동형　　④ 반발 기동형

풀이 단상 유도 전동기의 기동 토크
반발 기동형 > 반발 유도형 > 콘덴서 기동형 > 분상 기동형 > 셰이딩 코일형

83 단상 유도 전동기의 기동법 중에서 기동 토크가 가장 작은 것은?

① 반발 유도형　　② 반발 기동형
③ 콘덴서 기동형　　④ 분상 기동형

📗 76. ③　77. ①　78. ③　79. ②　80. ④　81. ④　82. ④　83. ④

풀이 기동 토크의 크기
반발 기동형 > 반발 유도형 > 콘덴서 기동형
> 분상 기동형 > 세이딩 코일형

84 단상 유도 전동기 중 ㉠ 반발 기동형, ㉡ 콘덴서 기동형, ㉢ 분상 기동형, ㉣ 세이딩 코일형이 있을 때, 기동 토크가 큰 것부터 옳게 나열한 것은?

① ㉠ > ㉡ > ㉢ > ㉣
② ㉠ > ㉣ > ㉡ > ㉢
③ ㉠ > ㉢ > ㉣ > ㉡
④ ㉠ > ㉡ > ㉣ > ㉢

풀이 단상 유도 전동기를 기동토크가 큰 순서로 배열하면 다음과 같다.
반발 기동형 > 반발 유도형 > 콘덴서 기동형 >
콘덴서 전동기 > 분상 기동형 > 세이딩 코일형

85 다음 중 역률이 가장 좋은 단상 유도 전동기는?

① 세이딩 코일형 ② 분상형 전동기
③ 반발형 전동기 ④ 콘덴서형 전동기

풀이 단상유도 전동기 중에서 콘덴서 기동형 단상 유도 전동기가 역률이 좋고 비교적 기동토크가 크므로 가정용 전동기로 많이 사용된다.(콘덴서가 역률 개선의 역할을 한다.)

86 기동 토크가 대단히 작고 역률과 효율이 낮으며 전축, 선풍기 등 수 10[kW] 이하의 소형 전동기에 널리 사용되는 단상 유도 전동기는?

① 반발 기동형
② 세이딩 코일형
③ 모노사이클릭형
④ 콘덴서형

풀이 세이딩 코일형은 돌극형 자극의 고정자와 농형 회전자로 구성된 전동기로, 구조가 간단하나 토크가 매우 작고 회전 방향을 바꿀 수 없는 단점이 있다.

87 단상 유도전동기 기동장치에 의한 분류가 아닌 것은?

① 분상 기동형
② 콘덴서 기동형
③ 세이딩 코일형
④ 회전계자형

풀이 회전계자형은 동기기 구조상의 특징으로 회전자에 의한 분류이다.

88 가정용 선풍기나 세탁기 등에 많이 사용되는 단상 유도 전동기는?

① 분상 기동형
② 콘덴서 기동형
③ 영구 콘덴서 전동기
④ 반발 기동형

풀이 영구 콘덴서 전동기 : 콘덴서 기동형 전동기에서 원심력 스위치를 제거한 것으로, 큰 기동토크가 필요하지 않은 선풍기 등에 사용

89 역률이 좋아 가정용 선풍기, 세탁기, 냉장고 등에 주로 사용되는 것은?

① 분상 기동형
② 콘덴서 기동형
③ 반발 기동형
④ 세이딩 코일형

풀이 콘덴서 기동형 단상 유도 전동기는 역률이 좋고 비교적 기동토크가 크므로 가정용 전동기로 많이 사용된다.

90 셰이딩코일형 유도전동기의 특징을 나타낸 것으로 틀린 것은?

① 역률과 효율이 좋고 구조가 간단하여 세탁기 등 가정용 기기에 많이 쓰인다.
② 회전자는 농형이고 고정자의 성층철심은 몇 개의 돌극으로 되어있다.
③ 기동 토크가 작고 출력이 수 10[W] 이하의 소형 전동기에 주로 사용된다.
④ 운전 중에도 셰이딩코일에 전류가 흐르고 속도변동률이 크다.

풀이 셰이딩코일형 유도전동기는 역률 및 효율이 낮고 속도 변동률이 크다.

91 단상 유도전동기에 보조권선을 사용하는 주된 이유는?

① 역률개선을 한다.
② 회전자장을 얻는다.
③ 속도제어를 한다.
④ 기동 전류를 줄인다.

풀이 단상 유도 전동기는 회전 자계가 생기지 않기 때문에 정류자와 브러시를 도입하거나 반발 전동기 내에 분상형과 같은 보조권선을 사용하는 것 등의 방법으로 기동시킨다.

92 단상 유도 전동기의 정회전 슬립이 s이면 역회전 슬립은?

① 1−s
② 1+s
③ 2−s
④ 2+s

풀이 단상 유도 전동기의 정회전 슬립

$$s = \frac{n_s - n}{n_s} = 1 - \frac{n}{n_s} \text{이므로}$$

따라서 역회전 슬립

$$s' = \frac{n_s - (-n)}{n_s} = 1 + \frac{n}{n_s} = 2 - \left(1 - \frac{n}{n_s}\right)$$
$$= 2 - s \text{이다.}$$

93 그림과 같은 분상 기동형 단상 유도 전동기를 역회전시키기 위한 방법이 아닌 것은?

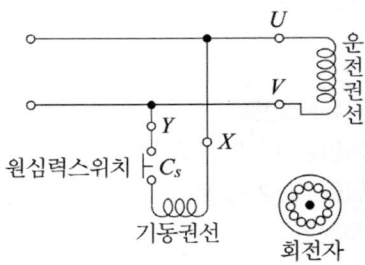

① 원심력스위치를 개로 또는 폐로 한다.
② 기동권선이나 운전권선의 어느 한 권선의 단자접속을 반대로 한다.
③ 기동권선의 단자접속을 반대로 한다.
④ 운전권선의 단자접속을 반대로 한다.

풀이 원심력스위치는 단상 전동기를 기동하기위한 역할을 한다.

94 분상 기동형 단상 유도전동기 원심 개폐기의 작동시키는 회전자 속도가 동기속도의 몇 [%] 정도인가?

① 10~30[%]
② 40~50[%]
③ 60~80[%]
④ 90~100[%]

풀이 분상 기동형 단상 유도전동기는 회전자가 최종 속도의 약 75[%]에 도달하면 원심력 스위치가 동작하고 회로로부터 기동권선이 떨어진다.

95 유도전동기의 슬립을 측정하는 방법으로 옳은 것은?

① 전압계법
② 전류계법
③ 평형 브리지법
④ 스트로보법

풀이 슬립 측정 방법에는 회전계법, DC 밀리볼트계법, 수화기법, 스트로보스코프법이 있다.

답 90. ① 91. ② 92. ③ 93. ① 94. ③ 95. ④

96 **교류 정류자 전동기가 아닌 것은?**

① 만능 전동기

② 콘덴서 전동기

③ 직류 스테핑 모터

④ 반발 전동기

풀이 콘덴서 전동기는 교류 단상 유도 전동기에 해당한다.

97 **자동제어 장치에 특수 전기기기로 사용되는 전동기는?**

① 전기 동력계

② 3상 유도 전동기

③ 직류 스테핑 모터

④ 초동기 전동기

풀이 자동제어 장치에는 서보전동기 및 스테핑 모터 등이 사용된다.

05 정류기

< 1. 정류 회로

(1) PN 접합 다이오드

PN접합 다이오드는 애노드와 캐소드의 두 단자로 되어 있으며, 애노드에 (+), 캐소드에 (−)를 가할 때 순방향 바이어스로 도통상태가 된다.

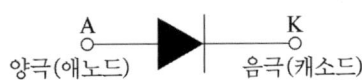

PN 접합 다이오드

(2) 단상 반파정류회로

$$V_o = 0.45\,V_i$$

여기서, V_o : 직류전압

V_i : 교류전압

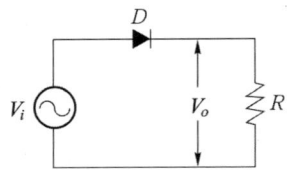

단상 반파 회로

(3) 전파정류

$$V_o = 0.9\,V_i$$

여기서, V_o : 직류전압

V_i : 교류전압

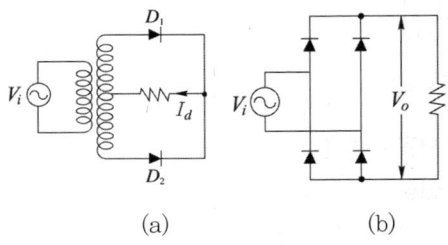

단상 전파 회로

(4) 반도체의 성질과 응용의 예

성 질	응 용
온도가 올라가면 전기 저항이 준다.	서미스터 (부성 저항기)
전압과 전류의 관계가 비례하지 않는다.	바리스터
다른 종류의 반도체 사이(p−n 접합)에 정류 작용이 생긴다.	실리콘 정류기, 게르마늄 정류기
금속과의 접촉면에 정류 작용이 생긴다.	셀렌 정류기, 산화 제일구리 정류기
접촉면의 도전성이 외부로부터의 전류나 빛 등에 의하여 변화한다.	트랜지스터
정공 효과가 크다.	정공 발전기
광전 효과가 크다.	광전지
열전 효과가 크다.	열전쌍, 전자 냉동

< 2. 사이리스터

(1) SCR (silicon controlled rectifier)

정류기능을 갖는 단방향성 3단자 제어소자이다.

① 래칭전류 : SCR이 ON 되기 위하여 애노드에서 캐소드 쪽으로 흘러야 할 최소전류
② 유지전류 : ON된 후에 ON 상태를 유지하기 위한 최소전류로서 래칭전류보다 작다.

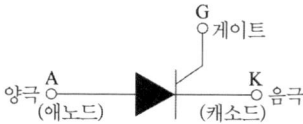

(2) GTO(gate turn off thyristor)

게이트에 흐르는 전류를 점호할 때의 전류와 반대 방향의 전류를 흐르게 함으로써 임의로 GTO를 소호시킬 수 있다.

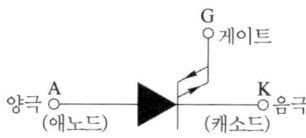

(3) TRIAC(trielectrode AC switch)

양방향성 3단자 제어소자이다.

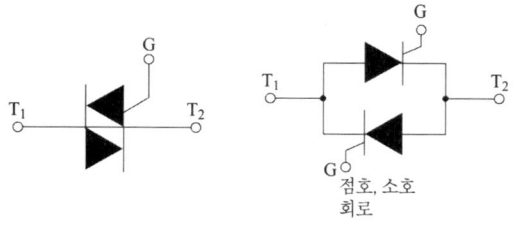

(a) 기호　　　　(b) 등가 역병렬 SCR

(4) 전력용 트랜지스터

① 트랜지스터는 그 구성에 따라 npn형과 pnp형 두 가지가 있다.
② 도통 시 전류는 컬렉터에서 이미터 쪽으로만 흐를 수 있고 역방향으로는 흐를 수 없다.
③ 전압-전류 특성은 베이스 전류의 크기에 따라 달라진다.
④ 트랜지스터의 도통상태를 유지하기 위해서는 계속 베이스 전류를 흐르게 하고 있어야 한다.

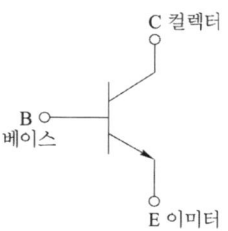

npn형 트랜지스터

(5) MOSFET

(metal oxide silicon field effect transistor)

트랜지스터는 베이스에 주입되는 전류로 제어되는 반면 MOSFET은 게이트와 소스 사이에 걸리는 전압으로 제어된다.
MOSFET은 트랜지스터에 비해 스위칭 속도가 매우 빠른 이점이 있는 반면에 용량이 적어서 비교적 작은 전력 범위 내에서 적용된다는 한계가 있다.

(6) IGBT(insulated gate bipolar transistor)

IGBT는 MOSFET와 트랜지스터의 장점을 취한 것으로서
① 소스에 대한 게이트의 전압으로 도통과 차단을 제어한다.
② 게이트 구동전력이 매우 낮다.
③ 스위칭 속도는 FET와 트랜지스터의 중간정도로 빠른 편에 속한다.
④ 용량은 일반 트랜지스터와 동등한 수준이다.

01 용량이 작은 전동기로 직류와 교류를 겸용할 수 있는 전동기는?

① 셰이딩 전동기
② 단상반발 전동기
③ 단상 직권 정류자 전동기
④ 리니어 전동기

> **풀이** 단상 직권 정류자 전동기는 교류와 직류 겸용으로 사용할 수 있으며, 만능 전동기라고도 불린다.

02 일반적으로 반도체의 저항값과 온도와의 관계가 바른 것은?

① 저항값은 온도에 비례한다.
② 저항값은 온도에 반비례한다.
③ 저항값은 온도의 제곱에 반비례한다.
④ 저항값은 온도의 제곱에 비례한다.

> **풀이** 반도체의 저항값은 부(−)의 온도계수 특성을 가진다.

03 다음 중 반도체 정류 소자로 사용할 수 없는 것은?

① 게르마늄　　② 비스무트
③ 실리콘　　　④ 산화구리

> **풀이** 반도체 정류 소자는 최외각 전자의 수가 4개인 것을 사용하나, 비스무트는 5개이다.

04 반도체 내에서 정공은 어떻게 생성되는가?

① 결합 전자의 이탈
② 자유 전자의 이동
③ 접합 불량
④ 확산 용량

> **풀이** 정공은 결합 전자의 이탈로 전자의 빈자리가 생길 경우 빈자리를 정공이라 한다. 이때 결합한 전자가 이탈되어 자유로운 상태가 되는 전자를 자유전자(Free electron)라 한다.

05 P형 반도체의 전기 전도의 주된 역할을 하는 반송자는?

① 전자　　　② 가전자
③ 불순물　　④ 정공

> **풀이** ① N(Negative)형 반도체의 반송자 : 전자
> ② P(positive)형 반도체의 반송자 : 정공

06 애벌런치 항복 전압은 온도 증가에 따라 어떻게 변화하는가?

① 감소한다.
② 증가한다.
③ 증가했다 감소한다.
④ 무관하다.

> **풀이** 애벌런치 항복 전압은 역바이어스된 pn접합에서 자유전자가 기하급수적으로 늘어나는 현상으로 온도 혹은 농도가 증가하면 항복 전압도 증가한다.

07 제어 정류기의 용도는?

① 교류 – 교류 변환
② 직류 – 교류 변환
③ 교류 – 직류 변환
④ 직류 – 직류 변환

> **풀이** • 직류를 교류로 변환 : 역변환 장치(인버터)
> • 교류를 직류로 변환 : 순변환 장치(정류기, 컨버터)

08 직류를 교류로 변환하는 기기는?

① 변류기   ② 정류기

③ 초퍼   ④ 인버터

풀이 • 직류를 교류로 변환 : 역변환 장치(인버터)
• 교류를 직류로 변환 : 순변환 장치(정류기, 컨버터)

09 직류를 교류로 변환하는 장치는?

① 컨버터   ② 초퍼

③ 인버터   ④ 정류기

풀이 • 교류를 직류로 변환 : 정류기, 컨버터
• 직류를 교류로 변환 : 인버터

10 직류를 교류로 변환하는 장치는?

① 정류기   ② 충전기

③ 순변환 장치   ④ 역변환 장치

풀이 인버터는 직류를 교류로 변환하는 역변환 장치이다.

11 인버터(inverter)에 대한 설명으로 알맞은 것은?

① 교류를 직류로 변환

② 교류를 교류로 변환

③ 직류를 교류로 변환

④ 직류를 직류로 변환

풀이 • 인버터 : DC(직류) → AC(교류)
• 컨버터, 정류기 : AC(교류) → DC(직류)

12 인버터의 스위칭 주기가 1[msec]이면 주파수는 몇 [Hz]인가?

① 20   ② 60

③ 100   ④ 1000

풀이 주기 $T = \dfrac{1}{f}$ [sec]이므로

주파수 $f = \dfrac{1}{T} = \dfrac{1}{1 \times 10^{-3}} = 1000$[Hz]가 된다.

13 인버터의 용도로 가장 적합한 것은?

① 직류–직류 변환

② 직류–교류 변환

③ 교류–증폭교류 변환

④ 직류–증폭직류 변환

14 다음 회로에 대한 설명으로 옳지 않은 것은?

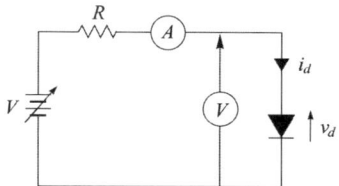

① 다이오드의 양극의 전압이 음극에 비하여 높을 때를 순방향 도통 상태라 한다.

② 다이오드의 양극의 전압이 음극에 비하여 낮을 때를 역방향 저지 상태라 한다.

③ 실제의 다이오드는 순방향 도통 시 양 단자 간의 전압 강하가 발생하지 않는다.

④ 역방향 저지 상태에서는 역방향으로(음극에서 양극으로) 약간의 전류가 흐르는데 이를 누설 전류라고 한다.

풀이 실제의 다이오드는 순방향 도통 시 양 단자 간에 약 0.7[V]의 전압강하가 발생한다.

15 그림은 일반적인 반파 정류 회로이다. 변압기 2차 전압의 실효값을 E[V]라 할 때 직류 전류 평균값은? 단, 정류기의 전압 강하는 무시한다.

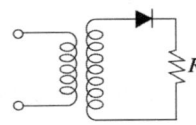

① $\dfrac{E}{R}$ ② $\dfrac{1}{2}\dfrac{E}{R}$

③ $\dfrac{2\sqrt{2}E}{\pi R}$ ④ $\dfrac{\sqrt{2}E}{\pi R}$

풀이 반파 정류 회로의 직류 전류 평균값

$$I_d = \frac{E_{d0}}{R} = \frac{\dfrac{\sqrt{2}}{\pi}E}{R} = \frac{\sqrt{2}E}{\pi R}\,[\text{A}]$$

16 반파 정류 회로에서 변압기 2차 전압의 실효치를 E[V]라 하면 직류 전류 평균치는? (단, 정류기의 전압강하는 무시한다.)

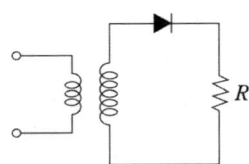

① $\dfrac{E}{R}$ ② $\dfrac{1}{2}\cdot\dfrac{E}{R}$

③ $\dfrac{2\sqrt{2}}{\pi}\cdot\dfrac{E}{R}$ ④ $\dfrac{\sqrt{2}}{\pi}\cdot\dfrac{E}{R}$

풀이 단상 반파 정류 회로

$$i_d = \frac{\sqrt{2}}{\pi}\cdot\frac{E}{R} = 0.45\cdot\frac{E}{R}\,[\text{A}]$$

17 $e = \sqrt{2}E\sin\omega t$[V]의 정현파 전압을 가했을 때 직류 평균값 $E_{d0} = 0.45E$[V]인 회로는?

① 단상 반파 정류회로
② 단상 전파 정류회로
③ 3상 반파 정류회로
④ 3상 전파 정류회로

풀이 • 단상 반파 $E_d = 0.45E$[V]
     • 단상 전파 $E_d = 0.9E$[V]

18 단상 반파 정류 회로의 전원전압 200[V], 부하저항이 10[Ω]이면 부하 전류는 약 몇 [A]인가?

① 4   ② 9
③ 13   ④ 18

풀이 반파 정류회로의 부하 전류

$$I = \frac{V_o}{R} = \frac{0.45V}{R} = \frac{0.45\times200}{10} = 9[\text{A}]$$

19 단상 반파 정류 회로의 전원전압 200[V], 부하저항이 20[Ω]이면 부하 전류는 약 몇 [A]인가?

① 4   ② 4.5
③ 6   ④ 6.5

풀이 단상 반파 정류 회로에서 부하 전류

$$I = \frac{V_o}{R} = \frac{0.45V}{R} = \frac{0.45\times200}{20} = 4.5[\text{A}]$$

20 교류 전압의 실효값이 200[V]일 때 단상 반파 정류에 의하여 발생하는 직류 전압의 평균값은 약 몇 [V]인가?

① 45   ② 90
③ 105   ④ 110

풀이 단상 반파
$$E_d = 0.45E = 0.45 \times 200 = 90[\text{V}]$$

21 그림의 정류회로에서 다이오드의 전압강하를 무시할 때 콘덴서 양단의 최대전압은 약 몇 [V]까지 충전 되는가?

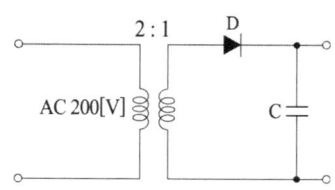

① 70 　　　　② 141
③ 280 　　　　④ 352

풀이 콘덴서에는 입력전압의 최댓값까지 충전되므로
$$\therefore V_c = V_m = \sqrt{2}\,V_2 = \sqrt{2} \times \frac{V_1}{a}$$
$$= \sqrt{2} \times \frac{200}{2} = 141[\text{V}]$$

22 다음 그림에 대한 설명으로 틀린 것은?

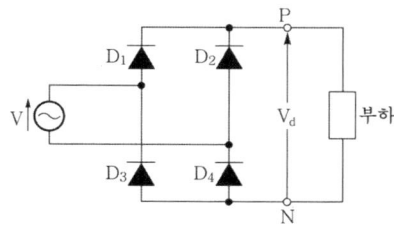

① 브리지(bridge) 회로라고도 한다.
② 실제의 정류기로 널리 사용된다.
③ 반파 정류회로라고도 한다.
④ 전파 정류회로라고도 한다.

풀이 브리지 정류 회로는 전주기 동안에 파형이 나오므로 전파 정류라 한다.

23 반파정류 회로에서 직류전압 100[V]를 얻는데 필요한 변압기 2차 상전압은? (단, 부하는 순저항이며, 변압기내 전압강하는 무시하고 정류기내 전압강하는 5[V]로 한다.)

① 약 100[V] 　　② 약 105[V]
③ 약 222[V] 　　④ 약 233[V]

풀이
$$E = \frac{\pi}{\sqrt{2}}(E_d + e_a) = \frac{\pi}{\sqrt{2}}(100 + 5)$$
$$\fallingdotseq 233[\text{V}]$$

24 브리지 정류회로로 알맞은 것은?

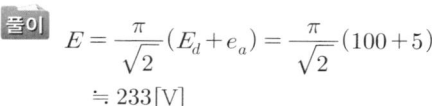

풀이 브리지 정류 회로

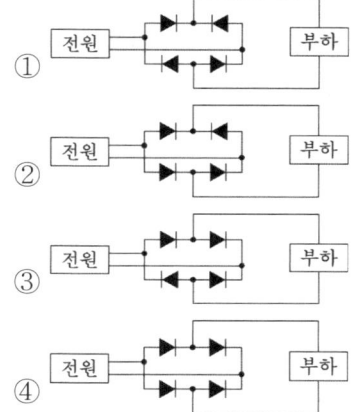

25 단상 전파 정류회로에서 직류 전압의 평균값으로 가장 적당한 값은? (단, E는 교류전압의 실효값)

① $1.35E[\text{V}]$ 　　② $1.17E[\text{V}]$
③ $0.9E[\text{V}]$ 　　④ $0.45E[\text{V}]$

• 단상 반파 정류 회로 $E_d = 0.45E$[V]

• 단상 전파 정류 회로 $E_d = 0.9E$[V]

• 다이오드 직렬 연결 : 과전압 방지

• 다이오드 병렬 연결 : 과전류 방지

26 단상 전파정류 회로에서 교류 입력이 100[V]이면 직류 출력은 약 몇 [V]인가?

① 45　　　　　② 67.5

③ 90　　　　　④ 135

단상 전파 정류 회로의 직류 전압

$$E_d = 0.9E = 0.9 \times 100 = 90[\text{V}]$$

29 60[Hz], 3상 반파 정류 회로의 맥동 주파수는?

① 60[Hz]　　　　② 120[Hz]

③ 180[Hz]　　　　④ 360[Hz]

3상 반파 정류 $f_0 = 3f = 3 \times 60 = 180[\text{Hz}]$

(단, f : 전원 주파수, f_0 : 맥동 주파수)

27 그림과 같은 회로에서 사인파 교류입력 12[V](실효값)를 가했을 때, 저항 R양단에 나타나는 전압[V]은?

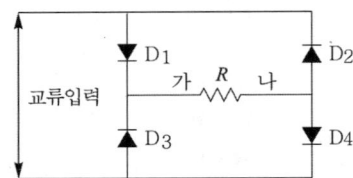

① 5.4[V]　　　　② 6[V]

③ 10.8[V]　　　　④ 12[V]

단상전파의 평균 직류 전압은

$$E_{do} = 0.9V = 0.9 \times 12 = 10.8[\text{V}]$$

30 상전압 300[V]의 3상 반파 정류 회로의 직류 전압은 약 몇 [V]인가?

① 520[V]　　　　② 350[V]

③ 260[V]　　　　④ 50[V]

3상 반파정류회로의 직류 전압

$$E_d = \frac{3\sqrt{6}}{2\pi}V = \frac{3\sqrt{6}}{2\pi} \times 300$$

$$= 350.86[\text{V}]$$

31 3상 전파 정류회로에서 출력전압의 평균전압값은? (단, V는 선간 전압의 실효값)

① 0.45 V[V]　　　② 0.9 V[V]

③ 1.17 V[V]　　　④ 1.35 V[V]

3상 전파 정류의 평균값

$$V_{av} = \frac{3\sqrt{2}}{\pi}V = 1.35V[\text{V}]$$

28 다이오드를 사용한 정류회로에서 다이오드를 여러 개 직렬로 연결하여 사용하는 경우의 설명으로 가장 옳은 것은?

① 다이오드를 과전류로부터 보호할 수 있다.

② 다이오드를 과전압으로부터 보호할 수 있다.

③ 부하출력의 맥동률을 감소시킬 수 있다.

④ 낮은 전압 전류에 적합하다.

32 3상 전파 정류회로에서 전원이 250[V]라면 부하에 나타나는 전압의 최댓값은?

① 약 177[V]　　　② 약 292[V]

③ 약 354[V]　　　④ 약 433[V]

풀이 부하에 나타나는 전압의 최댓값

$$V_{2(peak)} = \sqrt{2}\, V_1 = \sqrt{2} \times 250 ≒ 354[\text{V}]$$

33 다음 정류 방식 중에서 맥동 주파수가 가장 많고 맥동률이 가장 작은 정류 방식은?

① 단상 반파식　　② 단상 전파식
③ 3상 반파식　　④ 3상 전파식

풀이 상수가 높을수록 맥동률은 작아지며, 맥동 주파수는 증가한다.

34 다음 중 전력 제어용 반도체 소자가 아닌 것은?

① LED　　　　② TRIAC
③ GTO　　　　④ IGBT

풀이 LED(Light Emitting Diode)는 제어용 반도체 소자가 아닌 발광다이오드 소자이다.

35 SCR의 특성 중 적합하지 않은 것은?

① PNPN 구조로 되어 있다.
② 정류 작용을 할 수 있다.
③ 정방향 및 역방향의 제어 특성이 있다.
④ 고속도의 스위칭 작용을 할 수 있다.

풀이 SCR은 역저지 사이리스터이므로 역방향에 대한 제어 특성은 없다.

36 실리콘 제어 정류기(SCR)에 대한 설명으로서 적합하지 않은 것은?

① 정류작용을 할 수 있다.
② P-N-P-N 구조로 되어 있다.
③ 정방향 및 역방향의 제어 특성이 있다.
④ 인버터 회로에 이용될 수 있다.

풀이 SCR은 단방향성 3단자 소자이다.

37 역저지 3단자에 속하는 것은?

① SCR　　　　② SSS
③ SCS　　　　④ TRIAC

풀이

명칭		단자	신호	응용 예
사이리스터	역저지 사이리스터 SCR			게이트 신호	정류기 인버터
	역저지 사이리스터 LASCR	3단자	빛 또는 게이트 신호	정지스위치 및 응용 스위치
	역저지 사이리스터 GTO		게이트 신호 on, off	초퍼 직류 스위치
	역저지 사이리스터 SCS	4단자		
	쌍방향 사이리스터 SCS	2단자	과전압 또는 전압상승률	조광장치, 교류 스위치
	쌍방향 사이리스터 TRIAC	3단자	게이트 신호	조광장치, 교류 스위치
	쌍방향 사이리스터 역도통 사이리스터		게이트 신호	직류 효과
다이오드		2단자		정류기
트랜지스터		3단자		증폭기

38 게이트(gate)에 신호를 가해야만 작동되는 소자는?

① SCR　　　　② MPS
③ UJT　　　　④ DIAC

풀이 SCR는 게이트에 (+)의 트리거 펄스가 인가되면 통전 상태로 되어 정류 작용이 개시되고, 일단 통전이 시작되면 게이트 전류를 차단해도 주전류(애노드 전류)는 차단되지 않는다.

39 다음 중 2단자 사이리스터가 아닌 것은?

① SCR　　　　② DIAC
③ SSS　　　　④ Diode

풀이 SCR은 단방향성 3단자 소자이다.

40 통전 중인 사이리스터를 턴 오프(turn off)하려면?

① 순방향 Anode 전류를 유지전류 이하로 한다.
② 순방향 Anode 전류를 증가시킨다.
③ 게이트 전압을 0 또는 −로 한다.
④ 역방향 Anode 전류를 통전한다.

풀이 통전 중인 SCR은 유지 전류 이하가 되면 턴 오프(turn off)된다.

41 SCR의 애노드 전류가 20[A]로 흐르고 있었을 때 게이트 전류를 반으로 줄이면 애노드 전류는?

① 5[A]　　② 10[A]
③ 20[A]　　④ 40[A]

풀이 SCR이 일단 ON 상태로 되면 전류가 유지 전류 이상으로 유지되는 한 게이트 전류의 유무에 관계없이 항상 일정하게 흐른다.

42 다음 중 SCR의 기호는?

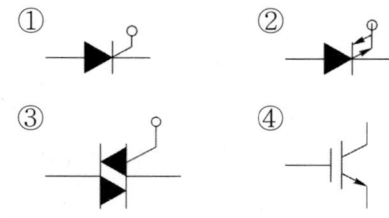

풀이

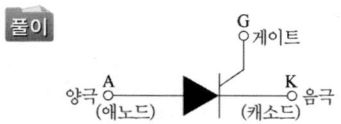

43 그림과 같은 기호가 나타내는 소자는?

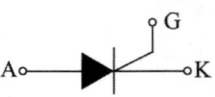

① SCR　　② TRIAC
③ IGBT　　④ Diode

풀이 SCR는 게이트에 (+)의 트리거 펄스가 인가되면 통전 상태로 되어 정류 작용이 개시되고, 일단 통전이 시작되면 게이트 전류를 차단해도 주전류(애노드 전류)는 차단되지 않는다.

44 그림은 실리콘 제어소자인 SCR을 통전시키기 위한 회로도이다. 바르게 된 회로는?

①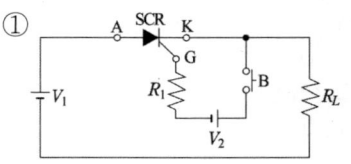

②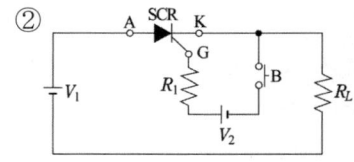

③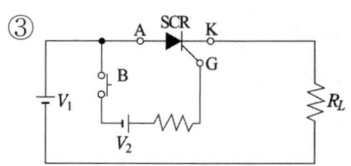

④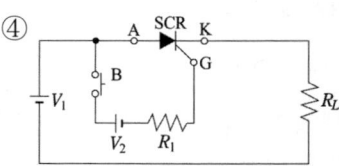

풀이 SCR에 순방향 전압이 인가되어 있을 때 게이트 단자에 전류를 흘리면 SCR은 도통된다.

45 전원전압이 67[V]인 단상 전파 정류회로에서 $\alpha = 60°$일 때 정류 전압은 약 몇 [V]인가?

① 15   ② 22
③ 35   ④ 45

풀이 SCR을 이용한 전파정류의 정류전압은

$E_d = \dfrac{\sqrt{2}\,V}{\pi}(1+\cos\alpha)$ 에서

$E_d = \dfrac{\sqrt{2}\times 67}{\pi}(1+\cos 60°) ≒ 45[V]$

46 단상 전파정류 회로에서 $a = 60°$일 때 정류전압은? (단, 전원측 실효값 전압은 100[V]이며, 유도성 부하를 가지는 제어정류기이다.)

① 약 15[V]   ② 약 22[V]
③ 약 35[V]   ④ 약 45[V]

풀이 단상 전파 제어 정류 회로에서 유도성 부하일 경우의 정류전압은

$E_{do} = \dfrac{2\sqrt{2}\,V}{\pi}\cos\alpha = \dfrac{2\sqrt{2}\times 100}{\pi}\cos 60°$

$≒ 45[V]$

47 그림의 전동기 제어회로에 대한 설명으로 잘못된 것은?

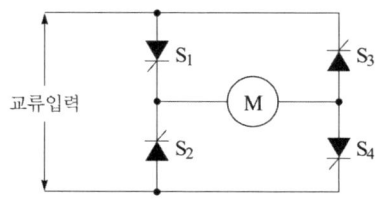

① 교류를 직류로 변환한다.
② 사이리스터 위상제어 회로이다.
③ 전파 정류회로이다.
④ 주파수를 변환하는 회로이다.

풀이 문제의 그림은 사이리스터 위상제어를 이용한 전파 정류회로이다.

48 단상 100[V]인 전파 사이리스터 정류회로에서 부하가 큰 인덕턴스가 있는 경우 점호각이 60도일 때의 정류 전압은 약 몇 [V]인가?

① 141   ② 100
③ 85   ④ 45

풀이 $V_d = \dfrac{2\sqrt{2}\,V_i}{\pi}\cos\alpha = \dfrac{2\sqrt{2}\times 100}{\pi}\times\cos 60°$

$≒ 45[V]$

49 그림과 같은 전동기 제어회로에서 전동기 M의 전류 방향으로 올바른 것은? (단, 전동기의 역률은 100[%]이고, 사이리스터의 점호각은 0°라고 본다.)

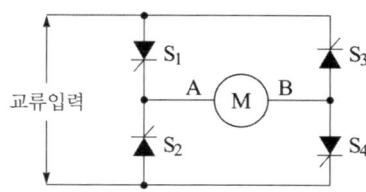

① 항상 "A"에서 "B"의 방향
② 항상 "B"에서 "A"의 방향
③ 입력의 반주기 마다 "A"에서 "B"의 방향, "B"에서 "A"의 방향
④ S_1과 S_4, S_2와 S_3의 동작 상태에 따라 "A"에서 "B"의 방향, "B"에서 "A"의 방향

풀이 그림은 단상 전파 정류회로로서 S_1과 S_4, S_2와 S_3의 동작 상태에 따라 정류가 되어지며, 항상 "A"에서 "B"의 방향으로 전류가 흐른다.

50 3상 제어 정류 회로에서 점호각의 최댓값은?

① 30[°]   ② 150[°]
③ 180[°]   ④ 210[°]

풀이 3상 제어 정류 회로에서 점호각의 최댓값은 $\alpha = 150°(0 \leq \alpha \leq \pi)$이다.

---

51 **양방향성 3단자 사이리스터의 대표적인 것은?**
① SCR   ② SSS
③ DIAC   ④ TRIAC

풀이
- 3극(단자) 소자 : TRIAC, SCR, LASCR, GTO
- 양방향성(쌍방향성) 소자 : TRIAC, DIAC, SSS

---

52 **양 방향으로 전류를 흘릴 수 있는 양방향 소자는?**
① SCR   ② GTO
③ TRIAC   ④ MOSFET

풀이 양방향성(쌍방향성) 소자 : DIAC, TRIAC, SSS

---

53 **교류회로에서 양방향 점호(ON) 및 소호(OFF)를 이용하며, 위상제어를 할 수 있는 소자는?**
① TRIAC   ② SCR
③ GTO   ④ IGBT

풀이 TRIAC (Trielectrode AC switch)은 위상제어를 할 수 있는 양방향성 3단자 소자이다.

---

54 **SCR 2개를 역병렬로 접속한 그림과 같은 기호의 명칭은?**
① SCR
② TRIAC
③ GTO
④ UJT

---

55 **트라이악(TRIAC)의 기호는?**

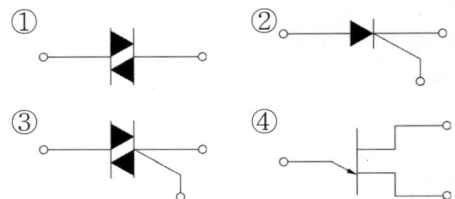

풀이 트라이악(TRIAC)은 양방향성 3단자 소자이다.

---

56 **다음 중 자기 소호 제어용 소자는?**
① SCR   ② TRIAC
③ DIAC   ④ GTO

풀이 GTO(gate turn off thyristor)

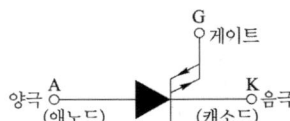

SCR은 도통 시점을 임의로 조절하는 것이 가능 하지만 소호시키는 시점은 제어 할 수 없다. 따라서 이러한 단점을 보완한 것이 GTO로서 게이트에 흐르는 전류를 점호할 때의 전류와 반대 방향의 전류를 흐르게 함으로서 임의로 GTO를 소호시킬 수 있다. (자기소호기능)

---

57 **다음 중 턴오프(소호)가 가능한 소자는?**
① GTO   ② TRIAC
③ SCR   ④ LASCR

풀이 GTO는 게이트에 흐르는 전류를 점호할 때와 반대 방향으로 흐르게 함으로서 임의로 소호시킬 수 있다.

---

51. ④   52. ③   53. ①   54. ②   55. ③   56. ④   57. ①

58 **다음 사이리스터 중 3단자 형식이 아닌 것은?**

① SCR ② GTO
③ DIAC ④ TRIAC

풀이 DIAC, SSS, 다이오드는 2단자 소자이다.

59 **전압을 일정하게 유지하기 위해서 이용되는 다이오드는?**

① 발광 다이오드
② 포토 다이오드
③ 제너 다이오드
④ 바리스터 다이오드

풀이 제너 다이오드 : 제너 항복을 응용한 정전압 소자

60 **다음 그림과 같은 기호의 소자 명칭은?**

① SCR
② TRIAC
③ IGBT
④ GTO

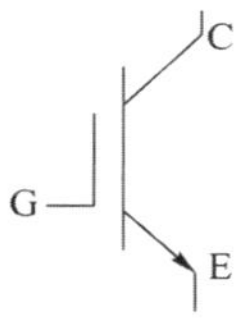

풀이 IGBT(절연 게이트 양극성 트랜지스터)는 대전력의 고속 스위칭이 가능한 반도체 소자이다.

61 **ON, OFF를 고속도로 변환할 수 있는 스위치이고 직류 변압기 등에 사용되는 회로는 무엇인가?**

① 초퍼 회로
② 인버터 회로
③ 컨버터 회로
④ 정류기 회로

풀이 초퍼는 전원으로부터 부하를 연결 혹은 단절하는 다이리스터 온/오프 스위치이다.

62 **직류 전동기의 제어에 널리 응용되는 직류-직류 전압 제어장치는?**

① 인버터 ② 컨버터
③ 초퍼 ④ 전파정류

풀이 초퍼는 일정 입력 전원전압으로부터 초퍼된(짧게 자른) 부하전압을 만든다.

63 **다음 중에서 초퍼나 인버터용 소자가 아닌 것은?**

① TRIAC ② GTO
③ SCR ④ BJT

풀이 초퍼나 인버터는 직류(또는 맥류)를 스위칭 시키는 소자이며, TRIAC는 교류위상제어 소자이다.

64 **스위칭 주기 10[μs], 온(ON)시간 5[μs]일 때 강압형 초퍼의 출력 전압 E_2와 입력 전압 E_1의 관계는?**

① $E_2 = 3E_1$ ② $E_2 = 2E_1$
③ $E_2 = E_1$ ④ $E_2 = 0.5E_1$

풀이 $E_2 = \frac{t_{on}}{T}E_1 = \frac{5}{10} \times E_1 = 0.5E_1$

65 **교류 전동기를 직류 전동기처럼 속도 제어하려면 가변 주파수의 전원이 필요하다. 주파수 f_1에서 직류로 변환하지 않고 바로 주파수 f_2로 변환하는 변환기는?**

① 사이클로 컨버터
② 주파수원 인버터
③ 전압・전류원 인버터
④ 사이리스터 컨버터

답 58. ③ 59. ③ 60. ③ 61. ① 62. ③ 63. ① 64. ④ 65. ①

풀이 사이클로 컨버터란 정지 사이리스터 회로에 의해 전원 주파수와 다른 주파수의 전력으로 변환시키는 직접 회로 장치이다.

풀이
$$V_{av} = \frac{1}{T}\int_0^T v\,dt = \frac{1}{0.05}\int_0^{0.03} 12\,dt$$
$$= \frac{1}{0.05}[12t]_0^{0.03} = \frac{12 \times 0.03}{0.05}$$
$$= 7.2[\text{V}]$$

66 반도체 사이리스터에 의한 전동기의 속도 제어 중 주파수 제어는?

① 초퍼 제어
② 인버터 제어
③ 컨버터 제어
④ 브리지 정류 제어

풀이 VVVF(인버터)제어는 가변 전압 가변 주파수로 속도제어 및 기동을 하는 방법을 말한다.

67 그림은 직류전동기 속도제어 회로 및 트랜지스터의 스위칭 동작에 의하여 전동기에 가해진 전압의 그래프이다. 트랜지스터 도통시간 ⓐ가 0.03초, 1주기 시간 ⓑ가 0.05초 일 때, 전동기에 가해지는 전압의 평균은? (단, 전동기의 역률은 1이고 트랜지스터의 전압강하는 무시한다.)

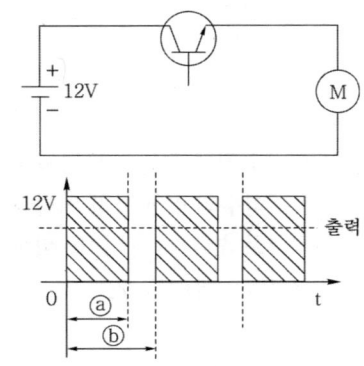

① 4.8[V]   ② 6.0[V]
③ 7.2[V]   ④ 8.0[V]

68 아래 회로에서 부하에 최대 전력을 공급하기 위해서 저항 R 및 콘덴서 C의 크기는?

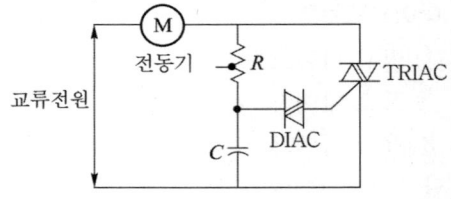

① R은 최대, C는 최대로 한다.
② R은 최소, C는 최소로 한다.
③ R은 최대, C는 최소로 한다.
④ R은 최소, C는 최대로 한다.

69 그림은 전동기 속도제어 회로이다. 〈보기〉에서 ⓐ와 ⓑ를 순서대로 나열한 것은?

〈보기〉
전동기를 기동할 때는 저항 R을 (ⓐ), 전동기를 운전할 때는 저항 R을 (ⓑ)로 한다.

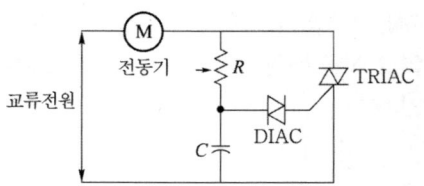

① ⓐ 최대, ⓑ 최대
② ⓐ 최소, ⓑ 최소
③ ⓐ 최대, ⓑ 최소
④ ⓐ 최소, ⓑ 최대

70 그림은 유도전동기 속도제어 회로 및 트랜지스터의 컬렉터 전류 그래프이다. ⓐ와 ⓑ에 해당하는 트랜지스터는?

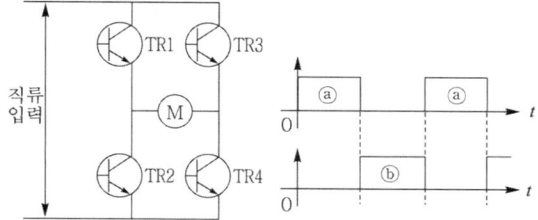

① ⓐ는 TR1과 TR2, ⓑ는 TR3과 TR4
② ⓐ는 TR1과 TR3, ⓑ는 TR2과 TR4
③ ⓐ는 TR2과 TR4, ⓑ는 TR1과 TR3
④ ⓐ는 TR1과 TR4, ⓑ는 TR2과 TR3

71 그림은 교류전동기 속도제어 회로이다. 전동기 M의 종류로 알맞은 것은?

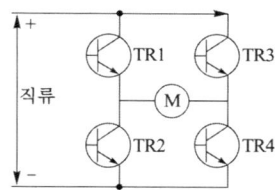

① 단상 유도전동기
② 3상 유도전동기
③ 3상 동기전동기
④ 4상 스텝전동기

풀이 단상 유도전동기의 속도제어방법 중 인버터를 이용하는 방식이다.

답 70. ④　71. ①

06 보호계전기

1. 보호 계전기 동작의 4가지 요소

① 단일 전류 요소
② 단일 전압 요소
③ 전압, 전류 요소
④ 2전류 요소

2. 보호계전기의 분류

(1) 기능상 분류
① 전류 계전기
② 전압 계전기
③ 차동 계전기
④ 거리 계전기
⑤ 주파수 계전기
⑥ 재폐로 계전기

(2) 원리상 분류
① 전자기계형(유도형 등)
② 정지형
③ 디지털형

(3) 동작 시간에 의한 분류
① 순한시 계전기 : 고장즉시 동작
② 정한시 계전기 : 고장후 일정시간이 경과하면 동작
③ 반한시 계전기 : 고장전류의 크기에 반비례하여 동작

④ 반한시 정한시 계전기 : 반한시와 정한시 특성을 겸함.

3. 보호계전기의 종류

(1) 단락 보호용 계전기
① 과전류 계전기 (OCR) : 일정값 이상의 전류가 흘렀을 때 동작하며 일명 과부하 계전기라 불려진다.
② 과전압 계전기 (OVR) : 일정값 이상의 전압이 걸렸을 때 동작한다.
③ 부족 전압 계전기 (UVR) : 전압이 일정값 이하로 떨어졌을 경우 동작한다.
④ 단락 방향 계전기 (DOCR, DSR) : 어느 일정한 방향으로 일정값 이상의 단락 전류가 흘렀을 경우 동작하는 것
⑤ 선택 단락 계전기 (SSR) : 병행 2회선 송전 선로에서 한쪽의 1회선에 단락 사고가 발생하였을 때 2중 방향 동작 계전기를 사용해서 고장 회선을 선택 차단할 수 있는 것
⑥ 거리 계전기 (DR) : 전압과 전류의 크기 및 위상차를 이용, 고장점까지의 거리를 측정하는 계전기로 송전 선로의 단락 보호에 적합하며 후비보호에 사용된다.

(2) 지락 보호 계전기
① 지락 과전류 계전기 (OCGR) : 과전류 계전기의 동작 전류를 특별히 작게 한 것으로 지락 고장 보호용으로 사용한다.

② 지락 방향 계전기 (DGR) : 과전류 지락 계전기에 방향성을 준 것

③ 지락 선택 계전기 (SGR) : 병행 2회선 송전선로에서 한쪽의 1회선에 지락 사고가 일어났을 경우 이것을 검출하여 고장 회선만을 선택 차단할 수 있게끔 선택 단락 계전기의 동작 전류를 특별히 작게 한 것

(3) 비율 차동 계전기

① 용도 : 발전기나 변압기의 내부 고장에 대한 보호용으로 사용

② 비율 차동 계전기의 변류기의 결선은 변압기 결선과 반대로 한다.

변압기 결선	변류기 결선
Y—△	△—Y
△—Y	Y—△

01 자가용 전기설비의 보호 계전기의 종류가 아닌 것은?
　① 과전류계전기　　② 과전압계전기
　③ 부족전압계전기　④ 부족전류계전기

풀이 부족전류계전기는 보호 목적보다는 주로 제어용으로 사용한다.

02 보호 계전기의 기능상 분류로 틀린 것은?
　① 차동 계전기　　② 거리 계전기
　③ 저항 계전기　　④ 주파수 계전기

풀이 보호계전기의 기능상 분류 :
　전류 계전기, 전압 계전기, 차동 계전기, 거리 계전기, 주파수 계전기, 재폐로 계전기

03 보호 계전기를 동작원리에 따라 구분할 때 해당 되지 않는 것은?
　① 유도형　　　　② 정지형
　③ 디지털형　　　④ 저항형

풀이 보호계전기의 동작원리상 분류
　① 전자기계형(유도형, 가동코일형, 가동철심형)
　② 정지형(트래지스터형, 전자관형, 자기증폭기형, 홀 효과형)
　③ 디지털형(연산형, 계수형, 스캐너형)

04 보호 계전기를 동작 원리에 따라 구분할 때 입력된 전기량에 의한 전자력으로 회전 원판을 이동시켜 출력값을 얻는 계기는?
　① 유도형　　　　② 정지형
　③ 디지털형　　　④ 저항형

풀이 유도형 : 회전 자계 또는 이동 자계 내의 도체 원판에 유도 작용으로 생기는 토크를 이용하는 계전기

05 최소 동작값 이상의 구동 전기량이 주어지면 일정 시한으로 동작하는 계전기는?
　① 반한시 계전기
　② 정한시 계전기
　③ 역한시 계전기
　④ 반한시−정한시 계전기

풀이
　• 반한시 : 고장전류가 작은 경우는 천천히 동작하며, 고장전류가 큰 경우는 빨리 동작한다.(고장전류와 동작시간이 반비례하는 특성)
　• 정한시 : 고장후 일정시간이 경과한 다음 동작한다.
　• 순한시 : 고장즉시 동작한다.
　• 반한시−정한시 : 반한시 특성과 정한시 특성을 겸한다.

06 보호구간에 유입하는 전류와 유출하는 전류의 차에 의해 동작하는 계전기는?
　① 비율차동 계전기
　② 거리 계전기
　③ 방향 계전기
　④ 부족전압 계전기

풀이 차동 계전기 : 보호 구간에 유입하는 전류와 유출하는 전류의 벡터차를 검출해서 동작하는 계전기

07 일종의 전류 계전기로 보호 대상 설비에 유입되는 전류와 유출되는 전류의 차에 의해 동작하는 계전기는?
　① 차동 계전기　　② 전류 계전기
　③ 주파수 계전기　④ 재폐로 계전기

풀이 차동 계전기 : 1차 전류와 2차 전류의 차에 의하여 동작

08 같은 회로의 두 점에서 전류가 같을 때에는 동작하지 않으나 고장 시에 전류의 차가 생기면 동작하는 계전기는?

① 과전류계전기　② 거리계전기
③ 접지계전기　　④ 차동계전기

풀이 차동 계전기 : 1차 전류와 2차 전류의 차에 의하여 동작

09 보호를 요하는 회로의 전류가 어떤 일정한 값(정정값) 이상으로 흘렀을 때 동작하는 계전기는?

① 과전류 계전기　② 과전압 계전기
③ 차동 계전기　　④ 비율 차동 계전기

풀이 과전류 계전기 : 회로의 전류가 일정 값 이상으로 흘렀을 때 동작

10 일정 값 이상의 전류가 흘렀을 때 동작하는 계전기는?

① OCR　　　　② OVR
③ UVR　　　　④ GR

풀이 OCR(과전류 계전기), OVR(과전압 계전기), UVR(부족전압 계전기), GR(지락계전기)

11 직류 전동기 운전 중에 있는 기동 저항기에서 정전이거나 전원 전압이 저하되었을 때 핸들을 정지 위치에 두는 역할을 하는 것은?

① 무전압 계전기　② 계자 제어
③ 기동저항　　　④ 과부하계전기

풀이 무전압 계전기 : 정전 시 또는 전압이 규정치보다 낮아졌을 때 작동하는 계전기로 전동기 기동장치 등의 보호 회로로서 사용된다.

12 선택지락계전기(selective ground relay)의 용도는?

① 다회선에서 지락고장 회선의 선택
② 단일회선에서 지락전류의 방향의 선택
③ 단일회선에서 지락사고 지속시간의 선택
④ 단일회선에서 지락전류의 대소의 선택

풀이 선택 지락 계전기는 다 회선에서의 접지고장 회선을 선택한다.

13 선택 지락 계전기의 용도는?

① 단일 회선에서 접지전류의 대소의 선택
② 단일 회선에서 접지전류의 방향의 선택
③ 단일 회선에서 접지사고 지속시간의 선택
④ 다 회선에서의 접지고장 회선의 선택

풀이 선택 지락 계전기는 다 회선에서의 접지고장 회선의 선택한다.

14 평행 2회선의 선로에서 단락 고장회선을 선택하는 데 사용하는 계전기는?

① 선택단락계전기　② 방향단락계전기
③ 차동단락계전기　④ 거리단락계전기

풀이 선택 단락 계전기 (SSR) : 병행 2회선 송전 선로에서 한쪽의 1회선에 단락 사고가 발생하였을 때 2중 방향 동작 계전기를 사용해서 고장 회선을 선택 차단할 수 있는 것

15 계전기가 설치된 위치에서 고장점까지의 임피던스에 비례하여 동작하는 보호계전기는?

① 방향단락 계전기
② 거리 계전기
③ 단락회로 선택 계전기
④ 과전압 계전기

풀이 거리 계전기(DR) : 전압과 전류의 크기 및 위상차를 이용하여, 고장점까지의 거리를 측정하는 계전기로 송전 선로의 단락 보호에 적합하며 후비보호에 사용된다.

16 다음 중 거리 계전기의 설명으로 틀린 것은?

① 전압과 전류의 크기 및 위상차를 이용한다.
② 154[kV] 계통 이상의 송전선로 후비 보호를 한다.
③ 345[kV] 변압기의 후비 보호를 한다.
④ 154[kV] 및 345[kV] 모선 보호에 주로 사용한다.

풀이 거리 계전기(DR) : 전압과 전류의 크기 및 위상차를 이용, 고장점까지의 거리를 측정하는 계전기로 송전 선로의 단락 보호에 적합하며 후비보호에 사용된다.

17 보호 계전기 시험을 하기 위한 유의 사항이 아닌 것은?

① 시험회로 결선 시 교류와 직류 확인
② 영점의 정확성 확인
③ 계전기 시험 장비의 오차 확인
④ 시험 회로 결선 시 교류의 극성 확인

풀이 교류는 주기적으로 극성이 교번하므로 시험 회로 결선 시 교류의 극성은 확인하지 않아도 된다.

18 낙뢰, 수목 접촉, 일시적인 섬락 등 순간적인 사고로 계통에서 분리된 구간을 신속히 계통에 투입시킴으로써 계통의 안정도를 향상시키고 정전 시간을 단축시키기 위해 사용되는 계전기는?

① 차동 계전기   ② 과전류 계전기
③ 거리 계전기   ④ 재폐로 계전기

풀이 고속도 재폐로(recloser) 차단기는 고장전류를 신속하게 차단 및 투입함으로써 안정도를 증진시킨다.

19 보호 계전기의 배선 시험으로 옳지 않은 것은?

① 극성이 바르게 결선되었는가를 확인한다.
② 내부 단자와 각부 나사 조임 상태를 점검한다.
③ 회로의 배선이 정확하게 결선 되었는지 확인한다.
④ 입력 배선 검사는 직류 전압으로 시험한다.

풀이 나사 조임 상태의 점검은 배선 시험에 포함되지 않는다.

20 반송보호 계전방식의 장점을 설명한 것으로 맞지 않은 것은?

① 다른 방식에 비해 장치가 간단하다.
② 고장 구간의 고속도 동시에 차단이 가능하다.
③ 고장 구간의 선택이 확실하다.
④ 동작을 예민하게 할 수 있다.

풀이 반송 보호 계전방식의 장점
• 고장의 선택성이 우수하다.
• 동작이 예민하다.
• 고장점이나 계통의 여하에 불구하고 선택 차단 개소를 동시에 고속도 차단할 수 있다.

Craftsman Electricity

3과목

전기설비

◁ 1. 전선 및 케이블

1) 전선 및 케이블

전선 및 케이블의 구비조건은 다음과 같다.
① 도전율이 크고 고유 저항은 작을 것
② 기계적 강도 및 가요성(유연성)이 풍부할 것
③ 내구성이 클 것
④ 비중이 작을 것
⑤ 시공 및 보수의 취급이 용이할 것
⑥ 다량으로 값싸게 구입할 수 있을 것

2) 전선

(1) 나전선

피복이 없는 전선으로 사용 장소는 한국전기설비규정에 의해 옥내에서는 사용해서는 아니 되며, 다음의 장소에 사용할 수 있다.
① 전기로용 전선
② 저압 접촉 전선
③ 전선의 피복 절연물이 부식하는 장소에 시설하는 전선
④ 취급자 이외의 자가 출입할 수 없도록 설비한 장소에 시설하는 전선
⑤ 버스덕트공사에 의하여 시설하는 경우
⑥ 라이팅덕트공사에 의하여 시설하는 경우

(2) 단선과 연선

① 단선
단면이 원형인 1본의 도체로 크기는 지름 [mm]으로 표시하고, 최소 0.1[mm], 최대 12[mm]까지 42종이 있다.

② 연선
㉠ 1본의 중심선 위에 6배수의 층수 배수만큼 증가하는 구조로 되어 있고, 크기는 공칭 단면적[mm²]로 표시하며, 최소 0.9 [mm²], 최대 1,000[mm²]로 하여 26종류가 있다.

㉡ 공칭 단면적
- 총 소선수 $N = 3n(n+1)+1$
- 바깥 지름 $D = (2n+1)d$
- 단면적 $S = sN = \dfrac{\pi d^2}{4} \times N = \dfrac{\pi D^2}{4}$

여기서, n : 층수(가운데 한 가닥은 층수에 포함하지 않는다.)
d : 소선의 지름[mm]
s : 소선의 단면적[mm²]

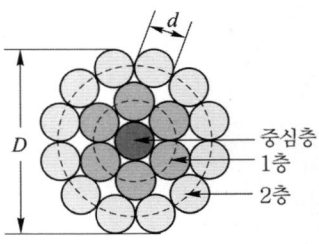

㉢ 연선은 가요성이 커서 가선공사가 용이하다.

3) 전선의 약호

약 호	명칭
ACSR	강심 알루미늄 연선
ACSR-OC 전선	옥외용 강심 알루미늄도체 가교 폴리에틸렌 절연전선
CE1 케이블	0.6/1[kV] 가교 폴리에틸렌 절연 폴리에틸렌 시스케이블
CE10 케이블	6/10[kV] 가교 폴리에틸렌 절연 폴리에틸렌 시스케이블
CN-CV 케이블	동심중성선 차수형 전력케이블
CN-CV-W 케이블	동심중성선 수밀형 전력케이블
CV1 케이블	0.6/1[kV] 가교 폴리에틸렌 절연 비닐 시스 케이블
CV10 케이블	6/10[kV] 가교 폴리에틸렌 절연 비닐 시스 케이블
CVV 전선	0.6/1[kV] 비닐절연 비닐시스 제어케이블
DV 전선	인입용 비닐 절연전선
EV 케이블	폴리에틸렌 절연 비닐 시스 케이블
EE 케이블	폴리에틸렌 절연 폴리에틸렌 시스 케이블
MI 케이블	무기물 절연 케이블
NR 전선	450/750[V] 일반용 단심 비닐 절연전선
NRI 전선	300/500[V] 기기 배선용 단심 비닐절연전선
OW 전선	옥외용 비닐 절연전선
OE 전선	옥외용 폴리에틸렌 절연전선
OC 전선	옥외용 가교 폴리에틸렌 절연전선
VCT 케이블	0.6/1[kV] 비닐 절연 비닐캡타이어 케이블
VV 케이블	0.6/1[kV] 비닐 절연 비닐 시스 케이블

4) 캡타이어 케이블(captire cable)

이동·가요성을 가지며, 보호피복을 가진 절연 전선이다.

① 심선의 색별

선심 수	색
2심	흑, 백
3심	흑, 백, 적 또는 흑, 백, 녹
4심	흑, 백, 적, 녹
5심	흑, 백, 적, 녹, 황

※ 녹색은 접지선에 사용

② 사용 장소

전기적 성질보다 기계적 성질이 우수하여 광산, 공장, 농사, 의료, 수중, 무대 등에 사용한다.

5) 전선식별

상(문자)	L1	L2	L3	N	보호 도체
색상	갈색	검은색	회색	파란색	녹색-노란색

2. 배선 재료

1) 개폐기의 종류

(1) 나이프 스위치(knife switch)

심벌			
명칭	단극 단투	2극 단투	3극 단투
기호	SPST	DPST	TPST
심벌			
명칭	단극 쌍투	2극 쌍투	3극 쌍투
기호	SPDT	DPDT	TPDT

개폐기의 극수, 기호 및 투입 방법

(2) 텀블러 스위치(tumbler switch)

노출형과 매입형, 단극형과 3로, 4로 등이 있다.

(3) 점멸 스위치(snap switch)

전등 점멸과 전열기의 열 조절 등에 쓰인다.

스위치의 개방 상태의 표시

	개로의 경우	폐로의 경우
색별 문자	녹색 또는 검은색 개 또는 OFF	붉은색 또는 흰색 폐 또는 ON

2) 리셉터클(receptacle)

코드 없이 천장이나 벽에 붙이는 일종의 소켓으로 실링 라이트 속이나 문, 화장실 등의 글로브 안에 사용된다.

3) 플러그

(1) 테이블 탭(table tap)

코드의 길이가 짧을 때 연장하여 사용하는 것으로, 익스텐션 코드(extension cord)라 한다.

(2) 멀티 탭(multi tap)

하나의 콘센트에 둘 또는 세 가지의 기구를 사용할 때 끼우는 것을 말한다.

4) 과전류차단기 (배선용 차단기)

전로를 수동 또는 외부 전기조작에 의해 개폐할 수 있는 동시에 과전류, 단락 시 자동으로 전로를 차단하는 기구로서 MCCB라고 부른다.

〈동작 방식에 의한 분류〉

구분	특 징
열동식	바이메탈의 열에 대한 변화(변형)특성을 이용하여 동작하는 것 • 직렬식 : 소용량에 적용 • 병렬식 : 중, 대용량에 적용 • CT식 : 교류 대용량에 적용
열동 전자식	열동식과 전자식 두가지 동작요소를 갖고 과부하 영역에서는 열동식 소자가 동작하고, 단락 대전류 영역에서는 전자식 소자에 의해 단시간에 동작.
電磁式	전자석에 의해 동작하는 것으로 동작시간이 길어진다.
電子式	CT를 설치하여 CT 2차 전류를 연산하고 연산결과에 의해 소 전류 영역에서는 長시한, 대전류 영역에서는 短시한, 단락전류 영역에서는 순시에 동작한다.

3. 전기 설비에 관련된 공구

1) 전기 공사용 공구

(1) 나이프(jack knife)와 와이어 스트리퍼(wire striper)

① 용도 : 전선의 피복 절연물을 벗길 때에 사용한다.
② 와이어 스트리퍼(wire striper) : 절연 전선의 피복 절연물을 벗기는 자동 공구

(2) 토치램프(torch lamp)

① 용도 : 전선 접속의 납땜과 합성수지관의 가공에 열을 가할 때 사용하는 것
② 종류 : 가솔린용, 알코올용

(3) 클리퍼(cliper 또는 cable cutter)

① 용도 : 굵은 전선을 절단할 때 사용하는 가위로, 굵은 전선은 펜치로 절단하기가 힘들어 클리퍼를 사용하거나 쇠톱으로 절단한다.

(4) 쇠톱(hack saw)

① 용도 : 전선관 및 굵은 전선을 끊을 때 사용하는 것으로 날과 틀로 구성되어 있다.
② 종류 : 20, 25, 30[cm]

(5) 프레셔 툴(pressure tool)

① 용도 : 솔더리스(solderless) 커넥터 또는 솔더리스 터미널을 압착하는 것(압착 펜치)
② 종류 : 수동식, 유압식

(6) 벤더(bender)

① 용도 : 금속관을 구부리는 공구로 여러 가지 치수가 있으며 무게가 무거워 현장에서는 히키(hickey)가 쓰인다.

(7) 오스터(oster)

① 용도 : 금속관 끝에 나사를 내는 공구
② 구성 : 래칫(ratchet)과 다이스(dise)

(8) 녹아웃 펀치(knockout punch)

① 용도 : 배전반, 분전반 등의 배관을 변경하거나 이미 설치되어 있는 캐비닛에 구멍을 뚫을 때 필요한 공구

② 크기 : 15, 19, 25[mm]

③ 종류 : 수동식, 유압식

(9) 파이프 렌치(pipe wrench)

① 용도 : 금속관을 커플링으로 접속할 때 금속관 커플링을 물고 죄는 것(이 작업에는 파이프 렌치 2개가 필요하다.)

② 종류 : 파이프 렌치, 체인 파이프 렌치

(10) 리머(reamer)

① 용도 : 금속관을 쇠톱이나 커터로 끊은 다음, 관 안에 날카로운 것을 다듬는 것

② 돌보 송곳에 끼워 사용하는 것을 리머 렌치라 한다.

2) 각종 측정 기구

(1) 와이어 게이지(wire gauge)

① 용도 : 전선의 굵기를 측정하는 것

② 종류 : 선번용, 밀리미터용

(2) 마이크로미터(micro meter)

① 용도 : 전선의 굵기, 철판, 구리판 등의 두께를 측정하는 것으로 원형 눈금과 축 눈금을 합하여 읽는다.(정밀급 측정기이므로 보관 및 취급에 세심한 주의가 필요)

(3) 회로 시험기(멀티 테스터)

① 용도 : 전압, 저항, 전류 측정, 도통 시험

(4) 접지 저항계(어스 테스터)

① 용도 : 접지 저항을 측정한다.

② 사용 방법 : E 단자를 측정하고자 하는 접지선, P 단자와 C 단자를 보조 접지극에 연결하고 측정한다.

(5) 절연 저항계(메거)

① 용도 : 절연 저항 측정

(6) 훅 온 미터

① 용도 : 통전 중의 전선 전류 측정, 전압 측정 등

01 저압 회로에 사용되는 비닐절연 비닐외장 케이블의 약칭으로 옳은 것은?

① VV   ② EV

③ FP   ④ CV

풀이 VV : 0.6/1[kV] 비닐 절연 비닐 시스 케이블

02 옥외용 비닐 절연 전선의 약호(기호)는?

① VV   ② DV

③ OW   ④ NR

풀이 ① VV-비닐 절연 비닐 시스 케이블
② DV-인입용 비닐 절연 전선
③ OW-옥외용 비닐 절연 전선
④ NR-450/750[V] 일반용 단심 비닐 절연전선

03 다음 중 300/500[V] 기기 배선용 유연성 단심 비닐절연전선을 나타내는 약호는?

① NFR   ② NFI

③ NR   ④ NRC

풀이
• NFI : 300/500[V] 기기 배선용 유연성 단심 비닐 절연전선
• NR : 450/750[V] 일반용 단심 비닐 절연전선

04 전선 약호가 CN-CV-W인 케이블의 품명은?

① 동심중성선 수밀형 전력케이블
② 동심중성선 차수형 전력케이블
③ 동심중성선 수밀형 저독성 난연 전력케이블
④ 동심중성선 차수형 저독성 난연 전력케이블

풀이 CN-CV-W : 동심중성선 수밀형 전력케이블

05 폴리에틸렌 절연 비닐 시스 케이블의 약호는?

① DV   ② EE

③ EV   ④ OW

풀이
• DV : 인입용 비닐 절연 전선
• EE : 폴리에틸렌 절연 폴리에틸렌 외장 케이블
• EV : 폴리에틸렌 절연 비닐 시스 케이블
• OW : 옥외용 비닐 절연 전선

06 나전선 등의 금속선에 속하지 않는 것은?

① 경동선(지름 12[mm] 이하의 것)
② 연동선
③ 동합금선(단면적 35[mm²] 이하의 것)
④ 경알루미늄선(단면적 35[mm²] 이하의 것)

풀이 나전선 등의 금속선 중 동합금선은 단면적 25[mm²] 이하의 것

07 해안지방의 송전용 나전선에 가장 적당한 것은?

① 철선   ② 강심알루미늄선

③ 동선   ④ 알루미늄합금선

풀이 철선과 알루미늄선은 염해에 약해 해안지방에서는 사용하지 않는다.

08 전선의 색 구별에 있어서 중성선은 어떤 색을 쓰고 있는가?

① 파란색   ② 검은색

③ 노란색   ④ 보라색

풀이 • 전선 식별

상 (문자)	L1	L2	L3	N	보호 도체
색상	갈색	검은색	회색	파란색	녹색-노란색

09 절연 전선의 피복에 "15[kV] NRV"라고 표시되어 있다. 여기서 "NRV"는 무엇을 나타내는 약호인가?

① 형광등 전선
② 고무절연 폴리에틸렌 시스 네온전선
③ 고무절연 비닐 시스 네온전선
④ 폴리에틸렌 절연 비닐 시스 네온전선

풀이 15[kV] N-RV에서 N은 네온, R은 고무, V는 비닐을 나타낸다.

10 전선의 공칭단면적에 대한 설명으로 옳지 않은 것은?

① 소선 수와 소선의 지름으로 나타낸다.
② 단위는 [mm^2]로 표시한다.
③ 전선의 실제단면적과 같다.
④ 연선의 굵기를 나타내는 것이다.

풀이 공칭 단면적은 전선의 실제 단면적과 반드시 같지 않으며 전선의 굵기를 나타내는 호칭이다.

11 연선 결정에 있어서 중심 소선을 뺀 층수가 2층이다. 소선의 총수 N은 얼마인가?

① 45
② 39
③ 19
④ 9

풀이 총 소선수
$$N = 3n(n+1)+1 = 3n(n+1)+1$$
$$= 3 \times 2 \times (2+1)+1 = 19$$

12 인입용 비닐절연전선의 공칭단면적 8[mm^2] 되는 연선의 구성은 소선의 지름이 1.2[mm] 일 때 소선수는 몇 가닥으로 되어 있는가?

① 3
② 4
③ 6
④ 7

풀이 • 소선의 단면적
$$a = \frac{\pi d^2}{4} = \frac{\pi \times 1.2^2}{4} ≒ 1.13[\text{mm}^2]$$
• 연선의 단면적 $A = Na[\text{mm}^2]$이므로 따라서 소선의 총수
$$N = \frac{A}{a} = \frac{8}{1.13} ≒ 7가닥$$

13 220[V] 옥내 배선에서 백열전구를 노출로 설치할 때 사용하는 기구는?

① 리셉터클
② 테이블 탭
③ 콘센트
④ 코드 커넥터

풀이 리셉터클(receptacle) : 코드 없이 천장이나 벽에 붙이는 일종의 소켓으로 실링 라이트 속이나 문, 화장실 등의 글로브 안에 사용된다.

14 하나의 콘센트에 둘 또는 세가지의 기계 기구를 끼워서 사용할 때 사용되는 것은?

① 노출형 콘센트
② 키이리스 소켓
③ 멀티 탭
④ 아이언 플러그

풀이 하나의 콘센트에 둘 또는 세 가지의 기구를 사용할 때 끼우는 것을 말한다.

15 플로어덕트 부속품 중 박스의 플러그 구멍을 메우는 것의 명칭은?

① 덕트서포트
② 아이언플러그
③ 덕트플러그
④ 인서트마커

풀이 아이언 플러그(iron plug)
전기 다리미, 온탕기 등에 사용하는 것으로 코드의 한쪽은 꽂음 플러그로 되어 있어서 전원 콘센트에 연결하고, 한쪽은 아이언 플러그가 달려서 전기 기구용 콘센트에 끼우도록 되어 있다.

16 하나의 콘센트에 두 개 이상의 플러그를 꽂아 사용할 수 있는 기구는?

① 코드 접속기
② 멀티 탭
③ 테이블 탭
④ 아이언 플러그

풀이 하나의 콘센트에 둘 또는 세 가지의 기구를 사용할 때 끼우는 것을 말한다.

17 금속 전선관 공사에 필요한 공구가 아닌 것은?

① 파이프 바이스
② 스트리퍼
③ 리머
④ 오스터

풀이 와이어 스트리퍼(wire striper) : 절연 전선의 피복 절연물을 벗기는 자동 공구

18 펜치로 절단하기 힘든 굵은 전선의 절단에 사용되는 공구는?

① 파이프 렌치
② 파이프 커터
③ 클리퍼
④ 와이어 게이지

풀이 클리퍼 : 굵은 전선을 절단할 때 사용하는 가위

19 전기공사 시공에 필요한 공구사용법 설명 중 잘못된 것은?

① 콘크리트의 구멍을 뚫기 위한 공구로 타격용 임팩트 전기드릴을 사용한다.
② 스위치박스에 전선관용 구멍을 뚫기 위해 녹아웃 펀치를 사용한다.
③ 합성수지 가요전선관의 굽힘 작업을 위해 토치램프를 사용한다.
④ 금속 전선관의 굽힘 작업을 위해 파이프 벤더를 사용한다.

풀이 토치램프(torch lamp) : 전선 접속의 납땜과 합성 수지관의 가공에 열을 가할 때 사용하는 것

20 굵은 전선을 절단 할 때 사용하는 전기공사용 공구는?

① 프레셔 툴 ② 녹아웃 펀치
③ 파이프 커터 ④ 클리퍼

풀이 클리퍼 : 굵은 전선을 절단할 때 사용하는 가위

21 전선에 압착단자 접속시 사용되는 공구는?

① 와이어 스트립퍼
② 프리셔툴
③ 클리퍼
④ 니퍼

풀이 • 와이어 스트립퍼 : 절연 전선의 절연물을 벗기는 공구
• 프리셔툴 : 솔더리스 커넥터 또는 솔더리스 터미널을 압착하는 것
• 클리퍼 : 굵은 전선을 절단할 때 사용하는 가위
• 니퍼 : 피복부를 잘라 내거나 전선 등을 절단 할 때 사용

답 16. ② 17. ② 18. ③ 19. ③ 20. ④ 21. ②

22 손작업 쇠톱날의 크기(치수 : mm)가 아닌 것은?

① 200　　　　② 250

③ 300　　　　④ 550

풀이 손작업 쇠톱날의 기준치수는 200[mm], 250[mm], 300[mm]이다.

23 금속 전선관 작업에서 나사를 낼 때 필요한 공구는 어느 것인가?

① 파이프 벤더　　② 볼트클리퍼

③ 오스터　　　　④ 파이프 렌치

풀이 오스터는 금속관 끝에 나사를 내는 공구로 래칫과 다이스로 구성되어 있다.

24 배전반 및 분전반과 연결된 배관을 변경하거나 이미 설치되어 있는 캐비닛에 구멍을 뚫을 때 필요한 공구는?

① 오스터　　　　② 클리퍼

③ 토치램프　　　④ 녹아웃 펀치

풀이 녹아웃용 펀치는 캐비닛의 철판 등에 녹아웃(전선관을 넣기 위한 구멍)을 만들기 위한 공구로 홀쏘와 같은 용도이다.

25 녹아웃 펀치와 같은 용도로 배전반이나 분전반 등에 구멍을 뚫을 때 사용하는 것은?

① 클리퍼(Cliper)

② 홀쏘(hole saw)

③ 프레스 툴(pressure tool)

④ 드라이브이트 툴(driveit tool)

풀이 홀쏘는 캐비닛의 철판 등에 전선관을 넣기 위한 구멍을 만들기 위한 공구이다.

26 녹아웃 펀치(knockout punch)와 같은 용도의 것은?

① 리머(reamer)

② 벤더(bender)

③ 클리퍼(cliper)

④ 홀쏘(hole saw)

풀이
• 녹아웃 펀치 : 분전반, 풀박스 등의 전선관 인출을 위한 인출공을 뚫는 공구
• 홀쏘 : 구멍을 뚫을 때 쓰는 톱

27 피시 테이프(fish tape)의 용도는?

① 전선을 테이핑하기 위해서 사용

② 전선관의 끝마무리를 위해서 사용

③ 전선관에 전선을 넣을 때 사용

④ 합성수지관을 구부릴 때 사용

풀이 피시 테이프는 전선관 공사 시 전선을 여러 가닥 넣을 때 쉽게 넣을 수 있는 공구이다.

28 전기공사에 사용하는 공구와 작업내용이 잘못된 것은?

① 토치 램프 – 합성 수지관 가공하기

② 홀소 – 분전반 구멍 뚫기

③ 와이어 스트리퍼 – 전선 피복 벗기기

④ 피시 테이프 – 전선관 보호

풀이 피시 테이프(요비선)는 전선관 공사시 전선을 여러 가닥 넣을 때 쉽게 넣을 수 있는 공구이다.

29 금속관에 여러 가닥의 전선을 넣을 때 매우 편리하게 넣을 수 있는 방법으로 쓰이는 것은?

① 비닐 전선　　　② 철망 그리프

③ 접지선　　　　④ 호밍사

답 22. ④　23. ③　24. ④　25. ②　26. ④　27. ③　28. ④　29. ②

30 금속관을 가공할 때 절단된 내부를 매끈하게 하기 위하여 사용하는 공구의 명칭은?

① 리이머   ② 프레셔 툴
③ 오스터   ④ 녹아웃 펀치

풀이 리이머(reamer) : 리이머는 드릴로 미리 뚫어 놓은 구멍을 정확한 치수의 지름으로 넓히고, 구멍의 내면을 깨끗하게 다듬질하는 데 사용하는 공구이다.

31 다음 중 전선의 굵기를 측정할 때 사용 되는 것은?

① 와이어 게이지   ② 파이어 포트
③ 스패너   ④ 프레셔 툴

풀이 와이어 게이지(wire gauge) : 전선의 굵기를 측정하는 것

32 물체의 두께, 깊이, 안지름 및 바깥지름 등을 모두 측정할 수 있는 공구의 명칭은?

① 버니어 캘리퍼스
② 마이크로미터
③ 다이얼 게이지
④ 와이어 게이지

풀이 버니어 캘리퍼스 : 두께, 깊이, 안지름 및 바깥지름을 측정할 수 있다.

33 어미자와 아들자의 눈금을 이용하여 두께, 깊이, 안지름 및 바깥지름 측정용으로 사용하는 것은?

① 버니어 캘리퍼스
② 채널 지그
③ 스트레인 게이지
④ 스태핑 머신

풀이 버니어 캘리퍼스 : 두께, 깊이, 안지름 및 바깥지름을 측정할 수 있다.

34 다음 중 절연저항을 측정하는 것은?

① 캘빈더블브리지법
② 전압전류계법
③ 휘이스톤 브리지법
④ 메거

풀이 절연저항은 메거로 측정한다.

35 다음 중 옥내에 시설하는 저압 전로와 대지 사이의 절연저항 측정에 사용되는 계기는?

① 멀티 테스터   ② 메거
③ 어스 테스터   ④ 훅 온 미터

풀이 절연저항은 메거로 측정한다.

36 400[V] 이하 옥내배선의 절연저항 측정에 가장 알맞은 절연저항계는?

① 250[V] 메거   ② 500[V] 메거
③ 1000[V] 메거   ④ 1500[V] 메거

풀이 저압 기기 배선의 절연저항 측정에는 500[V] 메거를 사용한다.

37 전기공사에서 접지저항을 측정할 때 사용하는 측정기는 무엇인가?

① 검류기   ② 변류기
③ 메거   ④ 어스테스터

풀이
• 검류기 : 전류, 전압 등의 유무를 검출하는 기기
• 변류기 : 고압회로의 대전류를 소전류로 변성
• 메거 : 절연 저항 측정

답 30. ① 31. ① 32. ① 33. ① 34. ④ 35. ② 36. ② 37. ④

38 다음 중 접지저항을 측정하는 방법은?

① 휘스톤 브리지법

② 캘빈더블 브리지법

③ 콜라우시 브리지법

④ 테스터법

풀이 특수 저항 측정

① 검류계의 내부 저항 : 휘이스톤 브리지법

② 전해액의 저항 : 콜라우시 브리지법

③ 접지 저항 : 콜라우시 브리지법

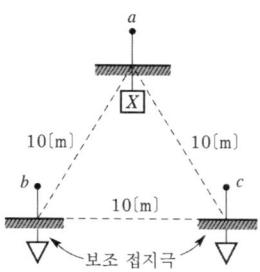

※ 콜라우시 브리지법

$R_a + R_b = R_{ab}$: ①

$R_b + R_c = R_{bc}$: ②

$R_a + R_c = R_{ac}$: ③

①+②+③

$2(R_a + R_b + R_c) = R_{ab} + R_{bc} + R_{ca}$

$2(R_a + R_{bc}) = R_{ab} + R_{bc} + R_{ca}$

$R_a = \dfrac{1}{2}(R_{ab} + R_{ca} - R_{bc})[\Omega]$

여기서, R_{ab} : 본 접지극 a와

보조 접지극 b 사이의 저항

R_{ac} : 본 접지극 a와

보조 접지극 c 사이의 저항

R_{bc} : 보조 접지극 bc 상호 간의 저항

39 네온 검전기를 사용하는 목적은?

① 주파수 측정

② 충전 유무조사

③ 전류 측정

④ 조도를 조사

풀이 네온 검전기는 검전 대상물의 전압과 대지 간의 전위차로 네온관이 방전하여, 이 방전관에 의해 충전 유무를 확인하는 기기이다.

1. 전선의 접속

1) 전선의 접속

전선을 접속하는 경우에는 전선의 전기저항을 증가시키지 아니하도록 접속 하여야 하며 또한 다음 각 호에 의하여야 한다.

① 나전선(다심형 전선의 절연물로 피복 되어 있지 아니한 도체를 포함한다.) 상호 또는 나전선과 절연전선(다심형 전선의 절연물로 피복한 도체를 포함한다.) 캡타이어케이블 또는 케이블과 접속하는 경우에는 전선의 세기[인장하중(引張荷重)으로 표시한다.]를 20[%] 이상 감소시키지 아니할 것.

② 두개 이상의 전선을 병렬로 사용하는 경우에는 다음에 의하여 시설해야 한다.

- 병렬로 사용하는 각 전선의 굵기는 구리 50[mm^2] 이상 또는 알루미늄 70[mm^2] 이상으로 하고, 전선은 같은 도체, 같은 재료, 같은 길이 및 같은 굵기의 것을 사용할 것
- 병렬로 사용하는 전선에는 각각에 퓨즈를 설치하지 말 것
- 교류회로에서 병렬로 사용하는 전선은 금속관 안에 전자적 불평형이 생기지 않도록 시설할 것

2) 전선의 접속재료

① 기구 단자에 전선 접속 시 진동 등으로 헐거워지는 염려가 있는 곳에는 스프링 와셔 또는 이중너트를 사용하여 접속한다.

② 전선은 와이어 커넥터, 링 슬리브 또는 테이프 등을 사용하여 접속한다.

2. 전선의 각종 접속 방법

1) 단선의 직선 접속

① 트위스트 직선 접속 : 6[mm^2] 이하의 단선인 경우에 적용

② 브리타니어 직선 접속 : 10[mm^2] 이상의 굵은 단선인 경우에 적용

2) 연선의 직선 접속

① 권선 직선 접속

② 단권 직선 접속

③ 복권 직선 접속

3) 단선의 분기 접속

① 트위스트 분기 접속

② 브리타니어 분기 접속

4) 연선의 분기 접속

① 권선 분기 접속

② 단권 분기 접속

③ 분할 권선 분기 접속

④ 분할 단권 분기 접속

⑤ 분할 복권 분기 접속

5) 쥐꼬리 접속

박스 내의 단선 및 연선 간 접속 방법(와이어 커넥터 사용)

6) 동전선의 접속

① 직선접속
  • 가는 단선(단면적 6[mm^2] 이하)의 직선접속(트위스트 조인트)
  • 직선맞대기용슬리브(B형)에 의한 압착접속
② 분기접속
  • 가는 단선(단면적 6[mm^2] 이하)의 분기접속
  • T형 커넥터에 의한 분기접속
③ 종단접속
  • 가는 단선(단면적 4[mm^2] 이하)의 종단접속
  • 동선압착단자에 의한 접속
  • 비틀어 꽂는 형의 전선접속기에 의한 접속
  • 종단 겹침용 슬리브(E형)에 의한 접속
  • 직선 겹침용 슬리브(P형)에 의한 접속
  • 꽂음형 커넥터에 의한 접속
④ 슬리브에 의한 접속
  • S형 슬리브에 의한 직선접속
  • S형 슬리브에 의한 분기접속
  • 매킹타이어 슬리브에 의한 직선접속

7) 알루미늄전선의 접속

① 직선접속
② 분기접속
③ 종단접속
  • 종단겹침용 슬리브에 의한 접속
  • 비틀어 꽂는 형의 전선접속기에 의한 접속
  • C형 전선접속기 등에 의한 접속
  • 터미널 러그에 의한 접속

8) 테이프의 종류

① 면 테이프
  점착성이 강하며 절연성이 우수하다.
② 고무 테이프
③ 비닐 테이프
④ 리노 테이프
  • 노란색 반투명 : 배전반, 분전반, 변압기, 전동기 단자 부근에서 절연선 또는 나선에 감아서 절연의 강화, 또는 피복의 보호용으로 사용한다.
  • 검은색 : 점착성이 없으나 절연성, 보온성 및 내유성이 있으므로 연피 케이블의 접속에는 반드시 사용한다.
④ 자기 융착 테이프
  • 특징 : 약 1.2배로 늘이고 감으면 서로 융착되어 벗겨지는 일이 없다.
  • 사용 장소 : 내오존성, 내수성, 내약품성, 내온성이 우수해서 오래도록 열화되지 않기 때문에 비닐 외장 케이블 및 클로로프렌 외장 케이블의 접속에 사용한다.

01 전선을 접속하는 경우 전선의 강도는 몇 [%] 이상 감소시키지 않아야 하는가?

① 10   ② 20
③ 40   ④ 80

풀이 전선 접속 시 주의 사항 (KEC 123)
① 전선의 전기 저항은 증가시키지 말아야 한다.
② 전선의 인장 하중을 20[%] 이상 감소시키지 말아야 한다.
③ 전선 접속 시 절연내력은 접속 전의 절연내력 이상으로 절연하여야 한다.

02 나전선 상호를 접속하는 경우 일반적으로 전선의 세기를 몇 [%] 이상 감소시키지 아니하여야 하는가?

① 2[%]   ② 3[%]
③ 20[%]   ④ 80[%]

풀이 나전선 상호 또는 나전선과 절연전선, 캡타이어케이블 또는 케이블과 접속하는 경우 전선의 강도를 20[%] 이상 감소시키지 않을 것(KEC 123).

03 전선을 접속하는 방법으로 틀린 것은?

① 전기 저항이 증가되지 않아야 한다.
② 전선의 세기는 30[%] 이상 감소시키지 않아야 한다.
③ 접속 부분은 와이어 커넥터 등 접속 기구를 사용하거나 납땜을 한다.
④ 알루미늄을 접속할 때는 고시된 규격에 맞는 접속관 등의 접속 기구를 사용한다.

풀이 전선의 세기를 20[%] 이상 감소시키지 말아야 한다 (KEC 123) .

04 다음 중 나전선 상호 간 또는 나전선과 절연전선 접속시 접속 부분의 전선의 세기는 일반적으로 어느 정도 유지해야 하는가?

① 80[%] 이상
② 70[%] 이상
③ 60[%] 이상
④ 50[%] 이상

풀이 전선의 인장 하중을 20[%] 이상 감소시키지 말아야 하므로 접속 부분의 전선의 세기를 80[%] 이상 유지해야 한다. (KEC 123)

05 나전선 상호 또는 나전선과 절연전선, 캡타이어 케이블 또는 케이블과 접속하는 경우 바르지 못한 방법은?

① 전선의 세기를 20[%] 이상 감소시키지 않을 것
② 알루미늄 전선과 구리전선을 접속하는 경우에는 접속 부분에 전기적 부식이 생기지 않도록 할 것
③ 코드 상호, 캡타이어 케이블 상호, 케이블 상호, 또는 이들 상호를 접속하는 경우에는 코드 접속기, 접속함 기타의 기구를 사용할 것
④ 알루미늄 전선을 옥외에 사용하는 경우에는 반드시 트위스트 접속을 할 것

풀이 도체에 알루미늄을 사용하는 절연전선 또는 케이블을 옥내배선 · 옥측배선 또는 옥외배선에 사용하는 경우로 해당 전선을 접속할 때에는 전선접속기를 사용하여야 한다.

06 전선 접속에 관한 설명으로 틀린 것은?

① 접속 부분의 전기 저항을 증가시켜서는 안된다.

② 전선의 세기를 20[%] 이상 유지해야 한다.

③ 접속 부분은 납땜을 한다.

④ 절연은 원래의 절연효력이 있는 테이프로 충분히 한다.

풀이 전선 접속 시 주의 사항(KEC 123)

① 전선의 전기 저항은 증가시키지 말아야 한다.

② 전선의 인장 하중을 20[%] 이상 감소시키지 말아야 한다.

③ 전선 접속 시 절연내력은 접속전의 절연내력 이상으로 절연하여야 한다.

07 전선의 접속에 대한 설명으로 틀린 것은?

① 접속 부분의 전기저항을 20[%] 이상 증가

② 접속 부분의 인장강도를 80[%] 이상 유지

③ 접속 부분의 전선 접속 기구를 사용함

④ 알루미늄전선과 구리선의 접속 시 전기적인 부식이 생기지 않도록 함

풀이 전선의 전기 저항을 증가시키지 않을 것 (KEC 123)

08 옥내배선에서 전선접속에 관한 사항으로 옳지 않은 것은?

① 전기저항을 증가시킨다.

② 전선의 강도를 20[%] 이상 감소시키지 않는다.

③ 접속슬리브, 전선접속기를 사용하여 접속한다.

④ 접속부분의 온도상승 값이 접속부 이외의 온도상승 값을 넘지 않도록 한다.

풀이 전선 접속 시 전선의 전기 저항은 증가시키지 말아야 한다. (KEC 123)

09 다음 중 전선의 접속방법에 해당되지 않는 것은?

① 슬리브 접속

② 직접 접속

③ 트위스트 접속

④ 커넥터 접속

풀이 전선의 접속 방법에는 직선접속(트위스트 접속), 분기접속, 종단접속(커넥터 접속 등), 슬리브에 의한 접속이 있다.

10 전선의 접속 방법 중 트위스트 접속의 용도는?

① $6[\text{mm}^2]$ 이하의 단선의 직선접속

② $10[\text{mm}^2]$ 이상의 단선의 직선접속

③ $3.5[\text{mm}^2]$ 이상의 연선의 직선접속

④ $5.5[\text{mm}^2]$ 이상의 연선의 분기접속

풀이 트위스트 직선 접속은 $6[\text{mm}^2]$ 이하의 단선인 경우에 적용된다.

11 전선 접속 방법 중 트위스트 직선 접속의 설명으로 옳은 것은?

① $6[\text{mm}^2]$ 이하의 가는 단선인 경우에 적용된다.

② $6[\text{mm}^2]$ 이상의 굵은 단선인 경우에 적용된다.

③ 연선의 직선 접속에 적용된다.

④ 연선의 분기 접속에 적용된다.

풀이 트위스트 직선 접속은 $6[\text{mm}^2]$ 이하의 단선인 경우에 적용된다.

12 단선의 직선접속 방법 중에서 트위스트 직선접속을 할 수 있는 최대 단면적은 몇 [mm²] 이하인가?

① 2.5   ② 4
③ 6   ④ 10

풀이 트위스트 접속 : 단선의 직선 접속에서 6[mm²] 이하의 가는 전선

13 동전선의 직선접속(트위스트조인트)은 몇 [mm²] 이하의 전선이어야 하는가?

① 2.5   ② 6
③ 10   ④ 16

풀이 트위스트 직선 접속은 6[mm²] 이하의 단선인 경우에 적용된다.

14 단선의 직선접속 시 트위스트 접속을 할 경우 적합하지 않은 전선규격(mm²)은?

① 2.5   ② 4.0
③ 6.0   ④ 10

풀이 트위스트 직선 접속 : 6[mm²] 이하의 단선인 경우에 적용

15 단면적 6[mm²]의 가는 단선의 직선 접속 방법은?

① 트위스트 접속
② 종단 접속
③ 종단 겹칩용 슬리브 접속
④ 꽂음형 커넥터 접속

풀이 ① 트위스트 직선 접속 : 6[mm²] 이하의 단선인 경우에 적용
② 브리타이니어 직선 접속 : 10[mm²] 이상의 굵은 단선인 경우에 적용

16 단선의 굵기가 6[mm²] 이하인 전선을 직선접속할 때 주로 사용하는 접속법은?

① 트위스트 접속
② 브리타니어 접속
③ 쥐꼬리 접속
④ T형 커넥터 접속

풀이 트위스트 접속 : 단선의 직선 접속에서 6[mm²] 이하의 가는 전선

17 절연전선 상호간의 접속에서 옳지 않은 것은?

① 납땜 접속을 한다.
② 슬리브를 사용하여 접속한다.
③ 와이어 커넥터를 사용하여 접속한다.
④ 굵기가 6[mm²] 이하인 것은 브리타니어 접속을 한다.

풀이 • 트위스트 접속 : 단선의 직선 접속에서 6[mm²] 이하의 가는 전선
• 브리타니어 접속 : 10[mm²] 이상의 굵은 단선

18 전선 접속 방법이 잘못된 것은?

① 트위스트 접속은 6[mm²] 이하 가는 단선을 직접 접속할 때 적합하다.
② 브리타니어 접속은 6[mm²] 이상의 굵은 단선의 접속에 적합하다.
③ 쥐꼬리 접속은 복스 내에서 가는 전선을 접속할 때 적합하다.
④ 와이어 커넥터 접속은 납땜과 테이프가 필요 없이 접속할 수 있고 누전의 염려가 없다.

풀이 • 트위스트 접속 : 단선의 직선 접속에서 6[mm²] 이하의 가는 전선
• 브리타니어 분기접속 : 10[mm²] 이상의 굵은 단선

답 12. ③ 13. ② 14. ④ 15. ① 16. ① 17. ④ 18. ②

19 다음 중 단선의 브리타니어 직선 접속에 사용되는 것은?

① 조인트선　　　② 파리핀선
③ 바인드선　　　④ 에나멜선

풀이 브리타니어 직선 접속은 10[mm²] 이상의 굵은 단선인 경우에 적용되며, 1.0~1.2[mm]의 조인트선과 첨선을 사용한다.

20 단선의 브리타니어(britania) 직선 접속 시 전선 피복을 벗기는 길이는 전선 지름의 약 몇 배로 하는가?

① 5배　　　② 10배
③ 20배　　　④ 30배

21 옥내배선의 접속함이나 박스 내에서 접속할 때 주로 사용하는 접속법은?

① 슬리브 접속　　② 쥐꼬리 접속
③ 트위스트 접속　　④ 브리타니어 접속

풀이 쥐꼬리 접속은 접속함(박스) 내에서 사용하는 방법이다.

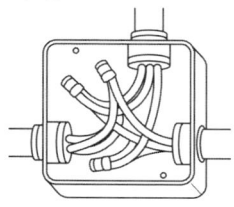

22 박스 내에서 가는 전선을 접속할 때의 접속방법으로 가장 적합한 것은?

① 트위스트 접속
② 쥐꼬리 접속
③ 브리타니어 접속
④ 슬리브 접속

풀이 단선을 사용한 옥내 배선공사 시 박스 안에서는 종단접속(쥐꼬리 접속 등)을 사용한다.

23 450/750[V] 일반용 단심 비닐절연전선을 사용한 옥내 배선공사 시 박스 안에서 사용되는 전선의 접속 방법은?

① 브리타니어 접속
② 쥐꼬리 접속
③ 복권 직선 접속
④ 트위스트 접속

24 정션 박스내에서 절연 전선을 쥐꼬리 접속한 후 접속과 절연을 위해 사용되는 재료는?

① 링형 슬리브
② S형 슬리브
③ 와이어 커넥터
④ 터미널 러그

풀이 정크션 박스 내에서 전선을 접속할 경우 와이어 커넥터를 사용하여 접속하여야 한다.

25 옥내배선 공사 작업 중 접속함에서 쥐꼬리 접속을 할 때 필요한 것은?

① 커플링　　　② 와이어커넥터
③ 로크 너트　　④ 부싱

풀이 정션 박스 내에서 전선을 접속할 경우 와이어 커넥터를 사용하여 접속하여야 한다.

26 정션 박스 내에서 전선을 접속할 수 있는 것은?

① S형 슬리브　　② 꽂음형 커넥터
③ 와이어 커넥터　　④ 매킹타이어

답 19. ① 20. ③ 21. ② 22. ② 23. ② 24. ③ 25. ② 26. ③

풀이 정크션 박스 내에서 전선을 접속할 경우 와이어 커넥터를 사용하여 접속하여야 한다.

27 절연 전선을 서로 접속할 때 사용하는 방법이 아닌 것은?

① 커플링에 의한 접속
② 와이어 커넥터에 의한 접속
③ 슬리브에 의한 접속
④ 압축 슬리브에 의한 접속

풀이 커플링은 관 상호 접속에 사용한다.

28 동전선의 접속방법에서 종단접속 방법이 아닌 것은?

① 비틀어 꽂는 형의 전선접속기에 의한 접속
② 종단겹침용 슬리브(E형)에 의한 접속
③ 직선 맞대기용 슬리브(B형)에 의한 압착 접속
④ 직선 겹침용 슬리브(P형)에 의한 접속

풀이 직선 맞대기용 슬리브(B형)에 의한 압착접속은 직선접속의 방법이다.

29 다음 중 동전선의 접속에서 직선 접속에 해당하는 것은?

① 직선맞대기용슬리브(B형)에 의한 압착 접속
② 비틀어 꽂는 형의 전선접속기에 의한 접속
③ 종단겹침용슬리브(E형)에 의한 접속
④ 동선압착단자에 의한 접속

30 단면적 6[mm^2] 이하의 가는 단선(동전선)의 트위스트조인트에 해당되는 전선접속법은?

① 직선접속
② 분기접속
③ 슬리브접속
④ 종단접속

풀이 직선 접속에는 가는단선(단면적 6[mm^2] 이하)의 직선접속(트위스트조인트)과 직선맞대기용슬리브(B형)에 의한 압착 접속이 있다.

31 전선 접속시 사용되는 슬리브(Sleeve)의 종류가 아닌 것은?

① D형
② S형
③ E형
④ P형

풀이 슬리브의 종류 : 직선맞대기용 슬리브(B형), 종단겹침용 슬리브(E형), 직선겹침용 슬리브(P형), S형 슬리브, 매킹타이어 슬리브

32 전선접속시 S형 슬리브 사용에 대한 설명으로 틀린 것은?

① 전선의 끝은 슬리브의 끝에서 조금 나오는 것이 바람직하다.
② 슬리브는 전선의 굵기에 적합한 것을 선정한다.
③ 열린 쪽 홈의 측면을 고르게 눌러서 밀착시킨다.
④ 단선은 사용가능하나 연선접속 시에는 사용 안한다.

풀이 S형 슬리브는 단선, 연선 어느 것에도 사용할 수 있다.

33 옥내 배선에서 주로 사용하는 직선 접속 및 분기 접속방법은 어떤 것을 사용하여 접속하는가?

① 동선압착단자   ② 슬리브
③ 와이어 커넥터   ④ 꽂음형 커넥터

풀이 동선압착단자, 와이어 커넥터, 꽂음형 커넥터는 종단접속의 방법이다.

34 다음 중 굵은 Al선을 박스 안에서 접속하는 방법으로 적합한 것은?

① 링 슬리브에 의한 접속
② 비틀어 꽂는 형의 전선 접속기에 의한 방법
③ C형 접속기에 의한 접속
④ 맞대기용 슬리브에 의한 압착접속

풀이 C형 접속기에 의한 접속은 주로 굵은 전선을 박스 안 등에서 접속할 때 사용한다.

35 알루미늄전선의 접속방법으로 적합하지 않은 것은?

① 직선접속   ② 분기접속
③ 종단접속   ④ 트위스트접속

풀이 트위스트 접속 : 동전선의 접속방법으로 단면적 6[mm^2] 이하의 가는 단선을 접속할 때 사용한다.

36 코드 상호, 캡타이어 케이블 상호 접속 시 사용하여야 하는 것은?

① 와이어 커넥터   ② 코드 접속기
③ 케이블 타이   ④ 테이블 탭

풀이 코드 접속기 : 코드 상호, 캡타이어 케이블 상호, 케이블 상호, 또는 이들 상호를 접속하는 경우에 사용

37 절연전선을 서로 접속할 때 어느 접속기를 사용하면 접속 부분에 절연을 할 필요가 없는가?

① 전선 피박기   ② 박스형 커넥터
③ 전선 커버   ④ 특대

38 다음 중 전선의 슬리브 접속에 있어서 펜치와 같이 사용되고 금속관 공사에서 로크 너트를 조일 때 사용하는 공구는 어느 것인가?

① 펌프 플라이어(pump plier)
② 히키(hickey)
③ 비트 익스텐션(bit extension)
④ 클리퍼(clipper)

39 연피 케이블의 접속에 반드시 사용되는 테이프는?

① 고무테이프   ② 비닐테이프
③ 리노테이프   ④ 자기융착테이프

풀이 리노 테이프 : 와니스 바이어스 테이프라고도 한다. 접착성은 없으나 절연성, 내온성, 내유성이 좋으며 연피 케이블에 사용한다.

40 점착성은 없으나 절연성, 내온성 및 내유성이 있어 연피케이블 접속에 사용되는 테이프는?

① 고무 테이프
② 리노 테이프
③ 비닐 테이프
④ 자기 융착 테이프

풀이 리노 테이프 : 와니스 바이어스 테이프라고도 한다. 접착성은 없으나 절연성, 내온성, 내유성이 좋으며 연피 케이블에 사용한다.

답 33. ② 34. ③ 35. ④ 36. ② 37. ② 38. ① 39. ③ 40. ②

41 진동이 심한 전기 기계 · 기구에 전선을 접속할 때 사용되는 것은?

① 스프링 와셔   ② 커플링
③ 압착단자   ④ 링 슬리브

풀이 진동이 있는 단자에 전선을 접속할 때 스프링 와셔 또는 이중너트를 사용하여 접속한다.

42 기구 단자에 전선 접속시 진동 등으로 헐거워지는 염려가 있는 곳에 사용되는 것은?

① 스프링 와셔   ② 2중 볼트
③ 삼각 볼트   ④ 접속기

풀이 진동이 있는 단자에 전선을 접속할 때 스프링 와셔 또는 이중너트를 사용하여 접속한다.

43 구리전선과 전기 기계기구 단자를 접속하는 경우에 진동 등으로 인하여 헐거워질 염려가 있는 곳에는 어떤 것을 사용하여 접속하여야 하는가?

① 평와셔 2개를 끼운다.
② 스프링와셔를 끼운다.
③ 코드 패스너를 끼운다.
④ 정 슬리브를 끼운다.

풀이 진동이 있는 단자에 전선을 접속할 때 스프링 와셔 또는 이중너트를 사용하여 접속한다.

44 전선과 기구단자 접속 시 누름나사를 덜 죌 때 발생할 수 있는 현상과 거리가 먼 것은?

① 과열   ② 화재
③ 절전   ④ 전파잡음

풀이 단자 접속 시 나사를 덜 죄었을 경우에는 접촉저항의 증가에 따른 발열로 인한 전기화재 발생의 위험이 있다.

45 전선의 접속이 불완전하여 발생할 수 있는 사고로 볼 수 없는 것은?

① 감전   ② 누전
③ 화재   ④ 절전

46 전선과 기구 단자 접속 시 나사를 덜 죄었을 경우 발생할 수 있는 위험과 거리가 먼 것은?

① 누전   ② 화재 위험
③ 과열 발생   ④ 저항 감소

풀이 단자 접속 시 나사를 덜 죄었을 경우에는 접촉 저항의 증가에 따른 발열로 인한 전기 화재 발생의 위험이 있다.

47 알루미늄전선과 전기기계기구 단자의 접속 방법으로 틀린 것은?

① 전선을 나사로 고정하는 경우 나사가 진동 등으로 헐거워질 우려가 있는 장소는 2중 너트 등을 사용할 것
② 전선에 터미널러그 등을 부착하는 경우는 도체에 손상을 주지 않도록 피복을 벗길 것
③ 나사 단자에 전선을 접속하는 경우는 전선을 나사의 홈에 가능한 한 밀착하여 3/4 바퀴 이상 1바퀴 이하로 감을 것
④ 누름나사단자 등에 전선을 접속하는 경우는 전선을 단자 깊이의 2/3 위치까지만 삽입할 것

풀이 전선과 전기기계기구단자와의 접속은 접촉이 완전하고, 헐거워질 우려가 없도록 하여야 한다.

답 41. ① 42. ① 43. ② 44. ③ 45. ④ 46. ④ 47. ④

03 옥내 배선 공사

1. 전압의 종별

저압	직류 : 1.5[kV] 이하 교류 : 1[kV] 이하
고압	직류 : 1.5[kV]가 넘고 7[kV] 이하 교류 : 1[kV]가 넘고 7[kV] 이하
특고압	직류, 교류 7[kV]가 넘는 것

2. 옥내전로의 대지 전압의 제한

백열전등 또는 방전등에 전기를 공급하는 옥내의 전로 및 주택의 옥내전로(전기기계기구내의 전로를 제외한다)의 대지전압은 300[V] 이하여야 한다.

3. 옥내에 시설하는 저압용 배분전반 등의 시설

한 개의 분전반에는 한 가지 전원(1회선의 간선)만 공급하여야 한다. 다만, 안전 확보가 충분하도록 격벽을 설치하고 사용전압을 쉽게 식별할 수 있도록 그 회로의 과전류차단기 가까운 곳에 그 사용전압을 표시하는 경우에는 그러하지 아니하다.

4. 애자공사

(1) 시설기준

전선의 이격거리

전압		전선과 조영재와의 이격 거리	전선 상호 간격	전선 지지점 간의 거리	
				조영재의 윗면 또는 옆면에 따라 시설	조영재에 따라 시설하지 않는 경우
저압	400[V] 이하	2.5[cm] 이상	6[cm] 이상	2[m] 이하	–
	400[V] 초과	건조한 장소	2.5[cm] 이상			6[m] 이하
		기타의 장소	4.5[cm] 이상			

(2) 시설방법

① 전선은 절연전선(옥외용 비닐 절연전선 및 인입용 비닐 절연전선을 제외한다)사용 해야 한다.

② 400[V] 초과의 저압 옥내배선은 사람이 접촉할 우려가 없도록 시설해야 한다.

③ 애자공사에 사용하는 애자는 절연성·난연성 및 내수성의 것을 사용한다.

(3) 애자 바인드법

① 일자 바인드법 : 10[mm^2] 이하의 전선

② 십자 바인드법 : 16[mm^2] 이상의 전선

사용 전선의 굵기	바인드선의 굵기
16[mm²] 이하	0.9[mm]
50[mm²] 이하	1.2[mm] (또는 0.9[mm]×2)
50[mm²]를 넘는 것	1.6[mm] (또는 1.2[mm]×2)

5. 금속 몰드 공사

(1) 시설기준

① 전선은 절연전선(옥외용 비닐절연 전선을 제외한다)을 사용한다.
② 금속 몰드 안에는 전선에 접속점이 없도록 하여야 한다.
③ 몰드 상호간 및 몰드 박스 기타의 부속품과는 견고하고 또한 전기적으로 완전하게 접속할 하여야 한다.
④ 몰드에는 접지공사를 시행한다.

(2) 사용전압의 제한

사용전압은 400[V] 이하로 옥내의 건조한 장소로 전개된 장소 또는 점검할 수 있는 은폐장소에 한하여 시설할 수 있다.

(3) 1종 금속 몰드 공사

본체는 베이스와 커버로 구성되며, 일반적으로 길이가 1.9[m]로 되어 있다. 부속품에는 조인트용 커플링, 부싱, 엘보 등이 있다.

(4) 2종 금속 몰드 공사

제2종 금속 몰드 공사는 레이스웨이 공사를 말한다. 레이스웨이는 사무실, 기계실, 공장 등의 전반 및 국부조명라인에 사용한다.

6. 합성수지 몰드 공사

(1) 시설기준

① 전선은 절연전선(옥외용 비닐 절연전선을 제외한다)일 것.
② 합성수지 몰드 안에는 전선에 접속점이 없도록 할 것.
③ 합성수지 몰드 상호간 및 합성수지 몰드와 박스 기타의 부속품과는 전선이 노출되지 아니하도록 접속할 것.
④ 합성수지 몰드는 홈의 폭 및 깊이가 35[mm] 이하, 두께는 2[mm] 이상의 것일 것. 다만, 사람이 쉽게 접촉할 우려가 없도록 시설하는 경우에는 폭이 50[mm] 이하, 두께는 1[mm] 이상의 것을 사용할 수 있다.

(2) 종류

벽면 인하용, 반자틀용, 사방 돌림틀용 등이 있다.

7. 합성수지관공사

(1) 시설기준

① 전선은 절연전선(옥외용 비닐 절연전선을 제외한다)일 것
② 전선은 연선일 것. 다만 다음의 것은 적용하지 않는다.
　– 짧고 가는 합성수지관에 넣은 것
　– 단면적 10[mm²](알루미늄선은 단면적 16 [mm²]) 이하의 것.
③ 전선은 합성수지관 안에서 접속점이 없도록 할 것.
④ 중량물의 압력 또는 현저한 기계적 충격을 받을 우려가 없도록 시설할 것.

(1) 합성수지관의 특징

① 장점
- 관이 절연물로 구성되어 누전의 우려가 없다.
- 내식성 커서 화학 공장 등의 부식성 가스나 용액이 있는 곳에 적당하다.
- 접지할 필요가 없고 피뢰기, 피뢰침이 접지선 보호에 적당하다.
- 무게가 가볍고 시공이 쉽다.

② 단점
- 외상을 받을 우려가 많다.
- 고온 및 저온의 곳에서는 사용할 수 없다.
- 파열될 우려가 있다.

③ 사용 장소
- 중량물의 압력 또는 기계적 충격이 없는 전개된 장소, 은폐된 장소의 어느 곳에서나 시공할 수 있다.
- 경질 비닐 전선관의 1본의 길이는 4[m]가 표준이고, 굵기는 관 안지름의 크기에 가까운 짝수의 [mm]로 나타낸다.

(2) 합성수지관 및 부속품의 시설

① 관 상호 간 및 박스와는 관을 삽입하는 깊이를 관의 바깥지름의 1.2배(접착제를 사용하는 경우에는 0.8배) 이상으로 하고 또한 꽂음 접속에 의하여 견고하게 접속할 것.
② 관의 지지점 간의 거리는 1.5[m] 이하로 하고, 또한 그 지지점은 관의 끝관과 박스의 접속점 및 관 상호 간의 접속점 등에 가까운 곳에 시설할 것.
③ 이중 천장(반자속 포함) 내에는 합성수지관 공사를 시설할 수 없다.

< 8. 금속관공사

(1) 금속관의 특징

① 기계적으로 튼튼하다.

② 금속관으로 누전이 발생할 수 있다.
③ 접지공사를 완전히 하면 감전의 우려가 없다.
④ 배관과 배선을 따로 시공하므로 건축 도중에 전선의 피복이 손상받을 우려가 적다.
⑤ 전선의 교환이 쉽다.

(2) 사용 장소

전개된 장소, 은폐 장소, 어느 곳에서나 시설할 수 있고, 또 습기·물기 있는 곳, 먼지 있는 곳 등에 시설할 수 있다.

(3) 전선관의 종류

① 후강 전선관은 안지름의 크기에 가까운 짝수로 정하여 16[mm]에서 104[mm]까지 10종류가 있으며, 관의 두께는 2.3[mm] 이상, 1본의 길이는 3.6[m]이다.
② 박강 전선관은 바깥 지름의 크기에 가까운 홀수로 정하여 19[mm]에서 75[mm]까지 8종으로 구분하며, 관의 두께는 1.2[mm] 이상이다.

< 9. 금속제 가요전선관공사

두께 0.8[mm] 이상의 연강대에 아연 도금을 하고, 이것을 약 반 폭씩 겹쳐서 나선 모양으로 만들어 자유로이 구부리게 된 전선관을 말한다.

① 전선은 절연전선(옥외용 비닐절연전선을 제외한다)일 것.
② 단면적 10[mm²](알루미늄전선은 단면적 16[mm²])을 초과하는 것은 연선이어야 한다.
③ 가요전선관 안에는 전선에 접속점이 없도록 할 것.
④ 가요전선관은 2종 금속제 가요전선관일 것. 다만, 전개된 장소 또는 점검할 수 있는 은폐된 장소에는 1종 가요전선관을 사용할 수 있다.

← 10. 관 공사 자재의 부속 및 접속

그림	명칭 및 용도
	• **로그 너트** : 금속관 배관 공사에서 복스에 금속관을 고정할 때 사용되며, 6각형과 톱니형이 있다.
	• **부싱** : 전선의 절연 피복을 보호하기 위하여 금속관 끝에 취부하여 사용
	• **엔트런스 캡** : 인입구, 인출구의 금속관 관단에 설치하여 빗물침입 방지, 금속관 공사에서 수직배관의 상부에 사용되어 비의 침입을 막는 데 가장 좋은 부품
	• **터미널 캡(서비스캡)** : 저압 가공 인입선에서 금속관 공사로 옮겨지는 곳 또는 금속관으로부터 전선을 뽑아 전동기 단자 부분에 접속할 때 사용 A형, B형이 있다.
	• **플로어 박스** : 바닥 밑으로 매입 배선할 때 사용 및 바닥 밑에 콘센트를 접속할 때 사용
	• **유니온 커플링** : 금속관 상호 접속용으로 관이 고정되어 있을 때 사용
	• **픽스쳐스터드와 히키** : 무거운 기구를 박스에 취부할 때 사용하는 재료
	• **노멀 밴드** : 배관의 직각 굴곡 부분에 사용. 노멀 밴드(전선관용)의 종류 : 후강 전선관용, 박강 전선관용, 나사없는 전선관용
	• **유니버셜 엘보** : 노출 배관 공사에서 관을 직각으로 굽히는 곳에 사용, 강제전선관 공사중 노출배관 공사에서 관을 직각으로 굽히는 곳에사용한다. 3방향으로 분기할 수 있는 T형과 4방향으로 분기할 수 있는 크로스(cress)형이 있다.

← 11. 케이블 덕팅 시스템

1) 금속덕트공사

① 금속덕트에 넣는 전선의 단면적
  • 덕트 내부 단면적의 20[%] 이하
  • 전광표시 장치 기타 이와 유사한 장치 또는 제어회로 등은 50[%] 이하
② 폭 5[cm], 두께 1.2[mm] 이상의 철판 또는 동등 이상의 금속제로 제작
③ 지지점간의 거리
  • 수평 : 3[m] 이하 • 수직 : 6[m] 이하
④ 덕트는 접지공사를 할 것

2) 버스 덕트 공사

(1) 종류

① 피더 버스 덕트 : 간선용의 덕트
② 플러그인 버스 덕트 : 플러그의 수구를 설치하여 쉽게 분기할 수 있는 덕트
③ 트롤리 버스 덕트 : 이동 시킬 수 있는 구조

(2) 시설기준

① 지지점간의 거리
  • 수평 : 3[m] 이하 • 수직 : 6[m] 이하
② 덕트는 접지공사를 할 것

3) 플로어 덕트 공사

① 전선은 절연전선(옥외용 비닐 절연전선을 제외한다)일 것.
② 전선은 연선일 것. 다만, 단면적 10[mm^2] (알루미늄선은 단면적 16[mm^2]) 이하인 것은 그러하지 아니하다.
③ 플로어 덕트 안에는 전선에 접속점이 없도록 할 것. 다만, 전선을 분기하는 경우에 접속점을 쉽게 점검할 수 있을 때에는 그러하지 아니하다.
④ 덕트는 접지공사를 할 것

12. 케이블공사

① 전선은 케이블 및 캡타이어 케이블일 것
② 전선을 조영재의 아랫면 또는 옆면에 따라 붙이는 경우에는 전선의 지지점간의 거리를 케이블은 2[m](사람이 접촉할 우려가 없는 곳에서 수직으로 붙이는 경우에는 6[m]) 이하 캡타이어 케이블은 1[m] 이하일 것
③ 관 기타의 전선을 넣는 방호 장치의 금속제 부분·금속제의 전선 접속함 및 전선의 피복에 사용하는 금속체에는 접지공사를 할 것.

13. 저압 옥내 배선

(1) 사용전선

단면적이 2.5[mm^2] 이상의 연동선 또는 이와 동등 이상의 강도 및 굵기의 것

(2) 400[V] 이하인 경우 전선의 굵기

① 전광표시장치 : 1.5[mm^2] 이상의 연동선
② 제어회로 : 0.75[mm^2] 이상의 다심케이블, 다심 캡타이어 케이블
③ 진열장 내부 배선 : 0.75[mm^2] 이상의 코드, 캡타이어 케이블

(3) 분기회로의 시설

1. 과부하 보호장치의 설치 위치
   ① 설치위치
      과부하 보호장치는 분기점에 설치해야 한다.
   ② 설치위치의 예외
      과부하 보호장치는 분기점(O)에 설치해야 하나, 분기점(O)점과 분기회로의 과부하 보호장치(P_2) 설치점 사이의 배선 부분에 다른 분기회로나 콘센트 회로가 접속되어 있지 않고, 다음 중 하나를 충족하는 경우에는 변경이 있는 배선에 설치할 수 있다.

   ㉠ 분기회로에 대한 단락보호가 이루어지고 있는 경우 P_2는 분기회로의 분기점 (O)으로부터 부하 측으로 거리에 구애받지 않고 이동하여 설치할 수 있다.

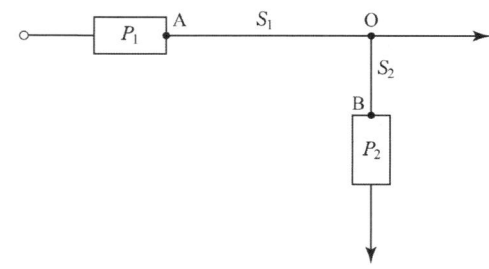

   ㉡ 단락의 위험과 화재 및 인체에 대한 위험성이 최소화 되도록 시설된 경우, 분기회로의 보호장치(P_2)는 분기회로의 분기점(O)으로부터 3[m]까지 이동하여 설치할 수 있다.

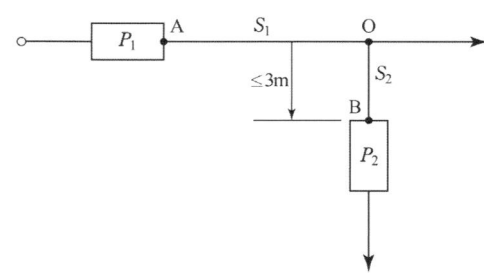

2. 단락보호장치의 설치위치
   ① 설치위치
      단락전류 보호장치는 분기점(O)에 설치해야 한다.
   ② 설치위치의 예외
      ㉠ 분기회로의 단락보호장치 설치점(B)과 분기점(O) 사이에 다른 분기회로 또는 콘센트의 접속이 없고 단락, 화재 및 인체에 대한 위험이 최소화될 경우, 분기회로의 단락 보호장치(P_2)는 분기점(O)으로부터 3[m]까지 이동하여 설치할 수 있다.

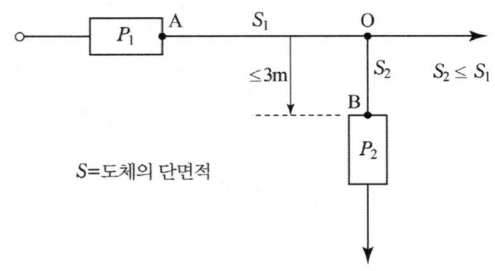

S=도체의 단면적

ⓛ 도체의 단면적이 줄어들거나 다른 변경이 이루어진 분기회로의 시작점(O)과 이 분기회로의 단락보호장치(P_2) 사이에 있는 도체가 전원측에 설치되는 보호장치(P_1)에 의해 단락보호가 되는 경우에, P_2의 설치위치는 분기점(O)로부터 거리제한이 없이 설치할 수 있다.

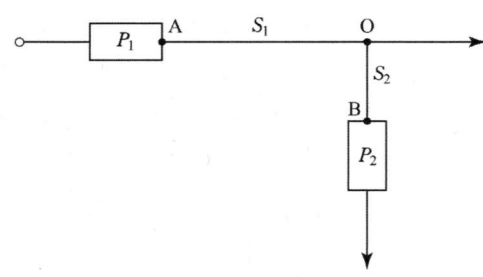

14. 고압 옥내 배선

(1) 고압 옥내배선 공사의 종류
　① 애자사용배선(건조한 장소로서 전개된 장소에 한한다)
　② 케이블배선
　③ 케이블트레이배선

(2) 애자사용배선의 시설기준
　① 전선은 6[mm²] 이상의 연동선인 고압 절연전선 또는 인하용 고압 절연전선
　② 이격거리

전선과 조영재와의 이격 거리	전선 상호 간격	전선 지지점 간의 거리	
		조영재의 윗면 또는 옆면에 따라 시설	조영재에 따라 시설 하지 않는 경우
5[cm] 이상	8[cm] 이상	2[m] 이하	6[m] 이하

　③ 고압 옥내배선은 저압 옥내배선과 쉽게 식별되도록 시설할 것

(4) 케이블배선
금속체에는 접지공사를 할 것.

(5) 고압 옥내배선과 타 시설물과의 이격거리
　① 다른 고압 옥내배선 · 저압 옥내전선 · 관등회로의 배선 · 약전류 전선 : 15[cm]
　② 수관 · 가스관이나 이와 유사한 것과 접근하거나 교차하는 경우 : 15[cm]
　③ 애자사용배선에 의하여 시설하는 저압 옥내전선인 경우 : 30[cm]
　④ 가스계량기 및 가스관의 이음부와 전력량계 및 개폐기 : 60[cm]

15. 특고압 옥내 배선

(1) 사용전압
100[kV] 이하 (단, 케이블 트레이 공사에 의하여 시설하는 경우에는 35[kV] 이하일 것)

(2) 사용전선
전선은 케이블일 것

(3) 시설방법
　① 케이블은 철재 또는 철근 콘크리트제의 관·덕트 기타의 견고한 방호장치에 넣어 시설할 것
　② 금속체에는 접지공사를 할 것.
　③ 이격거리
　　• 특고압 배선과 저·고압선은 60[cm] 이격
　　• 약전선, 수관, 가스관 등과는 접촉하지 않도록 시설

01 전압을 저압, 고압 및 특고압으로 구분할 때 교류에서 "저압"이란?

① 110[V] 이하의 것

② 220[V] 이하의 것

③ 600[V] 이하의 것

④ 1000[V] 이하의 것

풀이 저압은 직류 1500[V] 이하, 교류 1000[V] 이하의 전압을 말한다. (KEC 111)

02 전압의 구분에서 저압 직류전압은 몇 [V] 이하인가?

① 400   ② 500

③ 750   ④ 1500

풀이 저압은 직류 1500[V] 이하, 교류 1000[V] 이하의 전압을 말한다(KEC 111).

03 다음 중 고압에 속하는 것은?

① 교류 600[V]

② 직류 750[V]

③ 교류 1500[V]

④ 직류 1500[V]

풀이

분류	전압의 범위
저압	• 직류 : 1.5[kV] 이하 • 교류 : 1[kV] 이하
고압	• 직류 : 1.5[kV]를 초과하고, 7[kV] 이하 • 교류 : 1[kV]를 초과하고, 7[kV] 이하
특고압	직류, 교류 7[kV]를 초과하는 것

04 전압의 종별에서 특고압이란?

① 7[kV]를 넘는 것

② 5[kV]를 넘는 것

③ 14[kV]를 넘는 것

④ 20[kV]를 넘는 것

풀이

분류	전압의 범위
저압	• 직류 : 1.5[kV] 이하 • 교류 : 1[kV] 이하
고압	• 직류 : 1.5[kV]를 초과하고, 7[kV] 이하 • 교류 : 1[kV]를 초과하고, 7[kV] 이하
특고압	직류, 교류 7[kV]를 초과하는 것

05 전압의 구분에서 고압에 대한 설명으로 가장 옳은 것은?

① 직류는 1.5[kV], 교류는 1[kV] 이하인 것

② 직류는 1.5[kV], 교류는 1[kV] 이상인 것

③ 직류는 1.5[kV], 교류는 1[kV]를 초과하고, 7[kV] 이하인 것

④ 7[kV]를 초과하는 것

풀이

분류	전압의 범위
고압	• 직류 : 1.5[kV]를 초과하고, 7[kV] 이하 • 교류 : 1[kV]를 초과하고, 7[kV] 이하

06 금속몰드공사의 사용전압은 몇 [V] 이하이어야 하는가?

① 150   ② 220

③ 400   ④ 600

풀이 금속몰드공사는 사용전압 400[V] 이하로 옥내의 건조한 장소로 전개된 장소 또는 점검할 수 있는 은폐된 장소에 한하여 시설할 수 있다.(KEC 232.22)

07 옥내의 건조하고 전개된 장소에서 사용전압이 400[V] 초과인 경우에는 시설할 수 없는 배선공사는?

① 애자사용공사　② 금속덕트공사
③ 버스덕트공사　④ 금속몰드공사

풀이 금속몰드공사는 사용전압 400[V] 이하인 경우에만 시설할 수 있다.(KEC 232.22)

08 옥내 배선의 은폐, 또는 건조하고 전개된 곳의 노출 공사에 사용하는 애자는?

① 현수 애자　② 놉(노브) 애자
③ 장간 애자　④ 구형 애자

풀이 놉(노브) 애자 : 애자 가설공사에서 전선을 건물의 기둥, 벽(조영재) 등으로부터 분리시키기 위해 사용한다.

09 애자공사에 대한 설명 중 틀린 것은?

① 사용전압이 400[V] 이하이면 전선과 조영재의 간격은 2.5[cm] 이상일 것
② 사용전압이 400[V] 이하이면 전선 상호간의 간격은 6[cm] 이상일 것
③ 사용전압이 220[V]이면 전선과 조영재의 이격거리는 2.5[cm] 이상일 것
④ 전선을 조영재의 옆면을 따라 붙일 경우 전선 지지점간의 거리는 3[m] 이하일 것

풀이 전선을 조영재의 윗면 또는 옆면을 따라 붙일 경우 전선 지지점간의 거리는 2[m] 이하일 것. (KEC 232.56)

10 저압 옥내배선에서 애자공사를 할 때 올바른 것은?

① 전선 상호 간의 간격은 6[cm] 이상
② 400[V] 초과하는 경우 전선과 조영재 사이의 이격거리는 2.5[cm] 미만
③ 전선의 지지점 간의 거리는 조영재의 위면 또는 옆면에 따라 붙일 경우에는 3[m] 이상
④ 애자사용공사에 사용되는 애자는 절연성·난연성 및 내수성과 무관

풀이 전선 상호간의 간격은 6[cm] 이상일 것. (KEC 232.56)

11 애자공사를 건조한 장소에 시설하고자 한다. 사용 전압이 400[V] 이하인 경우 전선과 조영재 사이의 이격거리는 최소 몇 [cm] 이상이어야 하는가?

① 2.5[cm] 이상
② 4.5[cm] 이상
③ 6.0[cm] 이상
④ 12[cm] 이상

풀이 전선과 조영재 사이의 이격거리는 사용 전압이 400[V] 이하인 경우에는 2.5[cm] 이상, 400[V] 초과인 경우에는 4.5[cm](건조한 장소에 시설하는 경우에는 2.5[cm]) 이상일 것 (KEC 232.56)

12 애자공사에 의한 저압 옥내배선에서 전선 상호간의 간격은 몇 [cm] 이상이어야 하는가?

① 2.5[cm]　② 6[cm]
③ 10[cm]　④ 12[cm]

풀이 애자공사에서 전선 상호간의 간격은 사용전압이 저압인 경우 6[cm] 이상일 것 (KEC 232.56)

13 애자공사에서 전선의 지지점 간의 거리는 전선을 조영재의 윗면 또는 옆면에 따라 붙이는 경우에는 몇 [m] 이하인가?

① 1 ② 2
③ 2.5 ④ 3

풀이 애자공사에서 전선의 지지점 간의 거리는 전선을 조영재의 윗면 또는 옆면에 따라 붙이는 경우에는 2[m] 이하 일 것 (KEC 232.56)

14 다음 중 애자공사에 사용되는 애자의 구비조건과 거리가 먼 것은?

① 광택성 ② 절연성
③ 난연성 ④ 내수성

풀이 애자사용 공사에 사용하는 애자는 절연성·난연성 및 내수성이 있어야 한다.

15 애자공사에 사용하는 애자가 갖추어야 할 성질과 가장 거리가 먼 것은?

① 절연성 ② 난연성
③ 내수성 ④ 내유성

풀이 애자공사에 사용하는 애자는 절연성·난연성 및 내수성의 것이어야 한다.

16 2종 금속 몰드의 구성 부품에서 조인트 금속 부품이 아닌 것은?

① 노멀밴드형 ② L형
③ T형 ④ 크로스형

풀이 2종 금속몰드 배선공사의 조인트 금속 부품

크로스형	L형	T형

17 2종 금속 몰드의 구성 부품으로 조인트 금속의 종류가 아닌 것은?

① L형 ② T형
③ 플랫엘보 ④ 크로스형

풀이 2종 금속몰드 배선공사의 조인트 금속 부품

크로스형	L형	T형

18 1종 금속몰드 배선 공사를 할 때 동일 몰드 내에 넣는 전선의 최대 몇 본 이하로 하여야 하는가?

① 3 ② 5
③ 10 ④ 12

풀이 같은 몰드 내에 넣는 경우의 전선의 수는 다음과 같다.
  ① 1종 금속 몰드 : 10본 이하
  ② 2종 금속 몰드 : 전선의 피복절연물을 포함하여 단면적의 총합계가 해당 몰드 내 단면적의 20% 이하

19 금속 덕트 공사에서 금속 덕트에 들어가는 전선은 피복 절연물을 포함한 단면적의 총합이 덕트 내의 내부 단면적의 몇 [%] 이하로 하여야 하는가?

① 20[%] 이하 ② 30[%] 이하
③ 40[%] 이하 ④ 50[%] 이하

풀이 금속 덕트에 넣은 전선의 단면적의 합계는 덕트 내부 단면적의 20[%](전광 표시 장치 기타 이와 유사한 장치 또는 제어회로 등의 배전선만을 넣는 경우는 50[%]) 이하일 것 (KEC 232.31)

답 13. ② 14. ① 15. ④ 16. ① 17. ③ 18. ③ 19. ①

20 다음 ( )안에 들어갈 내용으로 알맞은 것은?

> 사람의 접촉 우려가 있는 합성수지제 몰드는 홈의 폭 및 깊이가 (㉠)[cm] 이하로 두께는 (㉡)[mm] 이상의 것이어야 한다.

① ㉠ 3.5, ㉡ 1
② ㉠ 5, ㉡ 1
③ ㉠ 3.5, ㉡ 2
④ ㉠ 5, ㉡ 2

풀이 합성수지몰드는 홈의 폭 및 깊이가 35[mm] 이하, 두께는 2[mm] 이상의 것일 것. 다만 사람이 쉽게 접촉할 우려가 없도록 시설하는 경우에는 폭이 50[mm] 이하, 두께 1[mm] 이상의 것을 사용할 수 있다. (KEC 232.21)

21 합성수지전선관의 장점이 아닌 것은?

① 절연이 우수하다.
② 기계적 강도가 높다.
③ 내부식성이 우수하다.
④ 시공하기 쉽다.

풀이 합성수지관은 금속관에 비하여 절연성이 우수하며, 부식하지 않고, 기계적 강도는 약하며, 내열성에 약하다.

22 금속 전선관과 비교한 합성수지 전선관 공사의 특징으로 거리가 먼 것은?

① 내식성이 우수하다.
② 배관 작업이 용이하다.
③ 열에 강하다.
④ 절연성이 우수하다.

풀이 합성수지관은 금속관에 비하여 절연성이 우수하며, 부식하지 않고, 기계적 강도는 약하며, 내열성에 약하다.

23 합성수지관 공사의 특징 중 옳은 것은?

① 내열성 ② 내한성
③ 내부식성 ④ 내충격성

풀이 합성수지관은 금속관에 비하여 절연성이 우수하며, 부식하지 않는다.

24 합성수지관 배선에 대한 설명으로 틀린 것은?

① 합성수지관 배선은 절연전선을 사용한다.
② 합성수지관 내에서 전선의 접속점을 만들어서는 안 된다.
③ 합성수지관 배선은 중량물의 압력 또는 심한 기계적 충격을 받는 장소에 시설하여서는 안 된다.
④ 합성수지관의 배선에 사용되는 관 및 박스 기타 부속품은 온도변화에 의한 신축을 고려할 필요가 없다.

풀이 합성 수지관의 특징
① 장점
  • 관이 절연물로 구성되어 누전의 우려가 없다.
  • 내식성 커서 화학 공장 등의 부식성 가스나 용액이 있는 곳에 적당하다.
  • 접지할 필요가 없고 피뢰기, 피뢰침이 접지선 보호에 적당하다.
  • 무게가 가볍고 시공이 쉽다.
② 단점
  • 외상을 받을 우려가 많다.
  • 고온 및 저온의 곳에서는 사용할 수 없다.
  • 파열될 우려가 있다.
③ 사용 장소
  중량물의 압력 또는 기계적 충격이 없는 전개된 장소, 은폐된 장소의 어느 곳에서나 시공할 수 있다.

25 합성수지관이 금속관과 비교하여 장점으로 볼 수 없는 것은?

① 누전의 우려가 없다.

② 온도 변화에 따른 신축 작용이 크다.

③ 내식성이 있어 부식성 가스 등을 사용하는 사업장에 적당하다.

④ 관 자체를 접지할 필요가 없고, 무게가 가벼우며 시공하기 쉽다.

풀이 합성수지관은 열에 약하며, 기계적 충격 및 중량물에 의한 압력 등 외력에 약하다.

26 저압 옥내 배선에서 합성수지관공사에 대한 설명 중 잘못 된 것은?

① 합성수지관 안에는 전선에 접속점이 없도록 한다.

② 합성수지관을 새들 등으로 지지하는 경우는 그 지지점간의 거리를 3[m] 이상으로 한다.

③ 합성수지관 상호 및 관과 박스는 접속 시에 삽입하는 깊이를 관 바깥지름의 1.2배 이상으로 한다.

④ 관 상호의 접속은 박스 또는 커플링(Coupling) 등을 사용하고 직접 접속하지 않는다.

풀이 관의 지지점 간의 거리는 1.5[m] 이하로 한다. (KEC 232.11)

27 합성수지관공사에서 관의 지지점간 거리는 최대 몇 [m]인가?

① 1　　　　　② 1.2

③ 1.5　　　　④ 2

풀이 합성수지관공사에서 관의 지지점 간의 거리는 1.5[m] 이하로 한다. (KEC 232.11)

28 합성수지관공사에 대한 설명 중 옳지 않은 것은?

① 습기가 많은 장소 또는 물기가 있는 장소에 시설하는 경우 방습 장치를 한다.

② 관 상호간 및 박스와는 관을 삽입하는 깊이를 관이 바깥 지름의 1.2배 이상으로 한다.

③ 관의 지지점간의 거리는 3[m] 이상으로 한다.

④ 합성수지관 안에는 전선에 접속점이 없도록 한다.

풀이 관의 지지점 간의 거리는 1.5[m] 이하로 한다. (KEC 232.11)

29 합성수지관을 새들 등으로 지지하는 경우 그 지지점간의 거리는 몇 [m] 이하로 하여야 하는가?

① 0.8[m]　　　② 1.0[m]

③ 1.2[m]　　　④ 1.5[m]

풀이 관의 지지점 사이의 거리는 1.5[m] 이하로 하고, 또한 그 지지점은 관의 끝 · 관과 박스의 접속점 및 관 상호 간의 접속점 등에 가까운 곳에 시설할 것 (KEC 232.11)

30 합성수지관 상호 및 관과 박스는 접속 시에 삽입하는 깊이를 관 바깥지름의 몇 배 이상으로 하여야 하는가? (단, 접착제를 사용하지 않은 경우이다.)

① 0.2　　　　② 0.5

③ 1　　　　　④ 1.2

답 25. ②　26. ②　27. ③　28. ③　29. ④　30. ④

풀이 관 상호간 및 박스와는 관을 삽입하는 깊이를 관의 바깥 지름의 1.2배(접착제를 사용하는 경우에는 0.8배) 이상으로 하고 또한 꽂음 접속에 의하여 견고하게 접속할 것. (KEC 232.11)

31 합성수지관 상호 및 관과 박스는 접속 시에 삽입하는 깊이를 관 바깥지름의 몇 배 이상으로 하여야 하는가? (단, 접착제를 사용하는 경우이다.)

① 0.6배   ② 0.8배
③ 1.2배   ④ 1.6배

풀이
• 접착제를 사용하지 않을 때 : 1.2배
• 접착제를 사용할 때 : 0.8배

32 접착제를 사용하여 합성수지관을 삽입해 접속 할 경우 관의 깊이는 합성수지관 외경의 최소 몇 배인가?

① 0.8배   ② 1.2배
③ 1.5배   ④ 1.8배

풀이
• 접착제를 사용하지 않을 때 : 1.2배
• 접착제를 사용할 때 : 0.8배

33 16[mm] 합성수지 전선관을 직각 구부리기를 할 경우 구부림 부분의 길이는 약 몇 [mm]인가? (단, 16[mm] 합성수지관의 안지름은 18 [mm], 바깥지름은 22[mm]이다.)

① 119   ② 132
③ 187   ④ 220

풀이 굽힘 반지름

$$r \geq 6d + \frac{D}{2} = 6 \times 18 + \frac{22}{2} = 119[\text{mm}]$$

따라서 구부림 길이

$$L \geq 2\pi r \times \frac{1}{4} = 2\pi \times 119 \times \frac{1}{4} \fallingdotseq 187[\text{mm}]$$

34 합성수지제 전선관의 호칭은 관 굵기의 무엇으로 표시하는가?

① 홀수인 안지름
② 짝수인 바깥지름
③ 짝수인 안지름
④ 홀수인 바깥지름

풀이 1본의 길이는 4[m]가 표준이고, 굵기는 관 안지름의 크기에 가까운 짝수의 [mm]로 나타낸다.

35 경질 비닐 전선관의 호칭으로 맞는 것은?

① 굵기는 관 안지름의 크기에 가까운 짝수의 [mm]로 나타낸다.
② 굵기는 관 안지름의 크기에 가까운 홀수의 [mm]로 나타낸다.
③ 굵기는 관 바깥지름의 크기에 가까운 짝수의 [mm]로 나타낸다.
④ 굵기는 관 바깥지름의 크기에 가까운 홀수의 [mm]로 나타낸다.

풀이 경질 비닐 전선관 1본의 길이는 4[m]가 표준이고, 굵기는 관 안지름의 크기에 가까운 짝수의 [mm]로 나타낸다.

36 경질비닐전선관 1본의 표준 길이는?

① 3[m]   ② 3.6[m]
③ 4[m]   ④ 4.6[m]

풀이 경질 비닐 전선관 1본의 길이는 4[m]가 표준이다.

37 PVC(Polyvinyl chloride pipe)전선관의 표준 규격품 1본의 길이는 몇 [m]인가?

① 3.0[m]   ② 3.6[m]
③ 4.0[m]   ④ 4.5[m]

답 31. ②   32. ①   33. ③   34. ③   35. ①   36. ③   37. ③

풀이 경질 비닐 전선관 1본의 길이는 4[m]가 표준이고, 굵기는 관 안지름의 크기에 가까운 짝수의 [mm]로 나타낸다.

38 경질 비닐 전선관의 설명으로 틀린 것은?
① 1본의 길이는 3.6[m]가 표준이다.
② 굵기는 관 안지름의 크기에 가까운 짝수 [mm]로 나타낸다.
③ 금속관에 비해 절연성이 우수하다.
④ 금속관에 비해 내식성이 우수하다.

풀이 경질 비닐 전선관 1본의 길이는 4[m]가 표준이고, 굵기는 관 안지름의 크기에 가까운 짝수의 [mm]로 나타낸다.

39 금속관 공사에 의한 저압 옥내배선에서 잘못된 것은?
① 전선은 절연 전선일 것
② 금속관 안에서는 전선의 접속점이 없도록 할 것
③ 알루미늄 전선은 단면적 16[mm^2] 초과 시 연선을 사용 할 것
④ 옥외용 비닐절연전선을 사용할 것

풀이 전선은 옥외용 비닐 절연전선을 제외한 절연전선으로 연선이어야 한다. (KEC 232.12)

40 금속관공사에서 금속관을 콘크리트에 매설할 경우 관의 두께는 몇 [mm] 이상의 것이어야 하는가?
① 0.8[mm]   ② 1.0[mm]
③ 1.2[mm]   ④ 1.5[mm]

풀이 금속관의 두께는 콘크리트에 매설하는 것은 1.2[mm] 이상, 그 이외의 것은 1[mm] 이상일 것 (KEC 232.12)

41 다음 중 금속관공사의 설명으로 잘못된 것은?
① 교류회로는 1회로의 전선 전부를 동일관 내에 넣는 것을 원칙으로 한다.
② 교류회로에서 전선을 병렬로 사용하는 경우에는 관내에 전자적 불평형이 생기지 않도록 시설한다.
③ 금속관 내에서는 절대로 전선접속점을 만들지 않아야 한다.
④ 관의 두께는 콘크리트에 매입하는 경우 1[mm] 이상이어야 한다.

풀이 관의 두께는 콘크리트에 매설하는 것은 1.2[mm] 이상이어야 한다. (KEC 232.12)

42 금속관공사에 대한 설명으로 잘못된 것은?
① 금속관 두께는 콘크리트에 매입하는 경우 1.2[m] 이상일 것
② 교류회로에서 전선을 병렬로 사용하는 경우 관내에 전자적 불평형이 생기지 않도록 시설할 것
③ 굵기가 다른 절연전선을 동일 관내에 넣은 경우 피복절연물을 포함한 단면적이 관내단면적의 48[%] 이하일 것
④ 관의 호칭에서 후강전선관은 짝수, 박강전선관은 홀수로 표시할 것

풀이 굵기가 다른 절연전선을 동일 관내에 넣는 경우의 금속관의 굵기는 전선의 피복절연물을 포함한 단면적이 총합계가 관내단면적의 32[%] 이하가 되도록 선정하여야 한다.

답 38. ① 39. ④ 40. ③ 41. ④ 42. ③

43 금속관 내의 같은 굵기의 전선을 넣을 때는 절연전선의 피복을 포함한 총 단면적이 금속관 내부 단면적의 몇 [%] 이하이어야 하는가?

① 16   ② 24

③ 32   ④ 48

풀이 굵기가 다른 절연전선을 동일 관내에 넣는 경우의 금속관의 굵기는 전선의 피복절연물을 포함한 단면적이 총합계가 관내 단면적의 32[%] 이하가 되도록 선정하여야 한다.

44 금속관을 조영재에 따라서 시설하는 경우 새들 또는 행거 등으로 견고하게 지지하고 그 간격을 몇 [m] 이상으로 하는 것이 가장 바람직한가?

① 2   ② 3

③ 4   ④ 5

풀이 금속관을 조영재에 따라서 시설하는 경우 새들 또는 행거 등으로 견고하게 지지하고 그 간격을 2[m] 로 하는 것이 가장 바람직하다.

45 16[mm] 금속 전선관의 나사 내기를 할 때 반직각 구부리기를 한 곳의 나사산은 몇 산 정도로 하는가?

① 3～4산   ② 5～6산

③ 8～10산   ④ 11～12산

46 금속관을 구부리는 경우 굴곡의 안측 반지름은?

① 전선관 안지름의 3배 이상

② 전선관 안지름의 6배 이상

③ 전선관 안지름의 8배 이상

④ 전선관 안지름의 12배 이상

풀이 금속 전선관을 구부릴 때 금속관의 단면이 심하게 변형되지 않도록 구부려야 하며, 일반적으로 그 안측의 반지름은 관 안지름의 6배 이상이 되어야 한다.

47 다음 그림과 같이 금속관을 구부릴 때 일반적으로 A와 B의 관계식은?

① A = 2B

② A ≥ B

③ A = 5B

④ A ≥ 6B

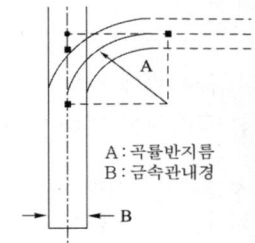

A : 곡률반지름
B : 금속관내경

풀이 금속관을 구부릴 때 그 안측의 반지름은 관 안지름의 6배 이상이 되어야 한다.

48 금속 전선관을 직각 구부리기 할 때 굽힘 반지름 r은? (단, d는 금속 전선관의 안지름, D는 금속 전선관의 바깥지름이다.)

① $r = 6d + \dfrac{D}{2}$ ② $r = 6d + \dfrac{D}{4}$

③ $r = 2d + \dfrac{D}{6}$ ④ $r = 4d + \dfrac{D}{6}$

풀이
- 굽힘 반지름 $r = 6d + \dfrac{D}{2}$
- 굽힘 길이 $L = 2\pi r \times \dfrac{1}{4}$

49 금속 전선관을 구부릴 때 금속관의 단면이 심하게 변형되지 않도록 구부려야 하며, 일반적으로 그 안측의 반지름은 관 안지름의 몇 배 이상이 되어야 하는가?

① 2배   ② 4배

③ 6배   ④ 8배

답 43. ④ 44. ① 45. ① 46. ② 47. ④ 48. ① 49. ③

풀이 금속관을 구부릴 때 굴곡 바깥지름은 관 안지름의 6배 이상이 되어야 한다.

50 금속 전선관 공사에서 사용되는 후강 전선관의 규격이 아닌 것은?

① 16　　　　　　② 28
③ 36　　　　　　④ 50

풀이 후강 전선관의 규격은 16, 22, 28, 36, 42, 54, 70, 82, 92, 104[mm]의 10종이 있다.

51 금속 전선관의 종류에서 후강 전선관 규격 [mm]이 아닌 것은?

① 16　　　　　　② 19
③ 28　　　　　　④ 36

풀이 후강 전선관의 규격은 16, 22, 28, 36, 42, 54, 70, 82, 92, 104[mm]의 10종이 있다.

52 다음 중 금속제 가요전선관 공사로 적당하지 않은 것은?

① 옥내의 천장 은폐배선으로 8각 박스에서 형광등기구에 이르는 짧은 부분의 전선관공사
② 프레스 공작기계 등의 굴곡개소가 많아 금속관 공사가 어려운 부분의 전선관공사
③ 금속관에서 전동기부하에 이르는 짧은 부분의 전선관공사
④ 수변전실에서 배전반에 이르는 부분의 전선관공사

풀이 비교적 큰 전류의 저압 배전반 부근 및 간선에는 버스 덕트 공사를 이용한다.

53 금속제 가요전선관공사에 다음의 전선을 사용하였다. 맞게 사용한 것은?

① 알루미늄 35[mm²]의 단선
② 절연전선 16[mm²]의 단선
③ 절연전선 10[mm²]의 단선
④ 알루미늄 25[mm²]의 단선

풀이 가요 전선관 공사의 전선은 절연 전선(OW 제외)으로 연선이어야 하며(10[mm²] 이하의 것은 단선 사용 가능) 관 안에서 접속점이 없도록 시설하고 가요 전선관은 2종 금속제 가요 전선관일 것. (KEC 232.13)

54 1종 가요전선관을 구부릴 경우의 곡률 반지름은 관안지름의 몇 배 이상으로 하여야 하는가?

① 3배　　　　　　② 4배
③ 5배　　　　　　④ 6배

풀이 1종 가요전선관을 구부릴 경우 곡률반지름은 관 안지름의 6배 이상으로 하여야 한다.

55 노출장소 또는 점검 가능한 장소에서 제2종 가요전선관을 시설하고 제거하는 것이 자유로운 경우의 곡률 반지름은 안지름의 몇 배 이상으로 하여야 하는가?

① 2배　　　　　　② 3배
③ 4배　　　　　　④ 6배

풀이 2종 가요전선관을 구부릴 경우 노출장소 또는 점검 가능한 장소에서 시설 제가하는 것이 자유로운 경우 관 안지름의 3배 이상으로 하여야 한다.

56 관을 시설하고 제거하는 것이 자유롭고 점검 가능한 은폐장소에서 가요전선관을 구부리는 경우 곡률 반지름은 2종 가요전선관 안지름의 몇 배 이상으로 하여야 하는가?

① 10　　　　　　② 9
③ 6　　　　　　④ 3

풀이 2종 가요전선관을 구부릴 경우 노출장소 또는 점검 가능한 은폐장소에서 시설하고 제거하는 것이 자유로운 경우 관 안지름의 3배 이상으로 하여야 한다.

57 2종 금속제 가요 전선관의 굵기(관의 호칭)가 아닌 것은?

① 10[mm]　　　　② 12[mm]
③ 16[mm]　　　　④ 24[mm]

풀이 제2종 금속제 가요 전선관의 호칭 : 10, 12, 15, 17, 24, 30, 38, 50, 63, 76, 83, 101[mm]

58 전선 단면적 2.5[mm²], 접지선 1본을 포함한 전선가닥수 6본을 동일 관내에 넣는 경우의 제2종 가요전선관의 최소 굵기로 적당한 것은?

① 10[mm]　　　　② 15[mm]
③ 17[mm]　　　　④ 24[mm]

풀이

도체 단면적 (mm²)	전선 본수					
	1	2	3	4	5	6
	2종 가요전선관의 최소 굵기(mm)					
2.5	10	15	15	17	24	24

59 전선의 도체 단면적이 2.5[mm²]인 전선 3본을 동일 관내에 넣는 경우의 2종 가요전선관의 최소 굵기는?

① 10[mm]　　　　② 15[mm]
③ 17[mm]　　　　④ 24[mm]

풀이

도체 단면적 (mm²)	전선 본수				
	1	2	3	4	5
	2종 가요전선관의 최소 굵기(mm)				
2.5	10	15	15	17	24

60 합성수지제 가요전선관으로 옳게 짝지어진 것은?

① 후강전선관과 박강전선관
② PVC전선관과 PF전선관
③ PVC전선관과 제2종 가요전선관
④ PF전선관과 CD전선관

풀이 PF(Plastic Flexible)관 및 CD(Combine Duct)관을 총칭하여 합성수지제 가요관이라 한다.

61 합성수지제 가요전선관(PF관 및 CD관)의 호칭에 포함되지 않는 것은?

① 16　　　　　　② 28
③ 38　　　　　　④ 42

풀이 합성수지제 가요전선관의 호칭 : 14[mm], 16[mm], 22[mm], 28[mm], 36[mm], 42[mm]

62 합성수지제 가요전선관의 규격이 아닌 것은?

① 14　　　　　　② 22
③ 36　　　　　　④ 52

풀이 합성수지제 가요전선관의 호칭 : 14, 16, 22, 28, 36, 42

63 금속관 공사에 사용되는 부품이 아닌 것은?

① 새들　　　　　② 덕트
③ 로크 너트　　　④ 링 리듀서

풀이 금속관 공사의 부품으로는 엔트런스캡, 링 리듀서, 유니온 커플링, 새들, 로크 너트 등이 있다.

64 다음 중 금속 전선관을 박스에 고정 시킬 때 사용하는 것은?

① 새들　　　　② 부싱
③ 로크 너트　　④ 클램프

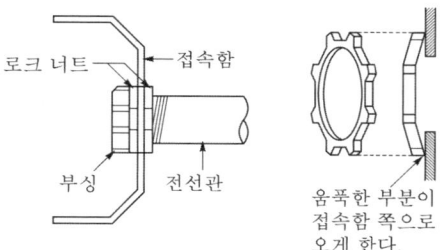

풀이

움푹한 부분이 접속함 쪽으로 오게 한다.

금속관을 박스에 고정할 때는 로크 너트를 사용하여 고정한다.

65 금속관 공사에서 관을 박스 내에 고정시킬 때 사용하는 것은?

① 부싱　　　　② 로크 너트
③ 새들　　　　④ 커플링

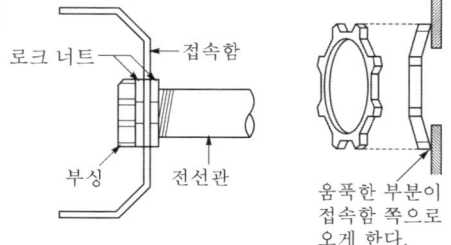

풀이

움푹한 부분이 접속함 쪽으로 오게 한다.

금속관을 박스에 고정할 때는 로크 너트를 사용하여 고정한다.

66 박스에 금속관을 고정할 때 사용하는 것은?

① 유니언 커플링
② 로크 너트
③ 부싱
④ C형 엘보

풀이 로크 너트 : 금속관을 박스에 고정할 때 사용한다.

67 링 리듀서의 용도는?

① 박스 내의 전선 접속에 사용
② 녹아웃 직경이 접속하는 금속관보다 큰 경우 사용
③ 녹아웃 구멍을 막는 데 사용
④ 로크 너트를 고정하는 데 사용

풀이 링 리듀서는 녹아웃이 로크 너트 보다 클 경우 사용한다.

68 금속전선관 공사에서 금속관과 접속함을 접속하는 경우 녹아웃 구멍이 금속관보다 클 때 사용하는 부품은?

① 로크 너트　　② 부싱
③ 새들　　　　④ 링 리듀서

풀이 금속관 공사 시 녹아웃의 구멍이 로크 너트 보다 클 경우 링 리듀서를 사용한다.

69 금속전선관 공사 시 녹아웃 구멍이 금속관보다 클 때 사용되는 접속 기구는?

① 부싱　　　　② 링 리듀서
③ 로크 너트　　④ 엔트런스 캡

풀이 링 리듀서 : 녹아웃의 지름이 관의 지름보다 커서 로크 너트만으로는 고정할 수 없을 때 보조적으로 사용한다.

70 아웃렛 박스 등의 녹아웃의 지름이 관의 지름보다 클 때의 관을 박스에 고정 시키기 위해 쓰는 재료의 명칭은?

① 터미널 캡　　② 링 리듀서
③ 엔트렌스 캡　④ C형 엘보

풀이 금속관 공사 시 녹아웃의 구멍이 로크 너트 보다 클 경우 링 리듀서를 사용한다.

정답 64. ③　65. ②　66. ②　67. ②　68. ④　69. ②　70. ②

71 옥내배선공사 중 금속관 공사에 사용되는 공구의 설명 중 잘못된 것은?

① 전선관의 굽힘 작업에 사용하는 공구는 토치램프나 스프링 벤더를 사용한다.

② 전선관의 나사를 내는 작업에 오스터를 사용한다.

③ 전선관을 절단하는 공구에는 쇠톱 또는 파이프 커터를 사용한다.

④ 아우트렛 박스의 천공작업에 사용되는 공구는 녹아웃 펀치를 사용한다.

풀이 금속관을 구부리기 위해서는 벤더를 사용하며, 토치램프는 합성 수지관을 구부리는 경우에 사용한다.

72 합성 수지관 상호 간을 연결하는 접속재가 아닌 것은?

① 로크 너트

② TS 커플링

③ 컴비네이션 커플링

④ 2호 커넥터

풀이

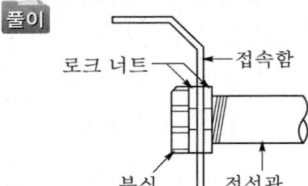
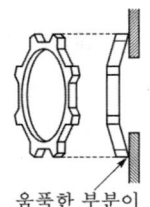

로크 너트는 박스에 금속관을 고정시킬 때 사용한다.

73 합성수지관 공사에서 옥외 등 온도 차가 큰 장소에 노출 배관을 할 때 사용하는 커플링은?

① 신축커플링(0C)

② 신축커플링(1C)

③ 신축커플링(2C)

④ 신축커플링(3C)

풀이 배관의 지지

① 배관의 지지점 사이의 거리는 다음 그림과 같이 1,500[mm] 이하로 하고, 관과 관, 관과 박스의 접속점 및 관 끝은 각각 300[mm] 이내에 지지한다.

② 가는 전선관의 지지점 사이의 거리는 800~1,200[mm]가 적당하다.

③ 옥외 등 온도차가 큰 장소에 노출 배관을 할 때에는 12~20[m]마다 신축 커플링(3C)을 사용한다. 신축되는 부분에는 접착제를 사용하지 않는다.

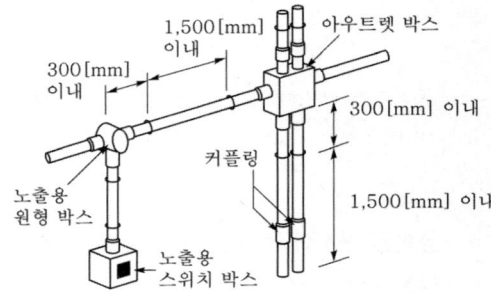

74 가요 전선관의 상호접속은 무엇을 사용하는가?

① 컴비네이션 커플링

② 스플릿 커플링

③ 더블 커넥터

④ 앵글 커넥터

풀이
• 컴비네이션 커플링 : 가요 전선관과 금속관 접속
• 스플릿 커플링 : 가요 전선관의 상호접속

75 가요 전선관 공사에서 가요 전선관의 상호 접속에 사용하는 것은?

① 유니언 커플링

② 2호 커플링

③ 콤비네이션 커플링

④ 스플릿 커플링

풀이 • 컴비네이션 커플링 : 가요 전선관과 금속관 접속
• 스플릿 커플링 : 가요 전선관의 상호접속

76 가요전선관과 금속관의 상호 접속에 쓰이는 것은?

① 스프리트 커플링
② 콤비네이션 커플링
③ 스트레이트 복스커넥터
④ 앵글 복스커넥터

풀이 가요전선관과 금속관은 콤비네이션 커플링으로 상호 접속한다.

77 배관의 직각 굴곡 부분에 사용하는 것은?

① 로크 너트　　② 절연부싱
③ 플로어박스　　④ 노멀밴드

풀이 노멀 밴드는 노출배관의 경우 직각으로 배관 경우 사용한다. 뚜껑이 붙은 엘보, 서비스 엘보 및 유니버설이라고 하는 것은 모두 노출 배관 공사에서 직각으로 배관할 경우에 사용한다.

78 금속관 공사를 노출로 시공할 때 직각으로 구부러지는 곳에는 어떤 배선기구를 사용하는가?

① 유니온 커플링
② 아웃렛 박스
③ 픽스쳐 히키
④ 유니버셜 엘보우

풀이 유니버셜 엘보 : 강제전선관 공사를 노출로 시공할 때 관을 직각으로 굽히는 곳에 사용한다.

79 철근 콘크리트 건물에 노출 금속관 공사를 할 때 직각으로 굽히는 곳에 사용되는 금속관 재료는?

① 앤트런스 캡
② 유니버셜엘보
③ 4각 박스
④ 터미널 캡

풀이 유니버셜엘보 : 강제전선관 공사 중 노출배관 공사에서 관을 직각으로 굽히는 곳에 사용한다.

80 저압 가공 인입선의 인입구에 사용하며 금속관 공사에서 끝 부분의 빗물 침입을 방지하는데 적당한 것은?

① 플로어 박스
② 엔트런스 캡
③ 부싱
④ 터미널 캡

풀이 엔트런스 캡 : 인입구, 인출구의 관단에 설치하는 것으로 금속관에 접속하여 옥외의 빗물을 막는 데 사용한다.

81 금속관공사를 할 때 앤트런스 캡의 사용으로 옳은 것은?

① 금속관이 고정되어 회전시킬 수 없을 때 사용
② 저압 가공 인입선의 인입구에 사용
③ 배관의 지각의 굴곡 부분에 사용
④ 조명기구가 무거울 때 조명 기구의 부착 등에 사용

풀이 엔트런스 캡은 옥외 공사의 금속관 인입구에 설치하며 빗물의 침입을 막는 곳에 사용한다.

답 76. ②　77. ④　78. ④　79. ②　80. ②　81. ②

82 저압 가공 인입선의 인입구에 사용하며, 금속 관 공사에서 끝 부분의 빗물 침입을 방지하는 데 적당한 것은?

① 엔드   ② 앤트런스 캡
③ 부싱   ④ 라미플

83 저압 가공 인입선의 인입구에 사용하는 것 은?

① 플로어 박스   ② 링 리듀서
③ 엔트런스 캡   ④ 노멀 밴드

풀이 엔트런스 캡 : 인입구, 인출구의 관 단에 설치하는 것으로 금속관에 접속하여 옥외의 빗물을 막는 데 사용한다.

84 다음 중 금속 전선관 부속품이 아닌 것은?

① 로크 너트   ② 노말 밴드
③ 커플링   ④ 앵글 커넥터

풀이 앵글 커넥터는 가요 전선관 접속에 사용되는 부속 품이다.

85 금속관 공사 경우 관을 접지하는 데 사용하는 것은?

① 노출배관용 박스
② 엘보
③ 접지 클램프
④ 터미널 캡

풀이 금속관에 접지선을 연결하는 금구로는 접지 클램프 가 사용된다.

86 가요 전선관에 사용되는 부속품이 아닌 것 은?

① 스플릿 커플링
② 콤비네이션 커플링
③ 앵글박스 커플링
④ 유니온 커플링

풀이
• 스플릿 박스 커넥터, 앵글 박스 커넥터 : 박스와 가요 전선관
• 플렉시블 커플링 : 가요 전선관과 가요 전선관 접 속
• 콤비네이션 커플링 : 가요 전선관과 금속관 접속
• 유니온 커플링 :전선관을 양쪽에서 돌려 끼울 수 없는 경우에 사용하는 금속관 부속품

87 건물의 모서리(직각)에서 가요 전선관을 박 스에 연결할 때 필요한 접속기는?

① 스틀렛 박스 커넥터
② 앵글 박스 커넥터
③ 플렉시블 커플링
④ 콤비네이션 커플링

풀이 앵글 박스 커넥터 : 직각으로 꺽인 부분에서 가요전 선관을 박스에 연결할 때 사용한다.

88 금속제 가요전선관 공사 방법의 설명으로 옳 은 것은?

① 가요전선관과 박스와의 직각부분에 연결 하는 부속품은 앵글박스 커넥터이다.
② 가요전선관과 금속관과의 접속에 사용하 는 부속품은 스트레이트박스 커넥터이 다.
③ 가요전선과 상호접속에 사용하는 부속품 은 콤비네이션 커플링이다.
④ 스위치박스에는 콤비네이션 커플링을 사 용하여 가요전선관과 접속한다.

풀이 • 가요 전선관과 금속관 접속 : 콤비네이션 커플링
• 가요 전선관과 가요 전선관 접속 : 플렉시블 커플링
• 박스와 가요 전선관 : 스트레이트 박스 커넥터, 앵글 박스 커넥터

89 케이블을 조영재에 지지하는 경우 이용되는 것으로 맞지 않은 것은?

① 새들　　　　② 클리트
③ 스테플러　　④ 터미널 캡

풀이 터미널 캡(서비스 캡)은 저압 가공 인입선에서 금속관 공사로 옮겨지는 곳 또는 금속관으로부터 전선을 뽑아 전동기 단자 부분에 접속할 때 사용한다.

90 그림과 같은 심벌의 명칭은?

> MD

① 금속덕트
② 버스덕트
③ 피더 버스덕트
④ 플러그인 버스덕트

91 다음 중 덕트공사의 종류가 아닌 것은?

① 금속 덕트공사
② 버스 덕트공사
③ 케이블 덕트공사
④ 플로어 덕트공사

풀이 덕트공사의 종류에는 금속 덕트공사, 버스 덕트공사, 플로어 덕트공사가 있다.

92 금속 덕트 배선에 사용하는 금속 덕트의 철판 두께는 몇 [mm] 이상이어야 하는가?

① 0.8[mm]
② 1.2[mm]
③ 1.5[mm]
④ 1.8[mm]

풀이 금속 덕트공사에 사용하는 금속 덕트는 폭이 5[cm]를 초과하고 또한 두께가 1.2[mm] 이상인 철판 또는 동등 이상의 세기를 가지는 금속제의 것으로 견고하게 제작한 것일 것.

93 다음 중 금속 덕트 공사 방법과 거리가 가장 먼 것은?

① 덕트의 말단은 열어 놓을 것.
② 금속 덕트는 3[m] 이하의 간격으로 견고하게 지지할 것
③ 금속 덕트의 뚜껑은 쉽게 열리지 않도록 시설할 것
④ 금속 덕트 상호는 견고하고 또한 전기적으로 완전하게 접속할 것

풀이 1. 덕트 상호간은 견고하고 또한 전기적으로 완전하게 접속할 것
2. 덕트를 조영재에 붙이는 경우에는 덕트의 지지점간의 거리를 3[m](취급자 이외의 자가 출입할 수 없도록 설비한 곳에서 수직으로 붙이는 경우에는 6[m]) 이하로 하고 또한 견고하게 붙일 것
3. 덕트의 뚜껑은 쉽게 열리지 아니하도록 시설할 것
4. 덕트의 끝부분은 막을 것
5. 덕트 안에 먼지가 침입하지 아니하도록 할 것
6. 덕트는 물이 고이는 낮은 부분을 만들지 않도록 시설할 것
7. 덕트에 접지공사를 할 것

94 다음 중 금속덕트 공사의 시설방법 중 틀린 것은?

① 덕트 상호간은 견고하고 또한 전기적으로 완전하게 접속할 것

② 덕트 지지점 간의 거리는 3[m] 이하로 할 것

③ 덕트의 끝부분은 열어 둘 것

④ 덕트에 접지공사를 할 것

풀이 1. 덕트 상호간은 견고하고 또한 전기적으로 완전하게 접속할 것
2. 덕트를 조영재에 붙이는 경우에는 덕트의 지지점간의 거리를 3[m](취급자 이외의 자가 출입할 수 없도록 설비한 곳에서 수직으로 붙이는 경우에는 6[m]) 이하로 하고 또한 견고하게 붙일 것
3. 덕트의 끝부분은 막을 것
4. 덕트에 접지공사를 할 것

95 금속덕트 공사에 관한 사항이다. 다음 중 금속 덕트에 시설로서 옳지 않은 것은?

① 덕트의 끝부분은 열어 놓을 것

② 덕트를 조영재에 붙이는 경우에는 덕트의 지지점간의 거리를 3[m] 이하로 하고 견고하게 붙일 것

③ 덕트의 뚜껑은 쉽게 열리지 않도록 시설할 것

④ 덕트 상호간은 견고하고 또한 전기적으로 완전하게 접속할 것

풀이 금속 덕트 공사에서 덕트의 끝부분은 막을 것

96 금속덕트 배선에서 금속덕트를 조영재에 붙이는 경우 지지점 간의 거리는?

① 0.3[m] 이하   ② 0.6[m] 이하

③ 2.0[m] 이하   ④ 3.0[m] 이하

풀이 덕트를 조영재에 붙이는 경우에는 덕트의 지지점간의 거리를 3[m](취급자 이외의 자가 출입할 수 없도록 설비한 곳에서 수직으로 붙이는 경우에는 6[m]) 이하로 하고 또한 견고하게 붙일 것

97 절연전선을 동일 금속 덕트내에 넣을 경우 금속 덕트의 크기는 전선의 피복절연물을 포함한 단면적의 총합계가 금속 덕트 내 단면적의 몇 [%] 이하로 하여야 하는가?

① 10[%]   ② 20[%]

③ 32[%]   ④ 48[%]

풀이 금속 덕트에 넣은 전선의 피복절연물을 포함한 단면적의 합계는 덕트의 내부 단면적의 20[%] 이하일 것

98 금속 덕트에 넣은 전선의 단면적(절연피복의 단면적 포함)의 합계는 덕트 내부 단면적의 몇 [%] 이하로 하여야 하는가? (단, 전광표시 장치 기타 이와 유사한 장치 또는 제어회로 등의 배선만을 넣는 경우가 아니다.)

① 20[%]   ② 40[%]

③ 60[%]   ④ 80[%]

풀이 금속 덕트에 넣은 전선의 단면적(절연피복의 단면적을 포함한다)의 합계는 덕트의 내부 단면적의 20[%](전광표시 장치 기타 이와 유사한 장치 또는 제어회로 등의 배선만을 넣는 경우에는 50[%]) 이하일 것. (KEC 232.31)

99 절연전선을 동일 금속덕트 내에 넣을 경우 금속덕트의 크기는 전선의 피복절연물을 포함한 단면적의 총합계가 금속덕트 내 단면적의 몇 [%] 이하가 되도록 선정하여야 하는가? (단, 제어회로 등의 배선에 사용하는 전선만을 넣는 경우이다.)

① 30[%]   ② 40[%]

③ 50[%]   ④ 60[%]

풀이 금속 덕트에 넣은 전선의 단면적(절연피복의 단면적을 포함한다)의 합계는 덕트의 내부 단면적의 20[%](전광표시 장치 기타 이와 유사한 장치 또는 제어회로 등의 배선만을 넣는 경우에는 50[%]) 이하일 것. (KEC 232.31)

100 금속 덕트 공사에 있어서 전광표시장치 기타 이와 유사한 장치 또는 제어회로용 배선만을 공사할 때 절연전선의 단면적은 금속 덕트 내 몇 [%] 이하이어야 하는가?

① 80[%]   ② 70[%]
③ 60[%]   ④ 50[%]

풀이 금속 덕트에 넣은 전선의 단면적(절연피복의 단면적을 포함한다)의 합계는 덕트의 내부 단면적의 20[%](전광표시장치 기타 이와 유사한 장치 또는 제어회로 등의 배선만을 넣는 경우에는 50[%]) 이하일 것. (KEC 232.31)

101 버스덕트 공사에 의한 저압 옥내배선공사에 대한 설명으로 틀린 것은?

① 덕트 상호간 및 전선 상호간은 견고하고 또한 전기적으로 완전하게 접속할 것
② 저압 옥내 배선의 사용전압이 400[V] 이하인 경우에는 덕트에 접지공사를 하지 말 것
③ 덕트(환기형의 것을 제외한다.)의 끝 부분은 막을 것
④ 습기가 많은 장소 또는 물기가 있는 장소에 시설하는 경우에는 옥외용 버스 덕트를 사용할 것

풀이 피더 버스덕트, 플러그 인 버스덕트, 트롤리 버스덕트의 3종류가 있으며, 버스 덕트 공사는 다음에 의하여 시설하여야 한다.
　1. 덕트 상호간 및 전선 상호간은 견고하고 또한 전기적으로 완전하게 접속할 것
　2. 덕트를 조영재에 붙이는 경우에는 덕트의 지지

점간의 거리를 3[m](취급자 이외의 자가 출입할 수 없도록 설비한 곳에서 수직으로 붙이는 경우에는 6[m]) 이하로 하고 또한 견고하게 붙일 것
　3. 덕트(환기형의 것을 제외한다)의 끝부분은 막을 것
　4. 덕트(환기형의 것을 제외한다)의 내부에 먼지가 침입하지 아니하도록 할 것.
　5. 덕트에 접지공사를 할 것
　6. 습기가 많은 장소 또는 물기가 있는 장소에 시설하는 경우에는 옥외용 버스 덕트를 사용하고 버스 덕트 내부에 물이 침입하여 고이지 아니하도록 할 것

102 플로어 덕트 공사의 설명 중 옳지 않은 것은?

① 덕트 상호간 접속은 견고하고 전기적으로 완전하게 접속 하여야 한다.
② 덕트의 끝 부분은 막는다.
③ 덕트 및 박스 기타 부속품은 물이 고이는 부분이 없도록 시설하여야 한다.
④ 플로어 덕트는 접지공사를 하지 않는다.

풀이 플로어덕트공사에서 덕트는 접지공사를 할 것. (KEC 232.32)

103 버스덕트공사에서 덕트를 조영재에 붙이는 경우에는 덕트의 지지점간의 거리를 몇 [m] 이하로 하여야 하는가?

① 3   ② 4.5
③ 6   ④ 9

풀이 덕트를 조영재에 붙이는 경우에는 덕트의 지지점간 거리를 3[m] 이하로 하여야 한다.

104 플로어덕트공사에서 금속제 박스는 강판이 몇 [mm] 이상 되는 것을 사용하여야 하는가?

① 2.0   ② 1.5
③ 1.2   ④ 1.0

답 100. ④   101. ②   102. ④   103. ①   104. ①

풀이 금속제의 플로어덕트 및 박스 기타 부속품으로서 두께 2.0[mm] 이상의 강판으로 견고하게 제작되고, 아연도금이나 에나멜 등으로 피복한 것을 선정

105 절연전선을 동일 플로어덕트 내에 넣을 경우 플로어덕트 크기는 전선의 피복절연물을 포함한 단면적의 총합계가 플로어덕트 내 단면적 몇 [%] 이하가 되도록 선정하여야 하는가?

① 12[%]　　　　② 22[%]
③ 32[%]　　　　④ 42[%]

풀이 • 서로 다른 굵기의 절연전선을 동일 관내에 넣을 경우 : 32[%] 이하
• 동일 굵기의 절연전선을 동일 관내에 넣는 경우 : 48[%] 이하

106 라이팅덕트를 조영재에 따라 부착할 경우 지지점간의 거리는 몇 [m] 이하로 하여야 하는가?

① 1.0[m]　　　　② 1.2[m]
③ 1.5[m]　　　　④ 2.0[m]

풀이 라이팅 덕트 지지점 간의 거리는 2[m] 이하일 것 (KEC 232.71)

107 라이팅 덕트 공사에 의한 저압 옥내배선 시 덕트의 지지점간의 거리는 몇 [m] 이하로 해야 하는가?

① 1.0[m]　　　　② 1.2[m]
③ 2.0[m]　　　　④ 3.0[m]

풀이 라이팅 덕트 지지점간의 거리는 2[m] 이하일 것 (KEC 232.71)

108 셀룰러덕트 공사 시 덕트 상호간을 접속하는 것과 셀룰러덕트 끝에 접속하는 부속품에 대한 설명으로 적합하지 않은 것은?

① 알루미늄 판으로 특수 제작할 것
② 부속품의 판 두께는 1.6[mm] 이상일 것
③ 덕트 끝과 내면은 전선의 피복이 손상하지 않도록 매끈한 것일 것
④ 덕트의 내면과 외면은 녹을 방지하기 위하여 도금 또는 도장을 한 것일 것

풀이 셀룰러 덕트 공사에 사용하는 덕트의 부속품은 강판으로 제작한 것일 것 (KEC 232.33)

109 금속제 케이블트레이의 종류가 아닌 것은?

① 메시형　　　　② 사다리형
③ 바닥밀폐형　　④ 크로스형

풀이 케이블 트레이의 종류 : 사다리형, 펀칭형, 메시형, 바닥밀폐형 등(KEC 232.41)

110 케이블 공사에 의한 저압 옥내배선에서 케이블의 조영재의 아랫면 또는 옆면에 따라 붙이는 경우에는 전선의 지지점간 거리는 몇 [m] 이어야 하는가?

① 0.5[m]　　　　② 1[m]
③ 1.5[m]　　　　④ 2[m]

풀이 전선을 조영재의 아랫면 또는 옆면에 따라 붙이는 경우에 전선의 지지점간의 거리를 케이블은 2[m] 이하, 캡타이어 케이블은 1[m] 이하일 것 (KEC 232.51)

111 캡타이어 케이블을 조영재에 시설하는 경우 그 지지점간의 거리는 얼마로 하여야 하는가?

① 1[m] 이하　　　② 1.5[m] 이하
③ 2.0[m] 이하　　④ 2.5[m] 이하

풀이 전선을 조영재의 아랫면 또는 옆면에 따라 붙이는 경우에는 캡타이어 케이블은 1[m] 이하로 하고 또한 그 피복을 손상하지 아니하도록 붙일 것. (KEC 232.51)

112 저압 옥내배선 시설 시 캡타이어 케이블을 조영재의 아랫면 또는 옆면에 따라 붙이는 경우 전선의 지지점 간의 거리는 몇 [m] 이하로 하여야 하는가?

① 1[m]　　　　② 1.5[m]
③ 2[m]　　　　④ 2.5[m]

풀이 전선을 조영재의 아랫면 또는 옆면에 따라 붙이는 경우에는 전선의 지지점 간의 거리를 케이블은 2[m] 이하 캡타이어 케이블은 1[m] 이하로 하고 또한 그 피복을 손상하지 아니하도록 붙일 것 (KEC 232.51)

113 콘크리트 직매용 케이블 배선에서 일반적으로 케이블을 구부릴 때는 피복이 손상되지 않도록 그 굴곡부 안쪽의 반경은 케이블 외경의 몇 배 이상으로 하여야 하는가? 단, 단심의 경우이다.

① 4배　　　　② 8배
③ 10배　　　　④ 12배

114 콘크리트 직매용 케이블 배선에서 일반적으로 케이블을 구부릴 때는 피복이 손상되지 않도록 그 굴곡부 안쪽의 반경은 케이블 외경의 몇 배 이상으로 하여야 하는가? (단, 단심이 아닌 경우이다.)

① 2배　　　　② 3배
③ 6배　　　　④ 12배

풀이 연피가 없는 케이블을 구부리는 경우 피복의 손상이 되지 않도록 하여 그 굴곡 반지름이 케이블의 완성품 지름의 6배(단심의 경우 8배) 이상으로 구부려야 한다.

115 케이블을 구부리는 경우 피복이 손상되지 않도록 하고 그 굴곡부의 곡률반경은 원칙적으로 케이블이 단심인 경우 완성품 외경의 몇 배 이상이어야 하는가?

① 4배　　　　② 6배
③ 8배　　　　④ 10배

풀이 연피가 없는 케이블을 구부리는 경우 피복의 손상이 되지 않도록 하여 그 굴곡 반지름이 케이블의 완성품 지름의 6배(단심의 경우 8배) 이상으로 구부려야 한다.

116 가공케이블 시설시 조가용선에 금속테이프 등을 사용하여 케이블 외장을 견고하게 붙여 조가하는 경우 나선형으로 금속테이프를 감는 간격은 몇 [cm] 이하를 확보하여 감아야 하는가?

① 50　　　　② 30
③ 20　　　　④ 10

풀이 가공 전선에 케이블을 사용하는 경우, 조가용선을 케이블에 접촉시켜 금속 테이프를 감는 경우에는 20[cm] 이하의 간격으로 나선상으로 한다. (KEC 332.2)

117 습기가 많은 장소 또는 물기가 있는 장소의 바닥 위에서 사람이 접촉할 우려가 있는 장소에 시설하는 사용 전압이 400[V] 이하인 전구선 및 이동전선은 최소 몇 [mm²] 이상의 것을 사용하여야 하는가?

① 0.75　　　　② 1.25
③ 2.0　　　　④ 3.5

풀이 옥내에서 조명용 전원코드 또는 이동전선을 습기가 많은 장소 또는 수분이 있는 장소에 시설할 경우에는 고무코드(400[V] 이하인 경우에 한함) 또는 0.6/1[kV] EP 고무 절연 클로로프렌캡타이어 케이블로서 단면적이 0.75[mm²] 이상인 것이어야 한다.(KEC 234.3)

118 옥내에서 두 개 이상의 전선을 병렬로 사용하는 경우 동선은 각 전선의 굵기가 몇 [mm²] 이상이어야 하는가?

① 50[mm²] ② 70[mm²]
③ 95[mm²] ④ 150[mm²]

풀이 두 개 이상의 전선을 병렬로 사용하는 경우 병렬로 사용하는 각 전선의 굵기는 동선 50[mm²] 이상 또는 알루미늄 70[mm²] 이상으로 할 것 (KEC 123)

119 엘리베이터장치를 시설할 때 승강기 내에서 사용하는 전등 및 전기기계기구에 사용할 수 있는 최대전압은?

① 110[V] 이하
② 220[V] 이하
③ 400[V] 이하
④ 440[V] 이하

풀이 엘리베이터·덤웨이터 등의 승강로 내에 시설하는 저압 옥내배선의 사용전압은 400[V] 이하이다.(KEC 242.11)

120 공장 내 등에서 대지전압이 150[V]를 초과하고 300[V] 이하인 전로에 백열전등을 시설할 경우 다음 중 잘못된 것은?

① 백열전등은 사람이 접촉될 우려가 없도록 시설하였다.
② 백열전등은 옥내배선과 직접 접속을 하지 않고 시설하였다.
③ 백열전등의 소켓은 키 및 점멸기구가 없는 것을 사용하였다.
④ 백열전등 회로에는 규정에 따라 누전차단기를 설치하였다.

풀이 백열전등, 또는 방전등용 안정기는 저압의 옥내 배선과 직접 접속하여 시설할 것

답 118. ① 119. ③ 120. ②

04 전선 및 기계 기구의 보안 공사

1. 전선 및 전선로의 보안

1) 과전류 차단기

과전류차단기에는 배선용차단기, 퓨즈 등이 있으며, 단락, 과부하 등의 사고가 발생하였을 경우 이를 전로로부터 자동적으로 차단하는 역할을 한다.

(1) 저압전로의 퓨즈

표. 퓨즈(gG)의 용단특성

정격전류의 구분	시간	정격전류의 배수	
		불용단 전류	용단 전류
4[A] 이하	60분	1.5배	2.1배
4[A] 초과 16[A] 미만	60분	1.5배	1.9배
16[A] 이상 63[A] 이하	60분	1.25배	1.6배
63[A] 초과 160[A] 이하	120분	1.25배	1.6배
160[A] 초과 400[A] 이하	**180분**	1.25배	1.6배
400[A] 초과	240분	1.25배	1.6배

(2) 배선용 차단기

과전류차단기로 저압전로에 사용하는 배선차단기 중 일반인이 접촉할 우려가 있는 장소(세대내 분전반 및 이와 유사한 장소)에는 주택용 배선차단기를 시설하여야 하고, 주택용 배선차단기를 정방향(세로)으로 부착할 경우에는 차단기의 위쪽이 켜짐(on)으로, 차단기의 아래쪽은 꺼짐(off)으로 시설하여야 한다.

순시트립에 따른 구분(주택용 배선용 차단기)

형	순시트립범위
B	$3I_n$ 초과 ~ $5I_n$ 이하
C	$5I_n$ 초과 ~ $10I_n$ 이하
D	$10I_n$ 초과 ~ $20I_n$ 이하

비고 1. B, C, D: 순시트립전류에 따른 차단기 분류
　　 2. I_n : 차단기 정격전류

과전류트립 동작시간 및 특성(주택용 배선용 차단기)

정격전류의 구분	시간	정격전류의 배수 (모든 극에 통전)	
		부동작 전류	동작 전류
63[A] 이하	60분	1.13배	1.45배
63[A] 초과	120분	1.13배	1.45배

(3) 시설제한

접지공사의 접지선, 다선식 전로의 중성선 및 전로의 일부에 접지공사를 한 저압 가공전선로의 접지측 전선에는 과전류차단기를 시설하여서는 아니 된다.

2) 고압퓨즈

(1) 비포장 퓨즈 (open fuse)

① 실 퓨즈, 훅 퓨즈, 판형 퓨즈
② 비포장 퓨즈는 정격전류의 1.25배의 전류에 견디고 또한 2배의 전류로 2분 안에 용단되는 것이어야 한다.

(2) 포장 퓨즈(enclosed fuse)

① 통형 퓨즈, 플러그 퓨즈
② 포장 퓨즈(퓨즈 이외의 과전류 차단기와 조

합하여 하나의 과전류 차단기로 사용하는 것을 제외한다)는 정격전류의 1.3배의 전류에 견디고 또한 2배의 전류로 120분 안에 용단되는 것이어야 한다.

3) 누전 차단기

① 누전 차단기(ELB)는 지락 차단 장치의 하나로, 누전, 감전 등의 재해를 방지하기 위해 설치하며, 이상 발생시 이상을 감지하고 회로를 차단시키는 작용을 한다.
② 누전 차단기의 내부는 검출부, 영상 변류기, 차단부로 구성되어 있다.

◁ 2. 전로의 절연 및 절연 내력

1) 전로의 절연

전로는 전부 절연하여 사용하는 것이 원칙이나 다음의 경우는 절연을 하지 않아도 된다.

1. 저압전로에 접지공사를 하는 경우의 접지점
2. 계기용변성기의 2차측 전로에 접지 공사를 하는 경우의 접지점
3. 저압 가공 전선의 특고압 가공 전선과 동일 지지물에 시설되는 부분에 접지 공사를 하는 경우의 접지점
4. 중성점이 접지된 특고압 가공선로의 중성선에 다중 접지를 하는 경우의 접지점
5. 저압전로와 사용전압이 300[V] 이하의 저압 전로를 결합하는 변압기의 2차측 전로에 접지공사를 하는 경우의 접지점

(2) 저압 전로의 절연 저항

사용전압이 저압인 전로에서 정전이 어려운 경우 등 절연저항 측정이 곤란한 경우 저항성분의 누설전류를 1[mA] 이하로 유지하여야 한다.

전로의 사용전압	DC 시험전압	절연 저항값
SELV 및 PELV	250[V]	0.5[MΩ]
FELV, 500[V] 이하	500[V]	1.0[MΩ]
500[V] 초과	1,000[V]	1.0[MΩ]

2) 절연 내력 시험

① 절연 내력을 시험할 부분에 최대 사용 전압에 의하여 결정되는 시험 전압을 계속하여 10분간 가하여 견디어야 한다.
② 전선에 케이블을 사용하는 교류 전로는 결정된 시험 전압의 2배의 직류 전압을 가하여 견디어야 한다.

시험 방법	• 고압/특고압 전선로 : 전로와 대지 사이 • 회전기 : 권선과 대지 사이 • 변압기 : 권선과 다른 권선 사이, 권선과 다른 권선, 철심 또는 외함 사이 • 기구 : 충전 부분과 대지 사이

(1) 전선로의 절연내력

전로의 종류	접지 방식	시험전압 (최대사용 전압의 배수)	최저 시험 전압
1. 7[kV] 이하인 전로		1.5배	
2. 7[kV] 초과 25[kV] 이하	다중 접지	0.92배	
3. 7[kV] 초과 60[kV] 이하 (2란의 것 제외)		1.25배	10.5[kV]
4. 60[kV] 초과	비접지	1.25배	
5. 60[kV] 초과 (6란, 7란의 것 제외)	접지식	1.1배	75[kV]
6. 60[kV] 초과 (7란의 것 제외)	직접 접지	0.72배	
7. 170[kV] 초과(발전소 또는 변전소 혹은 이에 준하는 장소에 시설하는 것.)	직접 접지	0.64배	

(2) 회전기/정류기의 절연내력

종류		시험전압	시험 방법
회전기	발전기·전동기·조상기·기타 회전기	7[kV] 이하	1.5배 (최저 500[V])	권선과 대지 사이에 연속하여 10분간
		7[kV] 초과	1.25배 (최저 10,500[V])	
	회전 변류기		직류측의 최대 사용전압의 1배의 교류 전압(최저 500[V])	

(3) 변압기의 절연내력

권선의 종류 (최대사용전압)	접지 방식	시험전압 (최대사용전압의 배수)	최저 시험 전압
1. 7[kV] 이하		1.5배	500[V]
	다중 접지	0.92배	500[V]
2. 7[kV] 초과 25[kV] 이하	다중 접지	0.92배	
3. 7[kV] 초과 60[kV] 이하 (2란의 것 제외)		1.25배	10.5[kV]
4. 60[kV] 초과	비접지	1.25배	
5. 60[kV] 초과 (6란의 것 제외)	접지식	1.1배	75[kV]
6. 60[kV] 초과	직접 접지	0.72배	
7. 170[kV] 초과	직접 접지	0.64배	

◁ 3. 접지 시스템의 시설

(1) 목적

전기 기기 내에서 절연 파괴가 생기면, 기기의 금속제 외함은 충전되어 대지 전압을 가진다. 여기에 사람이 접촉하면 인체를 통하여 대지로 전류가 흘러 감전되므로 금속제 외함을 접지하여 대지 전압을 가지지 않도록 하기 위하여 접지를 시행한다.

(2) 접지시스템의 구분 및 종류

① 구분 : 계통접지, 보호접지, 피뢰시스템 접지 등

② 종류 : 단독접지, 공통접지, 통합접지

(3) 접지시스템 구성요소

① 접지시스템은 접지극, 접지도체, 보호도체 및 기타 설비로 구성한다.

② 접지극은 접지도체를 사용하여 주 접지단자에 연결하여야 한다.

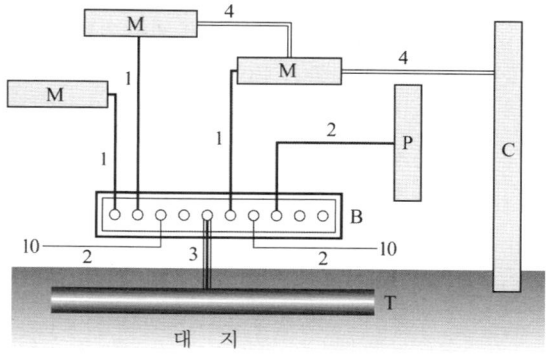

1 : 보호도체(PE), 2 : 보호 등전위 본딩용 도체
3 : 접지도체, 4 : 보조 보호 등전위 본딩용 도체
10 : 기타 기기(정보통신, 피뢰시스템)
B : 주 접지단자, M : 전기기기의 노출 도전부
C : 철골, 금속덕트 등 계통외 도전부
P : 수도관, 가스관 등 계통외 도전부, T : 접지극

(4) 접지극의 시설 및 접지저항

① 접지극의 매설은 다음에 의한다.

㉠ 가능한 다습한 부분에 설치

㉡ 접지극은 지하 0.75[m] 이상으로 하되 동결 깊이를 감안하여 매설한다. 접지극을 깊이 매설하면 접지극 주변의 지표면 전위 경도가 완화되므로 매설 깊이를 규정하였다.

㉢ 접지도체를 철주 기타의 금속체를 따라서 시설하는 경우에는 접지극을 철주의 밑면으로부터 0.3[m] 이상의 깊이에 매설하는 경우 이외에는 접지극을 지중에서 그 금속체로부터 1[m] 이상 떼어 매설한다.

이것은 접지극을 ⓒ에서와 같이 깊이 매설하여도 철주나 금속체 등에 가깝게 되면 접지극의 전위가 철주에 전해져서 철주 주변 지표면에 큰 전위 경도가 생기게 되므로, 이것을 방지하기 위한 규정이다.

ⓔ 접지도체는 지하 0.75[m]로부터 지표상 2[m]까지 부분은 합성수지관(두께 2[mm] 미만의 합성수지제 전선관 및 가연성 콤바인덕트관은 제외) 또는 이와 동등 이상의 절연 효력 및 강도를 가지는 몰드로 덮어야 한다. 이것은 접지선의 외상을 방지하고, 또 사람이 접촉했을 때 위험을 방지하기 위한 것이다.

ⓜ 접지도체는 절연 전선(옥외용 비닐 절연 전선은 제외) 또는 케이블(통신용 케이블은 제외)을 사용한다. 다만, 접지도체를 철주 기타의 금속체에 따라 시설하는 경우 이외의 경우에는 접지도체의 지표상 0.6[m]를 초과하는 부분에 대하여는 절연전선을 사용하지 않을 수 있다.

이 규정은 접지선으로 절연 효력이 있는 것을 사용하여 사람이 접촉했을 때 위험을 방지하기 위한 것이다.

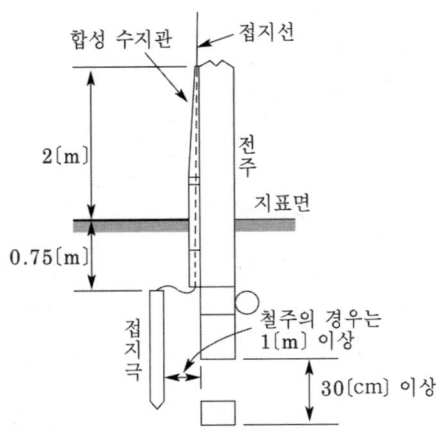

(5) 수도관 접지극

지중에 매설되어 있고 접지 저항값이 3[Ω] 이하의 금속제 수도관은 각종 접지 공사의 접지극으로 사용할 수 있다.

(6) 접지도체 · 보호도체

① 접지도체의 선정

ⓐ 접지도체의 최소 단면적
- 구리 : 6[mm²] 이상
- 철 : 50[mm²] 이상

ⓑ 접지도체에 피뢰시스템이 접속되는 경우
- 구리 : 16[mm²] 이상
- 철 : 50[mm²] 이상

② 접지도체의 굵기

ⓐ 특고압 · 고압 전기설비용 접지도체 : 6[mm²] 이상의 연동선

ⓑ 중성점 접지도체 : 16[mm²] 이상의 연동선(다만, 다음의 경우에는 6[mm²] 이상의 연동선
- 7[kV] 이하의 전로
- 사용전압이 25[kV] 이하인 특고압 가공전선로(다만, 중성선 다중접지식의 것으로서 전로에 지락이 생겼을 때 2초 이내에 자동적으로 이를 전로로부터 차단하는 장치가 되어 있는 것.)

(7) 보호도체

보호도체에는 어떠한 개폐장치를 연결해서는 안 된다.

① 보호도체의 단면적

선도체의 단면적 S ([mm²], 구리)	보호도체의 최소 단면적 ([mm²], 구리)	
	보호도체의 재질	
	선도체와 같은 경우	선도체와 다른 경우
$S \leq 16$	S	$(k_1/k_2) \times S$
$16 < S \leq 35$	$16^{(a)}$	$(k_1/k_2) \times 16$
$S > 35$	$S^{(a)}/2$	$(k_1/k_2) \times (S/2)$

여기서, k_1 : 선도체에 대한 k값
k_2 : 보호도체에 대한 k값
a : PEN 도체의 최소단면적은 중성선과 동일하게 적용한다.

② 보호도체의 종류

  ㉠ 보호도체는 다음 중 하나 또는 복수로 구성하여야 한다.

    ㉮ 다심케이블의 도체

    ㉯ 충전도체와 같은 트렁킹에 수납된 절연도체 또는 나도체

    ㉰ 고정된 절연도체 또는 나도체

    ㉱ 금속케이블 외장, 케이블 차폐, 케이블 외장, 전선묶음(편조전선), 동심도체, 금속관

  ㉡ 다음과 같은 금속부분은 보호도체 또는 보호본딩도체로 사용해서는 안 된다.

    ㉮ 금속 수도관

    ㉯ 가스·액체·분말과 같은 잠재적인 인화성 물질을 포함하는 금속관

    ㉰ 상시 기계적 응력을 받는 지지 구조물 일부

    ㉱ 가요성 금속배관

    ㉲ 가요성 금속전선관

    ㉳ 지지선, 케이블트레이 및 이와 비슷한 것

(8) 변압기 중성점 접지

적용	접지 저항값
변압기 중성점	$\dfrac{150}{1선\ 지락전류}[\Omega]$ 이하 • 자동차단 설비가 1초 이내 동작하면 $600/I[\Omega]$ • 자동차단설비가 1초 초과 2초 이내 동작하면 $300/I[\Omega]$

(9) 보호등전위본딩 도체의 단면적

① 보호등전위본딩

  ㉠ 건축물·구조물의 외부에서 내부로 들어오는 각종 금속제 배관은 등전위본딩을 하여야 한다.

  ㉡ 수도관·가스관의 경우 내부로 인입된 최초의 밸브 후단에서 등전위본딩을 하여야 한다.

  ㉢ 건축물·구조물의 철근, 철골 등 금속보강재는 등전위본딩을 하여야 한다.

② 등전위본딩 도체의 단면적

  주접지단자에 접속하기 위한 등전위본딩 도체는 설비 내에 있는 가장 큰 보호접지도체 단면적의 1/2 이상의 단면적을 가져야 하고 다음의 단면적 이상이어야 한다.

  • 구리 : $6[\text{mm}^2]$ 이상

  • 알루미늄 : $16[\text{mm}^2]$ 이상

  • 강철 : $50[\text{mm}^2]$ 이상

◁ 4. 피뢰기의 시설

피뢰기는 전력 설비의 기기를 이상 전압(뇌서지 및 개폐서지)으로부터 보호하는 장치이며, 고압 및 특고압의 전로 중 다음의 경우에는 피뢰기를 설치하여야 한다.

① 발전소·변전소 또는 이에 준하는 장소의 가공 전선 인입구 및 인출구

② 특고압 가공전선로에 접속하는 배전용 변압기의 고압측 및 특고압측

③ 고압 및 특고압 가공전선로로부터 공급받는 수용 장소의 인입구

④ 가공 전선로와 지중전선로가 접속되는 곳

고압 및 특고압의 전로에 시설하는 피뢰기에는 접지공사를 하여야 한다.

01 과전류차단기로 저압전로에 사용하는 15[A] 퓨즈를 수평으로 붙인 경우 이 퓨즈는 정격전류의 몇 배의 전류에 견딜 수 있어야 하는가?

① 1.5   ② 1.6

③ 1.9   ④ 2

풀이 보호장치의 특성 (KEC 212.3.4)

1. 과전류 보호장치는 KS C 또는 KS C IEC 관련 표준(배선차단기, 누전차단기, 퓨즈 등의 표준)의 동작특성에 적합하여야 한다.
2. 과전류차단기로 저압전로에 사용하는 범용의 퓨즈는 표에 적합한 것이어야 한다.

표. 퓨즈(gG)의 용단특성

정격전류의 구분	시간	정격전류의 배수	
		불용단 전류	용단 전류
4[A] 이하	60분	1.5배	2.1배
4[A] 초과 16[A] 미만	60분	**1.5배**	1.9배
16[A] 이상 63[A] 이하	60분	1.25배	1.6배
63[A] 초과 160[A] 이하	120분	1.25배	1.6배
160[A] 초과 400[A] 이하	180분	1.25배	1.6배
400[A] 초과	240분	1.25배	1.6배

02 과전류 차단기로 저압전로에서 사용하는 30[A] 이하의 주택용 배선차단기는 정격 전류의 1.45배의 전류가 흐를 때 몇 분 이내에 자동적으로 동작하여야 하는가?

① 10분 이내   ② 30분 이내

③ 60분 이내   ④ 120분 이내

풀이 보호장치의 특성 (KEC 212.3.4)

정격전류의 구분	시간	정격전류의 수 (모든 극에 통전)	
		부동작 전류	동작 전류
63[A] 이하	**60분**	1.13배	**1.45배**
63[A] 초과	120분	1.13배	1.45배

03 과전류차단기로서 저압전로에 사용되는 주택용 배선차단기에 있어서 정격전류가 30[A]인 회로에 43.5[A]의 전류가 흘렀을 때 몇 분 이내에 자동적으로 동작하여야 하는가?

① 10분 이내   ② 30분 이내

③ 60분 이내   ④ 120분 이내

풀이 정격전류 1.45배의 전류가 흘렀으므로 정격전류가 63[A] 이하인 경우 60분 이내에 차단기가 자동적으로 동작하여야 한다.

04 한 분전반에 사용전압이 각각 다른 분기회로가 있을 때 분기회로를 쉽게 식별하기 위한 방법으로 가장 적합한 것은?

① 차단기별로 분리해 놓는다.

② 차단기나 차단기 가까운 곳에 각각 전압을 표시하는 명판을 붙여 놓는다.

③ 왼쪽은 고압측, 오른쪽은 저압측으로 분류해 놓고 전압을 표시 하지 않는다.

④ 분전반을 철거하고 다른 분전반을 새로 설치한다.

05 다음 중 과전류 차단기를 설치해야 되는 곳은?

① 접지공사의 접지선

② 인입선

③ 다선식 전로의 중성선

④ 저압가공전선로의 접지측 전선

풀이 접지공사의 접지선, 다선식 전로의 중성선 및 전로의 일부에 접지공사를 한 저압 가공전선로의 접지측 전선에는 과전류차단기를 시설하여서는 아니 된다.

답 1. ① 2. ③ 3. ③ 4. ② 5. ②

06 과전류 차단기를 꼭 설치해야 하는 곳은?

① 접지공사의 접지선
② 저압 옥내 간선의 전원측 전로
③ 다선식 전로의 중성선
④ 전로의 일부에 접지 공사를 한 저압 가공 전로의 접지측 전선

풀이 과전류 차단기의 설치 제외 장소
① 접지공사의 접지선
② 다선식 전로의 중성선
③ 접지공사를 한 저압 가공 전선의 접지측 전선

07 다음 중 과전류 차단기를 설치하는 곳은?

① 간선의 전원측 전선
② 접지공사의 접지선
③ 다선식 전로의 중성선
④ 접지공사를 한 저압 가공 전선로의 접지측 전선

풀이 접지공사의 접지선, 다선식 전로의 중성선 및 전로의 일부에 접지공사를 한 저압 가공전선로의 접지측 전선에는 과전류차단기를 시설하여서는 아니 된다.

08 다음 중 차단기를 시설해야 하는 곳으로 가장 적당한 것은?

① 고압에서 저압으로 변성하는 2차측의 저압측 전선
② 전로의 일부에 접지 공사를 한 저압 가공 전선로의 접지측 전선
③ 다선식 전로의 중성선
④ 접지공사의 접지선

풀이 접지공사의 접지선, 다선식 전로의 중성선 및 전로의 일부에 접지공사를 한 저압 가공전선로의 접지측 전선에는 과전류차단기를 시설하여서는 아니 된다.

09 일반적으로 과전류 차단기를 설치하여야 할 곳은?

① 접지공사의 접지선
② 다선식 전로의 중성선
③ 송배전선의 보호용, 인입선 등 분기선을 보호하는 곳
④ 저압 가공 전로의 접지측 전선

풀이 과전류 차단기의 설치 제외 장소
① 접지공사의 접지선
② 다선식 전로의 중성선
③ 접지공사를 한 저압 가공 전선의 접지측 전선

10 저압개폐기를 생략하여도 무방한 개소는?

① 부하 전류를 끊거나 흐르게 할 필요가 있는 개소
② 인입구 기타 고장, 점검, 측정 수리 등에서 개로할 필요가 있는 개소
③ 퓨즈의 전원 측으로 분기회로용 과전류 차단기 이후 퓨즈가 플러그 퓨즈와 같이 퓨즈 교환 시에 충전부에 접촉될 우려가 없을 경우
④ 퓨즈에 근접하여 설치한 개폐기인 경우의 퓨즈 전원측

풀이 저압개폐기를 필요로 하는 개소(내선규정 1465-1)

11 저압으로 수전하는 경우 수용가설비의 전압강하는 조명에서 표준전압의 몇 [%] 이하로 하는 것을 원칙으로 하는가?

① 3   ② 5
③ 6   ④ 8

풀이 수용가 설비에서의 전압강하(KEC 232.3.9)

설비의 유형	조명[%]	기타[%]
저압으로 수전하는 경우	3	5
고압 이상으로 수전하는 경우	6	8

12 간선에서 분기하여 분기 과전류차단기를 거쳐서 부하에 이르는 사이의 배선을 무엇이라 하는가?

① 간선 ② 인입선
③ 중성선 ④ 분기회로

풀이 분기회로 : 간선에서 분기하여 분기 과전류차단기를 거쳐서 부하에 이르는 사이의 배선

13 저압 옥내 간선으로부터 분기하는 곳에 설치하여야 하는 것은?

① 지락 차단기
② 과전류 차단기
③ 누전 차단기
④ 과전압 차단기

풀이 과부하 보호장치의 설치 위치(KEC 212.4.2)
과부하 보호장치는 분기점(전로 중 도체의 단면적, 특성, 설치방법, 구성의 변경으로 도체의 허용전류값이 줄어드는 곳)에 설치해야 한다.

14 저압 옥내간선에서 분기하여 전기사용 기계기구에 이르는 저압 옥내전로는 분기점에서 전선의 길이가 몇 [m] 이하인 곳에 개폐기 및 과전류차단기를 시설하여야 하는가? 단, 단락의 위험과 화재 및 인체에 대한 위험성이 최소화 되도록 시설된 경우이다.

① 3 ② 5
③ 8 ④ 12

풀이 과부하 보호장치의 설치 위치(KEC 212.4.2)
과부하 보호장치는 분기점에 설치해야 하나, 단락의 위험과 화재 및 인체에 대한 위험성이 최소화 되도록 시설된 경우에는 분기회로의 분기점으로부터 3[m]까지 이동하여 설치할 수 있다

15 전로 이외를 흐르는 전류로서 전로의 절연체 내부 및 표면과 공간을 통하여 선간 또는 대지 사이를 흐르는 전류를 무엇이라 하는가?

① 지락전류 ② 누설전류
③ 정격전류 ④ 영상전류

풀이 절연물의 내부 또는 표면을 통해서 흐르는 미소 전류를 누설전류라 한다.

16 사용전압 415[V]의 3상 3선식 전선로의 1선과 대지 간에 필요한 절연 저항값의 최솟값은? (단, 최대공급전류는 500[A]이다.)

① 2560[Ω] ② 1660[Ω]
③ 3210[Ω] ④ 4512[Ω]

풀이 허용 누설 전류 $I_g = \dfrac{1}{2000} \times 500 = 0.25[A]$

따라서 절연 저항 $= \dfrac{V}{I_g} = \dfrac{415}{0.25} = 1660[Ω]$

17 최대사용전압이 70[kV]인 중성점 직접접지식 전로의 절연내력 시험전압은 몇 [V]인가?

① 35000[V] ② 42000[V]
③ 44800[V] ④ 50400[V]

풀이 60[kV] 초과 중성점 직접 접지식의 시험전압은 0.72배이므로
∴ 절연내력 시험 전압 $= 70000 \times 0.72$
$= 50400[V]$

18 접지를 하는 목적이 아닌 것은?

① 이상 전압의 발생
② 전로의 대지전압의 저하
③ 보호 계전기의 동작 확보
④ 감전의 방지

풀이 접지의 목적 : 뇌, 아크 지락, 기타에 의한 이상전압 의 경감 및 억제

19 다음 중 전로의 중성점 접지의 목적으로 알맞 지 않은 것은?

① 감전의 방지
② 전로의 대지 전압 상승
③ 보호계전기의 동작확보
④ 이상 전압의 억제

풀이 전로의 중성점의 접지(KEC 322.5)
전로의 보호장치의 확실한 동작의 확보, 이상 전압 의 억제 및 **대지전압의 저하**를 위하여 특히 필요한 경우에 전로의 중성점에 접지공사를 한다.

20 접지의 목적과 거리가 먼 것은?

① 감전의 방지
② 전로의 대지 전압의 상승
③ 보호 계전기의 동작 확보
④ 이상 전압의 억제

풀이 접지의 목적 : 이상전압의 발생 억제, 보호계전기 의 동작확보, 감전방지, 안정도 향상

21 전동기에 접지공사를 하는 주된 이유는?

① 보안상
② 미관상
③ 감전사고 방지
④ 안전 운행

풀이 절연 파괴가 생긴 전기기기에 사람이 접촉하면 인 체를 통하여 대지로 전류가 흘러 감전되므로 금속 제 외함에 접지를 시행하도록 한다.

22 변압기 중성점 접지공사의 저항값을 결정하 는 가장 큰 원인은?

① 변압기의 용량
② 고압 가공 전선로의 전선 연장
③ 변압기 1차측에 넣는 퓨즈 용량
④ 변압기 고압 또는 특고압측 전로의 1선 지락 전류의 암페어 수

풀이 변압기 중성점 접지 (KEC 142.5)
변압기의 고압측 또는 특고압측의 전로의 1선 지락 전류의 암페어 수로 150을 나눈 값과 같은 [Ω]수를 변압기 중성점 접지공사의 접지 저항값으로 선정한 다.

23 접지 전극과 대지 사이의 저항은?

① 고유저항
② 대지전극저항
③ 접지저항
④ 접촉저항

풀이 접지저항이란 접지극과 땅(대지)과의 사이에 발생 하는 전기저항이다.

24 접지공사를 다음과 같이 시행 하였다.
잘못된 접지공사는?

① 접지극은 동봉을 사용하였다.
② 접지극은 75[cm] 이상 깊이에 매설하였 다.
③ 접지도체는 지표, 지하 모두에 옥외용 비 닐절연전선을 사용하였다.
④ 접지도체는 지하 0.75[m]부터 지표 상 2[m]까지 부분은 합성수지관으로 덮었 다.

풀이 접지극의 시설 및 접지저항 (KEC 142.2)
접지도체는 절연 전선(**옥외용 비닐 절연 전선은 제 외**) 또는 케이블(통신용 케이블은 제외)을 사용한 다. 다만, 접지도체를 철주 기타의 금속체에 따라 시설하는 경우 이외의 경우에는 접지도체의 지표상

0.6[m]를 초과하는 부분에 대하여는 절연전선을
사용하지 않을 수 있다.

25 접지저항 저감 대책이 아닌 것은?

① 접지봉의 연결개수를 증가시킨다.
② 접지판의 면적을 감소시킨다.
③ 접지극을 깊게 매설한다.
④ 토양의 고유저항을 화학적으로 저감시킨
다.

풀이 접지판의 면적이 클수록 접지저항이 저감된다.

**26 지중에 매설되어있는 금속제 수도관로는 접
지공사의 접지극으로 사용할 수 있다. 이때
수도관로는 대지와의 전기 저항치가 얼마 이
하이어야 하는가?**

① 1[Ω]   ② 2[Ω]
③ 3[Ω]   ④ 4[Ω]

풀이 접지극의 시설 및 접지저항 (KEC 142.2)
지중에 매설되고 대지 사이의 전기 저항값이 3[Ω]
이하인 값을 유지하고 있는 금속제 수도 관로는 접
지 공사의 접지극으로 사용할 수 있다.

**27 지중에 매설되어 있는 금속제 수도관로는 대
지와의 전기 저항 값이 얼마 이하로 유지되어
야 접지극으로 사용할 수 있는가?**

① 1[Ω]   ② 3[Ω]
③ 4[Ω]   ④ 5[Ω]

풀이 접지극의 시설 및 접지저항 (KEC 142.2)
지중에 매설되고 대지 사이의 전기 저항값이 3[Ω]
이하인 값을 유지하고 있는 금속제 수도 관로는 접
지 공사의 접지극으로 사용할 수 있다.

**28 돌침부에서 이온 또는 펄스를 발생 시켜 뇌운
의 전하와 작용하여 멀리 있는 뇌운의 방전을
유도하여 보호 범위를 넓게 하는 방식은?**

① 돌침 방식
② 용마루 위 도체 방식
③ 이온 방사형 피뢰방식
④ 게이지 방식

**29 고압 또는 특고압 가공전선로에서 공급을 받
는 수용장소의 인입구 또는 이와 근접한 곳에
시설해야 하는 것은?**

① 계기용 변성기   ② 과전류 계전기
③ 접지 계전기   ④ 피뢰기

풀이 고압 및 특고압 가공 전선로에서 공급받는 수용 장
소의 인입구에는 피뢰기를 설치하여야 한다.

**30 전자 개폐기에 부착하여 전동기의 소손 방지
를 위하여 사용되는 것은?**

① 퓨즈
② 열동 계전기
③ 배선용 차단기
④ 수은 계전기

풀이 열동계전기는 전자개폐기에 붙어있어 과부하가 되
면 전자 개폐기를 차단한다.

**31 전동기 과부하 보호장치에 해당되지 않는 것
은?**

① 전동기용 퓨즈
② 열동계전기
③ 전동기보호용 배선용차단기
④ 전동기 기동장치

답 25. ② 26. ③ 27. ② 28. ③ 29. ④ 30. ② 31. ④

풀이 전동기 기동장치는 전동기를 안전하게 시동하기 위한 장치이다.

32 접지사고 발생 시 다른 선로의 전압은 상전압 이상으로 되지 않으며, 이상전압의 위험도 없고 선로나 변압기의 절연 레벨을 저감시킬 수 있는 접지방식은?
① 저항 접지
② 비접지
③ 직접 접지
④ 소호 리액터 접지

풀이 직접 접지방식의 장점
① 1선 지락 시에 건전상의 대지 전압이 거의 상승하지 않는다.
② 단절연이 가능하다.
③ 계전기의 동작이 확실해진다.

05 가공 인입선 및 배전선 공사

< 1. 가공 인입선 공사

가공전선로의 지지물로부터 다른 지지물을 거치지 아니하고 수용장소의 붙임점에 이르는 가공전선을 말한다.

(1) 저압 가공 인입선
① 전선의 굵기 : 전선이 케이블인 경우 이외에는 인장강도 2.30[kN] 이상의 것 또는 지름 2.6[mm] 이상의 인입용 비닐절연전선일 것. 다만, 경간이 15[m] 이하인 경우는 인장강도 1.25[kN] 이상의 것 또는 지름 2[mm] 이상의 인입용 비닐절연전선일 것.
② 전선 : 절연 전선, 다심형 전선, 케이블일 것
③ 전선이 옥외용 비닐 절연 전선인 경우에는 사람이 접촉할 우려가 없도록 시설한다.
④ 전선의 높이

시설 장소	높이
일반 도로를 횡단하는 경우	노면상 5[m] 이상
교통에 지장이 없는 도로 횡단의 경우	노면상 3[m] 이상
철도, 궤도를 횡단하는 경우	레일면상 6.5[m] 이상
횡단 보도교 위에 가설하는 경우	노면상 3[m] 이상
위 이외의 일반 장소	지표상 4[m] 이상
위 이외의 일반 장소 중 기술상 부득이하고 교통에 지장이 없는 경우	지표상 2.5[m] 이상

(2) 연접 인입선
한 수용 장소의 인입선에서 분기하여 지지물을 거치지 아니하고 다른 수용 장소의 인입구에 이르는 부분의 전선
① 인입선에서 분기하는 점으로부터 100[m]를 넘지 않는 지역이어야 한다.
② 폭 5[m]를 초과하는 도로를 횡단하지 말 것
③ 옥내를 통과하지 아니할 것

(3) 고압 가공 인입선
① 전선은 8.01[kN] 이상의 또는 5[mm] 이상 경동선의 고압절연 전선, 특고압 절연전선 또는 인하용 절연전선을 애자사용배선에 의하여 시설하거나 케이블로 시설해야 한다.
② 지표상 최저 높이 : 3.5[m]
(전선이 케이블이 아닌 경우에는 전선의 아래쪽에 위험표시를 하여야 한다.)
③ 고압 연접 인입선은 시설해서는 안 된다.

< 2. 배전 선로용 재료와 기구

(1) 지지물
① 종류 : 목주, 철주, 철근콘크리트주, 철탑
② 철근콘크리트주는 목주에 비해 무거워 운반이나 건주에 힘이 들지만 겉모양이 좋고 수명이 반영구적이므로 많이 사용한다.

(2) 완금
① 지지물에 전선을 고정시키기 위하여 사용하는 금구
② 암 타이(arm tie) : 완금이 상하로 움직이는 것을 방지

③ 암 타이 밴드(arm tie band) : 암 타이를 고정

④ 지선 밴드(stay band) : 전주에 지선을 붙일 때 사용

(3) 애자

① 애자는 전선을 지지하고 전선과 지지물간의 절연간격을 유지하기 위해 사용한다.

② 애자의 사용목적에 따라 핀 애자, 인류 애자, 내장 애자 등으로 분류한다.

    ㉠ 핀 애자 : 직선 선로에 사용

    ㉡ 현수애자 : 인류 및 내장 개소에 사용

    ㉢ 라인포스트 애자 : 연가용 철탑 등에서 점퍼선 지지

    ㉣ 인류 애자 : 인류 개소 및 배전선로의 중성선

    ㉤ 고압 가지 애자 : 전선을 다른 방향으로 돌리는 부분에 사용

    ㉥ 저압 곡핀 애자 : 인입선에 사용

    ㉦ 지선 애자 : 지선의 중간에 사용

◁ 3. 전선로 일반

(1) 가공전선로 지지물의 철탑오름 및 전주오름 방지

가공전선로의 지지물에 취급자가 오르고 내리는 데 사용하는 발판 볼트 등을 지표상 1.8[m] 미만에 시설하여서는 아니 된다.

(2) 가공전선로 지지물의 기초의 안전율

가공전선로의 지지물에 하중이 가하여지는 경우에 그 하중을 받는 지지물의 기초의 안전율은 2(이상 시 상정하중에 대한 철탑의 기초에 대하여는 1.33) 이상이어야 한다. 다만, 다음에 따라 시설하는 경우에는 적용하지 않는다.

설계 하중 전장	6.8[kN] 이하	6.8[kN] 초과 ~9.8[kN] 이하	9.8[kN] 초과 ~14.72[kN] 이하
15[m] 이하	전장 ×1/6[m] 이상	전장 × 1/6 +0.3[m] 이상	전장 × 1/6 +0.5[m] 이상
15[m] 초과	2.5[m] 이상	2.5[m] +0.3[m] 이상	–
16[m] 초과 ~20[m] 이하	2.8[m] 이상	–	–
15[m] 초과 ~18[m] 이하	–	–	3[m] 이상
18[m] 초과	–	–	3.2[m] 이상

(3) 지선의 시설

① 지선의 안전율은 2.5 이상일 것. 이 경우에 허용 인장하중의 최저는 4.31[kN]으로 한다.

② 지선에 연선을 사용할 경우에는 다음에 의할 것.

    ㉠ 소선 3가닥 이상의 연선일 것.

    ㉡ 소선의 지름이 2.6[mm] 이상의 금속선을 사용한 것일 것. 다만, 소선의 지름이 2[mm] 이상인 아연도강연선으로서 소선의 인장강도가 0.68[kN/mm²] 이상인 것을 사용하는 경우에는 적용하지 않는다.

01 일반적으로 가공전선로의 지지물에 취급자가 오르고 내리는 데 사용하는 발판 볼트 등은 지표상 몇 [m] 미만에 시설하여서는 아니 되는가?

① 0.75[m]   ② 1.2[m]

③ 1.8[m]   ④ 2.0[m]

풀이 가공전선로 지지물의 철탑오름 및 전주오름 방지가 공전선로의 지지물에 취급자가 오르고 내리는 데 사용하는 **발판 볼트 등을 지표상 1.8[m] 미만에 시설하여서는 아니 된다**(KEC 331.4).

02 가공전선의 지지물에 승탑 또는 승강용으로 사용하는 발판 볼트 등은 지표상 몇 [m] 미만에 시설하여서는 안되는가?

① 1.2[m]   ② 1.5[m]

③ 1.6[m]   ④ 1.8[m]

풀이 가공전선로 지지물의 철탑오름 및 전주오름 방지가 공전선로의 지지물에 취급자가 오르고 내리는 데 사용하는 **발판 볼트 등을 지표상 1.8[m] 미만에 시설하여서는 아니 된다**(KEC 331.4).

03 배전선로 기기설치 공사에서 전주에 승주 시 발판 못 볼트는 지상 몇 [m] 지점에서 180° 방향에 몇 [m] 씩 양쪽으로 설치하여야 하는가?

① 1.5[m], 0.3[m]

② 1.5[m], 0.45[m]

③ 1.8[m], 0.3[m]

④ 1.8[m], 0.45[m]

풀이 전주에 승주 시 발판 볼트는 지표상 1.8[m] 미만에 시설하여서는 안되고, 간격은 45[cm] 씩 양쪽으로 설치하여야 한다.

04 저압 가공전선로의 지지물이 목주인 경우 풍압하중의 몇 배에 견디는 강도를 가져야 하는가?

① 2.5   ② 2.0

③ 1.5   ④ 1.2

풀이 저압 가공전선로의 지지물은 **목주인 경우에는 풍압하중의 1.2배의 하중**, 기타의 경우에는 풍압하중에 견디는 강도를 가지는 것이어야 한다. (KEC 222.8)

05 철근콘크리트주가 원형의 것인 경우 갑종 풍압하중[Pa]은? (단, 수직 투영면적 1[m²]에 대한 풍압 임)

① 588[Pa]   ② 882[Pa]

③ 1039[Pa]   ④ 1412[Pa]

풀이 풍압하중의 종별과 적용 (KEC 331.6)

철근	원형의 것	**588[Pa]**
콘크리트주	기타의 것	882[Pa]

06 가공 전선로의 지지물에 하중이 가하여지는 경우에 그 하중을 받는 지지물의 기초 안전율은 일반적으로 얼마 이상이어야 하는가?

① 1.5   ② 2.0

③ 2.5   ④ 4.0

풀이 가공전선로의 지지물에 하중이 가하여지는 경우에 그 하중을 받는 **지지물의 기초의 안전율은 2**(이상 시 상정하중에 대한 철탑의 기초에 대하여는 1.33) 이상이어야 한다(KEC 331.7).

07 설계하중 6.8[kN] 이하인 철근 콘크리트 전주의 길이가 7[m]인 지지물을 건주하는 경우 땅에 묻히는 깊이로 가장 옳은 것은?

① 1.2[m] ② 1.0[m]
③ 0.8[m] ④ 0.6[m]

풀이 가공전선로 지지물의 기초의 안전율 (KEC 331.7)
철근 콘크리트주로서 전체 길이가 15[m] 이하이고, 또한 설계 하중이 6.8[kN] 이하인 경우에는 땅에 묻히는 깊이를 전체 길이의 $\frac{1}{6}$ 이상으로 해야 한다.

∴ 깊이 $= 7 \times \frac{1}{6} = 1.17$[m] 이상 $= 1.2$[m]

08 철근 콘크리트주의 길이가 14[m]이고, 설계 하중이 9.8[kN] 이하일 때, 땅에 묻히는 표준 깊이는 몇 [m]이어야 하는가?

① 2[m] ② 2.3[m]
③ 2.5[m] ④ 2.7[m]

풀이 가공전선로 지지물의 기초의 안전율 (KEC 331.7)
철근 콘크리트주로서 그 전체의 길이가 14[m] 이상 20[m] 이하이고, 설계 하중이 6.8[kN] 초과 9.8[kN] 이하의 것을 논이나 그 밖의 지반이 연약한 곳 이외에 시설하는 경우 그 묻히는 깊이는
㉠ 전체의 길이가 15[m] 이하인 경우는 땅에 묻히는 깊이를 전체 길이의 6분의 1 에 30[cm]를 가산한 값 이상으로 할 것
㉡ 전체의 길이가 15[m]를 초과하는 경우는 땅에 묻히는 깊이를 2.8[m] 이상으로 할 것

따라서 $14 \times \frac{1}{6} + 0.3 = 2.63$[m] 이상이어야 한다.

09 전주의 길이가 15[m] 이하인 경우 땅에 묻히는 깊이는 전장의 얼마 이상인가?

① 1/8 이상 ② 1/6 이상
③ 1/4 이상 ④ 1/3 이상

풀이 가공전선로 지지물의 기초의 안전율 (KEC 331.7)

설계 하중 전장	6.8[kN] 이하	6.8[kN] 초과 ~ 9.8[kN] 이하
15[m] 이하	전장 × 1/6[m] 이상	전장 × 1/6 + 0.3[m] 이상

10 전주의 길이가 15[m] 이하인 경우 땅에 묻히는 깊이는 전주 길이의 얼마 이상으로 하여야 하는가?

① 1/2 ② 1/3
③ 1/5 ④ 1/6

풀이 가공전선로 지지물의 기초의 안전율 (KEC 331.7)

설계 하중 전장	6.8[kN] 이하	6.8[kN] 초과 ~ 9.8[kN] 이하
15[m] 이하	전장 × 1/6[m] 이상	전장 × 1/6 + 0.3[m] 이상

11 A종 철근 콘크리트주의 전장이 15[m]인 경우에 땅에 묻히는 깊이는 최소 몇 [m] 이상으로 해야 하는가? (단, 설계하중은 6.8[kN] 이하이다.)

① 2.5 ② 3.0
③ 3.5 ④ 4.0

풀이 가공전선로 지지물의 기초의 안전율(KEC 331.7)
A종 철근 콘크리트주의 전장이 15[m], 설계 하중이 6.8[kN] 이하인 경우는 땅에 묻히는 깊이를 전체 길이의 1/6 이상으로 해야 한다.

따라서 깊이 $= 15 \times \frac{1}{6} = 2.5$[m]

12 전주의 길이가 16[m]인 지지물을 건주하는 경우에 땅에 묻히는 최소 깊이는 몇 [m]인가? (단, 설계하중이 6.8[kN] 이하이다.)

① 1.5 ② 2
③ 2.5 ④ 3

풀이 가공전선로 지지물의 기초의 안전율 (KEC 331.7)

설계 하중 전장	6.8[kN] 이하	6.8[kN] 초과 ~ 9.8[kN] 이하
15[m] 이하	전장 × 1/6[m] 이상	전장 × 1/6 + 0.3[m] 이상
15[m] 초과	2.5[m] 이상	2.8[m] 이상
16[m] 초과~ 20[m] 이하	2.8[m] 이상	–

13 전주의 길이별 땅에 묻히는 표준깊이에 관한 사항이다. 전주의 길이가 16[m]이고, 설계하중이 6.8[kN] 이하의 철근 콘크리트주를 시설할 때 땅에 묻히는 표준 깊이는 최소 얼마 이상이어야 하는가?

① 1.2[m] 　　② 1.4[m]
③ 2.0[m] 　　④ 2.5[m]

풀이 가공전선로 지지물의 기초의 안전율(KEC 331.7)

설계 하중 전장	6.8[kN] 이하	6.8[kN] 초과 ~ 9.8[kN] 이하
15[m] 이하	전장 × 1/6[m] 이상	전장 × 1/6 + 0.3[m] 이상
15[m] 초과	2.5[m] 이상	2.8[m] 이상
16[m] 초과~ 20[m] 이하	2.8[m] 이상	–

14 가공전선물의 지지물에 시설하는 지선의 시설에서 맞지 않은 것은?

① 지선의 안전율은 2.5 이상일 것
② 지선의 안전율이 2.5 이상일 경우에 허용 인장하중의 최저는 4.31[kN]으로 할 것
③ 소선의 지름이 1.6[mm] 이상의 동선을 사용한 것일 것
④ 지선에 연선을 사용할 경우에는 소선 3가닥 이상의 연선일 것

풀이 지선은 안전율 2.5 이상, 1가닥 허용 인장 하중 4.31 [kN] 이상이고, 2.6[mm] 이상의 금속선은 3조 이상 꼬아서 만든다. (KEC 331.11)

15 가공 전선로의 지지물에 시설하는 지선의 안전율은 얼마 이상이어야 하는가?

① 3.5 　　② 3.0
③ 2.5 　　④ 1.0

풀이 지선은 안전율 2.5 이상 1가닥 허용 인장 하중 4.31[kN] 이상이고, 2.6[mm] 이상의 금속선은 3조 이상 꼬아서 만든다. (KEC 331.11)

16 가공 전선로의 지지물에 시설하는 지선에 연선을 사용할 경우 소선수는 몇 가닥 이상이어야 하는가?

① 3가닥 　　② 5가닥
③ 7가닥 　　④ 9가닥

풀이 지선에 연선을 사용할 경우 소선 3가닥 이상의 연선일 것(KEC 331.11).

17 가공 전선로의 지지물을 지선으로 보강하여서는 안 되는 것은?

① 목주
② A종 철근콘크리트주
③ B종 철근콘크리트주
④ 철탑

풀이 가공전선로의 지지물로 사용하는 철탑은 지선을 사용하여 그 강도를 분담시켜서는 아니 된다. (KEC 331.11)

18 고압 가공전선로의 지지물 중 지선을 사용해서는 안되는 것은?

① 목주   ② 철탑

③ A종 철주   ④ A종 철근콘크리트주

풀이 가공전선로의 지지물로 사용하는 철탑은 지선을 사용하여 그 강도를 분담시켜서는 아니 된다. (KEC 331.11)

19 비교적 장력이 적고 다른 종류의 지선을 시설할 수 없는 경우에 적용하며 지선용 근가를 지지물 근원 가까이 매설하여 시설하는 지선은?

① Y지선   ② 궁지선

③ 공동지선   ④ 수평지선

풀이 궁지선 : 비교적 장력이 적고 다른 종류의 지선을 시설할 수 없는 경우에 적용하며 지선용 근가를 지지물 근원 가까이 매설하여 시설하는 지선

20 지선을 사용 목적에 따라 형태별로 분류한 것으로, 비교적 장력이 적고 다른 종류의 지선을 시설할 수 없는 경우에 적용하며, 지선용 근가를 지지물 근원 가까이 매설하여 시설하는 것은?

① 수평지선   ② 공통지선

③ 궁지선   ④ Y지선

풀이 궁지선 : 비교적 장력이 작고 다른 종류의 지선을 시설할 수 없는 경우에 시설한다.

21 다단의 크로스암이 설치되고 또한 장력이 클 때 H주일 대 보통 2단 지선으로 부설하는 지선은?

① 보통지선   ② 공동지선

③ 궁지선   ④ Y지선

22 토지의 상황이나 기타 사유로 인하여 보통지선을 시설할 수 없을 때 전주와 전주간 또는 전주와 지주간에 시설할 수 있는 지선은?

① 보통지선   ② 수평지선

③ Y지선   ④ 궁지선

풀이 수평지선 : 토지의 상황이나 기타 사유로 인하여 보통 지선을 시설할 수 없는 경우 시설

23 논이나 기타 지반이 약한 곳에 건주 공사 시 전주의 넘어짐을 방지하기 위해 시설하는 것은?

① 완금   ② 근가

③ 완목   ④ 행거밴드

풀이 지지물(전주)을 땅에 세울 때에 논이나 그 밖의 지반이 연약한 곳에서는 특히 견고한 근가(根架)를 시설하여야 한다.

24 지선의 시설에서 가공 전선로의 직선부분이란 수평각도 몇 도 까지인가?

① 2   ② 3

③ 5   ④ 6

풀이 지선의 시설에서 전선로의 직선 부분은 5도 이하의 수평각도를 이루는 곳을 포함한다. (KEC 331.11)

25 가공전선로의 지지물에 시설하는 지선은 지표상 몇 [cm]까지의 부분에 내식성이 있는 것 또는 아연도금을 한 철봉을 사용하여야 하는가?

① 15[cm]   ② 20[cm]

③ 30[cm]   ④ 50[cm]

풀이 지중부분 및 지표상 30[cm]까지의 부분에는 내식성이 있는 것 또는 아연도금을 한 철봉을 사용하고 쉽게 부식되지 아니하는 근가에 견고하게 붙일 것. (KEC 331.11)

답 18. ② 19. ② 20. ③ 21. ④ 22. ② 23. ② 24. ③ 25. ③

26 도로를 횡단하여 시설하는 지선의 높이는 지 표 상 몇 [m] 이상이어야 하는가?

① 5[m] ② 6[m]
③ 8[m] ④ 10[m]

풀이 도로를 횡단하여 시설하는 지선의 높이는 지표상 5[m] 이상으로 하여야 한다(KEC 331.11).

27 가공전선에 케이블을 사용하는 경우에는 케 이블은 조가용선에 행거를 사용하여 조가 한 다. 사용전압이 고압일 경우 그 행거의 간격 은?

① 50[cm] 이하 ② 50[cm] 이상
③ 75[cm] 이하 ④ 75[cm] 이상

풀이 케이블은 조가용선에 행거로 시설할 것. 이 경우에 는 사용전압이 고압인 때에는 그 행거의 간격을 50[cm] 이하로 시설하여야 한다(KEC 332.2).

28 저압 가공전선과 고압 가공전선을 동일 지지물 에 시설하는 경우 상호 이격거리는 몇 [cm] 이상이어야 하는가?

① 20[cm] ② 30[cm]
③ 40[cm] ④ 50[cm]

풀이 저압 가공 전선과 고압 가공 전선을 동일 지지물에 시설하는 경우 이격 거리는 50[cm] 이상으로 한다. 단, 고압 가공 전선이 케이블인 경우는 30[cm] 이 상 이격하면 된다(KEC 332.21).

29 사용전압이 35[kV] 이하인 특고압 가공전선 과 220[V] 가공전선을 병가할 때, 가공선로 간의 이격거리는 몇 [m] 이상이어야 하는가?

① 0.5 ② 0.75
③ 1.2 ④ 1.5

풀이 특고압 가공전선과 저고압 가공전선의 병행설치 (KEC 333.17)

	35[kV] 이하	35[kV] 초과 100[kV] 미만
이격 거리	1.2[m] 이상	2[m] 이상

30 고압 가공전선로의 지지물로 철탑을 사용하 는 경우 경간은 몇 [m] 이하이어야 하는가?

① 150[m] ② 300[m]
③ 500[m] ④ 600[m]

풀이

지지물의 종류	표준 경간	저·고압 보안공사	1종 특고압 보안공사	2, 3종 특고압 보안공사
철 탑	600	400	400	400

31 고압 보안공사 시 고압 가공전선로의 경간은 철탑의 경우 얼마 이하이어야 하는가?

① 100[m] ② 150[m]
③ 400[m] ④ 600[m]

풀이 저·고압 보안공사 시 철탑의 경간은 400[m] 이하 일 것

32 저압 인입선의 접속점 선정으로 잘못된 것 은?

① 인입선이 옥상을 가급적 통과하지 않도 록 시설할 것
② 인입선은 약전류 전선로와 가까이 시설 할 것
③ 인입선은 장력에 충분히 견딜 것
④ 가공배전선로에서 최단거리로 인입선이 시설될 수 있을 것

풀이 인입선은 타 전선로 또는 약전류 전선로와 충분히 이격할 것

33 OW 전선을 사용하는 저압 구내 가공인입전선으로 전선의 길이가 15[m]를 초과하는 경우 그 전선의 지름은 몇 [mm] 이상을 사용하여야 하는가?

① 1.6　　　　② 2.0
③ 2.6　　　　④ 3.2

풀이 전선이 케이블인 경우 이외에는 인장강도 2.30 [kN] 이상의 것 또는 지름 2.6[mm] 이상의 인입용 비닐절연전선일 것. 다만, 경간이 15[m] 이하인 경우는 인장강도 1.25[kN] 이상의 것 또는 지름 2[mm] 이상의 인입용 비닐절연전선일 것. (KEC 221.1.1)

34 저압 구내 가공인입선으로 DV전선 사용 시 전선의 길이가 15[m] 이하인 경우 사용할 수 있는 최소 굵기는 몇 [mm] 이상인가?

① 1.5　　　　② 2.0
③ 2.6　　　　④ 4.0

풀이 경간이 15[m] 이하인 경우는 인장강도 1.25[kN] 이상의 것 또는 지름 2[mm] 이상의 인입용 비닐절연전선일 것. (KEC 221.1.1)

35 저압 인입선 공사 시 저압 가공인입선이 철도 또는 궤도를 횡단하는 경우 레일면상에서 몇 [m] 이상 시설하여야 하는가?

① 3　　　　② 4
③ 5.5　　　　④ 6.5

풀이 저압 인입선의 시설 (KEC 221.1.1)
① 도로 횡단의 경우 : 노면상 5[m] 이상
② 철도 또는 궤도를 횡단의 경우 : 레일면상 6.5[m] 이상
③ 횡단보도교 위에 시설하는 경우 : 노면상 3[m] 이상
④ "①", "②", 및 "③" 이외의 경우에는 지표상 4[m] 이상

36 전선로의 종류가 아닌 것은?

① 옥측 전선로　　② 지중 전선로
③ 가공 전선로　　④ 선간 전선로

풀이 전선로의 종류는 다음과 같다.
가공전선로, 지중전선로, 옥상전선로, 옥측전선로, 수상전선로, 물밑전선로, 터널안전선로

37 도로를 횡단하여 시설하는 지선의 높이는 지표상 몇 [m] 이상이어야 하는가?

① 5[m]　　　　② 6[m]
③ 8[m]　　　　④ 10[m]

풀이 도로를 횡단하여 시설하는 지선의 높이는 지표상 5[m] 이상으로 하여야 한다. 다만, 기술상 부득이한 경우로서 교통에 지장을 초래할 우려가 없는 경우에는 지표상 4.5[m] 이상으로 할 수 있다. (KEC 331.11)

38 일반적으로 저압 가공 인입선이 도로를 횡단하는 경우 노면상 설치 높이는 몇 [m] 이상이어야 하는가?

① 3[m]　　　　② 4[m]
③ 5[m]　　　　④ 6.5[m]

풀이 도로를 횡단하여 시설하는 지선의 높이는 지표상 5[m] 이상으로 하여야 한다(KEC 331.11).

39 480[V] 가공인입선이 철도를 횡단할 때 레일면상의 최저 높이는 몇 [m]인가?

① 4[m]　　　　② 4.5[m]
③ 5.5[m]　　　　④ 6.5[m]

풀이 저압 및 고압 가공 전선의 높이는 철도 횡단의 경우 레일면상 6.5[m] 이상이어야 한다(KEC 222.7).

40 저압 가공인입선이 횡단보도교 위에 시설되는 경우 노면 상 몇 [m] 이상의 높이에 설치되어야 하는가?

① 3 　　　　② 4
③ 5 　　　　④ 6

풀이 저압 가공인입선을 횡단보도교 위에 시설하는 경우
: 노면 상 3[m] 이상의 높이에 설치(KEC 221.1.1)

41 가공 인입선 중 수용장소의 인입선에서 분기하여 다른 수용장소의 인입구에 이르는 전선을 무엇이라 하는가?

① 소주인입선 　　② 연접인입선
③ 본주인입선 　　④ 인입간선

풀이 연접인입선 : 가공 인입선 중 수용장소의 인입선에서 분기하여 다른 수용장소의 인입구에 이르는 전선

42 가공전선로의 지지물에서 다른 지지물을 거치지 아니하고 수용장소의 인입선 접속점에 이르는 가공 전선을 무엇이라 하는가?

① 옥외 전선 　　② 연접 인입선
③ 가공 인입선 　　④ 관등회로

43 하나의 수용장소의 인입선 접속점에서 분기하여 지지물을 거치지 아니하고 다른 수용장소의 인입선 접속점에 이르는 전선은?

① 가공 인입선 　　② 구내 인입선
③ 연접 인입선 　　④ 옥측배선

풀이 연접 인입선 : 한 수용 장소의 인입선에서 분기하여 지지물을 거치지 아니하고 다른 수용 장소의 인입구에 이르는 부분의 전선

44 연접인입선 시설 제한규정에 대한 설명으로 잘못된 것은?

① 분기하는 점에서 100[m]를 넘지 않아야 한다.
② 폭 5[m]를 넘는 도로를 횡단하지 않아야 한다.
③ 옥내를 통과해서는 안된다.
④ 분기하는 점에서 고압의 경우에는 200[m]를 넘지 않아야 한다.

풀이 인입선에서 분기하는 점으로부터 100[m]를 넘지 않는 지역이어야 한다.(KEC 221.1.2)

45 저압 연접인입선의 시설 방법으로 틀린 것은?

① 인입선에서 분기되는 점에서 150[m]를 넘지 않도록 할 것
② 일반적으로 인입선 접속점에서 인입구장치까지의 배선은 중도에 접속점을 두지 않도록 할 것
③ 폭 5[m]를 넘는 도로를 횡단하지 않도록 할 것
④ 옥내를 통과하지 않도록 할 것

풀이 저압 연접 인입선의 시설은 인입선에서 분기하는 점으로부터 100[m]를 넘지 않도록 할 것.
(KEC 221.1.2)

46 저압 연접 인입선은 인입선에서 분기 하는 점으로부터 몇 [m]를 넘지 않은 지역에 시설하고 폭 몇 [m]를 넘는 도로를 횡단하지 않아야 하는가?

① 50[m], 4[m]
② 100[m], 5[m]
③ 150[m], 6[m]
④ 200[m], 8[m]

답 40. ① 41. ② 42. ③ 43. ③ 44. ④ 45. ① 46. ②

풀이 저압 연접 인입선은 인입선에서 분기하는 점으로부터 100[m]를 넘지 않는 지역이어야 하며, 폭 5[m]를 초과하는 도로를 횡단하지 말 것(KEC 221.1.2)

47 저압 연접 인입선의 시설과 관련된 설명으로 틀린 것은?

① 옥내를 통과하지 아니할 것
② 전선의 굵기는 1.5[mm²] 이하일 것
③ 폭 5[m]를 넘는 도로를 횡단하지 아니할 것
④ 인입선에서 분기하는 점으로부터 100[m]를 넘는 지역에 미치지 아니할 것

풀이 인장강도 2.30[kN] 이상의 것 또는 지름 2.6[mm] 이상의 인입용 비닐절연전선일 것.(KEC 221.1.2)

48 저압 연접 인입선 시설에 제한 사항이 아닌 것은?

① 인입선의 분기점에서 100[m]를 초과하는 지역에 미치지 아니할 것
② 폭 5[m]를 넘는 도로를 횡단하지 말 것
③ 다른 수용가의 옥내를 관통하지 말 것
④ 지름 2.0[mm] 이하의 경동선을 사용하지 말 것

풀이 인장강도 2.30[kN] 이상의 것 또는 지름 2.6[mm] 이상의 인입용 비닐절연전선일 것.(KEC 221.1.2)

49 고압 가공 전선이 일반적인 도로 횡단 시 설치 높이는?

① 3[m] 이상
② 3.5[m] 이상
③ 5[m] 이상
④ 6[m] 이상

풀이 저·고압 가공 전선의 도로 횡단 시 높이는 6[m] 이상이어야 한다. (KEC 332.5)

50 저압 가공전선 또는 고압 가공전선이 도로를 횡단하는 경우 전선의 지표상 최소 높이는?

① 2[m]
② 3[m]
③ 5[m]
④ 6[m]

풀이 저압 및 고압 가공 전선이 도로를 횡단하는 경우 : 지표상 6[m] 이상 (KEC 222.7, 332.5)

51 저·고압 가공전선이 도로를 횡단하는 경우 지표상 몇 [m] 이상으로 시설하여야 하는가?

① 4[m]
② 6[m]
③ 8[m]
④ 10[m]

풀이 저고압 가공 전선의 도로 횡단시 높이는 6[m] 이상이어야 한다. (KEC 222.7, 332.5)

52 사용전압 15[kV] 이하의 특고압 가공전선로의 중성선의 접지선을 중성선으로부터 분리하였을 경우 1[km]마다의 중성선과 대지 사이의 합성 전기저항 값은 몇 [Ω] 이하로 하여야 하는가?

① 30
② 100
③ 150
④ 300

풀이 25[kV] 이하인 특고압 가공전선로의 시설 (KEC 333.32)

사용 전압	1[km] 마다의 합성 전기 저항치
15[kV] 이하	30[Ω]
15[kV] 초과 25[kV] 이하	15[Ω]

53 교류 단상 3선식 배선선로를 잘못 표현한 것은?

① 두 종류의 전압을 얻을 수 있다.
② 중성선에는 퓨즈를 사용하지 않고 동선으로 연결 한다.
③ 개폐기는 동시에 개폐하는 것으로 한다.
④ 변압기 부하측 중성선에는 접지공사를 하지 않았다.

풀이 단상 3선식 배전선로의 변압기 2차측 중성선에는 접지공사를 하여야 한다.

54 저압옥외조명시설에서 전기를 공급하는 가공 전선 또는 지중 전선에서 분기하여 전등 또는 개폐기에 이르는 배선에 사용하는 절연전선의 단면적은 몇 [mm²] 이상이어야 하는가?

① 2.0[mm²] ② 2.5[mm²]
③ 6[mm²]   ④ 16[mm²]

풀이 조명용 전주에 따라서 시설하는 배선
전선은 단면적 2.5[mm²] 이상의 절연전선(애자사용배선의 경우는 DV전선을 제외)을 사용할 것.

55 가공 전선로의 지지물이 아닌 것은?

① 목주   ② 지선
③ 철근 콘크리트주 ④ 철탑

풀이 가공 전선로의 지지물 : 철탑, 철주, 철근 콘크리트주, 목주

56 가공배전선로 시설에는 전선을 지지하고 각종 기기를 설치하기 위한 지지물이 필요하다. 이 지지물 중 가장 많이 사용되는 것은?

① 철주   ② 철탑
③ 강관 전주   ④ 철근콘크리트주

풀이 철근콘크리트주는 무거워서 운반이나 건주에 힘이 들지만 겉모양이 좋고 수명이 반영구적이므로 많이 사용된다.

57 다음 철탑의 사용목적에 의한 분류에서 서로 인접하는 경간의 길이가 크게 달라 지나친 불평형 장력이 가해지는 경우 등에는 어떤 형의 철탑을 사용하여야 하는가?

① 직선형   ② 각도형
③ 인류형   ④ 내장형

풀이 1. 직선형 : 전선로의 직선부분(3도 이하인 수평각도를 이루는 곳을 포함한다. 이하 이 조에서 같다)에 사용하는 것. 다만, 내장형 및 보강형에 속하는 것을 제외한다.
2. 각도형 : 전선로중 3도를 초과하는 수평각도를 이루는 곳에 사용하는 것
3. 인류형 : 전 가섭선을 인류하는 곳에 사용하는 것
4. 내장형 : 전선로의 지지물 양쪽의 경간의 차가 큰 곳에 사용하는 것
5. 보강형 : 전선로의 직선부분에 그 보강을 위하여 사용하는 것

58 고압 가공 전선로의 전선의 조수가 3조일 때 완금의 길이는?

① 1200[m]   ② 1400[m]
③ 1800[m]   ④ 2400[m]

풀이 가공 전선로의 장주에 사용되는 완금의 표준 길이

전선의 개수	특고압	고압	저압
3	2400	1800	1400

59 철근 콘크리트주에 완금을 고정 시키려면 어떤 밴드를 사용하는가?

① 암 밴드   ② 지선 밴드
③ 래크 밴드   ④ 행거 밴드

답 53. ④ 54. ② 55. ② 56. ④ 57. ④ 58. ③ 59. ①

풀이 완금이 상하로 움직이는 것을 방지하기 위하여 암타이(arm tie)를 사용하며, 암 타이를 고정시키려면 암 타이 밴드(arm tie band)가 필요하다.

60 특고압(22.9 kV-Y) 가공전선로의 완금 접지 시 접지선은 어느 곳에 연결하여야 하는가?

① 변압기   ② 전주
③ 지선   ④ 중성선

풀이 22.9[kV-Y] 가공전선로의 완금 접지 시 접지선은 중성선에 연결하여야 한다.

61 인류하는 곳이나 분기하는 곳에 사용하는 애자는?

① 구형애자   ② 가지애자
③ 새클 애자   ④ 현수애자

풀이
• 고압 가지 애자 : 전선을 다른 방향으로 돌리는 부분에 사용
• 곡핀 애자 : 인입선에 사용
• 구형 애자 : 지선 중간에 넣는 것

62 전선로의 직선부분을 지지하는 애자는?

① 핀애자   ② 지지애자
③ 가지애자   ④ 구형애자

풀이 핀애자 : 전선로의 직선 부분의 전선 지지물로 사용하는 애자

63 지선 중간에 넣는 애자의 종류는?

① 저압 핀 애자   ② 구형 애자
③ 인류 애자   ④ 내장 애자

풀이
• 저압 핀 애자 : 선로의 직선주에 사용
• 구형 애자 : 지선 중간에 넣는 것
• 인류 애자 : 선로의 말단에 인류하는 곳에 사용

• 내장 애자 : 내장 개소에 사용되는 애자로 전선 방향의 장력을 지지한다.

64 가공전선로의 지선에 사용되는 애자는?

① 놉 애자   ② 인류 애자
③ 현수 애자   ④ 구형 애자

풀이
• 놉 애자 : 옥내 배선에 사용
• 인류 애자 : 가공 배전선로 또는 인입선에 사용
• 현수 애자 : 송전선에 가장 많이 사용

65 주로 저압 가공전선로 또는 인입선에 사용되는 애자로서 주로 앵글베이스 스트랩과 스트랩볼트 인류바인드선(비닐절연 바인드선)과 함께 사용하는 애자는?

① 고압 핀 애자
② 저압 인류 애자
③ 저압 핀 애자
④ 라인포스트 애자

66 저압 전로의 접지측 전선을 식별하는데 애자의 빛깔에 의하여 표시하는 경우 어떤 빛깔의 애자를 접지측으로 하여야 하는가?

① 백색   ② 청색
③ 갈색   ④ 황갈색

풀이 애자의 빛깔에 의하여 식별하는 경우는 청색표지를 한 애자를 접지측으로 사용할 것.

67 주상변압기 설치시 사용하는 것은?

① 완금밴드   ② 행거밴드
③ 지선밴드   ④ 암타이밴드

풀이 변압기를 장주하는 것에는 행거밴드를 사용한다.

답 60. ④   61. ④   62. ①   63. ②   64. ④   65. ②   66. ②   67. ②

68 주상 변압기를 철근 콘크리트주에 설치할 때 사용되는 것은?

① 행거   ② 암 밴드
③ 암타이 밴드   ④ 행거 밴드

풀이 주상변압기는 행거밴드를 사용하여 전주에 설치한다.

69 다음 중 충전되어 있는 활선을 움직이거나 작업권 밖으로 밀어낼 때 또는 활선을 다른 장소로 옮길 때 사용하는 절연봉은?

① 애자커버   ② 전선커버
③ 와이어통   ④ 금속피박기

70 절연 전선으로 가선된 배전 선로에서 활선 상태인 경우 전선의 피복을 벗기는 것은 매우 곤란한 작업이다. 이런 경우 활선 상태에서 전선의 피복을 벗기는 공구는?

① 전선 피박기
② 애자커버
③ 와이어 통
④ 데드엔드 커버

풀이 전선 피박기 : 활선 상태에서 전선의 피복을 벗기는 공구

71 다음 중 인류 또는 내장주의 선로에서 활선공법을 할 때 작업자가 현수애자 등에 접촉되어 생기는 안전사고를 예방하기 위해 사용하는 것은?

① 활선 커버
② 가스 개폐기
③ 데드엔트 커버
④ 프로텍터 차단기

72 주상 작업을 할 때 안전 허리띠용 로프는 허리 부분보다 위로 약 몇 [°] 정도 높게 걸어야 가장 안전한가?

① 5~10°   ② 10~15°
③ 15~20°   ④ 20~30°

답 68. ④ 69. ③ 70. ① 71. ③ 72. ②

< 1. 가공 인입선 공사

(1) 단로기(DS : Disconnecting Switch)

기기의 점검, 수리를 할 때 기기를 활선으로부터 떼어 내어 확실하게 회로를 열어 놓을 목적으로 사용된다.

(2) 차단기(CB : Circuit Breaker)

① 통상적 부하전류를 개폐하여 전동기 등의 부하기기나 전력계통을 임의로 운전 또는 정지

② 차단기 용량은 다음과 같이 선정한다.

차단기 용량 $= \sqrt{3} \times$ 정격전압 $\times$ 정격차단전류[MVA]

여기서, 정격전압은 공칭전압의 $\dfrac{1.2}{1.1}$ 배의 값으로 표시한다.

③ 소호매질에 따른 종류

약호	명 칭	소호 매질
ABB	공기차단기	압축공기
GCB	가스차단기	SF_6(육불화유황)
OCB	유입차단기	절연유
MBB	자기차단기	전자력
VCB	진공차단기	진 공

(3) 부하개폐기(LBS : Load Breaking Switch)

정상상태에서 소정의 전로를 개폐 및 통전, 그 전로의 단락상태에 있어서 이상전류를 소정의 시간 통전할 수 있는 성능을 갖는 개폐기

(4) 변압기(Transformer, Tr)

변압기는 수변전설비의 주체를 형성하는 기기이며, 그 신뢰성은 전체의 신뢰도를 결정한다.

(5) 계기용 변성기(Metering Out Fit : MOF)

전력량계로서 고저압 전기회로의 전기 사용량을 적산하기 위하여 고압의 전압과 전류를 저압의 전압과 전류로 변성하는 장치이다(CT와 PT를 한 탱크 내에 수용한 것이다).

계기용 변성기의 등급

등급	호 칭	주된 용도
0.1급	표 준 용	계기용 변성기 시험용 표준기
0.2급		정밀 계측용
0.5급	일반계기용	정밀 계측용
1.0급		보통 계측용, 배전반용
3.0급		배전반용

(6) 계기용 변압기(Potential Transformer : PT)

① 고압회로의 전압을 저압으로 변성하기 위해서 사용하는 것

② 배전반의 전압계나 전력계, 주파수계, 역률계, 표시등 및 부족전압 트립코일의 전원으로 사용된다.

③ 2차 정격전압은 110[V]이다.

(7) 변류기(Current Transformer : CT)

① 고압회로의 대전류를 소전류로 변성하기 위해서 사용

② 배전반의 전류계 및 트립코일(TC)의 전원으로 사용

③ 2차 정격전류는 5[A]이다.

(8) 전력용 콘덴서(SC : Static Condenser)

역률개선을 목적으로 사용하며 부하와 병렬로 접속한다. 일명 병렬콘덴서라 불린다.

① 콘덴서 용량의 크기를 구하는 공식

$$Q = P(\tan\theta_1 - \tan\theta_2)[\text{kVA}]$$

② 방전코일(Discharging Coil : DC 또는 DSC)
- ㉠ 콘덴서를 회로로부터 분리했을 때 전하가 잔류함으로 일어나는 위험의 방지와 재투입할 때 콘덴서에 걸리는 과전압의 방지를 위해서 설치
- ㉡ 방전코일은 개로 후 5초 이내 50[V] 이하로 저하시킬 능력이 있는 것을 설치

③ 직렬리액터(Series Reactor : SR)
- ㉠ 파형을 개선(제5고조파 제거)하기 위해서 전력용 콘덴서와 직렬로 리액터를 설치
- ㉡ 직렬 리액터의 용량은 콘덴서의 용량에 5~6[%]가 표준정격으로 되어 있다(계산상은 4[%]).

(9) 피뢰기 (LA : Lighting Arrester)

고압가공 전선로에 의하여 수전하는 자가용 변전실의 입구에 설치 낙뢰나 혼촉사고 등에 의하여 이상전압이 발생하였을 때 선로와 기기를 보호한다.

① 피뢰기의 정격전압 : 피뢰기의 정격전압이란 속류를 차단하는 교류 최고전압
② 피뢰기의 제한전압 : 피뢰기동작 중 피뢰기 단자의 최고전압
③ 구조 : 피뢰기는 일반적으로 속류를 제한하는 특성요소(element)와 속류를 차단하는 직렬갭(series gap) 및 성능을 유지하기 위한 기밀구조의 애관(insulator)으로 구성되어 있다.

(10) 영상변류기

(Zero phase Current Transformer : ZCT)

영상변류기는 고압모선이나 부하기기에 지락사고가 생겼을 때 흐르는 영상전류(지락전류)를 검출하여 접지 계전기에 의하여 차단기를 동작시켜 사고범위를 작게 한다.

⟨ 2. 변압기 용량 산정

(1) 수용률

$$수용률 = \frac{최대\ 수요\ 전력[\text{kW}]}{부하\ 설비\ 합계[\text{kW}]} \times 100[\%]$$

(2) 부등률

$$부등률 = \frac{각\ 부하의\ 최대\ 수요\ 전력의\ 합계[\text{kW}]}{합성\ 최대\ 전력[\text{kW}]}$$

① 수전 설비 용량 산정에 사용한다.
② 부등률은 항상 1보다 크다.
③ 부등률이 클수록 설비의 이용률이 크므로 유리하다.

(3) 부하율

$$부하율 = \frac{평균\ 수요\ 전력[\text{kW}]}{최대\ 수요\ 전력[\text{kW}]} \times 100[\%]$$

(4) 변압기 용량

변압기 용량 [kVA] ≥ 합성 최대 전력

$$= \frac{각\ 부하의\ 최대\ 수요\ 전력의\ 합계}{부등률}$$

$$= \frac{설비\ 용량\ [\text{kVA}] \times 수용률}{부등률}$$

⟨ 3. 분전반 및 배전반

(1) 분전반 및 배전반의 설치장소

① 전기회로를 쉽게 조작할 수 있는 장소
② 노출된 장소
③ 개폐기를 쉽게 개폐할 수 있는 장소
④ 안정된 장소

(1) 옥내 분전반의 설치

① 각 층마다 하나 이상을 설치하나, 회로수가 6 이하인 경우 2개 층을 담당할 수 있다.
② 분전반에서 최종 부하까지의 거리는 30[m] 이내로 하는 것이 좋다.

01 변전소의 역할로 볼 수 없는 것은?

① 전압의 변성
② 전력 생산
③ 전력의 집중과 배분
④ 전력계통보호

풀이 전력을 생산하는 것은 발전소에서 담당한다.

02 변전소의 전력기기를 시험하기 위하여 회로를 분리하거나 또는 계통의 접속을 바꾸거나 하는 경우에 사용되는 것은?

① 나이프 스위치
② 차단기
③ 퓨즈
④ 단로기

풀이 단로기는 모선의 구분, 변압기의 결선변경 또는 회로의 접속변경 등의 목적으로 사용되는 개폐기로 정격전압으로 단순히 충전되어 있는 무부하상태의 전로를 개폐하기 위한 것이다.

03 배전설계를 위한 전등 및 소형 전기기계 기구의 부하용량 산정 시 건축물의 종류에 대응한 표준부하에서 원칙적으로 표준부하를 20[VA/m²]으로 적용하여야 하는 건축물은?

① 교회, 극장
② 학교, 음식점
③ 은행, 상점
④ 아파트, 이용원

풀이 표준 부하를 20[VA/m²]으로 적용하여야 하는 건축물 : 기숙사, 여관, 호텔, 병원, 학교, 음식점, 다방, 대중 목욕탕

04 건축물의 종류에서 표준부하를 20[VA/m²]으로 하여야 하는 건축물은 다음 중 어느 것인가?

① 교회, 극장
② 학교, 음식점
③ 은행, 상점
④ 아파트, 이용원

풀이 표준부하밀도

건축물의 종류	표준 부하 [VA/m²]
공장, 공회당, 사원, 교회, 극장, 영화관, 연회장 등	10
기숙사, 여관, 호텔, 병원, 학교, 음식점, 다방, 대중 목욕탕	20
사무실, 은행, 상점, 이발소, 미장원	30
주택, 아파트	40

05 주택, 아파트에서 사용하는 표준부하[VA/m²]는?

① 10
② 20
③ 30
④ 40

풀이 표준부하밀도

건축물의 종류	표준 부하 [VA/m²]
공장, 공회당, 사원, 교회, 극장, 영화관, 연회장 등	10
기숙사, 여관, 호텔, 병원, 학교, 음식점, 다방, 대중 목욕탕	20
사무실, 은행, 상점, 이발소, 미장원	30
주택, 아파트	40

06 저층 주택(승강기가 없는 경우)의 호수가 4인 경우 간선의 수용률은 얼마인가?

① 100[%]
② 89[%]
③ 76[%]
④ 64[%]

풀이 저층 주택(승강기가 없는 경우)의 호수가 2 또는 4인 경우 종합 수용률은 100[%]이다.

07 특고압 수전설비의 결선기호와 명칭으로 잘못된 것은?

① CB–차단기　　② DS–단로기
③ LA–피뢰기　　④ LF–전력퓨즈

풀이 PF–전력퓨즈

08 인입 개폐기가 아닌 것은?

① ASS　　　　② LBS
③ LS　　　　④ UPS

풀이 UPS(Uninterruptible Power Supply)는 무정전 전원 공급 장치이다.

09 배전선로 보호를 위하여 설치하는 보호 장치는?

① 기중 차단기
② 진공 차단기
③ 자동 재폐로 차단기
④ 누전 차단기

풀이 • 선로 보호차단기 : 자동 재폐로 차단기
• 수용가 보호 : 기중 차단기, 진공 차단기, 누전 차단기

10 수·변전 설비에서 전력퓨즈의 용단 시 결상을 방지하는 목적으로 사용하는 것은?

① 자동 고장 구분 개폐기
② 선로 개폐기
③ 부하 개폐기
④ 기중 부하 개폐기

풀이 부하개폐기(LBS)는 수변전설비의 인입구 개폐기로 많이 사용되며 전력퓨즈의 용단 시 결상을 방지한다.

11 수·변전 설비의 인입구 개폐기로 많이 사용되고 있으며, 전력 퓨즈의 용단시 결상을 방지하는 목적으로 사용되는 것은?

① 부하 개폐기
② 선로 개폐기
③ 자동 고장 구분 개폐기
④ 기중 부하 개폐기

풀이 부하개폐기 : LBS(Load Breaker Switch)
수변전설비의 인입구 개폐기로 많이 사용되며 전력 퓨즈의 용단시 결상을 방지한다.

12 교류 차단기에 포함되지 않는 것은?

① GCB　　　　② HSCB
③ VCB　　　　④ ABB

풀이 HSCB은 직류 고속도 차단기로 사고전류 검출 기능과 차단기능을 동시에 갖는다.

13 자연 공기 내에서 개방할 때 접촉자가 떨어지면서 자연소호되는 방식을 가진 차단기로 저압의 교류 또는 직류 차단기로 많이 사용되는 것은?

① 유입차단기　　② 자기차단기
③ 가스차단기　　④ 기중차단기

14 변전소에 사용되는 주요 기기로서 ABB는 무엇을 의미하는가?

① 유입차단기　　② 자기차단기
③ 공기차단기　　④ 진공차단기

답 7. ④　8. ④　9. ③　10. ③　11. ①　12. ②　13. ④　14. ③

풀이
- ACB : 기중 차단기(저압용)
- ABB : 공기 차단기
- MBB : 자기 차단기
- OCB : 유입 차단기
- GCB : 가스 차단기
- VCB : 진공차단기

풀이 SF_6 가스의 특징
1) 물리적, 화학적 성질
   ① 열 전달성이 뛰어나다(공기의 약 1.6배)
   ② 화학적으로 불활성이므로 매우 안정된 gas 이다.
   ③ 무색, 무취, 무해, 불연성의 gas이다.
   ④ 열적 안정성이 뛰어나다 (용매가 없는 상태 에서는 약 500[℃]까지 분해되지 않는다.).
2) 전기적 성질
   ① 절연 내력이 높다(평등 전계 중에서는 1기압 에서 공기의 2.5배~3.5배, 3기압에서는 기 름과 같은 level의 절연 내력을 갖고 있음).
   ② 소호 성능이 뛰어나다.
   ③ arc가 안정되어 있다.
   ④ 절연 회복이 빠르다.

15 수변전 설비에서 차단기의 종류 중 가스 차단 기에 들어가는 가스의 종류는?
① CO_2 ② LPG
③ SF_6 ④ LNG

풀이 가스 차단기(GCB)의 소호매질은 SF_6 가스이다.

16 가스 절연 개폐기나 가스 차단기에 사용되는 가스인 SF_6의 성질이 아닌 것은?
① 같은 압력에서 공기의 2.5~3.5배의 절 연 내력이 있다.
② 무색, 무취, 무해, 가스이다.
③ 가스 압력 3~4[kgf/cm^2]에서는 절연내 력은 절연유 이상이다.
④ 소호능력은 공기보다 2.5배 정도 낮다.

풀이 SF_6 가스의 소호능력은 공기의 100~200배 정도 로 높다.

18 500[kW]의 설비용량을 갖춘 공장에서 정격 전압 3상 24[kV], 역률 80[%]일 때의 차단기 정격 전류는 약 몇 [A]인가?
① 8[A]   ② 15[A]
③ 25[A]   ④ 30[A]

풀이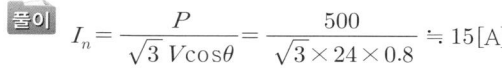
$$I_n = \frac{P}{\sqrt{3}\,V cos\theta} = \frac{500}{\sqrt{3}\times 24\times 0.8} \fallingdotseq 15[A]$$

19 차단기 ELB의 용어는?
① 유입 차단기   ② 진공 차단기
③ 배전용 차단기   ④ 누전 차단기

풀이
- 유입 차단기 : OCB
- 진공 차단기 : VCB
- 배전용 차단기 : MCCB
- 누전 차단기 : ELB

17 가스 절연 개폐기나 가스 차단기에 사용되는 가스인 SF$_6$의 성질이 아닌 것은?
① 연소하지 않는 성질이다.
② 색깔, 독성, 냄새가 없다.
③ 절연유의 1/140로 가볍지만 공기보다 5 배 무겁다.
④ 공기의 25배 정도로 절연내력이 낮다.

20 배선용 차단기의 심벌은?
① B   ② E
③ BE   ④ S

E : 누전 차단기

BE : 과전류 소자 붙이 누전 차단기

S : 개폐기

21 다음 중 교류 차단기의 단선도 심벌은?

풀이 ③번은 유입 개폐기의 심벌이다.

22 주상 변압기의 1차측 보호 장치로 사용하는 것은?

① 컷아웃 스위치　② 유입 개폐기
③ 캐치홀더　　　④ 리클로저

풀이 주상 변압기 1차측 보호를 위하여 컷 아웃 스위치(C·O·S)를 2차측(저압측) 보호는 캐치 홀더를 설치한다.

23 배전용 기구인 COS(컷아웃스위치)의 용도로 알맞은 것은?

① 배전용 변압기의 1차측에 시설하여 변압기의 단락 보호용으로 쓰인다.
② 배전용 변압기의 2차측에 시설하여 변압기의 단락 보호용으로 쓰인다.
③ 배전용 변압기의 1차측에 시설하여 배전구역 전환용으로 쓰인다.
④ 배전용 변압기의 2차측에 시설하여 배전구역 전환용으로 쓰인다.

풀이 컷아웃 스위치(COS)는 주상 변압기 1차측에 설치하여 변압기의 보호와 개폐에 사용한다.

24 변압기의 보호 및 개폐를 위해 사용되는 특고압 컷아웃 스위치는 변압기 용량의 몇 [kVA] 이하에 사용되는가?

① 100[kVA]　　② 200[kVA]
③ 300[kVA]　　④ 400[kVA]

풀이 컷아웃 스위치(COS)는 300[kVA] 이하인 경우 PF 대신 COS(비대칭 차단 전류 10[kA] 이상의 것)을 사용할 수 있다.

25 코일 주위에 전기적 특성이 큰 에폭시 수지를 고진공으로 침투시키고, 다시 그 주위를 기계적 강도가 큰 에폭시 수지로 몰딩한 변압기는?

① 건식 변압기
② 유입 변압기
③ 몰드 변압기
④ 타이 변압기

풀이 몰드변압기는 권선을 난연성의 에폭시 수지에 실리카 등의 무기질 충전재를 배합 또는 유리섬유의 기본재를 함침한 것으로 환경오염방지 및 난연성, 자기소화성을 가지고 있어 화재발생 가능성을 최소화한 변압기이다.

26 MOF는 무엇의 약호인가?

① 계기용 변압기
② 계기용 변압 변류기
③ 계기용 변류기
④ 시험용 변압기

풀이
• PT : 계기용 변압기
• MOF : 계기용 변성기 또는 계기용 변압 변류기
• CT : 변류기 또는 계기용 변류기

27 수·변전 설비의 고압회로에 걸리는 전압을 표시하기 위해 전압계를 시설할 때 고압회로와 전압계 사이에 시설하는 것은?

① 관통형 변압기
② 계기용 변류기
③ 계기용 변압기
④ 권선형 변류기

풀이 계기용 변압기(PT) : 고압회로의 전압을 저압으로 변성하기 위해서 사용한다.

28 다음 변류기의 약호는?

① CB
② CT
③ DS
④ COS

풀이 변류기(Current Transformer : CT)
고압회로의 대전류를 소전류로 변성하기 위해서 사용하는 것이며, 배전반의 전류계 및 트립코일(TC)의 전원으로 사용된다. 일반 변류기는 2차측은 사용 중 코일에 전류가 흐르는 상태에서 2차 코일을 개방하면 2차 단자간에 고전압이 발생하여 코일의 손상(2차측 절연파괴)내지 감전사고를 유발한다.

29 계기용 변류기의 약호는?

① CT
② WH
③ CB
④ DS

풀이 CT(변류기), WH(전력량계), CB(차단기), DS(단로기)

30 변류비 100/5[A]의 변류기(C.T)와 5[A]의 전류계를 사용하여 부하전류를 측정한 경우 전류계의 지시가 4[A]이었다. 이 부하전류는 몇 [A]인가?

① 30[A]
② 40[A]
③ 60[A]
④ 80[A]

풀이 부하전류 $I_1 = \frac{1}{a} I_2 = \frac{100}{5} \times 4 = 80[A]$

31 아래 심벌이 나타내는 것은?

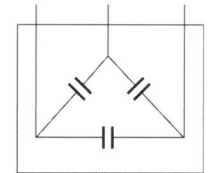

① 저항
② 진상용 콘덴서
③ 유입 개폐기
④ 변압기

풀이 전력용 콘덴서(SC)는 부하의 역률개선을 목적으로 사용한다.

32 수변전 설비 중에서 동력설비 회로의 역률을 개선할 목적으로 사용되는 것은?

① 전력 퓨즈
② MOF
③ 지락 계전기
④ 진상용 콘덴서

풀이 진상용 콘덴서 : 역률 개선을 목적으로 사용하며 부하와 병렬로 접속한다.

33 설치 면적과 설치비용이 많이 들지만 가장 이상적이고 효과적인 진상용 콘덴서 설치 방법은?

① 수전단 모선에 설치
② 수전단 모선과 부하 측에 분산하여 설치
③ 부하 측에 분산하여 설치
④ 가장 큰 부하 측에만 설치

풀이 부하 측에 분산하여 설치하면 선로손실이 저감되고, 전체의 역률을 일정하게 유지할 수 있다.

34 역률개선의 효과로 볼 수 없는 것은?

① 감전사고 감소
② 전력손실 감소
③ 전압강하 감소
④ 설비 용량의 이용률 증가

 역률 개선의 효과 : 설비 이용률 향상, 전압 강하 감소, 전력 손실 경감

35 150[kW]의 수전설비에서 역률을 80[%]에서 95[%]로 개선하려고 한다. 이때 전력용 콘덴서의 용량은 약 몇 [kVA]인가?

① 63.2 ② 126.4
③ 133.5 ④ 157.6

$$Q_c = P\left(\frac{\sqrt{1-\cos^2\theta_1}}{\cos\theta_1} - \frac{\sqrt{1-\cos^2\theta_2}}{\cos\theta_2} \right)$$
$$= 150 \times \left(\frac{\sqrt{1-0.8^2}}{0.8} - \frac{\sqrt{1-0.95^2}}{0.95} \right)$$
$$= 63.2[\text{kVA}]$$

36 무효전력을 조정하는 전기기계기구는?

① 조상설비 ② 개폐설비
③ 차단설비 ④ 보상설비

 송전선을 일정한 전압으로 운전하기 위해 필요한 무효전력을 공급하는 장치를 조상설비라 하며 그 종류로는 동기 조상기, 전력용 콘덴서, 분로 리액터가 있다.

37 전력용 콘덴서를 회로로부터 개방하였을 때 전하가 잔류함으로써 일어나는 위험의 방지와 재투입할 때 콘덴서에 걸리는 과전압의 방지를 위하여 무엇을 설치하는가?

① 직렬 리액터 ② 전력용 콘덴서
③ 방전 코일 ④ 피뢰기

 방전 코일은 전력용 콘덴서를 개방할 경우, 잔류전하에 의한 위험을 방지하기 위한 것이다.

38 다음의 심벌 명칭은 무엇인가?

① 파워퓨즈
② 단로기
③ 피뢰기
④ 고압 컷아웃 스위치

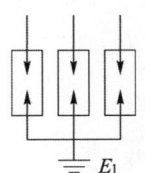

 피뢰기(LA) : 뇌전류를 대지로 방전하고 속류를 차단한다.

39 수전 전력 500[kW] 이상인 고압 수전 설비의 인입구에 낙뢰나 혼촉 사고에 의한 이상전압으로부터 선로와 기기를 보호할 목적으로 시설하는 것은?

① 단로기(DS)
② 배선용 차단기(MCCB)
③ 피뢰기(LA)
④ 누전 차단기(ELB)

 피뢰기 : 뇌 또는 개폐 서지 등에 의한 충격파 전압의 파고값을 일정한 값 이하로 저감시켜 기기의 절연을 보호하며, 또한 속류를 신속히 차단하여 정상 상태로 회복시킨다.

40 전압 22.9[kV-Y] 이하의 배전선로에서 수전하는 설비의 피뢰기 정격전압은 몇 [kV]로 적용하는가?

① 18[kV] ② 24[kV]
③ 144[kV] ④ 288[kV]

전력계통		정격전압	
공칭전압	중성점 접지방식	송전선로	배전선로
22.9[kV]	중성점 다중 접지	21[kV]	18[kV]

41 고압전로에 지락사고가 생겼을 때 지락전류를 검출하는 데 사용하는 것은?

① CT   ② ZCT
③ MOF   ④ PT

풀이 영상변류기(ZCT) : 지락사고가 생겼을 때 흐르는 영상전류(지락전류)를 검출하여 접지 계전기에 의하여 차단기를 동작시켜 사고범위를 작게 한다.

42 어느 수용가의 설비용량이 각각 1[kW], 2[kW], 3[kW], 4[kW]인 부하설비가 있다. 그 수용률이 60[%]인 경우, 그 최대 수용 전력은 몇 [kW]인가?

① 3[kW]   ② 6[kW]
③ 30[kW]   ④ 60[kW]

풀이 최대수용전력＝설비용량×수용률
$$= (1+2+3+4) \times 0.6$$
$$= 6[kW]$$

43 $\dfrac{\text{부하의 평균전력(1시간 평균)}}{\text{최대 수용전력(1시간 평균)}} \times 100[\%]$

의 관계를 가지고 있는 것은?

① 부하율   ② 부등률
③ 수용률   ④ 설비율

풀이 부하율 $= \dfrac{\text{부하의 평균전력}}{\text{최대 수용전력}} \times 100[\%]$

44 각 수용가의 최대 수용전력이 각각 5[kW], 10[kW], 15[kW], 22[kW]이고, 합성 최대 수용전력이 50[kW]이다. 수용가 상호 간의 부등률은 얼마인가?

① 1.04   ② 2.34
③ 4.25   ④ 6.94

풀이 부등률 $= \dfrac{\text{각개 최대 전력의 합}}{\text{합성 최대 전력}}$
$$= \frac{5+10+15+22}{50} = 1.04$$

45 설비용량 600[kW], 부등률 1.2, 수용률 0.6일 때 합성최대전력[kW]은?

① 240[kW]   ② 300[kW]
③ 432[kW]   ④ 833[kW]

풀이 합성 최대 전력 $= \dfrac{\text{설비용량} \times \text{수용률}}{\text{부등률}}$
$$= \frac{600 \times 0.6}{1.2} = 300[kW]$$

46 배전반을 나타내는 그림 기호는?

① ◣◥   ② ⊠
③ ◤◢   ④ ⬜S

풀이 분전반 : ◣◥
배전반 : ⊠
제어반 : ◤◢
단락 계전기 : ⬜S

47 수전설비의 저압 배전반 앞에서 계측기를 판독하기 위하여 앞면과 최소 몇 [m] 이상 유지하는 것을 원칙으로 하고 있는가?

① 0.6[m]   ② 1.2[m]
③ 1.5[m]   ④ 1.7[m]

풀이

위치별 기기별	앞면 또는 조작·계측면	뒷면 또는 점검면	열상호간 (점검하는 면)
저압배전반	1.5[m]	0.6[m]	1.2[m]

📋 41. ②   42. ②   43. ①   44. ①   45. ②   46. ②   47. ③

48 분전반에 대한 설명으로 틀린 것은?

① 배선과 기구는 모두 전면에 배치하였다.
② 두께 1.5[mm] 이상의 난연성 합성수지로 제작하였다.
③ 강판제의 분전함은 두께 1.2[mm] 이상의 강판으로 제작하였다.
④ 배선은 모두 분전반 이면으로 하였다.

풀이 분전반은 배선의 접속, 개폐기의 조작, 퓨즈의 교환 등이 용이하도록 제작하여야 한다.

49 한 분전반에 사용전압이 각각 다른 분기회로가 있을 때 분기회로를 쉽게 식별하기 위한 방법으로 가장 적합한 것은?

① 차단기별로 분리해 놓는다.
② 과전류 차단기 가까운 곳에 각각 전압을 표시하는 명판을 붙여 놓는다.
③ 왼쪽은 고압측 오른쪽은 저압측으로 분류해 놓고 전압 표시는 하지 않는다.
④ 분전반을 철거하고 다른 분전반을 새로 설치한다.

풀이 옥내에 시설하는 저압용 배분전반 등의 시설 (KEC 232.84)
한 개의 분전반은 한 가지 전원(1회선의 간선)만 공급하여야 한다. 다만 안전확보가 충분하도록 격벽을 설치하고, 사용전압을 쉽게 식별할 수 있도록 회로의 과전류 차단기 가까운 곳에 그 전압을 표시하는 경우에는 적용하지 않는다.

50 분전반 및 배전반은 어떤 장소에 설치하는 것이 바람직한가?

① 전기회로를 쉽게 조작할 수 있는 장소
② 개폐기를 쉽게 개폐할 수 없는 장소
③ 은폐된 장소
④ 이동이 심한 장소

풀이 분전반 및 배전반의 설치장소
① 전기회로를 쉽게 조작할 수 있는 장소
② 노출된 장소
③ 개폐기를 쉽게 개폐할 수 있는 장소
④ 안정된 장소

51 옥내 분전반의 설치에 관한 내용 중 틀린 것은?

① 분전반에서 분기회로를 위한 배관의 상승 또는 하강이 용이한 곳에 설치한다.
② 분전반에 넣는 금속제의 함 및 이를 지지하는 구조물은 접지를 하여야 한다.
③ 각 층마다 하나 이상을 설치하나, 회로수가 6 이하인 경우 2개 층을 담당할 수 있다.
④ 분전반에서 최종 부하까지의 거리는 40[m] 이내로 하는 것이 좋다.

풀이 분전반은 분기회로의 길이가 30[m] 이하가 되도록 설치한다.

52 배전반 및 분전반의 설치 장소로 적합하지 않은 곳은?

① 접근이 어려운 장소
② 전기회로를 쉽게 조작할 수 있는 장소
③ 개폐기를 쉽게 개폐할 수 있는 장소
④ 안정된 장소

풀이 배전반 및 분전반은 다음 각 호와 같은 장소에 시설하여야 한다.
① 전기회로를 쉽게 조작할 수 있는 장소
② 노출된 장소
③ 개폐기를 쉽게 개폐할 수 있는 장소
④ 안정된 장소

53 다음 중 배전반 및 분전반의 설치 장소로 적합하지 않은 곳은?

① 전기 회로를 쉽게 조작할 수 있는 장소
② 개폐기를 쉽게 개폐할 수 있는 장소
③ 노출된 장소
④ 사람이 쉽게 조작할 수 없는 장소

풀이 배전반 및 분전반의 설치장소는 전기 회로를 쉽게 조작할 수 있는 곳이어야 한다.

54 배전반 및 분전반의 설치 장소로 적합하지 못한 것은?

① 전기회로를 쉽게 조작할 수 있는 장소
② 개폐기를 쉽게 조작할 수 있는 장소
③ 안정된 장소
④ 은폐된 장소

풀이 배전반 및 분전반은 노출된 장소에 시설하여야 한다.

55 다음 (   ) 안에 알맞은 내용은?

> 고압 및 특고압용 기계기구의 시설에 있어 고압은 지표상 (㉠) 이상(시가지에 시설하는 경우), 특고압은 지표상 (㉡) 이상의 높이에 시설하고 사람이 접촉될 우려가 없도록 시설하여야 한다.

① ㉠ 3.5[m], ㉡ 4[m]
② ㉠ 4.5[m], ㉡ 5[m]
③ ㉠ 5.5[m], ㉡ 6[m]
④ ㉠ 5.5[m], ㉡ 7[m]

풀이 특고압용 기계기구의 시설(KEC 341.4)
고압용 기계기구의 시설(KEC 341.8)
기계기구 설치 시 지표상의 높이
① 고압 : 4.5[m](시가지 외에는 4[m]) 이상

② 특고압
 ㉠ 사용전압이 35[kV] 이하 : 5[m] 이상
 ㉡ 사용전압이 35[kV] 초과 160[kV] 이하 : 6[m] 이상

56 배전반 및 분전반을 넣은 강판제로 만든 함의 최소 두께는?

① 1.2[mm] 이상
② 1.5[mm] 이상
③ 2.0[mm] 이상
④ 2.5[mm] 이상

풀이 배전반 및 분전반을 넣은 함은 강판제의 것은 두께 1.2[mm] 이상이어야 한다.

답 53. ④ 54. ④ 55. ② 56. ①

07 특수 장소 공사

1) 분진 위험장소(242.2)

① 폭연성 분진(마그네슘, 알루미늄, 티탄, 지르코늄 등의 먼지로 쌓여진 상태에서 착화된 때에 폭발할 우려가 있는 것), 화약류 분말이 폭발할 우려가 있는 곳에 시설하는 저압 옥내 전기설비(사용전압이 400[V] 초과인 방전등은 제외)는 금속관 공사, 또는 케이블 공사(캡타이어케이블을 사용하는 것을 제외한다)에 의하여야 하며 금속관 공사를 하는 경우 관 상호 및 관과 박스 등은 5턱 이상의 나사 조임으로 접속하여야 한다.

② 가연성 분진(소맥분, 전분, 유황, 기타 먼지가 공중에 떠다니는 상태에서 착화하여 폭발할 우려가 있는 것)이 폭발할 우려가 있는 곳에 시설하는 저압 옥내 전기설비는 합성수지관공사, 금속관공사, 케이블공사에 의하여야 한다.

　㉠ 합성수지관공사에 의하는 때에는 관 상호 간 및 박스와는 관을 삽입하는 깊이를 관의 바깥 지름의 1.2배(접착제를 사용하는 경우에는 0.8배) 이상으로 하고 또한 꽂음 접속에 의하여 견고하게 접속할 것.

　㉡ 금속관공사에 의하는 때에는 관 상호 간 및 관과 박스 기타 부속품·풀 박스 또는 전기기계 기구와는 5턱 이상 나사 조임으로 접속하여야 한다.

2) 위험물 등이 존재하는 장소(242.4)

① 셀룰로이드·성냥·석유류 기타 타기 쉬운 위험한 물질(이하 "위험물"이라 한다)을 제조하거나 저장하는 곳에 시설하는 저압 이동전선은 접속점이 없는 0.6/1[kV] EP 고무 절연 클로로프렌 캡타이어 케이블 또는 0.6/1[kV] 비닐 절연 비닐캡타이어 케이블을 사용하여야 한다.

② 위험한 물질을 제조하거나 저장하는 곳에 시설하는 저압 옥내 전기설비는 금속관공사, 케이블공사 및 합성수지관공사의 규정에 따르고 또한 위험의 우려가 없도록 시설하여야 한다.

3) 화약류 저장소 등의 위험장소(242.5)

화약류 저장소 안에는 조명기구에 전기를 공급하기 위한 공작물에 한하여 다음과 같이 시설할 수 있다.

① 전로의 대지 전압은 300[V] 이하일 것
② 전기 기계 기구는 전폐형의 것일 것
③ 전용의 개폐기 및 과전류 차단기를 화약류 저장소 이외의 곳에 취급자 이외의 자가 쉽게 조작할 수 없도록 시설하고 전로에 지기가 생길 때에 자동적으로 전로를 차단하거나 경보하는 장치를 할 것

4) 전시회, 쇼 및 공연장의 전기설비(242.6)

무대·무대마루 밑·오케스트라박스·영사실 기타 사람이나 무대 도구가 접촉할 우려가 있는 곳 등의 배선은 400[V] 이하로 전용의 개폐기 및 과전류 차단기를 시설할 것

5) 진열장 또는 이와 유사한 것의 내부배선 (234.8)

건조한 곳에 시설하고 내부를 건조한 상태로 사용하는 진열장 또는 이와 유사한 것의 내부에 사용 전압이 400[V] 이하의 저압 옥내 배선을 외부에서 잘 보이는 장소에 한하여 단면적 0.75[mm^2] 이상의 코드 또는 캡타이어 케이블로 직접 조영재에 밀착하여 배선할 수 있다.

6) 전기 울타리(241.1)

목장, 논밭 등 옥외에서 가축의 탈출 또는 야생 짐승의 침입을 방지하기 위하여 시설하는 것으로 전기 울타리용 전원 장치에 전기를 공급하는 전로의 사용 전압은 250[V] 이하, 전선은 인장강도 1.38[kN] 이상의 것 또는 지름 2[mm] 이상의 경동선 이상으로 전선과 이를 지지하는 기둥과의 이격 거리는 25[mm] 이상, 전선과 다른 공작물 또는 수목과의 이격 거리는 0.3[m] 이상일 것

7) 교통신호등(234.15)

교통신호등 제어장치의 2차측 배선의 최대사용전압은 300[V] 이하로 다음과 같이 시설하여야 한다.

① 전선은 케이블인 경우 이외는 공칭단면적 2.5 [mm^2] 연동선과 동등 이상의 세기 및 굵기의 450/750[V] 일반용 단심 비닐절연전선 또는 450/750[V] 내열성 에틸렌아세테이트 고무절연전선일 것
② 제어장치의 2차측 전선(케이블은 제외)을 조가하여 시설하는 경우 조가용선은 인장강도 3.70[kN] 이상의 금속선 또는 지름 4[mm] 이상의 아연도철선을 2가닥 이상 꼰 금속선을 사용할 것
③ 전선의 지표상 높이는 2.5[m] 이상일 것. 단, 금속관 공사 또는 케이블 공사에 의하여

시설하는 경우는 예외이다.
④ 제어장치 전원 측에는 전용 개폐기 및 과전류 차단기를 각 극에 시설하고 회로의 사용 전압이 150[V]를 넘는 경우는 누전차단기를 시설할 것.
⑤ 제어 장치의 금속제외함 및 신호등을 지지하는 철주에는 접지공사를 하여야 한다.

8) 수중조명등(234.14)

① 1차 사용 전압 400[V] 이하, 2차측 150[V] 이하의 절연 변압기를 사용한다. 또한 2차측 전로는 비접지로 한다.
② 절연 변압기는 2차 전압 30[V] 이하는 접지공사를 한 혼촉 방지판을 설치하고 30[V]를 넘는 경우에는 지락이 생겼을 때에 자동적으로 전로를 차단하는 정격감도전류 30[mA] 이하의 누전차단기를 시설하여야 한다.
③ 절연 변압기의 2차측 전로에는 개폐기 및 과전류 차단기를 설치하고 금속관 공사에 의한다.
④ 수중조명등에 전기를 공급하기 위한 이동 전선에는 접속점이 없는 단면적 2.5[mm^2] 이상의 0.6/1[kV] EP 고무절연 클로로프렌 캡타이어케이블을 사용하여야 한다.

9) 지중전선로의 시설(334.1)

① 지중 전선로는 전선에 케이블을 사용하고 또한 관로식·암거식(暗渠式) 또는 직접 매설식에 의하여 시설하여야 한다.
② 지중 전선로를 직접 매설식에 의하여 시설하는 경우에는 매설 깊이를 차량 기타 중량물의 압력을 받을 우려가 있는 장소에는 1.0 [m] 이상, 기타 장소에는 0.6[m] 이상으로 하고 또한 지중 전선을 견고한 트라프 기타 방호물에 넣어 시설하여야 한다.

01 폭발성 분진이 있는 위험장소의 금속관 공사에 있어서 관 상호 및 관과 박스 기타의 부속품이나 풀박스 또는 전기기계기구는 몇 턱 이상의 나사 조임으로 시공하여야 하는가?

　① 3턱　　② 5턱　　③ 7턱　　④ 9턱

풀이 폭연성 분진, 화약류 분말이 존재하는 곳 등의 금속관 공사에 있어서 관 상호 및 관과 박스 등은 5턱 이상의 나사 조임으로 접속하여야 한다.
(KEC 242.2.1)

02 폭발성 분진이 있는 위험장소에 금속관 배선에 의할 경우 관 상호 및 관과 박스 기타의 부속품이나 풀박스 또는 전기기계기구는 몇 턱 이상의 나사 조임으로 접속하여야 하는가?

　① 2턱　　② 3턱　　③ 4턱　　④ 5턱

풀이 폭연성 분진, 화약류 분말이 존재하는 곳, 가연성의 가스 또는 인화성 물질의 증기가 새거나 체류하는 곳의 전기 공작물은 금속관 공사, 또는 케이블 공사(캡타이어 케이블을 제외한다)에 의하여야 하며 금속관 공사를 하는 경우 관 상호 및 관과 박스 등은 5턱 이상의 나사 조임으로 접속하여야 한다.
(KEC 242.2.1)

03 폭연성 분진이 존재하는 곳의 금속관 공사 시 전동기에 접속하는 부분에서 가요성을 필요로 하는 부분의 배선에는 방폭형의 부속품 중 어떤 것을 사용하야야 하는가?

　① 플렉시블 피팅
　② 분진 플렉시블 피팅
　③ 분진 방폭형 플렉시블 피팅
　④ 안전 증가 플렉시블 피팅

풀이 폭연성 분진이 존재하는 곳의 금속관 공사시 전동기에 접속하는 짧은 부분으로서 가요성을 필요로 하는 부분의 배선은 분진방폭형 플렉시블 피팅을 사용할 것 (KEC 242.2.1)

04 티탄을 제조하는 공장으로 먼지가 쌓여진 상태에서 착화된 때에 폭발할 우려가 있는 곳에 저압 옥내배선을 설치 하고자 한다. 알맞은 공사 방법은?

　① 합성수지 몰드공사
　② 라이팅 덕트공사
　③ 금속몰드공사
　④ 금속관공사

풀이 폭연성 분진, 화약류 분말이 존재하는 곳, 가연성의 가스 또는 인화성 물질의 증기가 새거나 체류하는 곳의 전기 공작물은 금속관 공사, 또는 케이블 공사(캡타이어 케이블을 제외한다)에 의하여야 한다.
(KEC 242.2.1)

05 가연성 분진(소맥분, 전분, 유황 기타 가연성 먼지 등)으로 인하여 폭발할 우려가 있는 저압 옥내 설비공사로 적절하지 않은 것은?

　① 케이블공사
　② 금속관공사
　③ 합성수지관공사
　④ 플로어덕트공사

풀이 가연성 분진, 성냥, 석유류, 셀룰로이드 등의 위험물질을 제조하거나 저장하는 곳의 전기 공작물은 금속관 공사, 합성수지관 공사, 케이블 공사에 의하여야 한다. (KEC 242.2.2)

06 가연성 분진에 전기설비가 발화원이 되어 폭발의 우려가 있는 곳에 시설하는 저압 옥내배선 공사방법이 아닌 것은?

① 금속관 공사
② 케이블 공사
③ 애자사용 공사
④ 합성수지관 공사

풀이 가연성 분진, 성냥, 석유류, 셀룰로이드 등의 위험 물질을 제조하거나 저장하는 곳의 전기 공작물은 금속관 공사, 합성수지관 공사, 케이블 공사에 의하여야 한다. (KEC 242.2.2)

07 소맥분, 전분 기타 가연성의 분진이 존재하는 곳의 저압옥내 배선 공사 방법 중 적당하지 않은 것은?

① 애자공사
② 합성수지관공사
③ 케이블공사
④ 금속관공사

풀이 가연성 분진(소맥분, 전분, 유황, 기타 먼지가 공중에 떠다니는 상태에서 착화하여 폭발할 우려가 있는 것) 등의 위험 물질을 제조하거나 저장하는 곳은 금속관 공사, 합성수지관 공사, 케이블 공사에 의하여야 한다. (KEC 242.2.2)

08 소맥분, 전분 기타 가연성의 분진이 존재하는 곳의 저압 옥내 배선공사 방법에 해당되지 않는 것은?

① 케이블공사   ② 금속관공사
③ 애자공사   ④ 합성수지관공사

풀이 가연성 분진, 성냥, 석유류, 셀룰로이드 등의 위험 물질을 제조하거나 저장하는 곳의 전기 공작물은 금속관 공사, 합성수지관 공사, 케이블 공사에 의하여야 한다(KEC 242.2.2).

09 셀룰로이드, 성냥, 석유류 등 기타 가연성 위험 물질 제도 또는 저장하는 장소에 시설해서는 안 되는 배선은?

① 애자사용배선
② 케이블배선
③ 합성수지관배선
④ 금속관배선

풀이 셀룰로이드, 성냥, 석유 등의 타기 쉬운 위험한 물질을 제조하거나 저장하는 장소에는 합성 수지관, 금속관, 케이블 공사(캡타이어 케이블 제외)에 준해서 시설한다. (KEC 242.4)

10 셀룰로이드, 성냥, 석유류 등 기타 가연성 위험물질을 제조 또는 저장하는 장소의 배선으로 잘못된 것은?

① 금속관배선   ② 합성수지관배선
③ 플로어덕트배선   ④ 케이블배선

풀이 셀룰로이드, 성냥, 석유 등의 타기 쉬운 위험한 물질을 제조하거나 저장하는 장소에는 합성 수지관, 금속관, 케이블 공사(캡타이어 케이블 제외)에 준해서 시설한다. (KEC 242.4)

11 성냥, 석유류, 셀룰로이드 등 기타 가연성 물질을 제조 또는 저장하는 장소의 배선 방법으로 적당하지 않은 공사는?

① 케이블배선공사
② 방습형 플렉시블배선공사
③ 합성수지관배선공사
④ 금속관배선공사

풀이 가연성 분진, 성냥, 석유류, 셀룰로이드 등의 위험 물질을 제조하거나 저장하는 곳의 전기 공작물은 금속관 공사, 합성수지관 공사, 케이블 공사에 의하여야 한다(KEC 242.4).

12 석유류를 저장하는 장소와 공사 방법 중 틀린 것은?

① 케이블 공사

② 애자사용 공사

③ 금속관 공사

④ 합성수지관 공사

풀이 가연성 분진, 성냥, 석유류, 셀룰로이드 등의 위험 물질을 제조하거나 저장하는 곳의 전기 공작물은 금속관 공사, 합성수지관 공사, 케이블 공사에 의하여야 한다(KEC 242.4).

13 성냥을 제조하는 공장의 공사 방법으로 적당 하지 않는 것은?

① 금속관 공사

② 케이블 공사

③ 합성수지관 공사

④ 금속 몰드 공사

풀이 셀룰로이드, 성냥, 석유 등의 타기 쉬운 위험한 물 질을 제조하거나 저장하는 장소에는 합성 수지관, 금속관, 케이블 공사(캡타이어 케이블 제외)에 준 해서 시설한다. (KEC 242.4)

14 셀룰로이드, 성냥, 석유류 등 기타 가연성 위 험물질을 제조 또는 저장하는 장소의 배선 방 법이 아닌 것은?

① 배선은 금속관배선, 합성수지관배선 또 는 케이블배선에 의할 것

② 금속관은 박강 전선관 또는 이와 동등이 상의 강도가 있는 것을 사용할 것

③ 두께가 2[mm] 미만의 합성수지제 전선 관을 사용할 것

④ 합성수지관배선에 사용하는 합성수지관 및 박스 기타 부속품은 손상될 우려가 없 도록 시설할 것

풀이 저압 옥내배선 등은 합성수지관 공사(두께 2[mm] 미만의 합성수지 전선관 및 난연성이 없는 콤바인 덕트관을 사용하는 것을 제외한다)·금속관 공사 또는 케이블 공사에 의할 것 (KEC 242.4)

15 가연성의 가스 또는 인화성 물질의 증기가 새 거나 체류하여 전기설비가 발화원이 되어 폭 발할 우려가 있는 곳에 있는 저압 옥내전기설 비의 공사방법으로 가장 알맞은 것은?

① 금속관 공사

② 가요전선과 공사

③ 플로어덕트 공사

④ 애자 사용 공사

풀이 가연성의 가스 또는 인화성 물질의 증기가 새거나 체류하는 곳의 전기 공작물은 금속관 공사, 또는 케 이블 공사에 의하여야 한다. (KEC 242.3)

16 가연성 가스가 새거나 체류하여 전기설비가 발화원이 되어 폭발할 우려가 있는 곳에 있는 저압 옥내전기설비의 시설 방법으로 가장 적 합한 것은?

① 애자사용 공사

② 가요전선관 공사

③ 셀룰러 덕트 공사

④ 금속관 공사

풀이 가연성의 가스 또는 인화성 물질의 증기가 새거나 체류하는 곳의 전기 공작물은 금속관 공사, 또는 케 이블 공사에 의하여야 한다. (KEC 242.3)

17 가연성 가스가 존재하는 저압 옥내전기설비 공사 방법으로 옳은 것은?

① 금속제 가요전선관공사

② 애자공사

③ 금속관공사

④ 금속몰드공사

풀이 가연성의 가스 또는 인화성 물질의 증기가 새거나 체류하는 곳의 전기 공작물은 금속관 공사, 또는 케 이블 공사에 의하여야 한다. (KEC 242.3)

18 가스증기 위험 장소의 배선 방법으로 적합하지 않은 것은?

① 옥내배선은 금속관 배선 또는 합성수지관 배선으로 할 것

② 전선관 부속품 및 전선 접속함에는 내압방폭 구조의 것을 사용할 것

③ 금속관 배선으로 할 경우 관 상호 및 관과 박스는 5턱 이상의 나사 조임으로 견고하게 접속할 것

④ 금속관과 전동기의 접속시 가요성을 필요로 하는 짧은 부분의 배선에는 안전증가방폭 구조의 플렉시블 피팅을 사용할 것

풀이 가스증기 위험장소의 배선은 금속관배선 또는 케이블배선에 의할 것 (KEC 242.3)

19 화약고 등의 위험장소의 배선 공사에서 전로의 대지 전압은 몇 [V] 이하이어야 하는가?

① 300[V]　　② 400[V]

③ 500[V]　　④ 600[V]

풀이 화약고에 시설하는 전기설비에서 전로의 대지전압은 300[V] 이하로 할 것 (KEC 242.5)

20 화약고에 시설하는 전기설비에서 전로의 대지전압은 몇 [V] 이하로 하여야 하는가?

① 100[V]　　② 150[V]

③ 300[V]　　④ 400[V]

풀이 화약고에 시설하는 전기설비에서 전로의 대지전압은 300[V] 이하로 할 것(KEC 242.5)

21 화약고 등의 위험장소에서 전기설비 시설에 관한 내용으로 옳은 것은?

① 전로의 대지전압은 400[V] 이하일 것

② 전기기계기구는 전폐형의 것일 것

③ 전용 개폐기 및 과전류 차단기는 화약류 저장소 내에 설치할 것

④ 전로에 지락이 생겼을 때에 자동적으로 전로를 차단하는 장치를 취급자가 쉽게 조작할 수 없도록 시설하여야 한다.

풀이 화약류 저장소 등의 위험장소 (KEC 242.5)

① 저압 옥내배선은 금속관공사 또는 케이블공사(캡타이어케이블을 사용하는 것을 제외한다)에 의할 것.

② 전로에 대지전압은 300[V] 이하일 것.

③ 전기기계기구는 전폐형의 것일 것.

④ 화약류 저장소 안의 전기설비에 전기를 공급하는 전로에는 화약류 저장소 이외의 곳에 전용 개폐기 및 과전류 차단기를 각 극에 취급자 이외의 자가 쉽게 조작할 수 없도록 시설하고 또한 전로에 지락이 생겼을 때에 자동적으로 전로를 차단하거나 경보하는 장치를 시설하여야 한다.

22 화약류 저장소에서 백열전등이나 형광등 또는 이들에 전기를 공급하기 위한 전기설비를 시설하는 경우 전로의 대지전압은?

① 100[V] 이하

② 150[V] 이하

③ 220[V] 이하

④ 300[V] 이하

풀이 화약류 저장소 안에서 백열전등이나 형광등 또는 이에 전기를 공급하기 위한 전기설비를 시설하는 경우 전로의 대지 전압은 300[V] 이하일 것 (KEC 242.5)

23 흥행장의 저압 공사에서 잘못된 것은?

① 무대, 무대 밑, 오케스트라 박스 및 영사실의 전로에는 전용 개폐기 및 과전류 차단기를 시설할 필요가 없다.

② 무대용의 콘센트, 박스, 플라이 덕트 및 보더 라이트의 금속제 외함에는 접지를 하여야 한다.

③ 플라이 덕트는 조영재 등에 견고하게 시설하여야 한다.

④ 사용전압 400[V] 이하의 이동전선은 0.6/1[kV] EP 고무 절연 클로로프렌 캡타이어케이블을 사용한다.

풀이 무대·무대마루 밑·오케스트라박스·영사실의 전로에는 전용 개폐기 및 과전류 차단기를 시설할 것(KEC 242.6.7)

24 무대·오케스트라 박스·영사실 기타 사람이나 무대 도구가 접촉 될 우려가 있는 장소에 시설하는 저압 옥내배선의 사용전압은?

① 400[V] 이하　　② 500[V] 이상

③ 600[V] 이하　　④ 700[V] 이상

풀이 무대·무대마루 밑·오케스트라 박스·영사실 기타 사람이나 무대 도구가 접촉할 우려가 있는 곳에 시설하는 저압 옥내배선·전구선 또는 이동전선은 사용전압이 400[V] 이하일 것 (KEC 242.6)

25 무대, 무대 밑, 오케스트라 박스, 영사실, 기타 사람이나 무대 도구가 접촉할 우려가 있는 장소에 시설하는 저압 옥내 배선, 전구선 또는 이동전선은 최고 사용전압이 몇 [V] 이하이어야 하는가?

① 100　　　　　　② 200

③ 400　　　　　　④ 700

26 무대, 무대 밑, 오케스트라 박스, 영사실, 기타 사람이나 무대 도구가 접촉할 우려가 있는 장소에 시설하는 저압옥내배선, 전구선 또는 이동전선은 사용 전압이 몇 [V] 이하이어야 하는가?

① 60[V]　　　　　② 110[V]

③ 220[V]　　　　 ④ 400[V]

풀이 무대·무대마루 밑·오케스트라 박스·영사실 기타 사람이나 무대 도구가 접촉할 우려가 있는 곳에 시설하는 저압 옥내배선·전구선 또는 이동전선은 사용전압이 400[V] 이하일 것.(KEC 242.6)

27 상설 공연장에 사용하는 저압 전기설비 중 이동전선의 사용전압은 몇 [V] 이하이어야 하는가?

① 100[V]　　　　 ② 200[V]

③ 400[V]　　　　 ④ 600[V]

풀이 무대·무대마루 밑·오케스트라박스·영사실 기타 사람이나 무대 도구가 접촉할 우려가 있는 곳에 시설하는 저압 옥내배선·전구선 또는 이동전선은 사용전압이 400[V] 이하일 것 (KEC 242.6)

28 무대, 오케스트라박스 등 흥행장의 저압 옥내배선 공사의 사용전압은 몇 [V] 이하인가?

① 200　　　　　　② 300

③ 400　　　　　　④ 600

풀이 무대·무대마루 밑·오케스트라 박스·영사실 기타 사람이나 무대 도구가 접촉할 우려가 있는 곳에 시설하는 저압 옥내배선·전구선 또는 이동전선은 사용전압이 400[V] 이하일 것 (KEC 242.6)

풀이 무대·무대마루 밑·오케스트라 박스·영사실 기타 사람이나 무대 도구가 접촉할 우려가 있는 곳에 시설하는 저압 옥내배선·전구선 또는 이동전선은 사용전압이 400[V] 이하일 것 (KEC 242.6)

답 23. ①　24. ①　25. ③　26. ④　27. ③　28. ③

29 진열장 안에 400[V] 이하인 저압 옥내배선 시 외부에서 보기 쉬운 곳에 사용하는 전선은 단면적이 몇 [mm²] 이상의 코드 또는 캡타이어 케이블이어야 하는가?

① 0.75[mm²] ② 1.25[mm²]
③ 2[mm²] ④ 3.5[mm²]

풀이 진열장, 진열장 안에는 0.75[mm²] 이상인 코드 또는 캡타이어 케이블이어야 한다. (KEC 242.6)

30 목장의 전기울타리에 사용하는 경동선의 지름은 최소 몇 [mm] 이상이어야 하는가?

① 1.6 ② 2.0
③ 2.6 ④ 3.2

풀이 논, 밭, 목장 등에서 짐승의 침입 또는 가축의 탈출을 방지하기 위하여 시설하는 것으로 전기 울타리용 전원 장치에 전기를 공급하는 전로의 사용 전압은 250[V] 이하, 전선은 인장강도 1.38[kN] 이상의 것 또는 지름 2[mm] 이상의 경동선 이상으로 전선과 이를 지지하는 기둥과의 이격 거리는 2.5[cm] 이상, 전선과 다른 공작물 또는 수목과의 이격거리는 30[cm] 이상일 것 (KEC 241.1)

31 교통신호등의 제어장치로부터 신호등의 전구까지의 전로에 사용하는 전압은 몇 [V] 이하인가?

① 60 ② 100
③ 300 ④ 440

풀이 교통신호등의 제어장치로부터 신호등의 전구까지의 전로에 사용하는 전압은 300[V] 이하이어야 한다.(KEC 234.15)

32 불연성 먼지가 많은 장소에 시설할 수 없는 저압 옥내 배선의 방법은?

① 금속관 배선
② 두께가 1.2[mm]인 합성수지관 배선
③ 금속제 가요전선관 배선
④ 애자 사용 배선

풀이 불연성 먼지가 많은 장소의 배선에 두께가 2[mm] 미만의 합성수지제전선관 및 난연성이 없는 CD관은 제외한다.

33 광산이나 갱도 내 가스 또는 먼지의 발생에 의해서 폭발할 우려가 있는 장소의 전기공사 방법 중 옳지 않은 것은?

① 금속관은 박강 전선관 또는 이와 동등이상의 강도를 가지는 것 일것
② 전동기는 과전류가 생겼을 때에 폭연성 분진에 착화할 우려가 없도록 시설할 것
③ 이동 전선은 제1종 캡타이어 케이블을 사용할 것
④ 백열전등 및 방전등용 전등 기구는 조영재에 직접 견고하게 붙이거나 또는 전등을 다는 관 등에 의하여 조영재에 견고하게 붙일 것.

풀이 이동 전선은 0.6/1[kV] EP 고무 절연 클로로프렌 캡타이어 케이블을 사용하여야 한다. (KEC 242.7.4)

34 터널·갱도 기타 이와 유사한 장소에서 사람이 상시 통행하는 터널 내의 배선방법으로 적절하지 않은 것은? (단, 사용전압은 저압이다.)

① 라이팅덕트 배선
② 금속제 가요전선관 배선
③ 합성수지관 배선
④ 애자사용 배선

풀이 사람이 상시 통행하는 터널 내의 배선방법은 **애자공사**, 합성수지관공사, **금속관공사**, **금속제 가요전선관공사**, 케이블공사일 것. (KEC 335.1)

35 지중 또는 수중에 시설되는 금속체의 부식을 방지하기 위한 전기부식방지용 회로의 사용전압은?

① 직류 60[V] 이하
② 교류 60[V] 이하
③ 직류 750[V] 이하
④ 교류 600[V] 이하

풀이 전기부식방지 회로의 사용전압은 직류 60[V] 이하일 것. (KEC 241.16)

36 지중 또는 수중에 시설하는 양극과 피방식체 간의 전기부식방지 시설에 대한 설명으로 틀린 것은?

① 사용 전압은 직류 60[V] 초과일 것
② 지중에 매설하는 양극은 75[cm] 이상의 깊이일 것
③ 수중에 시설하는 양극과 그 주위 1[m] 안의 임의의 점과의 전위차는 10[V]를 넘지 않을 것
④ 지표에서 1[m] 간격의 임의의 2점간의 전위차가 5[V]를 넘지 않을 것

풀이 전기부식방지용 전원 장치로부터 양극 및 피방식체까지의 전로의 사용전압은 직류 60[V] 이하일 것 (KEC 241.16)

37 부식성가스 등이 있는 장소에서 시설이 허용되는 것은?

① 개폐기   ② 콘센트
③ 과전류 차단기   ④ 전등

풀이 부식성가스 등이 있는 장소는 개폐기, 콘센트 및 과전류 차단기를 시설하여서는 안된다. (KEC 241.16)

38 부식성 가스 등이 있는 장소에 시설할 수 없는 배선은?

① 금속관 배선
② 제1종 금속제 가요전선관 배선
③ 케이블 배선
④ 캡타이어 케이블 배선

풀이 부식성가스 등이 있는 장소에 사용가능한 배선 : 애자사용배선, 제2종 금속제 가요전선관배선, 합성수지관배선, 케이블배선, 캡타이어 케이블배선 (KEC 241.16)

39 부식성 가스 등이 있는 장소에 전기설비를 시설하는 방법으로 적합하지 않은 것은?

① 애자공사 시 부식성 가스의 종류에 따라 절연전선인 DV전선을 사용한다.
② 애자공사에 의한 경우에는 사람이 쉽게 접촉될 우려가 없는 노출장소에 한 한다.
③ 애자공사시 부득이 나전선을 사용하는 경우에는 전선과 조영재와의 거리를 4.5[cm] 이상으로 한다.
④ 애자공사시 전선의 절연물이 상해를 받는 장소는 나전선을 사용할 수 있으며, 이 경우는 바닥 위 2.5[m] 이상 높이에 시설한다.

풀이 애자공사(KEC 232.56)
전선의 종류 : 절연 전선. 단, 옥외용 비닐 절연 전선(OW) 및 **인입용 비닐 절연 전선(DV)은 제외**한다.

40 저압 옥외 전기설비(옥측의 것을 포함한다.)의 내염(耐鹽)공사에서 설명이 잘못 된 것은?

① 바인드선은 철재의 것을 사용하지 말 것
② 계량기함 등은 금속제를 사용할 것
③ 철제류 아연도금 또는 방청도장을 실시할 것
④ 나사못 류는 동 합금(놋쇠)제의 것 또는 아연도금한 것을 사용할 것

풀이 금속제를 사용할 경우 염해에 의해 금속제가 부식된다. 따라서 아연도금 또는 방청도장 등을 한 것을 사용한다.

41 다음 [보기] 중 금속관, 애자, 합성수지 및 케이블공사가 모두 가능한 특수 장소를 옳게 나열한 것은?

[보기] ㉮ 화약고 등의 위험 장소
㉯ 부식성 가스가 있는 장소
㉰ 위험물 등이 존재하는 장소
㉱ 불연성 먼지가 많은 장소
㉲ 습기가 많은 장소

① ㉮, ㉯, ㉰   ② ㉯, ㉰, ㉱
③ ㉯, ㉱, ㉲   ④ ㉮, ㉱, ㉲

풀이 • 화약고 등 위험장소의 옥내배선 : 금속관 공사, 케이블 공사
• 위험물 등이 존재하는 장소의 옥내배선 : 합성수지관 공사, 금속관 공사, 케이블 공사

42 저압크레인 또는 호이스트 등의 트롤리선을 애자사용 공사에 의하여 옥내의 노출장소에 시설하는 경우 트롤리선의 바닥에서의 최소 높이는 몇 [m] 이상으로 설치하는가?

① 2   ② 2.5
③ 3   ④ 3.5

풀이 트롤리선의 바닥에서의 높이는 3.5[m] 이상으로 하고, 또한 사람이 접촉할 우려가 없도록 시설할 것.

43 다음 중 지중전선로의 매설 방법이 아닌 것은?

① 관로식   ② 암거식
③ 직접 매설식   ④ 행거식

풀이 지중 전선로는 전선에 케이블을 사용하고 또한 관로식·암거식 또는 직접 매설식에 의하여 시설하여야 한다. (KEC 334.1)

44 연피케이블을 직접 매설식에 의하여 차량 기타 중량물의 압력을 받을 우려가 있는 장소에 시설하는 경우 매설 깊이는 몇 [m] 이상이어야 하는가?

① 0.6[m]   ② 1.0[m]
③ 1.2[m]   ④ 1.6[m]

풀이 직접 매설식으로 시공할 경우 매설 깊이는 중량물의 압력이 있는 곳은 1.0[m] 이상, 없는 곳은 0.6[m] 이상으로 한다. (KEC 334.1)

45 지중전선로를 직접매설식에 의하여 시설하는 경우 차량 기타 중량물의 압력을 받을 우려가 있는 장소의 매설 깊이는?

① 0.6[m] 이상
② 1.2[m] 이상
③ 1.5[m] 이상
④ 2.0[m] 이상

풀이 직접 매설식으로 시공할 경우 매설 깊이는 중량물의 압력이 있는 곳은 1.0[m] 이상, 없는 곳은 0.6[m] 이상으로 한다. (KEC 334.1)

46 차량, 기타 중량물의 하중을 받을 우려가 없는 장소에 지중전선로를 직접 매설식으로 매설하는 경우 매설 깊이는?

① 60[cm] 미만

② 60[cm] 이상

③ 100[cm] 미만

④ 100[cm] 이상

풀이 직접 매설식으로 시공할 경우 매설 깊이는 중량물의 압력이 있는 곳은 1.0[m] 이상, 없는 곳은 0.6[m] 이상으로 한다. (KEC 334.1)

< 1. 조명공사

1) 빛

(1) 시감도(視感度 : luminous efficiency)

① 시감도 : 비등한 방사속에 대한 방사가 눈에 느끼게 하는 밝음의 비율

② 가시광선은 빛의 감각을 일으키는 파장으로 380~760[nm]의 파장을 가지고 있으며, 파장 555[nm]의 방사는 최대 시감도로서 680[lm/W]로 나타낸다.

③ 최대 시감도에 대한 다른 파장의 시감도의 비를 비시감도라 하며, 최대 시감도를 1로 하고 다른 파장에 대한 비시감도를 곡선으로 표시한 것을 비시감도 곡선이라 한다.

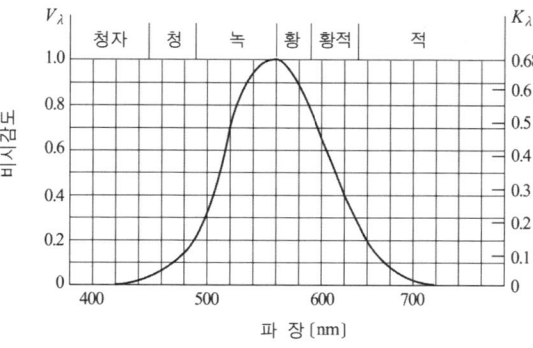

빛의 파장에 따른 비시감도 곡선

2) 물체의 보임 (조명의 4요소)

밝음, 크기, 대비(對比), 시간, 속도

3) 조명의 용어

(1) 광속(luminous flux)

① 가시범위의 방사속을 시감에 기초를 두어 측정한 것으로, 단위시간에 통과하는 광량을 의미한다.

② 광속의 단위는 루멘(lumen : lm)을 사용한다.

(2) 광도(luminous intensity)

① 단위시간당 단위 입체각으로부터 나오는 가시광선의 양

② 광도의 단위는 칸델라(candela : cd)이다.

$$I = \frac{F}{\omega} \ [\mathrm{cd}]$$

여기서, 입체각 ω , 광속 F , 광도 I

(3) 휘도(輝度 : luminance)

① 단위 면적당 광도로서 눈부심 정도를 나타낸다.

$$B = \frac{I}{S} [\mathrm{cd/m}^2] \ (니트 \ nit : nt)$$

혹은 $B = \dfrac{I}{S} [\mathrm{cd/cm}^2]$ (스틸브 stilb : sb)

$$1[\mathrm{nt}] = 1[\mathrm{cd/m}^2], \ 1[\mathrm{sb}] = 1[\mathrm{cd/cm}^2]$$
$$1[\mathrm{sb}] = 10^4[\mathrm{nt}]$$

단, I : 어느 방향의 광도

S : 어느 방향에서 본 겉보기 면적

③ 사람이 장시간 바라볼 수 없는 휘도의 한계는 약 5000[nt]이다.

(4) 조도 (照度 : illumination)

단위면적에 입사되는 빛의 양으로 어떤 면에 투사되는 광속의 밀도를 말한다.

$$E = \frac{F}{A} [\text{lx}]$$

여기서, 면적 $A [\text{m}^2]$, 입사광속 $F [\text{lm}]$

(5) 광속발산도(luminous emittance)

① 어느 면의 단위면적으로부터 발산되는 광속, 즉 발산광속의 밀도를 말한다.

$$R = \frac{F}{A} [\text{rlx}]$$

여기서, 면적 $A [\text{m}^2]$, 발산광속 $F [\text{lm}]$

② 단위로는 래드럭스(radlux : rlx) 또는 아포스틸브(apostilb : asb)가 사용된다.

$$1[\text{rlx}] = [\text{asb}] = 1[\text{lm/m}^2]$$

(6) 연색성(演色性)

조명에 의한 물체의 색깔을 결정하는 광원의 성질

(7) 색온도(色溫度)

어떤 광원의 광색이 어느 온도의 흑체의 광색과 같을 때, 그 흑체의 온도를 이 광원의 색온도라 한다.

< 2. 조명설계의 기초(전반조명설계)

▦ 1) 기구 배광에 의한 분류

조명 방식	하향 광속[%]	상향 광속[%]	조명률[%]
직접조명	100~90	0~10	약 75
반직접조명	90~60	10~40	약 60
전반확산조명	60~40	40~60	약 50
반간접조명	40~10	60~90	약 40
간접조명	10~0	90~100	약 30

▦ 2) 기구 배치에 의한 분류

(1) 전반조명

① 작업의 위치가 변동하여도 기구 배치를 변경할 필요가 없다.
② 기구나 전등의 종류를 적게하여 큰 용량의 전등을 사용할 수 있는 편의성이 있다.
③ 그림자가 부드럽다.

(2) 국부조명

① 희망하는 곳에 희망하는 방향으로부터 충분한 조도를 얻을 수 있다.
② 불필요한 개소는 소등하여 둘 수 있다.
③ 적당한 전반국부병용조명을 채택(사무실, 공장 등에서 채택)하면 필요한 조도를 경제적으로 얻을 수 있다.

▦ 3) 건축화 조명

(1) 천정 매입방법

① 매입 형광등 : 하면 개방형, 하면 확산판 설치형, 반매입형 등이 있다.
② down light : 천정에 작은 구멍을 뚫고 조명기구를 매입하여 빛의 빔방향을 아래로 유효하게 조명하는 방법
③ pin hole light : down-light의 일종으로 아래로 조사되는 구멍을 적게 하거나 렌즈를 달아 복도에 집중 조사되도록 한다.
④ coffer light : 대형의 down light라고도 볼 수 있으며 천정면을 둥글게 또는 사각으로 파내어 내부에 조명기구를 배치하여 조명하는 방법
⑤ line light : 매입 형광등방식의 일종으로 형광등을 연속으로 배치하는 조명방식

(2) 천정면 이용방법

① 광천정 조명 : 실의 천정 전체를 조명기구 화하는 방식으로 천정 조명 확산 판넬로서 유백색의 플라스틱판이 사용된다.

② 루버 조명 : 실의 천정면을 조명기구화 하는 방식으로 천정면 재료로 루버를 사용하여 보호각을 증가시킨다.

③ cove 조명 : 광원으로 천정이나 벽면상부를 조명함으로서 천정면이나 벽에서 반사되는 반사광을 이용하는 간접 조명방식으로 효율은 대단히 나쁘지만 부드럽고 안정된 조명을 시행할 수 있다.

(3) 벽면 이용방법

① coner 조명 : 천정과 벽면 사이에 조명기구를 배치하여 천정과 벽면에 동시에 조명하는 방법

② conice 조명 : 코너를 이용하여 코오니스를 15~20[cm] 정도 내려서 아래쪽의 벽 또는 커튼을 조명하도록 하는 방법

③ valance 조명 : 광원의 전면에 밸런스판을 설치하여 천정면이나 벽면으로 반사시켜 조명하는 방법

④ 광창 조명 : 지하실이나 무창실에 창문이 있는 효과를 내는 방법으로 인공창의 뒷면에 형광등을 배치하는 방법

4) 조명설계

(1) 실지수(k)

$$k = \frac{XY}{H(X+Y)}$$

여기서, H : 광원으로부터 작업면까지의 높이[m]

(2) 조명률 U[%]

광원의 전광속과 작업면에 도달하는 유효광속 사이의 비

$$U = \frac{F}{F_0} \times 100[\%]$$

여기서, F_0 : 방사광속

F : 작업면의 입사광속

(3) 감광보상률의 결정

점등 중의 광속감퇴를 고려한 소요광속의 여유 정도를 감광보상률이라고 한다.

$$\text{감광보상률 } D = \frac{1}{\text{보수율}} = \frac{1}{M}$$

(4) 조명기구의 간격과 배치

① 광원의 최대간격 S

$$S \leq 1.5H$$

② 등과 벽 사이 간격 S_0

$$S_0 \leq \frac{1}{2}H$$

$$S_0 \leq \frac{1}{3}H \text{ (벽측을 사용할 경우)}$$

(5) 조명용 전등의 타임스위치 시설

① 관광숙박업 또는 숙박업에 이용되는 객실의 입구등 : 1분 이내 소등

② 일반주택 및 아파트 각 호실의 현관등 : 3분 이내 소등

3. 동력배선

1) 전동기의 운전

(1) 3상 농형유도 전동기의 기동법

① 전전압 기동법(직입기동)

전동기에 직접 전원 전압을 가하여 기동하는 방법으로 출력이 5[kW] 이하에 사용된다.

② Y-Δ 기동법

㉠ 5[kW]~15[kW] 정도의 3상 유도 전동기에 사용된다.

㉡ Y결선으로 기동하는 경우 선간전압을 $\frac{1}{\sqrt{3}}$ 배 낮춤으로써 기동전류를 $\frac{1}{3}$ 배

줄일 수 있다.
③ 리액터 기동법
전동기의 전원 측에 직렬로 리액터를 설치하여 전압을 강하시켜 감압기동하는 방식
④ 기동보상기법
단권변압기를 이용하여 전압을 전동기에 인가하여 기동한 후 정격속도가 되면 단권변압기를 단락시켜 전전압을 가하여 기동하는 방식

(2) 권선형 유도 전동기의 기동법

비례추이의 특성을 이용한 것으로 외부에서 2차 저항을 조정하여 기동하는 방식을 택한다.
(2차 저항 기동법)

(3) 단상 유도 전동기의 기동법

기동토크가 큰 순서대로 나열하면 다음과 같다.
• 반발 기동형
• 반발 유도형
• 콘덴서 기동형
• 콘덴서 운전형
• 분상 기동형
  (저항 분상, 리액터 분상, 콘덴서 분상)
• 셰이딩 코일형
• 모노사이클릭 기동형

▣ 2) 전동기의 속도제어

(1) 직류 전동기의 속도제어

방 식	특 징
저항 제어법	전력 손실 때문에 효율이 나쁘다.
계자 제어법	정출력 특성, 설비비가 싸다
전압 제어법	정토크 특성, 속응성이 좋고 설비비가 싸다

(2) 교류 전동기의 속도제어

① 농형 유도 전동기 : 극수제어, 주파수 제어 등
② 권선형 유도 전동기 : 2차저항법, 2차여자

법(크레이머 방식, 세르비우스 방식) 등

(3) 전동기 제어 회로

① 자기 유지 회로 : 스스로 동작을 유지하는 회로
② 우선 회로
  • 동작 우선 회로 : 정해진 순서대로 동작되는 회로
  • 신입 신호 우선 회로 : 한쪽이 동작하면 다른 한쪽이 복구되는 회로
③ 인터록 회로 : 한쪽이 동작하면 다른 한쪽은 동작할 수 없는 회로
④ 시한 회로
  • 시한 동작 회로 : 입력을 주면 설정 시간이 지난 후 출력이 동작하는 회로
  • 시한 복구 회로 : 입력을 주면 설정 시간이 지난 후 출력이 복구하는 회로
⑤ 단안정 회로 : 정해진(설정 시간) 시간 동안만 출력이 생기는 회로

▣ 3) 전동기의 용량산정

① 펌프용 전동기

$$P = \frac{KQH}{6.12\eta} [\text{kW}]$$

여기서, P : 전동기용량[kW]
$\quad\quad\quad Q$: 양수량[m³/min]
$\quad\quad\quad H$: 총양정
$\quad\quad\quad \eta$: 효율
$\quad\quad\quad K$: 계수(1.1~1.2)

② 송풍용 전동기

$$P = \frac{KQH}{6120\eta} [\text{kW}]$$

여기서, P : 전동기용량[kW]
$\quad\quad\quad Q$: 양수량[m³/min]
$\quad\quad\quad H$: 풍압[mmAq]
$\quad\quad\quad \eta$: 효율
$\quad\quad\quad K$: 여유계수(1.1~1.3)

③ 권상용 전동기

$$P = \frac{9.8KWv}{\eta}[\text{kW}]$$

여기서, P : 전동기 용량[kW]

η : 효율, W : 권상하중[ton]

v : 권상속도[m/sec]

K : 손실계수(여유계수)

④ 엘리베이터용 전동기

$$P = \frac{KVW}{6.12\eta}[\text{kW}]$$

여기서, P : 전동기 용량[kW], η : 효율

V : 승강속도[m/min]

W : 적재하중[ton], K : 평형률

◁ 4. 전기 배선용 심벌

1) 점멸기

명 칭	그림기호	적 요
점멸기	●	① 용량의 표시 방법은 다음과 같다. • 10[A]는 방기하지 않는다. • 15[A] 이상은 전류값을 표기한다. ● 15A ② 극수의 표시 방법은 다음과 같다. • 단극은 방기하지 않는다. • 2극 또는 3로, 4로는 각각 2P 또는 3, 4의 숫자를 표기한다. [보기] ● 2P ● 3 ③ 방수형은 WP를 표기한다. ● WP ④ 방폭형은 EX를 표기한다. ● EX ⑤ 타이머 붙이는 T를 표기한다. ● T
조광기	✎	용량을 표시하는 경우는 표기한다. [보기] ✎15A
셀렉터 스위치	⊗	① 점멸 회로수를 표기한다. [보기] ⊗9 ② 파일럿 램프 붙이는 L을 표기한다. [보기] ⊗9L

2) 등기구(일반용)

명 칭	그림기호	적 요
일반용 조명 백열등 HID등	○	① 벽붙이는 벽 옆을 칠한다. ◐ ② 걸림 로제트만 ⊙ ③ 팬던트 ⊖ ④ 실링·직접 부착 Ⓒ ⑤ 상들리에 Ⓒ ⑥ 매입 기구 Ⓓ (◎로 하여도 좋다.) ⑦ 옥외등은 ◎로 하여도 좋다. ⑧ HID등의 종류를 표시하는 경우는 용량 앞에 다음 기호를 붙인다. 수은등 　　　　H 메탈 헬라이드등 　M 나트륨등 　　　　N [보기] H400
형광등	⊶	① 용량을 표시하는 경우는 램프의 크기(형)×램프 수로 표시한다. 또, 용량 앞에 F를 붙인다. [보기] F40 F40×2 ② 용량 외에 기구수를 표시하는 경우는 램프의 크기(형)×램프 수 - 기구 수로 표시한다. [보기] F40-2 F40×2-3

3) 콘센트

명 칭	그림기호	적 요
콘센트	⦂	① 천장에 부착하는 경우는 다음과 같다. ⊙⊙ ② 바닥에 부착하는 경우는 다음과 같다. ⊙⊙▲ ③ 용량의 표시 방법은 다음과 같다. • 15[A]는 방기하지 않는다. • 20[A] 이상은 암페어 수를 표기한다. [보기] ⦂20A ④ 2구 이상인 경우는 구수를 표기한다. [보기] ⦂2 ⑤ 3극 이상인 것은 극수를 표기한다. [보기] ⦂3P

명 칭	그림 기호	적 요
콘센트	⟨그림기호⟩	⑥ 종류를 표시하는 경우는 다음과 같다. 　빠짐 방지형　　　　　(B)LK 　걸림형　　　　　　　(B)T 　접지극붙이　　　　　(B)E 　접지단자붙이　　　　(B)ET 　누전 차단기붙이　　　(B)EL ⑦ 방수형은 WP를 표기한다.　(B)WP ⑧ 방폭형은 EX를 표기한다.　(B)EX ⑨ 의료용은 H를 표기한다.　　(B)H

▪ 4) 배전반, 분전반, 제어반

명칭	그림기호	적 요
배전반 분전반 및 제어반	⟨그림기호⟩	① 종류를 구별하는 경우는 다음과 같다. 　배전반　⟨기호⟩ 　분전반　⟨기호⟩ 　제어반　⟨기호⟩ ② 직류용은 그 뜻을 표기한다. ③ 재해 방지 전원 회로용 배전반 등인 경우는 2중 틀로 하고 필요에 따라 종별을 표기한다. 　[보기] ⟨기호⟩1　⟨기호⟩2종

▪ 5) 배선

명 칭	그림기호	적 요
천장 은폐 배선 바닥 은폐 배선 노출 배선	────── ─ ─ ─ ─ ‥‥‥‥‥	① 천장 은폐 배선 중 천장 속의 배선을 구별하는 경우는 천장 속의 배선에 ─‧─‧─ 를 사용하여도 좋다. ② 노출 배선 중 바닥면 노출 배선을 구별하는 경우는 바닥면 노출 배선에 ─‥─‥─ 를 사용하여도 좋다. ③ 전선의 종류를 표시할 필요가 있는 경우는 기호를 기입한다.

01 60[cd]의 점광원으로부터 2[m]의 거리에서 그 방향과 직각인 면과 30° 기울어진 평면위의 조도[lx]는?

① 11   ② 13

③ 15   ④ 19

풀이 수평면 조도

$$E = \frac{I}{\gamma^2}\cos\theta = \frac{60}{2^2} \times \cos 30° \fallingdotseq 13[\text{lx}]$$

02 작업면에서 천장까지의 높이가 3[m]일 때 직접 조명인 경우의 광원의 높이는 몇 [m]인가?

① 1   ② 2

③ 3   ④ 4

풀이 등고(광원의 높이)란 작업면으로부터 광원까지의 거리를 말한다. 즉, 직접 조명의 경우 천정면에 광원이 매입되므로 3[m]가 광원의 높이가 된다.

03 실내 전반조명을 하고자 한다. 작업대로부터 광원의 높이가 2.4[m]인 위치에 조명기구를 배치할 때 벽에서 한 기구 이상 떨어진 기구에서 기구 간의 거리는 일반적인 경우 최대 몇 [m]로 배치하여 설치하는가?
단, $S \leq 1.5H$를 사용하여 구하도록 한다.

① 1.8   ② 2.4

③ 3.2   ④ 3.6

풀이 등기구 사이의 거리는 $S \leq 1.5H$이므로
∴ $S \leq 1.5 \times 2.4 = 3.6[\text{m}]$

04 조명기구의 용량 표시에 관한 사항이다. 다음 중 F40의 설명으로 알맞은 것은?

① 수은등 40[W]

② 나트륨등 40[W]

③ 메탈 할라이트등 40[W]

④ 형광등 40[W]

풀이 H : 수은등
M : 메탈 헬라이드등
N : 나트륨등
F : 형광등

05 가로등, 경기장, 공장, 아파트 단지 등의 일반 조명을 위하여 시설하는 고압방전등의 효율은 몇 [lm/W] 이상의 것이어야 하는가?

① 30   ② 70

③ 90   ④ 120

풀이 가로등, 경기장, 공장, 아파트 단지 등의 일반조명을 위하여 시설하는 고압방전등은 그 효율이 70[lm/W] 이상의 것이어야 한다.

06 조명설계 시 고려해야 할 사항 중 틀린 것은?

① 적당한 조도일 것

② 휘도 대비가 높을 것

③ 균등한 광속 발산도 분포일 것

④ 적당한 그림자가 있을 것

풀이 휘도는 눈부심 정도를 나타내며, 휘도 대비가 크면 불쾌감을 느낄 수 있으므로 작게 설계하여야 한다.

07 조명 기구의 배광에 의한 분류 중 40~60 [%] 정도는 빛이 위쪽과 아래쪽으로 고루 향하고 가장 일반적인 용도를 가지고 있으며 상하좌우로 빛이 모두 나오므로 부드러운 조명이 되는 조명방식은?

① 직접 조명방식
② 반 직접 조명방식
③ 전반 조명방식
④ 반 간접 조명방식

08 실내전체를 균일하게 조명하는 방식으로 광원을 일정한 간격으로 배치하며 공장, 학교, 사무실 등에서 채용되는 조명방식은?

① 국부조명　　② 전반조명
③ 직접조명　　④ 간접조명

풀이 전반조명방식은 상하좌우로 빛이 모두 나오므로 부드러운 조명이 되는 조명방식이다.

09 조명기구를 반간접 조명방식으로 설치하였을 때 위(상방향)로 향하는 광속의 양[%]은?

① 0~10　　② 10~40
③ 40~60　　④ 60~90

풀이 반간접 조명방식 : 하반구 광속은 전 광속의 10~40[%], 상반구 광속은 전 광속의 60~90[%]이다.

10 천장에 작은 구멍을 뚫어 그 속에 등기구를 매입시키는 방식으로 건축의 공간을 유효하게 하는 조명방식은?

① 코브방식　　② 코퍼방식
③ 밸런스방식　　④ 다운라이트방식

풀이 다운라이트 방식 : 천장면에 작은 구멍을 많이 뚫어 그 속에 여러 형태의 하면개방형, 하면루버형, 하면

확산형, 반사형전구 등의 등기구를 매입하는 조명방식

11 가정용 전등에 사용되는 점멸스위치를 설치하여야 할 위치에 대한 설명으로 가장 적당한 것은?

① 접지측 전선에 설치한다.
② 중성선에 설치한다.
③ 부하의 2차측에 설치한다.
④ 전압측 전선에 설치한다.

풀이 점멸스위치는 반드시 전압측 전선에 시설하여야 한다.

12 교류 전등 공사에서 금속관 내에 전선을 넣어 연결한 방법 중 옳은 것은?

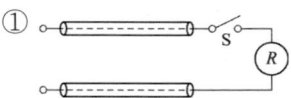

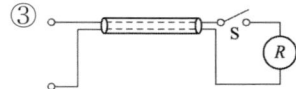
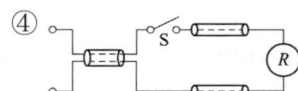

13 전등 1개를 2개소에서 점멸하고자 할 때 필요한 3로 스위치는 최소 몇 개인가?

① 1개　　② 2개
③ 3개　　④ 4개

풀이 전등 1개를 2개소에서 점멸하기 위해서는 3로 스위치 2개가 필요하다.

14 전등 한 개를 2개소에서 점멸하고자 할 때 옳은 배선은?

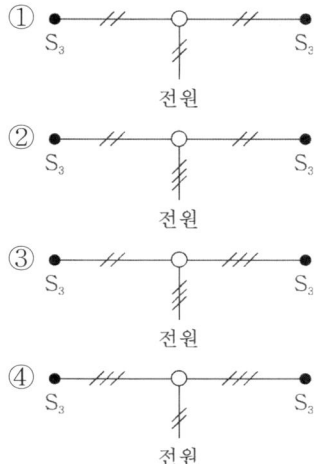

15 한 개의 전등을 두 곳에서 점멸할 수 있는 배선으로 옳은 것은?

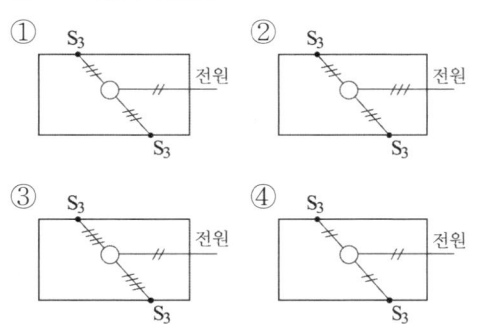

	배선도	전선 접속도
1등을 2개소에서 점멸하는 경우		

풀이 표는 이미지 참조

16 조명용 백열전등을 일반주택 및 아파트 각 호실에 설치할 때 형광등에 최대 몇 분 이내에 소등되는 타임 스위치를 시설하여야 하는가?

① 1   ② 2
③ 3   ④ 4

풀이 주택의 현관등에 설치하는 타임스위치는 3분 이내 소등되어야 하며 여관, 호텔 등의 객실 입구에 설치하는 타임스위치는 1분 이내 소등되어야 한다.

17 조명용 백열전등을 호텔 또는 여관 객실의 입구에 설치할 때나 일반 주택 및 아파트 각 실의 현관에 설치할 때 사용되는 스위치는?

① 타임스위치
② 누름버튼스위치
③ 토글스위치
④ 로터리스위치

풀이 주택의 현관등에 설치하는 타임스위치는 3분 이내 소등되어야 하며 여관, 호텔등의 객실 입구에 설치하는 타임스위치는 1분 이내 소등되어야 한다.

18 전동기의 정·역 운전을 제어하는 회로에서 2개의 전자개폐기의 작동이 일어나지 않도록 하는 회로는?

① Y − △ 회로   ② 자기유지 회로
③ 촌동 회로   ④ 인터록 회로

풀이 인터록 회로 : 두 개의 입력 중 먼저 동작한 쪽이 다른 쪽의 동작을 금지하는 회로

19 2개의 입력 가운데 앞서 동작한 쪽이 우선하고, 다른 쪽은 동작을 금지시키는 회로는?

① 자기유지회로
② 한시운전회로
③ 인터록회로
④ 비상운전회로

풀이 인터록 회로 : 두 개의 입력 중 먼저 동작한 쪽이 다른 쪽의 동작을 금지하는 회로

20 두 개 이상의 회로에서 선행동작 우선회로 또는 상대동작 금지회로인 동력배선의 제어회로는?

① 자기유지회로
② 인터록회로
③ 동작지연회로
④ 타이머회로

풀이 인터록 회로 : 두 개의 입력 중 먼저 동작한 쪽이 다른 쪽의 동작을 금지하는 회로

21 다음 중 3로 스위치를 나타내는 그림 기호는?

① ●EX ② ●₃
③ ●₂P ④ ●₁₅A

풀이 ●EX : 방폭형 점멸기
●₂P : 2극 점멸기
●₁₅A : 15[A] 이상은 전류값을 방기한다.

22 다음 심벌의 명칭은?

① 과전압 계전기   ② 환풍기
③ 콘센트   ④ 룸에어콘

풀이 그림은 콘센트의 심벌이며, ●WP는 방수형 콘센트를 나타낸다.

23 전기 배선용 도면을 작성할 때 사용하는 콘센트 도면기호는?

① ●   ② ●
③ ○   ④ ⊖○⊖

풀이 명칭	콘센트	점멸기	백열등, HID등	형광등
그림기호	◐	●	○	⊖○⊖

24 다음 중 방수형 콘센트의 심벌은?

① ◐   ② ●
③ ◐WP ④ ◐E

풀이 명칭	콘센트	점멸기	방수형 콘센트	접지극 붙이 콘센트
그림기호	◐	●	◐WP	◐E

25 아래의 그림기호가 나타내는 것은?

① 비상 콘센트
② 형광등
③ 점멸기
④ 접지저항 측정용 단자

풀이 명칭	비상 콘센트	형광등	점멸기	접지저항 측정용 단자
심벌	⊙⊙	⊖○⊖	●	⊗

26 다음과 같은 그림 기호의 명칭은?

———————

① 노출배선
② 바닥은폐배선
③ 지중매설배선
④ 천장은폐배선

풀이

명 칭	그림기호
천장 은폐 배선	——————
바닥 은폐 배선	— — — —
노출 배선	··········

① 천장 은폐 배선 중 천장 속의 배선을 구별하는 경우는 천장 속의 배선에 —·—·— 를 사용하여도 좋다.
② 노출 배선 중 바닥면 노출 배선을 구별하는 경우는 바닥면 노출 배선에 —··—··— 를 사용하여도 좋다.

27 다음 그림 중 천장 은폐 배선은?

① —————— ② — — — —
③ ·········· ④ ●————

풀이

명 칭	그림기호
천장 은폐 배선	——————
바닥 은폐 배선	— — — —
노출 배선	··········

① 천장 은폐 배선 중 천장 속의 배선을 구별하는 경우는 천장 속의 배선에 —·—·— 를 사용하여도 좋다.
② 노출 배선 중 바닥면 노출 배선을 구별하는 경우는 바닥면 노출 배선에 —··—··— 를 사용하여도 좋다.

28 배선용 차단기의 심벌은?

① B ② E
③ BE ④ S

풀이
E : 누전 차단기
S : 개폐기
BE : 과전류 소자 붙이 누전 차단기

29 아래 그림기호가 나타내는 것은?

① 한시 계전기 접점
② 전자 접촉기 접점
③ 수동 조작 접점
④ 조작 개폐기 잔류 접점

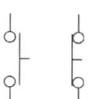

풀이

	a접점	b접점
수동 조작 (수동조작 자동복귀)	—o͟ o—	—o⊥o—

30 기중기로 200[t]의 하중을 1.5[m/min]의 속도로 권상할 때 소요되는 전동기 용량은? (단, 권상기의 효율은 70%이다.)

① 약 35[kW] ② 약 50[kW]
③ 약 70[kW] ④ 약 75[kW]

풀이
$$P = \frac{WV}{6.12\eta} = \frac{200 \times 1.5}{6.12 \times 0.7} = 70.03 [kW]$$

31 그림의 전자계전기 구조는 어떤 형의 계전기인가?

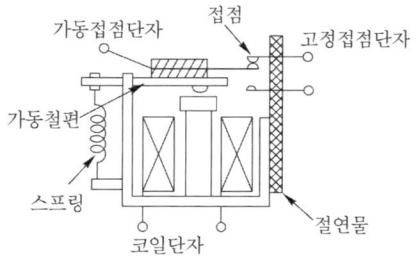

① 힌지형 ② 플런저형
③ 가동 코일형 ④ 스프링형

풀이 힌지형 전자계전기 : 코일에 조작 압력을 가하거나 또는 제거함으로써 전자석의 접극자가 지점을 중심으로 회전운동을 하고, 그 움직임에 따라 직접 또는 간접으로 접점의 개폐를 하는 기구의 계전기

32 동력 배선에서 경보를 표시하는 램프의 일반
적인 색깔은?

① 백색 　　　　② 오렌지색

③ 적색 　　　　④ 녹색

33 도면과 같은 단상 3선식의 옥외 배선에서 중
성선과 양 외선 간에 각각 20[A], 30[A]의 전
등 부하가 걸렸을 때 인입 개폐기의 X점에서
단자가 빠졌을 경우 발생하는 현상은?

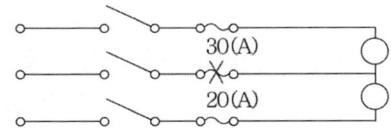

① 별 이상이 일어나지 않는다.
② 20[A] 부하의 단자전압이 상승
③ 30[A] 부하의 단자전압이 상승
④ 양쪽 부하에 전류가 흐르지 않는다.

풀이 $R \propto \dfrac{1}{I}$ 이므로 전류가 적게 흐르는 20[A] 부하의
저항이 더 크며, $R \propto V$ 이므로 X점에서 단자가 빠
졌을 경우 저항이 큰 부하(20[A] 부하)의 단자전압
이 상승하게 된다.

1. 자동화재탐지설비의 구성요소

① 감지기
② 수신기
③ 발신기
④ 중계기
⑤ 음향장치
⑥ 부속기기(부수신기, 표시등, 표지판, 소화전 기동 릴레이)

2. 감지기의 분류

검출원리	기능상	이용상
열감지기	차 동 식	스포트형
		분 포 형
	정 온 식	스포트형
		감지선형
	보 상 식	스포트형
연기감지기	광 전 식	스포트형
		분 리 형
		공기흡입형
	이온화식	

(1) 차동식 스포트형 감지기

감지기가 급격한 온도상승을 받게 되면 감열실 내의 온도가 일정한 온도상승률 이상으로 상승되어 작동하는 것

(2) 차동식 분포형 감지기

주위온도가 일정한 온도상승률 이상으로 되었을 때 작동하는 것으로 광범위한 열효과의 누적에 의해서 작동하는 것

(3) 정온식 스포트형 감지기

일국소의 주위온도가 일정한 온도 이상이 되었을 경우에 동작하는 것

(4) 정온식 감지선형 감지기

일국소의 주위온도가 일정한 온도 이상이 되었을 때 가용절연물이 녹아 2가닥의 전선이 서로 접촉하면 작동하는 것

(5) 이온화식 연기 감지기

이온실의 방사선원(아메리슘[Am^{241}])에 의해 알파선이 조사되면 이온실 내부에 이온전류가 발생하여 화재를 감지하는 것

01 자동화재탐지설비는 화재의 발생을 초기에 자동적으로 탐지하여 소방대상물의 관계자에게 화재의 발생을 통보해주는 설비이다. 이러한 자동화재 탐지설비의 구성요소가 아닌 것은?

① 수신기   ② 비상경보기
③ 발신기   ④ 중계기

풀이 자동화재 탐지설비의 구성에는 감지기, 발신기, 중계기, 수신기 등이 있다.

02 주위온도가 일정 상승률 이상이 되는 경우에 작동하는 것으로서 일정한 장소의 열에 의하여 작동하는 화재 감지기는?

① 차동식 스포트형 감지기
② 차동식 분포형 감지기
③ 광전식 연기 감지기
④ 이온화식 연기 감지기

풀이 차동식 감지기는 주위온도가 일정 상승률 이상이 되는 경우 작동하며 스포트형은 일정한 장소에서의 열효과에 의해, 분포형은 넓은 범위에서의 열효과에 의해 작동한다.

CBT 복원문제

2021~2025년(최근 5년) CBT 복원문제

동일출판사 홈페이지 및 YouTube에서
무료동영상 강의(전기이론, 전기기기 해설)를 보실 수 있습니다.

01 전장 중에 단위정전하를 놓을 때 여기에 작용하는 힘과 같은 것은?

① 전하
② 전장의 세기
③ 전위
④ 전속

풀이 전계(전장)의 세기 : 단위 전하가 전계(전장) 내에서 받는 힘의 크기[N/C]

02 다음은 도체의 전기 저항에 대한 설명이다. 틀린 것은?

① 고유 저항은 백금보다 구리가 크다.
② 단면적에 반비례하고 길이에 비례한다.
③ 도체 반지름의 제곱에 반비례한다.
④ 같은 길이, 단면적에서도 온도가 상승하면 저항이 증가한다.

풀이 20[℃]에서의 고유 저항
구리 : 1.69×10^{-8} [$\Omega \cdot$ m]
백금 : 10.5×10^{-8} [$\Omega \cdot$ m]

03 40[Ω]의 저항을 가진 전구에 $V = 200\sqrt{2} \sin \omega t$ [V]의 교류 전압을 가하면 전류의 순시값[A]은?

① $5\sin \omega t$
② $5\sqrt{2} \sin \omega t$
③ $800\sin \omega t$
④ $800\sqrt{2} \sin \omega t$

풀이 순시전류
$$i = \frac{v}{R} = \frac{200\sqrt{2} \sin \omega t}{40} = 5\sqrt{2} \sin \omega t [A]$$

04 1[$\Omega \cdot$ m]와 같은 것은?

① $1[\mu \Omega \cdot$ cm]
② $10^{6}[\Omega \cdot$ mm^2/m]
③ $10^{2}[\Omega \cdot$ mm]
④ $10^{4}[\Omega \cdot$ cm]

풀이 $1[\Omega \cdot$ m$] = 10^{8}[\mu \Omega \cdot$ cm$] = 10^{6}[\Omega \cdot$ mm^2/m]
$= 10^{3}[\Omega \cdot$ mm$] = 10^{2}[\Omega \cdot$ cm]

05 전류와 자속에 관한 설명 중 옳은 것은?

① 전류와 자속은 항상 폐회로를 이룬다.
② 전류와 자속은 항상 폐회로를 이루지 않는다.
③ 전류는 폐회로이나 자속은 아니다.
④ 자속은 폐회로이나 전류는 아니다.

06 공기 중에서 1.6×10^{-4}[Wb]와 2×10^{-3}[Wb]의 두 자극 사이에 작용하는 힘이 12.66[N]이었다. 두 자극 사이의 거리[cm]는?

① 2
② 3
③ 4
④ 5

풀이 쿨롱의 법칙 $F = 6.33 \times 10^{4} \dfrac{m_1 m_2}{r^2}$[N]에서

$r^2 = 6.33 \times 10^{4} \dfrac{m_1 m_2}{F}$

$= 6.33 \times 10^{4} \times \dfrac{1.6 \times 10^{-4} \times 2 \times 10^{-3}}{12.66}$

$= 1.6 \times 10^{-3}$

$\therefore \ r = \sqrt{1.6 \times 10^{-3}} = 0.04[m] = 4[cm]$가 된다.

답 1. ② 2. ① 3. ② 4. ② 5. ① 6. ③

07 1[Ah]는 몇 [C]인가?

① 7200　　　　　② 3600

③ 1200　　　　　④ 60

풀이 $Q = It = 1 \times 3600 = 3600[\text{C}]$

여기서, $I[\text{A}]$는 전류이며 $t[\sec]$는 시간이다.
또 1[h]는 3600[sec]에 해당한다.

08 자체 인덕턴스 L_1, L_2, 상호 인덕턴스 M의 코일을 같은 방향으로 직렬 연결한 경우 합성 인덕턴스는?

① $L_1 + L_2 + M$

② $L_1 + L_2 - M$

③ $L_1 + L_2 - 2M$

④ $L_1 + L_2 + 2M$

풀이 그림과 같이 코일의 감는 방향을 동일하게 하여 직렬로 연결한 경우를 가동결합이라 한다.

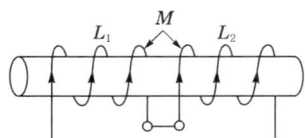

가동결합의 경우 합성 인덕턴스는
$L = L_1 + L_2 + 2M[\text{H}]$가 된다.

09 대칭 3상 △ 결선에서 선전류와 상전류와의 위상 관계는?

① 상전류가 $\dfrac{\pi}{6}[\text{rad}]$ 앞선다.

② 상전류가 $\dfrac{\pi}{6}[\text{rad}]$ 뒤진다.

③ 상전류가 $\dfrac{\pi}{3}[\text{rad}]$ 앞선다.

④ 상전류가 $\dfrac{\pi}{3}[\text{rad}]$ 뒤진다.

풀이 △ 결선
① 선간 전압(V_l), 상전압(V_p)
선간 전압은 상전압과 크기가 같고 위상이 동상이 된다.
$V_l = V_p \angle 0°$
② 선전류(I_l), 상전류(I_p)
선전류는 상전류에 비해 크기가 $\sqrt{3}$ 배이고 위상은 30° 뒤진다.
$I_l = \sqrt{3} I_p \angle -30°$

10 그림과 같은 회로에서 합성 저항[Ω]은?

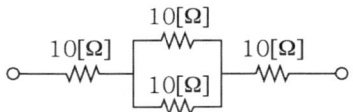

① 10　　　　　② 15

③ 20　　　　　④ 25

풀이 직병렬회로의 합성저항 :
$$R = 10 + \frac{10 \times 10}{10 + 10} + 10 = 25[\Omega]$$

11 전선의 길이를 2배로 늘리면 저항은 몇 배가 되는가?

① 1　　　　　② 2

③ 4　　　　　④ 8

풀이 전선의 저항 $R = \dfrac{l}{\sigma S} = \rho \dfrac{l}{S}[\Omega]$에서

저항은 면적에 반비례하며, 길이에 비례한다.
길이를 늘리면 부피가 일정하므로 면적은 줄어든다. 즉, 길이는 2배면 단면적은 $\dfrac{1}{2}$ 배된다.

$R = \rho \dfrac{2l}{\dfrac{1}{2} S} = 4\rho \dfrac{l}{S}[\Omega]$이 되므로

저항은 4배가 된다.

12 전기와 자기의 요소를 서로 대칭되게 나타내지 않은 것은?

① 전계 – 자계

② 전속 – 자속

③ 유전율 – 투자율

④ 전속밀도 – 자기량

풀이 전속밀도는 자속밀도에 해당한다.

13 두 콘덴서 C_1, C_2가 병렬로 접속되어 있을 때의 합성 정전 용량은?

① $C_1 + C_2$

② $\dfrac{1}{C_1} + \dfrac{1}{C_2}$

③ $\dfrac{C_1 C_2}{C_1 + C_2}$

④ $\dfrac{C_1 + C_2}{C_1 C_2}$

풀이 • 직렬연결시 합성 정전용량 :

$$C = \dfrac{1}{\dfrac{1}{C_1} + \dfrac{1}{C_2}} = \dfrac{C_1 C_2}{C_1 + C_2}$$

• 병렬 연결시 합성 정전용량 :

$$C = C_1 + C_2$$

14 컨덕턴스 $G[\mho]$, 저항 $R[\Omega]$, 전압 $V[\text{V}]$, 전류를 $I[\text{A}]$라 할 때 G와의 관계가 옳은 것은?

① $G = \dfrac{R}{V}$

② $G = \dfrac{I}{V}$

③ $G = \dfrac{V}{R}$

④ $G = \dfrac{V}{I}$

풀이 저항 R의 역수를 컨덕턴스(conductance), G라 하고, 다음과 같이 표시한다.

$$G = \dfrac{1}{R} = \sigma \dfrac{S}{l} = \dfrac{S}{\rho l}[\mho]$$

옴의 법칙에서 $I = \dfrac{V}{R}[\text{A}]$이므로

$G = \dfrac{1}{R}$을 대입하여 정리하면

$$I = \dfrac{V}{R} = VG[\text{A}]$$

따라서 $G = \dfrac{I}{V}[\mho]$이다.

15 3상 기전력을 2개의 전력계 W_1, W_2로 측정해서 W_1의 지시값이 P_1, W_2의 지시값이 P_2라 하면 3상 전력은 어떻게 표현되는가?

① $P_1 - P_2$

② $3(P_1 - P_2)$

③ $P_1 + P_2$

④ $3(P_1 + P_2)$

풀이 2전력계법

① 유효전력 : $P_1 + P_2[\text{W}]$

② 무효전력 : $\sqrt{3}(P_1 - P_2)[\text{Var}]$

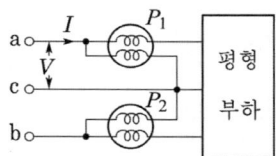

16 그림과 같은 RL 병렬회로에서 $R = 25[\Omega]$, $\omega L = \dfrac{100}{3}[\Omega]$일 때, 200[V]의 전압을 가하면 코일에 흐르는 전류 $I_L[\text{A}]$은?

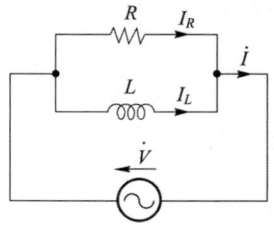

① 3.0

② 4.8

③ 6.0

④ 8.2

풀이 병렬회로이므로 각 소자에 인가되는 전압은 동일하다. 따라서 코일에 흐르는 전류

$$I_L = \frac{V}{X_L} = \frac{V}{\omega L} = \frac{200}{100/3} = 6[\Omega]$$

17 키르히호프의 법칙을 맞게 설명한 것은?

① 제1법칙은 전압에 관한 법칙이다.

② 제1법칙은 전류에 관한 법칙이다.

③ 제1법칙은 회로망의 임의의 한 폐회로 중 전압강하의 대수 합과 기전력의 대수 합은 같다.

④ 제2법칙은 회로망에 유입하는 전류의 합은 유출하는 전류의 합과 같다.

풀이 ① 키르히호프의 제1법칙

(Kirchhoff's Current Law : KCL)

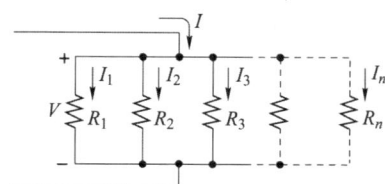

그림의 저항의 병렬회로에서, 각 지로에 흐르는 전류는 각각

$$I_1 = \frac{V}{R_1}, \; I_2 = \frac{V}{R_2}, \; I_3 = \frac{V}{R_3}, \; \cdots, \; I_n = \frac{V}{R_n}$$

가 되고, 각 저항소자에 흐르는 전류는 저항크기에 반비례하여 나타난다.

이때 키르히호프의 전류법칙에 따라 유입전류(전 전류) I는 유출전류(각 지로전류) I_1, I_2, I_3, $\cdots$의 합으로 계산된다.

$$I = I_1 + I_2 + I_3 + \cdots + I_n$$

② 키르히호프의 제2법칙

(Kirchhoff's Voltage Law : KVL)

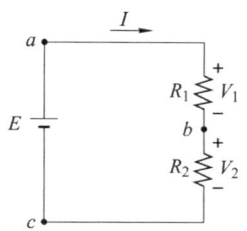

키르히호프의 전압법칙은 "회로망 내의 임의의 폐회로(경로)에 있어서 전원전압(E_i)의 합은 전압강하의 합(V_i)과 같다" 라는 법칙으로

$$E_1 + E_2 + E_3 + \cdots = V_1 + V_2 + V_3 + \cdots$$

즉, $\sum E_i = \sum V_i$ 로 계산된다.

18 그림과 같은 회로의 저항값이 $R_1 > R_2 > R_3 > R_4$ 일 때, 전류가 최소로 흐르는 저항은?

① R_1

② R_2

③ R_3

④ R_4

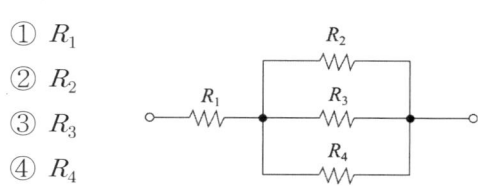

풀이 R_1에는 전체 전류가 흐르므로 가장 큰 전류가 흐르며, R_2, R_3, R_4 중에서 가장 저항이 큰 값이 가장 작은 전류가 흐른다. 즉 전류는 전압이 일정한 경우 저항의 크기에 반비례하므로 R_2에 최소의 전류가 흐른다.

19 저항 5[Ω], 유도리액턴스 30[Ω], 용량리액턴스 18[Ω]인 RLC 직렬회로에 130[V]의 교류 전압을 가할 때 흐르는 전류는 [A]는?

① 10[A], 유도성

② 10[A], 용량성

③ 5.9[A], 유도성

④ 5.9[A], 용량성

풀이 임피던스 $Z = R + j(X_L - X_C)[\Omega]$이므로

$Z = 5 + j(30 - 18) = 5 + j12[\Omega]$으로 유도성이 된다. 이때 흐르는 전류는

$$I = \frac{V}{Z} = \frac{130}{5 + j12} = \frac{130}{\sqrt{5^2 + 12^2}} = \frac{130}{13} = 10[A]$$

가 된다.

20 그림에서 a-b 간의 합성저항은 c-d 간의 합성저항보다 몇 배인가?

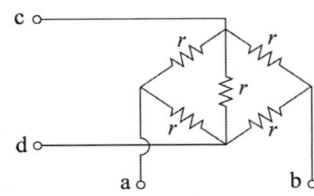

① 1배 ② 2배
③ 3배 ④ 4배

풀이 ① a-b 간의 합성저항

브리지 회로로 현재 평형상태이다. 평형상태의 경우 브리지 저항 (가운데) r은 없다고 볼 수 있으며, 이 경우 합성저항은

$$R_{ab} = \frac{(r+r) \cdot (r+r)}{(r+r)+(r+r)} = \frac{2r \cdot 2r}{2r+2r} = r$$

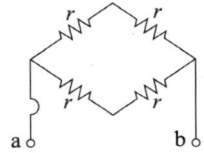

② c-d 간의 합성저항

저항 r 2개가 직렬로 연결된 회로 2개와 저항 r 1개인 회로가 서로 병렬로 연결된 회로이므로 합성저항은

$$R_{cd} = \frac{1}{\dfrac{1}{(r+r)}+\dfrac{1}{r}+\dfrac{1}{(r+r)}}$$

$$= \frac{1}{\dfrac{1}{2r}+\dfrac{1}{r}+\dfrac{1}{2r}} = \frac{r}{2}$$

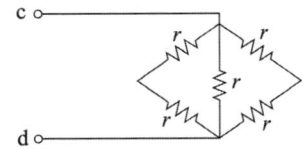

따라서 $\dfrac{R_{ab}}{R_{cd}} = \dfrac{r}{\dfrac{r}{2}} = 2$ 배가 된다.

21 직류 분권발전기가 있다. 전기자 총도체수 220, 매극의 자속수 0.01[Wb], 극수 6, 회전수 1500[rpm] 일 때 유기기전력은 몇 [V]인가? (단, 전기자 권선은 파권이다.)

① 60 ② 120
③ 165 ④ 240

풀이 파권에서 $a = 2$이므로

유기기전력 $E = \dfrac{p}{a}z\phi\dfrac{N}{60}$

$$= \frac{6}{2} \times 220 \times 0.01 \times \frac{1500}{60}$$

$$= 165[\text{V}]$$

22 3상 유도전동기의 1차 입력 60[kW], 1차 손실 1[kW], 슬립 3[%]일 때 기계적 출력은 약 몇 [kW]인가?

① 57 ② 75
③ 95 ④ 100

풀이 1차 출력 = 2차 입력 = 60−1 = 59[kW]이므로 기계적 출력

$$P_0 = (1-s)P_2 = (1-0.03) \times 59 = 57.23[\text{kW}]$$

23 다음 직류 전동기에 대한 설명 중 옳은 것은?

① 전기철도용 전동기는 차동 복권 전동기이다.
② 분권 전동기는 계자 저항기로 쉽게 회전 속도를 조정할 수 있다.
③ 직권 전동기에서는 부하가 줄면 속도가 감소한다.
④ 분권 전동기는 부하에 따라 속도가 현저하게 변한다.

📦풀이 직권전동기는 저속에서 큰 토크를 발생($\tau \propto \dfrac{1}{N^2}$) 하므로 전기철도용 전동기 등에 사용되며 부하가 줄면 속도가 증가($N \propto \dfrac{1}{I}$)하고, 분권 전동기는 정속도 특성을 가진다.

24 단상 100 [V]인 전파 사이리스터 정류회로에서 부하가 큰 인덕턴스가 있는 경우 점호각이 60도일 때의 정류 전압은 약 몇 [V]인가?

① 141　　　　② 100

③ 85　　　　④ 45

📦풀이
$$V_d = \frac{2\sqrt{2}\,V_i}{\pi}\cos\alpha = \frac{2\sqrt{2}\times 100}{\pi}\times\cos 60°$$
$$\fallingdotseq 45[\text{V}]$$

25 출력 1[kW], 효율 80[%]인 전동기의 손실 [W]은?

① 200　　　　② 250

③ 300　　　　④ 350

📦풀이
효율 $\eta = \dfrac{출력}{출력 + 손실}$ 에서

전동기의 손실을 구하면

손실 $= \dfrac{출력}{\eta} - 출력$ 이므로

손실 $= \dfrac{1}{0.8} - 1 = 0.25[\text{kW}]$가 된다.

26 권선형 3상 유도 전동기의 기동법은?

① 2차 저항법

② 기동 보상기법

③ 리액터 기동법

④ Y − △ 기동법

📦풀이 권선형 유도 전동기는 비례추이를 이용한 2차 저항법을 적용한다.

27 동기발전기의 무부하포화곡선을 나타낸 것이다. 포화계수에 해당하는 것은?

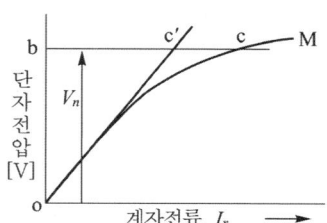

① $\dfrac{ob}{oc}$　　　　② $\dfrac{bc'}{bc}$

③ $\dfrac{cc'}{bc'}$　　　　④ $\dfrac{cc'}{bc}$

28 선택 지락 계전기의 용도는?

① 단일 회선에서 접지 전류의 대소의 선택

② 단일 회선에서 접지 전류의 방향의 선택

③ 단일 회선에서 접지 사고 지속시간의 선택

④ 다회선에서의 접지고장 회선의 선택

📦풀이 선택 지락 계전기는 다회선에서의 접지고장 회선의 선택한다.

29 전동기의 회전 방향을 바꾸는 역회전의 원리를 이용한 제동 방법은?

① 역상제동　　　　② 유도제동

③ 발전제동　　　　④ 회생제동

📦풀이 3상 유도 전동기를 운전 중 급히 정지시킬 경우 1차 측 3선 중 2선을 바꾸어 접속해서 회전자의 방향을 반대로 하면 유도 전동기는 그 순간에 강력한 유도 제동기가 된다. 이것을 역상 제동기라 한다.

30 직류 분권 발전기의 정상 운전에서 계자 권선의 접속을 바꾸면 나타나는 현상은?

① 약간의 유기 기전력이 발생한다.
② 정상 운전 때와 마찬가지이다.
③ 잠시동안 발전하다가 급격히 전압이 떨어진다.
④ 유기 기전력이 발생하지 않는다.

풀이 직류 자여자 발전기는 잔류자기가 없으면 발전이 되지 않는다. 즉, 잔류자기가 없는 조건은 회전방향을 반대로 하는 경우와 계자의 접속을 반대로 하는 경우가 된다. 따라서, 자여자 발전기인 분권발전기는 잔류자기가 소멸되어 발전이 이루어지지 않는다.

31 직류 전동기의 출력이 50[kW] 회전수가 1800[rpm]일 때 토크는 약 몇 [kg · m] 인가?

① 12
② 23
③ 27
④ 31

풀이 토크 $T = 0.975 \dfrac{P}{N}$[kg · m]에서

$$T = 0.975 \frac{50 \times 10^3}{1800} = 27.08 \text{[kg · m]}$$가 된다.

32 변압기의 자속에 관한 설명으로 옳은 것은?

① 전압과 주파수에 반비례한다.
② 전압과 주파수에 반비례한다.
③ 전압에 반비례하고 주파수에 비례한다.
④ 전압에 비례하고 주파수에 반비례한다.

풀이 변압기의 유도 기전력 $E = 4.44Nf\phi_m$[V]에서

$$\phi_m = \frac{E}{4.44fN}\text{[Wb]}$$가 된다.

따라서, 자속은 전압에 비례하고, 주파수에 반비례한다.

33 직류발전기에서 급전선의 전압강하 보상용으로 사용되는 것은?

① 분권기
② 직권기
③ 과복권기
④ 차동복권기

풀이 과복권 발전기는 가동 복권 발전기에서 직권 계자 권선의 기자력을 더 많게 하여 부하 전류 증대에 따른 전압 강하보다 부하시의 전압을 더 크게 하여 전압 변동률을 (−)로 설계한 발전기이다.

34 단상변압기 3대로 Y−Y결선을 하는 경우에 대한 설명으로 틀린 것은?

① 중성점 접지가 가능하다.
② 제3고조파 전류가 흐르며 유도장해를 일으킨다.
③ 1차측과 2차측의 각 상전압의 위상은 같다.
④ 상전압이 선간전압의 $\sqrt{3}$ 배이므로 절연이 용이하다.

풀이 Y−Y결선의 특징
① 장점
• 1차 전압, 2차 전압 사이에 위상차가 없다.
• 1차, 2차 모두 중성점을 접지할 수 있으며 고압의 경우 이상 전압을 감소시킬 수 있다.
• 상전압이 선간 전압의 $\dfrac{1}{\sqrt{3}}$ 배이므로 절연이 용이하여 고전압에 유리하다.
② 단점
• 제3고조파 전류의 통로가 없으므로 기전력의 파형이 제3고조파를 포함한 왜형파가 된다.
• 중성점을 접지하면 제3고조파 전류가 흘러 통신선에 유도 장해를 일으킨다.

35 워드레어너드 속도 제어는?

① 저항제어
② 계자제어
③ 전압제어
④ 직병렬제어

답 30. ④ 31. ③ 32. ④ 33. ③ 34. ④ 35. ③

풀이

구분	특성	분권 및 타여자	직권
계자 제어법	효율 양호 정류 악화 정출력 가변 속도	속도 제어 범위는 최저 최고비가 1 : 2 ~ 1 : 4(보상 권선이 있을 때) 정도	무부하에 있어 서 ϕ가 대단히 작으면 속도가 아주 높아지므 로 주의가 필요
직렬 저항법	효율 나쁨 정토크 가변 속도	정속도 특성을 잃 는다.	직렬 저항법과 전압 제어법을 병용하여 전차 등에 널리 사용 되고 있다.
전압 제어법	위의 두 가지에 비 하여 고가이나 광 범위한 속도 제어 가 가능하다.	타여자 전동기에 적용된다. 워드 레오나드 방식, 일그너 방식, 승 압기 방식 등이 있다.	

36 100[V], 10[A], 전기자저항 1[Ω], 회전수 1,800[rpm]인 전동기의 역기전력은 몇 [V]인가?

① 90 ② 100
③ 110 ④ 186

풀이 전동기의 역기전력

$$E_c = V - I_a R_a = 100 - 10 \times 1 = 90[V]$$

37 동기 발전기에서 난조 현상에 대한 설명으로 옳지 않은 것은?

① 부하가 급격히 변화하는 경우 발생할 수 있다.
② 제동권선을 설치하여 난조 현상을 방지한다.
③ 난조의 정도가 커지면 동기이탈 또는 탈조라 한다.
④ 난조가 생기면 바로 멈춰야 한다.

풀이 난조가 생기면 이를 제거하기 위하여 난조 방지법인 제동권선을 설치하여야 한다.

38 유도전동기가 많이 사용되는 이유가 아닌 것은?

① 값이 저렴함
② 취급이 어려움
③ 전원을 쉽게 얻음
④ 구조가 간단하고 튼튼함

풀이 유도전동기가 많이 사용되는 이유
① 전원을 얻기가 쉽다.
② 구조가 간단하고 튼튼하다.
③ 가격이 싸다.
④ 취급이 간편하고 운전이 쉽다.
⑤ 부하의 변화에도 속도의 변동이 적어 정속도 운전이 가능하다.

39 전원전압이 67[V]인 단상 전파 정류회로에서 $\alpha = 60°$일 때 정류 전압은 약 몇 [V]인가?

① 15 ② 22
③ 35 ④ 45

풀이 SCR을 이용한 전파정류의 정류전압은

$$E_d = \frac{\sqrt{2}\,V}{\pi}(1+\cos\alpha)\text{에서}$$

$$E_d = \frac{\sqrt{2}\times 67}{\pi}(1+\cos 60°) = 45[V]\text{가 된다.}$$

40 정격속도로 운전하는 무부하 분권발전기의 계자 저항이 60[Ω], 계자 전류가 1[A], 전기자 저항이 0.5[Ω]라 하면 유도 기전력은 약 몇 [V]인가?

① 30.5 ② 50.5
③ 60.5 ④ 80.5

풀이 단자 전압 V는 계자 회로의 전압 강하와 같으므로
$$V = I_f R_f = 1 \times 60 = 60[V]$$
$E = V + I_a R_a$ 식에서 $I_a = I_f$ 이므로(∵ 무부하)
∴ 유기 기전력
$$E = V + I_f R_a = 60 + 1 \times 0.5 = 60.5[V]$$

답 36. ① 37. ④ 38. ② 39. ④ 40. ③

41 배전선로 기기설치 공사에서 전주에 승주 시 발판 못 볼트는 지상 몇 [m] 지점에서 180° 방향에 몇 [m] 씩 양쪽으로 설치하여야 하는가?

① 1.5[m], 0.3[m]
② 1.5[m], 0.45[m]
③ 1.8[m], 0.3[m]
④ 1.8[m], 0.45[m]

풀이 331.4 가공전선로 지지물의 철탑오름 및 전주오름 방지
가공전선로의 지지물에 취급자가 오르고 내리는 데 사용하는 발판 볼트 등을 지표상 1.8[m] 미만에 시설하여서는 아니 된다.

42 전주의 길이가 15[m] 이하인 경우 땅에 묻히는 깊이는 전주 길이의 얼마 이상으로 하여야 하는가?

① 1/2   ② 1/3
③ 1/5   ④ 1/6

풀이 331.7 가공전선로 지지물의 기초의 안전율
강관주 또는 철근 콘크리트주로서 그 전체 길이가 16[m] 이하, 설계하중이 6.8[kN] 이하인 것 또는 목주를 다음에 의하여 시설하는 경우
① 전체의 길이가 15[m] 이하인 경우는 땅에 묻히는 깊이를 전체길이의 1/6 이상으로 할 것.
② 전체의 길이가 15[m]를 초과하는 경우는 땅에 묻히는 깊이를 2.5[m] 이상으로 할 것.

43 전등 한 개를 2개소에서 점멸하고자 할 때 옳은 배선은?

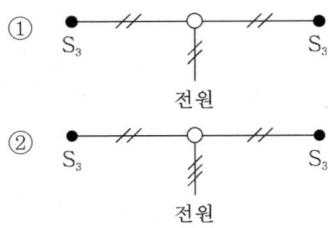

44 같은 지지물에 고압과 저압을 병가하는 이격거리는 몇 [cm]인가?

① 30 이상   ② 40 이상
③ 50 이상   ④ 60 이상

풀이 332.8 고압 가공전선 등의 병행설치
저압 가공전선과 고압 가공전선 사이의 이격거리는 0.5[m] 이상일 것. (단, 고압 가공전선에 케이블을 사용 시 이격거리는 0.3[m] 이상)

45 가요 전선관의 상호접속은 무엇을 사용하는가?

① 컴비네이션 커플링
② 스플릿 커플링
③ 더블 커넥터
④ 앵글 커넥터

풀이 • 스플릿 커플링 : 가요 전선관의 상호접속
• 컴비네이션 커플링 : 가요 전선관과 금속관 접속

46 다음 중 과전류 차단기를 설치하는 곳은?

① 간선의 전원 측 전선
② 접지공사의 접지도체
③ 다선식 전로의 중성선
④ 접지공사를 한 저압 가공전선의 접지 측 전선

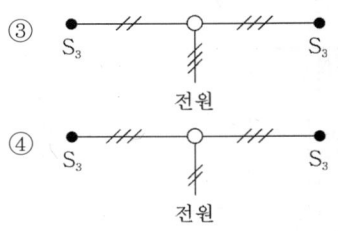

답 41. ④ 42. ④ 43. ④ 44. ③ 45. ② 46. ①

풀이 341.11 과전류차단기의 시설 제한
  ① 접지공사의 접지도체
  ② 다선식 전로의 중성선
  ③ 접지공사를 한 저압 가공전선의 접지 측 전선

47 애자용 공사에서 전선의 지지점 간의 거리는 전선을 조영재의 윗면 또는 옆면에 따라 붙이는 경우에는 몇 [m] 이하인가?
  ① 1
  ② 1.5
  ③ 2
  ④ 3

풀이 232.56 애자공사

전 압		전선과 조영재와의 이격 거리	전선 상호 간격	전선 지지점 간의 거리	
				조영재의 윗면 또는 옆면에 따라 시설	조영재에 따라 시설하지 않는 경우
저압	400[V] 이하	2.5[cm] 이상	6[cm] 이상	2[m] 이하	–
	400[V] 초과	건조한 장소 2.5[cm] 이상			6[m] 이하
		기타의 장소 4.5[cm] 이상			

48 다음 중 금속전선관의 호칭을 맞게 기술한 것은?
  ① 박강, 후강 모두 내경으로 [mm]로 나타낸다.
  ② 박강은 내경, 후강은 외경으로 [mm]로 나타낸다.
  ③ 박강은 외경, 후강은 내경으로 [mm]로 나타낸다.
  ④ 박강, 후강 모두 외경으로 [mm]로 나타낸다.

풀이 ① 후강 전선관은 안지름의 크기에 가까운 짝수로 정하여 16[mm]에서 104[mm]까지 10종류가 있으며, 관의 두께는 2.3[mm] 이상, 1본의 길이는 3.6[m]이다.
  ② 박강 전선관은 바깥지름의 크기에 가까운 홀수로 정하여 15[mm]에서 75[mm]까지 8종으로 구분하며, 관의 두께는 1.2[mm] 이상이다.

49 엘리베이터장치를 시설할 때 승강기 내에서 사용하는 전등 및 전기기계기구에 사용할 수 있는 최대전압은?
  ① 110[V] 이하
  ② 220[V] 이하
  ③ 400[V] 이하
  ④ 440[V] 이하

풀이 242.11 엘리베이터·덤웨이터 등의 승강로 안의 저압 옥내배선 등의 시설
  엘리베이터·덤웨이터 등의 승강로 내에 시설하는 사용전압이 400[V] 이하인 저압 옥내배선, 저압의 이동전선 및 이에 직접 접속하는 리프트 케이블은 이에 적합한 비닐 리프트 케이블 또는 고무 리프트 케이블을 사용하여야 한다.

50 저층 주택(승강기가 없는 경우)의 호수가 4인 경우 간선의 수용률은 얼마인가?
  ① 100[%]
  ② 89[%]
  ③ 76[%]
  ④ 64[%]

풀이 저층 주택(승강기가 없는 경우)의 호수가 2 또는 4인 경우 종합 수용률은 100[%]이다.

51 과전류차단기로 저압전로에 사용하는 80[A] 퓨즈는 수평으로 붙일 경우 정격전류의 1.6배 전류를 통한 경우에 몇 분 안에 용단되어야 하는가?
  ① 30
  ② 60
  ③ 120
  ④ 180

풀이 212.3.4 보호장치의 특성

정격전류의 구분	시간	정격전류의 배수	
		불용단 전류	용단 전류
4[A] 이하	60분	1.5배	2.1배
4[A] 초과 16[A] 미만	60분	1.5배	1.9배
16[A] 이상 63[A] 이하	60분	1.25배	1.6배
63[A] 초과 160[A] 이하	**120분**	1.25배	**1.6배**
160[A] 초과 400[A] 이하	180분	1.25배	1.6배
400[A] 초과	240분	1.25배	1.6배

52 캡타이어 케이블을 조영재에 시설하는 경우 그 지지점 간의 거리는 얼마로 하여야 하는가?

① 1[m] 이하 　② 1.5[m] 이하
③ 2.0[m] 이하 　④ 2.5[m] 이하

풀이 232.51 케이블공사
① 전선은 케이블 및 캡타이어케이블일 것.
② 전선을 조영재의 아랫면 또는 옆면에 따라 붙이는 경우에는 전선의 지지점 간의 거리를 케이블은 2[m](사람이 접촉할 우려가 없는 곳에서 수직으로 붙이는 경우에는 6[m]) 이하 캡타이어케이블은 1[m] 이하로 할 것

53 폭발성 분진이 있는 위험 장소의 금속관 공사에 있어서 관 상호 및 관과 박스 기타 부속품이나 풀박스 또는 전기기계기구는 몇 턱 이상의 나사 조임으로 시공하여야 하는가?

① 2턱 　② 3턱
③ 4턱 　④ 5턱

풀이 폭연성 분진(마그네슘, 알루미늄, 티탄, 지르코늄 등의 먼지로 쌓여진 상태에서 착화된 때에 폭발할 우려가 있는 것), 화약류 분말이 존재하는 곳, 가연성의 가스 또는 인화성 물질의 증기가 새거나 체류하는 곳의 전기 공작물은 금속관 공사, 또는 케이블 공사(캡타이어 케이블을 제외한다)에 의하여야 하며 금속관 공사를 하는 경우 관 상호 및 관과 박스 등은 5턱 이상의 나사 조임으로 접속하여야 한다.

54 고압 또는 특고압 가공전선로에서 공급을 받을 수용장소의 인입구 또는 이와 근접한 곳에 무엇을 시설하여야 하는가?

① 계기용 변성기
② 과전류 계전기
③ 접지 계전기
④ 피뢰기

풀이 피뢰기는 전력 설비의 기기를 이상 전압(뇌서지 및 개폐서지)으로부터 보호하는 장치이며, 고압 및 특별 고압의 전로 중 다음의 경우에는 피뢰기를 설치하여야 한다.
① 발·변전소 또는 이에 준하는 장소의 가공 전선 인입구 및 인출구
② 가공전선로에 접속하는 특별 고압 배전용 변압기의 고압측 및 특별 고압측
③ 고압 및 특별 고압 가공 전선로에서 공급받는 수용 장소의 인입구
④ 가공 전선로와 지중 전선로가 접속되는 곳

55 소맥분, 전분 기타 가연성의 분진이 존재하는 곳의 저압 옥내 배선 공사 방법에 해당되는 것으로 짝지어진 것은?

① 케이블 공사, 애자공사
② 금속관 공사, 콤바인 덕트관, 애자공사
③ 케이블 공사, 금속관 공사, 애자공사
④ 케이블 공사, 금속관 공사 합성수지관 공사

풀이 242.2.2 가연성 분진 위험장소
가연성 분진(소맥분·전분·유황 기타 가연성의 먼지로 공중에 떠다니는 상태에서 착화하였을 때에 폭발할 우려가 있는 것을 말하며 폭연성 분진을 제외)에 전기설비가 발화원이 되어 폭발할 우려가 있는 곳에 시설하는 저압 옥내 전기설비는 저압 옥내 배선 등은 합성수지관공사·금속관공사 또는 케이블공사에 의할 것.

56 배전용 전기기계기구인 COS(컷아웃스위치)의 용도로 알맞은 것은?

① 배전용 변압기의 1차측에 시설하여 변압기의 단락보호용으로 쓰인다.

② 배전용 변압기의 2차측에 시설하여 변압기의 단락보호용으로 쓰인다.

③ 배전용 변압기의 1차측에 시설하여 배전 구역 전환용으로 쓰인다.

④ 배전용 변압기의 2차측에 시설하여 배전 구역 전환용으로 쓰인다.

풀이 컷아웃 스위치(COS)는 주상 변압기 1차측에 설치하여 변압기의 보호와 개폐에 사용하는 스위치를 말하며, 변압기 설치시 필수적으로 설치해야 한다.

57 금속 몰드 공사로서 틀린 것은?

① 건조하고 점검할 수 있는 은폐 장소에 시공할 수 있다.

② 동으로 견고하게 제작된 것

③ 금속 몰드 내에서 공사상 부득이한 경우에는 전선의 접속점을 만들어도 좋다.

④ 금속 몰드 4[m] 초과된 것에는 접지 공사를 한다.

풀이 232.22 금속몰드공사
금속몰드 안에는 전선에 접속점이 없도록 할 것

58 전로에 지락이 생겼을 경우에 부하기기, 금속제 외함 등에 발생하는 고장전압 또는 지락전류를 검출하는 부분과 차단기 부분을 조합하여 자동적으로 전로를 차단하는 장치는?

① 누전차단장치

② 과전류차단기

③ 누전경보장치

④ 배선용차단기

풀이 전로에 지락이 생겼을 때, 금속제 외함을 가지는 사용전압이 50[V]를 초과하는 저압의 기계기구로서 사람이 쉽게 접촉할 우려가 있는 곳에 시설하는 것에 전기를 공급하는 전로에는 자동으로 차단하는 누전차단기를 시설하여야 한다.

59 다음 그림 중 바닥 은폐 배선은?

① ───────

② ─ ─ ─ ─

③ ·············

④ ───●───

풀이

명 칭	그림기호	적 요
천장 은폐 배선	───────	① 천장 은폐 배선 중 천장 속의 배선을 구별하는 경우는 천장 속의 배선에 ──·──·── 를 사용하여도 좋다.
바닥 은폐 배선	─ ─ ─ ─	② 노출 배선 중 바닥면 노출 배선을 구별하는 경우는 바닥면 노출 배선에 ──··──··── 를 사용하여도 좋다.
노출 배선	··············	③ 전선의 종류를 표시할 필요가 있는 경우는 기호를 기입한다.
		④ 배관은 다음과 같이 표시한다.

$$\overset{//}{─────}$$
2.5⁰(VE19)

전선관의 종류 ──┘ └── 전선관의 굵기

전선관의 종류
• 강제전선관은 별도의 표기없음
• VE : 경질비닐전선관
• F_2 : 2종 금속제 가요전선관
• PF : 합성수지제 가요관

⑤ 절연 전선의 굵기 및 전선수는 다음과 같이 기입한다.
단위가 명백한 경우는 단위를 생략하여도 좋다.

【보기】

$\overset{//}{──}$	$\overset{//}{──}$	$\overset{//}{──}$	$\overset{//}{──}$
2.5⁰	2	2[mm²]	8

숫자 표기의 보기 : 1.6×5
5.5×1

60 전선의 색 구별에 있어서 중성선은 어떤 색을 쓰고 있는가?

① 파란색   ② 검은색

③ 노란색   ④ 보라색

풀이 전선의 식별(KEC 121.2)

상(문자)	색상
L1	갈색
L2	검은색
L3	회색
N	파란색
보호도체	녹색-노란색

답 60. ①

01 80[mH]의 코일에 흐르는 전류가 0.2[sec] 동안에 20[A]가 변화하였다면 코일에 유기되는 기전력[V]은?

① 4 　　　　　② 6

③ 8 　　　　　④ 10

풀이 전자유도법칙에 의한

유도기전력 $e = -L\dfrac{dI}{dt}$에서

$e = 80 \times 10^{-3} \times \dfrac{20}{0.2} = 8[V]$가 된다.

02 도선의 반지름을 3배로 하면 그 저항은 어떻게 되는가?

① $\dfrac{1}{3}$배로 준다.

② 3배로 는다.

③ $\dfrac{1}{9}$배로 준다.

④ 9배로 는다.

풀이 전선의 저항과 전선의 반지름은 제곱에 반비례한다.

$R = \rho\dfrac{l}{S} = \rho\dfrac{l}{\pi(3r)^2} = \rho\dfrac{l}{9\pi r^2}$

따라서 저항은 1/9로 줄어든다.

03 M.K.S. 단위계에서 진공의 유전율[F/m]은?

① 6×10^9 　　② 8.855×10^{-12}

③ 6.33×10^4 　　④ $4\pi \times 10^{-7}$

풀이 쿨롱의 법칙의 비례상수 $\dfrac{1}{4\pi\epsilon_o} = 9 \times 10^9$에서

$\epsilon_o = 8.855 \times 10^{-12}[F/m]$가 된다.

04 1[H]의 인덕턴스에 60[Hz]의 교류를 인가할 때 유도 리액턴스[Ω]는?

① 31.4 　　　　② 314

③ 377 　　　　④ 628

풀이 유도성 리액턴스 $X_L = 2\pi f L[\Omega]$에서

$X_L = 2\pi \times 60 \times 1 ≒ 377[\Omega]$이 된다.

05 정현파 교류에서 주파수 60[Hz]인 경우 각속도[rad/sec]는?

① 100 　　　　② 2

③ 1.414π 　　　④ 377

풀이 각속도 $\omega = 2\pi f$에서

$\omega = 2\pi \times 60 ≒ 377[rad/sec]$가 된다.

06 평균 반지름이 10[cm]이고 50회의 원형 코일에 전류를 흐르게 하였을 때 그 코일 중심의 자장의 세기는 1,500[AT/m]이었다고 한다. 이 코일에 흐르는 전류는 몇 [A]인가?

① 6 　　　　　② 10

③ 50 　　　　④ 250

풀이 원형 코일 중심의 자장의 세기 $H = \dfrac{NI}{2r}$에서

전류 $I = \dfrac{2rH}{N} = \dfrac{2 \times 0.1 \times 1,500}{50} = 6[A]$가 된다.

07 전류에 의해 만들어지는 자기장의 자기력선 방향을 간단하게 알아내는 방법은?

① 플레밍의 왼손 법칙

② 렌츠의 자기유도 법칙

③ 앙페르의 오른나사 법칙

④ 패러데이의 전자유도 법칙

답 1. ③ 2. ③ 3. ② 4. ③ 5. ④ 6. ① 7. ③

풀이 직선 도체에 전류가 흐르면 자계가 형성되며 그림과 같이 도체에 수직인 평면상에서 오른나사가 진행하는 방향으로 전류가 흐를 때 나사를 돌리는 방향으로 자계가 발생한다. 즉, 전류에 의한 자계 방향의 관계를 암페어의 오른나사 법칙이라 한다.

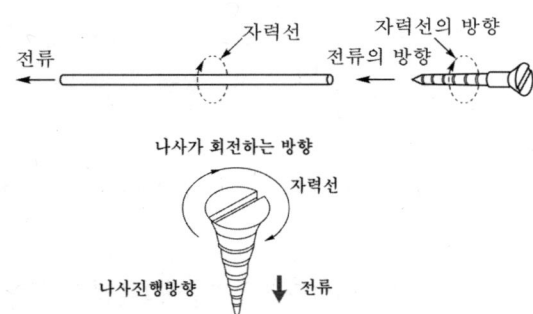

08 유기 기전력은 다음의 어느 것에 관계되는가?

① 쇄교 자속수에 비례한다.
② 쇄교 자속수에 반비례한다.
③ 시간에 비례한다.
④ 쇄교 자속수의 변화에 비례한다.

풀이 패러데이의 법칙 : "유도 기전력의 크기는 폐회로에 쇄교하는 자속의 시간적 변화율에 비례한다." 이것을 패러데이 법칙(Faraday's law) 또는 노이만 법칙(Neumann's law)이라 하며, 기전력의 크기를 결정한다.

$$e = -\frac{d\Phi}{dt}[\text{V}]$$

09 콘덴서의 정전용량에 대한 설명으로 틀린 것은?

① 전압에 반비례한다.
② 이동 전하량에 비례한다.
③ 극판의 넓이에 비례한다.
④ 극판의 간격에 비례한다.

풀이 평행판 도체의 정전 용량
극판 간격 d, 면적 S인 평행평판 도체에서의 정전 용량 C는 다음과 같다.

$$C = \frac{\epsilon_0}{d}S[\text{F}]$$

여기서, C : 평행판 전극 간의 정전 용량[F],
    S : 전극 면적[m²], d : 전극간 거리[m]
따라서 정전용량은 극판의 간격에 반비례한다.

10 임의의 폐회로에서 키르히호프의 제2법칙을 가장 잘 나타낸 것은?

① 기전력의 합 = 합성 저항의 합
② 기전력의 합 = 전압 강하의 합
③ 전압 강하의 합 = 합성 저항의 합
④ 합성 저항의 합 = 회로 전류의 합

풀이 키르히호프의 제2법칙(전압법칙) : 회로망 내의 임의의 폐회로(경로)에 있어서 전원전압(E_i)의 합은 전압강하의 합(V_i)과 같다.

11 저항 3[Ω], 유도리액턴스 4[Ω]의 직렬회로에 교류 100[V]를 가할 때 흐르는 전류와 위상각은 얼마인가?

① 14.3[A], 37°
② 14.3[A], 53°
③ 20[A], 37°
④ 20[A], 53°

풀이 임피던스는
$$Z = 4 + j3 = \sqrt{4^2 + 3^2} = 5[\Omega] \text{이므로}$$
전류 $I = \frac{V}{Z} = \frac{100}{5} = 20[\text{A}]$가 된다.
임피던스각 또는 전압과 전류의 위상차
$$\theta = \tan^{-1}\frac{X}{R} \text{에서}$$
$$\theta = \tan^{-1}\frac{X_L}{R} = \tan^{-1}\frac{4}{3} = 53.13° \text{가 된다.}$$

12 100 [V], 300 [W]의 전열선의 저항값은?

① 약 0.33[Ω] ② 약 3.33[Ω]
③ 약 33.3[Ω] ④ 약 333[Ω]

 $P = \dfrac{V^2}{R}$ [W]이므로

$\therefore R = \dfrac{V^2}{P} = \dfrac{100^2}{300} ≒ 33.3[\Omega]$

13 어떤 전압계의 측정 범위를 10배로 하자면 배율기의 저항을 전압계 내부저항의 몇 배로 하여야 하는가?

① 10 ② $\dfrac{1}{10}$

③ 9 ④ $\dfrac{1}{9}$

 $V_o = V\left(\dfrac{R_m}{r} + 1\right)$[V]

여기서, V_o : 측정할 전압[A]

V : 전압계의 눈금[V]

R_m : 배율기의 저항[Ω]

r : 전압계의 내부 저항[Ω]

배율을 m이라 하면 $m = 10$인 경우

$m = \dfrac{V_o}{V} = \left(\dfrac{R_m}{r} + 1\right)$에서

$R_m = r(m-1) = r(10-1) = 9r$로 9배가 된다.

14 진공 중에 10[μC]과 20[μC]의 점전하를 1[m]의 거리로 놓았을 때 작용하는 힘[N]은?

① 18×10^{-1}

② 2×10^{-2}

③ 9.8×10^{-9}

④ 98×10^{-9}

 진공 중 두 점전하 사이에 작용하는 힘

$F = 9 \times 10^9 \times \dfrac{Q_1 Q_2}{r^2}$ 에서

$F = 9 \times 10^9 \times \dfrac{10 \times 10^{-6} \times 20 \times 10^{-6}}{1^2}$

$= 18 \times 10^{-1}$[N]

15 자기력선의 설명 중 맞는 것은?

① 자기력선은 자석의 N극에서 시작하여 S극에서 끝난다.

② 자기력선 상호간에 교차한다.

③ 자기력선은 자석의 S극에서 시작하여 N극에서 끝난다.

④ 자기력선은 가시적으로 보인다.

 자기력선의 성질

① 자기력선은 N극에서 S극으로 향한다.

② 자기력선은 상호간에 교차하지 않는다.

③ 자기력선은 가시적으로 보이지 않는다.

④ 임의의 한점의 자기력선 밀도는 그 점의 자계의 세기와 같다.

16 자기회로의 길이 l [m], 단면적 A[m²], 투자율 μ [H/m] 일 때 자기저항 R[AT/Wb]을 나타낸 것은?

① $R = \dfrac{\mu l}{A}$ [AT/Wb]

② $R = \dfrac{A}{\mu l}$ [AT/Wb]

③ $R = \dfrac{\mu A}{l}$ [AT/Wb]

④ $R = \dfrac{l}{\mu A}$ [AT/Wb]

17 5[Wh]는 몇 [J]인가?

① 720 ② 1,800
③ 7,200 ④ 18,000

[풀이] 1[W]는 1[J/s]이므로 1[W·s]는 1[J]과 같다.
따라서 5[Wh] = 5×3600 = 18000 [W·s]
이므로 18,000[J]과 같다.

[풀이]
$$V' = 30 \times \frac{6}{3+6} = 20[V]$$

$$R' = 3 + \frac{3 \times 6}{3+6} = 5[\Omega]$$

18 환상솔레노이드에 감겨진 코일에 권회수를 3배로 늘리면 자체 인덕턴스는 몇 배로 되는가?

① 3
② 9
③ $\frac{1}{3}$
④ $\frac{1}{9}$

[풀이] 환상솔레노이드의 자기 인덕턴스

$$L = \frac{\mu S N^2}{l} \propto N^2 \text{이므로}$$

$$\therefore L \propto N^2 = 3^2 = 9배$$

19 $R = 8[\Omega]$, $L = 19.1[mH]$의 직렬회로에 5[A]가 흐르고 있을 때 인덕턴스(L)에 걸리는 단자 전압의 크기는 약 몇 [V]인가? (단, 주파수는 60[Hz]이다.)

① 12
② 25
③ 29
④ 36

[풀이] 단자전압 $V = I \cdot X_L = I \cdot \omega L$
$$= 5 \times 2\pi \times 60 \times 19.1 \times 10^{-3}$$
$$= 36[V]$$

20 그림을 테브낭 등가회로로 고칠 때 개방전압 V'와 저항 R'는?

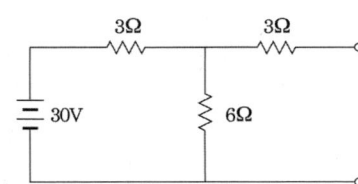

① 20[V], 5[Ω]
② 30[V], 8[Ω]
③ 15[V], 12[Ω]
④ 10[V], 1.2[Ω]

21 다음 중 SCR의 기호가 맞는 것은 어느 것인가? 단, A는 anode의 약자, K는 cathode의 약자이며 G는 gate의 약자이다.

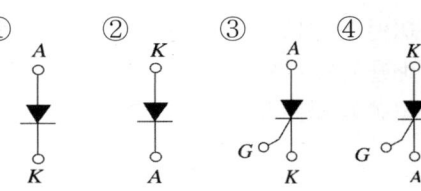

[풀이] ① 다이오드(Diode)
③ SCR(Silicon Controlled Rectifier)

22 어떤 변압기에서 임피던스 강하가 5[%]인 변압기가 운전 중 단락되었을 때 그 단락전류는 정격전류의 몇 배인가?

① 5
② 20
③ 50
④ 200

[풀이] 단락 전류
$$I_{1s} = \frac{100}{\%Z} I_{1n} = \frac{100}{5} \times I_{1n} = 20 I_{1n}$$

23 무부하 전압 E_o, 정격 전압 E일 때 직류 발전기의 전압 변동률[%]은?

① $\frac{E_o - E}{E_o} \times 100$
② $\frac{E - E_o}{E_o} \times 100$
③ $\frac{E - E_o}{E} \times 100$
④ $\frac{E_o - E}{E} \times 100$

풀이 전압 변동률

$$\epsilon = \frac{\text{무부하전압} - \text{정격전압}}{\text{정격전압}} \times 100$$

$$= \frac{E_o - E}{E} \times 100[\%]$$

24 △결선 변압기의 한 대가 고장으로 제거되어 V결선으로 공급할 때 공급할 수 있는 전력은 고장 전 전력에 대하여 몇 [%]인가?

① 86.6   ② 75.0
③ 66.7   ④ 57.7

풀이 1대의 단상변압기 용량을 K라 하면 그 출력비는

$$\frac{\text{V결선의 출력}}{\triangle\text{결선의 출력}} = \frac{\sqrt{3}\,K}{3K} = \frac{\sqrt{3}}{3}$$

$$= 0.577 = 57.7[\%]$$

25 회전자 입력을 P_2, 슬립을 s라 할 때 3상 유도 전동기의 기계적 출력의 관계식은?

① sP_2 ② $(1-s)P_2$
③ $s^2 P_2$ ④ P_2/s

풀이 기계적 출력

$$P = P_2 - P_{c2} = P_2 - sP_2 = (1-s)P_2$$

$$= \frac{N}{N_s} P_2[\text{W}]\text{가 된다.}$$

26 직류 직권전동기의 특징에 대한 설명으로 틀린 것은?

① 부하전류가 증가하면 속도가 크게 감소된다.
② 기동토크가 작다.
③ 무부하 운전이나 벨트를 연결한 운전은 위험하다.
④ 계자권선과 전기자권선이 직렬로 접속되어 있다.

풀이 직류 직권 전동기에서 회전속도 N은 전기자전류 I_a(부하전류)에 반비례하고, 토크 T는 I_a^2에 비례하므로 기동 시 직류 직권전동기의 부하전류는 작고, 기동토크는 크다.

27 다음 그림은 직류발전기의 분류 중 어느 것에 해당되는가?

① 분권발전기
② 직권발전기
③ 자석발전기
④ 복권발전기

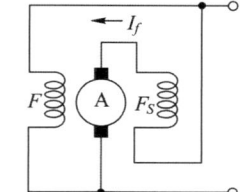

풀이 직류 발전기의 종류

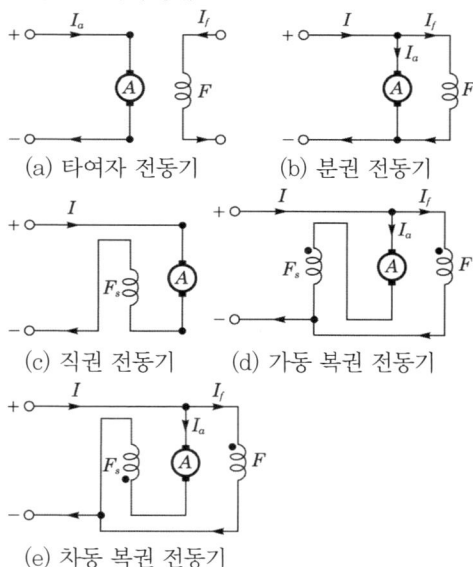

(a) 타여자 전동기   (b) 분권 전동기

(c) 직권 전동기   (d) 가동 복권 전동기

(e) 차동 복권 전동기

28 60[Hz], 4극의 유도 전동기의 슬립이 4[%]인 때의 회전수는 몇 [rpm]인가?

① 1,698   ② 1,728
③ 1,758   ④ 1,788

답 24. ④   25. ②   26. ②   27. ④   28. ②

풀이
$$N_s = \frac{120f}{p} = \frac{120 \times 60}{4} = 1800[\text{rpm}]$$
$$\therefore N = (1-s)N_s = (1-0.04) \times 1800$$
$$= 1728[\text{rpm}]$$

풀이
- 전기자 : 기전력 유도
- 계 자 : 자속 생성
- 정류자 : 정류작용
- 브러시 : 전기자 권선과 외부회로 접속

29 3상 66,000[kVA], 22,900[V]인 동기 발전기의 정격전류는 약 몇 [A]인가?

① 8,764   ② 3,367
③ 2,882   ④ 1,664

풀이
$$I = \frac{P}{\sqrt{3}\,V} = \frac{66,000 \times 10^3}{\sqrt{3} \times 22,900} \fallingdotseq 1664[\text{A}]$$

30 고압전동기 철심의 강판 홈(slot)의 모양은?

① 반폐형   ② 개방형
③ 반구형   ④ 밀폐형

풀이 유도전동기에서 슬롯은 저압용에는 반폐형, 고압용에는 주로 개방형이 사용된다.

31 변압기의 효율이 가장 좋을 때의 조건은?

① 철손 = 동손
② 철손 = 1/2동손
③ 동손 = 1/2 철손
④ 동손 = 2철손

풀이 최대 효율 조건은 고정손(철손)=가변손(동손)이다.

32 직류기에서 브러시의 역할은?

① 기전력 유도
② 자속 생성
③ 정류 작용
④ 전기자 권선과 외부회로 접속

33 변압기에 사용되는 절연유의 성질이 아닌 것은?

① 절연내력이 클 것
② 인화점이 낮을 것
③ 비열이 커서 냉각효과가 클 것
④ 절연재료와 접촉해도 화학작용을 미치지 않을 것

풀이 변압기에 사용되는 절연유는 절연저항 및 절연내력이 크고, 인화점이 높고, 점도가 낮아야 한다.

34 주파수 60[Hz]의 전원에 2극의 동기 전동기를 연결하면 회전수는 몇 [rpm]인가?

① 3600   ② 1800
③ 60   ④ 12

풀이 동기 속도 $N_s = \dfrac{120f}{p}[\text{rpm}]$에서
$$N_s = \frac{120 \times 60}{2} = 3600[\text{rpm}]이 된다.$$

35 수전단 발전소용 변압기 결선에 주로 사용하고 있으며 한쪽은 중성점을 접지할 수 있고 다른 한쪽은 제3고조파에 의한 영향을 없애주는 장점을 가지고 있는 3상 결선 방식은?

① Y-Y   ② △-△
③ Y-△   ④ V

풀이 Y결선은 중성점을 접지할 수 있으며, △결선은 3고조파에 의한 영향을 없애 줄 수 있다.

답 29. ④   30. ②   31. ①   32. ④   33. ②   34. ①   35. ③

36 일반적으로 10[kW] 이하 소용량인 전동기는 동기속도의 몇 [%]에서 최대 토크를 발생 시키는가?

① 2[%]   ② 5[%]

③ 80[%]   ④ 98[%]

풀이 동기속도의 80[%] 정도에서 최대 토크를 발생한다.

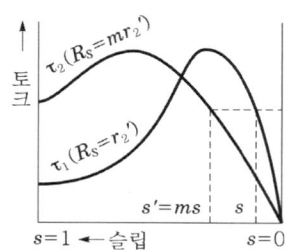

37 농형 회전자에 비뚤어진 홈을 쓰는 이유는?

① 출력을 높인다.

② 회전수를 증가시킨다.

③ 소음을 줄인다.

④ 미관상 좋다.

풀이 농형 회전자에 비뚤어진 홈을 쓰면, 기동특성이 개선되고, 파형이 좋아지며, 소음이 경감된다.

38 변압기 내부고장 시 급격한 유류 또는 gas의 이동이 생기면 동작하는 부흐홀츠 계전기의 설치 위치는?

① 변압기 본체

② 변압기의 고압측 부싱

③ 컨서베이터 내부

④ 변압기 본체와 컨서베이터를 연결하는 파이프

풀이 부흐홀쯔 계전기는 변압기의 내부 고장으로 발생하는 기름의 분해 가스 증기 또는 유류를 이용하여 부저를 움직여 계전기의 접점을 닫는 것이므로 변압기의 주탱크와 콘서베이터와의 연결관 도중에 설치한다.

39 단상 유도전동기의 기동 방법에서 기동 토크의 크기가 가장 큰 것은?

① 반발유도형   ② 반발기동형

③ 콘덴서기동형   ④ 분상기동형

풀이 기동토크의 크기
반발 기동형 > 반발 유도형 > 콘덴서 기동형
> 분상 기동형 > 세이딩 코일형

40 3상 유도 전동기의 회전원리를 설명한 것 중 틀린 것은?

① 회전자의 회전속도가 증가할수록 도체를 관통하는 자속수가 감소한다.

② 회전자의 회전속도가 증가할수록 슬립은 증가한다.

③ 부하를 회전시키기 위해서는 회전자의 속도는 동기속도 이하로 운전되어야 한다.

④ 3상 교류전압을 고정자에 공급하면 고정자 내부에서 회전자기장이 발생된다.

풀이 $s = \dfrac{n_s - n}{n_s}$ 에서 회전자의 회전속도가 증가할수록 슬립은 작아진다.

41 코드 상호간 또는 캡타이어 케이블 상호간을 접속하는 경우 가장 많이 사용되는 기구는?

① T형 접속기   ② 코드 접속기

③ 와이어 커넥터   ④ 박스용 커넥터

---

42 두 개 이상의 회로에서 선행동작 우선회로 또는 상대동작 금지회로인 동력배선의 제어회로는?

① 자기유지회로 ② 인터록회로
③ 동작지연회로 ④ 타이머회로

풀이 인터록 회로 : 한쪽이 동작하면 다른 한쪽은 동작할 수 없는 회로

43 합성수지 전선관은 무엇의 짝수[mm]로서 호칭하는가?

① 반지름 ② 단면적
③ 근사 안지름 ④ 근사 바깥 지름

풀이 합성수지관의 굵기는 관 안지름의 근사 내경으로 표시한다.

44 전선을 접속하는 경우 전선의 강도는 몇 [%] 이상 감소시키지 않아야 하는가?

① 10 ② 20
③ 40 ④ 80

풀이 123 전선의 접속
① 전선의 전기저항을 증가시키지 아니하도록 접속
② 전선의 세기(인장하중)를 20[%] 이상 감소시키지 아니할 것.
③ 전선 접속 시 접속부분을 그 부분의 절연전선의 절연물과 동등 이상의 절연성능이 있는 것으로 충분히 피복할 것.

45 소켓, 리셉터클 등에 전선을 접속할 때 어떤 측 전선을 중심 접촉면에 접속해야 하는가?

① 접지 측 ② 중성 측
③ 단자 측 ④ 전압 측

풀이 소켓, 리셉터클 등에 전선을 접속할 때에는 전압 측 전선을 중심 측면에, 접지 측 전선을 속 베이스에 연결하여야 한다.

46 지중전선로를 직접매설식에 의하여 시설하는 경우 차량, 기타 중량물의 압력을 받을 우려가 있는 장소의 매설 깊이[m]는?

① 0.6[m] 이상
② 1.0[m] 이상
③ 1.5[m] 이상
④ 2.0[m] 이상

풀이 334.1 지중전선로의 시설
① 지중 전선로는 전선에 케이블을 사용하고 또한 관로식·암거식 또는 직접 매설식에 의하여 시설하여야 한다.
② 직접매설식에 의하여 시설하는 경우에는 매설 깊이를 차량 기타 중량물의 압력을 받을 우려가 있는 장소에는 1.0[m] 이상, 기타 장소에는 0.6[m] 이상으로 하고 또한 지중 전선을 견고한 트라프 기타 방호물에 넣어 시설하여야 한다.

47 제2차 접근 상태라는 것은 가공 전선이 다른 시설물로부터 수평 거리 몇 [m] 미만인 곳에 시설되는 것을 말하는가?

① 1.5 ② 3
③ 3.5 ④ 5

풀이 112 용어 정의
접근 상태는 1차 접근 상태와 2차 접근 상태를 나타내며 2차 접근 상태는 수평 거리 3[m] 미만에 근접하여 시설되는 상태를 나타낸다.

답 42. ② 43. ③ 44. ② 45. ④ 46. ② 47. ②

48 저압 연접 인입선의 시설규정으로 적합한 것은?

① 분기점으로부터 90[m] 지점에 시설
② 6[m] 도로를 횡단하여 시설
③ 수용가 옥내를 관통하여 시설
④ 지름 1.5[mm] 인입용 비닐절연전선을 사용

풀이 221.1.2 연접 인입선의 시설
한 수용가의 인입선에서 분기하여 지지물을 거치지 아니하고 다른 수용 장소의 인입구에 이르는 부분의 전선을 연접인입선이라 한다.
① 인입선에서 분기하는 점으로부터 100[m]를 초과하는 지역에 미치지 아니할 것
② 폭 5[m]를 초과하는 도로를 횡단하지 아니할 것
③ 옥내를 통과하지 아니할 것

49 화약류 저장소에서 백열전등이나 형광등 또는 이들에 전기를 공급하기 위한 전기설비를 시설하는 경우 전로의 대지전압[V]은?

① 100[V] 이하
② 150[V] 이하
③ 220[V] 이하
④ 300[V] 이하

풀이 242.5 화약류 저장소 등의 위험장소
① 저압 옥내배선은 금속관공사 또는 케이블공사(캡타이어케이블을 사용하는 것을 제외한다)에 의할 것.
② 전로에 대지전압은 300[V] 이하일 것.
③ 전기기계기구는 전폐형의 것일 것.
④ 화약류 저장소 안의 전기설비에 전기를 공급하는 전로에는 화약류 저장소 이외의 곳에 전용 개폐기 및 과전류 차단기를 각 극에 취급자 이외의 자가 쉽게 조작할 수 없도록 시설하고 또한 전로에 지락이 생겼을 때에 자동적으로 전로를 차단하거나 경보하는 장치를 시설하여야 한다.

50 방의 폭을 X, 길이를 Y, 높이를 H라 할 때 실지수는?

① $\dfrac{XY}{H(X+Y)}$
② $X+Y$
③ $(X+Y)H$
④ $\dfrac{H(X+Y)}{XY}$

풀이 실지수$(k) = \dfrac{XY}{H(X+Y)}$

51 가공 전선로의 지지물에 시설하는 지선에 맞지 않는 것은?

① 지선의 안전율은 2.5 이상일 것
② 지선의 안전율은 2.5 이상일 경우에 허용 인장하중은 최저 4.31[kN]으로 한다.
③ 소선의 지름이 1.6mm 이상의 동선을 사용한 것일 것
④ 지선에 연선을 사용할 경우에는 소선 3가닥 이상의 연선일 것

풀이 지선은 안전율 2.5 이상 1가닥 허용 인장 하중 4.31[kN] 이상이고, 2.6[mm] 이상의 금속선은 3조 이상 꼬아서 만든다.

52 MOF란 무엇의 약호인가?

① 계기용 변압기
② 계기용 변압 변류기
③ 계기용 변류기
④ 시험용 변압기

풀이 MOF란 계기용 변압 변류기를 나타내며, 한 탱크 내에 CT 및 PT가 같이 시설되어 있는 것을 말한다.

답 48. ① 49. ④ 50. ① 51. ③ 52. ②

53 금속관 공사의 박스 내에서 전선을 접속하는 경우에 사용하는 것은?

① 매입 콘센트 ② 단자판
③ 슬리브 ④ 와이어 커넥터

풀이 정크션 박스 내에서 전선을 접속할 경우 와이어 커넥터를 사용하여 접속하여야 한다.

54 목장의 전기울타리에 사용하는 경동선의 지름은 최소 몇 [mm] 이상이어야 하는가?

① 1.6 ② 2.0
③ 2.6 ④ 3.2

풀이 논, 밭, 목장 등에서 짐승의 침입 또는 가축의 탈출을 방지하기 위하여 시설하는 것으로 전기 울타리용 전원 장치에 전기를 공급하는 전로의 사용 전압은 250[V] 이하, 전선은 인장강도 1.38[kN] 이상의 것 또는 지름 2[mm] 이상의 경동선 이상으로 전선과 이를 지지하는 기둥과의 이격 거리는 2.5[cm] 이상, 전선과 다른 공작물 또는 수목과의 이격거리는 30[cm] 이상일 것

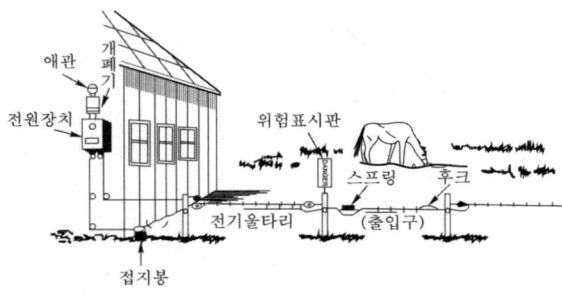

55 합성 수지관 상호간을 연결하는 접속재가 아닌 것은?

① 로크너트
② TS 커플링
③ 컴비네이션 커플링
④ 2호 커넥터

 풀이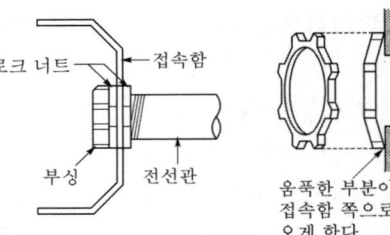

로크 너트는 박스에 금속관을 고정시킬 때 사용한다.

56 금속 덕트 안에 전광 표시 장치, 제어 회로 등의 배선만을 넣는 경우 전선의 단면적의 합계는 덕트의 내부 단면적의 몇 [%] 이하로 해야 하는가?

① 10[%] ② 20[%]
③ 50[%] ④ 80[%]

풀이 232.31 금속덕트공사
1. 전선은 절연전선(옥외용 비닐절연전선을 제외한다)일 것
2. 금속 덕트에 넣은 전선의 단면적(절연피복의 단면적을 포함한다)의 합계는 덕트의 내부 단면적의 20 [%](전광표시 기타 이와 유사한 장치 또는 제어회로 등의 배선만을 넣는 경우에는 50[%]) 이하일 것
3. 금속 덕트 안에는 전선에 접속점이 없도록 할 것. 다만, 전선을 분기하는 경우에는 그 접속점을 쉽게 점검할 수 있는 때에는 그러하지 아니하다.
4. 금속 덕트 안의 전선을 외부로 인출하는 부분은 금속 덕트의 관통부분에서 전선 손상될 우려가 없도록 시설할 것
5. 금속 덕트 안에는 전선의 피복을 손상할 우려가 있는 것을 넣지 아니할 것

57 인류하는 곳이나 분기하는 곳에 사용하는 애자는?

① 구형애자 ② 가지애자
③ 새클 애자 ④ 현수애자

풀이
• 고압 가지 애자 : 전선을 다른 방향으로 돌리는 부분에 사용
• 곡핀 애자 : 인입선에 사용
• 구형 애자 : 지선 중간에 넣는 것

풀이 폭연성 분진, 가연성 분진, 인화성 물질이 잔류하는 장소에는 나전선을 사용할 수 없다.

58 다음은 나이프 스위치를 표시한 것이다. 3극 쌍투형을 나타내는 것은?

① SPDT ② SPST
③ TPST ④ TPDT

풀이 개폐기의 기호

명 칭	기 호	명 칭	기 호
단극 단투형	SPST	단극 쌍투형	SPDT
2극 단투형	DPST	2극 쌍투형	DPDT
3극 단투형	TPST	3극 쌍투형	TPDT

59 다음 중 저압 개폐기를 생략하여도 좋은 개소는?

① 부하 전류를 단속할 필요가 있는 개소
② 인입구 기타 고장, 점검, 측정 수리 등에서 개로 할 필요가 있는 개소
③ 퓨즈의 전원 측으로 분기회로용 과전류 차단기 이후 퓨즈가 플러그 퓨즈와 같이 퓨즈 교환 시에 충전부에 접촉될 우려가 없는 경우
④ 퓨즈의 전원측

60 다음 장소에서 나전선을 사용할 수 있는 장소는?

① 산류, 알칼리류를 제조하는 공장
② 화약류 저장 장소
③ 셀룰로이드, 성냥 등을 제조하는 공장
④ 소맥분, 전등 등을 제조하는 공장

01 $+Q_1$[C]과 $-Q_2$[C]의 전하가 진공 중에서 r[m]의 거리에 있을 때 이들 사이에 작용하는 정전기력 F[N]는?

① $F = 0.9 \times 10^{-9} \times \dfrac{Q_1 Q_2}{r^2}$

② $F = 9 \times 10^{-9} \times \dfrac{Q_1 Q_2}{r^2}$

③ $F = 9 \times 10^9 \times \dfrac{Q_1 Q_2}{r^2}$

④ $F = 90 \times 10^9 \times \dfrac{Q_1 Q_2}{r^2}$

풀이 쿨롱의 법칙 : 두 점전하 사이에 작용하는 정전력의 크기는 두 전하(전기량)의 곱에 비례하고 전하 사이의 거리의 제곱에 반비례한다.

$$F = \frac{1}{4\pi\epsilon_o} \cdot \frac{Q_1 Q_2}{r^2} = 9 \times 10^9 \frac{Q_1 Q_2}{r^2} \text{[N]}$$

02 세 변의 저항 $R_a = R_b = R_c = 15$[Ω]인 Y결선 회로가 있다. 이것과 등가인 △결선회로의 각 변의 저항은 몇 [Ω]인가?

① 5 　　　　　 ② 10
③ 25 　　　　　 ④ 45

풀이 Y결선을 △결선으로 변경하면 저항의 값은 3배가 된다.
∴ $R_\triangle = 3R_Y = 3 \times 15 = 45$[Ω]

03 전하의 성질에 대한 설명 중 옳지 않은 것은?

① 같은 종류의 전하는 흡인하고 다른 종류의 전하끼리는 반발한다.
② 대전체에 들어 있는 전하를 없애려면 접지시킨다.
③ 대전체의 영향으로 비대전체에 전기가 유도 된다.
④ 전하는 가장 안정한 상태를 유지하려는 성질이 있다.

풀이 같은 종류의 전하는 반발하고 다른 종류의 전하끼리는 흡인한다.

04 3상 교류회로의 선간전압이 13200[V], 선전류가 800[A], 역률 80[%] 부하의 소비전력은 약 몇 [MW]인가?

① 4.88 　　　　　 ② 8.45
③ 14.63 　　　　　 ④ 25.34

풀이 $P = \sqrt{3} \, VI\cos\theta$
$= \sqrt{3} \times 13200 \times 800 \times 0.8 \times 10^{-6}$
$= 14.63$[MW]

05 어떤 회로에 50[V]의 전압을 가하니 $8 + j6$[A]의 전류가 흘렀다면 이 회로의 임피던스 [Ω]는?

① $3 - j4$ 　　　　　 ② $3 + j4$
③ $4 - j3$ 　　　　　 ④ $4 + j3$

풀이 $Z = \dfrac{V}{I} = \dfrac{50}{8 + j6} = \dfrac{50(8 - j6)}{(8 + j6)(8 - j6)}$
$= 4 - j3$[Ω]

06 대전된 물질이 갖는 전기의 크기를 무엇이라 하는가?

① 자속   ② 전계의 세기

③ 정전용량   ④ 전하

풀이 대전에 의해서 물체가 띠고 있는 전기를 전하 (electric charge)라 한다.

07 교류회로에서 코일과 콘덴서를 병렬로 연결한 상태에서 주파수가 증가하면 어느 쪽이 전류가 잘 흐르는가?

① 코일

② 콘덴서

③ 코일과 콘덴서에 같이 흐른다.

④ 모두 흐르지 않는다.

풀이 $X_C = \dfrac{1}{wC}[\Omega]$ 이며 $w = 2\pi f$ 이므로, $X_C \propto \dfrac{1}{f}$ 이다. 따라서, 주파수가 증가하면 용량성 리액턴스가 감소하므로 콘덴서 쪽이 전류가 더 잘 흐르게 된다.

08 어드미턴스 $Y = a + jb$에서 b는?

① 저항이다.

② 컨덕턴스이다.

③ 리액턴스이다.

④ 서셉턴스이다.

풀이 $Y = a + jb$에서 a는 컨덕턴스, b는 서셉턴스이다.

09 일반적으로 교류전압계의 지시값은?

① 최댓값   ② 순시값

③ 평균값   ④ 실효값

10 그림과 같이 R_1, R_2, R_3의 저항 3개가 직병렬 접속되었을 때 합성저항은?

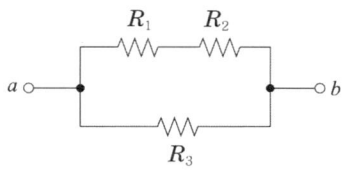

① $R = \dfrac{(R_1 + R_2)R_3}{R_1 + R_2 + R_3}$

② $R = \dfrac{(R_2 + R_3)R_1}{R_1 + R_2 + R_3}$

③ $R = \dfrac{(R_1 + R_3)R_2}{R_1 + R_2 + R_3}$

④ $R = \dfrac{R_1 R_2 R_3}{R_1 + R_2 + R_3}$

풀이 직렬 연결 시 합성저항
$$R = R_1 + R_2 + R_3 + \cdots\cdots + R_n[\Omega]$$
병렬 연결 시 합성저항
$$R = \dfrac{1}{\dfrac{1}{R_1} + \dfrac{1}{R_2} + \dfrac{1}{R_3} + \cdots\cdots + \dfrac{1}{R_n}}[\Omega]$$
따라서, 그림과 같이 직병렬 접속된 합성저항은
$$R = \dfrac{1}{\dfrac{1}{R_1 + R_2} + \dfrac{1}{R_3}} = \dfrac{(R_1 + R_2)R_3}{R_1 + R_2 + R_3}[\Omega]$$
이 된다.

11 질산은을 전기분해 할 때 직류 전류 10시간 흘렸더니 음극에 120.78[g]의 은이 부착하였다. 이때의 전류는 약 몇 [A]인가? 단, 은의 전기화학당량 $K = 0.001118[g/C]$이다.

① 1   ② 2

③ 3   ④ 4

풀이 패러데이의 법칙
전기량 $Q = It$[C]이며, 전기분해 시 전기량은 석출된 물질의 양을 전기화학당량으로 나누면 된다.

$$Q = I(10 \times 3600) = \frac{120.78}{0.001118}[C]$$에서 전류는

$$I = \frac{120.78}{0.001118 \times 10 \times 3600} = 3[A]가 된다.$$

12 1[kW]의 전열기를 정격 상태에서 1/2시간 사용하였을 때의 열량[kcal]은?

① 430　　　　② 520
③ 610　　　　④ 860

풀이 전력량이란 소비되는 전력에 사용한 시간을 곱한 값으로 나타낸다.
전력량 $W = Pt = 1 \times 0.5 = 0.5[kWh]$
전력량을 열량으로 환산하면
$H = 0.5 \times 860 = 430[kcal]$가 된다.

13 최댓값 10[A]인 교류 전류의 평균값은 약 몇 [A]인가?

① 3.34　　　　② 4.43
③ 5.65　　　　④ 6.37

풀이 정현파 교류의 평균값 $I_{ab} = \frac{2I_m}{\pi}[A]$에서

$$I_{ab} = \frac{2 \times 10}{\pi} = 6.37[A]가 된다.$$

14 220[V]용 100[W] 전구와 200[W] 전구를 직렬로 연결하여 220[V]의 전원에 연결하면?

① 두 전구의 밝기가 같다.
② 100[W]의 전구가 더 밝다.
③ 200[W]의 전구가 더 밝다.
④ 두 전구 모두 안 켜진다.

풀이 전구를 직렬로 접속할 경우 두 전구에 흐르는 전류는 일정하게 된다. 이때 소비되는 전력은 전구의 내부저항에 비례하게 되며, 소비되는 전력이 큰 쪽의 전구가 밝게 된다.

① 100[W] 전구의 저항 $R_1 = \frac{220^2}{100} = 484[\Omega]$

② 200[W] 전구의 저항 $R_2 = \frac{220^2}{200} = 242[\Omega]$

따라서, 100[W] 전구가 더 밝게 된다.

15 $e = 141\sin\left(120\pi t - \frac{\pi}{3}\right)$인 파형의 주파수는 몇 [Hz]인가?

① 120　　　　② 60
③ 30　　　　　④ 15

풀이 $\omega = 2\pi f = 120\pi$ 이므로 $f = 60[Hz]$가 된다.

16 Y결선의 전원에서 각 상전압이 100[V]일 때 선간전압은 약 몇 [V]인가?

① 100　　　　② 150
③ 173　　　　④ 195

풀이 Y결선에서 선간전압(V_l)은 상전압(V_p)보다 $\sqrt{3}$ 배 크게 된다.
따라서, $V_l = \sqrt{3}\,V_p = \sqrt{3} \times 100 = 173.2[V]$

17 발전기의 유기 기전력의 방향을 알기 위한 법칙은?

① 패러데이의 법칙
② 렌츠의 법칙
③ 플레밍의 오른손 법칙
④ 플레밍의 왼손 법칙

풀이 플레밍의 오른손 법칙
그림은 플레밍의 오른손 법칙을 나타낸 것으로 엄지손가락은 도체의 운동방향, 검지손가락은 자속의 방향이면, 중지손가락은 기전력의 방향이 된다.

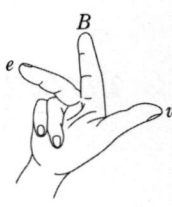

18 전류의 방향과 자장의 방향은 각각 나사의 진행 방향과 회전 방향에 일치한다와 관계가 있는 법칙은?

① 플레밍의 왼손 법칙
② 앙페르의 오른나사법칙
③ 플레밍의 오른손 법칙
④ 키르히호프의 법칙

풀이 직선 도체에 전류가 흐르면 자계가 형성되며 그림과 같이 도체에 수직인 평면상에서 오른나사가 진행하는 방향으로 전류가 흐를 때 나사를 돌리는 방향으로 자계가 발생한다. 즉, 전류에 의한 자계 방향의 관계를 암페어의 오른나사 법칙이라 한다.

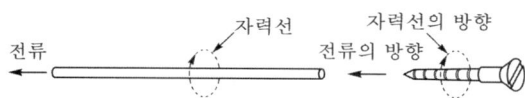

19 전압 220[V] 1상 부하 $Z = 8 + j6[\Omega]$의 △ 회로의 선전류는 몇 [A]인가?

① 22
② $22\sqrt{3}$
③ 11
④ $\dfrac{22}{\sqrt{3}}$

풀이 1상의 임피던스는
$Z = 8 + j6 = \sqrt{8^2 + 6^2} = 10[\Omega]$ 이므로
1상의 전류는 $I_p = \dfrac{V}{Z} = \dfrac{220}{10} = 22[A]$가 된다.
△결선의 경우 $I_l = \sqrt{3}\,I_p$ 이므로
선전류는 $22\sqrt{3}$[A]가 된다.

20 $I = 8 + j6$[A]로 표시되는 전류의 크기 I는 몇 [A]인가?

① 6
② 8
③ 10
④ 12

풀이 전류의 크기 $|I| = |8 + j6| = \sqrt{8^2 + 6^2} = 10[A]$

21 가스 절연 개폐기나 가스 차단기에 사용되는 가스인 SF_6의 성질이 아닌 것은?

① 연소하지 않는 성질이다.
② 색깔, 독성, 냄새가 없다.
③ 절연유의 1/140로 가볍지만 공기보다 5배 무겁다.
④ 공기의 25배 정도로 절연내력이 낮다.

풀이 SF_6 가스의 특징
1) 물리적, 화학적 성질
  ① 열 전달성이 뛰어나다(공기의 약 1.6배)
  ② 화학적으로 불활성이므로 매우 안정된 gas이다.
  ③ 무색, 무취, 무해, 불연성의 gas이다.
  ④ 열적 안정성이 뛰어나다(용매가 없는 상태에서는 약 500[℃]까지 분해되지 않는다.).
2) 전기적 성질
  ① 절연 내력이 높다(평등 전계 중에서는 1기압에서 공기의 2.5배~3.5배, 3기압에서는 기름과 같은 level의 절연 내력을 갖고 있음).
  ② 소호 성능이 뛰어나다.
  ③ arc가 안정되어 있다.
  ④ 절연 회복이 빠르다.

22 동기기의 전기자 권선법이 아닌 것은?

① 전절권
② 분포권
③ 2층권
④ 중권

풀이 교류기의 전기자 권선법은 기전력의 파형을 정현파로 하기위한 것이다. 즉, 전절권보다 단절권을 집중권 보다 분포권을 채용한다. 전기자를 단절권으로 하면 기전력의 값은 줄지만 기전력의 파형이 좋아

지고 끝 접속선의 길이가 짧아지므로 구리선이 그 만큼 절약되어 기계의 치수도 줄일 수 있다.

23 4극 고정자 홈 수 36의 3상 유도전동기의 홈 간격은 전기각으로 몇 도인가?

① 5°
② 10°
③ 15°
④ 20°

풀이

기하각 $= \dfrac{360°}{36} = 10°$

$\therefore$ 전기각 $=$ 기하각 $\times \dfrac{P}{2} = 10° \times \dfrac{4}{2} = 20°$

24 3상 동기전동기 자기동법에 관한 사항 중 틀린 것은?

① 기동토크를 적당한 값으로 유지하기 위하여 변압기 탭에 의해 정격전압의 80 [%] 정도로 저압을 가해 기동을 한다.
② 기동토크는 일반적으로 적고 전부하 토크의 40~60[%] 정도이다.
③ 제동권선에 의한 기동토크를 이용하는 것으로 제동권선은 2차권선으로서 기동 토크를 발생한다.
④ 기동할 때에는 회전자속에 의하여 계자 권선안에는 고압이 유도되어 절연을 파괴할 우려가 있다.

풀이 동기전동기의 자기동법은 제동권선에 의한 기동토 크를 이용하는 것으로, 기동토크를 적당한 값으로 유지하고 전류를 억제하기 위해 변압기 탭에 의하 여 정격전압의 30~50[%] 정도의 저압을 가해 기동 을 한다.

25 직류를 교류로 변환하는 장치는?

① 컨버터
② 초퍼
③ 인버터
④ 정류기

풀이
• 직류를 교류로 변환 : 역변환 장치(인버터)
• 교류를 직류로 변환 : 순변환 장치(정류기, 컨버 터)

26 그림과 같은 전동기 제어회로에서 전동기 M 의 전류 방향으로 올바른 것은? (단, 전동기 의 역률은 100%이고, 사이리스터의 점호각 은 0°라고 본다.)

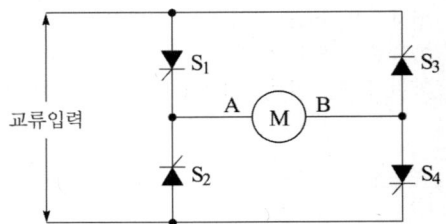

① 입력의 반주기 마다 "A"에서 "B"의 방향, "B"에서 "A"의 방향
② S_1과 S_4, S_2와 S_3의 동작 상태에 따라 "A"에서 "B"의 방향, "B"에서 "A"의 방 향
③ 항상 "A"에서 "B"의 방향
④ 항상 "B"에서 "A"의 방향

풀이 그림은 단상 전파 정류회로로서 S_1과 S_4, S_2와 S_3 의 동작 상태에 따라 정류가 되어지며, 항상 "A"에 서 "B"의 방향으로 전류가 흐른다.

27 직류 전동기의 속도 제어법 중 전압제어법으 로서 제철소의 압연기, 고속 엘리베이터의 제 어에 사용되는 방법은?

① 워드 레오나드 방식
② 정지 레오나드 방식
③ 일그너 방식
④ 크래머 방식

📋 23. ④ 24. ① 25. ③ 26. ③ 27. ①

풀이 워드 레오나드 방식은 전압제어의 대표적인 속도제어 방식으로 가장 광범위하게 속도 조정을 할 수 있으며, 권상기, 엘리베이터, 기중기, 인쇄기 등에 사용된다.

28 변압기 절연내력 시험과 관계 없는 것은?

① 가압시험   ② 유도시험

③ 충격시험   ④ 극성시험

풀이 극성시험은 가극성인지 감극성인지를 판별하는 시험으로 절연내력 시험과는 관계가 없다.

29 정격 속도로 회전하고 있는 무부하 분권 발전기의 유기 기전력은 몇 [V]인가? (단, 계자 저항 50[Ω], 계자 전류 2[A], 전기자 저항 1.5[Ω]이다.)

① 100   ② 103

③ 105   ④ 110

풀이 무부하 분권발전기는 부하전류가 0 이므로 단자전압은 $V = I_f R_f = 50 \times 2 = 100[V]$가 된다.

무부하시 $I_a = I_f$이므로

$E = V + I_a R_a = 100 + 2 \times 1.5 = 103[V]$가 된다.

30 전기기계의 효율 중 발전기의 규약 효율 η_G는 몇 [%]인가? (단, P는 입력, Q는 출력, L은 손실이다.)

① $\eta_G = \dfrac{P-L}{P} \times 100$

② $\eta_G = \dfrac{P-L}{P+L} \times 100$

③ $\eta_G = \dfrac{Q}{P} \times 100$

④ $\eta_G = \dfrac{Q}{Q+L} \times 100$

풀이 규약 효율 η는

전동기 $\eta = \dfrac{P-L}{P} \times 100[\%]$

발전기 $\eta = \dfrac{Q}{Q+L} \times 100[\%]$

31 동기발전기의 전기자 반작용에 대한 설명으로 틀린 사항은?

① 전기자 반작용은 부하 역률에 따라 크게 변화된다.

② 전기자 전류에 의한 자속의 영향으로 감자 및 자화 현상과 편자현상이 발생된다.

③ 전기자 반작용의 결과 감자현상이 발생될 때 반작용 리액턴스의 값은 감소된다.

④ 계자 자극의 중심축과 전기자전류에 의한 자속이 전기적으로 90°를 이룰 때 편자현상이 발생된다.

풀이 동기발전기 전기자 반작용의 감자현상은 지상(뒤진)인 전류에서 발생하므로 리액턴스의 값은 증가한다.

32 10[kVA], 2000/100[V] 변압기에서 1차에 환산한 등가 임피던스는 $6.2 + j7[\Omega]$이다. 이 변압기의 퍼센트 리액턴스 강하는?

① 3.5   ② 0.175

③ 0.35   ④ 1.75

풀이 1차 정격전류 $I_{1n} = \dfrac{P_n}{V_{1n}} = \dfrac{10 \times 10^3}{2000} = 5[A]$

%리액턴스 강하 $q = \dfrac{I_{1n}x}{V_{1n}} \times 100 = \dfrac{5 \times 7}{2000} \times 100$

$= 1.75[\%]$

33 동기 전동기의 용도로 적당하지 않은 것은?

① 분쇄기 ② 압축기
③ 송풍기 ④ 크레인

풀이 동기 전동기의 특징
① 장점
• 속도가 일정, 불변이다.
• 항상 역률 1로 운전할 수 있다.
• 필요시 앞선 전류를 통할 수 있다.
• 유도 전동기에 비하여 효율이 좋다.
② 단점
• 보통 구조의 것은 기동 토크가 적고 속도 조정을 할 수 없다.
• 난조를 일으킬 염려가 있다.
• 여자용의 직류 전원을 필요로 하여 설비비가 많이 든다.
③ 용도
• 저속도 대용량 : 시멘트 공장의 분쇄기, 각종 압축기, 송풍기, 제지용 쇄목기, 동기 조상기
• 소용량 : 전기 시계, 오실로그래프, 전송 사진

34 수소 냉각은 공기 냉각보다 출력이 몇 [%] 증가하는가?

① 10 ② 20
③ 25 ④ 30

풀이 수소 냉각방식의 특징
① 비중이 적어 풍손이 1/10 감소한다.
② 열전도가 공기의 7배로 출력이 약 25[%] 증가한다.
③ 코로나에 의한 손실이 없다.
④ 화염 발생이 없다.
⑤ 발전기 효율이 0.6~1[%] 증가한다.

35 정격 전압 230[V] 정격 전류 28[A]에서 직류 전동기의 속도가 1680[rpm]이다. 무부하에서의 속도가 1733[rpm]이라고 할 때 속도 변동률[%]은 약 얼마인가?

① 6.1 ② 5.0
③ 4.6 ④ 3.2

풀이 속도 변동률 $\epsilon = \frac{N_0 - N_n}{N_n} \times 100$ [%]에서
$\epsilon = \frac{1733 - 1680}{1680} \times 100 = 3.15$[%]가 된다.

36 유도 전동기의 무부하시 슬립은 얼마인가?

① 4 ② 3
③ 1 ④ 0

풀이 슬립은 $s = \frac{N_s - N}{N_s}$ 에서 무부하시는
$N_s = N$이 되므로 슬립은 0이 된다.

37 2대의 동기 발전기 A, B가 병렬운전하고 있을 때 A기의 여자전류를 증가시키면 어떻게 되는가?

① A기의 역률은 낮아지고 B기의 역률은 높아진다.
② A기의 역률은 높아지고 B기의 역률은 낮아진다.
③ A, B 양 발전기의 역률이 높아진다.
④ A, B 양 발전기의 역률이 낮아진다.

풀이 동기 발전기의 병렬 운전에서 여자의 변화는 역률의 변화로 나타난다. 여자를 증가하면 그 발전기의 역률은 낮아지고, 다른 발전기의 역률은 반대로 좋아진다.

38 권선형에서 비례추이를 이용한 기동법은?

① 리액터 기동법
② 기동 보상기법
③ 2차 저항기동법
④ Y-△ 기동법

풀이 권선형 유도 전동기는 비례추이를 이용한 2차 저항법으로 기동과 속도제어를 할 수 있다.

39 변압기의 자속은 무엇에 비례하는가?

① 전류   ② 권수
③ 주파수   ④ 전압

풀이 변압기의 유도 기전력 $E = 4.44Nf\phi_m$[V]에서
$\phi_m = \dfrac{E}{4.44fN}$[Wb]가 된다.
따라서 자속은 전압에 비례한다.

40 전력용 변압기의 내부 고장 보호용 계전방식은?

① 역상 계전기   ② 차동 계전기
③ 접지 계전기   ④ 과전류 계전기

풀이 ① 역상 계전기 : 3상 변압기의 단상 운전에 의한 소손 방지용으로 결상을 검출
② 차동 계전기 : 보호 구간에 유입하는 전류와 유출하는 전류의 벡터차를 검출해서 동작하는 계전기로 발전기 및 변압기 내부 고장 보호용
③ 접지 계전기 : 선로의 접지 검출용
④ 과전류 계전기 : 1차 전류와 2차 전류의 차에 의하여 동작

41 동전선의 접속방법에서 종단접속 방법이 아닌 것은?

① 비틀어 꽂는 형의 전선접속기에 의한 접속
② 종단겹침용 슬리브(E형)에 의한 접속
③ 직선 맞대기용 슬리브(B형)에 의한 압착 접속
④ 직선 겹침용 슬리브(P형)에 의한 접속

풀이 종단접속의 방법에는 가는 단선의 종단접속, 동선 압착단자에 의한 접속, 비틀어 꽂는 형의 전선접속기에 의한 접속, 종단겹침용 슬리브(E형)에 의한 접속, 직선겹침용 슬리브(P형)에 의한 접속, 꽂음형 커넥터에 의한 접속이 있다.

42 Pilot lamp(파일럿 램프)란 무엇인가?

① 동작을 표시하는 램프이다.
② Signal lamp와 같은 용어로 쓰인다.
③ 일반 조명용 램프라는 뜻이다.
④ 전원의 유무를 표시하는 등이다.

풀이 파일럿 램프는 정전 유무를 표시하는 곳에 사용한다.

43 천장에 작은 구멍을 뚫어 그 속에 등기구를 매입시키는 방식으로 건축의 공간을 유효하게 하는 조명방식은?

① 코브방식
② 코퍼방식
③ 밸런스방식
④ 다운라이트방식

풀이 • 코브방식 : 광원으로 천정이나 벽면상부를 조명함으로서 천정면이나 벽에서 반사되는 반사광을 이용하는 간접 조명방식
• 코퍼방식 : 천정면을 둥글게 또는 사각으로 파내어 내부에 조명기구를 배치하여 조명하는 방법
• 광원의 전면에 밸런스판을 설치하여 천정면이나 벽면으로 반사시켜 조명하는 방법

44 F40[W]의 의미는?

① 수은등 40[W]
② 나트륨등 40[W]
③ 메탈 할라이드등 40[W]
④ 형광등 40[W]

풀이 수은등 40[W] : H40
나트륨등 40[W] : N40
메탈 할라이드등 40[W] : M40

45 케이블 공사에 의한 저압 옥내배선에서 케이블을 조영재의 아랫면 또는 옆면에 따라 붙이는 경우에는 전선의 지지점 간 거리는 몇 [m] 이어야 하는가?

① 0.5　　　　② 1
③ 1.5　　　　④ 2

풀이 232.51 케이블공사
① 전선은 케이블 및 캡타이어케이블일 것.
② 전선을 조영재의 아랫면 또는 옆면에 따라 붙이는 경우에는 전선의 지지점 간의 거리를 케이블은 2[m](사람이 접촉할 우려가 없는 곳에서 수직으로 붙이는 경우에는 6[m]) 이하로 할 것

46 피뢰기가 구비해야 할 조건 중 잘못 설명된 것은?

① 충격 방전 개시 전압이 낮을 것
② 방전 내량이 작으면서 제한 전압이 높을 것
③ 상용 주파 방전 개시 전압이 높을 것
④ 속류의 차단 능력이 충분할 것

풀이 피뢰기의 구비조건
① 충격파 방전개시 전압이 낮을 것
② 상용주파 방전개시 전압이 높을 것
③ 과부하 내량이 크며, 속류 차단능력이 충분할 것
④ 제한전압이 낮을 것

47 피시 테이프(fish tape)의 용도는 무엇인가?

① 전선을 테이핑하기 위하여
② 전선관의 끝마무리를 위하여
③ 배관에 전선을 넣을 때
④ 합성수지관을 구부릴 때

풀이 피시 테이프는 전선관 공사 시 전선을 여러 가닥을 넣을 때 쉽게 넣을 수 있는 공구이다.

48 지지물에 완금, 완목, 애자 등을 장치하는 것은?

① 건주　　　　② 가선
③ 장주　　　　④ 경간

풀이
• 건주 : 지지물을 매설하는 것
• 가선(연선 및 긴선) : 전선을 시설하는 것
• 장주 : 애자, 완금 등을 설치하는 것

49 다음 중 지중 전선로의 장점이 아닌 것은?

① 기상의 영향을 적게 받는다.
② 송배전의 신뢰도가 높다.
③ 약전류 전선에 유도 장해가 적다.
④ 건설비가 많이 든다.

풀이 지중전선로는 건설비가 많이 들고 고장점 검출이 어렵다는 단점이 있으나, 신뢰도가 높으며, 기상의 영향을 적게 받으며, 유도장해가 적은 이점이 있다.

50 가요 전선관은 어디에 사용되는가?

① 옥측 배선
② 천장의 배선
③ 전동기의 리드선
④ 천장에서 콘센트까지

풀이 가요 전선관 배선은 작은 증설 공사, 전동기 리드선 등의 공사에 이용된다.

51 통상의 상태에서 불꽃 또는 아크나 가스 등으로 착화할 온도에 도달하지 않게 하는 부분은 어떤 방폭 구조라도 할 수 있는가?

① 내압 방폭 구조
② 유입 방폭 구조
③ 압력 방폭 구조
④ 안전증 방폭 구조

풀이 242.3.1 가스증기 위험장소
전기기계기구의 방폭구조는 내압 방폭구조, 압력 방폭구조나 유입 방폭구조 또는 이들의 구조와 다른 구조로서 이와 동등 이상의 방폭 성능을 가지는 구조로 되어 있는 것. 다만, 통상의 상태에서 불꽃 또는 아크를 일으키거나 가스 등에 착화할 수 있는 온도에 달할 우려가 없는 부분은 안전증 방폭구조라도 할 수 있다.

52 합성수지관을 새들 등으로 지지하는 경우에는 그 지지점 간의 거리를 몇 [m] 이하로 하여야 하는가?

① 1.5[m] ② 2.0[m]
③ 2.5[m] ④ 3.0[m]

풀이 배관의 지지
① 배관의 지지점 사이의 거리는 다음 그림과 같이 1.5[m] 이하로 하고, 관과 관, 관과 박스의 접속점 및 관 끝은 각각 300[mm] 이내에 지지한다.
② 가는 전선관의 지지점 사이의 거리는 0.8~1.2[m]가 적당하다.
③ 옥외 등 온도차가 큰 장소에 노출 배관을 할 때에는 12~20[m]마다 신축 커플링(3C)을 사용한다. 신축되는 부분에는 접착제를 사용하지 않는다.

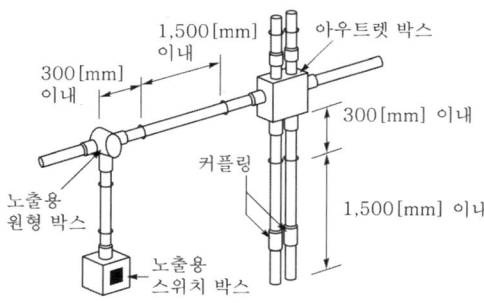

53 1종 금속몰드 배선 공사를 할 때 동일 몰드 내에 넣는 전선의 최대 몇 본 이하로 하여야 하는가?

① 3 ② 5
③ 10 ④ 12

풀이 같은 몰드 내에 넣는 경우의 전선의 수는 다음과 같다.
① 1종 금속 몰드 : 10본 이하
② 2종 금속 몰드 : 전선의 피복절연물을 포함하여 단면적의 총합계가 해당 몰드 내 단면적의 20[%] 이하

54 육안의 비시감도가 최대인 파장[nm]은?

① 400 ② 450
③ 500 ④ 550

풀이 • 최대시감도에 대한 다른 파장의 시감도의 비를 비시감도라고 한다.

$$비 \ 시감도 = \frac{임의의 \ 파장의 \ 시감도}{최대 \ 시감도(680[lm/W])}$$

• 최대시감도는 파장 555[nm](5550[Å])의 황록색에서 발생하며 그때의 시감도는 680[lm/W]이다.

55 일반적으로 정크션 박스 내에서 사용되는 전선 접속방식은?

① 슬리이브 ② 코오드놋트
③ 코오드파아스너 ④ 와이어 커넥터

풀이 정크션 박스 내에서 전선을 접속할 경우 와이어 커넥터를 사용하여 접속하여야 한다.

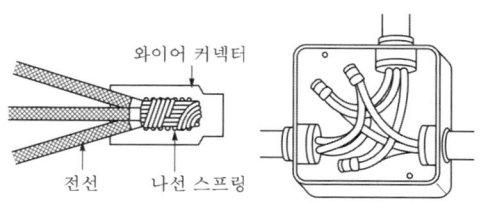

56 옥내 배선의 박스(접속함) 내에서 가는 전선을 접속할 때 주로 어떤 방법을 사용하는가?

① 쥐꼬리접속 ② 슬리브접속
③ 트위스트접속 ④ 브리타니어접속

풀이 쥐꼬리 접속의 순서

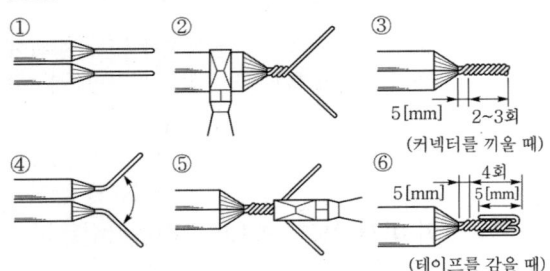

① ② ③ 5[mm] ↔ 2~3회
(커넥터를 끼울 때)

④ ⑤ ⑥ 5[mm] / 4회 5[mm]
(테이프를 감을 때)

쥐꼬리 접속은 접속함(박스) 내에서 사용하는 방법이다.

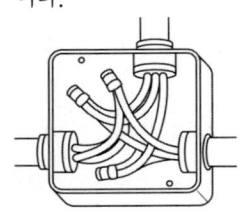

57 1종 가요 전선관을 구부릴 경우 곡률 반지름은 관 안지름의 몇 배 이상으로 하여야 하는가?

① 3 ② 4
③ 5 ④ 6

풀이 가요전선관의 곡률 반지름
① 1종 가요전선관을 구부릴 경우 곡률반지름은 관 안지름의 6배 이상으로 하여야 한다.
② 2종 가요전선관을 구부릴 경우 노출장소 또는 점검 가능한 장소에서 시설 제거하는 것이 자유로운 경우 관 안지름의 3배 이상으로 하여야 하며, 노출장소 또는 점검이 가능한 은폐장소에서 시설하고 제거하는 것이 부자유하거나 또는 점검이 불가능할 경우는 관 안지름의 6배 이상으로 한다.

58 합성수지관 배선에서 경질비닐전선관의 굵기에 해당되지 않는 것은? (단, 관의 호칭을 말한다.)

① 14 ② 16
③ 18 ④ 22

풀이 경질 비닐 전선관의 호칭 규격 : 8, 12, 14, 16, 22, 28, 36, 42, 54, 70, 82, 100[mm]

59 전주를 건주할 경우에 A종 철근콘크리트주의 길이가 10[m]이면 땅에 묻는 표준 깊이는 최저 약 몇 [m]인가? (단, 설계하중이 6.8[kN] 이하이다.)

① 2.5 ② 3.0
③ 1.7 ④ 2.4

풀이 331.7 가공전선로 지지물의 기초의 안전율
강관주 또는 철근 콘크리트주로서 그 전체 길이가 16[m] 이하, 설계하중이 6.8[kN] 이하인 것 또는 목주를 다음에 의하여 시설하는 경우
① 전체의 길이가 15[m] 이하인 경우는 땅에 묻히는 깊이를 전체 길이의 1/6 이상으로 할 것
② 전체의 길이가 15[m]를 초과하는 경우는 땅에 묻히는 깊이를 2.5[m] 이상으로 할 것

따라서 $10 \times \dfrac{1}{6} = 1.7[m]$

60 저압 옥내 간선으로부터 분기하는 곳에 설치하여야 하는 것은?

① 과전압 차단기
② 과전류 차단기
③ 누전 차단기
④ 지락 차단기

풀이 212.4.2 과부하 보호장치의 설치 위치
과부하 보호장치는 분기점(전로 중 도체의 단면적, 특성, 설치방법, 구성의 변경으로 도체의 허용전류 값이 줄어드는 곳)에 설치해야 한다.

답 57. ④ 58. ③ 59. ③ 60. ②

01 진공 중에 두 자극 m_1, m_2를 r[m]의 거리에 놓았을 때 작용하는 힘 F의 식으로 옳은 것은?

① $F = \dfrac{1}{4\pi\mu_0} \times \dfrac{m_1 m_2}{r}$ [N]

② $F = \dfrac{1}{4\pi\mu_0} \times \dfrac{m_1 m_2}{r^2}$ [N]

③ $F = 4\pi\mu_0 \times \dfrac{m_1 m_2}{r}$ [N]

④ $F = 4\pi\mu_0 \times \dfrac{m_1 m_2}{r^2}$ [N]

풀이 진공 중의 두 자극을 각각 m_1, m_2[Wb] 자극 간의 거리를 r[m], 상호 간에 작용하는 자기력을 F[N]라 하면

$F = \dfrac{1}{4\pi\mu_0} \cdot \dfrac{m_1 m_2}{r^2} = 6.33 \times 10^4 \dfrac{m_1 m_2}{\mu_s r^2}$[N]

의 관계가 있으며, 힘의 방향은 두 극을 연결하는 직선상에 있다.
이 식을 쿨롱의 법칙이라 한다.

02 평행한 두 도체에 같은 방향의 전류를 흘렸을 때 두 도체 사이에 작용하는 힘은 어떻게 되는가?

① 반발력이 작용한다.

② 힘은 0이다.

③ 흡인력이 작용한다.

④ $\dfrac{I}{2\pi r}$의 힘이 작용한다.

풀이 평행하는 두 도체 사이에 작용하는 힘은
$F = \dfrac{2I_1 I_2}{r} \times 10^{-7}$이며, 두 도체의 전류의 방향이 같을 경우 흡인력이, 전류의 방향이 다를 경우 반발력이 작용한다.

03 Q_1으로 대전된 용량 C_1의 콘덴서에 용량 C_2를 병렬 연결할 경우 C_2가 분배 받는 전기량은?

① $\dfrac{C_1 + C_2}{C_2} Q_1$

② $\dfrac{C_1}{C_1 + C_2} Q_1$

③ $\dfrac{C_1 + C_2}{C_1} Q_1$

④ $\dfrac{C_2}{C_1 + C_2} Q_1$

풀이 $Q = CV$[C]이며,
병렬연결 시 합성저항 $C_0 = C_1 + C_2$ [F]이므로
병렬접속 후 전위 V_0는

$V_0 = \dfrac{Q_1}{C_0} = \dfrac{Q_1}{C_1 + C_2}$ [V]

따라서 C_2가 받는 전기량 Q_2는

$Q_2 = C_2 V_0 = C_2 \times \dfrac{Q_1}{C_1 + C_2} = \dfrac{C_2}{C_1 + C_2} Q_1$ [F]

04 어떤 회로에 100[V]의 전압을 가했더니 10[A]의 전류가 흘렀다. 다음 중 이 회로의 저항 [Ω]은?

① 0.1

② 1

③ 10

④ 100

풀이 옴의 법칙에서의 전류는 $I = \dfrac{V}{R}$[A]이므로

$R = \dfrac{V}{I} = \dfrac{100}{10} = 10$[Ω]

05 줄의 법칙에 있어서 발생하는 열량의 계산으로 맞는 식은?

① $Q = 0.24 I^2 Rt$

② $Q = 0.024 I^2 Rt$

③ $Q = 0.024 I^2 R$

④ $Q = 0.24 I^2 R$

풀이 줄의 법칙 :
$$Q = 0.24\,Pt = 0.24\,VIt = 0.24 I^2 Rt\,[\text{cal}]$$

06 히스테리시스 곡선의 횡축과 종축은 무엇을 나타내는가?

① 자장의 세기, 자속 밀도

② 자속 밀도, 투자율

③ 자화의 세기, 자장의 세기

④ 자장의 세기, 투자율

풀이 히스테리시스곡선에서 종축을 자속밀도, 횡축의 자계의 세기로 나타낸다.

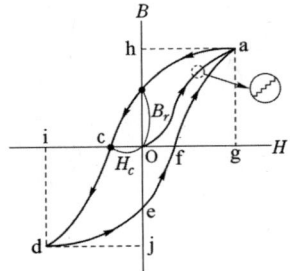

07 가정용 전등 전압이 200[V]이다. 이 교류의 최댓값은 몇 [V]인가?

① 70.7 ② 86.7

③ 141.4 ④ 282.8

풀이 최댓값 $= \sqrt{2} \times$ 실효값 $= \sqrt{2} \times 200$
$$= 282.84\,[\text{V}]$$

08 무효 전력이 Q[Var]일 때 역률이 0.8이면 유효 전력[W]은?

① $0.6Q$ ② $0.8Q$

③ $\dfrac{3}{4}Q$ ④ $\dfrac{4}{3}Q$

풀이 $\cos\theta = 0.8$이면
$$\sin\theta = \sqrt{1 - \cos^2\theta} = \sqrt{1 - 0.8^2} = 0.6 \text{ 이므로}$$
무효전력 $P_r = VI\sin\theta\,[\text{Var}]$에서
$$P_r = Q \text{이면 } VI = \frac{Q}{\sin\theta} = \frac{Q}{0.6} \text{ 가 된다.}$$
유효전력
$$P = VI\cos\theta = \frac{Q}{0.6} \times 0.8 = \frac{4}{3}Q\,[\text{W}]\text{가 된다.}$$

09 3[kW]의 전열기를 정격 상태에서 20분간 사용하였을 때의 열량은 몇 [kcal]인가?

① 430 ② 520

③ 610 ④ 860

풀이 열량 $Q = 0.24Pt = 0.24I^2Rt = 0.24\dfrac{V^2}{R}t$
$$= Cm(\theta_2 - \theta_1)\text{이므로}$$
$$\therefore Q = 0.24Pt = 0.24 \times 3 \times (20 \times 60)$$
$$= 864\,[\text{kcal}]$$

10 도선에 전류가 흐를 때 발생하는 열량은 전류의 어느 값과 관계가 있는가?

① 세기에 비례

② 세기의 제곱에 비례

③ 세기에 반비례

④ 세기의 제곱에 반비례

풀이 줄의 법칙으로 $H = 0.24 I^2 Rt\,[\text{cal}]$에서 열량은 전류의 제곱에 비례함을 알 수 있다.

11 1회 감은 코일에 지나가는 자속이 1/100[sec] 동안에 0.3[Wb]에서 0.5[Wb]로 증가했다면 유도 기전력[V]은?

① 5 ② 10

③ 20 ④ 40

풀이 전자유도법칙에 의한 유도기전력

$e = -N\dfrac{d\phi}{dt}$ 에서

$e = 1 \times \dfrac{0.5 - 0.3}{\dfrac{1}{100}} = 20[\text{V}]$ 가 된다.

12 전장의 세기가 100[V/m]의 전장에 5[μC]의 전하를 놓으면 작용하는 힘[N]은?

① 5×10^{-4} ② 20×10^{-4}

③ 5×10^{4} ④ 20×10^{6}

풀이 쿨롱의 법칙과 전계의 세기 관계식 $F = QE$ 에서

$F = Q \cdot E = 5 \times 10^{-6} \times 100 = 5 \times 10^{-4}[\text{N}]$ 이 된다.

13 고유저항 ρ의 단위로 맞는 것은?

① [Ω] ② [$\Omega \cdot$ m]

③ [AT/Wb] ④ [Ω^{-1}]

풀이 $R = \dfrac{l}{\sigma S} = \rho\dfrac{l}{S}[\Omega]$ 이 된다. 여기서 ρ는 단위체적당의 저항을 나타내고, 저항률 또는 고유저항이라 하며 물질 고유의 값을 가진다. 단위는 [$\Omega \cdot$ m]가 된다.

14 다음 중 용량성 리액턴스를 나타내는 식은?

① $\omega^2 C$ ② ωC

③ $2\pi f L$ ④ $\dfrac{1}{2\pi f C}$

풀이 용량성 리액턴스 $X_C = \dfrac{1}{2\pi f C}[\Omega]$

유도성 리액턴스 $X_L = 2\pi f L[\Omega]$

15 니켈의 원자가는 2이고 원자량은 58.7이다. 이 때 화학 당량의 값은?

① 29.35 ② 58.70

③ 60.70 ④ 117.4

풀이 화학당량 $= \dfrac{\text{원자량}}{\text{원자가}} = \dfrac{58.7}{2} = 29.35$

16 300[Ω]의 저항 3개를 이용하여 가장 작은 합성 저항을 얻을 경우는 몇 [Ω]인가?

① 0.3 ② 10

③ 100 ④ 900

풀이 동일한 저항은 병렬로 연결할수록 값이 작아진다. 따라서 병렬합성저항이 가장 작은 저항의 값이므로

$R = \dfrac{R_o}{n} = \dfrac{300}{3} = 100[\Omega]$ 이 된다.

여기서, n의 저항의 개수이며,

$\dfrac{R}{n}$ 은 병렬합성저항의 값이 된다.

17 다음 중 선형소자는 어느 것인가?

① 바리스터

② 서미스터

③ 커패시터

④ 트랜지스터

풀이 • 선형소자 : 전압이나 전류의 변화 또는 외부 환경 조건에 의해서 소자의 상수값이 변하지 않고 일정하게 유지되는 소자로 저항, 인덕터, 커패시터 등이 있다.

• 비선형소자 : 인가된 전압이나 온도 등에 의해서 소자의 상수값이 변하는 소자로 바리스터, 서미스터, 트랜지스터 등이 있다.

답 12. ① 13. ② 14. ④ 15. ① 16. ③ 17. ③

18 $R-L-C$ 직렬 회로에서 전류가 전압보다 위상이 앞서기 위해서는 어느 조건이 만족되어야 하는가?

① $X_L > X_C$ ② $X_L < X_C$

③ $X_L = \dfrac{1}{X_C}$ ④ $X_L = X_C$

풀이 $R-L-C$ 직렬 회로에서 전류가 전압보다 위상이 앞서려면 용량성 회로가 되어야 한다.
따라서 $X_L < X_C$의 조건이 만족되어야 한다.

19 축전지의 용량은 어떻게 나타내는가?

① [Ah] ② [V]

③ [A] ④ [VA]

풀이 축전지 용량의 단위는 [Ah]로 나타낸다.

20 동기기에서 전기자 전류가 기전력보다 90° 만큼 위상이 앞설 때의 전기자 반작용은?

① 교차 자화 작용 ② 감자 작용

③ 편자 작용 ④ 증자 작용

풀이 동기 발전기의 경우 전류가 기전력보다 90° 뒤지면 감자 작용, 90° 앞서는 경우는 증자(자화) 작용을 한다.

21 전기력선의 성질 중 옳지 않은 것은?

① 음 전하에서 출발하여 양전하에서 끝나는 선을 전기력선이라 한다.
② 전기력선의 접선 방향은 그 접점에서의 전기장의 방향이다.
③ 전기력선의 밀도는 전기장의 크기를 나타낸다.
④ 전기력선의 서로 교차하지 않는다.

풀이 전기력선의 성질
① 전기력선은 정전하에서 출발하여 부전하에서 멈추거나 무한원까지 퍼진다.
② 전기력선상의 임의의 한 점에서의 접선 방향은 그 점의 전계의 방향을 나타낸다. 즉, 전기력선의 방향은 전계의 방향과 일치한다.
③ 전기력선 밀도는 전계의 세기와 같다.
④ 전기력선은 서로 교차하지 않으며, 전하가 없는 곳에서는 전기력선의 발생과 소멸이 없고 연속적이다.
⑤ 전기력선은 전위가 높은 곳에서 낮은 곳으로 향한다.
⑥ 전기력선은 등전위면과 직교한다.

22 동기기의 난조 방지, 기동 토크의 발생을 목적으로 설치한 것은?

① 제동 권선 ② 계자 권선

③ 1차 권선 ④ 전기자 권선

풀이 난조의 원인은 회전자가 어떤 부하각에서 새로운 부하각으로 변화하는 도중 회전자의 관성에 의해 생기는 하나의 과도적인 진동 현상을 말한다. 이것을 방지하기 위해서 제동 권선(damper winding)을 설치한다.

23 유도 전동기의 원선도에서 구할 수 없는 것은?

① 1차 입력 ② 1차 동손

③ 동기 와트 ④ 기계적 출력

풀이
• 유도 전동기의 원선도에서 구할 수 있는 항목 : 1차 입력, 1차 동손, 동기와트, 슬립 등
• 원선도 작성에 필요한 시험 : 무부하 시험, 구속 시험, 저항 측정

24 직류 분권 발전기를 정격 속도로 회전시켜도 전압이 확립되지 않은 경우는?

① 계자 회로의 저항이 적다.
② 잔류 자속이 많다.
③ 전기자 저항이 적다.
④ 계자 권선의 접속을 반대로 하였다.

풀이 자여자 발전기 전압확립 조건
  ① 잔류자기가 있을 것
  ② 회전방향이 잔류자기를 강화하는 방향일 것
  ③ 부하 특성곡선이 자기 포화를 가질 것
  ④ 계자저항이 임계저항 보다 작을 것

25 3상 변압기의 병렬운전이 불가능한 결선 방식으로 짝지은 것은?

① △−△와 Y−Y
② △−Y와 △−Y
③ Y−Y와 Y−Y
④ △−△와 △−Y

풀이

병렬 운전 가능	병렬 운전 불가능
△−△와 △−△	
Y−△와 Y−△	△−△와 △−Y
Y−Y와 Y−Y	△−△와 Y−△
△−Y와 △−Y	△−Y와 Y−Y
△−△와 Y−Y	Y−△와 Y−Y
△−Y와 Y−△	

26 변압기의 전부하 효율은?

① $\dfrac{출력}{입력 + 동손 + 철손} \times 100[\%]$

② $\dfrac{출력}{입력 - 동손 - 철손} \times 100[\%]$

③ $\dfrac{입력}{출력 + 동손 + 철손} \times 100[\%]$

④ $\dfrac{출력}{출력 + 동손 + 철손} \times 100[\%]$

27 다음 중 병렬운전 시 균압선을 설치해야 하는 직류 발전기는?

① 분권   ② 차동복권
③ 평복권   ④ 부족복권

풀이 • 직권 계자가 있는 발전기나 복권 발전기는 병렬운전을 안정하게 하기 위하여 균압선을 설치하여야 한다.
  • 복권 발전기 중 차동 복권이나 부족 복권은 외부 특성이 분권발전기와 같으므로 그대로 병렬운전을 할 수 있으나, 평복권과 과복권은 병렬운전을 안정히 하기 위하여 균압선을 설치하여야 한다.

28 그림과 같은 분상 기동형 단상 유도 전동기를 역회전시키기 위한 방법이 아닌 것은?

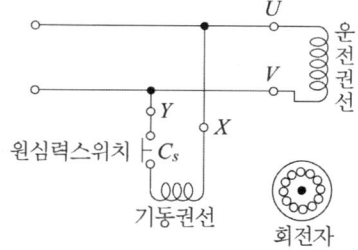

① 원심력스위치를 개로 또는 폐로한다.
② 기동권선이나 운전권선의 어느 한 권선의 단자접속을 반대로 한다.
③ 기동권선의 단자접속을 반대로 한다.
④ 운전권선의 단자접속을 반대로 한다.

풀이 • 분상 기동형 단상 유도 전동기는 단상 전동기에 보조 권선(기동 권선)을 설치하여, 단상 전원에 주권선(운동권선)과 보조 권선에 위상이 다른 전류를 흘려서 불평형 2상 전동기로서 기동하는 방법이다.
  • 원심력 스위치는 단상 전동기를 기동하기 위한 역할을 한다.

29 3상 유도전동기의 동기 속도는?

① $\dfrac{2f}{p}$ ② $\dfrac{60f}{p}$

③ $\dfrac{120f}{p}$ ④ $2\pi f$

[풀이] 동기속도는 극수에 반비례하고 주파수에 비례하므로 $N_s = \dfrac{120f}{p}$ [rpm]가 된다.

30 실리콘 다이오드의 특성에서 잘못된 것은?

① 전압 강하가 크다.
② 정류비가 크다.
③ 허용 온도가 높다.
④ 역내전압이 크다.

[풀이] 실리콘 정류기의 특성
  ① 역내전압이 크다.
  ② 전류 밀도가 크다.
    (게르마늄의 2~3배, 셀렌의 500~1000배)
  ③ 온도에 의한 영향이 작다.
    (최고 허용 온도 140~200 [℃])
  ④ 효율은 가장 좋다. (99 [%])
  ⑤ 대용량 정류기에 적합하다.

31 p를 퍼센트 저항 강하, q를 리액턴스 강하라 하면 역률이 1인 경우의 전압 변동률은?

① $p\cos\theta + q\sin\theta$
② $p + q\sin\theta$
③ $p + q$
④ p

[풀이] $\epsilon = p\cos\theta + q\sin\theta$에서 역률 100[%]일 경우 $\cos\theta = 1$, $\sin\theta = 0$이므로
$\epsilon = p$ 즉, 전압변동률 = %저항 강하이다.

32 유도 전동기의 기동 보상기법을 사용하는 전동기는?

① 7.5[kW] 이상
② 10[kW] 이상
③ 15[kW] 이상
④ 20[kW] 이상

[풀이] 15[kW] 정도 이상되는 농형 유도 전동기를 사용하는 경우에는 기동 보상기법을 한다.

33 속도가 일정하고 구조가 간단하여 동기이탈이 없는 전동기로서 전기시계, 오실로스코프 등에 많이 사용되는 전동기는?

① 유도동기 전동기
② 초동기 전동기
③ 단상동기 전동기
④ 반동 전동기

[풀이] 반동 전동기 : 여자권선 없이 동기속도로 회전하는 전동기

34 벨트 운전이나 무부하 운전을 해서는 안 되는 직류 전동기는?

① 직권   ② 가동 복권
③ 분권   ④ 차동 복권

[풀이] 속도의 식 $N = \dfrac{E}{K\phi} = \dfrac{V - R_aI_a}{K\phi} = k\dfrac{V - R_aI_a}{\phi}$ 에서 $\phi = 0$이면 속도가 무한대가 되어 위험하게 된다. 직류 직권 전동기의 경우 부하전류$I = I_a = I_f$ 이므로 부하전류가 0이면 자속이 0이 된다.
따라서, 직권 전동기의 경우 벨트 부하를 걸면 벨트가 벗겨져 무부하가 될 수 있으므로 벨트 부하를 사용하지 않으며, 기어부하를 사용한다.

[답] 29. ③ 30. ① 31. ④ 32. ③ 33. ④ 34. ①

35 인버터의 용도로 가장 적합한 것은?

① 직류–직류 변환
② 직류–교류 변환
③ 교류–증폭교류 변환
④ 직류–증폭직류 변환

풀이 인버터는 직류를 교류로 변환하는 역변환 장치이다.

36 단절권 계수를 나타내는 식은?

① $\dfrac{\beta\pi}{2}$
② $\sin\beta\pi$
③ $\sin\dfrac{\beta\pi}{2}$
④ $\cos\dfrac{\beta\pi}{2}$

풀이 단절권계수는 $\sin\dfrac{\beta\pi}{2}$ 이며,

여기서 $\beta = \dfrac{코일피치}{극피치}$ 를 나타낸다.

37 다음 중 변압기의 온도 상승 시험법으로 가장 널리 사용되는 것은?

① 반환부하법
② 유도시험법
③ 절연전압시험법
④ 고조파억제법

풀이 반환부하법은 동일 정격의 변압기가 2대 이상 있을 경우에 채용되며, 전력소비가 적고 철손과 동손을 따로 공급하는 것으로 가장 널리 사용되고 있다.

38 3상 전압 조정기의 원리는 어느 것을 응용한 것인가?

① 3상 동기 발전기
② 3상 변압기
③ 3상 유도 전동기
④ 3상 교류 정류자 전동기

풀이 3상 유도 전압 조정기는 권선형 3상유도 전동기의 1차 권선 P와, 2차 권선 S를 3상 성형 단권 변압기와 같이 접속하고, 회전자를 구속한 상태로 두고 사용하는 것과 같다.

39 동기발전기의 병렬 운전에서 한쪽의 계자 전류를 증대시켜 유기기전력을 크게 하면 어떤 현상이 발생하는가?

① 한 쪽이 전동기가 된다.
② 아무 이상 없다.
③ 고주파 전류가 흐른다.
④ 무효 순환 전류가 흐른다.

풀이 두 발전기의 기전력의 크기에 차가 있을 때 무효 순환 전류가 흐른다.

40 변압기 2차를 개방할 때 1차에 흐르는 전류는?

① 자화 전류
② 부하 전류
③ 철손 전류
④ 여자 전류

풀이 변압기 2차를 개방하고 1차에 정격전압을 가할 경우 2차 개방단에는 전류는 흐르지 않으나 1차에는 미소 전류가 흐른다. 이 전류를 여자전류라 하며, 이때 입력을 철손이라 한다.

41 금속관 공사에 절연 부싱을 쓰는 목적은?

① 관의 끝이 터지는 것을 방지
② 박스 내에서 전선의 접속을 방지
③ 관의 단구에서 조영재의 접속을 방지
④ 관의 단구에서 전선 손상을 방지

풀이 부싱 : 입선 작업 시 전선의 피복 손상을 방지하기 위해 사용하는 부속품을 말한다.

42 전기 울타리에 시설하는 전선과 이를 지지하는 기둥과의 이격 거리는?

① 40[mm] ② 30[mm]
③ 25[mm] ④ 20[mm]

풀이 241.1 전기울타리
전기 울타리 시설은 전선 2[mm] 이상, 전선과 기둥과의 이격 거리 25[mm] 이상, 전선과 수목과의 이격 거리 0.3[m] 이상, 사용 전압 250[V] 이하이다.

43 무대, 오케스트라 박스, 영사실 등의 전로의 사용 전압[V]은 얼마 이하인가?

① 150[V] ② 300[V]
③ 400[V] ④ 600[V]

풀이 242.6 전시회, 쇼 및 공연장의 전기설비
무대 · 무대마루 밑 · 오케스트라 박스 · 영사실 기타 사람이나 무대 도구가 접촉할 우려가 있는 곳 등은 사용전압이 400[V] 이하일 것

44 기기의 점검 및 수리를 할 때 전원으로부터 기기를 분리하는 경우 또는 회로의 접속을 변경하는 경우 등에 사용되는 것은?

① 변성기 ② 차단기
③ 단로기 ④ 피뢰기

풀이 단로기(DS) : 전류가 흐르지 않는 상태(무부하시)에서 회로의 접속 변경 및 점검 수리 시에 사용되는 개폐기를 말한다.

45 4심 캡타이어 케이블 심선의 색별은?

① 흑, 백, 적, 청
② 흑, 백, 적, 녹
③ 흑, 백, 적, 황
④ 흑, 백, 다, 녹

풀이 4심 캡타이어 케이블의 심선 색깔은 흑, 백, 적, 녹으로 되어 있으며, 5심 캡타이어 케이블의 심선 색깔은 흑, 백, 적, 녹, 황색으로 되어 있다.

46 가공 전선으로의 지선 사용 및 시방 세목 등에서 지선의 인장 하중은 규정상 얼마인가?

① 4.40[kN] ② 380[kN]
③ 4.31[kN] ④ 3.80[kN]

풀이 331.11 지선의 시설
지선은 안전율 2.5 이상, 1가닥 허용 인장 하중 4.31 [kN] 이상이고, 2.6[mm] 이상의 금속선을 3조 이상 꼬아서 만든다.

47 교류 전등 공사에서 금속관에 전선을 넣어 연결한 방법 중 옳은 것은?

①
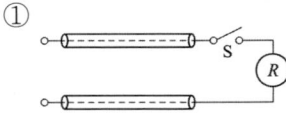

②
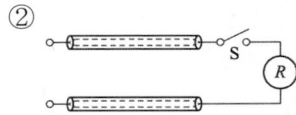

③
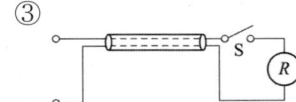

④
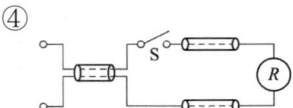

48 연피가 없는 케이블은?

① NM 케이블
② 강대 시스 케이블
③ 주트권 연피 케이블
④ 연피 케이블

풀이 ① 연피가 없는 것 : 캡타이어 케이블, 비닐 시스 케이블, 고무 시스 케이블, 클로로프렌 시스 케이블

② 연피가 있는 것 : 주트권 연피 케이블, 강대 시스 케이블

49 과전류차단기로 시설하는 퓨즈 중 고압전로에 사용하는 비포장 퓨즈는 정격전류의 몇 배의 전류에 견디어야 하는가?

① 1.1 ② 1.25

③ 1.5 ④ 2

풀이 341.10 고압 및 특고압 전로 중의 과전류차단기의 시설

가. 과전류차단기로 시설하는 퓨즈 중 고압전로에 사용하는 포장 퓨즈는 정격전류의 1.3배의 전류에 견디고 또한 2배의 전류로 120분 안에 용단되는 것.

나. 과전류차단기로 시설하는 퓨즈 중 고압전로에 사용하는 비포장 퓨즈는 정격전류의 1.25배의 전류에 견디고 또한 2배의 전류로 2분 안에 용단되는 것.

50 저압 옥내 배선 공사에서 부득이한 경우, 전선 접속이 되는 것은?

① 가요 전선관 내 ② 합성 수지관 내

③ 금속관 내 ④ 금속 덕트 내

풀이 232.31 금속덕트공사

금속 덕트 안에는 전선에 접속점이 없도록 할 것. 다만, 전선을 분기하는 경우에는 그 접속점을 쉽게 점검할 수 있는 때에는 그러하지 아니하다.

51 전선로의 지선에 사용되는 애자는?

① 현수 애자 ② 구형 애자

③ 인류 애자 ④ 핀 애자

풀이 • 고압 가지 애자 : 전선을 다른 방향으로 돌리는 부분에 사용

• 곡핀 애자 : 인입선에 사용

• 구형 애자 : 지선 중간에 넣는 것

• 인류 애자 : 선로의 말단에 인류하는 곳에 사용

• 핀 애자 : 선로의 직선주에 사용

52 액면이 올라간다던지 내려간다던지 하는 데에 따라 상하 운동을 하며, 접점을 개폐하는 것으로서 펌프의 자동 운전에 쓰이는 것은?

① 플로트 스위치

② 압력 스위치

③ 습도 자동 스위치

④ 스탭 컨트롤러

풀이 플로트 스위치 : 물탱크의 수위 조절하는 곳에 사용된다.

53 다음 중 접지저항을 측정하는 방법은?

① 휘스톤 브리지법

② 캘빈더블 브리지법

③ 콜라우시 브리지법

④ 테스터법

풀이 특수 저항 측정

① 검류계의 내부 저항 : 휘이스톤 브리지법

② 전해액의 저항 : 콜라우시 브리지법

③ 접지 저항 : 콜라우시 브리지법

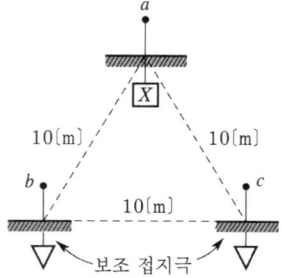

※ 콜라우시 브리지법

$R_a + R_b = R_{ab} : ①$

$R_b + R_c = R_{bc} : ②$

$R_a + R_c = R_{ac} : ③$

① + ② + ③

$2(R_a + R_b + R_c) = R_{ab} + R_{bc} + R_{ca}$

$2(R_a + R_{bc}) = R_{ab} + R_{bc} + R_{ca}$

$R_a = \frac{1}{2}(R_{ab} + R_{ca} - R_{bc})\,[\Omega]$

여기서,

R_{ab} : 본 접지극 a와 보조 접지극 b 사이의 저항

R_{ac} : 본 접지극 a와 보조 접지극 c 사이의 저항

R_{bc} : 보조 접지극 bc 상호간의 저항

---

54 합성수지관의 특성은?

① 내열성   ② 내부식성

③ 내한성   ④ 내충격성

풀이 합성수지관은 내부식성이 강하며, 절연성이 우수하다.

---

55 보호를 요하는 회로의 전류가 어떤 일정한 값(정정값)이상으로 흘렀을 때 동작하는 계전기는?

① 과전류 계전기

② 과전압 계전기

③ 차동 계전기

④ 비율 차동 계전기

풀이
- 과전류 계전기 : 회로의 전류가 일정값이 이상으로 흘렀을 때 동작
- 과전압 계전기 : 회로의 전압이 일정값이 이상이 되었을 때 동작
- 차동 계전기 : 1차 전류와 2차 전류의 차에 의하여 동작
- 비율 차동 계전기 : 1차 전류와 2차 전류의 차에 비율에 의하여 동작

---

56 정션 박스 내에서 절연 전선을 쥐꼬리 접속한 후 접속과 절연을 위해 사용되는 재료는?

① 링형 슬리브

② S형 슬리브

③ 와이어 커넥터

④ 터미널 러그

풀이 정크션 박스 내에서 전선을 접속할 경우 와이어 커넥터를 사용하여 접속하여야 한다.

---

57 한 수용 장소의 인입구에서 분기하여 지지물을 거치지 아니하고 다른 수용 장소의 인입구에 사용에 이르는 부분의 전선을 무엇이라 하는가?

① 연접 인입선

② 본딩선

③ 이동전선

④ 지중 인입선

풀이 연접 인입선 : 한 수용 장소의 인입선에서 분기하여 지지물을 거치지 아니하고 다른 수용 장소의 인입구에 이르는 부분의 전선

① 인입선에서 분기하는 점으로부터 100[m]를 넘지 않는 지역이어야 한다.

② 폭 5[m]를 초과하는 도로를 횡단하지 말 것

③ 옥내를 통과하지 아니할 것

---

58 클로로프렌 외장 케이블 서로의 접속에 쓰는 테이프에는 어느 것이 알맞은가?

① 자기 융착 테이프

② 블랙 테이프

③ 리노 테이프

④ 비닐 테이프

풀이 비닐 테이프는 클로로프렌 외장과 접착이 잘 안되므로 자기 융착 테이프를 사용하여 접속한다.

---

54. ②   55. ①   56. ③   57. ①   58. ①

59 가연성 가스가 존재하는 장소의 저압 시설 공사 방법으로 옳은 것은?

① 가요 전선관 공사
② 합성 수지관 공사
③ 금속관 공사
④ 금속 몰드 공사

풀이 폭연성 분진(마그네슘, 알루미늄, 티탄, 지르코늄 등의 먼지로 쌓여진 상태에서 착화된 때에 폭발할 우려가 있는 것), 화약류 분말이 존재하는 곳, 가연성의 가스 또는 인화성 물질의 증기가 새거나 체류하는 곳의 전기 공작물은 금속관 공사, 또는 케이블 공사(캡타이어 케이블을 제외한다)에 의하여야 하며 금속관 공사를 하는 경우 관 상호 및 관과 박스 등은 5턱 이상의 나사 조임으로 접속하여야 한다.

60 전선의 굵기를 결정할 때 반드시 생각하여야 할 사항은?

① 공사 방법, 전압 강하, 기계적 강도
② 공사 방법, 사용 장소, 기계적 강도
③ 허용 전류, 공사 방법, 사용 장소
④ 허용 전류, 전압 강하, 기계적 강도

풀이 전선의 굵기를 결정하는 요소는 허용 전류, 전압 강하, 기계적 강도. 코로나손실, 장래부하의 증설 등이 고려된다. 이중 3대 요소는 허용전류, 전압강하, 기계적 강도가 고려되어야 한다.

01 PN접합 다이오드의 대표적인 작용으로 옳은 것은?

① 정류작용　　② 변조작용
③ 증폭작용　　④ 발진작용

풀이 PN 접합 다이오드는 순방향으로만 전류가 흐르는 특성(정류)이 있고, 이 PN 접합 반도체를 다이오드라 한다.

02 10[Ω]의 저항에 2[A]의 전류가 흐를 때 저항의 단자 전압은 얼마인가

① 5　　② 10
③ 15　　④ 20

풀이 옴의 법칙 $V = RI$[V]에 의해 $V = 10 \times 2 = 20$[V]의 단자 전압이 걸린다.

03 비투자율이 1인 환상 철심 중의 자장의 세기가 H[AT/m]이었다, 이때 비투자율이 10인 물질로 바꾸면 철심의 자속밀도 [Wb/m²]는?

① $\frac{1}{10}$ 로 줄어든다.

② 10배 커진다.

③ 50배 커진다.

④ 100배 커진다.

풀이 자속밀도는 비투자율에 비례하므로, 비투자율이 10인 물질로 바꾸면 철심의 자속밀도는 10배 커지게 된다.

04 교류회로에서 유효전력을 (P), 무효전력을 구하는 (P_r), 피상 전력을 (P_a)라 하면 역률 ($\cos\theta$)을 구하는 식은?

① $\dfrac{P}{P_a}$　　② $\dfrac{P_a}{P}$

③ $\dfrac{P}{P_r}$　　④ $\dfrac{P_r}{P}$

풀이 역률 $= \dfrac{\text{유효전력}}{\text{피상전력}} = \dfrac{P}{P_a}$

05 코일의 감긴 수와 전류와의 곱은 무엇을 나타내는가?

① 기자력　　② 전자력
③ 기전력　　④ 역률

풀이 기자력 $F = NI$이므로 기자력은 코일의 권수와 전류의 곱으로 나타낸다.

06 공기 중에서 반지름 10[cm]인 원형 도체에 1[A]의 전류가 흐르면 원의 중심에서 자기장의 크기는 몇 [AT/m]인가?

① 5[AT/m]
② 10[AT/m]
③ 15[AT/m]
④ 20[AT/m]

풀이 원형 전류 중심의 자계의 세기
$$H_o = \frac{I}{2r} = \frac{1}{2 \times 0.1} = 5[\text{AT/m}]$$

답 1. ①　2. ④　3. ②　4. ①　5. ①　6. ①

07 그림과 같은 회로에 흐르는 유효분 전류[A]
는?

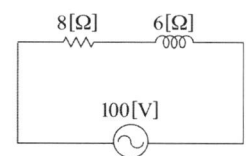

① 4[A]　　　　② 6[A]
③ 8[A]　　　　④ 10[A]

풀이 $I = \dfrac{V}{Z}\cos\theta = \dfrac{100}{\sqrt{8^2+6^2}} \times \dfrac{8}{\sqrt{8^2+6^2}} = 8[A]$

08 키르히호프의 법칙을 이용하여 방정식을 세
우는 방법으로 잘못된 것은?

① 키르히호프의 제1법칙을 회로망의 임의
의 한 점에 적용한다.
② 각 폐회로에서 키르히호프의 제2법칙을
적용한다.
③ 각 회로의 전류를 문자로 나타내고 방향
을 가정한다.
④ 계산결과 전류가 +로 표시된 것은 처음
에 정한 방향과 반대방향임을 나타낸다.

풀이 ① 키르히호프의 제1법칙
(Kirchhoff's Current Law : KCL)
유입전류(전 전류) I는 유출전류(각 지로전류)
I_1, I_2, I_3, ⋯ 의 합으로 계산된다.
　　$I = I_1 + I_2 + I_3 + \cdots + I_n$
계산결과 전류가 처음에 정한 방향과 같은 방향
이면 (+), 반대방향이면 (−)로 표시한다.
② 키르히호프의 제2법칙
(Kirchhoff's Voltage Law : KVL)
키르히호프의 전압법칙은 "회로망 내의 임의의
폐회로(경로)에 있어서 전원전압(E_i)의 합은
전압강하의 합(V_i)과 같다"라는 법칙으로

$E_1 + E_2 + E_3 + \cdots = V_1 + V_2 + V_3 + \cdots$
즉, $\sum E_i = \sum V_i$ 로 계산된다.

09 100[μF]의 콘덴서에 1,000[V]의 전압을 가
하여 충전한 뒤 저항을 통하여 방전시키면 저
항에 발생하는 열량은 몇 [cal]인가?

① 3[cal]　　　　② 5[cal]
③ 12[cal]　　　　④ 43[cal]

풀이 콘덴서에 저장되는 에너지
$W = \dfrac{1}{2}CV^2$[J]이므로
$W = \dfrac{1}{2} \times 100 \times 10^{-6} \times 1000^2 = 50$[J]이 된다.
여기서 1[J]=0.24[cal]이므로
$50 \times 0.24 = 12$[cal]가 된다.

10 그림과 같은 비사인파의 제3고조파 주파수
는? (단, $V = 20$[V], $T = 10$[ms]이다.)

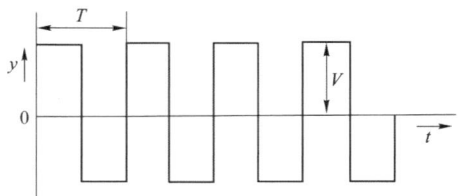

① 100[Hz]　　　　② 200[Hz]
③ 300[Hz]　　　　④ 400[Hz]

풀이 기본파 주파수 $f_1 = \dfrac{1}{T} = \dfrac{1}{10 \times 10^{-3}} = 100$[Hz]
제3고조파 주파수는 기본파 주파수의 3배이므로,
$\therefore f_3 = 3 \times 100 = 300$[Hz]

11 $I = 8 + j6$[A]로 표시되는 전류의 크기 I는 몇 [A]인가?

① 6 　　　　　② 8

③ 10 　　　　　④ 12

풀이 전류의 크기

$$|I| = |8 + j6| = \sqrt{8^2 + 6^2} = 10[A]$$

12 1개의 전자 질량은 약 몇 [kg]인가?

① 1.679×10^{-31} 　② 9.109×10^{-31}

③ 1.67×10^{-27} 　④ 9.109×10^{-27}

풀이 전자 1개의 질량은 9.10955×10^{-31}[kg]이고, 양자 1개의 질량은 1.67261×10^{-27}[kg]이다.

13 콘덴서의 정전용량이 커질수록 용량리액턴스의 값은 어떻게 되는가?

① 무한대로 접근한다.

② 커진다.

③ 작아진다.

④ 변화하지 않는다.

풀이 용량 리액턴스 $X_c = \dfrac{1}{2\pi f C}$ 에서 정전용량에 반비례하는 것을 알 수 있다.

즉, 정전용량이 증가하면, 용량리액턴스는 감소하게 된다.

14 PN 접합의 순방향 저항은 (㉠), 역방향 저항은 매우 (㉡), 따라서 (㉢)작용을 한다. ( ) 안에 들어갈 말로 옳은 것은?

① ㉠ 크고, ㉡ 크다, ㉢ 정류

② ㉠ 작고, ㉡ 크다, ㉢ 정류

③ ㉠ 작고, ㉡ 작다, ㉢ 검파

④ ㉠ 작고, ㉡ 크다, ㉢ 검파

풀이 pn 접합 다이오드는 순방향으로만 전류가 흐르는 특성(정류)이 있고, 이 pn 접합 반도체를 다이오드라 한다.

15 기전력이 50[V], 내부저항 $r = 5[\Omega]$인 전원이 있다. 이 전원에 부하를 연결하여 얻을 수 있는 최대 전력은 몇 [W]인가?

① 50 　　　　　② 75

③ 100 　　　　　④ 125

풀이 전력 $P = \dfrac{V^2}{4R}$ 에서

$$P = \dfrac{50^2}{4 \times 5} = 125[W]가 된다.$$

16 1[kWh]는 몇 [kcal]인가?

① 860[kcal] 　　② 2400[kcal]

③ 4800[kcal] 　　④ 8600[kcal]

풀이 전력량은 열량으로 환산할 수 있으며, 1[J]은 0.24[cal]에 해당한다. 따라서,

$$1[kWh] = 1,000[Wh] = 1,000 \times 3,600[W \cdot s]$$

$$= \dfrac{1}{4.2} \times 3,600 \times 1,000$$

$$= 860,000[cal] = 860[kcal]가 된다.$$

여기서, 한시간은 3600초에 해당하며, 1[kW]는 1000[W]에 해당한다.

17 전장과 반대 방향으로 전하를 20[cm] 이동시키는 데 400[J]의 에너지가 소모되었다. 이 두 점 사이의 전위차가 100[V]이면 전하의 전기량[C]은?

① 1 　　　　　② 4

③ 5 　　　　　④ 10

풀이 에너지 $W = V \cdot Q$[J]에서

$$Q = \dfrac{W}{V} = \dfrac{400}{100} = 4[C]이 된다.$$

18 $1[\mu F]$, $3[\mu F]$, $6[\mu F]$의 콘덴서 3개를 병렬로 연결할 때 합성 정전용량은?

① $1.5[\mu F]$ ② $5[\mu F]$
③ $10[\mu F]$ ④ $18[\mu F]$

풀이 병렬연결 시 합성 정전용량
$$C = C_1 + C_2 + C_3$$
$$= 1 + 3 + 6 = 10[\mu F]가\ 된다.$$

19 어떤 회로에 $v = 200\sin\omega t$의 전압을 가했더니 $i = 50\sin\left(\omega t + \dfrac{\pi}{2}\right)$의 전류가 흘렀다. 이 회로는?

① 저항회로
② 유도성회로
③ 용량성회로
④ 임피던스회로

풀이 $i = 50\sin\left(\omega t + \dfrac{\pi}{2}\right)$ 는 $v = 200\sin\omega t$ 보다 위상이 90° 빠르다. 즉, 전류가 전압보다 90° 앞서게 되면, 회로는 용량성만의 회로가 된다.

20 자체 인덕턴스 4[H]의 코일에 18[J]의 에너지가 저장되어 있다. 이때 코일에 흐르는 전류는 몇 [A]인가?

① 1   ② 2
③ 3   ④ 6

풀이 전자에너지 $W = \dfrac{1}{2}LI^2$에서
$18 = \dfrac{1}{2} \times 4 \times I^2$이므로
$I = \sqrt{\dfrac{18 \times 2}{4}} = 3[A]가\ 된다.$

21 SCR 2개를 역병렬로 접속한 그림과 같은 기호의 명칭은?

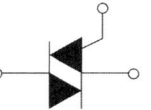

① SCR
② TRIAC
③ GTO
④ UJT

풀이 트라이악(TRIAC)은 양방향성 3단자 소자이다.

22 일정한 주파수의 전원에서 운전하는 3상 유도전동기의 전원 전압이 80[%]가 되었다면 토크는 약 몇 [%]가 되는가? (단, 회전수는 변하지 않는 상태로 한다.)

① 55   ② 64
③ 76   ④ 82

풀이 유도 전동기에서 토크는 전압의 제곱에 비례한다 ($\tau \propto V^2$).
전원 전압이 80[%]가 되었으므로
기동토크 $= 0.8^2 = 0.64 = 64[\%]가\ 된다.$

23 3상 유도전동기의 속도제어 방법 중 인버터(inverter)를 이용한 속도 제어법은?

① 극수 변환법   ② 전압 제어법
③ 초퍼 제어법   ④ 주파수 제어법

풀이 VVVF(인버터)제어는 가변 전압 가변 주파수로 속도제어 및 기동을 하는 방법을 말한다.

24 3상 유도전동기의 1차 입력 60[kW], 1차 손실 1[kW], 슬립 3[%]일 때 기계적 출력은 약 몇 [kW]인가?

① 57   ② 75
③ 95   ④ 100

图 18. ③ 19. ③ 20. ③ 21. ② 22. ② 23. ④ 24. ①

풀이 1차 출력 = 2차 입력 = 60−1 = 59[kW]이므로
기계적 출력 $P_0 = (1-s)P_2 = (1-0.03) \times 59$
$$= 57.23[\text{kW}]$$

---

25 직류 전동기에서 무부하가 되면 속도가 대단히 높아져서 위험하기 때문에 무부하운전이나 벨트를 연결한 운전을 해서는 안 되는 전동기는?

① 직권전동기   ② 분권전동기
③ 타여자전동기   ④ 분권전동기

풀이 속도의 식 $N = \dfrac{E}{K\phi} = \dfrac{V-R_a I_a}{K\phi} = k\dfrac{V-R_a I_a}{\phi}$ 에서 $\phi = 0$이면 속도가 무한대가 되어 위험하게 된다. 직류 직권 전동기의 경우 부하전류 $I = I_a = I_f$ 이므로 부하전류가 0이면 자속이 0이 된다.
따라서, 직권 전동기의 경우 벨트 부하를 걸면 벨트가 벗겨져 무부하가 될 수 있으므로 벨트 부하를 사용하지 않으며, 기어부하를 사용한다.

---

26 동기 발전기의 병렬 운전 중 주파수가 틀리면 어떤 현상이 나타나는가?

① 무효 전력이 생긴다.
② 무효 순환전류가 흐른다.
③ 유효 순환전류가 흐른다.
④ 출력이 요동치고 권선이 가열된다.

풀이 기전력의 주파수가 다른 경우 동기화 전류가 교대로 주기적으로 흘러 난조의 원인이 된다.

---

27 상전압 300[V]의 3상 반파 정류 회로의 직류 전압은 약 몇 [V]인가?

① 520[V]   ② 350[V]
③ 260[V]   ④ 50[V]

풀이 3상 반파정류회로의 직류 전압
$$E_d = \frac{3\sqrt{6}}{2\pi}V = \frac{3\sqrt{6}}{2\pi} \times 300$$
$$= 350.86[\text{V}]$$

---

28 동기 발전기의 돌발 단락 전류를 주로 제한하는 것은?

① 누설 리액턴스   ② 역상 리액턴스
③ 동기 리액턴스   ④ 권선저항

풀이 동기기에서 저항은 누설 리액턴스에 비하여 작으며 전기자 반작용은 단락 전류가 흐른 뒤에 작용하므로 돌발 단락 전류를 제한하는 것은 누설 리액턴스이다. 역상 리액턴스는 역상 전류에 대응하는 것으로 3상 평형 단락이 되면 역상 전류는 흐르지 않는다.
• 동기 리액턴스 = 누설 리액턴스 + 반작용 리액턴스

---

29 동기조상기의 계자를 부족여자로 하여 운전하면?

① 콘덴서로 작용   ② 뒤진역률 보상
③ 리액터로 작용   ④ 저항손의 보상

풀이 동기조상기를 과여자 운전하면 콘덴서로 작용하며, 부족여자 운전하면 리액터로 작용한다.

---

30 변압기의 백분율 저항강하가 2[%], 백분율 리액턴스강하가 3[%]일 때 부하역률이 80[%]인 변압기의 전압변동률[%]은?

① 1.2   ② 2.4
③ 3.4   ④ 3.6

풀이 $\sin\phi = \sqrt{1-\cos^2\theta} = \sqrt{1-0.8^2} = 0.6$
$\therefore \epsilon = p\cos\phi + q\sin\phi = 2 \times 0.8 + 3 \times 0.6$
$= 3.4[\%]$

---

31 동기속도 1800[rpm], 주파수 60[Hz]인 동기 발전기의 극수는 몇 극인가?

① 2   ② 4
③ 8   ④ 10

풀이 동기속도 $N = \dfrac{120f}{p}$ 에서

극수 $p = \dfrac{120f}{N}$ 이므로

$p = \dfrac{120 \times 60}{1800} = 4$극이 된다.

32 정격 속도에 비하여 기동 회전력이 가장 큰 전동기는?

① 타여자기   ② 직권기
③ 분권기   ④ 복권기

풀이 직권 전동기는 회전력이 속도의 제곱에 반비례 $\left(\tau \propto \dfrac{1}{N^2}\right)$ 하므로 기동 시 회전력이 가장 크다.

33 60[Hz] 3상 반파 정류 회로의 맥동 주파수 [Hz]는?

① 360   ② 180
③ 120   ④ 60

풀이 전원 주파수 : f, 맥동 주파수 : f_0라 하면
① 단상 반파 정류 $f_0 = f = 60[\text{Hz}]$
② 단상 전파 정류 $f_0 = 2f = 120[\text{Hz}]$
③ 3상 반파 정류 $f_0 = 3f = 180[\text{Hz}]$
④ 3상 전파 정류 $f_0 = 6f = 360[\text{Hz}]$

34 변압기유의 열화 방지와 관계가 가장 먼 것은?

① 브리더   ② 컨서베이터
③ 불활성 질소   ④ 부싱

풀이 변압기 부싱은 변압기에서 인출되는 도체를 변압기 외함과 절연시키는 장치이다.

35 변압기의 자속은 무엇에 비례하는가?

① 전류   ② 권수
③ 주파수   ④ 전압

풀이 변압기의 유도 기전력 $E = 4.44Nf\phi_m[\text{V}]$에서

$\phi_m = \dfrac{E}{4.44fN}[\text{Wb}]$가 된다.

따라서 자속은 전압에 비례한다.

36 유도전동기의 제동법이 아닌 것은?

① 3상 제동   ② 발전제동
③ 회생제동   ④ 역상제동

풀이 유도전동기의 전기 제동법
① 발전 제동 : 운전 중인 전동기를 전원에서 분리하면 발전기로 동작한다. 이때 발생된 전력을 열로 소비하는 제동법을 발전제동이라 한다.
② 회생 제동 : 운전 중인 전동기를 전원에서 분리하면 발전기로 동작한다. 이때 발생된 전력을 제동용 전원으로 사용하면 회상제동이라 한다. 이 경우는 언덕을 내려가는 전차 등에서 사용할 수 있다.
③ 플러깅(plugging) 제동 : 플러깅 제동은 급제동 시 사용하는 방법으로 역전제동이라고도 한다. 제동시 전동기를 역회전시켜 속도를 급감시킨 다음 속도가 0에 가까워지면 전동기를 전원에서 분리하는 제동법이다.

37 직류기의 3대 요소 중 기전력을 발생하는 부분은 무엇인가?

① 정류자   ② 전기자
③ 브러시   ④ 계자

풀이 직류기의 3요소는 계자, 전기자, 정류자가 되며 이들의 역할은
① 계자 : 자속을 만들어 주는 부분

② 전기자 : 도체에 기전력을 유기하는 부분
③ 정류자 : 만들어진 기전력 교류를 직류로 변환하는 부분

38 전부하 슬립이 5[%], 2차 저항손 5.26[kW]의 3상 유도전동기의 2차 입력은 몇 [kW]인가?

① 2.63   ② 5.26
③ 105.2   ④ 226.5

풀이 2차 동손 $P_{c2} = sP_2$에서

$$P_2 = \frac{P_{c2}}{s} = \frac{5.26}{0.05} = 105.2[\text{kW}]$$ 가 된다.

39 권선형 유도 전동기가 농형에 비하여 우수한 점은?

① 구조가 간단하다.   ② 효율이 좋다.
③ 기동 토크가 크다.   ④ 운전이 쉽다.

풀이 권선형 유도 전동기는 기동 토크가 크므로 대형에 적합하다. 농형 유도 전동기는 기계적으로 튼튼하나 기동 토크가 작아 대형이 되면 기동이 어렵게 된다.

40 그림은 일반적인 반파 정류 회로이다. 변압기 2차 전압의 실효값을 E[V]라 할 때 직류 전류 평균값은? 단, 정류기의 전압 강하는 무시한다.

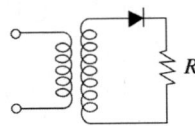

① $\dfrac{E}{R}$ ② $\dfrac{1}{2}\dfrac{E}{R}$

③ $\dfrac{2\sqrt{2}\,E}{\pi R}$ ④ $\dfrac{\sqrt{2}\,E}{\pi R}$

풀이 무부하 직류 전압 E_{d0}는

$$E_{d0} = \frac{1}{2\pi}\int_0^\pi \sqrt{2}\,E\sin\theta \cdot d\theta = \frac{\sqrt{2}\,E}{\pi}$$

정류기 내의 전압 강하 e를 무시하면
직류 전압 평균값 E_d는 $E_d \fallingdotseq E_{d0}$
따라서, 직류 전류 평균값 I_d는

$$\therefore \ I_d = \frac{E_d}{R} = \frac{E_{d0}}{R} = \frac{\dfrac{\sqrt{2}}{\pi}E}{R} = \frac{\sqrt{2}\,E}{\pi R}[\text{A}]$$

여기서, E : 변압기 2차 상전압(실효값)
       R : 부하 저항

41 절연물에 인조 고무를 쓴 케이블은?

① 클로로프렌 시스 케이블
② 캡타이어 케이블
③ 고무 절연 전선
④ 고무 시스 케이블

풀이
• 클로로프렌 : 인조 고무
• 캡타이어 케이블 : 천연 고무 사용

42 금속관 끝부분, 내면, 다듬질에 쓰이는 공구는?

① 오스터   ② 다이스
③ 리머   ④ 커터

풀이 리머(reamer)
금속관을 쇠톱이나 커터로 끊은 다음, 관 안에 날카로운 것을 다듬는 것

📋 38. ③   39. ③   40. ④   41. ①   42. ③

43 변전소의 전력기기를 시험하기 위하여 회로를 분리하거나 또는 계통의 접속을 바꾸거나 하는 경우에 사용되는 것은?
① 나이프 스위치 ② 차단기
③ 퓨즈 ④ 단로기

풀이 단로기(DS : Disconnecting Switch)
단로기는 기기의 점검, 수리를 할 때 기기를 활선으로부터 떼어 내어 확실하게 회로를 열어 놓을 목적으로 사용된다. 또 모선의 구분, 변압기의 결선변경 또는 회로의 접속변경 등의 목적으로 사용되는 개폐기로 정격전압으로 단순히 충전되어 있는 무부하 상태의 전로를 개폐하기 위한 것이다.

44 접착제를 사용하여 합성 수지관을 삽입해 접속할 경우, 관의 삽입하는 깊이는 관 외경의 최소 몇 배인가?
① 0.8배 ② 1배
③ 1.2배 ④ 1.5배

풀이 232.11 합성수지관공사
관 상호간 및 박스와는 관을 삽입하는 깊이를 관의 바깥 지름의 1.2배(접착제를 사용하는 경우에는 0.8배) 이상으로 하고 또한 꽂음 접속에 의하여 견고하게 접속할 것

45 가공전선의 지지물에 승탑 또는 승강용으로 사용하는 발판 볼트 등은 지표상 몇 [m] 미만에 시설하여서는 안되는가?
① 1.2[m] ② 1.5[m]
③ 1.6[m] ④ 1.8[m]

풀이 331.4 가공전선로 지지물의 철탑오름 및 전주오름 방지
가공전선로의 지지물에 취급자가 오르고 내리는 데 사용하는 발판 볼트 등을 지표상 1.8[m] 미만에 시설하여서는 아니 된다.

46 단선의 브리타니어(britania) 직선 접속 시 전선 피복을 벗기는 길이는 전선 지름의 약 몇 배로 하는가?
① 5배 ② 10배
③ 20배 ④ 30배

풀이 브리타니어 직선 접속
① 10[mm²] 이상의 굵은 단선인 경우에 적용되며, 다음 그림과 같이 1.0~1.2[mm]의 조인트선과 첨선을 준비하여 사포로 닦는다.
② 두 심선의 접속 부분을 서로 겹치고, 약 120 [mm] 길이의 첨선을 댄다.
③ 1[mm] 정도 되는 조인트선의 중간을 전선 접속 부분의 중앙에 대고 2회 정도 성기게 감은 다음, 각각 양쪽을 조밀하게 감는다. 이때, 감은 전체의 길이가 전선 직경의 15배 이상 되도록 한다.
④ 펜치를 사용하여 두 심선의 남은 끝을 각각 위로 세우고 양 끝의 조인트선을 본선에만 5회 정도 감고 첨선과 함께 꼬아서 8[mm] 정도 남기고 자른다.
⑤ 위로 세운 심선을 잘라낸다.

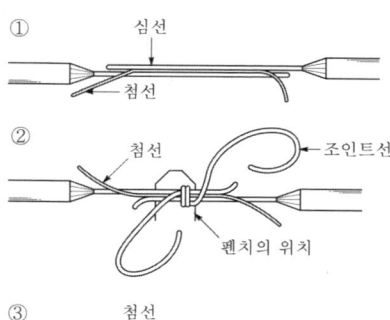
① 심선 / 첨선
② 첨선 / 조인트선 / 펜치의 위치

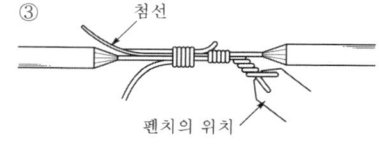
③ 첨선 / 펜치의 위치

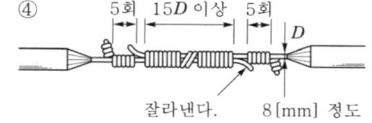
④ 5회 15D 이상 5회 / D / 잘라낸다. / 8[mm] 정도

47 다음 접지공사 방법 중 옳지 않은 것은?

① 접지극은 지하 75[cm] 이상의 깊이에 묻어야 한다.

② 접지도체와 수도관의 접속은 접지 저항 값이 2[Ω] 이하로 되면 어느 곳에서나 접속할 수 있다.

③ 접지도체의 최소 단면적은 구리인 경우 6[mm²] 이상을 사용한다.

④ 접지도체는 접지극에서 지표상 2[m]까지의 부분에는 옥내용 절연전선을 사용한다.

풀이 접지선은 지하 0.75[mm]부터 지표상 2[m]까지 합성수지 몰드로 덮어야 한다.

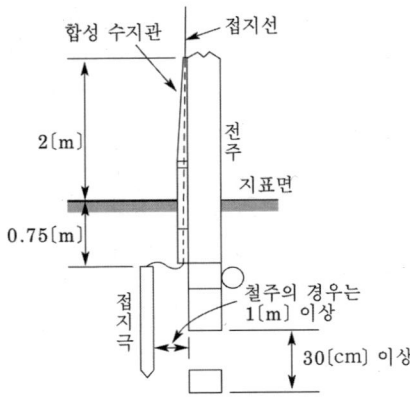

48 금속관공사를 할 때 앤트런스 캡의 사용으로 옳은 것은?

① 금속관이 고정되어 회전시킬 수 없을 때 사용

② 저압 가공 인입선의 인입구에 사용

③ 배관의 지각의 굴곡 부분에 사용

④ 조명기구가 무거울 때 조명 기구의 부착 등에 사용

풀이 엔트런스 캡은 옥외 공사의 금속관 인입구에 설치하며 빗물의 침입을 막는 곳에 사용한다.

49 다음 변류기의 약호는?

① CB ② CT

③ DS ④ COS

풀이 변류기(Current Transformer : CT)

고압회로의 대전류를 소전류로 변성하기 위해서 사용하는 것이며, 배전반의 전류계 및 트립코일(TC)의 전원으로 사용된다. 일반 변류기는 2차측은 사용 중 코일에 전류가 흐르는 상태에서 2차 코일을 개방하면 2차 단자간에 고전압이 발생하여 코일의 손상(2차측 절연파괴)내지 감전사고를 유발한다.

50 고압 가공전선이 일반적인 도로 횡단 시 설치 높이는?

① 3[m] 이상 ② 3.5[m] 이상

③ 5[m] 이상 ④ 6[m] 이상

풀이 222.7 저압 가공전선의 높이
332.5 고압 가공전선의 높이

설치장소		가공전선의 높이
도로횡단 (번잡하지 않은 도로 제외)		지표상 6[m] 이상
철도 또는 궤도 횡단		레일면상 6.5[m] 이상
횡단 보도교 위	저압	노면상 3.5[m] 이상 (단, 절연전선의 경우 3[m] 이상)
	고압	노면상 3.5[m] 이상
일반장소		지표상 5[m] 이상. 단, 저압의 경우 절연선 또는 케이블을 사용하여 교통에 지장이 없도록 하여 옥외조명용에 공급하는 경우 4[m]까지 감할 수 있다.
다리의 하부 기타 이와 유사한 장소		저압의 전기철도용 급전선은 지표상 3.5[m]까지 감할 수 있다.

51 무대·오케스트라 박스·영사실 기타 사람이나 무대 도구가 접촉 될 우려가 있는 장소에 시설하는 저압 옥내배선의 사용전압은?

① 400[V] 이하
② 500[V] 이상
③ 600[V] 이하
④ 700[V] 이상

풀이 242.6 전시회, 쇼 및 공연장의 전기설비
무대·무대마루 밑·오케스트라 박스·영사실 기타 사람이나 무대 도구가 접촉할 우려가 있는 곳에 시설하는 저압 옥내배선, 전구선 또는 이동전선은 사용전압이 400[V] 이하이어야 한다.

52 정격전압 3상 24[kV], 정격차단전류 300[A] 수전설비의 차단용량은 몇 [MVA]인가?

① 17.26
② 28.34
③ 12.47
④ 24.94

풀이 정격차단용량
$P_s[\text{MVA}] = \sqrt{3} \times$ 정격전압[kV] $\times$ 정격차단전류[kA]
따라서
$P_s = \sqrt{3} \times 24 \times 10^3 \times 300 \times 10^{-6}$
$\quad = 12.47[\text{MVA}]$

53 옥내 배선에서 주로 사용하는 직선 접속 및 분기 접속방법은 어떤 것을 사용하여 접속하는가?

① 동선압착단자
② 슬리브
③ 와이어 커넥터
④ 꽂음형 커넥터

풀이 슬리브에 의한 접속
① 직선접속

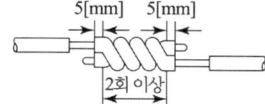

② 분기접속

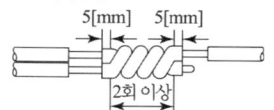

54 한국전기설비규정에서 가공전선로의 지지물에 하중이 가하여지는 경우에 그 하중을 받는 지지물의 기초의 안전율은 얼마 이상인가?

① 0.5
② 1
③ 1.5
④ 2

풀이 331.7 가공전선로 지지물의 기초의 안전율
가공전선로의 지지물에 하중이 가하여지는 경우에 그 하중을 받는 지지물의 기초의 안전율은 2(이상 시 상정하중이 가하여지는 경우의 그 이상 시 상정하중에 대한 철탑의 기초에 대하여는 1.33) 이상이어야 한다.

55 변압기 중성점 접지 공사의 저항값을 결정하는 가장 큰 원인은?

① 변압기의 용량
② 고압 가공 전선로의 전선 연장
③ 변압기 1차측에 넣는 퓨즈 용량
④ 변압기 고압 또는 특고압측 전로의 1선 지락 전류의 암페어 수

풀이 변압기의 고압측 또는 특고압측의 전로의 1선 지락 전류의 암페어 수로 150을 나눈 값과 같은 [Ω]수를 변압기 중성점 접지공사의 접지저항값으로 선정한다.

56 케이블을 조영재에 지지하는 경우에 이용되는 것이 아닌 것은?

① 터미널 캡
② 클리트(Cleat)
③ 스테이플
④ 새들

풀이

명칭	터미널 캡 (서비스캡)
그림	
용도	저압 가공 인입선에서 금속관 공사로 옮겨지는 곳 또는 금속관으로부터 전선을 뽑아 전동기 단자 부분에 접속할 때 사용하며, A형, B형이 있다.

57 수 · 변전 설비의 인입구 개폐기로 많이 사용되고 있으며, 전력 퓨즈의 용단 시 결상을 방지하는 목적으로 사용되는 것은?

① 부하 개폐기
② 선로 개폐기
③ 자동 고장 구분 개폐기
④ 기중 부하 개폐기

풀이 부하개폐기 : LBS(Load Breaker Switch)
수변전설비의 인입구 개폐기로 많이 사용되며 전력 퓨즈의 용단시 결상을 방지한다.

58 60[cd]의 점광원으로부터 2[m]의 거리에서 그 방향과 직각인 면과 30° 기울어진 평면위의 조도[lx]는?

① 7.5
② 10.8
③ 13.0
④ 13.8

풀이 수평면 조도 E는

$$E = \frac{I}{\gamma^2} \cos\theta = \frac{60}{2^2} \times \cos 30° ≒ 13[\text{lx}]$$

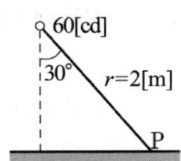

59 전기설비기술기준에 의하여 애자공사를 건조한 장소에 시설하고자 한다. 사용 전압이 400[V] 이하인 경우 전선과 조영재 사이의 이격거리는 최소 몇 [cm] 이상이어야 하는가?

① 2.5
② 4.5
③ 6.0
④ 12

풀이 232.56 애자공사
① 전선은 절연 전선(단, 옥외용 비닐 절연 전선(OW) 및 인입용 비닐 절연 전선(DV)은 제외한다.)
② 사용하는 애자는 절연성 · 난연성 및 내수성의 것이어야 한다.
③ 이격 거리

전 압		전선과 조영재와의 이격 거리	전선 상호 간격	전선 지지점 간의 거리	
				조영재의 윗면 또는 옆면에 따라 시설	조영재에 따라 시설하지 않는 경우
저압	400[V] 이하	2.5[cm] 이상	6[cm] 이상	2[m] 이하	−
	400[V] 초과	건조한 장소 2.5[cm] 이상			6[m] 이하
		기타의 장소 4.5[cm] 이상			

60 라이팅덕트를 조영재에 따라 부착할 경우 지지점 간의 거리는 몇 [m] 이하로 하여야 하는가?

① 1.0
② 1.2
③ 1.5
④ 2.0

풀이 232.71 라이팅덕트공사
① 덕트 상호 간 및 전선 상호 간은 견고하게 또한 전기적으로 완전히 접속할 것.
② 덕트는 조영재에 견고하게 붙일 것.
③ 덕트의 지지점 간의 거리는 2[m] 이하로 할 것.
④ 덕트의 끝부분은 막을 것.

01 히스테리시스 곡선의 ㉠ 가로축(횡축)과 ㉡ 세로축(종축)은 무엇을 나타내는가?

① ㉠ 자속 밀도   ㉡ 투자율
② ㉠ 자기장의 세기   ㉡ 자속 밀도
③ ㉠ 자화의 세기   ㉡ 자기장의 세기
④ ㉠ 자기장의 세기   ㉡ 투자율

풀이 종축과 만나는 점은 잔류 자기(잔류 자속 밀도(B_r))이고, 횡축과 만나는 점은 보자력(자기장의 세기(H_c))를 표시한다.

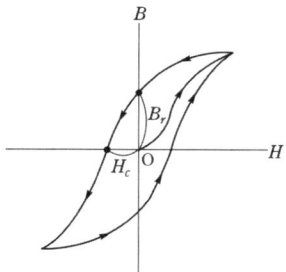

02 1[Ah]는 몇 [C]인가?

① 7200   ② 3600
③ 1200   ④ 60

풀이 $Q = It = 1 \times 3600 = 3600[C]$
여기서, I[A]는 전류이며 t[sec]는 시간이다.
또 1[h]는 3600[sec]에 해당한다.

03 공기 중 자장의 세기가 20[AT/m]인 곳에 8×10^{-3}[Wb]의 자극을 놓으면 작용하는 힘 [N]은?

① 0.16   ② 0.32
③ 0.43   ④ 0.56

풀이 쿨롱의 법칙과 자계의 세기 관계식에서
$F = mH = 8 \times 10^{-3} \times 20 = 0.16[N]$

04 반지름 50[cm], 권수 10[회]인 원형 코일에 0.1[A]의 전류가 흐를 때, 이 코일 중심의 자계의 세기 H는?

① 1[AT/m]   ② 2[AT/m]
③ 3[AT/m]   ④ 4[AT/m]

풀이 원형 코일 중심의 자계의 세기
$$H = \frac{NI}{2a} = \frac{10 \times 0.1}{2 \times 50 \times 10^{-2}} = 1[AT/m]$$

05 평균 반지름 r[m]의 환상 솔레노이드에 I[A]의 전류가 흐를 때, 내부 자계가 H[AT/m]이었다. 권수 N은?

① $\dfrac{HI}{2\pi r}$ ② $\dfrac{2\pi r}{HI}$
③ $\dfrac{2\pi r H}{I}$ ④ $\dfrac{I}{2\pi r H}$

풀이 평균 반지름 r[m]인 환상 솔레노이드의 자장의 세기 $H = \dfrac{IN}{2\pi r}$[AT/m] 에서 $N = \dfrac{2\pi r H}{I}$ 가 된다.

06 [VA]는 무엇의 단위인가?

① 피상전력   ② 무효전력
③ 유효전력   ④ 역률

풀이 피상전력[VA], 유효전력[W], 무효전력[Var]

I $+$ E $-$ $(Z\underline{/\theta})$ $\Rightarrow$ $P_a = EI$ $Q = EI \sin\theta$ θ $P = EI \cos\theta$

07 그림에서 평형조건이 맞는 식은?

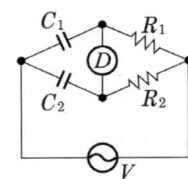

① $C_1 R_1 = C_2 R_2$ ② $C_1 R_2 = C_2 R_1$

③ $C_1 C_2 = R_1 R_2$ ④ $\dfrac{1}{C_1 C_2} = R_1 R_2$

풀이 브리지 평형 상태는 서로 마주보고 있는 대각선의 저항의 곱이 같으면 되므로

$\left(\dfrac{1}{\omega C_1} R_2 = \dfrac{1}{\omega C_2} R_1 \right)$

$\therefore\ C_1 R_1 = C_2 R_2$

08 $R-L-C$ 직렬 회로에서 전류가 전압보다 위상이 앞서기 위해서는 어느 조건이 만족되어야 하는가?

① $X_L > X_C$ ② $X_L < X_C$

③ $X_L = \dfrac{1}{X_C}$ ④ $X_L = X_C$

풀이 $R-L-C$ 직렬 회로에서 전류가 전압보다 위상이 앞서려면 용량성 회로가 되어야 한다.
따라서 $X_L < X_C$의 조건이 만족되어야 한다.

09 Y–Y 평형 회로에서 상전압 V_P가 100[V], 부하 $Z = 8 + j6[\Omega]$이면 선전류 I_l의 크기는 몇 [A]인가?

① 2   ② 5   ③ 7   ④ 10

풀이 Y–Y결선 시 선전류(I_l)와 상전류(I_p)는 같으므로

$\therefore\ I_l = I_p = \dfrac{V_P}{Z} = \dfrac{100}{8 + j6} = \dfrac{100}{\sqrt{8^2 + 6^2}} = \dfrac{100}{10}$

$= 10[A]$

10 전류의 발열작용과 관계가 있는 것은?

① 줄의 법칙 ② 키르히호프의 법칙
③ 옴의 법칙 ④ 플레밍의 법칙

풀이 줄의 법칙

$Q = 0.24 Pt = 0.24 I^2 Rt = 0.24 \dfrac{V^2}{R} t$

$= Cm(\theta_2 - \theta_1)$

"도체에 흐르는 전류에 의하여 단위 시간에 발생하는 열량은 $I^2 R$에 비례한다."를 의미한다. 줄의 법칙은 전기에너지를 열에너지로 변화한 것을 나타낸 것으로 이 열에너지는 전등, 전기용접, 전열기 등에 자주 이용된다.

11 진공 중에서 10^{-4}[C]과 10^{-8}[C]의 두 전하가 10[m]의 거리에 놓여 있을 때, 두 전하 사이에 작용하는 힘[N]은?

① 9×10^2 ② 1×10^4
③ 9×10^{-5} ④ 1×10^{-8}

풀이

$F = 9 \times 10^9 \times \dfrac{Q_1 Q_2}{r^2}$

$= 9 \times 10^9 \times \dfrac{10^{-4} \times 10^{-8}}{10^2}$

$= 9 \times 10^{-5}[N]$

12 교류 100[V]의 최댓값은 약 몇 [V]인가?

① 90   ② 100
③ 111   ④ 141

풀이

파형	정현파	정현반파	삼각파	구형반파	구형파
실효값	$\dfrac{V_m}{\sqrt{2}}$	$\dfrac{V_m}{2}$	$\dfrac{V_m}{\sqrt{3}}$	$\dfrac{V_m}{\sqrt{2}}$	V_m
평균값	$\dfrac{2V_m}{\pi}$	$\dfrac{V_m}{\pi}$	$\dfrac{V_m}{2}$	$\dfrac{V_m}{2}$	V_m

정현파의 경우 실효값과 최댓값의 관계는

$V = \dfrac{V_m}{\sqrt{2}}$ 이므로 최댓값 V_m는

$V_m = \sqrt{2} \times 100 = 141[\text{V}]$가 된다.

13 임의의 폐회로에서 키르히호프의 제2법칙을 가장 잘 나타낸 것은?

① 기전력의 합 = 합성 저항의 합
② 기전력의 합 = 전압 강하의 합
③ 전압 강하의 합 = 합성 저항의 합
④ 합성 저항의 합 = 회로 전류의 합

풀이 키르히호프의 제2법칙(전압법칙) : 회로망 내의 임의의 폐회로(경로)에 있어서 전원전압(E_i)의 합은 전압강하의 합(V_i)과 같다.

14 전기장(電氣場)에 대한 설명으로 옳지 않은 것은?

① 대전(帶電)된 무한장 원통의 내부 전기장은 0이다.
② 대전된 구(球)의 내부 전기장은 0이다.
③ 대전된 도체내부의 전하(電荷) 및 전기장은 모두 0이다.
④ 도체표면의 전기장은 그 표면에 평행이다.

풀이 전기력선의 성질
① 전기력선은 정전하에서 출발하여 부전하에서 멈추거나 무한원까지 퍼진다.
② 전기력선상의 임의의 한 점에서의 접선 방향은 그 점의 전계의 방향을 나타낸다. 즉, 전기력선의 방향은 전계의 방향과 일치한다.
③ 전기력선 밀도는 전계의 세기와 같다.
④ 전기력선은 서로 교차하지 않으며, 전하가 없는 곳에서는 전기력선의 발생과 소멸이 없고 연속적이다.
⑤ 전기력선은 전위가 높은 곳에서 낮은 곳으로 향한다.
⑥ 전기력선은 등전위면과 직교한다.

15 전지(battery)에 관한 사항이다. 감극제(depolarizer)는 어떤 작용을 막기 위해 사용되는가?

① 분극작용   ② 방전
③ 순환전류   ④ 전기분해

풀이 감극제 : 분극현상에 의한 전압강하를 방지하기 위하여 사용하는 것

16 전자 냉동기는 어떤 효과를 응용한 것인가?

① 제벡 효과   ② 톰슨 효과
③ 펠티어 효과   ④ 줄 효과

풀이 ① 제벡 효과 : 두 금속 접속점 간에 온도차가 있으면 열기전력(전류)이 발생하는 현상으로 열전 온도계 및 열전대에 사용된다.
② 펠티어 효과 : 제벡 효과의 반대되는 현상으로 두 종류의 금속을 폐회로를 만들고, 두 금속의 접합점에 전류를 흘려주면 접합점 주변에서 열의 흡수 또는 발생이 일어나는 현상으로 전자 냉동기의 원리에 이용된다.

17 $R - L - C$ 직렬 회로에서 임피던스가 최소가 되기 위한 조건은?

① $\omega L - \dfrac{1}{\omega C} = 1$

② $\omega L - \dfrac{1}{\omega C} = 0$

③ $\omega L + \dfrac{1}{\omega C} = 0$

④ $\omega L + \dfrac{1}{\omega C} = 1$

풀이 $R - L - C$ 직렬 회로에서 임피던스가 최소가 되는 때는 공진 시이며, 이때 조건은 공진조건이 된다.
공진조건은 $\omega L - \dfrac{1}{\omega C} = 0$이 될 때가 된다.

18 일반적인 경우 교류를 사용하는 전기난로의 전압과 전류의 위상에 대한 설명으로 옳은 것은?

① 전압과 전류는 동상이다.
② 전압이 전류보다 90도 앞선다.
③ 전류가 전압보다 90도 앞선다.
④ 전류가 전압보다 60도 앞선다.

풀이 전기난로는 저항부하이므로 전압과 전류가 동상이 된다.

19 비사인파 교류회로의 전력성분과 거리가 먼 것은?

① 맥류성분과 사인파와의 곱
② 직류성분과 사인파와의 곱
③ 직류성분
④ 주파수가 같은 두 사인파의 곱

풀이
• 푸리에 급수는 주파수와 진폭을 달리하는 무수히 많은 성분을 갖는 비정현파를 무수히 많은 정현항과 여현항의 합으로 표현하는 방법을 말한다.
• 비정현파를 푸리에 급수 전개한 결과는 직류분, 기본파, 고조파로 구성된다.

20 다음 중 전동기의 원리에 적용되는 법칙은?

① 렌츠의 법칙
② 플레밍의 오른손 법칙
③ 플레밍의 왼손 법칙
④ 옴의 법칙

풀이 플레밍의 오른손 법칙은 발전기의 원리를 설명하는 법칙이고, 플레밍의 왼손 법칙은 전자력에 관계되는 법칙으로 전동기의 원리를 설명하는 법칙이다.

21 3상 변압기의 병렬운전시 병렬운전이 불가능한 결선 조합은?

① △-△ 와 Y-Y
② △-△ 와 △-Y
③ △-Y 와 △-Y
④ △-△ 와 △-△

풀이 각 변위가 같아야 병렬운전이 가능하다.
즉, △가 3개 이거나, Y가 3개이면 각 변위가 달라져 병렬운전이 불가능하다.

22 교류회로에서 양방향 점호(ON) 및 소호(OFF)를 이용하며, 위상제어를 할 수 있는 소자는?

① TRIAC   ② SCR
③ GTO   ④ IGBT

풀이 TRIAC(Trielectrode AC switch)

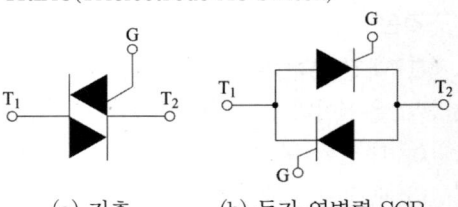

(a) 기호   (b) 등가 역병렬 SCR

23 다음 중 토크(회전력)의 단위는?

① [rpm]   ② [W]
③ [N · m]   ④ [N]

풀이 [rpm] : 회전수, [W] : 전력
[N · m] : 토크, [N] : 힘

24 동기 검정기로 알 수 있는 것은?

① 전압의 크기   ② 전압의 위상
③ 전류의 크기   ④ 주파수

풀이 동기 검정기는 두 전원의 주파수와 위상이 일치하는지를 검출하는 장치이다.

25 1차 권수 3,300, 2차 권수 110인 변압기의 전압비는?

① 10   ② 30

③ 1/3   ④ 1/10

풀이 변압기의 전압비(권수비)

$$a = \frac{N_1}{N_2} = \frac{E_1}{E_2} = \frac{I_2}{I_1}$$ 가 된다.

$$\therefore \ a = \frac{N_1}{N_2} = \frac{3,300}{110} = 30$$

26 전기자 저항이 0.05[Ω]인 직류 분권 발전기의 회전수가 1,000[rpm]에서 그 단자 전압이 220[V]이고, 전기자 전류가 100[A]라고 한다. 이것을 전동기로 사용하여 그 단자 전압과 전기자 전류를 발전기 때와 같게 하려면 그 회전수[rpm]를 대략 얼마로 하면 되겠는가? (단, 전기자 반작용은 무시한다.)

① 945   ② 950

③ 955   ④ 1,000

풀이 발전기에서의 기전력 E 는

$E = V + I_a R_a = 220 + 0.05 \times 100 = 225$[V]

전동기로서 역기전력 E_c 는

$E_c = V - I_a R_a = 220 - 100 \times 0.05 = 215$[V]

회전수는 기전력에 비례하므로

$$N_1 = N \times \frac{E_r}{E} = 1,000 \times \frac{215}{225} = 955.5 \text{[rpm]}$$

27 접지사고 발생 시 다른 선로의 전압은 상전압 이상으로 되지 않으며, 이상전압의 위험도 없고 선로나 변압기의 절연 레벨을 저감시킬 수 있는 접지방식은?

① 저항 접지

② 비 접지

③ 직접 접지

④ 소호 리액터 접지

풀이 직접 접지방식의 장·단점

[장점] ① 1선 지락 시에 건전상의 대지 전압이 거의 상승하지 않는다.

② 피뢰기의 효과를 증진시킬 수 있다.

③ 단절연이 가능하다.

④ 계전기의 동작이 확실해진다.

[단점] ① 송전 계통의 과도 안정도가 나빠진다.

② 통신선에 유도 장해가 크다.

③ 기기에 큰 영향을 주어 손상을 준다.

④ 대용량 차단기가 필요하다.

28 200[V], 10[kW], 3상 유도 전동기의 전부하 전류는 약 몇 [A]인가? (단, 효율과 역률은 각각 85[%]이다.)

① 30[A]   ② 40[A]

③ 50[A]   ④ 60[A]

풀이 $P = \sqrt{3} \, VI\cos\theta \cdot \eta$ 식에서

$$\therefore \ I = \frac{P}{\sqrt{3} \, V\cos\theta \cdot \eta} = \frac{10 \times 10^3}{\sqrt{3} \times 200 \times (0.85)^2}$$
$$= 40 \text{[A]}$$

29 수전단 발전소용 변압기 결선에 주로 사용하고 있으며 한쪽은 중성점을 접지할 수 있고 다른 한쪽은 제3고조파에 의한 영향을 없애주는 장점을 가지고 있는 3상 결선 방식은?

① Y−Y   ② △−△

③ Y−△   ④ V

풀이 Y결선은 중성점을 접지할 수 있으며, △결선은 3고 조파에 의한 영향을 없애 줄 수 있다.

---

30 동기 전동기의 용도가 아닌 것은?

① 분쇄기 　　② 압축기
③ 송풍기 　　④ 크레인

풀이 주로 비교적 저속, 대용량인 것은 시멘트 공장의 분쇄기나 각종 압연기와 송풍기, 제지용 쇄목기, 소형기의 것은 전기 시계, 오실로그래프, 전송 사진에 사용된다. 크레인의 운전용 전동기로는 3상 권선형 유도 전동기가 사용된다.

---

31 같은 회로의 두 점에서 전류가 같을 때에는 동작하지 않으나 고장시에 전류의 차가 생기면 동작 하는 계전기는?

① 과전류계전기 　　② 거리계전기
③ 접지계전기 　　④ 차동계전기

풀이 ① 과전류 계전기 : 회로의 전류가 일정값 이상으로 흘렀을 때 동작
② 거리 계전기 : 계전기가 설치된 위치로부터 고장점까지의 전기적 거리에 비례하여 한시 동작
③ 접지 계전기 : 선로의 접지 검출용
④ 차동 계전기 : 1차 전류와 2차 전류의 차에 의하여 동작

---

32 동기전동기에 대한 설명으로 옳지 않은 것은?

① 정속도 전동기로 비교적 회전수가 낮고 큰 출력이 요구되는 부하에 이용된다.
② 난조가 발생하기 쉽고 속도제어가 간단하다.
③ 전력계통의 전류세기, 역률 등을 조정할 수 있는 동기 조상기로 사용된다.
④ 가변 주파수에 의해 정밀속도 제어 전동기로 사용된다.

풀이 동기 전동기의 특징
① 장점 • 속도가 일정, 불변이다.
　　　• 항상 역률 1로 운전할 수 있다.
　　　• 필요시 앞선 전류를 통할 수 있다.
　　　• 유도 전동기에 비하여 효율이 좋다.
② 단점 • 보통 구조의 것은 기동 토크가 적고 속도 조정을 할 수 없다.
　　　• 난조를 일으킬 염려가 있다.
　　　• 여자용의 직류 전원을 필요로 하여 설비비가 많이 든다.

---

33 직류기에서 정류를 좋게 하는 방법 중 전압정류의 역할은?

① 보극
② 탄소
③ 보상권선
④ 리액턴스 전압

풀이 양호한 정류를 얻는 방법
• 전압정류 : 보극설치
• 저항정류 : 탄소브러시 사용
• 리액턴스 전압감소 : 단절권 채용 및 지나친 고속 회전을 피한다.

---

34 3상 유도 전압 조정기의 동작 원리는?

① 회전 자계에 의한 유도 작용을 이용하여 2차 전압의 위상 전압의 조정에 따라 변화한다.
② 교번 자계의 전자 유도 작용을 이용한다.
③ 충전된 두 물체 사이에 작용하는 힘
④ 두 전류 사이에 작용하는 힘

풀이 3상유도 전압 조정기의 2차 측을 구속하고 1차 측에 전압을 공급하면, 2차 권선에 기전력이 유기되는데, 2차 권선의 각상 단자를 각각 1차 측의 각상 단자에 적당하게 접속하면 3상 전압을 조정할 수 있다.

답 30. ④　31. ④　32. ②　33. ①　34. ①

35 정격속도로 운전하는 무부하 분권발전기의 계자 저항이 60[Ω], 계자 전류가 1[A], 전기자 저항이 0.5[Ω]라 하면 유도 기전력은 약 몇 [V]인가?

① 30.5   ② 50.5

③ 60.5   ④ 80.5

풀이 단자 전압 V는 계자 회로의 전압 강하와 같으므로

$V = I_f R_f = 1 \times 60 = 60[\text{V}]$

$E = V + I_a R_a$ 식에서 $I_a = I_f$이므로 (∵ 무부하)

∴ 유기 기전력

$\quad E = V + I_f R_a = 60 + 1 \times 0.5$

$\qquad = 60.5[\text{V}]$

36 50[Hz], 슬립 0.2인 경우의 회전자 속도가 600[rpm]일 때에 3상 유도 전동기의 극수는?

① 16   ② 12

③ 8   ④ 4

풀이 $N = (1-s)N_s$ 에서

$N_s = \dfrac{N}{1-s} = \dfrac{600}{1-0.2} = 750[\text{rpm}]$

∴ $p = \dfrac{120f}{N_s} = \dfrac{120 \times 50}{750} = 8[\text{극}]$

37 △결선 변압기의 한 대가 고장으로 제거되어 V결선으로 공급할 때 공급할 수 있는 전력은 고장 전 전력에 대하여 약 몇 [%]인가?

① 57.7[%]   ② 66.7[%]

③ 70.5V   ④ 86.6[%]

풀이 1대의 단상 변압기 용량을 K라 하면 그 출력비는

$\dfrac{\text{V결선의 출력}}{\triangle\text{결선의 출력}} = \dfrac{\sqrt{3}\,K}{3K} = \dfrac{\sqrt{3}}{3}$

$\qquad\qquad\qquad = 0.577 = 57.7[\%]$

38 정공은 다음의 어느 경우에 생성되는가?

① 원자핵이 움직일 때

② 전자가 공유 결합을 이탈할 때

③ 인가 전압에 의해서 자유전자가 만들어 질 때

④ 전도대에서 가전자대로 옮길 때

풀이 핵의 구속을 벗어난 전자가 있던 자리에 홀(hole : 정공)이 발생한다.

39 10[kVA], 2000/100[V] 변압기에서 1차에 환산한 등가 임피던스는 $6.2 + j7[\Omega]$이다. 이 변압기의 퍼센트 리액턴스 강하는?

① 3.5   ② 0.175

③ 0.35   ④ 1.75

풀이 1차 정격전류

$I_{1n} = \dfrac{P_n}{V_{1n}} = \dfrac{10 \times 10^3}{2000} = 5[\text{A}]$

%리액턴스 강하

$q = \dfrac{I_{1n}x}{V_{1n}} \times 100 = \dfrac{5 \times 7}{2000} \times 100$

$\quad = 1.75[\%]$

40 50[kW]의 농형 유도 전동기를 기동 하려고 할 때 다음 중 가장 적당한 기동 방법은?

① 분상 기동법

② 기동보상기법

③ 권선형 기동법

④ 슬립부하기동법

풀이 대용량의 농형유도 전동기는 기동보상기법을 사용하여 기동한다.

41 배전설계를 위한 전등 및 소형 전기기계 기구의 부하용량 산정 시 건축물의 종류에 대응한 표준부하에서 원칙적으로 표준부하를 20 [VA/m²]으로 적용하여야 하는 건축물은?

① 교회, 극장
② 학교, 음식점
③ 은행, 상점
④ 아파트, 이용원

풀이 표준부하밀도

건축물의 종류	표준 부하 [VA/m²]
공장, 공회당, 사원, 교회, 극장, 영화관, 연회장 등	10
기숙사, 여관, 호텔, 병원, 학교, 음식점, 다방, 대중 목욕탕	20
사무실, 은행, 상점, 이발소, 미장원	30
주택, 아파트	40

42 합성수지관 공사에서 옥외 등 온도 차가 큰 장소에 노출 배관을 할 때 사용하는 커플링은?

① 신축커플링(0C)
② 신축커플링(1C)
③ 신축커플링(2C)
④ 신축커플링(3C)

풀이 배관의 지지
① 배관의 지지점 사이의 거리는 다음 그림과 같이 1.5[m] 이하로 하고, 관과 관, 관과 박스의 접속점 및 관 끝은 각각 300[mm] 이내에 지지한다.
② 가는 전선관의 지지점 사이의 거리는 0.8~1.2 [m]가 적당하다.
③ 옥외 등 온도차가 큰 장소에 노출 배관을 할 때에는 12~20[m]마다 신축 커플링(3C)을 사용한다. 신축되는 부분에는 접착제를 사용하지 않는다.

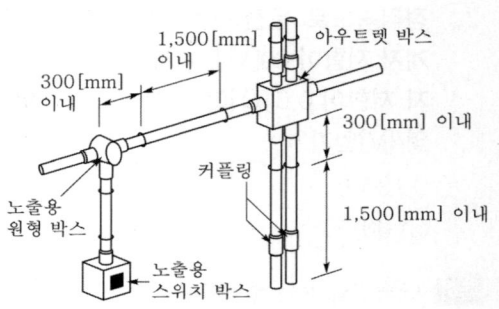

43 실내 전반조명을 하고자 한다. 작업대로부터 광원의 높이가 2.4[m]인 위치에 조명기구를 배치할 때 벽에서 한 기구 이상 떨어진 기구에서 기구 간의 거리는 일반적인 경우 최대 몇 [m]로 배치하여 설치하는가?
단, $S \le 1.5H$를 사용하여 구하도록 한다.

① 1.8   ② 2.4
③ 3.2   ④ 3.6

풀이 등기구 사이의 거리는 $S \le 1.5H$이므로 $S \le 1.5 \times 2.4$에서 $s \le 3.6$[m]가 된다.

44 철판에 전선관이 들어갈 구멍을 뚫는 데 적당한 공구는 무엇인가?

① 둥근 쇠줄
② 도래 송곳
③ 홀소
④ 파이프 커터

풀이 도래 송곳은 목재 구멍을 뚫고, 파이프 커터는 전선관을 절단하는 데 사용하며, 홀소는 철판에 구멍을 뚫는 데 사용한다.

45 어느 수용가의 설비용량이 각각 1[kW], 2[kW], 3[kW], 4[kW]인 부하설비가 있다. 그 수용률이 60[%]인 경우, 그 최대 수용 전력은 몇 [kW]인가?

① 3[kW]　　　　② 6[kW]

③ 30[kW]　　　　④ 60[kW]

풀이 최대 수용 전력 = 설비용량 × 수용률
$$= (1+2+3+4) \times 0.6$$
$$= 6[kW]$$

46 전압의 구분에서 저압 직류전압은 몇 [V] 이하인가?

① 400　　　　② 500

③ 1000　　　　④ 1500

풀이 111 통칙

분류	전압의 범위
저 압	• 직류 : 1.5[kV] 이하 • 교류 : 1[kV] 이하
고 압	• 직류 : 1.5[kV]를 초과하고, 7[kV] 이하 • 교류 : 1[kV]를 초과하고, 7[kV] 이하
특고압	7[kV]를 초과

47 자동화재탐지설비는 화재의 발생을 초기에 자동적으로 탐지하여 소방대상물의 관계자에게 화재의 발생을 통보해 주는 설비이다. 이러한 자동화재 탐지설비의 구성요소가 아닌 것은?

① 수신기　　　　② 비상경보기

③ 발신기　　　　④ 중계기

풀이 자동화재 탐지설비의 구성에는 감지기, 발신기, 중계기, 수신기 등이 있다.

48 저압 옥내배선 시설 시 캡타이어 케이블을 조영재의 아랫면 또는 옆면에 따라 붙이는 경우 전선의 지지점 간의 거리는 몇 [m] 이하로 하여야 하는가?

① 1　　　　② 1.5

③ 2　　　　④ 2.5

풀이 232.51 케이블공사
① 전선은 케이블 및 캡타이어케이블일 것.
② 전선을 조영재의 아랫면 또는 옆면에 따라 붙이는 경우에는 전선의 지지점 간의 거리를 케이블은 2[m](사람이 접촉할 우려가 없는 곳에서 수직으로 붙이는 경우에는 6[m]) 이하 캡타이어케이블은 1[m] 이하로 할 것

49 합성수지제 가요전선관(PF관 및 CD관)의 호칭에 포함되지 않는 것은?

① 16　　　　② 28

③ 38　　　　④ 42

풀이 합성수지제 가요전선관의 호칭
14[mm], 16[mm], 22[mm], 28[mm], 36[mm], 42[mm]

50 전선의 굵기를 결정할 때 반드시 생각하여야 할 사항은?

① 공사 방법, 전압 강하, 기계적 강도

② 공사 방법, 사용 장소, 기계적 강도

③ 허용 전류, 공사 방법, 사용 장소

④ 허용 전류, 전압 강하, 기계적 강도

풀이 전선의 굵기를 결정하는 요소는 허용 전류, 전압 강하, 기계적 강도. 코로나손실, 장래부하의 증설 등이 고려된다. 이중 3대 요소는 허용전류, 전압강하, 기계적 강도가 고려되어야 한다.

51 가스 절연 개폐기나 가스 차단기에 사용되는 가스인 SF_6의 성질이 아닌 것은?

① 같은 압력에서 공기의 2.5~3.5배의 절연 내력이 있다.

② 무색, 무취, 무해, 가스이다.

③ 가스 압력 3~4[kgf/cm²]에서는 절연 내력은 절연유 이상이다.

④ 소호능력은 공기보다 2.5배 정도 낮다.

풀이 SF_6 가스는 무색, 무취, 무해한 가스로 절연내력이 공기의 2~3배 정도로 높고, 소호능력은 공기의 100~200배 정도가 된다.

52 금속전선관의 두께는 설비 기준에서 어떻게 정해져 있는가?

① 콘크리트에 매입하는 것은 3[mm] 이상일 것

② 노출 공사에서 사용되는 것은 1[mm] 이상일 것

③ 알코올 공장의 배관에 사용되는 것은 2[mm] 이상일 것

④ 커플링이 없는 길이 4[m] 이하의 것을 시설할 때는 0.5[mm]일 것

풀이 232.12 금속관공사
관의 두께는 다음에 의할 것.
- 콘크리트에 매입하는 것은 1.2[mm] 이상
- 콘크리트에 매입하는 것 이외의 것은 1[mm] 이상. 다만, 이음매가 없는 길이 4[m] 이하인 것을 건조하고 전개된 곳에 시설하는 경우에는 0.5 [mm]까지로 감할 수 있다.

53 전기 배선용 도면을 작성할 때 사용하는 콘센트 도면기호는?

① ◑   ② ●

③ ○   ④ ⊏○—

풀이

명칭	콘센트	점멸기	백열등, HID등	형광등
그림 기호	◑	●	○	⊏○—

54 화약고 등의 위험 장소의 배선 공사에서 전로의 대지 전압은 몇 [V] 이하로 하도록 되어 있는가?

① 300   ② 400

③ 500   ④ 600

풀이 242.5 화약류 저장소 등의 위험장소
① 저압 옥내배선은 금속관공사 또는 케이블공사(캡타이어케이블을 사용하는 것을 제외한다)에 의할 것.
② 전로에 대지전압은 300[V] 이하일 것.
③ 전기기계기구는 전폐형의 것일 것.

55 어미자와 아들자의 눈금을 이용하여 두께, 깊이, 안지름 및 바깥지름 측정용으로 사용하는 것은?

① 버니어 캘리퍼스

② 채널 지그

③ 스트레인 게이지

④ 스태핑 머신

풀이 버니아 캘리퍼스

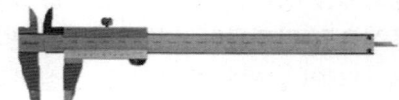

56 가공 전선로의 지지물에 하중이 가하여지는 경우에 그 하중을 받는 지지물의 기초 안전율은 일반적으로 얼마 이상이어야 하는가?

① 1.5   ② 2.0

③ 2.5   ④ 4.0

풀이 331.7 가공전선로 지지물의 기초의 안전율
가공전선로의 지지물에 하중이 가하여지는 경우에
그 하중을 받는 지지물의 기초의 안전율은 2 이상
(단, 이상시 상정하중에 대한 철탑의 기초에 대하여
는 1.33)이어야 한다.

57 코드 상호간 또는 캡타이어 케이블 상호간을
접속하는 경우 가장 많이 사용되는 기구는?

① T형 접속기　　② 코드 접속기
③ 와이어 커넥터　④ 박스용 커넥터

58 금속관공사를 할 때 앤트런스 캡의 사용으로
옳은 것은?

① 금속관이 고정되어 회전시킬 수 없을 때
사용
② 저압 가공 인입선의 인입구에 사용
③ 배관의 지각의 굴곡 부분에 사용
④ 조명기구가 무거울 때 조명 기구의 부착
등에 사용

풀이 엔트런스 캡은 옥외 공사의 금속관 인입구에 설치
하며 빗물의 침입을 막는 곳에 사용한다.

59 다음 그림 중 바닥 은폐 배선은?

① ────────
② ─ ─ ─ ─
③ ·············
④ ────●────

풀이

명 칭	그림기호	적 요
천장 은폐 배선	────	① 천장 은폐 배선 중 천장 속의 배선을 구별하는 경우는 천장 속의 배선에 ─·─·─ 를 사용하여도 좋다.
바닥 은폐 배선	─ ─ ─ ─	

명 칭	그림기호	적 요
노출 배선	·········	② 노출 배선 중 바닥면 노출 배선을 구별하는 경우는 바닥면 노출 배선에 ──··───··── 를 사용하여도 좋다. ③ 전선의 종류를 표시할 필요가 있는 경우는 기호를 기입한다. ④ 배관은 다음과 같이 표시한다. 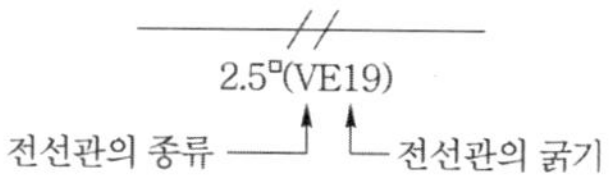 2.5㎟(VE19) 전선관의 종류 ── ↙↘ ── 전선관의 굵기 전선관의 종류 • 강제전선관은 별도의 표기없음 • VE : 경질비닐전선관 • F_2 : 2종 금속제 가요전선관 • PF : 합성수지제 가요관 ⑤ 절연 전선의 굵기 및 전선수는 다음과 같이 기입한다. 단위가 명백한 경우는 단위를 생략하여도 좋다. 【보기】  2.5㎟　2　2(㎜²)　8 숫자 표기의 보기 : 1.6×5 5.5×1

60 금속덕트를 조영재에 붙이는 경우에는 지지
점간의 거리는 최대 몇 [m] 이하로 하여야 하
는가?

① 1.5　② 2.0　③ 3.0　④ 3.5

풀이 232.31 금속덕트공사
① 금속덕트에 넣은 전선의 단면적(절연피복의 단
면적을 포함한다)의 합계는 덕트의 내부 단면적
의 20[%](전광표시장치 기타 이와 유사한 장치
또는 제어회로 등의 배선만을 넣는 경우에는
50[%]) 이하일 것
② 폭이 40[mm] 이상, 두께가 1.2[mm] 이상인 철
판 또는 동등 이상의 기계적 강도를 가지는 금속
제의 것으로 견고하게 제작한 것일 것.
③ 덕트를 조영재에 붙이는 경우에는 덕트의 지지
점 간의 거리를 3[m](취급자 이외의 자가 출입
할 수 없도록 설비한 곳에서 수직으로 붙이는 경
우에는 6[m]) 이하로 하고 또한 견고하게 붙일
것

01 자장의 세기가 1,000[AT/m]일 때 자속 밀도가 0.5[Wb/m²]인 재질의 투자율[H/m]은?

① 5×10^{-2} ② 5×10^{-3}
③ 5×10^{-4} ④ 5×10^{-5}

풀이 자속 밀도와 자계의 세기의 관계
$B = \mu H [\text{Wb/m}^2]$에서
$\mu = \dfrac{B}{H} = \dfrac{0.5}{1,000} = 5 \times 10^{-4} [\text{H/m}]$가 된다.

02 자체 인덕턴스 2[H]의 코일에 25[J]의 에너지가 저장되어 있다면 코일에 흐르는 전류?

① 2[A] ② 3[A]
③ 4[A] ④ 5[A]

풀이 전자에너지 $W = \dfrac{1}{2} LI^2$에서
$25 = \dfrac{1}{2} \times 2 \times I^2$ 이므로
$\therefore I = \sqrt{\dfrac{25 \times 2}{2}} = 5 [\text{A}]$가 된다.

03 자기회로에 기자력을 주면 자로에 자속이 흐른다. 그러나 기자력에 의해 발생되는 자속 전부가 자기회로 내를 통과하는 것이 아니라, 자로 이외의 부분을 통과하는 자속도 있다. 이와 같이 자기회로 이외 부분을 통과하는 자속을 무엇이라 하는가?

① 종속자속 ② 누설자속
③ 주자속 ④ 반사자속

풀이 자기회로에 자속이 한정되지 않고 그 이외의 곳에 자속이 누출되는 것을 누설자속이라 한다.

04 자기 저항의 단위는?

① [Wb/AT] ② [Ω]
③ [℧] ④ [AT/Wb]

풀이 자기 옴의 법칙에서
자속 $\phi = \dfrac{F}{R_m}$이므로
자기 저항 $R_m = \dfrac{F}{\phi} = \dfrac{NI}{\phi} [\text{AT/Wb}]$가 된다.

05 1차 전지로 가장 많이 사용되는 것은?

① 니켈·카드뮴전지
② 연료전지
③ 망간건전지
④ 납축전지

풀이 1차 전지 : 충전에 의하여 구성 물질의 재생이 불가능한 전지를 1차 전지라 부르고, 이것을 크게 나누면 망간 건전지, 알칼리·망간 건전지, 산화은 전지, 리튬 1차 전지, 수은 전지, 공기 전지, 연료 전지, 고체 전해질 전지 등이 있다.

06 $C_1 = 5[\mu F]$, $C_2 = 10[\mu F]$의 콘덴서를 직렬로, 접속하고 직류 30[V]를 가했을 때, C_1의 양단의 전압[V]은?

① 5 ② 10
③ 20 ④ 30

풀이
$E_1 = \dfrac{C_2}{C_1 + C_2} E = \dfrac{10 \times 10^{-6}}{5 \times 10^{-6} + 10 \times 10^{-6}} \times 30$
$= 20[\text{V}]$

07 $L-C$ 병렬 회로에 $E[V]$의 전압을 가할 때 전전류가 0이 되려면 주파수 $f[Hz]$는?

① $f = 2\pi\sqrt{LC}$ ② $f = \dfrac{1}{2\pi\sqrt{LC}}$

③ $f = \dfrac{\sqrt{LC}}{2\pi}$ ④ $f = \dfrac{2\pi}{\sqrt{LC}}$

풀이 $L-C$ 병렬 회로에서 전류가 0이 되려면 임피던스가 무한대가 되어야 한다.

즉, $Z = \dfrac{1}{\dfrac{1}{X_L} - \dfrac{1}{X_C}}[\Omega]$에서

Z가 무한대가 되려면 $X_L = X_C$인 때이다.

이때를 병렬 공진 상태라 하며 공진 주파수는

$f = \dfrac{1}{2\pi\sqrt{LC}}[Hz]$가 된다.

08 납축전지의 전해액으로 사용되는 것은?

① H_2SO_4 ② $2H_2O$

③ PbO_2 ④ $PbSO_4$

풀이

$$\underset{(+극)}{PbO_2} + \underset{전해액}{2H_2SO_4} + \underset{(-극)}{Pb} \underset{충전}{\overset{방전}{\rightleftarrows}} \underset{(+극)}{PbSO_4} + 2H_2O + \underset{(-극)}{PbSO_4}$$

납축전지의 전해액으로 묽은황산($2H_2SO_4$)을 사용한다.

09 8[Ω]의 용량리액턴스에 어떤 교류 전압을 가하면 10[A]의 전류가 흐른다. 여기에 어떤 저항을 직렬로 접속하여 같은 전압을 가하면 8[A]로 감소되었다. 저항은 몇 [Ω]인가?

① 6   ② 8

③ 10   ④ 12

풀이 8[Ω]의 용량리액턴스에 10[A]의 전류가 흐를 경우 전원 전압은 $V = 8 \times 10 = 80[V]$가 된다.

여기에 저항 $R[\Omega]$을 직렬로 연결할 경우 임피던스에 의해 전류가 흐르므로

$Z = \dfrac{V}{I} = \dfrac{80}{8} = 10[\Omega]$이 되며 $Z = R - jX_c$에서

$10 = R - j8 = \sqrt{R^2 + 8^2}$ 이므로

$R = \sqrt{10^2 - 8^2} = 6[\Omega]$ 이 된다.

10 어떤 사인파 교류전압의 평균값이 191[V]이면 최댓값은?

① 150[V]   ② 250[V]

③ 300[V]   ④ 400[V]

풀이

파형	정현파	정현반파	삼각파	구형반파	구형파
실효값	$\dfrac{V_m}{\sqrt{2}}$	$\dfrac{V_m}{2}$	$\dfrac{V_m}{\sqrt{3}}$	$\dfrac{V_m}{\sqrt{2}}$	V_m
평균값	$\dfrac{2V_m}{\pi}$	$\dfrac{V_m}{\pi}$	$\dfrac{V_m}{2}$	$\dfrac{V_m}{2}$	V_m

정현파의 평균값 $V_{av} = \dfrac{2V_m}{\pi}$ 에서

$V_m = \dfrac{\pi}{2}V_{av} = \dfrac{\pi}{2} \times 191$

$= 300[V]$가 된다.

11 "회로의 접속점에서 볼 때, 접속점에 흘러 들어오는 전류의 합은 흘러 나가는 전류의 합과 같다."라고 정의되는 법칙은?

① 키르히호프의 제1법칙

② 키르히호프의 제2법칙

③ 플레밍의 오른손 법칙

④ 앙페르의 오른나사 법칙

풀이 키르히호프의 제1법칙(Kirchhoff's Current Law : KCL) : 병렬회로

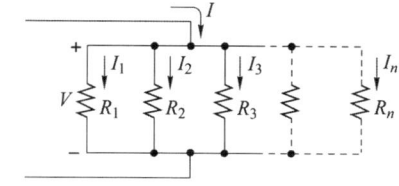

$I = I_1 + I_2 + I_3 + \cdots + I_n$

12 전선의 길이를 4배로 늘렸을 때, 처음의 저항 값을 유지하기 위해서는 도선의 반지름을 어떻게 해야 하는가?

① 1/4로 줄인다.
② 1/2로 줄인다.
③ 2배로 늘인다.
④ 4배로 늘인다.

풀이 전선의 저항 $R = \rho \dfrac{l}{S} = \rho \dfrac{l}{\pi r^2}[\Omega]$이므로 처음의 저항값을 유지하기 위해서는 길이와 도선의 반지름의 제곱이 비례해야 한다($l \propto r^2$).
∴ $r = \sqrt{l} = \sqrt{4} = 2$배

13 6개의 같은 저항을 병렬로 접속하여 120[V] 전원에 접속하니 30[A]의 전류가 흘렀다. 저항 1개의 저항값[Ω]은?

① 4   ② 12
③ 18   ④ 24

풀이 6개의 합성 저항 $R = \dfrac{V}{I} = \dfrac{120}{30} = 4\,[\Omega]$이 된다.
1개의 저항을 r이라 하면
병렬합성저항은 $R = \dfrac{r}{n}$이 되므로
$r = nR = 6 \times 4 = 24[\Omega]$

14 저항 3[Ω], 유도 리액턴스 4[Ω]의 병렬 회로에서 역률은?

① 1   ② 0.8
③ 0.6   ④ 0.4

풀이 역률 $\cos\theta = \dfrac{X_L}{Z}$에서
$\cos\theta = \dfrac{X_L}{\sqrt{R^2 + X_L^{\,2}}} = \dfrac{4}{\sqrt{3^2 + 4^2}} = \dfrac{4}{5}$
$= 0.8$이 된다.

15 임피던스 $Z = 6 + j8[\Omega]$에서 서셉턴스[℧]는?

① 0.06   ② 0.08
③ 0.6   ④ 0.8

풀이 $Y = G + jB$ (G : 컨덕턴스, B : 서셉턴스)
∴ $Y = \dfrac{1}{Z} = \dfrac{1}{6 + j8} = 0.06 - j0.08[℧]$

16 공기 중에서 $2 \times 10^{-5}[C]$의 점전하로부터 1[cm]의 거리에 있는 점의 전장의 세기 [V/m]는?

① 18×10^{-8} ② 18×10^{8}
③ 18×10^{6} ④ 18×10^{-6}

풀이 전계의 세기 $E = 9 \times 10^9 \dfrac{Q}{r^2}[N]$에서
$E = 9 \times 10^9 \times \dfrac{2 \times 10^{-5}}{(10^{-2})^2}$
$= 9 \times 10^9 \times 2 \times 10^{-5} \times 10^4$
$= 18 \times 10^8 [V/m]$가 된다.

17 그림과 같이 R_1, R_2, R_3의 저항 3개가 직병렬 접속되었을 때 합성저항은?

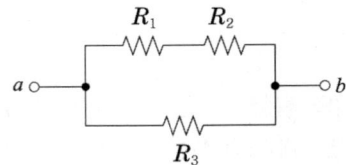

① $R = \dfrac{(R_1 + R_2)R_3}{R_1 + R_2 + R_3}$

② $R = \dfrac{(R_2 + R_3)R_1}{R_1 + R_2 + R_3}$

③ $R = \dfrac{(R_1 + R_3)R_2}{R_1 + R_2 + R_3}$

④ $R = \dfrac{R_1 R_2 R_3}{R_1 + R_2 + R_3}$

풀이 직렬 연결 시 합성저항

$$R = R_1 + R_2 + R_3 + \cdots\cdots + R_n [\Omega]$$

병렬 연결 시 합성저항

$$R = \cfrac{1}{\cfrac{1}{R_1} + \cfrac{1}{R_2} + \cfrac{1}{R_3} + \cdots\cdots + \cfrac{1}{R_n}} [\Omega]$$

따라서, 그림과 같이 직병렬 접속된 합성저항은

$$R = \cfrac{1}{\cfrac{1}{R_1 + R_2} + \cfrac{1}{R_3}} = \cfrac{(R_1 + R_2)R_3}{R_1 + R_2 + R_3} [\Omega]$$

이 된다.

18 권수 200회의 코일에 5[A]의 전류가 흘러서 0.025[Wb]의 자속이 코일을 지난다고 하면, 이 코일에 자체 인덕턴스는 몇 [H]인가?

① 2 　　　　　 ② 1

③ 0.5 　　　　 ④ 0.1

풀이 자기인덕턴스 $L = \dfrac{N\Phi}{I}$ 에서

$$L = \frac{200 \times 0.025}{5} = 1 [\text{H}] 가 된다.$$

19 비유전율이 큰 산화티탄 등을 유전체로 사용한 것으로 극성이 없으며 가격에 비해 성능이 우수하여 널리 사용되고 있는 콘덴서의 종류는?

① 전해 콘덴서　　 ② 세라믹 콘덴서

③ 마일러 콘덴서　 ④ 마이카 콘덴서

풀이 ① 전해 콘덴서

케미콘이라 한다. 유전체를 산화 피막으로 만들어 비교적 큰 용량을 얻을 수 있다. 전원의 평활 회로, 저주파 바이패스 등에 쓰인다.

② 세라믹 콘덴서

전극에 티탄산바륨과 같은 유전율이 높은 세라믹 재료로 만들었으며, 전극의 극성이 없는 것이 특징이다. 용량은 비교적 작아 아날로그 신호계에 사용할 수 있다.

③ 마일러 콘덴서

얇은 폴리에스테르필름의 양면에 금속박을 대고 원통형으로 감은 것으로 극성이 없다. 가격은 저렴하나 정밀하지 못한 결점이 있다.

④ 마이카(운모) 콘덴서

소용량의 콘덴서로 널리 쓰이며, 온도에 따른 용량변화가 적고 절연저항이 높다.

20 물체의 온도상승 및 열전달 방법에 대한 설명으로 옳은 것은?

① 비열이 작은 물체에 열을 주면 쉽게 온도를 올릴 수 있다.

② 열전달 방법 중 유체가 열을 받아 분자와 같이 이동하는 것이 복사이다.

③ 일반적으로 물체는 열을 방출하면 온도가 증가한다.

④ 질량이 큰 물체에 열을 주면 쉽게 온도를 올릴 수 있다.

풀이 비열이란 어떤 물질 1[g]의 온도를 1[℃] 높이는 데 필요한 열량이다.

따라서 비열이 작은 물체에 열을 주면 쉽게 온도를 올릴 수 있다.

21 그림과 같은 접속은 어떤 직류전동기의 접속인가?

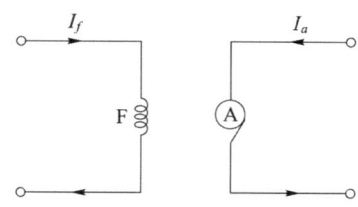

A : 전기자, F : 계자권선
I_a : 전기자전류, I_f : 계자전류

① 타여자전동기　　 ② 분권전동기

③ 직권전동기　　　 ④ 복권전동기

풀이 타여자 전동기는 독립된 직류 전원에 의해 계자권선에 여자전류를 공급하는 전동기이다.

22 직류 직권 전동기를 사용하려고 할 때 벨트(belt)를 걸고 운전하면 안 되는 가장 타당한 이유는?

① 벨트가 기동할 때나 또는 갑자기 중 부하를 걸 때 미끄러지기 때문에

② 벨트가 벗겨지면 전동기가 갑자기 고속으로 회전하기 때문에

③ 벨트가 끊어졌을 때 전동기의 급정지 때문에

④ 부하에 대한 손실을 최대로 줄이기 위해서

풀이 속도의 식 $N = \dfrac{E}{K\phi} = \dfrac{V - R_a I_a}{K\phi} = k\dfrac{V - R_a I_a}{\phi}$ 에서 $\phi = 0$이면 속도가 무한대가 되어 위험하게 된다. 직류 직권 전동기의 경우 부하전류 $I = I_a = I_f$ 이므로 부하전류가 0이면 자속이 0이 된다.

따라서 직권 전동기의 경우 벨트 부하를 걸면 벨트가 벗겨져 무부하가 될 수 있으므로 벨트 부하를 사용하지 않으며, 기어 부하를 사용한다.

23 1차 권수 6,000, 2차 권수 200인 변압기의 전압비는?

① 10 ② 30

③ 60 ④ 90

풀이 변압기의 전압비(권수비)

$a = \dfrac{N_1}{N_2} = \dfrac{E_1}{E_2} = \dfrac{I_2}{I_1}$ 가 된다.

$\therefore a = \dfrac{N_1}{N_2} = \dfrac{6,000}{200} = 30$

24 그림은 유도전동기 속도제어 회로 및 트랜지스터의 컬렉터 전류 그래프이다. ⓐ와 ⓑ에 해당하는 트랜지스터는?

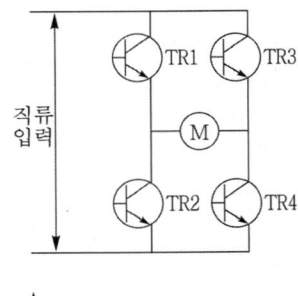

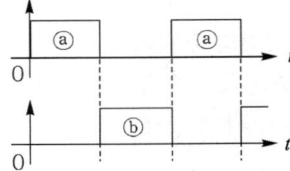

① ⓐ는 TR1과 TR2, ⓑ는 TR3과 TR4

② ⓐ는 TR1과 TR3, ⓑ는 TR2과 TR4

③ ⓐ는 TR2과 TR4, ⓑ는 TR1과 TR3

④ ⓐ는 TR1과 TR4, ⓑ는 TR2과 TR3

25 일정 전압 및 일정 파형에서 주파수가 상승하면 변압기 철손은 어떻게 변하는가?

① 증가한다.

② 감소한다.

③ 불변이다.

④ 어떤 기간 동안 증가한다.

풀이 $P_h \propto \dfrac{1}{f}$ 에서 히스테리시스손은 주파수에 반비례한다. 따라서 히스테리시스손은 감소하므로 결국 철손은 감소한다.

26 속도가 일정하고 구조가 간단하여 동기이탈이 없는 전동기로서 전기시계, 오실로스코프 등에 많이 사용되는 전동기는?

① 유도동기 전동기
② 초동기 전동기
③ 단상동기 전동기
④ 반동 전동기

27 변압기의 2차 측을 개방하였을 경우 1차 측에 흐르는 전류는 무엇에 의하여 결정되는가?

① 저항
② 임피던스
③ 누설 리액턴스
④ 여자 어드미턴스

풀이 변압기의 2차측을 개방하였을 경우 1차 측에 흐르는 전류는 여자 어드미턴스에 의하여 결정된다.

28 직류 복권 전동기를 분권 전동기로 사용하려면 어떻게 하여야 하는가?

① 분권 계자를 단락시킨다.
② 부하 단자를 단락시킨다.
③ 직권 계자를 단락시킨다.
④ 전기자를 단락시킨다.

풀이 그림의 복권 전동기를 분권 전동기로 사용하려면 직권계자를 제거해야 한다.
제거하는 방법으로는 직권계자를 단락시켜야 분권 전동기로 사용할 수 있다.

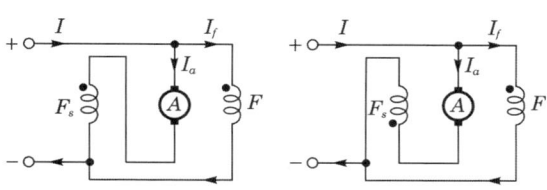

29 반송보호 계전방식의 장점을 설명한 것으로 맞지 않은 것은?

① 다른 방식에 비해 장치가 간단하다.
② 고장 구간의 고속도 동시에 차단이 가능하다.
③ 고장 구간의 선택이 확실하다.
④ 동작을 예민하게 할 수 있다.

풀이 반송 보호 계전방식의 장점
• 고장의 선택성이 우수하다.
• 동작이 예민하다.
• 고장점이나 계통의 여하에 불구하고 선택 차단 개소를 동시에 고속도 차단할 수 있다.

30 변압기의 자속을 만드는 전류는?

① 여자 전류　　② 부하 전류
③ 자화 전류　　④ 철손 전류

풀이 • 여자 전류는 자화 전류와 철손 전류의 합으로 나타낸다.
• 자화 전류는 철심의 자속을 만드는 전류를 말한다.

31 주파수 60[Hz]를 내는 발전용 원동기인 터빈 발전기의 최고 속도[rpm]는?

① 1,800　　　② 2,400
③ 3,600　　　④ 4,800

풀이 터빈 발전기는 원통형 회전자를 가지는 고속의 동기발전기로, 회전속도 $N_s = \dfrac{120f}{p}$[rpm]이다. 동기발전기의 극수가 최소일 때 속도는 최고가 되므로

$$\therefore N_s = \frac{120f}{p} = \frac{120 \times 60}{2}$$
$$= 3,600[\text{rpm}]$$

답 26. ④ 27. ④ 28. ③ 29. ① 30. ③ 31. ③

32 비례추이를 이용하여 속도제어가 되는 전동기는?

① 권선형 유도전동기
② 농형 유도전동기
③ 직류 분권전동기
④ 동기 전동기

풀이 비례추이는 2차 회전자에 저항을 삽입할 수 있는 권선형 유도 전동기에서 가능하다.

33 직류 전동기의 회전 방향을 바꾸려면?

① 전기자 전류의 방향과 계자 전류의 방향을 동시에 바꾼다.
② 발전기로 운전시킨다.
③ 계자 또는 전기자의 접속을 바꾼다.
④ 차동 복권을 가동 복권으로 바꾼다.

풀이 직류 전동기의 회전방향을 변경하려면 계자권선의 자속을 반대로 하여야 한다.

34 단상 반파정류회로에서 직류전압과 교류전압의 관계로 옳은 것은? (단, 직류전압은 E_d, 교류전압은 E라 한다.)

① $E_d = 0.45E$
② $E_d = 0.9E$
③ $E_d = 1.17E$
④ $E_d = 1.35E$

풀이 ① 단상 반파 정류 회로
$$E_d = \frac{\sqrt{2}}{\pi} \cdot E = 0.45E[\text{V}]$$
② 단상 전파 정류 회로
$$E_d = \frac{2\sqrt{2}}{\pi} \cdot E = 0.9E[\text{V}]$$

35 워드레어너드 속도 제어는?

① 저항제어
② 계자제어
③ 전압제어
④ 직병렬제어

풀이

구분	특성	분권 및 타여자	직권
계자 제어법	효율 양호 정류 악화 정출력 가변 속도	속도 제어 범위는 최저 최고비가 1 : 2~1 : 4 (보상 권선이 있을 때) 정도	무부하에 있어서 ϕ가 대단히 작으면 속도가 아주 높아지므로 주의가 필요
직렬 저항법	효율 나쁨 정토크 가변 속도	정속도 특성을 잃는다.	직렬 저항법과 전압 제어법을 병용하여 전차 등에 널리 사용되고 있다.
전압 제어법	위의 두 가지에 비하여 고가이나 광범위한 속도 제어가 가능하다.	타여자 전동기에 적용된다. 워드 레오나드 방식, 일그너 방식, 승압기 방식 등이 있다.	

36 동기 발전기를 병렬 운전하는 데 필요 없는 조건은?

① 조속기 동작이 민감할 것
② 주파수와 파형이 서로 같을 것
③ 기전력의 값이 서로 같을 것
④ 전압 위상이 서로 같을 것

풀이 동기발전기의 병렬운전 조건은 다음과 같다.
① 기전력의 크기가 같을 것
② 기전력의 위상이 같을 것
③ 기전력의 주파수가 같을 것
④ 기전력의 파형이 같을 것
⑤ 상회전 방향이 같을 것

37 세이딩코일형 유도전동기의 특징을 나타낸 것으로 틀린 것은?

① 역률과 효율이 좋고 구조가 간단하여 세탁기 등 가정용 기기에 많이 쓰인다.

② 회전자는 농형이고 고정자의 성층철심은 몇 개의 돌극으로 되어있다.

③ 기동 토크가 작고 출력이 수 10[W] 이하의 소형 전동기에 주로 사용된다.

④ 운전 중에도 세이딩 코일에 전류가 흐르고 속도변동률이 크다.

풀이 • 세이딩 코일형 단상 유도 전동기의 특징
① 돌극형 자극의 고정자와 농형 회전자로 구성되어 있다.
② 구조가 간단하나 기동 토크가 매우 작고 출력이 수 10[W] 이하의 소형 전동기에 주로 사용된다.
③ 운전 중에도 세이딩 코일에 전류가 흐르기 때문에 효율과 역률이 떨어지며 회전 방향을 바꿀 수 없다.

38 분권 전동기가 기동할 때의 방법은?

① 기동기는 최소, 계자 조정기는 최대

② 기동기, 계자 저항기 모두 최대

③ 기동기는 최대, 계자 조정기는 최소

④ 기동기, 계자 저항기 모두 최소

풀이 기동전류를 줄이고 기동토크를 최대로 하기 위하여 기동기의 저항은 최대로 하며, 계자 저항은 최소로 하여 기동한다.

39 20[kVA]의 단상 변압기 2대를 사용하여 V-V 결선으로 하고 3상 전원을 얻고자 한다. 이때 여기에 접속시킬 수 있는 3상 부하의 용량은 약 몇 [kVA]인가?

① 34.6

② 44.6

③ 54.6

④ 66.6

풀이 V결선 시 출력은 1대의 용량에 $\sqrt{3}$ 배이므로
$$P_V = \sqrt{3}\,P_1 = \sqrt{3} \times 20 = 34.64[\text{kVA}]$$

40 직류 분권전동기를 운전 중 계자 저항을 증가시켰을 때의 회전 속도는?

① 증가한다.

② 감소한다.

③ 변함없다.

④ 정지한다.

풀이 분권전동기는 운전 중 계자 저항을 증가하면 계자 자속이 감소하여 속도가 증가하는 특성이 있다.

41 저압 연접인입선의 시설과 관련된 설명으로 잘못된 것은?

① 옥내를 통과하지 아니할 것

② 전선의 굵기는 1.5[mm²] 이하일 것

③ 폭 5[m]를 넘는 도로를 횡단하지 아니할 것

④ 인입선에서 분기하는 점으로부터 100[m]를 넘는 지역에 미치지 아니할 것

풀이 221.1.2 연접 인입선의 시설
한 수용가의 인입선에서 분기하여 지지물을 거치지 아니하고 다른 수용 장소의 인입구에 이르는 부분의 전선을 연접인입선이라 한다.
① 인입선에서 분기하는 점으로부터 100[m]를 초과하는 지역에 미치지 아니할 것
② 폭 5[m]를 초과하는 도로를 횡단하지 아니할 것
③ 옥내를 통과하지 아니할 것

42 금속 전선관을 직각 구부리기 할 때 굽힘 반지름 r은? (단, d는 금속 전선관의 안지름, D는 금속 전선관의 바깥지름이다.)

① $r = 6d + \dfrac{D}{2}$

② $r = 6d + \dfrac{D}{4}$

③ $r = 2d + \dfrac{D}{6}$

④ $r = 4d + \dfrac{D}{6}$

풀이
- 굽힘 반지름 $r = 6d + \dfrac{D}{2}$
- 굽힘 길이 $L = 2\pi r \times \dfrac{1}{4}$

43 금속몰드공사 시 사용전압은 몇 [V] 이하이어야 하는가?

① 100   ② 200
③ 300   ④ 400

풀이 232.22 금속몰드공사
금속몰드의 사용전압이 400[V] 이하로 옥내의 건조한 장소로 전개된 장소 또는 점검할 수 있는 은폐 장소에 한하여 시설할 수 있다

44 피시 테이프(fish tape)의 용도는?

① 전선을 테이핑하기 위해서 사용
② 전선관의 끝마무리를 위해서 사용
③ 전선관에 전선을 넣을 때 사용
④ 합성수지관을 구부릴 때 사용

풀이 피시 테이프는 전선관 공사 시 전선을 여러 가닥 넣을 때 쉽게 넣을 수 있는 공구이다.

45 2종 금속제 가요 전선관의 굵기(관의 호칭)가 아닌 것은?

① 10[mm]   ② 12[mm]
③ 16[mm]   ④ 24[mm]

풀이 제2종 금속제 가요 전선관의 호칭 : 10, 12, 15, 17, 24, 30, 38, 50, 63, 76, 83, 101[mm]

46 금속관 공사에 절연 부싱을 쓰는 목적은?

① 관의 끝이 터지는 것을 방지
② 박스 내에서 전선의 접속을 방지
③ 관의 단구에서 조영재의 접속을 방지
④ 관의 단구에서 전선 손상을 방지

풀이 부싱 : 입선 작업 시 전선의 피복 손상을 방지하기 위해 사용하는 부속품을 말한다.

47 합성수지관 공사의 특징 중 옳은 것은?

① 내열성   ② 내한성
③ 내부식성   ④ 내충격성

풀이 합성수지관은 금속관에 비하여 절연성이 우수하며, 부식하지 않고, 기계적 강도는 약하며, 내열성에 약하다.

48 일반적으로 저압 가공 인입선이 도로를 횡단하는 경우 노면상 설치 높이는 몇 [m] 이상이어야 하는가?

① 3[m]   ② 4[m]
③ 5[m]   ④ 6.5[m]

풀이 221.1.1 저압 인입선의 시설
저압 가공인입선의 높이는 도로(도로와 보도의 구별이 있는 도로인 경우에는 차도)를 횡단하는 경우 노면상 5[m](기술상 부득이한 경우에 교통에 지장이 없을 때에는 3[m]) 이상일 것

49 일반적으로 과전류 차단기를 설치하여야 할 곳은?

① 접지공사의 접지도체
② 다선식 전로의 중성선
③ 송배전선의 보호용, 인입선 등 분기선을 보호하는 곳
④ 저압 가공 전로의 접지측 전선

풀이 341.11 과전류차단기의 시설 제한
① 접지공사의 접지도체
② 다선식 전로의 중성선
③ 접지공사를 한 저압 가공 전선의 접지 측 전선

50 전주의 길이가 16[m]이고, 설계하중이 6.8 [kN] 이하의 철근콘크리트주를 시설할 때 땅에 묻히는 깊이는 몇 [m] 이상이어야 하는가?

① 1.2 ② 1.4
③ 2.0 ④ 2.5

풀이 331.7 가공전선로 지지물의 기초의 안전율

설계 하중 전장	6.8[kN] 이하	6.8[kN] 초과 ~ 9.8[kN] 이하
15[m] 이하	전장 × 1/6[m] 이상	전장 × 1/6 + 0.3[m] 이상
15[m] 초과	2.5[m] 이상	2.8[m] 이상

51 다음과 같은 기호의 배선 명칭은?

─────────────

① 천장 은폐배선 ② 바닥 은폐 배선
③ 노출 배선 ④ 바닥면 노출 배선

풀이

명 칭	그림기호
천장 은폐배선	───────
바닥 은폐배선	─ ─ ─ ─ ─
노출 배선	··········

52 조명기구를 배광에 따라 분류하는 경우 특정한 장소만을 고조도로 하기 위한 조명기구는?

① 직접 조명기구
② 전반확산 조명기구
③ 광천장 조명기구
④ 반직접 조명기구

풀이 ① 직접조명 : 빛을 직접 대상물에 비추는 조명방식
② 전반확산조명 : 하향광속으로 직접 작업면에 직사시키고 상향광속의 반사광으로 작업면의 조도를 증가시키는 조명방식
③ 광천장 조명 : 천장 전면을 발광면으로 하는 조명
④ 반직접조명 : 빛의 60~90[%]가 아래로 향하여 직접 표면을 비추고 나머지 10~40[%]는 천정면을 향하여 반사시키는 조명방식

53 철근 콘크리트주에 완금을 고정시키려면 어떤 밴드를 사용하는가?

① 암 밴드
② 지선 밴드
③ 래크 밴드
④ 행거 밴드

풀이 지지물에 전선을 고정시키기 위하여 사용하는 금구로 아연 도금을 한 앵글을 많이 사용한다. 완금이 상하로 움직이는 것을 방지하기 위하여 암 타이(arm tie)를 사용한다. 암 타이를 고정시키려면 암 타이 밴드(arm tie band)를, 지선에 붙일 때에는 지선 밴드(stay band)를 사용한다.

54 경질 비닐 전선관의 설명으로 틀린 것은?

① 1본의 길이는 3.6[m]가 표준이다.
② 굵기는 관 안지름의 크기에 가까운 짝수 [mm]로 나타낸다.
③ 금속관에 비해 절연성이 우수하다.
④ 금속관에 비해 내식성이 우수하다.

풀이 경질 비닐 전선관 1본의 길이는 4[m]가 표준이고, 굵기는 관 안지름의 크기에 가까운 짝수의 [mm]로 나타낸다.

55 다음 중 전선 및 케이블 접속 방법이 잘못된 것은?

① 전선의 세기를 30[%] 이상 감소시키지 않을 것

② 접속 부분은 접속관 기타의 기구를 사용하거나 납땜을 할 것

③ 코드 상호, 캡타이어 케이블 상호, 케이블 상호, 또는 이들 상호를 접속하는 경우에는 코드 접속기, 접속함 기타의 기구를 사용 할 것

④ 도체에 알루미늄을 사용하는 전선과 동을 상용하는 전선을 접속하는 경우에는 접속 부분에 전기적인 부식이 생기지 않도록 할 것

풀이 전선 접속 시 주의 사항
① 전선의 전기 저항은 증가시키지 말아야 한다.
② 전선의 인장 하중을 20[%] 이상 감소시키지 말아야 한다.
③ 전선 접속 시 절연내력은 접속 전의 절연내력 이상으로 절연하여야 한다.

56 하나의 콘센트에 둘 또는 세가지의 기계 기구를 끼워서 사용할 때 사용되는 것은?

① 노출형 콘센트

② 키이리스 소켓

③ 멀티 탭

④ 아이언 플러그

풀이 하나의 콘센트에 둘 또는 세 가지의 기구를 사용할 때 끼우는 것을 말한다.

57 일반적으로 정크션 박스 내에서 사용되는 전선 접속방식은?

① 슬리이브

② 코오드놋트

③ 코오드파아스너

④ 와이어커넥터

풀이 정크션 박스 내에서 전선을 접속할 경우 와이어 커넥터를 사용하여 접속하여야 한다.

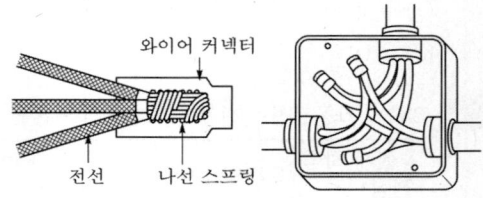

와이어 커넥터

전선   나선 스프링

58 4개소에서 한 등을 자유롭게 점등 점멸할 수 있도록 하기 위해 배선하고자 할 때 필요한 스위치의 수는? (단, SW₃는 3로 스위치, SW₄는 4로 스위치이다.)

① SW_3 4개

② SW_3 1개, SW_4 3개

③ SW_3 2개, SW_4 2개

④ SW_3 4개

풀이 4개소 점멸할 경우 사용되는 스위치는 3로 2개와 4로 2개가 사용된다.

59 배선용 차단기의 심벌은?

① B   ② E

③ BE   ④ S

풀이 E : 누전 차단기

BE : 과전류 소자 붙이 누전 차단기

S : 개폐기

답 55. ① 56. ③ 57. ④ 58. ③ 59. ①

60 **수·변전 설비의 고압회로에 걸리는 전압을 표시하기 위해 전압계를 시설할 때 고압회로와 전압계 사이에 시설하는 것은?**

① 관통형 변압기

② 계기용 변류기

③ 계기용 변압기

④ 권선형 변류기

풀이 계기용 변압기(Potential Transformer : PT)
고압회로의 전압을 저압으로 변성하기 위해서 사용하는 것이며, 배전반의 전압계나 전력계, 주파수계, 역률계, 표시등 및 부족전압 트립코일의 전원으로 사용된다.

01 진공 중에서 같은 크기의 두 자극을 1[m] 거리에 놓았을 때 작용하는 힘이 6.33×10^4[N]이 되는 자극의 단위는?

① 1[N]   ② 1[J]

③ 1[Wb]   ④ 1[C]

풀이 자기력 $F = 6.33 \times 10^4 \dfrac{m_1 m_2}{r^2}$[N]

(단, m_1, m_2[Wb]자극 간의 거리는 r[m]이다.)

$\therefore F = 6.33 \times 10^4 \times \dfrac{1 \times 1}{1^2} = 6.33 \times 10^4$[N]

이므로, 자극의 단위는 [Wb]이다.

02 기전력 1.5[V], 내부저항 0.1[Ω]인 전지 10개를 직렬로 연결하여 2[Ω]의 저항을 가진 전구에 연결할 때 전구에 흐르는 전류는 몇 [A]인가?

① 2   ② 3

③ 4   ④ 5

풀이 기전력이 1.5[V]인 전지 10개를 직렬로 연결하면 전압은 $10 \times 1.5 = 15$[V]가 된다.

또, 내부저항이 0.1[Ω]을 1개 직결로 연결하면 합성저항은 $0.1 \times 10 = 1$[Ω]이 된다.

즉, 15[V], 내부저항이 1[Ω]의 전지로 생각하고 이것에 2[Ω]의 저항을 연결하면

전류는 $I = \dfrac{V}{R+r} = \dfrac{15}{2+1} = 5$[A]가 된다.

03 전류에 의한 자기장의 방향을 결정하는 법칙은?

① 앙페르의 오른나사 법칙

② 플레밍의 오른손 법칙

③ 플레밍의 왼손 법칙

④ 렌츠의 전자유도 법칙

풀이 직선 도체에 전류가 흐르면 자계가 형성되며 그림과 같이 도체에 수직인 평면상에서 오른나사가 진행하는 방향으로 전류가 흐를 때 나사를 돌리는 방향으로 자계가 발생한다. 즉, 전류에 의한 자계 방향의 관계를 암페어의 오른나사 법칙이라 한다.

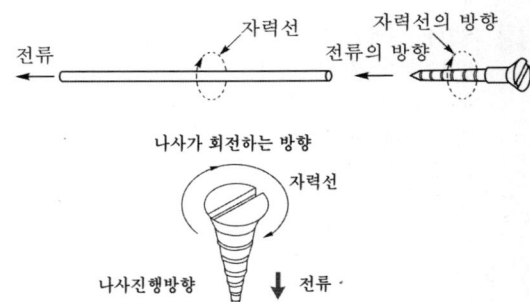

04 진공 속에서 1[m]의 거리를 두고 10^{-3}[Wb]와 10^{-5}[Wb]의 자극이 놓여 있다면 그 사이에 작용하는 힘[N]은?

① $4\pi \times 10^{-5}$[N]

② $4\pi \times 10^{-4}$[N]

③ 6.33×10^{-5}[N]

④ 6.33×10^{-4}[N]

풀이 $F = \dfrac{1}{4\pi\mu_0} \dfrac{m_1 m_2}{r^2}$

$= 6.33 \times 10^4 \times \dfrac{10^{-3} \times 10^{-5}}{1}$

$= 6.33 \times 10^{-4}$[N]

05 그림의 브리지 회로에서 평형이 되었을 때의 C_x는?

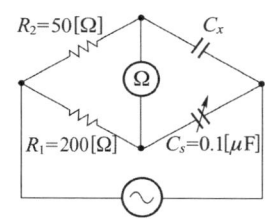

① $0.1[\mu C]$ ② $0.2[\mu C]$
③ $0.3[\mu C]$ ④ $0.4[\mu C]$

풀이 브리지 회로가 평형이 되었으므로

$$R_1 \frac{1}{j\omega C_x} = R_2 \frac{1}{j\omega C_s}, \quad \frac{R_1}{C_x} = \frac{R_2}{C_s}$$

$$\therefore \ C_x = \frac{R_1 C_s}{R_2} = \frac{200 \times 0.1}{50} = 0.4[\mu C]$$

06 최대눈금 1[A], 내부저항 10[Ω]의 전류계로 최대 101[A]까지 측정하려면 몇 [Ω]의 분류기가 필요한가?

① 0.01 ② 0.02
③ 0.05 ④ 0.1

풀이 분류기의 배율은 $m = \dfrac{I_o}{I} = \left(\dfrac{r}{R_s} + 1\right)$ 이므로

$\dfrac{101}{1} = \left(\dfrac{10}{R_s} + 1\right)$ 에서 $R_s = 0.1[\Omega]$이 된다.

07 단면적 $4[\text{cm}^2]$, 자기 통로의 평균 길이 50 [cm], 코일 감은 횟수 1000회, 비투자율 2000인 환상 솔레노이드가 있다. 이 솔레노이드의 자기인덕턴스는? (단, 진공 중의 투자율 μ_0는 $4\pi \times 10^{-7}$임)

① 약 2[H] ② 약 20[H]
③ 약 200[H] ④ 약 2000[H]

풀이

$$L = \frac{\mu S N^2}{l}$$

$$= \frac{2000 \times 4\pi \times 10^{-7} \times 4 \times 10^{-4} \times 1000^2}{50 \times 10^{-2}}$$

$$= 2.01[\text{H}]$$

08 200[V]의 교류전원에 선풍기를 접속하고 전력과 전류를 측정하였더니 600[W], 5[A]이었다. 이 선풍기의 역률은?

① 0.5 ② 0.6
③ 0.7 ④ 0.8

풀이 역률 $\cos\theta = \dfrac{\text{유효전력}}{\text{피상전력}} = \dfrac{P[\text{W}]}{VI[\text{VA}]}$

$$= \frac{600}{200 \times 5} = 0.6$$

09 $R = 4[\Omega]$, $X_L = 8[\Omega]$, $X_C = 5[\Omega]$가 직렬로 연결된 회로에 100[V]의 교류를 가했을 때 흐르는 ㉠ 전류와 ㉡ 임피던스는?

① ㉠ 5.9[A], ㉡ 용량성
② ㉠ 5.9[A], ㉡ 유도성
③ ㉠ 20[A], ㉡ 용량성
④ ㉠ 20[A], ㉡ 유도성

풀이 유도성 리액턴스 $X_L = j\omega L[\Omega]$,

용량성 리액턴스 $X_C = -j\dfrac{1}{\omega C}[\Omega]$이다.

직렬회로이므로, 합성 임피던스
$Z = R + jX_L - jX_C = 4 + j8 - j5$
$= 4 + j3[\Omega]$ (유도성)

$$\therefore \ I = \frac{V}{Z} = \frac{100}{4+j3} = \frac{100}{\sqrt{4^2+3^2}} = \frac{100}{5}$$

$$= 20[\text{A}]$$

답 5. ④ 6. ④ 7. ① 8. ② 9. ④

10 $\dot{A}_1 = 4 + j3$, $\dot{A}_2 = 3 + j4$의 두 벡터에서 $\dot{A} = \dot{A}_1 \times \dot{A}_2$는?

① $25 \underline{/0}$ ② $25 \underline{/\dfrac{\pi}{2}}$

③ $25 \underline{/-\dfrac{\pi}{2}}$ ④ $25 \underline{/\dfrac{\pi}{3}}$

풀이 분배법칙에 의하여 전개하며, 실수와 허수의 부분을 분리하여 구한다.
직교좌표는 극좌표로 변환한다.
$$\dot{A} = \dot{A}_1 \times \dot{A}_2 = (4 + j3) \times (3 + j4)$$
$$= 12 - 12 + j16 + j9$$
$$= j25 = 25 \underline{/\dfrac{\pi}{2}}$$

11 그림에서 2[Ω]의 저항에 흐르는 전류는 몇 [A]인가?

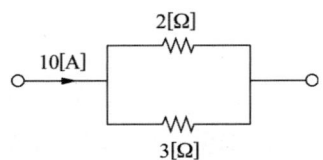

① 3   ② 4   ③ 5   ④ 6

풀이 전류 분배 법칙 $I_1 = \dfrac{R_2}{R_1 + R_2} I$에서

$I_1 = \dfrac{3}{2+3} \times 10 = 6$[A]가 된다.

12 L_1, L_2 두 코일이 접속되어 있을 때, 누설자속이 없는 이상적인 코일 간의 상호 인덕턴스는?

① $M = \sqrt{L_1 + L_2}$ ② $M = \sqrt{L_1 - L_2}$

③ $M = \sqrt{L_1 L_2}$ ④ $M = \sqrt{\dfrac{L_1}{L_2}}$

풀이 상호인덕턴스는 $M = k\sqrt{L_1 L_2}$에서
누설자속이 없다고 하면 $k = 1$이므로
$$\therefore M = k\sqrt{L_1 L_2} = 1 \times \sqrt{L_1 L_2}$$
$$= \sqrt{L_1 L_2}$$

13 자체인덕턴스 40[mH]와 90[mH]인 두 개의 코일이 있다. 양 코일에 누설 자속이 없다고 하면 상호 인덕턴스는 몇 [mH]인가?

① 20   ② 40
③ 50   ④ 60

풀이 상호인덕턴스는 $M = k\sqrt{L_1 L_2}$에서
누설자속이 없다고 하면 $k = 1$이므로
$M = \sqrt{40 \times 90} = \sqrt{3,600} = 60$[mH]가 된다.

14 RL 직렬회로의 시정수 T[s]는 어떻게 되는가?

① $\dfrac{R}{L}$ ② $\dfrac{L}{R}$

③ RL ④ $\dfrac{1}{RL}$

풀이 RL 직렬 회로의 시정수
$$T = \dfrac{L}{R} [\text{sec}]$$

15 히스테리시스손은 최대 자속밀도 및 주파수의 각각 몇 승에 비례하는가?
① 최대자속밀도 : 1.6, 주파수 : 1.0
② 최대자속밀도 : 1.0, 주파수 : 1.6
③ 최대자속밀도 : 1.0, 주파수 : 1.0
④ 최대자속밀도 : 1.6, 주파수 : 1.6

풀이 스타인메츠의 식 $W_h = \eta f B_m^{1.6}$에서 최대 자속밀도의 1.6승, 주파수 1승에 비례한다.

16 $R = 100[\Omega]$, $C = 318[\mu F]$의 병렬 회로에 주파수 $f = 60[Hz]$, 크기 $V = 200[V]$의 사인파 전압을 가할 때 콘덴서에 흐르는 전류 I_c 값은 약 얼마인가?

① 24 ② 31

③ 41 ④ 55

풀이 용량리액턴스

$$X_c = \frac{1}{2\pi f C} = \frac{1}{2\pi \times 60 \times 318 \times 10^{-6}}$$
$$= 8.35[\Omega]$$

병렬 회로는 전압이 일정하므로
콘덴서에 흐르는 전류

$$I_c = \frac{V}{X_c} = \frac{200}{8.35} = 23.95[A]가 된다.$$

17 그림에서 폐회로에 흐르는 전류는 몇 [A]인가?

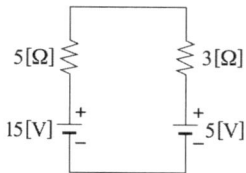

① 1 ② 1.25

③ 2 ④ 2.5

풀이 전원의 극성이 반대이므로, 폐회로에 흐르는 전류
$$I = \frac{E}{R} = \frac{15 - 5}{5 + 3} = 1.25[A]$$

18 공기 중에서 $+m$[wb]의 자극으로부터 나오는 자기력선의 총 수를 나타낸 것은?

① m ② $\dfrac{\mu_0}{m}$

③ $\dfrac{m}{\mu_0}$ ④ $\mu_0 m$

풀이 m[Wb]의 자하에서는 m개의 자속과 $\dfrac{m}{\mu_o}$개의 자기력선이 나온다.(가우스의 법칙)

19 자장 내에 있는 도체에 전류를 흘리면 힘(전자력)이 작용하는데, 이 힘의 방향을 어떤 법칙으로 정하는가?

① 플레밍의 오른손 법칙
② 플레밍의 왼손 법칙
③ 렌츠의 법칙
④ 앙페르의 오른나사 법칙

풀이 자장 내에 도체에 전류가 흐를 때 이곳에 작용하는 힘의 방향을 결정하는 법칙은 플레밍의 왼손법칙이 여기에 해당한다.

20 전기력선의 성질 중 맞지 않는 것은?

① 전기력선은 양(+)전하에서 나와 음(−) 전하에서 끝난다.
② 전기력선의 접선방향이 전장의 방향이다.
③ 전기력선은 도중에 만나거나 끊어지지 않는다.
④ 전기력선은 등전위면과 교차하지 않는다.

풀이 전기력선의 성질
① 전기력선은 정전하에서 출발하여 부전하에서 멈추거나 무한원까지 퍼진다.
② 전기력선상의 임의의 한 점에서의 접선 방향은 그 점의 전계의 방향을 나타낸다. 즉, 전기력선의 방향은 전계의 방향과 일치한다.
③ 전기력선 밀도는 전계의 세기와 같다.
④ 전기력선은 서로 교차하지 않으며, 전하가 없는 곳에서는 전기력선의 발생과 소멸이 없고 연속적이다.

⑤ 전기력선은 전위가 높은 곳에서 낮은 곳으로 향한다.
⑥ 전기력선은 등전위면과 직교한다.

21 계자 권선이 전기자와 접속되어 있지 않은 직류기는?

① 직권기　　　　② 분권기
③ 복권기　　　　④ 타여자기

풀이 외부의 독립된 직류 전원에 의해 계자권선에 여자 전류를 공급하는 직류기를 타여자기라 한다.

22 $e = \sqrt{2}\,E\sin\omega t$ [V]의 정현파 전압을 가했을 때 직류 평균값 $E_{d0} = 0.45E$ [V]인 회로는?

① 단상 반파 정류회로
② 단상 전파 정류회로
③ 3상 반파 정류회로
④ 3상 전파 정류회로

풀이

	반파정류	전파정류
단상	$E_d = \dfrac{\sqrt{2}}{\pi}E = 0.45E$	$\dfrac{2\sqrt{2}}{\pi}E = 0.9E$
3상	$E_d = \dfrac{3\sqrt{3}}{\sqrt{2}\,\pi}E = 1.17E$	$E_d = 2.34E$

23 동기 발전기의 병렬 운전 조건이 아닌 것은?

① 기전력의 주파수가 같은 것
② 기전력의 크기가 같을 것
③ 기전력의 위상이 같을 것
④ 발전기의 회전수가 같을 것

풀이 동기발전기의 병렬운전 조건은 다음과 같다.
① 기전력의 크기가 같을 것
② 기전력의 위상이 같을 것
③ 기전력의 주파수가 같을 것
④ 기전력의 파형이 같을 것
⑤ 상회전 방향이 같을 것

24 전부하에서 동손 100[W], 철손 50[W]인 변압기가 최대 효율을 나타내는 부하[%]는?

① 50　　　　② 67
③ 70　　　　④ 86

풀이 최대 효율은 철손과 동손이 같을 때이므로

$$\therefore \frac{1}{m} = \sqrt{\frac{P_i}{P_c}} = \sqrt{\frac{50}{100}} = 0.7 = 70[\%]$$

25 감은 횟수 200회의 코일 P와 300회 코일 S를 가까이 놓고 P에 1[A]의 전류를 흘릴 때 S와 쇄교하는 자속이 4×10^{-4} [Wb]이었다면 이들 코일의 상호 인덕턴스는?

① 0.12[H]
② 0.12[mH]
③ 1.2×10^{-4}[H]
④ 1.2×10^{-4}[mH]

풀이 두 코일의 상호인덕턴스

$$M = \frac{N_2\phi_2}{I_1} = \frac{300 \times 4 \times 10^{-4}}{1} = 0.12[H]$$

가 된다.

26 보호 계전기의 기능상 분류로 틀린 것은?

① 차동 계전기
② 거리 계전기
③ 저항 계전기
④ 주파수 계전기

답 21. ④ 22. ① 23. ④ 24. ② 25. ① 26. ③

풀이 보호계전기의 기능상 분류
① 전류 계전기 : 전류의 크기에 의해 동작하는 보호 계전기
② 전압 계전기 : 전압의 크기에 의해 동작하는 보호 계전기
③ 차동 계전기(DCR : differential current relay) : 보호 대살 설비에 유입되는 전류와 유출되는 전류의 차에 의해 동작
④ 거리 계전기(DR : distance relay) : 전압과 전류의 크기 및 위상차를 이용, 고장점까지의 거리를 측정하는 계전기
⑤ 주파수 계전기 : 저주파수 계전기(UFR), 과주파수 계전기(OFR)
⑥ 재폐로 계전기(reclosing relay) : 순간적인 사고로 계통에서 분리된 구간을 신속히 계통에 투입시킴으로서 계통의 안정도를 향상

27 극수 10, 동기속도 600[rpm]인 동기 발전기에서 나오는 전압의 주파수는 몇 [Hz]인가?

① 50 　　② 60
③ 80 　　④ 120

풀이 주파수와 동기속도의 관계는
$N_s = \dfrac{120f}{p}$[rpm]이므로

주파수 $f = \dfrac{N_s \cdot p}{120} = \dfrac{600 \times 10}{120} = 50$[Hz]
가 된다.

28 60[Hz], 20000[kVA]의 발전기의 회전수가 1200[rpm]이라면 이 발전기의 극수는 얼마인가?

① 6극 　　② 8극
③ 12극 　　④ 14극

풀이 동기속도 $N = \dfrac{120f}{p}$이므로,

극수 $p = \dfrac{120f}{N} = \dfrac{120 \times 60}{1200} = 6$극이 된다.

29 직류 전동기의 제어에 널리 응용되는 직류 – 직류 전압 제어장치는?

① 인버터 　　② 컨버터
③ 초퍼 　　④ 전파정류

풀이 초퍼는 일정 입력 전원전압으로부터 초퍼 된(짧게 자른) 부하전압을 만들며 전원으로부터 부하를 연결 혹은 단절하는 다이리스터 온/오프 스위치이다.
• 인버터 : DC를 AC로 변환
• 컨버터 : AC를 DC로 변환
• 초퍼 ： DC를 DC로 변환
• 정류기 : AC를 DC로 변환

30 동기 전동기의 전기자 전류가 최소일 때의 역률은?

① 0.5 　　② 0.707
③ 0.866 　　④ 1.0

풀이 V곡선에서 역률이 1인 경우 전기자 전류가 최소로 된다.

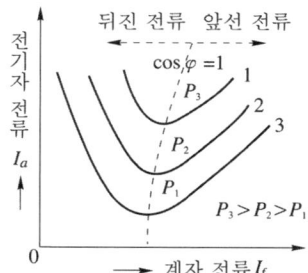

31 다음 중 변압기의 1차측이란?

① 고압측 　　② 저압측
③ 전원측 　　④ 부하측

풀이 변압기의 1차측은 전원측을 의미하며, 2차측은 부하측을 의미한다.

32 변압기에 사용되는 절연유의 성질이 아닌 것은?

① 절연내력이 클 것
② 인화점이 낮을 것
③ 비열이 커서 냉각효과가 클 것
④ 절연재료와 접촉해도 화학작용을 미치지 않을 것

풀이 변압기에 사용되는 절연유는 절연저항 및 절연내력이 크고, 인화점이 높고, 점도가 낮아야 한다.

33 다음 중 병렬운전 시 균압선을 설치해야 하는 직류 발전기는?

① 분권   ② 차동복권
③ 평복권   ④ 부족복권

풀이
• 직권 계자가 있는 발전기나 복권 발전기는 병렬운전을 안정하게 하기 위하여 균압선을 설치하여야 한다.
• 복권 발전기 중 차동 복권이나 부족 복권은 외부 특성이 분권발전기와 같으므로 그대로 병렬운전을 할 수 있으나, 평복권과 과복권은 병렬운전을 안정히 하기 위하여 균압선을 설치하여야 한다.

34 다음 단상유도전동기 중 역률이 가장 좋은 것은?

① 분상 기동형
② 콘덴서 기동형
③ 셰이딩 코일형
④ 반발 기동형

풀이 콘덴서 기동형 단상 유도 전동기는 콘덴서가 역률 개선의 역할을 하므로, 역률이 좋고 비교적 기동토크가 크므로 가정용 전동기로 많이 사용된다.

35 동기발전기의 전기자 반작용 현상이 아닌 것은?

① 포화 작용
② 증자 작용
② 감자 작용
④ 교차자화 작용

풀이 동기 발전기의 전기자 반작용
• 전압과 전류가 동상인 전류 : 교차자화작용(횡축 반작용)
• 진상(앞선)인 전류 : 증자작용(직축반작용)
• 지상(뒤진)인 전류 : 감자작용(직축반작용)

36 직류 분권 발전기를 정격 속도로 회전시켜도 전압이 확립되지 않은 경우는?

① 계자 회로의 저항이 적다.
② 잔류 자속이 많다.
③ 전기자 저항이 적다.
④ 계자 권선의 접속을 반대로 하였다.

풀이 자여자 발전기 전압확립 조건
① 잔류자기가 있을 것
② 회전방향이 잔류자기를 강화하는 방향일 것
③ 부하 특성곡선이 자기 포화를 가질 것
④ 계자저항이 임계저항 보다 작을 것

37 동기 전동기를 송전선의 전압 조정 및 역률 개선에 사용한 것을 무엇이라 하는가?

① 동기 이탈
② 동기 조상기
③ 댐퍼
④ 제동권선

풀이 동기 조상기란 무부하 운전 중인 동기전동기를 과여자 또는 부족여자 운전하여 앞선역률 또는 뒤진역률을 취하는 기기를 말한다.

---

32. ② 33. ③ 34. ② 35. ① 36. ④ 37. ②

38 3상 100[kVA], 13200/200[V] 변압기의 저압측 선전류의 유효분은 약 몇 [A]인가? (단, 역률은 80[%]이다.)

① 100 ② 173
③ 230 ④ 260

풀이 저압측 선전류

$$I_2 = \frac{P}{\sqrt{3} \, V_2} = \frac{100 \times 10^3}{\sqrt{3} \times 200} = 288.68[\text{A}]$$이므로

유효분 전류
$$I = I_2 \cos\theta = 288.68 \times 0.8 = 230.94[\text{A}]$$

39 단상 유도 전동기를 기동하려고 할 때 다음 중 기동 토크가 가장 작은 것은?

① 셰이딩 코일형
② 반발 기동형
③ 콘덴서 기동형
④ 분상 기동형

풀이 기동 토크의 크기
반발 기동형 > 반발 유도형 > 콘덴서 기동형 > 분상 기동형 > 셰이딩 코일형

40 인견 공업에 사용되는 포트 전동기의 속도 제어는?

① 극수 변환에 의한 제어
② 1차 회전에 의한 제어
③ 주파수 변환에 의한 제어
④ 저항에 의한 제어

풀이 포트 모터는 방사용 모터라고도 하며, 인견공업에 사용되는 전동기를 말한다. 속도는 10,000 [rpm] 이상 가능하며, 주파수 변환기 또는 전용 발전기를 구동하는 전동기의 속도를 조정하여 포트 모터의 전원 주파수를 변환한다.

41 비닐 절연 비닐 시스 케이블의 약호로 맞는 것은?

① VV ② EV
③ FP ④ CV

풀이 비닐 절연 비닐 시스 케이블(VV : PVC insulated PVC sheathed power cable)

42 굵은 전선을 절단할 때 사용하는 전기공사용 공구는?

① 프레셔 툴 ② 노크 아웃 펀치
③ 파이프 커터 ④ 클리퍼

풀이
- 프리셔 툴 : 솔더리스 커넥터 또는 솔더리스 터미널을 압착하는 것
- 노크 아웃 펀치 : 분전반, 풀박스 등의 전선관 인출을 위한 인출공을 뚫는 공구
- 파이프 커터 : 금속관을 절단하는 공구
- 클리퍼 : 굵은 전선을 절단할 때 사용하는 가위

43 애자공사에 의한 저압 옥내배선에서 일반적으로 전선 상호간의 간격은 몇 [cm] 이상이어야 하는가?

① 2.5[cm] ② 6[cm]
③ 25[cm] ④ 60[cm]

풀이 232.56 애자공사

전 압		전선과 조영재와의 이격 거리		전선 상호 간격	전선 지지점 간의 거리	
					조영재의 윗면 또는 옆면에 따라 시설	조영재에 따라 시설하지 않는 경우
저압	400[V] 이하	2.5[cm] 이상				−
	400[V] 초과	건조한 장소	2.5[cm] 이상	6[cm] 이상	2[m] 이하	6[m] 이하
		기타의 장소	4.5[cm] 이상			

44 다음 중 단선의 브리타니어 직선 접속에 사용되는 것은?

① 조인트선   ② 파라핀선
③ 바인드선   ④ 에나멜선

[풀이] 브리타니어 직선 접속

① 10[mm²] 이상의 굵은 단선인 경우에 적용되며, 다음 그림과 같이 1.0~1.2[mm]의 조인트선과 첨선을 준비하여 사포로 닦는다.

② 두 심선의 접속 부분을 서로 겹치고, 약 120[mm] 길이의 첨선을 댄다.

③ 1[mm] 정도 되는 조인트선의 중간을 전선 접속 부분의 중앙에 대고 2회 정도 성기게 감은 다음, 각각 양쪽을 조밀하게 감는다. 이때, 감은 전체의 길이가 전선 직경의 15배 이상 되도록 한다.

④ 펜치를 사용하여 두 심선의 남은 끝을 각각 위로 세우고 양 끝의 조인트선을 본선에만 5회 정도 감고 첨선과 함께 꼬아서 8[mm] 정도 남기고 자른다.

⑤ 위로 세운 심선을 잘라낸다.

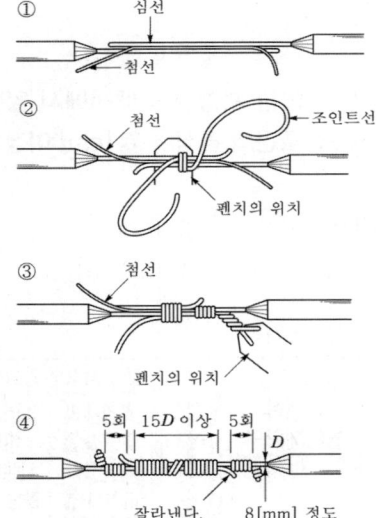

45 노브 애자를 사용한 옥내 배선에서 전선의 굵기가 원칙적으로 얼마 이상이면 십자 바인드법으로 묶는가?

① 2.5[mm²]   ② 6[mm²]
③ 10[mm²]   ④ 16[mm²]

[풀이]
- 일자 바인드 : 10[mm²] 이하의 전선
- 십자 바인드 : 16[mm²] 이상의 전선

46 고압 가공 전선로의 전선의 조수가 3조일 때 완금의 길이는?

① 1200[m]   ② 1400[m]
③ 1800[m]   ④ 2400[m]

[풀이] 가공 전선로의 장주에 사용되는 완금의 표준 길이는

전선의 개수	특고압	고압	저압
2	1,800	1,400	900
3	2,400	1,800	1,400

47 인입 개폐기가 아닌 것은?

① ASS   ② LBS
③ LS   ④ UPS

[풀이] UPS(Uninterruptible Power Supply)는 무정전 전원 공급 장치로 선로의 정전이나 입력 전원에 이상 상태가 발생하였을 경우에도 정상적으로 전력을 부하측에 공급하는 설비이다.

48 아래 그림기호가 나타내는 것은?

① 한시 계전기 접점
② 전자 접촉기 접점
③ 수동 조작 접점
④ 조작 개폐기 잔류 접점

풀이

	a 접점	b 접점
한시 계전기 (한시동작형)	─○─△─○─	─○─△─○─
전자 접촉기	─○ MC	─○ MC
수동 조작 (수동조작 자동복귀)	─○─┴─○─	─○─┴─○─
조작 개폐기 잔류접점	─○─↑─○─	─○─↑─○─

49 변전소의 전력기기를 시험하기 위하여 회로를 분리하거나 또는 계통의 접속을 바꾸거나 하는 경우에 사용되는 것은?

① 나이프 스위치
② 차단기
③ 퓨즈
④ 단로기

풀이 단로기(DS : Disconnecting Switch)
단로기는 기기의 점검, 수리를 할 때 기기를 활선으로부터 떼어 내어 확실하게 회로를 열어 놓을 목적으로 사용된다. 또 모선의 구분, 변압기의 결선변경 또는 회로의 접속변경 등의 목적으로 사용되는 개폐기로 정격전압으로 단순히 충전되어 있는 무부하 상태의 전로를 개폐하기 위한 것이다.

50 플로어 덕트 공사의 설명 중 옳지 않은 것은?

① 덕트 상호간 접속은 견고하고 전기적으로 완전하게 접속하여야 한다.
② 덕트의 끝 부분은 막는다.
③ 덕트 및 박스 기타 부속품은 물이 고이는 부분이 없도록 시설하여야 한다.
④ 플로어 덕트는 접지공사를 아니하여야 한다.

풀이 232.32.3 플로어덕트 및 부속품의 시설
① 덕트 상호 간 및 덕트와 박스 및 인출구와는 견고하고 또한 전기적으로 완전하게 접속할 것.
② 덕트 및 박스 기타의 부속품은 물이 고이는 부분이 없도록 시설하여야 한다.
③ 박스 및 인출구는 마루 위로 돌출하지 아니하도록 시설하고 또한 물이 스며들지 아니하도록 밀봉할 것.
④ 덕트의 끝부분은 막을 것.
⑤ 덕트는 접지공사를 할 것.

51 소맥분, 전분 기타 가연성의 분진이 존재하는 곳의 저압 옥내 배선 공사 방법에 해당되는 것으로 짝지어진 것은?

① 케이블 공사, 애자공사
② 금속관 공사, 콤바인 덕트관, 애자공사
③ 케이블 공사, 금속관 공사, 애자공사
④ 케이블 공사, 금속관 공사 합성수지관 공사

풀이 242.2.2 가연성 분진 위험장소
가연성 분진(소맥분·전분·유황 기타 가연성의 먼지로 공중에 떠다니는 상태에서 착화하였을 때에 폭발할 우려가 있는 것을 말하며 폭연성 분진을 제외)에 전기설비가 발화원이 되어 폭발할 우려가 있는 곳에 시설하는 저압 옥내 전기설비는 저압 옥내 배선 등은 합성수지관공사·금속관공사 또는 케이블공사에 의할 것.

52 아래 심벌이 나타내는 것은?

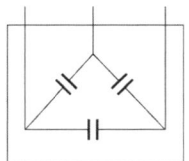

① 저항　　　② 진상용 콘덴서
③ 유입 개폐기　④ 변압기

풀이

명칭	저항	전력용 콘덴서	개폐기	변압기
심벌 (단선도)	—⋀⋀⋀—	⊣⊢	▯	⊗ ⋀

53 금속관을 구부리는 경우 굴곡의 안측 반지름은?

① 전선관 안지름의 3배 이상
② 전선관 안지름의 6배 이상
③ 전선관 안지름의 8배 이상
④ 전선관 안지름의 12배 이상

풀이 금속 전선관을 구부릴 때 금속관의 단면이 심하게 변형되지 않도록 구부려야 하며, 일반적으로 그 안측의 반지름은 관 안지름의 6배 이상이 되어야 한다.

54 제어 회로용 절연 전선을 금속 덕트 공사에 의하여 시설하고자 한다. 절연 피복을 포함한 전선의 총면적은 덕트의 내부 단면적의 몇 [%]까지 할 수 있는가?

① 20 　　② 30
③ 40 　　④ 50

풀이 232.31 금속덕트공사
금속덕트에 넣은 전선의 단면적(절연피복의 단면적을 포함한다)의 합계는 덕트의 내부 단면적의 20[%] (전광표시 장치 기타 이와 유사한 장치 또는 제어회로 등의 배선만을 넣는 경우에는 50[%]) 이하일 것.

55 성냥을 제조하는 공장의 공사 방법으로 적당하지 않는 것은?

① 금속관 공사
② 케이블 공사
③ 합성수지관 공사
④ 금속 몰드 공사

풀이 242.4 위험물 등이 존재하는 장소
셀룰로이드, 성냥, 석유 등의 타기 쉬운 위험한 물질을 제조하거나 저장하는 장소에는 합성수지관공사, 금속관공사, 케이블공사에 준해서 시설한다.

56 전선 약호가 CN-CV-W인 케이블의 품명은?

① 동심중성선 수밀형 전력케이블
② 동심중성선 차수형 전력케이블
③ 동심중성선 수밀형 저독성 난연 전력케이블
④ 동심중성선 차수형 저독성 난연 전력케이블

풀이
① CN-CV-W : 동심중성선 수밀형 전력케이블
② CN-CV : 동심중성선 차수형 전력케이블
③ FR CNCO-W : 동심중성선 수밀형 저독성 난연 전력케이블

57 자연 공기 내에서 개방 할 때 접촉자가 떨어지면서 자연소호되는 방식을 가진 차단기로 저압의 교류 또는 직류 차단기로 많이 사용되는 것은?

① 유입차단기
② 자기차단기
③ 가스차단기
④ 기중차단기

답 53. ② 54. ④ 55. ④ 56. ① 57. ④

58 다음 중 옥내에 시설하는 저압 전로와 대지 사이의 절연 저항 측정에 사용되는 계기는?

① 콜라우시 브리지
② 메거
③ 어스 테스터
④ 마그넷 벨

풀이 절연저항은 메거로 측정한다.

59 교통신호등의 제어장치로부터 신호등의 전구까지의 전로에 사용하는 전압은 몇 [V] 이하인가?

① 60　　　　② 100
③ 300　　　④ 440

풀이 234.15 교통신호등
　① 교통신호등 제어장치의 2차측 배선의 최대사용 전압은 300[V] 이하이어야 한다.
　② 교통신호등 회로의 사용전압이 150[V]를 넘는 경우는 전로에 지락이 생겼을 경우 자동적으로 전로를 차단하는 누전차단기를 시설할 것.

60 습기가 많은 장소 또는 물기가 있는 장소의 바닥 위에서 사람이 접촉할 우려가 있는 장소에 시설하는 사용 전압이 400[V] 이하인 전구선 및 이동전선은 최소 몇 [mm²] 이상의 것을 사용하여야 하는가?

① 0.75　　　② 1.25
③ 2.0　　　　④ 3.5

풀이 234.3 코드 및 이동전선
　옥내에서 조명용 전원코드 또는 이동전선을 습기가 많은 장소 또는 수분이 있는 장소에 시설할 경우에는 고무코드(사용전압이 400[V] 이하인 경우에 한함) 또는 0.6/1[kV] EP 고무 절연 클로로프렌캡타이어케이블로서 단면적이 0.75[mm²] 이상인 것이어야 한다.

01 200[V]에서 1[kW]의 전력을 소비하는 전열기를 100[V]에서 사용하면 소비전력은 몇 [W]인가?

① 150
② 250
③ 400
④ 1000

풀이 전열기가 변경되지 않은 상태로 전열기에 전압을 가할 경우 전열기에 내부저항이 일정한 관계로 소비되는 전력은 전열기에 가하는 전압의 제곱에 비례하게 된다.

$$\frac{P'}{P} = \left(\frac{V'}{V}\right)^2$$

따라서, $P' = \left(\frac{100}{200}\right)^2 \times 1000 = 250[W]$

또, 다른 방법으로는 저항을 구하고, 저항에 의해 소비되는 전력을 구해도 된다.

전열기의 저항 $R = \frac{200^2}{1000} = 40[\Omega]$

100[V] 사용 시 전력 $P = \frac{100^2}{40} = 250[W]$

02 P형 반도체의 설명 중 틀린 것은?

① 불순물은 4가 원소이다.
② 다수 반송자는 정공이다.
③ 불순물은 억셉터(acceptor)이다.
④ 정공 및 전자의 이동으로 전도가 된다.

풀이 P형 반도체의 불순물은 3가 원소이며, N형 반도체의 불순물은 5가 원소이다.

03 어떤 회로에 50[V]의 전압을 가하니 $8 + j6$ [A]의 전류가 흘렀다면 이 회로의 임피던스 [Ω]는?

① $3 - j4$
② $3 + j4$
③ $4 - j3$
④ $4 + j3$

풀이
$$Z = \frac{V}{I} = \frac{50}{8 + j6} = \frac{50(8 - j6)}{(8 + j6)(8 - j6)}$$
$$= 4 - j3[\Omega]$$

04 다음 중 반자성체는 어느 것인가?

① 철
② 아연
③ 니켈
④ 코발트

풀이
① **상자성체** : 백금(Pt), 알루미늄(Al), 산소(O_2)
② **반자성체** : 은(Ag), 구리(Cu), 비스무트(Bi), 물(H_2O), 아연(Zn)
③ **강자성체** : 철(Fe), 니켈(Ni), 코발트(Co)

05 20[A]의 전류를 흘렸을 때 전력이 60[W]인 저항에 30[A]를 흘리면 전력은 몇 [W]가 되겠는가?

① 80
② 90
③ 120
④ 135

풀이 $P = I^2R[W]$이므로

$R = \frac{P}{I^2} = \frac{60}{20^2} = 0.15[\Omega]$이다.

따라서, 30[A]를 흘렸을 때의 전력 P는
$P = I^2R = 30^2 \times 0.15 = 135[W]$

06 패러데이 법칙에서 전기분해에 의해서 석출되는 물질의 양은 전해액을 통과한 무엇과 비례하는가?

① 총 전해질
② 총 전류
③ 총 전압
④ 총 전기량

풀이 패러데이 법칙은 전극에서 석출되는 물질의 양은 통과한 전기량에 비례하며, 전기량이 같을 경우 석출되는 물질의 양은 그 물질의 화학 당량에 비례한다.

07 반도체의 특징이 아닌 것은?

① 전기적 전도성은 금속과 절연체의 중간적 성질을 가지고 있다.

② 일반적으로 온도가 상승함에 따라 저항은 감소한다.

③ 매우 낮은 온도에서 절연체가 된다.

④ 불순물이 섞이면 저항이 증가한다.

풀이 반도체(semi-conductor)는 도체와 부도체의 중간적인 성질을 지닌 물질을 말한다.
대표적인 물질로는 규소(Si), 게르마늄(Ge) 등이 있다.

08 다음 회로에서 10[Ω]에 걸리는 전압은 몇 [V]인가?

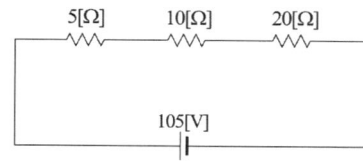

① 2 ② 10
③ 20 ④ 30

풀이 전압은 저항값에 비례하므로 전압 분배 법칙을 이용하여 구한다.

$$V_{10} = \frac{10}{5+10+20} \times 105 = 30[\text{V}]$$

09 최댓값이 10[A]인 교류 전류의 평균값은 약 몇 [A]인가?

① 0.2 ② 0.5
③ 3.14 ④ 6.37

풀이

파형	정현파	정현반파	삼각파	구형반파	구형파
실효값	$\frac{V_m}{\sqrt{2}}$	$\frac{V_m}{2}$	$\frac{V_m}{\sqrt{3}}$	$\frac{V_m}{\sqrt{2}}$	V_m
평균값	$\frac{2V_m}{\pi}$	$\frac{V_m}{\pi}$	$\frac{V_m}{2}$	$\frac{V_m}{2}$	V_m

평균값 $I_{av} = \frac{2I_m}{\pi} = \frac{2 \times 10}{\pi} = 6.37[\text{A}]$가 된다.

10 평균 반지름이 r[m]이고, 감은 횟수가 N인 환상 솔레노이드에 전류 I[A]가 흐를 때 내부의 자기장의 세기 H[AT/m]는?

① $H = \frac{NI}{2\pi r}$ ② $H = \frac{NI}{2r}$

③ $H = \frac{2\pi r}{NI}$ ④ $H = \frac{2r}{NI}$

풀이

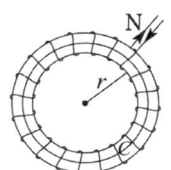

그림과 같이 반지름 r[m]인 적분로 C에 대해서 암페어의 주회 적분의 법칙을 적용하면 $H =$ 일정, $\theta = 0$이므로

$$\oint_c \boldsymbol{H} \cdot dl = H \cdot 2\pi r = NI$$

$$\therefore H = \frac{NI}{2\pi r} = n_0 I [\text{AT/m}]$$

단, n_0는 단위 길이당 권수이다.

11 저항 R_1, R_2가 병렬일 때 전전류를 I라 하면 I_1에 흐르는 전류는?

① $\frac{R_1}{R_1 + R_2} I$ ② $\frac{R_2}{R_1 + R_2} I$

③ $\frac{R_1 + R_2}{R_2} I$ ④ $\frac{1}{R_1 + R_2} I$

풀이 R_1, R_2가 병렬로 연결된 회로에서 R_1, R_2에 흐르는 전류를 각각 I_1, I_2라 할 때 각 저항에 흐르는 전류 I_1, I_2는 각 저항에 반비례한다(병렬 연결 시는 공급전압의 일정).

$$I_1 = \frac{R_2}{R_1 + R_2} I, \quad I_2 = \frac{R_1}{R_1 + R_2} I$$

12 전하의 성질에 대한 설명 중 옳지 못한 것은?

① 전하는 가장 안전한 상태를 유지 하려 하는 성질이 있다.

② 같은 종류의 전하끼리는 흡인하고, 다른 종류의 전하끼리는 반발한다.

③ 낙뢰는 구름과 지면 사이에 모인 전기가 한꺼번에 방전되는 현상이다.

④ 대전체의 영향으로 비대전체에 전기가 유도된다.

풀이 같은 종류의 전하끼리는 반발하고, 다른 종류의 전하끼리는 흡인한다.

13 다음을 복소수로 표현하면?

$$v = 200\sqrt{2} \sin\left(wt + \frac{\pi}{2}\right) [V]$$

① $200 + j200$ ② $100 + j100$

③ $j200$ ④ $200\sqrt{2} + j100$

풀이

$$v = 200\sqrt{2} \sin\left(wt + \frac{\pi}{2}\right)$$

$$\rightarrow \dot{V} = 200 \angle \frac{\pi}{2} = 200\left(\cos\frac{\pi}{2} + j\sin\frac{\pi}{2}\right)$$
$$= j200 [V]$$

14 저항 50[Ω]인 전구에 $e = 100\sqrt{2}\sin\omega t$ [V]의 전압을 가할 때 순시전류[A] 값은?

① $\sqrt{2}\sin\omega t$ ② $2\sqrt{2}\sin\omega t$

③ $5\sqrt{2}\sin\omega t$ ④ $10\sqrt{2}\sin\omega t$

풀이 $e = E_m \sin\omega t = \sqrt{2} E\sin\omega t [V]$

(단, E_m : 최댓값, E : 실효값이다.)

따라서 순시전류

$$i = \frac{e}{R} = \frac{E_m \sin\omega t}{R} = \frac{100\sqrt{2}\sin\omega t}{50}$$
$$= 2\sqrt{2}\sin\omega t [A]$$

15 정전기 발생 방지책으로 틀린 것은?

① 대전 방지제의 사용

② 접지 및 보호구의 착용

③ 배관 내 액체의 흐름 속도 제한

④ 대기의 습도를 30[%] 이하로 하여 건조함을 유지

풀이 일반적으로 상대습도를 60~70[%] 이상으로 하면 정전기가 누설되는 것으로 생각할 수 있으므로, 정전기의 축적을 방지할 수 있다.

16 자기저항의 단위는?

① [AT/m]   ② [Wb/AT]

③ [AT/Wb]   ④ [Ω/AT]

풀이 자기 옴의 법칙에서 자속 $\phi = \dfrac{F}{R_m}$이므로

자기 저항 $R_m = \dfrac{F}{\phi} = \dfrac{NI}{\phi}$[AT/Wb]가 된다.

17 그림과 같은 RC 병렬회로의 위상각 θ는?

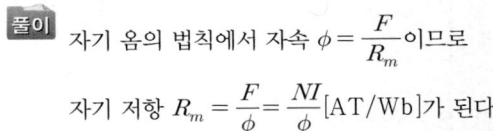

① $\tan^{-1}\dfrac{\omega C}{R}$ ② $\tan^{-1}\omega CR$

③ $\tan^{-1}\dfrac{R}{\omega C}$ ④ $\tan^{-1}\dfrac{1}{\omega CR}$

풀이 순시전류

① RL 병렬회로

$$i = \sqrt{\left(\frac{1}{R}\right)^2 + \left(\frac{1}{\omega L}\right)^2} \cdot V_m \sin\left(\omega t - \tan^{-1}\frac{R}{\omega L}\right)[A]$$

② RC 병렬회로

$$i = \sqrt{\left(\frac{1}{R}\right)^2 + (\omega C)^2} \cdot V_m \sin\left(\omega t + \tan^{-1}\omega CR\right)[A]$$

18 전류에 의해 만들어지는 자기장의 자기력선 방향을 간단하게 알아내는 방법은?

① 플레밍의 왼손 법칙
② 렌츠의 자기유도 법칙
③ 앙페르의 오른나사 법칙
④ 패러데이의 전자유도 법칙

풀이 직선 도체에 전류가 흐르면 자계가 형성되며 그림과 같이 도체에 수직인 평면상에서 오른나사가 진행하는 방향으로 전류가 흐를 때 나사를 돌리는 방향으로 자계가 발생한다. 즉, 전류에 의한 자계 방향의 관계를 암페어의 오른나사 법칙이라 한다.

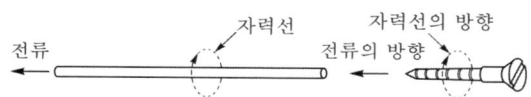

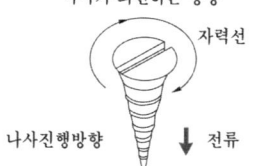

19 교류 회로에서 전압과 전류의 위상차를 θ [rad]이라 할 때 $\cos\theta$를 회로의 무엇이라 하는가?

① 전압 변동률　② 파형률
③ 효율　　　　④ 역률

풀이 역률 $\cos\theta = \dfrac{R}{\sqrt{R^2+X^2}}$

20 다음 중 전동기의 원리에 적용되는 법칙은?

① 렌츠의 법칙
② 플레밍의 오른손 법칙
③ 플레밍의 왼손 법칙
④ 옴의 법칙

풀이 플레밍의 오른손 법칙은 발전기의 원리를 설명하는 법칙이고, 플레밍의 왼손 법칙은 전자력에 관계되는 법칙으로 전동기의 원리를 설명하는 법칙이다.

21 속도가 일정하고 구조가 간단하여 동기이탈이 없는 전동기로서 전기시계, 오실로스코프 등에 많이 사용되는 전동기는?

① 유도동기 전동기
② 초동기 전동기
③ 단상동기 전동기
④ 반동 전동기

풀이 반동 전동기 : 여자권선 없이 동기속도로 회전하는 전동기

22 다음 중 변압기의 온도 상승 시험법으로 가장 널리 사용되는 것은?

① 반환부하법
② 극성시험
③ 절연내력시험
④ 무부하시험

풀이 반환 부하법은 동일 정격의 변압기가 2대 이상 있을 경우에 채용되며, 전력 소비가 적고 철손과 동손을 따로 공급하는 것으로 현재 가장 많이 사용하고 있다.

23 다음 중 자기 소호 제어용 소자는?

① SCR　　　② TRIAC
③ DIAC　　　④ GTO

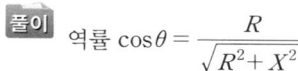 18. ③　19. ④　20. ③　21. ④　22. ①　23. ④

풀이 GTO(gate turn off thyristor)

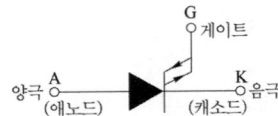

SCR은 도통 시점을 임의로 조절하는 것이 가능하지만 소호시키는 시점은 제어 할 수 없다. 따라서, 이러한 단점을 보완한 것이 GTO로서 게이트에 흐르는 전류를 점호할 때의 전류와 반대 방향의 전류를 흐르게 함으로서 임의로 GTO를 소호시킬 수 있다. (자기소호기능)

24 농형 유도 전동기의 기동법이 아닌 것은?

① 전전압기동법
② 저저항 2차권선기동법
③ 기동보상기법
④ Y-△ 기동법

풀이 저저항 2차권선 기동법은 비례추이를 이용하는 방법으로 권선형 유도 전동기 기동법에 해당한다.

25 3권선 변압기에 대한 설명으로 옳은 것은?

① 한 개의 전기회로에 3개의 자기회로로 구성되어 있다.
② 3차 권선에 조상기를 접속하여 송전선의 전압조정과 역률개선에 사용된다.
③ 3차 권선에 단권변압기를 접속하여 송전선의 전압조정에 사용된다.
④ 고압배전선의 전압을 10[%] 정도 올리는 승압용이다.

풀이 한 변압기의 철심에 3개의 권선이 있는 변압기를 3권선 변압기라고 한다. Y-Y-△에서 △의 제3권선은 일반 전열등 소내용 전압 공급, 또는 조상 설비로 사용, △결선은 제3고조파 제거한다.

26 동기발전기의 무부하 포화곡선에 대한 설명으로 옳은 것은?

① 정격전류와 단자전압의 관계이다.
② 정격전류와 정격전압의 관계이다.
③ 계자전류와 정격전압의 관계이다.
④ 계자전류와 단자전압의 관계이다.

풀이

구분	횡축	종축	조건	
무부하 포화 곡선	I_f	$V(=E)$	n=일정	$I=0$
외부 특성 곡선	I	V	n=일정	R_f=일정
내부 특성 곡선	I	E	n=일정	R_f=일정
부하 특성 곡선	I_f	V	n=일정	I=일정
계자 조정 곡선	I	I_f	n=일정	V=일정

27 직권 발전기의 설명 중 틀린 것은?

① 계자권선과 전기자권선이 직렬로 접속되어 있다.
② 승압기로 사용되며 수전 전압을 일정하게 유지하고자 할 때 사용된다.
③ 단자전압을 V, 유기 기전력을 E, 부하전류를 I, 전기자저항 및 직권 계자저항을 각각 r_a, r_s라 할 때 $V = E + I(r_a + r_s)$[V]이다.
④ 부하전류에 의해 여자되므로 무부하시 자기여자에 의한 전압확립은 일어나지 않는다.

풀이 직권 발전기의 단자 전압은
$V = E - I(R_a + R_s)$[V]이다.

28 단상 반파 정류 회로에 전원 전압 200[V], 부하 저항 10[Ω]이면 부하 전류는 약 몇 [A]인가?

① 4
② 9
③ 12
④ 18

답 24. ② 25. ② 26. ④ 27. ③ 28. ②

풀이 반파 정류회로로서 교류전압을 인가하면 입력의 파형이 출력과 같이 반파로 정류되어 출력된다. 이 크기는 $V_o = 0.45 V_i$ 의 관계가 있으며, 여기서 V_o 는 직류전압, V_i 는 교류전압을 나타낸다.

따라서, 직류 전압은 $V_o = 0.45 \times 200 = 90[\text{V}]$

전류는 $I = \dfrac{V_o}{R} = \dfrac{90}{10} = 9[\text{A}]$가 된다.

---

29 1차 전압 6300[V], 2차 전압 210[V], 주파수 60[Hz]의 변압기가 있다. 이 변압기의 권수비는?

① 30 　　　　　② 40
③ 50 　　　　　④ 60

풀이 변압기 권수비의 식

$a = \dfrac{N_1}{N_2} = \dfrac{V_1}{V_2} = \dfrac{I_2}{I_1} = \sqrt{\dfrac{R_1}{R_2}}$ 이다.

$\therefore \ a = \dfrac{V_1}{V_2} = \dfrac{6300}{210} = 30$

---

30 그림과 같은 분상 기동형 단상 유도 전동기를 역회전시키기 위한 방법이 아닌 것은?

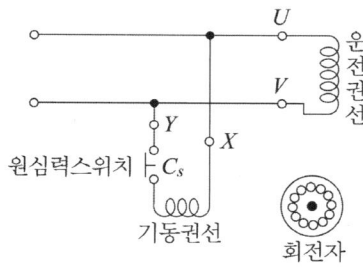

① 원심력스위치를 개로 또는 폐로한다.
② 기동권선이나 운전권선의 어느 한 권선의 단자접속을 반대로 한다.
③ 기동권선의 단자접속을 반대로 한다.
④ 운전권선의 단자접속을 반대로 한다.

풀이 • 분상 기동형 단상 유도 전동기는 단상 전동기에 보조 권선(기동 권선)을 설치하여, 단상 전원에 주권선(운동권선)과 보조 권선에 위상이 다른 전류를 흘려서 불평형 2상 전동기로서 기동하는 방법이다.
• 원심력스위치는 단상 전동기를 기동하기 위한 역할을 한다.

---

31 △결선 변압기의 한 대가 고장으로 제거되어 V결선으로 공급할 때 공급할 수 있는 전력은 고장 전 전력에 대하여 몇 [%]인가?

① 86.6 　　　　② 75.0
③ 66.7 　　　　④ 57.7

풀이 1대의 단상 변압기 용량을 K 라 하면 그 출력비는

$\dfrac{\text{V결선의 출력}}{\triangle\text{결선의 출력}} = \dfrac{\sqrt{3}\,K}{3K} = \dfrac{\sqrt{3}}{3}$

$= 0.577 = 57.7[\%]$

---

32 복권 발전기의 병렬 운전을 안전하게 하기 위해서 두 발전기의 전기자와 직권 권선의 접촉점에 연결해야 하는 것은?

① 균압선 　　　② 집전환
③ 안정저항 　　④ 브러시

풀이 • 직권 계자가 있는 발전기는 병렬운전을 안정하게 하기 위하여 균압선을 설치하여야 한다.
• 균압선을 설치하는 발전기로는 직권발전기와 복권발전기가 있다.

---

33 유도 기전력 110[V] 전기자 저항 및 계자 저항이 각각 0.05[Ω]인 직권 발전기가 있다. 부하 전류가 100[A]이면 단자 전압[V]은?

① 95 　　　　　② 100
③ 105 　　　　　④ 110

풀이 직권 발전기의 단자 전압
$V = E - I_a(R_a + R_s)$ 에서
$V = 110 - 100(0.05 + 0.05) = 100[\text{V}]$ 가 된다.

34 200[V] 50[Hz] 8극 15[kW]의 3상 유도 전동기에서 전부하 회전수가 720[rpm]이면 이 전동기의 2차에 효율은 몇 %인가?

① 86   ② 96
③ 98   ④ 100

풀이 2차 효율은 $\eta_r = \dfrac{P_o}{P_2} = 1 - s = \dfrac{N}{N_s} \times 100[\%]$

이므로 슬립을 구하여야 한다.

동기속도 $N_s = \dfrac{120f}{p} = \dfrac{120 \times 50}{8} = 750[\text{rpm}]$

슬립 $s = \dfrac{N_s - N}{N_s} = \dfrac{750 - 720}{750} = 0.04$

2차 효율은 $\eta_2 = 1 - s = 1 - 0.04 = 0.96$

35 직류전동기의 출력이 50[kW] 회전수가 1800 [rpm]일 때 토크는 약 몇 [kg · m]인가?

① 12   ② 23
③ 27   ④ 31

풀이 토크 $T = 0.975 \dfrac{P}{N}[\text{kg · m}]$ 에서

$T = 0.975 \dfrac{50 \times 10^3}{1800} = 27.08[\text{kg · m}]$ 가 된다.

36 우산형 발전기의 용도는?

① 저속 대용량기
② 저속 소용량기
③ 고속 대용량기
④ 고속 소요량기

풀이 우산형 발전기는 보통 저속 대용량기로 수차발전기에 사용된다.

37 동기 임피던스 5[Ω]인 2대의 3상 동기 발전기의 유도 기전력에 100[V]의 전압 차이가 있다면 무효 순환 전류는?

① 10[A]   ② 15[A]
③ 20[A]   ④ 25[A]

풀이 무효순환전류 $I_c = \dfrac{E_1 - E_2}{2Z_s} = \dfrac{E_r}{2Z_s}$

$\therefore I_c = \dfrac{E_r}{2Z_s} = \dfrac{100}{2 \times 5} = 10[\text{A}]$

38 3상 유도전동기의 토크는?

① 2차 유도기전력의 2승에 비례한다.
② 2차 유도기전력에 비례한다.
③ 2차 유도기전력과 무관한다.
④ 2차 유도기전력의 0.5승에 비례한다.

풀이 $T = K_0 \dfrac{s E_2{}^2 r_2}{r_2 + (s x_2)^2}[\text{N · m}]$

39 3상 동기 발전기의 전기자 권선은 보통 어떤 결선인가?

① Y결선
② △결선
③ 지그재그 삼각형
④ 지그재그 결선

풀이 동기 발전기는 3상으로 보통 Y결선(성형)이나 2중 성형을 사용한다. Y결선을 하면 순환 전류가 제거되고 중성점을 내기가 쉬우며 이것을 이용하여 발전기 보호 장치를 할 수 있다.

40 변압기의 부하와 전압이 일정하고 주파수만 높아지면 어떻게 되는가?

① 철손감소 　　② 철손증가
③ 동손증가 　　④ 동손감소

풀이 $P_i = K \dfrac{V^2}{f}$ 이므로 정격 전압이 일정한 상태에서 주파수가 증가하면 철손은 감소한다.

41 금속 전선관과 비교한 합성수지 전선관 공사의 특징으로 거리가 먼 것은?

① 내식성이 우수하다.
② 배관 작업이 용이하다.
③ 열에 강하다.
④ 절연성이 우수하다.

풀이 합성수지관은 금속관에 비하여 절연성이 우수하며, 부식하지 않고, 기계적 강도는 약하며, 내열성에 약하다.

42 저압 가공 인입선의 인입구에 사용하는 것은?

① 플로어 박스 　　② 링리듀서
③ 엔트런스 캡 　　④ 노말벤드

풀이
• 플로어 박스 : 바닥 밑으로 매입 배선할 때 사용 및 바닥 밑에 콘센트를 접속할 때 사용한다.
• 링리듀스 : 금속을 아웃트렛 박스의 로크 아웃에 취부할 때 로크 아웃의 구멍이 관의 구멍보다 클 때 링 리듀서를 사용, 로크 너트로 조이면 된다.
• 엔트런스 캡 : 인입구, 인출구의 관 단에 설치하는 것으로 금속관에 접속하여 옥외의 빗물을 막는 데 사용한다.
• 노멀밴드 : 배관의 직각 굴곡에 사용하며 양단에 나사가 나 있어 관과의 접속에는 커플링을 사용한다.

43 라이팅 덕트 공사에 의한 저압 옥내배선 시 덕트의 지지점간의 거리는 몇 [m] 이하로 해야 하는가?

① 1.0 　　② 1.2
③ 2.0 　　④ 3.0

풀이 232.71 라이팅덕트공사
① 덕트 상호 간 및 전선 상호 간은 견고하게 또한 전기적으로 완전히 접속할 것
② 덕트는 조영재에 견고하게 붙일 것
③ 덕트의 지지점 간의 거리는 2[m] 이하로 할 것.
④ 덕트의 끝부분은 막을 것
⑤ 덕트의 개구부는 아래로 향하여 시설할 것. 다만, 사람이 쉽게 접촉할 우려가 없는 장소에서 덕트의 내부에 먼지가 들어가지 아니하도록 시설하는 경우에 한하여 옆으로 향하여 시설할 수 있다.

44 주로 저압 가공전선로 또는 인입선에 사용되는 애자로서 주로 앵글베이스 스트랩과 스트랩볼트 인류바인드선(비닐절연 바인드선)과 함께 사용하는 애자는?

① 고압 핀 애자
② 저압 인류 애자
③ 저압 핀 애자
④ 라인포스트 애자

45 다음 중 과전류 차단기를 설치해야 되는 곳은?

① 접지공사의 접지선
② 인입선
③ 다선식 전로의 중성선
④ 저압가공전선로의 접지측 전선

답 40. ① 41. ③ 42. ③ 43. ③ 44. ② 45. ②

풀이 접지공사의 접지선, 다선식 전로의 중성선 및 전로의 일부에 접지공사를 한 저압 가공전선로의 접지측 전선에는 과전류차단기를 시설하여서는 아니 된다.

46 절연 전선의 피복에 "15[kV] NRV"라고 표시되어 있다. 여기서 "NRV"는 무엇을 나타내는 약호인가?

① 형광등 전선
② 고무절연 폴리에틸렌 시스 네온전선
③ 고무절연 비닐 시스 네온전선
④ 폴리에틸렌 절연 비닐 시스 네온전선

풀이 15[kV] N-RV에서 N은 네온, R은 고무, V는 비닐을 나타낸다.

47 진열장 안에 400[V] 이하인 저압 옥내배선시 외부에서 보기 쉬운 곳에 사용하는 전선은 단면적이 몇 [mm²] 이상의 코드 또는 캡타이어 케이블이어야 하는가?

① 0.75[mm²] ② 1.25[mm²]
③ 2[mm²] ④ 3.5[mm²]

풀이 234.8 진열장 또는 이와 유사한 것의 내부 배선 건조한 장소에 시설하고 또한 내부를 건조한 상태로 사용하는 진열장 또는 이와 유사한 것의 내부에 사용전압이 400[V] 이하의 배선을 외부에서 잘 보이는 장소에 한하여 단면적 0.75[mm²] 이상의 코드 또는 캡타이어케이블로 직접 조영재에 밀착하여 배선할 수 있다.

48 제1종 가요전선관을 구부릴 경우 곡률 반지름은 관 안지름의 몇 배 이상으로 하여야 하는가?

① 3배 ② 4배
③ 6배 ④ 8배

풀이 가요전선관의 곡률 반지름
① 1종 가요전선관을 구부릴 경우 곡률반지름은 관 안지름의 6배 이상으로 하여야 한다.
② 2종 가요전선관을 구부릴 경우 노출장소 또는 점검 가능한 장소에서 시설 제가하는 것이 자유로운 경우 관 안지름의 3배 이상으로 하여야 하며, 노출장소 또는 점검이 가능한 은폐장소에서 시설하고 제거하는 것이 부자유하거나 또는 점검이 불가능할 경우는 관 안지름의 6배 이상으로 한다.

49 전력용 콘덴서를 회로로부터 개방하였을 때 전하가 잔류함으로써 일어나는 위험의 방지와 재투입 할 때 콘덴서에 걸리는 과전압의 방지를 위하여 무엇을 설치하는가?

① 직렬 리액터
② 전력용 콘덴서
③ 방전 코일
④ 피뢰기

풀이 방전 코일은 개로 상태로 할 경우의 잔류 전하에 의한 위험을 방지하기 위한 것이다.
• 방전 코일 : 잔류 전하 방전, 인체 보호

50 절연 전선을 서로 접속할 때 사용하는 방법이 아닌 것은?

① 커플링에 의한 접속
② 와이어 커넥터에 의한 접속
③ 슬리브에 의한 접속
④ 압축 슬리브에 의한 접속

풀이 ① 전선의 접속 방법에는 직선접속(트위스트 접속), 분기접속, 종단접속(커넥터 접속 등), 슬리브에 의한 접속이 있다.
② 커플링은 관 상호 접속에 사용한다.

51 소맥분, 전분 기타 가연성의 분진이 존재하는 곳의 저압 옥내 배선 공사 방법에 해당되는 것으로 짝지어진 것은?

① 케이블 공사, 애자공사

② 금속관 공사, 콤바인 덕트관, 애자공사

③ 케이블 공사, 금속관 공사, 애자공사

④ 케이블 공사, 금속관 공사 합성수지관 공사

풀이 242.2.2 가연성 분진 위험장소

가연성 분진(소맥분·전분·유황 기타 가연성의 먼지로 공중에 떠다니는 상태에서 착화하였을 때에 폭발할 우려가 있는 것을 말하며 폭연성 분진을 제외)에 전기설비가 발화원이 되어 폭발할 우려가 있는 곳에 시설하는 저압 옥내 전기설비는 저압 옥내 배선 등은 합성수지관공사·금속관공사 또는 케이블공사에 의할 것.

52 저압 구내 가공인입선으로 DV전선 사용 시 전선의 길이가 15[m] 이하인 경우 사용할 수 있는 최소 굵기는 몇 [mm] 이상인가?

① 1.5 ② 2.0

③ 2.6 ④ 4.0

풀이 221.1.1 저압 인입선의 시설

① 전선은 절연전선 또는 케이블일 것.

② 전선이 케이블인 경우 이외에는 인장강도 2.30 [kN] 이상의 것 또는 지름 2.6[mm] 이상의 인입용 비닐절연전선일 것. 다만, 경간이 15[m] 이하인 경우는 인장강도 1.25[kN] 이상의 것 또는 지름 2[mm] 이상의 인입용 비닐절연전선일 것.

53 전선의 접속 방법 중 트위스트 접속의 용도는?

① 6[mm^2] 이하의 단선의 직선접속

② 10[mm^2] 이상의 단선의 직선접속

③ 3.5[mm^2] 이상의 연선의 직선접속

④ 5.5[mm^2] 이상의 연선의 분기접속

풀이 트위스트 직선 접속

① 6[mm^2] 이하의 단선인 경우에 적용되며, 그림과 같이 피복을 벗긴 두 전선을 120°의 각도로 교차시킨다. 이때, 피복의 끝에서 교차점까지의 길이는 약 30~35[mm]로 한다.

② 전선이 교차하는 점의 오른쪽을 펜치로 잡고 심선을 성기게 1회 꼰다.

③ 성기게 꼰 심선을 직각으로 세워서 다른 심선에 틈이 없도록 하여 4~5회 정도 감은 다음, 나머지 부분은 자르고 끝 부분을 오므린다.

④ 오른쪽 부분도 같은 방법으로 작업을 하여 완성한다.

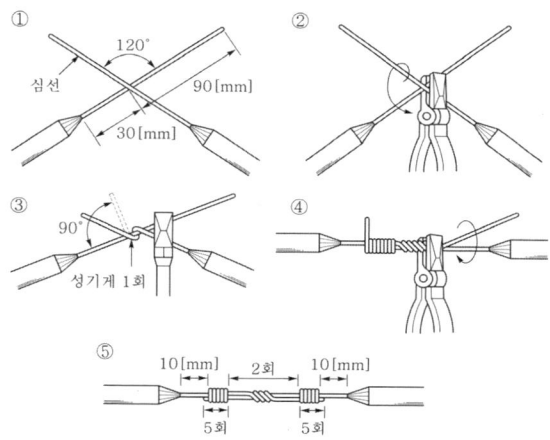

54 450/750[V] 일반용 단심 비닐절연전선을 사용한 옥내 배선공사 시 박스 안에서 사용되는 전선의 접속 방법은?

① 브리타니어 접속

② 쥐꼬리 접속

③ 복권 직선 접속

④ 트위스트 접속

풀이 굵기가 같은 두 단선의 쥐꼬리 접속

① 지름이 1.6[mm]인 전선은 45[mm], 2.0[mm]인 전선은 50[mm] 정도 피복을 벗긴다.

② 두 전선을 합쳐 펜치로 잡은 다음, 심선을 90°로 벌리고 오른손으로 1회 비틀어 놓는다.

③ 펜치로 꼰 심선의 끝을 잡고 심선을 잡아당기면서 1~2회 꼰다.

④ 커넥터를 사용할 때에는 심선을 2~3회 정도 꼰 다음 끝을 잘라 내고, 테이프 감기를 할 때에는 심선을 4회 이상 꼰 다음 5[mm] 정도 길이로 구 부려 놓는다.

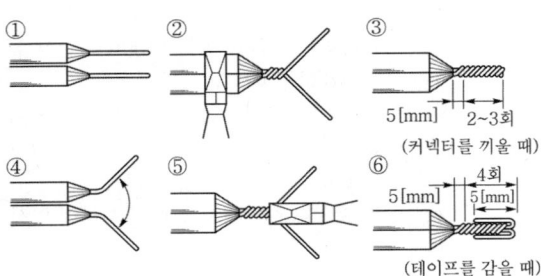

풀이 242.3.1 가스증기 위험장소
가연성 가스 또는 인화성 물질의 증기가 누출되거나 체류하여 전기설비가 발화원이 되어 폭발할 우려가 있는 곳에 있는 저압 옥내전기설비는 저압 옥내배선은 금속관공사 또는 케이블공사(캡타이어케이블을 사용하는 것을 제외한다)에 의할 것.

55 나전선 상호를 접속하는 경우 일반적으로 전선의 세기를 몇 [%] 이상 감소시키지 아니하여야 하는가?

① 2[%]　　　② 3[%]
③ 20[%]　　④ 80[%]

풀이 123 전선의 접속
나전선 상호 또는 나전선과 절연전선 또는 캡타이어 케이블과 접속하는 경우
① 전선의 전기저항을 증가시키지 아니하도록 접속
② 전선의 세기(인장하중)를 20[%] 이상 감소시키지 아니할 것
③ 전선 접속 시 접속부분을 그 부분의 절연전선의 절연물과 동등 이상의 절연성능이 있는 것으로 충분히 피복할 것

56 가연성 가스가 존재하는 저압 옥내전기설비 공사 방법으로 옳은 것은?

① 금속제가요전선관 공사
② 애자공사
③ 금속관공사
④ 금속몰드공사

57 전등 한 개를 2개소에서 점멸하고자 할 때 옳은 배선은?

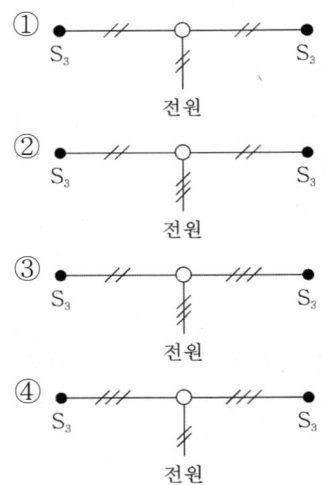

58 가공 전선로의 지지물에 지선을 사용하여 그 강도를 분담시켜서는 안되는 것은?

① 목주
② A종 철근콘크리트주
③ A종 철주
④ 철탑

풀이 331.11 지선의 시설
가공전선로의 지지물로 사용하는 철탑은 지선을 사용하여 그 강도를 분담시켜서는 안 된다.

답 55. ③　56. ③　57. ④　58. ④

59 조명용 백열전등을 일반주택 및 아파트 각 호실에 설치할 때 형광등에 최대 몇 분 이내에 소등 되는 타임 스위치를 시설하여야 하는가?

① 1 ② 2
③ 3 ④ 4

풀이 234.6 점멸기의 시설
다음의 경우에는 센서등(타임스위치 포함)을 시설하여야 한다.
① 관광숙박업 또는 숙박업(여인숙업을 제외한다)에 이용되는 객실의 입구등은 1분 이내에 소등되는 것.
② 일반주택 및 아파트 각 호실의 현관등은 3분 이내에 소등되는 것.

60 조명공학에서 사용되는 칸델라(cd)는 무엇의 단위인가?

① 광도 ② 조도
③ 광속 ④ 휘도

풀이 ① 광도의 단위 : 칸델라(candela : cd)이며, 1[cd]는 단위입체각(1 steradian) 내의 광속이 1[lm]인 경우이다.
② 조도의 단위 : 룩스(lux : lx)이며, 1$[m^2]$의 피조면에 들어가는 광속이 1[lm]인 경우이다.
③ 광속의 단위 : 루멘(lumen : lm)을 사용하고, 단위시간에 통과하는 광량이다.
④ 휘도의 단위 : $[cd/m^2]$로 니트(nit : nt) 혹은 $[cd/cm^2]$로 스틸브(stilb : sb)를 사용한다.

01 다음 중 자기작용에 관한 설명으로 틀린 것은?

① 기자력의 단위는 AT를 사용한다.

② 자기회로의 자기저항이 작은 경우는 누설 자속이 거의 발생되지 않는다.

③ 자기장 내에 있는 도체에 전류를 흘리면 힘이 작용하는데, 이 힘을 기전력이라 한다.

④ 평행한 두 도체 사이에 전류가 동일한 방향으로 흐르면 흡인력이 작용한다.

풀이 자장 내에 있는 도체에 전류를 흘리면 힘이 작용하는데, 이 힘을 전자력이라고 한다.

02 다음은 전기력선의 성질이다. 틀린 것은?

① 전기력선은 서로 교차하지 않는다.

② 전기력선은 도체의 표면에 수직이다.

③ 전기력선의 밀도는 전기장의 크기를 나타낸다.

④ 같은 전기력선은 서로 끌어당긴다.

풀이 전기력선의 성질
- 전기력선은 정전하에서 출발하여 부전하에서 멈추거나 무한원까지 퍼진다.
- 전기력선상의 임의의 한 점에서의 접선 방향은 그 점의 전계의 방향을 나타낸다. 즉, 전기력선의 방향은 전계의 방향과 일치한다.
- 전기력선 밀도는 전계의 세기와 같다.
- 전기력선은 서로 교차하지 않으며, 전하가 없는 곳에서는 전기력선의 발생과 소멸이 없고 연속적이다.
- 전기력선은 전위가 높은 곳에서 낮은 곳으로 향한다.
- 전기력선은 등전위면과 직교한다.

03 줄의 법칙에 있어서 발생하는 열량의 계산으로 맞는 식은?

① $Q = 0.24 I^2 Rt$ ② $Q = 0.024 I^2 Rt$

③ $Q = 0.024 I^2 R$ ④ $Q = 0.24 I^2 R$

풀이 줄의 법칙
$$Q = 0.24\,Pt = 0.24\,VIt$$
$$= 0.24 I^2 Rt\,[\text{cal}]$$

04 2[F], 4[F], 6[F]의 콘덴서 3개를 병렬로 접속했을 때의 합성 정전용량은 몇 [F]인가?

① 1.5 ② 4

③ 8 ④ 12

풀이 병렬 합성용량
$$C_T = C_1 + C_2 + C_3 = 2 + 4 + 6 = 12[\text{F}]$$

05 10[A]의 전류로 6시간 방전할 수 있는 축전지의 용량은?

① 2[Ah] ② 15[Ah]

③ 30[Ah] ④ 60[Ah]

풀이 축전지의 용량 = 전류 × 시간
$$= 10 \times 6 = 60[\text{Ah}]$$

06 용량을 변화시킬 수 있는 콘덴서는?

① 바리콘

② 마일러 콘덴서

③ 전해 콘덴서

④ 세라믹 콘덴서

• 바리콘 : 유전체로 공기를 사용하며, 라디오의 방송을 선택하는 곳에 사용된다.
• 마일러 콘덴서 : 얇은 폴리에스테르필름의 양면에 금속박을 대고 원통형으로 감은 것으로 극성이 없다. 가격은 저렴하나 정밀하지 못한 결점이 있다.
• 전해 콘덴서 : 케미콘이라 한다. 유전체를 산화피막으로 만들어 비교적 큰 용량을 얻을 수 있다. 전원의 평활 회로, 저주파 바이패스 등에 쓰인다.
• 세라믹 콘덴서 : 전극에 티탄산바륨과 같은 유전율이 높은 세라믹 재료로 만들었으며, 전극의 극성이 없는 것이 특징이다. 용량은 비교적 작아 아날로그 신호계에 사용할 수 있다.

07 진공 중에 두 자극 m_1, m_2를 r[m]의 거리에 놓았을 때 작용하는 힘 F의 식으로 옳은 것은?

① $F = \dfrac{1}{4\pi\mu_0} \times \dfrac{m_1 m_2}{r}$ [N]

② $F = \dfrac{1}{4\pi\mu_0} \times \dfrac{m_1 m_2}{r^2}$ [N]

③ $F = 4\pi\mu_0 \times \dfrac{m_1 m_2}{r}$ [N]

④ $F = 4\pi\mu_0 \times \dfrac{m_1 m_2}{r^2}$ [N]

풀이 진공 중의 두 자극을 각각 m_1, m_2[Wb], 자극 간의 거리를 r[m], 상호 간에 작용하는 자기력을 F[N]라 하면

$$F = \frac{1}{4\pi\mu_0} \cdot \frac{m_1 m_2}{r^2} = 6.33 \times 10^4 \frac{m_1 m_2}{\mu_s\, r^2} \text{[N]}$$

의 관계가 있으며,
힘의 방향은 두 극을 연결하는 직선상에 있다.
이 식을 쿨롱의 법칙이라 한다.

08 단면적 5[cm^2], 길이 1[m], 비투자율 10^3인 환상 철심에 600회의 권선을 감고 이것에 0.5[A]의 전류를 흐르게 한 경우 기자력은?

① 100[AT]　　② 200[AT]

③ 300[AT]　　④ 400[AT]

풀이 기자력 $F = NI = 600 \times 0.5 = 300$[AT]

09 투자율 μ의 단위는?

① AT/m　　② Wb/m^2

③ AT/Wb　　④ H/m

풀이 • 투자율 $\mu = \mu_r \mu_0$[H/m]
• 진공 중의 투자율 $\mu_0 = 4\pi \times 10^{-7}$[H/m]

10 200[V], 40[W]의 형광등에 정격 전압이 가해졌을 때 형광등 회로에 흐르는 전류는 0.42[A]이다. 이 형광등의 역률[%]은?

① 37.5　　② 47.6

③ 57.5　　④ 67.5

풀이 유효전력 $P = VI\cos\theta$[W]에서
$\cos\theta = \dfrac{P}{VI}$가 된다.

$$\therefore \cos\theta = \frac{P}{VI} = \frac{40}{200 \times 0.42}$$
$$= 0.476 = 47.6[\%]$$

11 평균값이 220[V]인 교류 전압의 최댓값은 약 몇 [V]인가?

① 110[V]　　② 346[V]

③ 381[V]　　④ 691[V]

풀이 최댓값 = 평균값 $\times \dfrac{\pi}{2} = 220 \times \dfrac{\pi}{2} \fallingdotseq 346$

답 7. ②　8. ③　9. ④　10. ②　11. ②

12 납축전지의 전해액은?

① HCl   ② KOH

③ NaCl   ④ H_2SO_4

풀이

$$PbO_2 + 2H_2SO_4 + Pb \underset{충전}{\overset{방전}{\rightleftharpoons}} PbSO_4 + 2H_2O + PbSO_4$$
$$(+극) \quad 전해액 \quad (-극) \qquad (+극) \qquad (-극)$$

납축전지의 전해액으로 묽은황산($2H_2SO_4$)을 사용한다.

13 자극의 세기 4[Wb], 자축의 길이 10[cm]의 막대자석이 100[AT/m]의 평등자장 내에서 20[N·m]의 회전력을 받았다면 이때 막대자석과 자장과의 이루는 각도는?

① 0°   ② 30°

③ 60°   ④ 90°

풀이 회전력 $T = mlH\sin\theta$[N·m]이므로

$$\sin\theta = \frac{T}{mlH} = \frac{20}{4 \times 10 \times 10^{-2} \times 100} = 0.5$$

$$\therefore \theta = \sin^{-1}0.5 = 30°$$

14 다음은 정전 흡인력에 대한 설명이다. 옳은 것은?

① 정전 흡인력은 전압의 제곱에 비례한다.

② 정전 흡인력은 극판 간격에 비례한다.

③ 정전 흡인력은 극판 면적의 제곱에 비례한다.

④ 정전 흡인력은 쿨롱의 법칙으로 직접 계산한다.

풀이 정전 흡인력 $F = \frac{\partial W}{\partial l}$[N],

정전 에너지 $W = \frac{1}{2}CV^2$[J]이므로

정전 흡인력은 전압의 제곱에 비례한다.

15 $C_1 = 5[\mu F]$, $C_2 = 10[\mu F]$의 콘덴서를 직렬로, 접속하고 직류 30[V]를 가했을 때, C_1의 양단의 전압[V]은?

① 5   ② 10

③ 20   ④ 30

풀이 $E_1 = \frac{C_2}{C_1 + C_2}E = \frac{10 \times 10^{-6}}{5 \times 10^{-6} + 10 \times 10^{-6}} \times 30$

$= 20$[V]

16 자기력선에 대한 설명으로 옳지 않은 것은?

① 자석의 N극에서 시작하여 S극에서 끝난다.

② 자기장의 방향은 그 점을 통과하는 자기력선의 방향으로 표시한다.

③ 자기력선은 상호간에 교차한다.

④ 자기장의 크기는 그 점에 있어서의 자기력선의 밀도를 나타낸다.

풀이 자기력선의 성질
① 자기력선은 N극에서 S극으로 향한다.
② 자기력선은 상호 간에 교차하지 않는다.
③ 자기력선은 가시적으로 보이지 않는다.
④ 임의의 한점의 자기력선 밀도는 그 점의 자계의 세기와 같다.

17 전기장(電氣場)에 대한 설명으로 옳지 않은 것은?

① 대전(帶電)된 무한장 원통의 내부 전기장은 0이다.

② 대전된 구(球)의 내부 전기장은 0이다.

③ 대전된 도체내부의 전하(電荷) 및 전기장은 모두 0이다.

④ 도체표면의 전기장은 그 표면에 평행이다.

풀이 전기력선의 성질

　① 전기력선은 정전하에서 출발하여 부전하에서 멈추거나 무한원까지 퍼진다.

　② 전기력선상의 임의의 한 점에서의 접선 방향은 그 점의 전계의 방향을 나타낸다. 즉, 전기력선의 방향은 전계의 방향과 일치한다.

　③ 전기력선 밀도는 전계의 세기와 같다.

　④ 전기력선은 서로 교차하지 않으며, 전하가 없는 곳에서는 전기력선의 발생과 소멸이 없고 연속적이다.

　⑤ 전기력선은 전위가 높은 곳에서 낮은 곳으로 향한다.

　⑥ 전기력선은 등전위면과 직교한다.

18 1[Wb/m²]은 몇 가우스(gauss)인가?

　① 10^4　　　　　② $4\pi \times 10^{-7}$

　③ 9　　　　　　④ 9×10^4

풀이 $1[Wb/m^2] = 1[T] = 10^4[Gauss]$

19 그림과 같은 회로에서 합성저항은 몇 [Ω]인가?

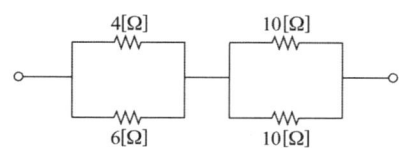

　① $6.6[\Omega]$　　　　② $7.4[\Omega]$

　③ $8.7[\Omega]$　　　　④ $9.4[\Omega]$

풀이 4[Ω]과 6[Ω]이 병렬연결 되면 $\dfrac{4 \times 6}{4+6} = 2.4[\Omega]$

10[Ω] 두개의 저항이 직결연결 되면 $\dfrac{10}{2} = 5[\Omega]$

이 된다. 또, 직렬로 연결되어 있으므로 $2.4 + 5 = 7.4[\Omega]$이 된다.

20 서로 가까이 나란히 있는 두 도체에 전류가 반대 방향으로 흐를 때 각 도체 간에 작용하는 힘은?

　① 흡인한다.

　② 반발한다.

　③ 흡인과 반발을 되풀이 한다.

　④ 처음에는 흡인하다가 나중에는 반발한다.

풀이 평행하는 두 도체 사이에 작용하는 힘은

$F = \dfrac{2I_1 I_2}{r} \times 10^{-7}$이며,

두 도체의 전류의 방향이 같을 경우 흡인력이, 전류의 방향이 다를 경우 반발력이 작용한다.

21 직류기의 전기자 반작용의 영향을 보상하는 데 효과가 큰 것은 어느 것인가?

　① 탄소 브러시　　　② 보극

　③ 균압 고리　　　　④ 보상 권선

풀이 전기자 반작용 방지에 가장 유효한 것은 보상권선으로, 전기자 권선과 직렬로 연결하여 반대 방향의 전류를 흘려줌으로써 대부분의 전기자 반작용을 방지할 수 있다. 중성축 부근의 전기자 반작용 억제방법으로는 보극이 사용된다. 보극은 중성축의 브러시 이탈을 방지하여 양호한 정류를 얻는 조건이 된다. 이를 전압정류라 한다.

22 전기기계에 있어 와전류손(eddy current loss)을 감소하기 위한 적합한 방법은?

　① 규소강판에 성층철심을 사용한다.

　② 보상권선을 설치한다.

　③ 교류전원을 사용한다.

　④ 냉각 압연한다.

풀이 전기 기계의 전기자 철심은 규소 강판으로 성층하여 만드는데, 규소를 넣는 것은 자기 저항을 크게

하여 와류손과 히스테리시스손을 감소하게 하지만 투자율이 낮아지고, 기계적 강도가 감소되어 부서지기 쉬우며, 가공이 곤란하게 된다. 성층하는 이유는 와류손을 적게 하기 위한 것이다.

23 동기기 운전 시 안정도 증진법이 아닌 것은?

① 단락비를 크게 한다.
② 회전부의 관성을 크게 한다.
③ 속응여자방식을 채용한다.
④ 역상 및 영상임피던스를 작게 한다.

풀이 안정도 증진법은
① 동기 임피던스를 작게 할 것
② 회전자의 플라이휠 효과를 크게 할 것
③ 속응 여자 방식을 채용할 것
④ 단락비를 크게 할 것
⑤ 정상 임피던스는 작고, 영상 및 역상 임피던스를 크게 할 것

24 그림과 같은 전동기 제어회로에서 전동기 M 의 전류 방향으로 올바른 것은? (단, 전동기의 역률은 100[%]이고, 사이리스터의 점호각은 0°라고 본다.)

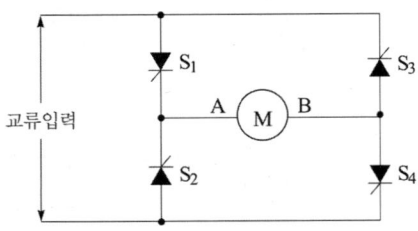

① 항상 "A"에서 "B"의 방향
② 항상 "B"에서 "A"의 방향
③ 입력의 반주기마다 "A"에서 "B"의 방향, "B"에서 "A"의 방향
④ S_1과 S_4, S_2와 S_3의 동작 상태에 따라 "A"에서 "B"의 방향, "B"에서 "A"의 방향

풀이 그림은 단상 전파 정류회로로서 S_1과 S_4, S_2와 S_3의 동작 상태에 따라 정류가 되어지며, 항상 "A"에서 "B"의 방향으로 전류가 흐른다.

25 직류 분권전동기를 운전 중 계자 저항을 증가시켰을 때의 회전 속도는?

① 증가한다.　　② 감소한다.
③ 변함없다.　　④ 정지한다.

풀이 분권전동기는 운전 중 계자 저항을 증가하면 계자 자속이 감소하여 속도가 증가하는 특성이 있다.

26 동기발전기에서 비돌극기의 출력이 최대가 되는 부하각(power angle)은?

① 0°　　　　　② 45°
③ 90°　　　　④ 180°

풀이 동기 발전기의 출력 $P_s = \dfrac{E_l V_l}{x_s} \sin \delta$ 에서 $\sin 90° = 1$이므로 δ(부하각) $= 90°$일 때 최대가 된다.

27 동기 발전기의 돌발 단락 전류를 주로 제한하는 것은?

① 권선저항
② 동기 리액턴스
③ 누설 리액턴스
④ 역상 리액턴스

풀이 동기기에서 저항은 누설 리액턴스에 비하여 작으며 전기자 반작용은 단락 전류가 흐른 뒤에 작용하므로 돌발 단락 전류를 제한하는 것은 누설 리액턴스이다. 역상 리액턴스는 역상 전류에 대응하는 것으로 3상 평형 단락이 되면 역상 전류는 흐르지 않는다.
동기 리액턴스 = 누설 리액턴스 + 반작용 리액턴스

28 발전기를 정격전압 220[V]로 전부하 운전하다가 무부하로 운전하였더니 단자전압이 242 [V]가 되었다. 이 발전기의 전압변동률[%]은?

① 10   ② 14
③ 20   ④ 25

풀이 전압변동률

$$\epsilon = \frac{V_o - V_n}{V_n} \times 100 = \frac{242 - 220}{220} \times 100$$
$$= 10[\%]$$

29 수소 냉각은 공기 냉각보다 출력이 몇 [%] 증가하는가?

① 10   ② 20
③ 25   ④ 30

풀이 수소 냉각방식의 특징
① 비중이 적어 풍손이 1/10 감소한다.
② 열전도가 공기의 7배로 출력이 약 25[%] 증가한다.
③ 코로나에 의한 손실이 없다.
④ 화염 발생이 없다.
⑤ 발전기 효율이 0.6~1[%] 증가한다.

30 농형 회전자에 비뚤어진 홈을 쓰는 이유는?

① 출력을 높인다.
② 회전수를 증가시킨다.
③ 소음을 줄인다.
④ 미관상 좋다.

풀이 농형 회전자에 비뚤어진 홈을 쓰면, 기동특성이 개선되고, 파형이 좋아지며, 소음이 경감된다.

31 직류 전동기의 규약 효율을 표시하는 식은?

① $\dfrac{출력}{출력 + 손실} \times 100[\%]$

② $\dfrac{출력}{입력} \times 100[\%]$

③ $\dfrac{입력 - 손실}{입력} \times 100[\%]$

④ $\dfrac{입력}{출력 + 손실} \times 100[\%]$

풀이 규약 효율 η은

전동기 $\eta = \dfrac{입력 - 손실}{입력} \times 100[\%]$

발전기, 변압기 $\eta = \dfrac{출력}{출력 + 손실} \times 100[\%]$

32 PN 접합 정류소자의 설명 중 틀린 것은? (단, 실리콘 정류소자인 경우이다.)

① 온도가 높아지면 순방향 및 역방향 전류가 모두 감소한다.
② 순방향 전압은 P형에 (+), N형에 (−) 전압을 가함을 말한다.
③ 정류비가 클수록 정류특성은 좋다.
④ 역방향 전압에서는 극히 작은 전류만이 흐른다.

풀이 반도체는 저온에서는 전류가 흐르기 힘들어 절연체와 같지만, 온도가 높아지면 도체와 같이 전류가 흐르기 쉬운 물질(셀렌, 게르마늄, 규소)이다.
즉 PN접합 정류소자는 온도가 높아지면 전류가 증가하게 된다.

33 일반적으로 10[kW] 이하 소용량인 전동기는 동기속도의 몇 [%]에서 최대 토크를 발생시키는가?

① 2[%]   ② 5[%]
③ 80[%]   ④ 98[%]

답 28. ①   29. ③   30. ③   31. ③   32. ①   33. ③

풀이 동기속도의 80[%] 정도에서 최대 토크를 발생한다.

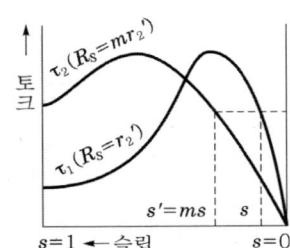

34 교류 전동기를 기동할 때 그림과 같은 기동특성을 가지는 전동기는? (단, 곡선 (1)∼(5)는 기동 단계에 대한 토크특성 곡선이다.)

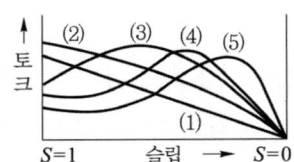

① 반발 유도 전동기
② 2중 농형 유도 전동기
③ 3상 분권 정류자 전동기
④ 3상 권선형 유도 전동기

풀이 3상 권선형 유도 전동기의 토크는 비례 추이를 하므로 저항이 클수록 최대 토크를 발생하는 슬립점이 점점 왼쪽으로 이동한다.

35 단락비가 1.2인 동기 발전기의 %동기 임피던스는 약 몇 [%]인가?

① 68 ② 83
③ 100 ④ 120

풀이 단락비 $K_s = \dfrac{\text{무부하에서 정격 전압을 유도하는 데 필요한 여자 전류}}{\text{정격 전류와 같은 단락 전류를 흘리는 데 필요한 여자 전류}}$

$= 1.2$ 이므로

%동기임피던스는 단락비의 역관계가 있다.
따라서 %동기임피던스

$Z_s' = \dfrac{100}{K_s} = \dfrac{100}{1.2} = 83[\%]$가 된다.

36 동기 와트 P_2, 출력 P_0, 슬립 s, 동기속도 N_s, 회전속도 N, 2차 동손 P_{2c} 일 때 2차 효율 표기로 틀린 것은?

① $1-s$ ② P_{2c}/P_2
③ P_0/P_2 ④ N/N_s

풀이 ① 2차 효율 $\eta_2 = \dfrac{P_o}{P_2} = 1-s = \dfrac{N}{N_s} \times 100\,[\%]$

② 슬립 $s = \dfrac{N_s - N}{N_s} = \dfrac{P_{2c}}{P_2}$

37 전기자 전압을 전원전압으로 일정히 유지하고, 계자전류를 조정하여 자속 Φ[Wb]를 변화시킴으로써 속도를 제어하는 제어법은?

① 계자 제어법
② 전기자 전압 제어법
③ 저항 제어법
④ 전압 제어법

풀이 전동기의 출력 P와 토크 τ, 회전수 N과의 사이에는 $P \propto \tau N$의 관계가 있고, Φ가 변화할 경우 토크 τ는 Φ에 비례하나 회전수 N은 Φ에 반비례하므로, 계자 제어법은 정출력 제어로 된다.

38 일정 전압 및 일정 파형에서 주파수가 상승하면 변압기 철손은 어떻게 변하는가?

① 증가한다.
② 감소한다.
③ 불변이다.
④ 어떤 기간 동안 증가한다.

풀이 $P_h \propto \dfrac{1}{f}$ 에서 히스테리시스손은 주파수에 반비례한다. 따라서 히스테리시스손은 감소하므로 결국 철손은 감소한다.

39 변류기 개방시 2차 측을 단락하는 이유는?

① 2차 측 절연보호
② 2차 측 과전류 보호
③ 측정오차 감소
④ 변류비 유지

풀이 PT(병렬연결)는 개방상태가 무방하지만 CT(직렬연결)는 개방하면 부하전류로 인하여 2차 측이 소손되므로 CT를 점검할 경우에는 반드시 2차 측을 단락한다.

40 동기발전기를 회전계자형으로 하는 이유가 아닌 것은?

① 고전압에 견딜수 있게 전기자 권선을 절연하기가 쉽다.
② 전기자 단자에 발생한 고전압을 슬립링 없이 간단하게 외부회로에 인가할 수 있다.
③ 기계적으로 튼튼하게 만드는 데 용이하다.
④ 전기자가 고정되어 있지 않아 제작비용이 저렴하다.

풀이 회전 계자형(전기자는 고정)을 사용하는 이유
① 전기자 권선은 전압이 높고 결선이 복잡하며, 대용량으로 되면 전류도 커지고, 3상 권선의 경우에는 4개의 도선을 인출하여야 한다.
② 계자 회로는 직류의 저압 회로이므로 소요 동력도 작으며, 인출 도선이 2개만 있어도 되기 때문이다.
③ 계자극은 기계적으로 튼튼하게 만드는 데 용이하기 때문이다.
④ 고장시의 과도 안정도를 높이기 위하여 회전자의 관성을 크게 하기 쉽기 때문이기도 하다.

41 점착성은 없으나 절연성, 내온성 및 내유성이 있어 연피 케이블 접속에 사용되는 테이프는?

① 고무 테이프 ② 리노 테이프
③ 비닐 테이프 ④ 자기 융착 테이프

풀이 와니스 바이어스 테이프라고 하며 면의 바이어스 테이프에 와니스를 여러 번 발라 건조시킨 것으로 접착성은 없으나 절연성, 내온성, 내유성이 좋으며 연피 케이블에 반드시 사용한다.

42 저압 연접 인입선은 인입선에서 분기 하는 점으로부터 몇 [m]를 넘지 않은 지역에 시설하고 폭 몇 [m]를 넘는 도로를 횡단하지 않아야 하는가?

① 50[m], 4[m]
② 100[m], 5[m]
③ 150[m], 6[m]
④ 200[m], 8[m]

풀이 221.1.2 연접 인입선의 시설
① 인입선에서 분기하는 점으로부터 100[m]를 초과하는 지역에 미치지 아니할 것
② 폭 5[m]를 초과하는 도로를 횡단하지 아니할 것
③ 옥내를 통과하지 아니할 것

43 코드 상호, 캡타이어 케이블 상호 접속 시 사용하여야 하는 것은?

① 와이어 커넥터 ② 코드 접속기
③ 케이블 타이 ④ 테이블 탭

풀이 123 전선의 접속
코드 상호, 캡타이어 케이블 상호, 케이블 상호, 또는 이들 상호를 접속하는 경우에는 코드 접속기·접속함 기타의 기구를 사용할 것.

44 다음 중 점유 면적이 좁고 운전 보수에 안전하여 공장, 빌딩 등의 전기실에 많이 사용되는 배전반은?

① 큐비클형
② 라이브 프런트형
③ 데드 프런트형
④ 수직형

45 가공 전선으로의 지선 사용 및 시방 세목 등에서 지선의 인장 하중은 규정상 얼마인가?

① 4.40[kN]　　② 380[kN]
③ 4.31[kN]　　④ 3.80[kN]

[풀이] 331.11 지선의 시설
지선은 안전율 2.5 이상, 1가닥 허용 인장 하중 4.31 [kN] 이상이고, 2.6[mm] 이상의 금속선을 3조 이상 꼬아서 만든다.

46 가공전선로의 지선에 사용되는 애자는?

① 노브 애자　　② 인류 애자
③ 현수 애자　　④ 구형 애자

[풀이]
• 노브 애자 : 옥내 배선에 사용
• 인류 애자 : 가공 배전선로 또는 인입선에 사용
• 현수 애자 : 송전선에 가장 많이 사용

47 흥행장의 저압 옥내배선, 전구선 또는 이동전선의 사용전압은 최대 몇 [V] 이하인가?

① 400　　② 440
③ 450　　④ 750

[풀이] 242.6 전시회, 쇼 및 공연장의 전기설비
무대·무대마루 밑·오케스트라 박스·영사실 기타 사람이나 무대 도구가 접촉할 우려가 있는 곳에 시설하는 저압 옥내배선, 전구선 또는 이동전선은 사용전압이 400[V] 이하이어야 한다.

48 습기가 많은 장소 또는 물기가 있는 장소의 바닥 위에서 사람이 접촉할 우려가 있는 장소에 시설하는 사용 전압이 400[V] 이하인 전구선 및 이동전선은 최소 몇 [mm²] 이상의 것을 사용하여야 하는가?

① 0.75　　② 1.25
③ 2.0　　④ 3.5

[풀이] 234.3 코드 및 이동전선
옥내에서 조명용 전원코드 또는 이동전선을 습기가 많은 장소 또는 수분이 있는 장소에 시설할 경우에는 고무코드(사용전압이 400[V] 이하인 경우에 한함) 또는 0.6/1[kV] EP 고무 절연 클로로프렌캡타이어케이블로서 단면적이 0.75[mm²] 이상인 것이어야 한다.

49 옥내 배선을 합성수지관 공사에 의하여 실시할 때 사용할 수 있는 단선의 최대 굵기[mm²]는?

① 4　　② 6
③ 10　　④ 16

[풀이] 232.11 합성수지관공사
① 전선은 절연전선(옥외용 비닐절연전선을 제외한다)일 것.
② 전선은 연선일 것. 다만, 다음의 것은 적용하지 않는다.
• 짧고 가는 합성수지관에 넣은 것.
• 단면적 10[mm²](알루미늄선은 단면적 16 [mm²]) 이하의 것.

50 동기발전기의 공극이 넓을 때의 설명으로 잘못된 것은?

① 안정도 증대
② 단락비가 크다.
③ 여자전류가 크다.
④ 전압변동이 크다.

풀이 공극이 넓다는 것은 단락비가 큰 기계를 의미하며, 단락비가 큰 기계의 특징은 다음과 같다.
① 동기임피던스(리액턴스)가 작다.
② 전압강하 및 전압강하율, 전압변동률이 작다.
③ 안정도가 좋다.
④ 철이 많이 사용되어 철기계라 불린다.
⑤ 공극이 크고, 기계 형태 중량이 증가한다.

51 금속관을 조영재에 따라서 시설하는 경우 새들 또는 행거 등으로 견고하게 지지하고 그 간격을 몇 [m] 이하로 하는 것이 가장 바람직한가?

① 2　　　　② 3　　　　③ 4　　　　④ 5

풀이 금속관을 조영재에 따라서 시설하는 경우 새들 또는 행거 등으로 견고하게 지지하고 그 간격을 2[m] 이하로 하는 것이 가장 바람직하다.

52 도로를 횡단하여 시설하는 지선의 높이는 지표 상 몇 [m] 이상이어야 하는가?

① 5[m]　　　　② 6[m]
③ 8[m]　　　　④ 10[m]

풀이 331.11 지선의 시설
도로를 횡단하여 시설하는 지선의 높이는 지표상 5[m] 이상으로 하여야 한다. 다만, 기술상 부득이한 경우로서 교통에 지장을 초래할 우려가 없을 때는 지표상 4.5[m] 이상, 보도의 경우에는 2.5[m] 이상으로 할 수 있다.

53 변압기 중성점 접지공사의 저항값을 결정하는 가장 큰 요인은?

① 변압기 용량
② 고압 가공전선로의 전선 연장
③ 변압기 1차측에 넣는 퓨즈 용량
④ 변압기 고압 또는 특고압측 전로의 1선 지락전류의 암페어수

풀이 변압기의 고압 측 또는 특고압 측의 전로의 1선 지락전류의 암페어 수로 150을 나눈 값과 같은 [Ω]수를 변압기 중성점 접지공사의 접지저항값으로 선정한다.

54 폴리에틸렌 절연 비닐 시스 케이블의 약호는?

① DV　　　　② EE
③ EV　　　　④ OW

풀이
- DV : 인입용 비닐 절연 전선
- EE : 폴리에틸렌 절연 폴리에틸렌 외장 케이블
- EV : 폴리에틸렌 절연 비닐 시스 케이블
- OW : 옥외용 비닐 절연 전선

55 조도는 광원으로부터의 거리와 어떠한 관계가 있는가?

① 거리에 비례한다.
② 거리의 제곱에 비례한다.
③ 거리에 반비례한다.
④ 거리의 제곱에 반비례한다.

풀이 거리 역제곱의 법칙 : 조도 $E = \dfrac{I}{r^2}$ [lx]
즉, 조도는 거리의 제곱에 반비례 한다.

56 합성수지전선관의 장점이 아닌 것은?

① 절연이 우수하다.
② 기계적 강도가 높다.
③ 내부식성이 우수하다.
④ 시공하기 쉽다.

풀이 합성수지관은 금속관에 비하여 절연성이 우수하며, 부식하지 않고, 기계적 강도는 약하며, 내열성에 약하다.

57 저압 가공전선과 고압 가공전선을 동일 지지물에 시설하는 경우 상호 이격거리는 몇 [cm] 이상이어야 하는가?

① 20[cm] ② 30[cm]
③ 40[cm] ④ 50[cm]

풀이 KEC 222.9 저고압 가공전선 등의 병행설치
저압 가공 전선과 고압 가공 전선을 동일 지지물에 시설하는 경우는
① 저압 가공전선을 고압 가공전선의 아래로 하고 별개의 완금류에 시설할 것.
② 이격거리는 0.5[m] 이상일 것. 단, 고압 가공전선이 케이블인 경우는 0.3[m] 이상 이격하면 된다.

58 계기용 변류기의 약호는?

① CT ② WH
③ CB ④ DS

풀이 CT(변류기), WH(전력량계), CB(차단기), DS(단로기)

59 전주 외등 설치 시 조명기구를 부착하는 경우 조명기구의 부착높이는 지표면으로부터 최소 몇 [m] 이상이어야 하는가?

① 3[m] ② 3.5[m]
③ 4[m] ④ 4.5[m]

풀이 235.5 옥측 또는 옥외의 방전등 공사
방전관은 금속제의 견고한 기구에 넣고 또한 다음에 의하여 시설할 것.
• 기구는 지표상 4.5[m] 이상의 높이에 시설할 것
• 기구와 기타 시설물(가공전선을 제외한다) 또는 식물 사이의 이격거리는 0.6[m] 이상일 것

60 같은 지지물에 고압과 저압을 병행 설치하는 이격거리는 몇 [m]인가?

① 0.3 이상 ② 0.4 이상
③ 0.5 이상 ④ 0.6 이상

풀이 332.8 고압 가공전선 등의 병행설치
저압 가공전선과 고압 가공전선 사이의 이격거리는 0.5[m] 이상일 것(단, 고압 가공전선에 케이블을 사용 시 이격거리는 0.3[m] 이상)

답 57. ④ 58. ① 59. ④ 60. ③

01 40[μF]과 60[μF]의 콘덴서를 직렬로 접속한 후 100[V]의 전압을 가했을 때 40[μF]에 걸리는 전압의 크기는 몇 [V]인가?

① 20   ② 40

③ 60   ④ 100

풀이 $C_1 = 40[\mu F]$, $C_2 = 60[\mu F]$이라 하고, 전압분배 법칙을 적용하면 콘덴서는 전압에 반비례하므로 ($V \propto \dfrac{1}{C}$)

$$\therefore \ V_1 = \frac{C_2}{C_1 + C_2} V = \frac{60}{40+60} \times 100$$
$$= 60[V]$$

02 그림의 회로에서 전압 100[V]의 교류전압을 가했을 때 전력은?

① 10[W]

② 60[W]

③ 100[W]

④ 600[W]

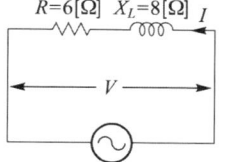

풀이 직렬회로는 전류가 일정하므로
전력은 $P = I^2 R$로 구한다.
따라서 흐르는 전류는 임피던스에 의해 구하여야 하므로 $Z = \sqrt{6^2 + 8^2} = 10[\Omega]$이 되며,
전류는 $I = \dfrac{V}{Z}$이므로
$$P = I^2 R = \left(\frac{100}{10}\right)^2 \times 6 = 600[W]가 된다.$$

03 플레밍의 왼손법칙에서 전류의 방향을 나타내는 손가락은?

① 약지   ② 중지

③ 검지   ④ 엄지

풀이 • 플레밍의 왼손 법칙
엄지는 힘의 방향, 검지는 자속의 방향, 중지는 전류의 방향이다.

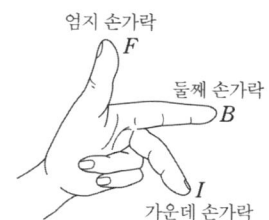

04 진공 중에 놓인 3[μC]의 점전하에서 3[m] 되는 점의 전계는 몇 [V/m]인가?

① 100   ② 1000

③ 300   ④ 3000

풀이 점의 전계 $E = \dfrac{Q}{4\pi\epsilon_0 r^2} = 9 \times 10^9 \times \dfrac{Q}{r^2}$

$$= 9 \times 10^9 \times \frac{3 \times 10^{-6}}{3^2}$$
$$= 3000[V/m]$$

05 $+Q_1$[C]과 $-Q_2$[C]의 전하가 진공 중에서 r[m]의 거리에 있을 때 이들 사이에 작용하는 정전기력 F[N]는?

① $F = 0.9 \times 10^{-9} \times \dfrac{Q_1 Q_2}{r^2}$

② $F = 9 \times 10^{-9} \times \dfrac{Q_1 Q_2}{r^2}$

③ $F = 9 \times 10^9 \times \dfrac{Q_1 Q_2}{r^2}$

④ $F = 90 \times 10^9 \times \dfrac{Q_1 Q_2}{r^2}$

풀이 쿨롱의 법칙 : 두 점전하 사이에 작용하는 정전력의 크기는 두 전하(전기량)의 곱에 비례하고 전하 사이의 거리의 제곱에 반비례한다.

$$F = \frac{1}{4\pi\epsilon_o} \cdot \frac{Q_1 Q_2}{r^2} = 9 \times 10^9 \frac{Q_1 Q_2}{r^2} [\text{N}]$$

06 정격전압에서 1[kW]의 전력을 소비하는 저항에 정격의 90[%] 전압을 가했을 때, 전력은 몇 [W]가 되는가?

① 630[W]　　　② 780[W]
③ 810[W]　　　④ 900[W]

풀이 전력 $P = \dfrac{V^2}{R}$ 에서 저항은 일정하므로

정격의 90[%] 전압을 가하면
$P \propto V^2 = 0.9^2 = 0.81$ 배가 된다.
따라서, 정격의 90[%] 전압을 가했을 때의 전력
$P' = 0.81 \times 1000 = 810[\text{W}]$

07 다음에서 나타내는 법칙은?

> 유도 기전력은 자신이 발생 원인이 되는 자속의 변화를 방해하려는 방향으로 발생한다.

① 줄의 법칙　　　② 렌츠의 법칙
③ 플레밍의 법칙　④ 패러데이의 법칙

풀이 렌츠의 법칙
"전자유도에 의해 발생하는 기전력은 자속 변화를 방해하는 방향으로 전류가 발생한다."
이것을 렌츠의 법칙(Lenz's law)이라 하고, 기전력의 방향을 결정한다.

08 1[AH]는 몇 [C]인가?

① 7,200　　　② 3,600
③ 120　　　　④ 60

풀이 $Q = It = 1 \times 3,600 = 3,600[\text{C}]$
여기서, $I[\text{A}]$는 전류이며 $t[\text{sec}]$는 시간이다.
또 1[h]는 3,600[sec]에 해당한다.

09 Y결선에서 선간전압 V_l과 상전압 V_p의 관계는?

① $V_l = V_p$　　　② $V_l = \dfrac{1}{3} V_p$
③ $V_l = \sqrt{3}\, V_p$　　④ $V_l = 3 V_p$

풀이 Y결선에서 $\boldsymbol{V}_l = \sqrt{3}\, \boldsymbol{V}_p\, \underline{/30°}$로 되어 각 선간전압은 각 상전압에 비해 크기가 $\sqrt{3}$ 배이며 위상은 30° 빠르다.

10 $V = 200[\text{V}]$, $C_1 = 10[\mu\text{F}]$, $C_2 = 5[\mu\text{F}]$인 2개의 콘덴서가 병렬로 접속되어 있다. 콘덴서 C_1에 축적되는 전하$[\mu\text{C}]$는?

① 100$[\mu\text{C}]$　　② 200$[\mu\text{C}]$
③ 1000$[\mu\text{C}]$　　④ 2000$[\mu\text{C}]$

풀이 병렬로 접속되어 있으므로 두 콘덴서에는 전압이 일정하게 걸린다. 따라서, C_1에 축적되는 전하 $Q_1 = C_1 V = 10 \times 200 = 2000[\mu\text{C}]$이 된다.

11 강자성체의 투자율에 대한 설명으로 옳은 것은?

① 투자율은 매질의 두께에 비례한다.
② 투자율은 자화력에 따라서 크기가 달라진다.
③ 투자율이 큰 것은 자속이 통하기 어렵다.
④ 투자율은 자속 밀도에 반비례한다.

풀이 자속밀도 $B = \mu H = \mu_o \mu_s H [\text{Wb/m}^2]$에서 투자율 $\mu = \dfrac{B}{H}$ 이므로 자속밀도에 비례하며, 자계의 세기에 반비례한다. 투자율은 자화력의 크기에 따라 달라진다.

12 다음 중 콘덴서가 가지는 특성 및 기능으로 옳지 않은 것은?

① 전기를 저장하는 특성이 있다.
② 상호 유도 작용의 특성이 있다.
③ 직류 전류를 차단하고 교류 전류를 통과시키려는 목적으로 사용된다.
④ 공진 회로를 이루어 어느 특정한 주파수만을 취급하거나 통과시키는 곳 등에 사용된다.

풀이 상호 유도 작용은 코일이 가지는 특성이다.

13 R_1, R_2, R_3의 저항 3개를 직렬 접속했을 때의 합성저항 값은?

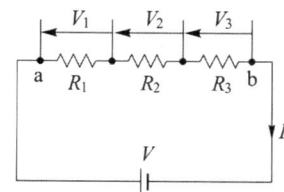

① $R = R_1 + R_2 \cdot R_3$
② $R = R_1 \cdot R_2 + R_3$
③ $R = R_1 \cdot R_2 \cdot R_3$
④ $R = R_1 + R_2 + R_3$

풀이 • 직렬 연결 시 합성저항
$$R = R_1 + R_2 + R_3 + \cdots\cdots + R_n [\Omega]$$
• 병렬 연결 시 합성저항
$$R = \dfrac{1}{\dfrac{1}{R_1} + \dfrac{1}{R_2} + \dfrac{1}{R_3} + \cdots\cdots + \dfrac{1}{R_n}} [\Omega]$$

14 임피던스 $Z = 6 + j8[\Omega]$에서 서셉턴스[℧]는?

① 0.06
② 0.08
③ 0.6
④ 0.8

풀이 $Y = G + jB$ (G : 컨덕턴스, B : 서셉턴스)
$$\therefore Y = \frac{1}{Z} = \frac{1}{6+j8} = 0.06 - j0.08[\text{℧}]$$

15 0.25[H]와 0.23[H]의 자체 인덕턴스를 직렬로 접속할 때 합성 인덕턴스의 최댓값은 약 몇 [H]인가?

① 0.48[H]
② 0.96[H]
③ 4.8[H]
④ 9.6[H]

풀이 $L = L_1 + L_2 + 2\sqrt{L_1 L_2}$
$= 0.25 + 0.23 + 2\sqrt{0.25 \times 0.23}$
$= 0.96[\text{H}]$

16 전기 분해하여 금속 표면에 산화 피막을 만들어 이것을 유전체로 이용한 것은?

① 마일러 콘덴서
② 마이카 콘덴서
③ 전해 콘덴서
④ 세라믹 콘덴서

풀이 ① 전해 콘덴서
케미콘이라 한다. 유전체를 산화 피막으로 만들어 비교적 큰 용량을 얻을 수 있다. 전원의 평활 회로, 저주파 바이패스 등에 쓰인다.
② 탄탈 콘덴서
전극에 탄탈륨을 사용하며, 전해 콘덴서의 일종으로 비교적 큰 용량을 얻을 수 있다. 온도 변화에 영향을 받지 않으며, 주파수 특성도 좋다. 고주파 회로에 주로 사용되며, 가격이 비싸다.
③ 세라믹 콘덴서
전극에 티탄산바륨과 같은 유전율이 높은 세라믹 재료로 만들었으며, 전극의 극성이 없는 것이 특징이다. 용량은 비교적 작아 아날로그 신호계에 사용할 수 있다.

답 12. ② 13. ④ 14. ② 15. ② 16. ③

④ 마일러 콘덴서

얇은 폴리에스테르필름의 양면에 금속박을 대고 원통형으로 감은 것으로 극성이 없다. 가격은 저렴하나 정밀하지 못한 결점이 있다.

⑤ 트리머

유전체로 세라믹을 사용하며, 이동통신 및 방송시스템에서 적절한 주파수에 따라 용량 값을 필요한 만큼 조정하는 데 사용하는 가변콘덴서의 일종이다.

⑥ 바리콘

유전체로 공기를 사용하며, 라디오의 방송을 선택하는 곳에 사용된다.

17 평형 3상 회로에서 1상의 소비전력이 P라면 3상 회로의 전체 소비전력은?

① P　　　　　　② $2P$

③ $3P$　　　　　　④ $\sqrt{3}\,P$

풀이 전체 소비전력 $= 3V_p I_p = \sqrt{3}\,V_l I_l$

단, V_p : 상전압, I_p : 상전류

V_l : 선간전압, I_l : 선전류

18 전류의 열작용과 관계가 있는 법칙은?

① 키르히호프의 법칙

② 줄의 법칙

③ 플레밍의 법칙

④ 전류 옴의 법칙

풀이 줄의 법칙 : 도체에 흐르는 전류에 의하여 단위 시간에 발생하는 열량은 $I^2 R$에 비례한다.

19 공심 솔레노이드 내부 자장의 세기가 200 [AT/m]일 때 자속 밀도[Wb/m²]는?

① $2\pi \times 10^{-7}$　　　② $4\pi \times 10^{-5}$

③ $8\pi \times 10^{-5}$　　　④ $16\pi \times 10^{-4}$

풀이 자속 밀도와 자계의 세기의 관계

$B = \mu H$[Wb/m²]에서 자속 밀도

$B = 4\pi \times 10^{-7} \times 200 = 8\pi \times 10^{-5}$[Wb/m²]

가 된다.

20 자기 인덕턴스 200[mH], 450[mH]인 두 코일의 상호 인덕턴스는 60[mH]이다. 두 코일의 결합 계수는?

① 0.1　　　　　　② 0.2

③ 0.3　　　　　　④ 0.4

풀이 상호인덕턴스 $M = k\sqrt{L_1 L_2}$에서

결합계수 $k = \dfrac{M}{\sqrt{L_1 L_2}} = \dfrac{60}{\sqrt{200 \times 450}} = 0.2$

21 동기기의 전기자 권선법이 아닌 것은?

① 전절권　　　　　② 분포권

③ 2층권　　　　　④ 중권

풀이 교류기의 전기자 권선법은 기전력의 파형을 정현파로 하기위한 것이다. 즉, 전절권보다 단절권을 집중권 보다 분포권을 채용한다. 전기자를 단절권으로 하면 기전력의 값은 줄지만 기전력의 파형이 좋아지고 끝 접속선의 길이가 짧아지므로 구리선이 그만큼 절약되어 기계의 치수도 줄일 수 있다.

22 도면과 같이 공기 중에 놓인 2×10^{-8}[C]의 전하에서 2[m] 떨어진 점 P와 1[m] 떨어진 점 Q와의 전위차는 몇 [V]인가?

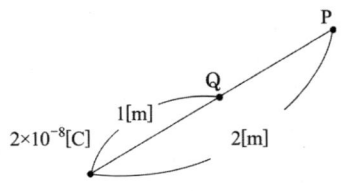

① 80[V]　　　　　② 90[V]

③ 100[V]　　　　④ 110[V]

풀이
$$V_{QP} = V_Q - V_P = \frac{Q}{4\pi\epsilon_0}\left(\frac{1}{r_Q} - \frac{1}{r_P}\right)$$
$$= 9 \times 10^9 \times 2 \times 10^{-8} \times \left(\frac{1}{1} - \frac{1}{2}\right)$$
$$= 90[\text{V}]$$

23 정격속도로 운전하는 무부하 분권발전기의 계자 저항이 60[Ω], 계자 전류가 1[A], 전기자 저항이 0.5[Ω]라 하면 유도 기전력은 약 몇 [V]인가?

① 30.5   ② 50.5

③ 60.5   ④ 80.5

풀이 단자 전압 V는 계자 회로의 전압 강하와 같으므로
$V = I_f R_f = 1 \times 60 = 60[\text{V}]$
$E = V + I_a R_a$ 식에서 $I_a = I_f$이므로 ($\because$ 무부하)
$\therefore$ 유기 기전력
$\quad E = V + I_f R_a = 60 + 1 \times 0.5 = 60.5[\text{V}]$

24 변압기의 자속에 관한 설명으로 옳은 것은?

① 전압과 주파수에 반비례한다.

② 전압과 주파수에 반비례한다.

③ 전압에 반비례하고 주파수에 비례한다.

④ 전압에 비례하고 주파수에 반비례한다.

풀이 변압기의 유도 기전력 $E = 4.44Nf\phi_m[\text{V}]$에서
$\phi_m = \frac{E}{4.44fN}[\text{Wb}]$가 된다.
따라서, 자속은 전압에 비례하고, 주파수에 반비례한다.

25 역률이 좋아 가정용 선풍기, 세탁기, 냉장고 등에 주로 사용되는 것은?

① 분상 기동형   ② 콘덴서 기동형

③ 반발 기동형   ④ 셰이딩 코일형

풀이 콘덴서 기동형 단상 유도 전동기는 콘덴서가 역률 개선의 역할을 하므로, 역률이 좋고 비교적 기동토크가 크므로 가정용 전동기로 많이 사용된다.

26 3상 유도전동기의 원선도를 그리려면 등가 회로의 정수를 구할 때 몇 가지 시험이 필요하다. 이에 해당되지 않는 것은?

① 무부하시험

② 고정자 권선의 저항측정

③ 회전수 측정

④ 구속시험

풀이 유도 전동기의 원선도 작성 시험은 변압기의 등가 회로 작성시험과 같은 것으로, 저항 측정시험, 구속 시험(단락시험), 무부하시험(개방시험)으로 원선 도를 작성한다.

27 20[kW]의 농형 유도전동기를 기동하려고 할 때, 다음 중 가장 적당한 기동 방법은?

① 분상기동법

② 기동보상기법

③ 권선형기동법

④ 2차저항기동법

풀이 15[kW] 이상 정도의 농형 유도 전동기를 사용하는 경우에는 기동 보상기법을 한다.

28 슬립 4[%]인 유도 전동기의 등가 부하 저항은 2차 저항의 몇 배인가?

① 5   ② 19

③ 20   ④ 24

풀이 유도 전동기의 기계적 출력을 나타내는 정수
$r = \left(\frac{1}{s} - 1\right)r_2$에서
$r = \left(\frac{1}{0.04} - 1\right)r_2 = 24r_2$가 된다.

정답 23. ③ 24. ④ 25. ② 26. ③ 27. ② 28. ④

29 변압기에서 퍼센트 저항강하 3[%], 리액턴스 강하 4[%]일 때 역률 0.8(지상)에서의 전압 변동률은?

① 2.4[%]   ② 3.6[%]

③ 4.8[%]   ④ 6.0[%]

풀이 백분율 전압강하와의 관계는

$$\epsilon = p\cos\phi + q\sin\phi + \frac{1}{200}(q\cos\phi - p\sin\phi)^2 [\%]$$

$$\fallingdotseq p\cos\phi + q\sin\phi$$

(ϕ : 부하 Z의 위상각) 가 된다.

따라서 $\epsilon \fallingdotseq p\cos\phi + q\sin\phi = 3 \times 0.8 + 4 \times 0.6$
$= 4.8[\%]$

30 직류 분권 발전기를 정격 속도로 회전시켜도 전압이 확립되지 않은 경우는?

① 계자 회로의 저항이 적다.

② 잔류 자속이 많다.

③ 전기자 저항이 적다.

④ 계자 권선의 접속을 반대로 하였다.

풀이 자여자 발전기 전압확립 조건

① 잔류자기가 있을 것

② 회전방향이 잔류자기를 강화하는 방향일 것

③ 부하 특성곡선이 자기 포화를 가질 것

④ 계자저항이 임계저항 보다 작을 것

31 2극 3600[rpm]인 동기 발전기와 병렬 운전하려는 12극 동기발전기의 회전수는 몇 [rpm]인가?

① 600   ② 1200

② 1800   ④ 3600

풀이 병렬운전 조건에서 주파수가 같아야 하므로 주파수를 구하면

$$f = \frac{Np}{120} = \frac{3600 \times 2}{120} = 60[\text{Hz}] \text{이므로}$$

12극 동기발전기의 회전수는

$$N = \frac{120f}{p} = \frac{120 \times 60}{12} = 600[\text{rpm}] \text{이 된다.}$$

32 전기자 철심의 규소 강판의 규소 함유량은 몇 [%]인가?

① 0.5~1.0   ② 1~2

③ 5~6   ④ 7~8

풀이 전기자는 0.35~0.5[mm]의 연강판으로 성층(맴돌이 전류와 히스테리시스손의 손실을 감소시키기 위한 규소 함량 1~1.4[%] 정도의 규소 강판)한 전기자 철심과 전기자 권선으로 구성되어 있다.

33 변압기 내부 고장 시 발생하는 기름의 흐름변화를 검출하는 부흐홀츠 계전기의 설치 위치로 알맞은 것은?

① 변압기 본체

② 변압기의 고압측 부싱

③ 콘서베이터 내부

④ 변압기 본체와 콘서베이터를 연결하는 파이프

풀이 부흐홀츠 계전기는 변압기의 내부 고장으로 발생하는 기름의 분해 가스 증기 또는 유류를 이용하여 부저를 움직여 계전기의 접점을 닫는 것이므로 변압기의 주탱크와 콘서베이터와의 연결관 도중에 설치한다.

34 단락비가 큰 동기 발전기에 대한 설명으로 틀린 것은?

① 단락 전류가 크다.

② 동기 임피던스가 작다.

③ 전기자 반작용이 크다.

④ 공극이 크고 전압 변동률이 작다.

풀이 단락비는 기계적 특성을 잘 나타내는 수치로서 일반적으로 단락비가 큰 기계는
① 동기임피던스(리액턴스)가 작기 때문에, 단락전류가 크고 전기자 반작용이 작다.
② 전압강하 및 전압강하율, 전압변동률이 작다.
③ 안정도가 좋다.
④ 철이 많이 사용되어 철기계라 불린다.
⑤ 공극이 크고, 기계 형태 중량이 증가한다.

35 권수비 2, 2차 전압 100[V], 2차 전류 5[A], 2차 임피던스 20[Ω]인 변압기의 ㉠ 1차 환산 전압 및 ㉡ 1차 환산 임피던스는?

① ㉠ 200[V], ㉡ 80[Ω]
② ㉠ 200[V], ㉡ 40[Ω]
③ ㉠ 50[V], ㉡ 10[Ω]
④ ㉠ 50[V], ㉡ 5[Ω]

풀이 권수비 $a = \dfrac{V_1}{V_2} = \dfrac{I_2}{I_1} = \sqrt{\dfrac{Z_1}{Z_2}}$ 에서

$V_1 = a V_2 = 2 \times 100 = 200[V]$,

$I_1 = \dfrac{I_2}{a} = \dfrac{5}{2} = 2.5[A]$,

$Z_1 = a^2 Z_2 = 2^2 \times 20 = 80[\Omega]$

36 다음은 3상 유도전동기 고정자 권선의 결선도를 나타낸 것이다. 맞는 사항을 고르시오.

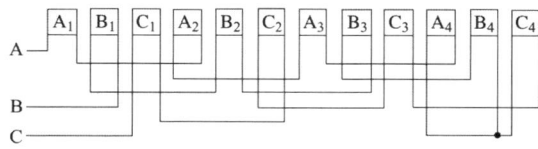

① 3상 2극, Y결선
② 3상 4극, Y결선
③ 3상 2극, △결선
④ 3상 4극, △결선

풀이 3상(A, B, C) 4극(1, 2, 3, 4)이 하나의 접접에 연결되어 있으므로 Y결선이다.

37 변압기의 정격 1차 전압이란?

① 정격 출력일 때의 1차 전압
② 무부하에 있어서 1차 전압
③ 정격 2차 전압×권수비
④ 임피던스 전압×권수비

풀이 $a = \dfrac{V_1}{V_2} = \dfrac{N_1}{N_2} = \dfrac{I_2}{I_1} = \sqrt{\dfrac{Z_1}{Z_2}}$ 에서

$V_1 = a V_2$

38 20[kVA]의 단상 변압기 2대를 사용하여 V-V 결선으로 하고 3상 전원을 얻고자 한다. 이때 여기에 접속시킬 수 있는 3상 부하의 용량은 약 몇 [kVA]인가?

① 34.6
② 44.6
③ 54.6
④ 66.6

풀이 V결선 시 출력은 1대의 용량에 $\sqrt{3}$ 배이므로
$P_V = \sqrt{3}\, P_1 = \sqrt{3} \times 20 = 34.64[kVA]$

39 변압기 명판에 표시된 정격에 대한 설명으로 틀린 것은?

① 변압기의 정격출력 단위는 [kW]이다.
② 변압기 정격은 2차측을 기준으로 한다.
③ 변압기의 정격은 용량, 전류, 전압, 주파수 등으로 결정된다.
④ 정격이란 정해진 규정에 적합한 범위 내에서 사용할 수 있는 한도이다.

풀이 변압기의 정격출력 단위는 [kVA]이다.

40 분권 발전기의 회전 방향을 반대로 하면?

① 전압이 유기된다.
② 발전기가 소손된다.
③ 고전압이 발생한다.
④ 잔류 자기가 소멸된다.

풀이 직류 자여자 발전기는 잔류자기가 없으면 발전이 되지 않는다. 즉, 잔류자기가 없는 조건은 회전방향을 반대로 하는 경우와 계자의 접속을 반대로 하는 경우가 된다. 따라서, 자여자 발전기인 분권발전기는 잔류자기가 소멸되어 발전이 이루어지지 않는다.

41 제1종 금속제 가요전선관의 두께는 최소 몇 [mm] 이상이어야 하는가?

① 0.8
② 1.2
③ 0.6
④ 2.0

풀이 1종 금속제 가요 전선관은 두께 0.8[mm] 이상인 것일 것.

42 다음 심벌의 명칭은?

🔳

① 과전압 계전기
② 환풍기
③ 콘센트
④ 룸에어콘

풀이 그림은 콘센트의 심벌이며, 🔳WP 는 방수형 콘센트를 나타낸다.

43 다음 중 접지의 목적으로 알맞지 않은 것은?

① 감전의 방지
② 보호계전기의 동작 확보
③ 이상전압의 억제
④ 전로의 대지전압 상승

풀이 접지의 목적
① 고저압 혼촉시의 저압선 전위 상승 억제(보호)
② 기기의 지락 사고 발생시 사람에 걸리는 분담 전압의 억제
③ 선로로부터의 유도에 의한 감전 방지
④ 이상 전압 억제에 의한 절연 계급의 저감, 보호 장치의 동작 확실화

44 ACSR은 다음 중 어떤 것을 말하는가?

① 경동 연선
② 중공 연선
③ 알루미늄선
④ 강심 알루미늄 연선

풀이 ACSR은 합성 연선에 대표적인 전선으로 강심 알루미늄 연선을 나타낸다.

45 케이블을 구부리는 경우 피복이 손상되지 않도록 하고 그 굴곡부의 곡률반경은 원칙적으로 케이블이 단심인 경우 완성품 외경의 몇 배 이상이어야 하는가?

① 4
② 6
③ 8
④ 10

풀이 연피가 없는 케이블을 구부리는 경우 피복의 손상이 되지 않도록 하여 그 굴곡 반지름이 케이블의 완성품 지름의 6배(단심의 경우 8배) 이상으로 구부려야 한다.

46 화약고 등의 위험장소에서 전기설비 시설에 관한 내용으로 옳은 것은?

① 전로의 대지전압은 400[V] 이하일 것
② 전기기계기구는 전폐형의 것일 것
③ 전용 개폐기 및 과전류 차단기는 화약류 저장소 내에 설치할 것
④ 전로에 지락이 생겼을 때에 자동적으로 전로를 차단하는 장치를 취급자가 쉽게 조작할 수 없도록 시설하여야 한다.

풀이 242.5 화약류 저장소 등의 위험장소
① 저압 옥내배선은 금속관공사 또는 케이블공사 (캡타이어케이블을 사용하는 것을 제외한다)에 의할 것.
② 전로에 대지전압은 300[V] 이하일 것.
③ 전기기계기구는 전폐형의 것일 것.
④ 화약류 저장소 안의 전기설비에 전기를 공급하는 전로에는 화약류 저장소 이외의 곳에 전용 개폐기 및 과전류 차단기를 각 극에 취급자 이외의 자가 쉽게 조작할 수 없도록 시설하고 또한 전로에 지락이 생겼을 때에 자동적으로 전로를 차단하거나 경보하는 장치를 시설하여야 한다.

풀이 캡타이어 케이블(captire cable)
① 이동·가요성을 가지며, 보호피복을 가진 절연전선이다. 진동·마찰·굴곡·충격 등을 받는 공장 등에서 사용된다.
② 구조는 주석도금한 연동선의 연선을 심선으로 하고, 종이 또는 면사 등을 감고, 그 위를 30[%] 이상의 고무탄화수소를 포함하는 혼합물을 균일한 두께로 피복한 것이다. 캡타이어케이블에는 1종, 2종, 3종, 4종이 있으며, 2종보다는 3종이, 3종보다는 4종이 충격이나 압축에 대하여 내구성이 있는 구조로 되어 있다.

47 사용전압이 35[kV] 이하인 특고압 가공전선과 220[V] 가공전선을 병행설치 할 때, 가공선로 간의 이격거리는 몇 [m] 이상이어야 하는가?
① 0.5　　② 0.75
③ 1.2　　④ 1.5

풀이 333.17 특고압 가공전선과 저고압 가공전선 등의 병행설치
특고압 가공전선(100[kV] 미만)과 저·고압 가공전선을 동일 지지물에 설치 시 이격거리

전 압	표 준	특고압에 케이블 사용 및 저·고압에 절연전선 또는 케이블 사용
35[kV] 이하	1.2[m] 이상	0.5[m] 이상
35[kV] 초과 100[kV] 미만	2[m] 이상	1[m] 이상

48 순고무 30[%] 이상을 함유한 고무 혼합물로 피복하고 내유, 내산, 내알칼리, 내수성을 갖게 만든 케이블은?
① 연피 케이블
② 비닐 시스 케이블
③ 캡타이어 케이블
④ 플렉시블 시스 케이블

49 옥내에 시설하는 사용전압이 400[V] 이상인 저압의 이동전선은 습기가 많은 장소 또는 수분이 있는 장소에 시설할 경우 0.6/1[kV] EP 고무 절연 클로로프렌 캡타이어 케이블로서 단면적이 몇 [mm²] 이상이어야 하는가?
① 0.75[mm²]　　② 2[mm²]
③ 5.5[mm²]　　④ 8[mm²]

풀이 234.3 코드 및 이동전선
옥내에서 조명용 전원코드 또는 이동전선을 습기가 많은 장소 또는 수분이 있는 장소에 시설할 경우에는 고무코드(사용전압이 400[V] 이하인 경우에 한함) 또는 0.6/1[kV] EP 고무 절연 클로로프렌캡타이어케이블로서 단면적이 0.75[mm²] 이상인 것이어야 한다.

50 고압 가공전선이 일반적인 도로 횡단 시 설치 높이는?
① 3[m] 이상　　② 3.5[m] 이상
③ 5[m] 이상　　④ 6[m] 이상

풀이 222.7 저압 가공전선의 높이
332.5 고압 가공전선의 높이

설치장소		가공전선의 높이
도로횡단 (번잡하지 않은 도로 제외)		지표상 6[m] 이상
철도 또는 궤도 횡단		레일면상 6.5[m] 이상
횡단 보도교 위	저압	노면상 3.5[m] 이상 (단, 절연전선의 경우 3[m] 이상)
	고압	노면상 3.5[m] 이상
일반장소		지표상 5[m] 이상. 단, 저압의 경우 절연전선 또는 케이블을 사용하여 교통에 지장이 없도록 하여 옥외조명용에 공급하는 경우 4[m]까지 감할 수 있다.
다리의 하부 기타 이와 유사한 장소		저압의 전기철도용 급전선은 지표상 3.5[m]까지로 감할 수 있다.

---

51 역률개선의 효과로 볼 수 없는 것은?

① 감전사고 감소
② 전력손실 감소
③ 전압강하 감소
④ 설비 용량의 이용률 증가

풀이 역률 개선의 효과
① 설비 이용률 향상
② 전압 강하 감소
③ 전력 손실 경감

---

52 연선 결정에 있어서 중심 소선을 뺀 층수가 3층이다. 전체 소선수는?

① 91 　　② 61
③ 37 　　④ 19

풀이 총 소선수 $N = 3n(n+1)+1$

여기서, n : 층수(가운데 한 가닥은 층수에 포함하지 않는다.)

$$\therefore N = 3n(n+1)+1 = 3 \times 3 \times (3+1)+1$$
$$= 37$$

---

53 버스 덕트 공사에 의한 저압 옥내배선 시설공사에 대한 설명으로 틀린 것은?

① 덕트(환기형의 것을 제외)의 끝부분은 막지 말 것.
② 덕트에 접지공사를 할 것.
③ 덕트(환기형이 것을 제외)의 내부에 먼지가 침입하지 아니하도록 할 것.
④ 덕트 상호 간 및 전선 상호 간은 견고하고 또한 전기적으로 완전하게 접속할 것.

풀이 232.61 버스덕트공사
가. 덕트 상호 간 및 전선 상호 간은 견고하고 또한 전기적으로 완전하게 접속할 것.
나. 덕트를 조영재에 붙이는 경우에는 덕트의 지지점 간의 거리를 3[m](수직으로 붙이는 경우에는 6[m]) 이하로 하고 또한 견고하게 붙일 것.
다. **덕트(환기형의 것을 제외한다)의 끝부분은 막을 것.**
라. 덕트(환기형의 것을 제외한다)의 내부에 먼지가 침입하지 아니하도록 할 것.
마. 덕트는 접지공사를 할 것.

---

54 두 개 이상의 회로에서 선행동작 우선회로 또는 상대동작 금지회로인 동력배선의 제어회로는?

① 자기유지회로
② 인터록 회로
③ 동작지연회로
④ 타이머 회로

풀이 인터록 회로 : 한쪽이 동작하면 다른 한쪽은 동작할 수 없는 회로

---

55 전선접속 시 S형 슬리브 사용에 대한 설명으로 틀린 것은?

① 전선의 끝은 슬리브의 끝에서 조금 나오는 것이 바람직하다.

② 슬리브는 전선의 굵기에 적합한 것을 선정한다.

③ 열린 쪽 홈의 측면을 고르게 눌러서 밀착시킨다.

④ 단선은 사용가능하나 연선접속 시에는 사용 안한다.

풀이 S형 슬리브는 단선, 연선 어느 것에도 사용할 수 있다.

56 고압 가공전선로의 지지물로 철탑을 사용하는 경우 경간은 몇 [m] 이하이어야 하는가?

① 150[m]   ② 300[m]
③ 500[m]   ④ 600[m]

풀이 332.9 고압 가공전선로 경간의 제한

지지물의 종류	표준 경간
목주, A종 철주, A종 철근 콘크리트주	150[m]
B종 철주, B종 철근 콘크리트주	250[m]
철탑	600[m]

57 금속전선관 공사에서 금속관과 접속함을 접속하는 경우 녹아웃 구멍이 금속관보다 클 때 사용하는 부품은?

① 록너트(로크너트)
② 부싱
③ 새들
④ 링 리듀서

풀이
• 록너트(로크너트) : 박스에 금속관을 고정시킬 때 사용한다.
• 부싱 : 입선 작업 시 전선의 피복 손상을 방지하기 위해 사용하는 부속품을 말한다.
• 새들 : 전선관을 조영재에 고정시킬 때 사용
• 링리듀서 : 금속을 아웃트렛 박스의 로크 아웃에 취부할 때 로크 아웃의 구멍이 관의 구멍보다 클 때 링 리듀서를 사용, 로크 너트로 조이면 된다.

58 금속 몰드 공사로서 틀린 것은?

① 건조하고 점검할 수 있는 은폐 장소에 시공할 수 있다.

② 동으로 견고하게 제작된 것

③ 금속 몰드 내에서 공사상 부득이한 경우에는 전선의 접속점을 만들어도 좋다.

④ 금속 몰드 4[m] 초과된 것에는 접지 공사를 한다.

풀이 232.22 금속몰드공사
금속몰드 안에는 전선에 접속점이 없도록 할 것

59 셀룰로이드, 성냥, 석유류 등 기타 가연성 위험물질을 제조 또는 저장하는 장소의 배선으로 틀린 것은?

① 금속관공
② 케이블공사
③ 플로어덕트공사
④ 합성수지관(CD관 제외)공사

풀이 242.4 위험물 등이 존재하는 장소
셀룰로이드·성냥·석유류 기타 타기 쉬운 위험한 물질을 제조하거나 저장하는 곳에 시설하는 저압 옥내배선 등은 합성수지관공사(두께 2[mm]미만의 합성수지 전선관 및 난연성이 없는 콤바인 덕트관을 사용하는 것을 제외)·금속관공사 또는 케이블공사에 의할 것.

60 전선의 식별에 있어서 3선식일 경우 포함되지 않는 색깔은?

① 갈색   ② 회색

③ 노랑색   ④ 검은색

풀이 121.2 전선의 식별

상(문자)	색상
L1	갈색
L2	검은색
L3	회색
N	파란색
보호도체	녹색-노란색

01 일반적인 경우 교류를 사용하는 전기난로의 전압과 전류의 위상에 대한 설명으로 옳은 것은?

① 전압과 전류는 동상이다.
② 전압이 전류보다 90도 앞선다.
③ 전류가 전압보다 90도 앞선다.
④ 전류가 전압보다 60도 앞선다.

풀이 전기난로는 저항부하이므로 전압과 전류가 동상이 된다.

02 히스테리시스손은 최대 자속 밀도의 몇 승에 비례하는가?

① 1.1   ② 1.6
③ 2.6   ④ 3.2

풀이 스타인메츠의 식 $W_h = \eta f B_m^{1.6}$ 에서 최대 자속의 1.6제곱에 비례한다.

03 코일의 자기 인덕턴스는 다음 어느 매개 상수에 따라 변화하는가?

① 도전율   ② 투자율
③ 절연 저항   ④ 유전율

풀이 코일의 자기인덕턴스
$$L = \frac{\mu A N^2}{l} \propto \mu \,(투자율)$$

04 3[Ω]의 저항 5개, 7[Ω]의 저항 3개, 114[Ω]의 저항 1개가 있다. 이들을 모두 직렬로 접속할 때의 합성저항은 몇 [Ω]인가?

① 120   ② 130
③ 150   ④ 160

풀이 직렬연결의 합성저항 :
$$R_0 = R_1 + R_2 + R_3 + \cdots + R_n[\Omega] 이므로$$
$$R_o = 3 \times 5 + 7 \times 3 + 114 = 150[\Omega] 이 된다.$$

05 $e = 141.4 \sin 100\pi t$[V]의 교류 전압이 있다. 이 교류의 실효값은 몇 [V]인가?

① 100   ② 110
③ 141   ④ 282

풀이 $e = 141.4 \sin 100\pi t$ [V]의 식에서 최댓값이 141.4 [V]이므로 실효값은 최댓값을 $\sqrt{2}$ 로 나누어 계산한다.
$$V = \frac{V_m}{\sqrt{2}} = \frac{141.2}{\sqrt{2}} = 100[V] 가 된다.$$

06 그림과 같이 자극 사이에 있는 도체에 전류(I)가 흐를 때 힘은 어느 방향으로 작용하는가?

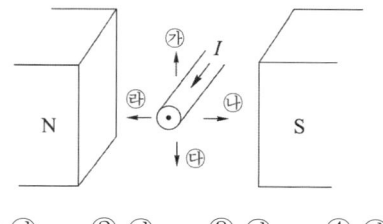

① 가   ② 나   ③ 다   ④ 라

풀이 플레밍의 왼손 법칙
• 엄지는 힘(F)의 방향,
• 검지는 자속(B)의 방향,
• 중지는 전류(I)의 방향이다.

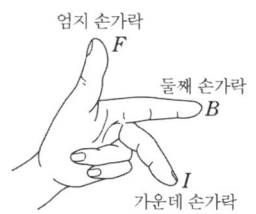

엄지 손가락
둘째 손가락
가운데 손가락

07 2전력계법으로 3상 전력을 측정할 때 지시값이 $P_1 = 200$[W], $P_2 = 200$[W]이었다. 부하 전력[W]은?

① 600   ② 500
③ 400   ④ 300

 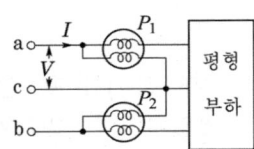

2전력계법
① 유효전력 : $P_1 + P_2$[W]
② 무효전력 : $\sqrt{3}\,(P_1 - P_2)$[Var]
이므로 이 부하의 전력은
$P = P_1 + P_2 = 200 + 200 = 400$[W]

08 기전력 1.5[V], 내부저항 0.1[Ω]인 전지 10개를 직렬로 연결하여 2[Ω]의 저항을 가진 전구에 연결할 때 전구에 흐르는 전류는 몇 [A]인가?

① 2   ② 3
③ 4   ④ 5

풀이 기전력이 1.5[V]인 전지 10개를 직렬로 연결하면 전압은 $10 \times 1.5 = 15$[V]가 된다.
또, 내부저항이 0.1[Ω]을 1개 직결로 연결하면 합성저항은 $0.1 \times 10 = 1$[Ω]이 된다.
즉, 15[V], 내부저항이 1[Ω]의 전지로 생각하고 이것에 2[Ω]의 저항을 연결하면
전류는 $I = \dfrac{V}{R+r} = \dfrac{15}{2+1} = 5$[A]가 된다.

09 자체 인덕턴스 0.1[H]의 코일에 5[A]의 전류가 흐르고 있다. 축적되는 전자 에너지는?

① 0.25[J]   ② 0.5[J]
③ 1.25[J]   ④ 2.5[J]

풀이 축적되는 전자에너지
$$W = \frac{1}{2}LI^2 = \frac{1}{2} \times 0.1 \times 5^2 = 1.25\,[\text{J}]$$

10 정현파 교류에서 주파수 60[Hz]인 경우 각속도[rad/sec]는?

① 100   ② 2
③ 1.414π   ④ 377

풀이 각속도 $\omega = 2\pi f$ 에서
$\omega = 2\pi \times 60 = 377\,[\text{rad/sec}]$가 된다.

11 코일이 접속되어 있을 때, 누설 자속이 없는 이상적인 코일 간의 상호 인덕턴스는?

① $M = \sqrt{L_1 + L_2}$
② $M = \sqrt{L_1 - L_2}$
③ $M = \sqrt{L_1 L_2}$
④ $M = \sqrt{\dfrac{L_1}{L_2}}$

풀이 상호인덕턴스 $M = k\sqrt{L_1 L_2}$에서
누설자속이 없다고 하면 $k = 1$이므로
∴ $M = \sqrt{L_1 L_2}$가 된다.

12 4[Ω], 6[Ω] 8[Ω]의 3개 저항을 병렬 접속할 때 합성 저항은 약 몇 [Ω]인가?

① 1.8   ② 2.5
③ 3.6   ④ 4.5

풀이 병렬 접속 회로의 합성저항
$$R_0 = \frac{1}{\dfrac{1}{4} + \dfrac{1}{6} + \dfrac{1}{8}} = 1.8\,[\Omega]\text{이 된다.}$$

13 0.2[℧]의 컨덕턴스 2개를 직렬로 접속하여 3[A]의 전류를 흘리려면 몇 [V]의 전압을 공급하면 되는가?

① 12　　　　　② 15
③ 30　　　　　④ 45

풀이 컨덕턴스 $G = \dfrac{0.2 \times 0.2}{0.2 + 0.2} = 0.1[℧]$

따라서 전압 $V = IR = \dfrac{I}{G} = \dfrac{3}{0.1} = 30[V]$

14 도체의 전기저항에 대한 설명으로 옳은 것은?

① 길이와 단면적에 비례한다.
② 길이와 단면적에 반비례한다.
③ 길이에 비례하고 단면적에 반비례한다.
④ 길이에 반비례하고 단면적에 비례한다.

풀이 전기 저항 $R = \dfrac{l}{\sigma S} = \rho\dfrac{l}{S}[\Omega]$

따라서 길이(l)에 비례하고 단면적(S)에 반비례 한다.

15 어떤 도체에 1[A]의 전류가 1분간 흐를 때 도체를 통과하는 전기량은?

① 1[C]　　　　② 60[C]
③ 1,000[C]　　④ 3,600[C]

풀이 전기량 $Q = I \cdot t = 1 \times 60 = 60[C]$

16 3상 기전력을 2개의 전력계 W_1, W_2로 측정해서 W_1의 지시값이 P_1, W_2의 지시값이 P_2라 하면 3상 전력은 어떻게 표현되는가?

① $P_1 - P_2$　　　② $3(P_1 - P_2)$
③ $P_1 + P_2$　　　④ $3(P_1 + P_2)$

풀이 2전력계법

① 유효전력 : $P_1 + P_2$[W]

② 무효전력 : $\sqrt{3}\,(P_1 - P_2)$[Var]

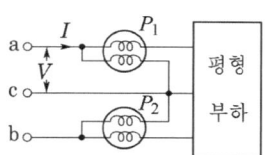

17 평형 3상 교류회로의 Y 회로로부터 △회로로 등가 변환하기 위해서는 어떻게 하여야 하는가?

① 각 상의 임피던스를 3배로 한다.
② 각 상의 임피던스를 $\sqrt{3}$ 배로 한다.
③ 각 상의 임피던스를 $\dfrac{1}{\sqrt{3}}$ 배로 한다.
④ 각 상의 임피던스를 $\dfrac{1}{3}$ 배로 한다.

풀이 동일한 임피던스를 Y에서 △로 등가변환할 경우 임피던스는 3배가 되면 된다.

18 비사인파 교류의 일반적인 구성이 아닌 것은?

① 기본파　　　　② 직류분
③ 고조파　　　　④ 삼각파

풀이 비정현파 교류 = 직류분 + 기본파 + 고조파

19 대칭 3상 교류의 성형 결선에서 선간 전압이 220[V]일 때 상전압은 몇 [V]인가?

① 73　　　　　② 127
③ 172　　　　　④ 380

풀이 성형결선(Y결선)에서 선간전압은 상전압보다 $\sqrt{3}$ 배 크게 된다.

답 13. ③　14. ③　15. ②　16. ③　17. ①　18. ④　19. ②

$V_p = \dfrac{V_l}{\sqrt{3}}$ 이므로 $V_p = \dfrac{220}{\sqrt{3}} = 127[\text{V}]$가 된다.

20 묽은 황산(H_2SO_4) 용액에 구리(Cu)와 아연(Zn)판을 넣으면 전지가 된다. 이때 양극(+)에 대한 설명으로 옳은 것은?

① 구리판이며 수소 기체가 발생한다.
② 구리판이며 산소 기체가 발생한다.
③ 아연판이며 산소 기체가 발생한다.
④ 아연판이며 수소 기체가 발생한다.

풀이 볼타전지
(−)극 : 아연판 $Zn \rightarrow Zn^{2+} + 2e^-$ ·········· 산화
(+)극 : 구리판 $2H^+ + 2e^- \rightarrow H_2$(수소) ··· 환원

21 인버터(inverter)에 대한 설명으로 알맞은 것은?

① 교류를 직류로 변환
② 교류를 교류로 변환
③ 직류를 교류로 변환
④ 직류를 직류로 변환

풀이 인버터 : DC → AC
컨버터 : AC → DC

22 10극의 직류 파권 발전기의 전기자 도체수 400, 매극의 자속수 0.02[Wb] 회전수 600[rpm] 때 기전력은 몇 [V]인가?

① 200   ② 220
③ 380   ④ 400

풀이 유도기전력 $E = \dfrac{pZ}{a}\Phi\dfrac{N}{60}$에서 파권이므로
$a = 2$를 기준으로 하여 기전력을 구하면
$E = \dfrac{10 \times 400}{2} \times 0.02 \times \dfrac{600}{60} = 400[\text{V}]$가 된다.

23 변압기의 2차 저항이 0.1[Ω]일 때 1차로 환산하면 360[Ω]이 된다. 이 변압기의 권수비는?

① 30   ② 40
③ 50   ④ 60

풀이 변압기 권수비의 식
$a = \dfrac{N_1}{N_2} = \dfrac{V_1}{V_2} = \dfrac{I_2}{I_1} = \sqrt{\dfrac{R_1}{R_2}}$ 이다.
$\therefore a = \sqrt{\dfrac{R_1}{R_2}} = \sqrt{\dfrac{360}{0.1}} = 60$

24 가정용 선풍기나 세탁기 등에 많이 사용되는 단상 유도 전동기는?

① 분상 기동형
② 콘덴서 기동형
③ 영구 콘덴서 전동기
④ 반발 기동형

풀이 영구 콘덴서 전동기 : 콘덴서 기동형에서 원심력 스위치를 제거한 것으로, 큰 기동토크가 필요하지 않은 선풍기 등에 사용

25 다음 중 절연저항을 측정하는 것은?

① 캘빈더블브리지법
② 전압전류계법
③ 휘이스톤 브리지법
④ 메거

풀이 절연저항은 메거로 측정한다.

답 20. ①   21. ③   22. ④   23. ④   24. ③   25. ④

26 변압기의 저항 강하율은 p, 리액턴스 강하율은 q, 역률은 $\cos\theta$(지상)라 하면 전압 변동률은?

① $p\sin\theta + q\cos\theta$ ② $pq\cos\theta$
③ $p\cos\theta - q\sin\theta$ ④ $p\cos\theta + q\sin\theta$

[풀이] 백분율 전압강하와의 관계는

$$\epsilon = p\cos\phi + q\sin\phi + \frac{1}{200}(q\cos\phi - p\sin\phi)^2[\%]$$
$$≒ p\cos\phi + q\sin\phi$$

(ϕ : 부하 Z의 위상각)가 된다.

27 주파수 60[Hz]의 전원에 2극의 동기 전동기를 연결하면 회전수는 몇 [rpm]인가?

① 3600   ② 1800
③ 60   ④ 12

[풀이] 동기 속도 $N_s = \dfrac{120f}{p}$[rpm]에서

$$N_s = \frac{120 \times 60}{2} = 3600[\text{rpm}]\text{이 된다.}$$

28 워드레오너드 속도 제어는?

① 저항제어   ② 계자제어
③ 전압제어   ④ 직병렬제어

[풀이]

구분	특성	분권 및 타여자	직권
계자 제어법	효율 양호 정류 악화 정출력 가변 속도	속도 제어 범위는 최저 최고비가 1 : 2 ~ 1 : 4(보상 권선이 있을 때) 정도	무부하에 있어서 ϕ가 대단히 작으면 속도가 아주 높아지므로 주의가 필요
직렬 저항법	효율 나쁨 정토크 가변 속도	정속도 특성을 잃는다.	직렬 저항법과 전압 제어법을 병용하여 전차 등에 널리 사용되고 있다.
전압 제어법	위의 두 가지에 비하여 고가이나 광범위한 속도 제어가 가능하다.	타여자 전동기에 적용된다. 워드 레오나드 방식, 일그너 방식, 승압기 방식 등이 있다.	

29 변압기 V결선의 특징으로 틀린 것은?

① 고장 시 응급처치 방법으로도 쓰인다.
② 단상변압기 2대로 3상 전력을 공급한다.
③ 부하증가가 예상되는 지역에 시설한다.
④ V결선시 출력은 △결선 시 출력과 그 크기가 같다.

[풀이] V결선은 △결선에 비해 출력이 57.74[%]로 저하된다.

30 직류 발전기 전기자 구성으로 옳은 것은?

① 전기자, 철심, 정류자
② 전기자 권선, 전기자 철심
② 전기자 권선, 계자
④ 전기자 철심, 브러시

[풀이] 직류발전기의 전기자는 기전력을 유기하는 부분으로 철심과 전기자 권선으로 되어 있다.

31 15[kW], 60[Hz], 4극의 3상 유도 전동기가 있다. 전부하가 걸렸을 때의 슬립이 4[%]라면 이때의 2차(회전자)측 동손은 약 [kW]인가?

① 1.2   ② 1.0
③ 0.8   ④ 0.6

[풀이] 2차 출력 $P_o = (1-s)P_2$[W],
2차 동손 $P_{c2} = sP_2$[W]이다.

따라서 $P_{c2} = sP_2 = \dfrac{sP_o}{1-s} = \dfrac{0.04 \times 15}{1-0.04}$
$$≒ 0.6[\text{kW}]$$

32 각각 계자 저항기가 있는 직류 분권 전동기와 직류 분권 발전기가 있다. 이것을 직결하여 전동 발전기로 사용하고자 한다. 이것을 기동할 때 계자 저항기의 저항은 각각 어떻게 조정하는 것이 가장 적합한가?

① 전동기 : 최대, 발전기 : 최소
② 전동기 : 중간, 발전기 : 최소
③ 전동기 : 최소, 발전기 : 최대
④ 전동기 : 최소, 발전기 : 중간

풀이 전동기의 경우 기동토크를 크게 하기 위하여 자속을 크게 하여야 한다. 따라서 계자전류를 크게 하여야 하며, 이를 위해서는 계자저항을 최소로 놓아야 한다.

33 1차 권수 6000회, 2차 권수 200회인 변압기의 변압비는?

① 30
② 60
③ 90
④ 120

풀이 변압기의 전압비는 $a = \dfrac{E_1}{E_2} = \dfrac{N_1}{N_2}$ 이므로

$a = \dfrac{6000}{200} = 30$ 이 된다.

34 다음 중 역률이 가장 좋은 단상 유도 전동기는?

① 셰이딩 코일형
② 분상형 전동기
③ 반발형 전동기
④ 콘덴서형 전동기

풀이 단상유도 전동기 중에서 콘덴서 기동형 단상 유도 전동기가 역률이 좋고 비교적 기동토크가 크므로 가정용 전동기로 많이 사용된다.(콘덴서가 역률 개선의 역할을 한다.)

35 보극이 없는 직류기의 운전 중 중성점의 위치가 변하지 않는 경우는?

① 무부하
② 전부하
③ 중부하
④ 과부하

풀이 무부하시 전기자 전류가 흐르지 않으므로 전기자 반작용이 존재하지 않아 중성축의 위치가 변하지 않는다.

36 60[Hz] 12극 회전자 바깥지름 2[m]의 동기기의 회전자 주변 속도[m/s]는?

① 10
② 30
③ 50
④ 60

풀이 $N = \dfrac{120f}{p} = \dfrac{120 \times 60}{12} = 600[\text{rpm}]$ 이므로
전기자 주변속도
$v = \pi D \dfrac{N}{60} = \pi \times 2 \times \dfrac{600}{60} ≒ 62.8[\text{m/s}]$ 가 된다.

37 상전압 300[V]의 3상 반파 정류 회로의 직류 전압은 약 몇 [V]인가?

① 520[V]
② 350[V]
③ 260[V]
④ 50[V]

풀이 3상 반파정류회로의 직류 전압
$E_d = \dfrac{3\sqrt{6}}{2\pi} V = \dfrac{3\sqrt{6}}{2\pi} \times 300$
$= 350.86[\text{V}]$

38 유도전동기의 무부하시 슬립은?

① 4
② 3
③ 1
④ 0

풀이 슬립 $s = \dfrac{N_s - N}{N_s}$ 이고, 무부하 시는 $N = N_s$ 이므로 슬립은 0이 된다.

답 32. ③ 33. ① 34. ④ 35. ① 36. ④ 37. ② 38. ④

39 60[Hz], 4극의 유도 전동기의 슬립이 4[%]인 때의 회전수는 몇 [rpm]인가?

① 1,698   ② 1,728
③ 1,758   ④ 1,788

풀이
$$N_s = \frac{120f}{p} = \frac{120 \times 60}{4} = 1800[\text{rpm}]$$
$$\therefore N = (1-s)N_s = (1-0.04) \times 1800$$
$$= 1728[\text{rpm}]$$

40 전기 저항이 적어 부드러운 성질이 있고, 구부리기가 용이하여 주로 옥내 배선에 사용하는 전선은?

① 경동선   ② 연동선
③ 합성연선   ④ 중공연선

풀이 합성연선(ACSR :강심 알루미늄연선), 중공연선 등은 송전선로용으로 사용된다. 경동선은 배전선로에 사용되며, 옥내배선의 경우 가선공사가 용이한 연동연선을 사용한다.
(KSC IEC 60364 개정)

41 무대 · 무대마루 및 오케스트라박스 · 영사실 기타 사람이나 무대 도구가 접촉할 우려가 있는 곳에 시설하는 저압 옥내배선 · 전구선 또는 이동전선은 사용 전압이 몇 [V] 미만이어야 하는가?

① 100[V]   ② 200[V]
③ 300[V]   ④ 400[V]

풀이 242.6 전시회, 쇼 및 공연장의 전기설비
무대 · 무대마루 밑 · 오케스트라 박스 · 영사실 기타 사람이나 무대 도구가 접촉할 우려가 있는 곳에 시설하는 저압 옥내배선, 전구선 또는 이동전선은 **사용전압이 400[V] 이하**이어야 한다.

42 라이팅 덕트 공사에 의한 저압 옥내배선의 시설 기준으로 틀린 것은?

① 덕트의 끝부분은 막을 것
② 덕트는 조영재에 견고하게 붙일 것
③ 덕트의 개구부는 위로 향하여 시설할 것
④ 덕트는 조영재를 관통하여 시설하지 아니할 것

풀이 232.71 라이팅덕트공사
① 덕트 상호 간 및 전선 상호 간은 견고하게 또한 전기적으로 완전히 접속할 것.
② 덕트는 조영재에 견고하게 붙일 것.
③ 덕트의 지지점 간의 거리는 2[m] 이하로 할 것.
④ 덕트의 끝부분은 막을 것.
⑤ 덕트의 개구부는 아래로 향하여 시설할 것. 다만, 사람이 쉽게 접촉할 우려가 없는 장소에서 덕트의 내부에 먼지가 들어가지 아니하도록 시설하는 경우에 한하여 옆으로 향하여 시설할 수 있다.
⑥ 덕트는 조영재를 관통하여 시설하지 아니할 것.
⑦ 덕트에는 합성수지 기타의 절연물로 금속재 부분을 피복한 덕트를 사용한 경우 이외에는 접지공사를 할 것. 다만, 대지 전압이 150[V] 이하이고 또한 덕트의 길이(2본 이상의 덕트를 접속하여 사용할 경우에는 그 전체 길이를 말한다)가 4[m] 이하인 때는 그러하지 아니하다.

43 F40[W]의 의미는?

① 수은등 40[W]
② 나트륨등 40[W]
③ 메탈 할라이드등 40[W]
④ 형광등 40[W]

풀이
- H40 : 수은등 40[W]
- N40 : 나트륨등 40[W]
- M40 : 메탈 할라이드등 40[W]

44 차단기 ELB의 용어는?

① 유입 차단기   ② 진공 차단기
③ 배전용 차단기   ④ 누전 차단기

풀이
- 유입 차단기 : OCB
- 진공 차단기 : VCB
- 배전용 차단기 : MCCB
- 누전 차단기 : ELB

45 터널·갱도 기타 이와 유사한 장소에서 사람이 상시 통행하는 터널 내의 배선방법으로 적절하지 않은 것은? (단, 사용전압은 저압이다.)

① 라이팅 덕트공사
② 금속제 가요전선관공사
③ 합성수지관공사
④ 애자공사

풀이 335.1 터널 안 전선로의 시설
사람이 상시 통행하는 터널 안의 전선로 사용전압은 저압 또는 고압에 한한다.
① 저압 : 합성수지관공사, 금속관공사, 금속제 가요전선관공사, 케이블공사, 애자공사
② 고압 : 케이블공사

46 일반적으로 정크션 박스 내에서 사용되는 전선 접속방식은?

① 슬리이브   ② 코오드놋트
③ 코오드파아스너   ④ 와이어 커넥터

풀이 정크션 박스 내에서 전선을 접속할 경우 와이어 커넥터를 사용하여 접속하여야 한다.

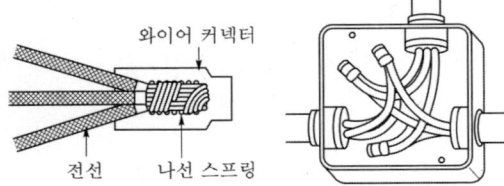

와이어 커넥터

전선   나선 스프링

47 배전반 및 분전반의 설치 장소로 적합하지 않은 곳은?

① 접근이 어려운 장소
② 전기회로를 쉽게 조작할 수 있는 장소
③ 개폐기를 쉽게 개폐할 수 있는 장소
④ 안정된 장소

풀이 배전반 및 분전반은 다음 각 호와 같은 장소에 시설하여야 한다.
① 전기회로를 쉽게 조작할 수 있는 장소
② 개폐기를 쉽게 개폐할 수 있는 장소
③ 노출된 장소
④ 안정된 장소

48 자연 공기 내에서 개방할 때 접촉자가 떨어지면서 자연 소호되는 방식을 가진 차단기로 저압의 교류 또는 직류 차단기로 많이 사용되는 것은?

① 유입차단기   ② 자기차단기
③ 가스차단기   ④ 기중차단기

풀이

종 류		소호 매체
명 칭	약 어	
유입 차단기	OCB	절연유
자기 차단기	MBB	전자력
가스 차단기	GCB	SF_6 가스
기중 차단기	ACB	대기

49 전자 개폐기에 부착하여 전동기의 소손 방지를 위하여 사용되는 것은?

① 퓨즈
② 열동 계전기
③ 배선용 차단기
④ 수은 계전기

풀이 열동 계전기는 전자 개폐기에 붙어있어 과부하가 되면 전자 개폐기를 차단한다.

50 아래 심벌이 나타내는 것은?

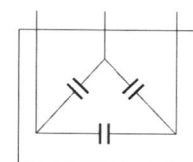

① 저항　　　　② 진상용 콘덴서
③ 유입 개폐기　④ 변압기

풀이

명칭	저항	전력용 콘덴서	개폐기	변압기
심벌 (단선도)	-\/\/\-	⊐⊏	⊙	⊗⊗ \/\/\

51 배전반을 나타내는 그림 기호는?

① ◤　　　　② ⊠
③ ⧓　　　　④ ☐ S

풀이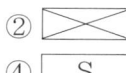

 분전반　 배전반　 제어반　 단락 계전기

52 한 분전반에 사용전압이 각각 다른 분기회로가 있을 때 분기회로를 쉽게 식별하기 위한 방법으로 가장 적합한 것은?

① 차단기별로 분리해 놓는다.
② 과전류 차단기 가까운 곳에 각각 전압을 표시하는 명판을 붙여 놓는다.
③ 왼쪽은 고압측 오른쪽은 저압측으로 분류해 놓고 전압 표시는 하지 않는다.
④ 분전반을 철거하고 다른 분전반을 새로 설치한다.

53 지중에 매설되어 있는 금속제 수도관로는 대지와의 전기 저항 값이 얼마 이하로 유지되어야 접지극으로 사용할 수 있는가?

① 1[Ω]　　　② 3[Ω]
③ 4[Ω]　　　④ 5[Ω]

풀이 142.2 접지극의 시설 및 접지저항
지중에 매설되어 있고 대지와의 전기저항 값이 3[Ω] 이하의 값을 유지하고 있는 금속제 수도관로가 규정에 따르는 경우 접지극으로 사용이 가능하다.

54 2종 금속 몰드의 구성 부품으로 조인트 금속의 종류가 아닌 것은?

① L형　　　　② T형
③ 플랫엘보　　④ 크로스형

풀이

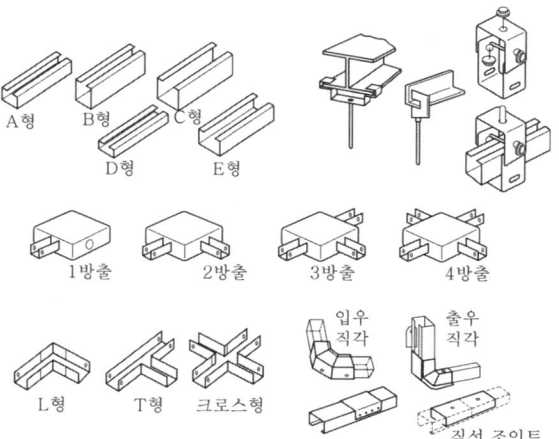

55 합성수지관 상호 및 관과 박스는 접속 시에 삽입하는 깊이를 관 바깥지름의 몇 배 이상으로 하여야 하는가? (단, 접착제를 사용하는 경우이다.)

① 0.6배　　　② 0.8배
③ 1.2배　　　④ 1.6배

풀이
- 접착제를 사용하지 않을 때 : 1.2배
- 접착제를 사용할 때 : 0.8배

56 폭발성 분진이 존재하는 곳의 금속관 공사에 있어서 관 상호 및 관과 박스 기타의 부속품이나 풀박스 또는 전기기계기구와의 접속은 몇 턱 이상의 나사 조임으로 접속하여야 하는가?

① 2턱   ② 3턱
③ 4턱   ④ 5턱

풀이 242.2.1 폭연성 분진 위험장소
폭연성 분진(마그네슘, 알루미늄, 티탄, 지르코늄 등의 먼지로 쌓여진 상태에서 착화된 때에 폭발할 우려가 있는 것), 화약류 분말이 존재하는 곳, 가연성의 가스 또는 인화성 물질의 증기가 새거나 체류하는 곳의 전기 공작물은 금속관 공사, 또는 케이블 공사(캡타이어 케이블을 제외한다)에 의하여야 하며 금속관 공사를 하는 경우 관 상호 및 관과 박스 등은 5턱 이상의 나사 조임으로 접속하여야 한다.

57 진동이 심한 전기 기계·기구에 전선을 접속할 때 사용되는 것은?

① 스프링 와셔   ② 커플링
③ 압착단자   ④ 링 슬리브

풀이 진동이 있는 단자에 전선을 접속할 때 스프링 와셔 또는 이중너트를 사용하여 접속한다.

58 전압의 구분에서 고압에 대한 설명으로 가장 옳은 것은?

① 직류는 1.5[kV], 교류는 1[kV] 이하인 것
② 직류는 1.5[kV], 교류는 1[kV] 이상인 것
③ 직류는 1.5[kV], 교류는 1[kV]를 초과하고, 7[kV] 이하인 것
④ 7[kV]를 초과하는 것

풀이 111 통칙

분류	전압의 범위
저압	• 직류 : 1.5[kV] 이하 • 교류 : 1[kV] 이하
고압	• 직류 : 1.5[kV]를 초과하고, 7[kV] 이하 • 교류 : 1[kV]를 초과하고, 7[kV] 이하
특고압	7[kV]를 초과

59 애자공사에 사용하는 애자가 갖추어야 할 성질과 가장 거리가 먼 것은?

① 절연성   ② 난연성
③ 내수성   ④ 내유성

풀이 애자공사에 사용하는 애자는 절연성·난연성 및 내수성의 것이어야 한다.

60 접지공사에서 접지도체를 철주, 기타 금속체를 따라 시설하는 경우 접지극은 지중에서 그 금속체로부터 몇 [m] 이상 떼어 매설해야 하는가?

① 0.3   ② 0.6
③ 0.75   ④ 1

풀이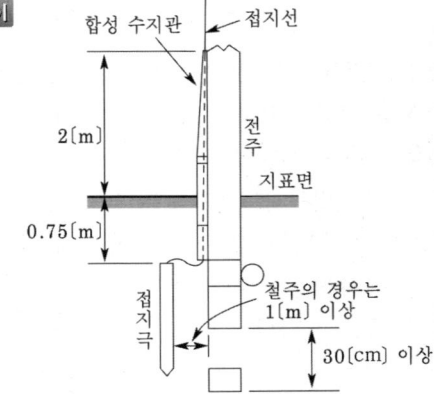

01 플레밍의 왼손 법칙에서 엄지손가락이 뜻하는 것은?

① 자기력선속의 방향
② 힘의 방향
③ 기전력의 방향
④ 전류의 방향

풀이 플레밍의 왼손 법칙

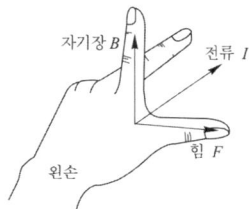

02 10[A]의 전류로 6시간 방전할 수 있는 축전지의 용량은?

① 2[Ah]
② 15[Ah]
③ 30[Ah]
④ 60[Ah]

풀이 축전지의 용량 = 전류 × 시간 = $10 \times 6 = 60$[Ah]

03 220[V]용 100[W] 전구와 200[W] 전구를 직렬로 연결하여 220[V]의 전원에 연결하면?

① 두 전구의 밝기가 같다.
② 100[W]의 전구가 더 밝다.
③ 200[W]의 전구가 더 밝다.
④ 두 전구 모두 안 켜진다.

풀이 전구를 직렬로 접속할 경우 두 전구에 흐르는 전류는 일정하게 된다. 이때 소비되는 전력은 전구의 내부저항에 비례하게 되며, 소비되는 전력이 큰 쪽의 전구가 밝게 된다.

① 100[W] 전구의 저항 $R_1 = \dfrac{220^2}{100} = 484[\Omega]$

② 200[W] 전구의 저항 $R_2 = \dfrac{220^2}{200} = 242[\Omega]$

따라서, 100[W] 전구가 더 밝게 된다.

04 200[V]의 3상 3선식 회로에 $R = 4[\Omega]$, $X_L = 3[\Omega]$의 부하 3조를 Y결선했을 때 부하전류는?

① 약 11.5[A]
② 약 23.1[A]
③ 약 28.6[A]
④ 약 40[A]

풀이 $Z = \sqrt{R^2 + X^2} = \sqrt{4^2 + 3^2} = 5[\Omega]$

Y결선했을 때, 상전압은 선간전압의 $\dfrac{1}{\sqrt{3}}$ 배이므로

$$\therefore I = \frac{E}{Z} = \frac{200/\sqrt{3}}{5} = 23.1[A]$$

05 사인파 교류의 파형률은?

① $\dfrac{\pi}{2}$
② $\dfrac{2}{\pi}$
③ $\dfrac{\pi}{2\sqrt{2}}$
④ $\dfrac{\pi}{\sqrt{2}}$

풀이

	구형파	3각파	정현파	정류파 (전파)	정류파 (반파)
파형률	1.0	1.15	1.11	1.11	1.57
파고율	1.0	1.732	1.414	1.414	2.0

$$파형률 = \frac{실효값}{평균값} = \frac{E}{\frac{2}{\pi}E_m} = \frac{\frac{E_m}{\sqrt{2}}}{\frac{2}{\pi}E_m} = \frac{\pi}{2\sqrt{2}}$$

≒ 1.11

06 매우 긴 직선 도선에 20[A]의 전류가 흐를 때 도선에서 5[cm]의 거리에 있는 점의 자장의 세기[AT/m]는?

① 4.25　　　　② 63.69

③ 100　　　　④ 637

풀이 무한 직선에 의한 자장의 세기

$H = \dfrac{I}{2\pi r}$ [A/m]에서

$H = \dfrac{20}{2 \times 3.14 \times 5 \times 10^{-2}} ≒ 63.69$ [AT/m]

가 된다.

07 자극의 세기가 8×10^{-3}[Wb]인 막대 자석의 자기 모멘트가 16×10^{-7}[Wb·m]일 때 막대 자석의 길이[cm]는?

① 2×10^{-1}　　　　② 2×10^{-2}

③ 2×10^{-3}　　　　④ 2×10^{-4}

풀이 자기 모멘트 $M = ml$ [Wb·m]에서 막대 자석의 길이

$l = \dfrac{M}{m} = \dfrac{16 \times 10^{-7}}{8 \times 10^{-3}} = 2 \times 10^{-4}$ [m]

$= 2 \times 10^{-2}$ [cm]

08 $L - C$ 병렬 회로에 E[V]의 전압을 가할 때 전전류가 0이 되려면 주파수 f [Hz]는?

① $f = 2\pi \sqrt{LC}$　　② $f = \dfrac{1}{2\pi \sqrt{LC}}$

③ $f = \dfrac{\sqrt{LC}}{2\pi}$　　④ $f = \dfrac{2\pi}{\sqrt{LC}}$

풀이 $L - C$ 병렬 회로에서 전류가 0이 되려면 임피던스가 무한대가 되어야 한다.

즉, $Z = \dfrac{1}{\dfrac{1}{X_L} - \dfrac{1}{X_C}}$ [Ω]에서 Z가 무한대가

되려면 $X_L = X_C$인 때이다.

이때를 병렬 공진 상태라 하며 공진 주파수는

$f = \dfrac{1}{2\pi \sqrt{LC}}$ [Hz]가 된다.

09 다음 중 자기 저항의 단위는?

① A/Wb　　　　② AT/m

③ AT/Wb　　　　④ AT/H

풀이 자기 옴의 법칙에서 자속 $\phi = \dfrac{F}{R_m}$ 이므로

자기 저항 $R_m = \dfrac{F}{\phi} = \dfrac{NI}{\phi}$ [AT/Wb]가 된다.

10 "회로의 접속점에서 볼 때, 접속점에 흘러 들어오는 전류의 합은 흘러 나가는 전류의 합과 같다."라고 정의되는 법칙은?

① 키르히호프의 제1법칙

② 키르히호프의 제2법칙

③ 플레밍의 오른손 법칙

④ 앙페르의 오른나사 법칙

풀이 키르히호프의 제1법칙(Kirchhoff's Current Law : KCL) : 병렬회로

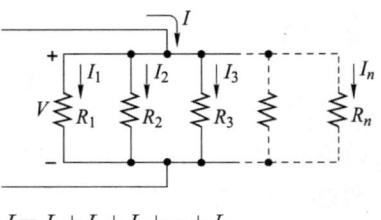

$I = I_1 + I_2 + I_3 + \cdots + I_n$

11 1[cal]는 약 몇 [J]인가?

① 0.24　　　　② 0.4186

③ 2.4　　　　④ 4.186

풀이 1[J]은 0.24[cal] 관계가 있다.

따라서, 1[cal] $= \dfrac{1}{0.24} = 4.2$ [J]이 된다.

12 반도체의 특징이 아닌 것은?

① 전기적 전도성은 금속과 절연체의 중간적 성질을 가지고 있다.

② 일반적으로 온도가 상승함에 따라 저항은 감소한다.

③ 매우 낮은 온도에서 절연체가 된다.

④ 불순물이 섞이면 저항이 증가한다.

풀이 반도체(semi-conductor)는 도체와 부도체의 중간적인 성질을 지닌 물질을 말한다.
대표적인 물질로는 규소(Si), 게르마늄(Ge) 등이 있다.

13 규격이 같은 축전지 2개를 병렬로 연결하였다. 다음 설명 중 옳은 것은?

① 용량과 전압이 모두 2배가 된다.

② 용량과 전압이 모두 1/2배가 된다.

③ 용량은 불변이고 전압은 2배가 된다.

④ 용량은 2배가 되고 전압은 불변이다.

풀이 • 동일용량의 축전지 2개를 병렬로 연결할 경우 용량은 2배가 되며, 전압은 일정하다.
• 동일용량의 축전지 2개를 직렬로 연결할 경우 용량은 일정하며, 전압은 2배가 된다.

14 다음 중 전기 화학당량에 대한 설명 중 옳지 않은 것은?

① 전기 화학당량의 단위는 [g/C]이다.

② 화학당량은 원자량을 원자가로 나눈 값이다.

③ 전기 화학당량은 화학당량에 비례한다.

④ 1[g] 당량을 석출하는데 필요한 전기량은 물질에 따라 다르다.

풀이 전기화학당량은 1[C]의 전하로 석출하는 물질의 양을 말한다.

$$\text{전기화학당량} = \frac{\text{원자량}}{\text{원자가}}$$

15 그림과 같이 R_1, R_2, R_3의 저항 3개가 직병렬 접속되었을 때 합성저항은?

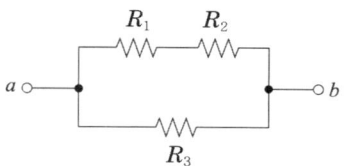

① $R = \dfrac{(R_1 + R_2)R_3}{R_1 + R_2 + R_3}$

② $R = \dfrac{(R_2 + R_3)R_1}{R_1 + R_2 + R_3}$

③ $R = \dfrac{(R_1 + R_3)R_2}{R_1 + R_2 + R_3}$

④ $R = \dfrac{R_1 R_2 R_3}{R_1 + R_2 + R_3}$

풀이 직렬 연결 시 합성저항
$$R = R_1 + R_2 + R_3 + \cdots\cdots + R_n [\Omega]$$
병렬 연결 시 합성저항
$$R = \frac{1}{\dfrac{1}{R_1} + \dfrac{1}{R_2} + \dfrac{1}{R_3} + \cdots\cdots + \dfrac{1}{R_n}} [\Omega]$$
따라서, 그림과 같이 직병렬 접속된 합성저항은
$$R = \frac{1}{\dfrac{1}{R_1 + R_2} + \dfrac{1}{R_3}} = \frac{(R_1 + R_2)R_3}{R_1 + R_2 + R_3} [\Omega]$$
이 된다.

16 비투자율이 1인 환상 철심 중의 자장의 세기가 H[AT/m]이었다, 이때 비투자율이 10인 물질로 바꾸면 철심의 자속밀도 [Wb/m²]는?

① $\dfrac{1}{10}$로 줄어든다.

② 10배 커진다.

③ 50배 커진다.

④ 100배 커진다.

풀이 자속밀도는 비투자율에 비례하므로, 비투자율이 10인 물질로 바꾸면 철심의 자속밀도는 10배 커지게 된다.

17 $+Q_1$[C]과 $-Q_2$[C]의 전하가 진공 중에서 r[m]의 거리에 있을 때 이들 사이에 작용하는 정전기력 F[N]는?

① $F = 0.9 \times 10^{-9} \times \dfrac{Q_1 Q_2}{r^2}$

② $F = 9 \times 10^{-9} \times \dfrac{Q_1 Q_2}{r^2}$

③ $F = 9 \times 10^9 \times \dfrac{Q_1 Q_2}{r^2}$

④ $F = 90 \times 10^9 \times \dfrac{Q_1 Q_2}{r^2}$

풀이 쿨롱의 법칙 : 두 점전하 사이에 작용하는 정전력의 크기는 두 전하(전기량)의 곱에 비례하고 전하 사이의 거리의 제곱에 반비례한다.

$$F = \frac{1}{4\pi\epsilon_o} \cdot \frac{Q_1 Q_2}{r^2} = 9 \times 10^9 \frac{Q_1 Q_2}{r^2} [\text{N}]$$

18 자속밀도 2[Wb/m²]의 평등 자장 안에 길이 60[cm]의 도선을 자장과 30°의 각도로 놓고 5[A]의 전류를 흘리면 도선에 작용하는 힘은 몇 [N]인가?

① 1   ② 3
③ 4   ④ 5.2

풀이 자장 내의 도체에 작용하는 힘
$$F = BIl \sin\theta = 2 \times 5 \times 0.6 \times \sin 30° = 3[\text{N}]$$

19 납축전지의 전해액은?

① 염화암모늄 용액   ② 묽은 황산
③ 수산화칼륨   ④ 염화나트륨

풀이 연축전지의 화학반응식

$$\underset{(+\rightleftharpoons)}{\text{PbO}_2} + \underset{\text{전해액}}{2\text{H}_2\text{SO}_4} + \underset{(-\rightleftharpoons)}{\text{Pb}} \underset{\text{충전}}{\overset{\text{방전}}{\rightleftharpoons}} \underset{(+\rightleftharpoons)}{\text{PbSO}_4} + 2\text{H}_2\text{O} + \underset{(-\rightleftharpoons)}{\text{PbSO}_4}$$

납축전지의 전해액으로 묽은황산($2\text{H}_2\text{SO}_4$)을 사용한다.

20 RL 직렬회로의 시정수 T[s]는 어떻게 되는가?

① $\dfrac{R}{L}$ ② $\dfrac{L}{R}$

③ RL ④ $\dfrac{1}{RL}$

풀이 RL 직렬 회로의 시정수 : $T = \dfrac{L}{R}$[sec]

21 변압기의 철심에서 실제 철의 단면적과 철심의 유효 면적과의 비를 무엇이라고 하는가?

① 권수비   ② 변류비
③ 변동률   ④ 점적률

풀이 자속이 통하는 철심의 단면에 대하여, 층간 절연물을 뺀 철심만의 단면적을 점적율이라고 하고, 변압기 철심에서는 약 91~92[%] 정도가 된다.

22 슬립이 4[%]인 유도전동기에서 동기속도가 1,200[rpm]일 때 전동기의 회전속도[rpm]는?

① 697   ② 1,051
③ 1,152   ④ 1,321

풀이 회전자 속도 $N = (1-s)N_s$[rpm] 이므로 슬립이 4[%]인 경우
$N = (1-0.04) \times 1,200 = 1,152$[rpm]이 된다.

23 그림은 실리콘 제어소자인 SCR을 통전시키기 위한 회로도이다. 바르게 된 회로는?

①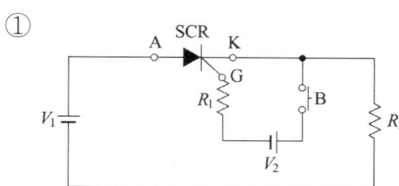

②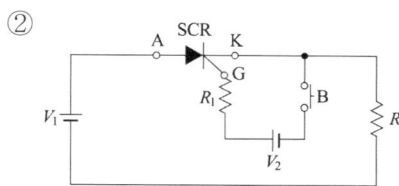

③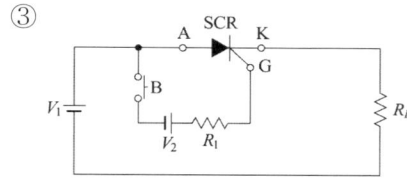

④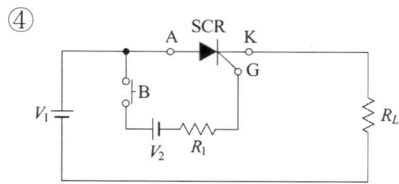

24 전기 철도에 사용하는 직류전동기로 가장 적합한 전동기는?

① 분권전동기
② 직권전동기
③ 가동 복권전동기
④ 차동 복권전동기

풀이 직권 전동기는 저속에서 큰 토크를 발생($\tau \propto \dfrac{1}{N^2}$)하므로 전기철도용 전동기 등에 사용되며 부하가 줄면 속도가 증가($N \propto \dfrac{1}{I}$)하고, 분권 전동기는 정속도 특성을 가진다.

25 전부하 슬립이 5[%], 2차 저항손 5.26[kW]의 3상 유도전동기의 2차 입력은 몇 [kW]인가?

① 2.63
② 5.26
③ 105.2
④ 226.5

풀이 2차 동손 $P_{c2} = sP_2$에서

$$P_2 = \frac{P_{c2}}{s} = \frac{5.26}{0.05} = 105.2[kW]가 된다.$$

26 △결선 변압기의 한 대가 고장으로 제거되어 V결선으로 공급할 때 공급할 수 있는 전력은 고장 전 전력에 대하여 몇 [%]인가?

① 86.6
② 75.0
③ 66.7
④ 57.7

풀이 1대의 단상 변압기 용량을 K라 하면 그 출력비는

$$\frac{V결선의\ 출력}{△결선의\ 출력} = \frac{\sqrt{3}\,K}{3K} = \frac{\sqrt{3}}{3}$$
$$= 0.577 = 57.7[\%]$$

27 전기자 철심의 규소 강판의 규소 함유량은 몇 [%]인가?

① 0.5~1.0
② 1~2
③ 5~6
④ 7~8

풀이 전기자는 0.35~0.5[mm]의 연강판으로 성층(맴돌이 전류와 히스테리시스손의 손실을 감소시키기 위한 규소 함량 1~1.4[%] 정도의 규소 강판)한 전기자 철심과 전기자 권선으로 구성되어 있다.

28 10[kVA], 2000/100[V] 변압기에서 1차에 환산한 등가 임피던스는 $6.2 + j7[\Omega]$이다. 이 변압기의 퍼센트 리액턴스 강하는?

① 3.5
② 0.175
③ 0.35
④ 1.75

답 23. ② 24. ② 25. ③ 26. ④ 27. ② 28. ④

풀이 1차 정격전류

$$I_{1n} = \frac{P_n}{V_{1n}} = \frac{10 \times 10^3}{2000} = 5[\text{A}]$$

%리액턴스 강하

$$q = \frac{I_{1n}x}{V_{1n}} \times 100 = \frac{5 \times 7}{2000} \times 100 = 1.75[\%]$$

29 변압기 외함 내에 들어 있는 기름을 펌프를 이용하여 외부에 있는 냉각 장치로 보내서 냉각시킨 다음 냉각된 기름을 다시 외함의 내부로 공급하는 방식으로, 냉각효과가 크기 때문에 30000[kVA] 이상의 대용량 변압기에서 사용하는 냉각방식은?

① 건식풍냉식   ② 유입자냉식
③ 유입풍냉식   ④ 유입송유식

풀이 유입 송유식(oil immersed forced oil circulating type) : FOA, FOW
외함 내에 있는 가열된 기름을 순환펌프에 의해 외부의 수냉식 냉각기 및 풍냉식 냉각기에 의해 냉각시켜 다시 외함 내에 유입시키는 방식

30 동기 조상기를 부족 여자로 운전하면 어떻게 되는가?

① 콘덴서로 작용   ② 뒤진역률 보상
③ 리액터로 작용   ④ 저항손 보상

풀이 동기조상기를 과여자 운전하면 콘덴서로 작용하며, 부족여자 운전하면 리액터로 작용한다.

31 농형 유도 전동기의 기동법이 아닌 것은?

① 전전압기동법
② 저저항 2차권선기동법
③ 기동보상기법
④ Y-△ 기동법

풀이 저저항 2차권선 기동법은 비례추이를 이용하는 방법으로 권선형 유도 전동기 기동법에 해당한다.

32 다음 중 제동권선에 의한 기동토크를 이용하여 동기전동기를 기동시키는 방법은?

① 저주파 기동법   ② 고주파 기동법
③ 기동 전동기법   ④ 자기 기동법

풀이 자기 기동법 : 보통 기동 시에는 계자 권선 중에 고전압이 유도되어 절연을 파괴하므로 방전 저항을 접속하여 단락 상태로 기동한다. 이때 계자 권선(제동권선)은 일종의 단상 2차 권선으로서 토크를 발생하기 때문에 계자 권선 저항값의 3~7배 정도의 방전 저항을 사용한다.

33 직류전동기에 있어 무부하일 때의 회전수 N_0은 1,200[rpm], 정격부하일 때의 회전수 N_n은 1,150[rpm]이라 한다. 속도 변동률은?

① 약 3.45[%]   ② 약 4.16[%]
③ 약 4.35[%]   ④ 약 5.0[%]

풀이 속도 변동률 $\epsilon = \dfrac{N_0 - N_n}{N_n} \times 100[\%]$에서

$$\epsilon = \frac{1,200 - 1,150}{1150} \times 100 ≒ 4.35[\%]$$가 된다.

34 다음 제동 방법 중 급정지하는 데 가장 좋은 제동 방법은?

① 발전제동   ② 회생제동
③ 역전제동   ④ 단상제동

풀이 플러깅(plugging)제동
플러깅 제동은 급제동시 사용하는 방법으로 역전제동이라 한다. 즉, 제동시 전동기를 역회전시켜 속도를 급감시킨 다음 속도가 0에 가까워지면 전동기를 전원에서 분리하는 제동법을 플러깅 제동이라 한다.

35 측정이나 계산으로 구할 수 없는 손실로 부하 전류가 흐를 때 도체 또는 철심 내부에서 생기는 손실을 무엇이라 하는가?

① 구리손   ② 히스테리시스손
③ 맴돌이 전류손   ④ 표유부하손

풀이

총손실	무부하손	철손 : 히스테리시스손, 와류손
		기계손 : 브러시 마찰손, 베어링 마찰손, 풍손
	부하손	전기자 동손
		계자 동손
		브러시 전기손
		표유 부하손 : 철손, 기계손, 동손 이외의 손실

36 동기 발전기의 병렬 운전에 필요한 조건이 아닌 것은?

① 기전력의 주파수가 같을 것
② 기전력의 크기가 같을 것
③ 기전력의 용량이 같을 것
④ 기전력의 위상이 같을 것

풀이 동기발전기 병렬운전 조건
① 기전력의 크기가 같을 것(발전기 내부에 무효 횡류가 흐른다.)
② 상회전이 일치하고, 기전력이 동위상일 것(유효 횡류가 흐른다.)
③ 기전력과 주파수가 같을 것
④ 기전력과 파형이 같을 것

37 직류를 교류로 변환하는 장치는?

① 정류기   ② 충전기
③ 순변환 장치   ④ 역변환 장치

풀이 인버터는 직류를 교류로 변환하는 역변환 장치이다.

38 부하의 저항을 어느 정도 감소시켜도 전류는 일정하게 되는 수하특성을 이용하여 정전류를 만드는 곳이나 아크용접 등에 사용되는 직류발전기는?

① 직권발전기
② 분권발전기
③ 가동복권발전기
④ 차동복권발전기

풀이 수하특성이란 부하가 증가할수록 단자 전압이 현저히 감소하는 현상을 말하며, 차동복권 발전기의 특성이 이에 속한다.

39 권선형에서 비례추이를 이용한 기동법은?

① 리액터 기동법
② 기동 보상기법
③ 2차 저항기동법
④ Y−△ 기동법

풀이 권선형 유도 전동기는 비례추이를 이용한 2차 저항법으로 기동과 속도제어를 할 수 있다.

40 다음의 정류곡선 중 브러시의 후단에서 불꽃이 발생하기 쉬운 것은?

① 직선정류   ② 정현파 정류
③ 과정류   ④ 부족정류

풀이 ① 1(직선정류) : 전류가 직선적으로 균등하게 변환
② 2(부족정류) : 브러시 뒤쪽에서 불꽃 발생
③ 3(과정류) : 브러시 앞쪽에서 불꽃 발생
④ 4(정현파 정류) : 불꽃 발생안함

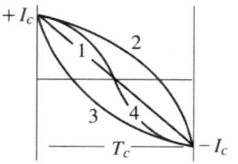

41 다음 중 고압에 속하는 것은?

① 교류 440[V]

② 직류 600[V]

③ 교류 1500[V]

④ 직류 1000[V]

> **풀이** 111 통칙

분류	전압의 범위
저 압	• 직류 : 1.5[kV] 이하 • 교류 : 1[kV] 이하
고 압	• 직류 : 1.5[kV]를 초과하고, 7[kV] 이하 • 교류 : 1[kV]를 초과하고, 7[kV] 이하
특고압	7[kV]를 초과

42 고압 또는 특고압 가공전선로에서 공급을 받는 수전장소의 인입구에 낙뢰나 혼촉 사고에 의한 이상전압으로부터 선로와 기기를 보호할 목적으로 시설하는 것은?

① 단로기(DS)

② 배선용차단기(MCCB)

③ 피뢰기(LA)

④ 누전차단기(ELB)

> **풀이** 피뢰기 : 뇌 또는 개폐 서지 등에 의한 충격파 전압의 파고값을 일정한 값 이하로 저감시켜 기기의 절연을 보호하며, 또한 속류를 신속히 차단하여 정상 상태로 회복시킨다.

43 애자공사에 의한 저압 옥내배선에서 일반적으로 전선 상호 간의 간격은 몇 [cm] 이상이어야 하는가?

① 2.5[cm]　　② 6[cm]

③ 25[cm]　　④ 60[cm]

> **풀이** 232.56 애자공사

전 압		전선과 조영재와의 이격 거리		전선 상호 간격	전선 지지점 간의 거리	
					조영재의 윗면 또는 옆면에 따라 시설	조영재에 따라 시설하지 않는 경우
저 압	400[V] 이하	2.5[cm] 이상		6[cm] 이상	2[m] 이하	–
	400[V] 초과	건조한 장소	2.5[cm] 이상			6[m] 이하
		기타의 장소	4.5[cm] 이상			

44 다음 중 전선의 접속방법에 해당되지 않는 것은?

① 슬리브 접속

② 직접 접속

③ 트위스트 접속

④ 커넥터 접속

> **풀이** 전선의 접속 방법에는 직선접속(트위스트 접속), 분기접속, 종단접속(커넥터 접속 등), 슬리브에 의한 접속이 있다.

45 연피 없는 케이블을 배선할 때 직각 구부리기(L형)는 대략 굴곡 반지름을 케이블의 바깥지름의 몇 배 이상으로 하는가?

① 3　　② 4

③ 6　　④ 10

> **풀이** 연피가 없는 케이블을 구부리는 경우 피복이 손상되지 않도록 하여 그 굴곡 반지름이 케이블의 완성품 지름의 6배(단심의 경우 8배) 이상으로 구부려야 한다.

46 다음 그림기호의 배선 명칭은?

———

① 천장 은폐배선
② 바닥 은폐배선
③ 노출 배선
④ 바닥면 노출배선

풀이

명 칭	그림기호	적 요
천장 은폐배선	——	① 천장 은폐 배선 중 천장 속의 배선을 구별하는 경우는 천장 속의 배선에 —·—·— 를 사용하여도 좋다.
바닥 은폐배선	————	② 노출 배선 중 바닥면 노출 배선을 구별하는 경우는 바닥면 노출 배선에 —··—··— 를 사용하여도 좋다.
노출 배선	·········	③ 전선의 종류를 표시할 필요가 있는 경우는 기호를 기입한다.

④ 배관은 다음과 같이 표시한다.

2.5㎠(VE19)

전선관의 종류 ── └─ 전선관의 굵기

전선관의 종류
• 강제전선관은 별도의 표기없음
• VE : 경질비닐전선관
• F₂ : 2종 금속제 가요전선관
• PF : 합성수지제 가요관

⑤ 절연 전선의 굵기 및 전선수는 다음과 같이 기입한다.
단위가 명백한 경우는 단위를 생략하여도 좋다.

【보기】

2.5㎠   2   2[mm²]   8

숫자 표기의 보기 : 1.6×5
5.5×1

47 전선을 접속하는 경우 전선의 세기(인장하중)는 몇 [%] 이상 감소되지 않아야 하는가?

① 10 　　　② 15
③ 20 　　　④ 25

풀이 123 전선의 접속

전선을 접속하는 경우에는 전선의 전기저항을 증가시키지 아니하도록 접속하여야 하며, 또한 다음에 따라야 한다.
가. 전선의 세기를 20[%] 이상 감소시키지 아니할 것.
나. 접속부분은 접속관 기타의 기구를 사용할 것.
다. 접속부분의 절연전선에 절연전선의 절연물과 동등 이상의 절연효력이 있는 것으로 충분히 피복할 것.

48 접지전극의 매설 깊이는 몇 [m] 이상인가?

① 0.6 　　　② 0.65
③ 0.7 　　　④ 0.75

풀이

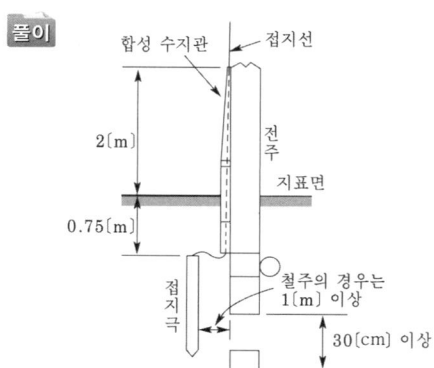

49 보호장치의 통상적인 동작전류는 도체 허용 전류의 몇 배 이하여야 하는가?

① 1.1 　　　② 1.25
③ 1.45 　　　④ 1.5

풀이 212.4.1 도체와 과부하 보호장치 사이의 협조
과부하에 대해 케이블(전선)을 보호하는 장치의 동작특성은 다음의 조건을 충족해야 한다.

$$I_B \leq I_n \leq I_Z , \quad I_2 \leq 1.45 \times I_Z$$

I_B : 회로의 설계전류(선도체를 흐르는 설계전류 또는 함유율이 높은 영상분 고조파, 특히 제3고조파가 지속적으로 흐르는 경우 중성선에 흐르는 전류이다.)

I_Z : 케이블의 허용전류

I_n : 보호장치의 정격전류(사용현장에 적합하게 조정된 전류의 설정 값)

I_2 : 보호장치가 규약시간 이내에 유효하게 동작하는 것을 보장하는 전류

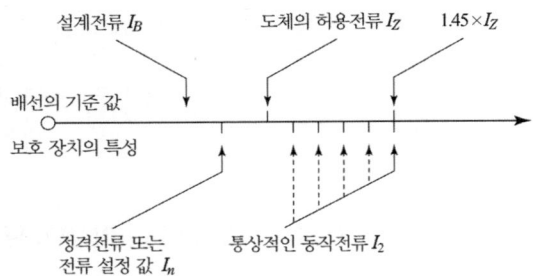

과부하 보호 설계 조건도

50 셀룰로이드, 성냥, 석유류 및 기타 가연성 위험물질은 제조 또는 저장하는 장소의 배선으로 잘못된 배선은?

① 금속관 배선

② 합성 수지관 배선

③ 플로어 덕트 배선

④ 케이블 배선

풀이 가연성 분진(소맥분, 전분, 유황, 기타 먼지가 공중에 떠다니는 상태에서 착화하여 폭발할 우려가 있는 것), 성냥, 석유류, 셀룰로이드 등의 위험 물질을 제조하거나 저장하는 곳의 전기 공작물은 금속관 공사, 합성수지관 공사, 케이블 공사에 의하여야 한다.

51 인류하는 곳이나 분기하는 곳에 사용하는 애자는?

① 구형애자　　② 가지애자

③ 새클 애자　　④ 현수애자

풀이 ① 구형 애자 : 지선 중간에 사용
② 가지 애자 : 전선을 다른 방향으로 돌리는 부분에 사용

③ 새클 애자 : 구조물을 안전하게 유지할 목적으로 사용

④ 현수 애자 : 전선을 인류하거나 분기하는 경우 사용

52 금속제 케이블트레이의 종류가 아닌 것은?

① 펀칭형　　② 사다리형

③ 바닥밀폐형　　④ 크로스형

풀이 232.41 케이블트레이공사
종류 : 사다리형, 펀칭형, 메시형, 바닥 밀폐형

53 조명용 백열전등을 일반주택 및 아파트 각 호실에 설치할 때 형광등에 최대 몇 분 이내에 소등 되는 타임 스위치를 시설하여야 하는가?

① 1　　② 2

③ 3　　④ 4

풀이 234.6 점멸기의 시설
다음의 경우에는 센서등(타임스위치 포함)을 시설하여야 한다.
① 관광숙박업 또는 숙박업(여인숙업을 제외한다)에 이용되는 객실의 입구등은 1분 이내에 소등 되는 것.
② 일반주택 및 아파트 각 호실의 현관등은 3분 이내에 소등되는 것.

54 방의 폭을 X, 길이를 Y, 높이를 H라 할 때 실지수는?

① $\dfrac{XY}{H(X+Y)}$　　② $X+Y$

③ $(X+Y)H$　　④ $\dfrac{H(X+Y)}{XY}$

풀이 실지수$(k) = \dfrac{XY}{H(X+Y)}$

55 다음 중 접지의 목적으로 알맞지 않은 것은?

① 감전의 방지

② 전로의 대지 전압 상승

③ 보호계전기의 동작확보

④ 이상 전압의 억제

풀이 접지의 목적
① 이상전압의 발생방지(대지전위상승 억제)
② 지락전류의 소멸에 의한 안정도 향상
③ 감전 및 화재의 방지
④ 기계기구의 절연보호

56 플로어 덕트 공사의 설명 중 옳지 않은 것은?

① 덕트 상호간 접속은 견고하고 전기적으로 완전하게 접속 하여야 한다.

② 덕트의 끝 부분은 막는다.

③ 덕트 및 박스 기타 부속품은 물이 고이는 부분이 없도록 시설하여야 한다.

④ 박스 및 인출구는 마루 위로 돌출하도록 시설하고, 물이 스며들지 않도록 밀봉해야 한다.

풀이 232.32.3 플로어덕트 및 부속품의 시설
① 덕트 상호간 및 덕트와 박스 및 인출구와는 견고하고 또한 전기적으로 완전하게 접속할 것
② 덕트 및 박스 기타의 부속품은 물이 고이는 부분이 있도록 시설하여서는 아니 된다.
③ 박스 및 인출구는 마루위로 돌출하지 아니하도록 시설하고 또한 물이 스며들지 아니하도록 밀봉할 것
④ 덕트의 끝부분은 막을 것
⑤ 덕트는 접지공사를 할 것

57 저압 연접 인입선 시설에 제한 사항이 아닌 것은?

① 인입선의 분기점에서 100[m]를 초과하는 지역에 미치지 아니할 것

② 폭 5[m]를 넘는 도로를 횡단하지 말 것

③ 다른 수용가의 옥내를 관통하지 말 것

④ 지름 2.0[mm] 이하의 경동선을 사용하지 말 것

풀이 221.1.2 연접 인입선의 시설
한 수용가의 인입선에서 분기하여 지지물을 거치지 아니하고 다른 수용 장소의 인입구에 이르는 부분의 전선을 연접인입선이라 한다.
① 인입선에서 분기하는 점으로부터 100[m]를 초과하는 지역에 미치지 아니할 것.
② 폭 5[m]를 초과하는 도로를 횡단하지 아니할 것.
③ 옥내를 통과하지 아니할 것.

58 수·변전 설비의 고압회로에 걸리는 전압을 표시하기 위해 전압계를 시설할 때 고압회로와 전압계 사이에 시설하는 것은?

① 관통형 변압기   ② 계기용 변류기

③ 계기용 변압기   ④ 권선형 변류기

풀이 계기용 변압기(Potential Transformer : PT)
고압회로의 전압을 저압으로 변성하기 위해서 사용하는 것이며, 배전반의 전압계나 전력계, 주파수계, 역률계, 표시등 및 부족전압 트립코일의 전원으로 사용된다.

59 고압 전력용 콘덴서의 용량을 표시하는 단위는?

① [kV]   ② [kA]

③ [kVA]   ④ [kVar]

풀이 전력용 콘덴서 용량은
$Q_c = P(\tan\theta_1 - \tan\theta_2)[\text{kVA}]$로 구한다.

60 **합성 수지관 공사에서 관의 지지점 간 거리는 최대 몇 [m]인가?**

① 1   ② 1.2

③ 1.5   ④ 2

풀이 232.11.2 합성수지관 및 부속품의 시설
① 관 상호 간 및 박스와는 관을 삽입하는 깊이를 관의 바깥지름의 1.2배(접착제를 사용하는 경우에는 0.8배) 이상으로 하고 또한 꽂음 접속에 의하여 견고하게 접속할 것.
② 관의 지지점 간의 거리는 1.5[m] 이하로 하고, 또한 그 지지점은 관의 끝관과 박스의 접속점 및 관 상호 간의 접속점 등에 가까운 곳에 시설할 것.

01 다음 중 상자성체는 어느 것인가?

①   철   ②   코발트

③   니켈   ④   텅스텐

풀이   ① 상자성체 : 백금(Pt), 알루미늄(Al), 산소(O_2),
텅스텐(W)

②   반자성체 : 은(Ag), 구리(Cu), 비스무트(Bi), 물
(H_2O), 아연(Zn)

③   강자성체 : 철(Fe), 니켈(Ni), 코발트(Co)

02 30[μF]과 40[μF]의 콘덴서를 병렬로 접속
한 다음 100[V]의 전압을 가했을 때 전 전하
량은 몇 [C]인가?

① 17×10^{-4} ② 34×10^{-4}

③ 56×10^{-4} ④ 70×10^{-4}

풀이   병렬접속이므로 합성 정전용량
$C = C_1 + C_2 = 30 + 40 = 70[\mu F]$
전하량
$Q = CV = 70 \times 10^{-6} \times 100 = 70 \times 10^{-4}[C]$

03 평형 3상 △결선에서 선간 전압 V_l과 상전압
V_p와의 관계가 옳은 것은?

① $V_l = \dfrac{1}{\sqrt{3}} V_p$ ② $V_l = \dfrac{1}{3} V_p$

③ $V_l = V_p$ ④ $V_l = \sqrt{3} V_p$

풀이

	전압		전류	
△결선	$V_l = V_p \angle 0°$		$I_l = \sqrt{3} I_p \angle -30°$	
Y결선	$V_l = \sqrt{3} V_p \angle 30°$		$I_l = I_p \angle 0°$	

단, 선간 전압(V_l), 상전압(V_p), 선전류(I_l),
상전류(I_p)

△결선이므로 선간전압은 상전압과 같다.

04 1[Ah]는 몇 [C]인가?

①   1,200   ②   2,400

③   3,600   ④   4,800

풀이 $Q = It = 1 \times 3,600 = 3,600[C]$
여기서, I[A]는 전류이며 t[sec]는 시간이다.
그리고 1[h]는 3,600[sec]에 해당한다.

05 3[F]와 6[F]의 콘덴서를 병렬로 접속했을 때
합성 정전용량은 몇 [F]인가?

①   2   ②   4

③   6   ④   9

풀이   병렬연결일 경우 합성 정전용량은
$C = C_1 + C_2$이므로 $C = 3 + 6 = 9$[F]가 된다.

06 200[μF]의 콘덴서를 충전하는데 9[J]의 일
이 필요하였다. 충전 전압은 몇 [V]인가?

①   200   ②   300

③   450   ④   900

풀이   콘덴서에 충전되는 에너지 $W = \dfrac{1}{2}CV^2$에서

$9 = \dfrac{1}{2} \times 200 \times 10^{-6} \times V^2$이므로

$V = \sqrt{\dfrac{9 \times 2}{200 \times 10^{-6}}} = 300[V]$가 된다.

07 동선의 길이를 4배로 늘리면 저항은 처음의
몇 배가 되는가? (단, 동선의 체적은 일정함)

①   2배   ②   4배

③   8배   ④   16배

[풀이] 전선의 저항 $R = \dfrac{l}{\sigma S} = \rho \dfrac{l}{S}[\Omega]$ 에서 저항은 면적에 반비례하며, 길이에 비례한다.

길이를 늘리면 부피가 일정하므로 면적은 줄어든다. 즉, 길이는 4배면 단면적은 $\dfrac{1}{4}$ 배된다.

$R = \rho \dfrac{4l}{\frac{1}{4}S} = 16\rho \dfrac{l}{S}[\Omega]$ 가 되므로 저항은 16배가 된다.

08 대칭 3상 교류를 올바르게 설명한 것은?

① 3상의 크기 및 주파수가 같고 상차가 60°의 간격을 가진 교류

② 3상의 크기 및 주파수가 각각 다르고 상차가 60°의 간격을 가진 교류

③ 동시에 존재하는 3상의 크기 및 주파수가 같고 상차가 120°의 간격을 가진 교류

④ 동시에 존재하는 3상의 크기 및 주파수가 같고 상차가 90°의 간격을 가진 교류

[풀이] 3상의 크기 및 주파수가 같고 서로 $\dfrac{2}{3}\pi[\text{rad}]$ 만큼의 위상차를 가지는 교류를 대칭 3상 교류라고 한다.

09 전기장의 세기에 대한 단위로 맞는 것은?

① m/V ② V/m²

③ V/m ④ m²/V

[풀이] MKS 단위계에서 전계의 세기 E 는 $Q = 1[\text{C}]$ 에 작용하는 힘이 $1[\text{N}]$ 이 되는 것을 의미하므로

$E = [\text{N/C}] = \left[\dfrac{\text{N} \cdot \text{m}}{\text{C} \cdot \text{m}}\right] = \left[\dfrac{\text{J}}{\text{C}} \cdot \dfrac{1}{\text{m}}\right] = [\text{V/m}]$

의 단위를 사용한다.

10 다음 중 전자력 작용을 응용한 대표적인 것은?

① 전동기 ② 전열기

③ 축전기 ④ 전등

[풀이] 플레밍의 왼손 법칙은 전자력에 관계되는 법칙으로 전동기의 원리를 설명하는 법칙으로 사용된다.

11 전류에 의해 만들어지는 자기장의 자기력선 방향을 간단하게 알아내는 법칙은?

① 플레밍의 왼손법칙

② 플레밍의 오른손법칙

③ 앙페르의 오른나사법칙

④ 렌츠의 법칙

[풀이] 직선 도체에 전류가 흐르면 자계가 형성되며 그림과 같이 도체에 수직인 평면상에서 오른나사가 진행하는 방향으로 전류가 흐를 때 나사를 돌리는 방향으로 자계가 발생한다. 즉, 전류에 의한 자계 방향의 관계를 앙페르의 오른나사 법칙이라 한다.

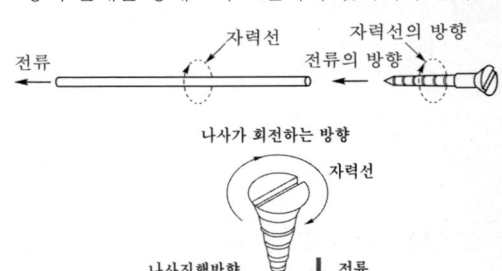

12 2[C]의 전기량이 두 점 사이를 이동하여 48[J]의 일을 하였다면 이 두 점 사이의 전위차는 몇 [V]인가?

① 12[V] ② 24[V]

③ 48[V] ④ 64[V]

[풀이] $V = \dfrac{W}{Q}[\text{V}]$ 에서 $V = \dfrac{48}{2} = 24[\text{V}]$ 가 된다.

13 주위온도 0℃에서의 저항이 20[Ω]인 연동선이 있다. 주위 온도가 50℃로 되는 경우 저항은? (단, 0℃에서 연동선의 온도계수는 $a_0 = 4.3 \times 10^{-3}$이다.)

① 약 22.3[Ω]   ② 약 23.3[Ω]

③ 약 24.3[Ω]   ④ 약 25.3[Ω]

풀이 $R_2 = R_1 + R_1\{a_0 \times (T_2 - T_1)\}$
$= 20 + 20\{4.3 \times 10^{-3} \times (50-0)\}$
$= 24.3[\Omega]$

14 비유전율 2.5의 유전체 내부의 전속밀도가 $2 \times 10^{-6}[C/m^2]$되는 점의 전기장의 세기는 약 몇 [V/m]인가?

① 18×10^4 ② 9×10^4

③ 6×10^4 ④ 3.6×10^4

풀이 전속밀도를 D, 비유전율을 ϵ_s이라 할 때,
진공 중의 유전율 ϵ_s은 $8.855 \times 10^{-12}[F/m]$이므로
전기장의 세기

$E = \dfrac{D}{\epsilon} = \dfrac{D}{\epsilon_o \epsilon_s} = \dfrac{2 \times 10^{-6}}{8.855 \times 10^{-12} \times 2.5}$

$\fallingdotseq 9 \times 10^4 [V/m]$

15 자극의 세기가 20[Wb]인 길이가 15[cm]의 막대 자석의 자기 모멘트는 몇 [Wb·m]인가?

① 0.45   ② 1.5

③ 3.0   ④ 6.0

풀이 자기 모멘트 $M = ml$에서
$M = 20 \times 15 \times 10^{-2} = 3[Wb \cdot m]$가 된다.

16 다음 중 논리식을 간소화 시키는 방법은?

① 카르노 도에 의한 방법

② 논리 연산자 법

③ 진리도 법

④ 2진수 법

풀이 논리식을 간소화 하기 위해서는 카르노 도를 사용한다.

17 표준 연동의 고유저항값[Ω·mm²/m]은?

① $\dfrac{1}{55}$ ② $\dfrac{1}{56}$

③ $\dfrac{1}{57}$ ④ $\dfrac{1}{58}$

풀이 연동의 고유저항은 $\dfrac{1}{58}[\Omega \cdot mm^2/m]$이고,

경동의 고유저항은 $\dfrac{1}{55}[\Omega \cdot mm^2/m]$이다.

18 4[Ω], 6[Ω], 8[Ω]의 3개 저항을 병렬 접속할 때 합성저항은 약 몇 [Ω]인가?

① 1.8[Ω]   ② 2.5[Ω]

③ 3.6[Ω]   ④ 4.5[Ω]

풀이 병렬접속 회로의 합성저항

$$R_0 = \dfrac{1}{\dfrac{1}{R_1} + \dfrac{1}{R_2} + \dfrac{1}{R_3}} = \dfrac{1}{\dfrac{1}{4} + \dfrac{1}{6} + \dfrac{1}{8}} = 1.8[\Omega]$$

19 임의의 폐회로에서 키르히호프의 제2법칙을 가장 잘 나타낸 것은?

① 기전력의 합 = 합성 저항의 합

② 기전력의 합 = 전압 강하의 합

③ 전압 강하의 합 = 합성 저항의 합

④ 합성 저항의 합 = 회로 전류의 합

풀이 키르히호프의 제2법칙(전압법칙) : 회로망 내의 임의의 폐회로(경로)에 있어서 전원전압(E_i)의 합은 전압강하의 합(V_i)과 같다.

20 어떤 부하에 $100\sin\left(100\omega t + \dfrac{\pi}{6}\right)$[V]의 전압을 가했을 때 흐르는 전류가 $10\cos\left(100\omega t - \dfrac{\pi}{3}\right)$[A]이었다면 이 부하의 소비전력은?

① 250[W] ② 433[W]
③ 500[W] ④ 866[W]

풀이 전류 $i = 10\cos\left(100\pi t - \dfrac{\pi}{3}\right)$

$= 10\sin\left(100\pi t - \dfrac{\pi}{3} + \dfrac{\pi}{2}\right)$

$= 10\sin\left(100\pi t + \dfrac{\pi}{6}\right)$

$\therefore P = VI\cos\theta = \dfrac{100}{\sqrt{2}} \times \dfrac{10}{\sqrt{2}} \times \cos\left(\dfrac{\pi}{6} - \dfrac{\pi}{6}\right)$

$= 500$[W]

21 동기 전동기에서 난조를 방지하기 위하여 자극면에 설치하는 권선을 무엇이라 하는가?

① 제동권선 ② 계자권선
③ 전기자권선 ④ 보상권선

풀이 난조의 원인은 회전자가 어떤 부하각에서 새로운 부하각으로 변화하는 도중 회전자의 관성에 의해 생기는 하나의 과도적인 진동 현상을 말한다.
이것을 방지하기 위해서 회전자극의 극편에 홈을 파고, 이것에 유도 전동기의 농형 권선과 같이 권선을 설치한 구조의 제동 권선(damper winding)으로 막을 수 있다.

22 200[V]의 배전선 전압을 220[V]로 승압하여 30[kVA]의 부하에 전력을 공급하고 있는 단권 변압기의 자기 용량[kVA]은?

① 5.5 ② 4.2
③ 3.8 ④ 2.7

풀이 $\dfrac{\text{자기 용량}}{\text{부하 용량}} = \dfrac{V_h - V_l}{V_h}$ 에서

자기용량 $= 30 \times \dfrac{220 - 200}{220} = 2.72$[kVA]

가 된다.

23 변압기를 △-Y로 연결할 때, 1, 2차 간의 위상차는?

① 30° ② 45°
③ 60° ④ 90°

풀이 1차 선간전압 및 2차 선간전압의 위상차는 30°이다.

24 전동기의 제동에서 전동기가 가지는 운동에너지를 전기에너지로 변환시키고 이것을 전원에 변환하여 전력을 회생시킴과 동시에 제동하는 방법은?

① 발전제동(dynamic braking)
② 역전제동(plugging braking)
③ 맴돌이전류제동(eddy current braking)
④ 회생제동(regenerative braking)

풀이 운전 중인 전동기를 전원에서 분리하면 발전기로 동작 하는데, 이때 발생된 전력을 제동용 전원으로 사용하는 것을 회생 제동이라 하며, 언덕을 내려가는 전차 등에서 사용할 수 있다.

25 효율 80[%], 출력 10[kW]일 때 입력은 몇 [kW]인가?

① 7.5   ② 10

③ 12.5   ④ 20

풀이 입력을 p[kW]라 하면 효율은 출력을 입력으로 나눈 것으로 $0.8 = \dfrac{10}{p}$[kW]가 된다.

$$\therefore p = \frac{10}{0.8} = 12.5[\text{kW}]$$

26 변압기유의 구비조건으로 틀린 것은?

① 냉각효과가 클 것

② 응고점이 높을 것

③ 절연내력이 클 것

④ 고온에서 화학반응이 없을 것

풀이 변압기의 기름으로서 갖추어야 할 조건
- 절연 내력이 클 것
- 절연 재료 및 금속에 화학 작용을 일으키지 않을 것
- 인화점이 높고, 응고점이 낮을 것
- 점도가 낮고(유동성이 풍부), 비열이 커서 냉각 효과가 클 것
- 고온에서도 석출물이 생기거나 산화하지 않을 것

27 직류 분권전동기를 운전 중 계자 저항을 증가시켰을 때의 회전 속도는?

① 증가한다.   ② 감소한다.

③ 변함없다.   ④ 정지한다.

풀이 분권전동기는 운전 중 계자 저항을 증가하면 계자 자속이 감소하여 속도가 증가하는 특성이 있다.

28 단락비가 1.2인 동기 발전기의 %동기 임피던스는 약 몇 [%]인가?

① 68   ② 83

③ 100   ④ 120

풀이

$$\text{단락비 } K_s = \frac{\substack{\text{무부하에서 정격 전압을 유도하는 데} \\ \text{필요한 여자 전류}}}{\substack{\text{정격 전류와 같은 단락 전류를} \\ \text{흘리는 데 필요한 여자 전류}}}$$

$$= 1.2 \text{ 이므로}$$

%동기임피던스는 단락비의 역관계가 있다.
따라서 %동기임피던스

$$Z_s{}' = \frac{100}{K_s} = \frac{100}{1.2} = 83[\%] \text{가 된다.}$$

29 유도 전동기의 원선도에서 구할 수 없는 것은?

① 1차 입력   ② 1차 동손

③ 동기 와트   ④ 기계적 출력

풀이
- 유도 전동기의 원선도에서 구할 수 있는 항목 : 1차 입력, 1차 동손, 동기와트, 슬립 등
- 원선도 작성에 필요한 시험 : 무부하 시험, 구속 시험, 저항 측정

30 변압기에 콘서베이터(conservator)를 설치하는 목적은?

① 열화 방지   ② 코로나 방지

③ 강제 순환   ④ 통풍 장치

풀이 변압기 기름의 열화 방지 : 콘서베이터의 설치
변압기의 상부에 설치된 원통형의 유조(기름통)로서, 그 속에는 $\dfrac{1}{2}$ 정도의 기름이 들어 있고, $\dfrac{1}{2}$ 정도의 질소가스가 봉입되어 있다. 또 주변압기 외함 내의 기름과는 가는 U자형 파이프로 연결되어 있다. 변압기 부하의 변화에 따르는 호흡 작용에 의한 변압기 기름의 팽창, 수축이 콘서베이터의 상부에서 행하여지게 되므로 높은 온도의 기름이 직접 공기

와 접촉하는 것을 방지하여 기름의 열화를 방지하는 것이다.
그림은 개방형 콘서베이터로 질소가스가 봉입되어 있지 않는 형태이다.

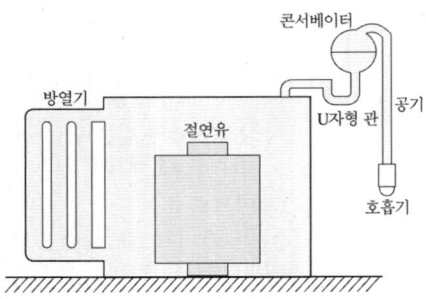

31 단상 반파 정류 회로에 전원 전압 200[V], 부하 저항 10[Ω]이면 부하 전류는 약 몇 [A]인가?

① 4 　　　　　② 9
③ 12 　　　　 ④ 18

풀이 반파 정류회로로서 교류전압을 인가하면 입력의 파형이 출력과 같이 반파로 정류되어 출력된다.
이 크기는 $V_o = 0.45 V_i$ 의 관계가 있으며, 여기서 V_o 는 직류전압, V_i 는 교류전압을 나타낸다.
따라서, 직류 전압은 $V_o = 0.45 \times 200 = 90$[V]
전류는 $I = \dfrac{V_o}{R} = \dfrac{90}{10} = 9$[A]가 된다.

32 1차 전압 6300[V], 2차 전압 210[V], 주파수 60[Hz]의 변압기가 있다. 이 변압기의 권수비는?

① 30 　　　　　② 40
③ 50 　　　　 ④ 60

풀이 변압기 권수비의 식
$a = \dfrac{N_1}{N_2} = \dfrac{V_1}{V_2} = \dfrac{I_2}{I_1} = \sqrt{\dfrac{R_1}{R_2}}$ 이다.
$\therefore\ a = \dfrac{V_1}{V_2} = \dfrac{6300}{210} = 30$

33 변압기의 무부하 시험, 단락 시험에서 구할 수 없는 것은?

① 동손 　　　　　② 철손
③ 절연 내력 　　 ④ 전압 변동률

풀이 변압기의 시험
① 개방 회로 시험(무부하 시험)으로 측정할 수 있는 항목 : 무부하 전류, 히스테리시스손, 와류손, 여자 어드미턴스, 철손
② 단락 시험으로 측정할 수 있는 항목 : 동손, 전압 변동률, 임피던스 와트, 임피던스 전압
③ 절연내력 시험 : 유도시험, 가압시험, 충격전압 시험

34 유도 전동기의 무부하시 슬립은 얼마인가?

① 4 　　　　　② 3
③ 1 　　　　 ④ 0

풀이 슬립은 $s = \dfrac{N_s - N}{N_s}$ 에서 무부하시는
$N_s = N$이 되므로 슬립은 0이 된다.

35 동기전동기 중 안정도 증진법으로 틀린 것은?

① 전기자 저항 감소
② 관성 효과 증대
③ 동기 임피던스 증대
④ 속응 여자 채용

풀이 동기기의 안정도를 증진시키는 방법은 다음과 같다.
① 정상 리액턴스를 작게 하고 단락비를 크게 할 것
② 회전자의 플라이휠 효과를 크게 할 것
③ 자동 전압 조정기(AVR)의 속응도를 크게 할 것. 즉, 속응 여자 방식을 채용한다.
④ 발전기의 조속기 동작을 신속히 할 것
⑤ 동기 탈조 계전기를 사용할 것

답 31. ② 32. ① 33. ③ 34. ④ 35. ③

36 주파수 60[Hz]를 내는 발전용 원동기인 터빈 발전기의 최고 속도[rpm]는?

① 1,800　　　② 2,400
③ 3,600　　　④ 4,800

풀이 터빈 발전기는 원통형 회전자를 가지는 고속의 동기발전기로, 회전속도 $N_s = \dfrac{120f}{p}$ [rpm]이다.

동기발전기의 극수가 최소일 때 속도는 최고가 되므로

$$\therefore\ N_s = \frac{120f}{p} = \frac{120 \times 60}{2} = 3,600[\text{rpm}]$$

37 슬립이 일정한 경우 유도전동기의 공급 전압이 $\dfrac{1}{2}$로 감소되면 토크는 처음에 비해 어떻게 되는가?

① 2배가 된다.
② 1배가 된다
③ 1/2로 줄어든다.
④ 1/4로 줄어든다.

풀이 유도전동기의 토크

$$T = K_0 \frac{s E_2{}^2 r_2}{r_2 + (s x_2)^2} [\text{N} \cdot \text{m}]$$이므로,

토크는 전압의 제곱에 비례한다.$(T \propto V^2)$

$$\therefore\ T \propto \left(\frac{1}{2}\right)^2 = \frac{1}{4}\ \text{배}$$

38 유도전동기의 슬립을 측정하는 방법으로 옳은 것은?

① 전압계법　　② 전류계법
③ 평형 브리지법　④ 스트로보스코프법

풀이 슬립 측정 방법
① 회전계법　② DC 밀리볼트계법
③ 수화기법　④ 스트로보스코프법

39 브리지 정류회로로 알맞은 것은?

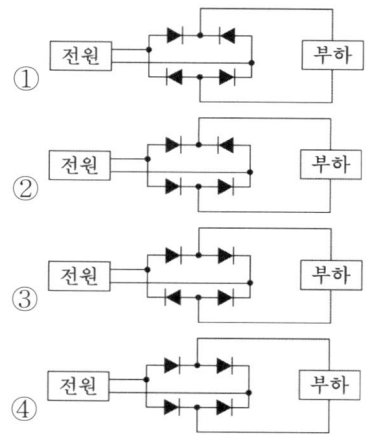

풀이 브리지 정류 회로

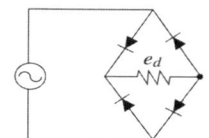

40 중권의 극수 p인 직류기에서 전기자 병렬 회로수 a는 어떻게 되는가?

① $a = p$　　　② $a = 2$
③ $a = 2p$　　④ $a = 3p$

풀이

비교 항목	중권(병렬권)	파권(직렬권)
코일 정수		
전기자 병렬 회로수(a)	극수와 같다($a = p$)	항상 2($a = 2$)
브러시의 수(B)	극수와 같다($B = p$)	2개 또는 극수만큼 설치
균압 접속	4극 이상 필요	불필요
용 도	저전압, 대전류	고전압, 소전류

41 수변전 설비에서 차단기의 종류 중 가스 차단기에 들어가는 가스의 종류는?

① CO_2 ② LPG
③ SF_6 ④ LNG

풀이

종류	진공 차단기 (VCB)	탱크형 유입 차단기 (OCB)	소유량형 유입 차단기 (LOCB)	가스 차단기 (GCB)	자기 차단기 (MBB)
소호매질	진공상태	절연유	절연유	SF_6	전자력

42 배전반 및 분전반의 설치 장소로 적합하지 못한 것은?

① 전기회로를 쉽게 조작할 수 있는 장소
② 개폐기를 쉽게 조작할 수 있는 장소
③ 안정된 장소
④ 은폐된 장소

풀이 배전반 및 분전반은 노출된 장소에 시설하여야 한다.

43 전선 6[mm²] 이하의 가는 단선을 직선 접속할 때 어느 방법으로 하여야 하는가?

① 브리타니어 접속 ② 트위스트 접속
④ 슬리브 접속 ④ 우산형 접속

풀이 트위스트 직선 접속

① 6[mm²] 이하의 단선인 경우에 적용되며, 다음 그림과 같이, 피복을 벗긴 두 전선을 120°의 각도로 교차시킨다. 이때, 피복의 끝에서 교차점까지의 길이는 약 30~35[mm]로 한다.
② 전선이 교차하는 점의 오른쪽을 펜치로 잡고 심선을 성기게 1회 꼰다.
③ 성기게 꼰 심선을 직각으로 세워서 다른 심선에 틈이 없도록 하여 4~5회 정도 감은 다음, 나머지 부분은 자르고 끝 부분을 오므린다.
④ 오른쪽 부분도 같은 방법으로 작업을 하여 완성한다.

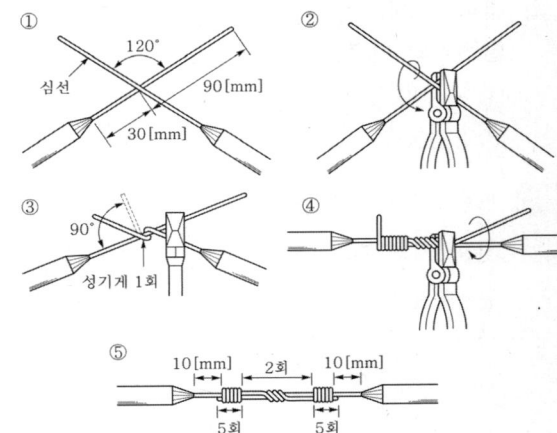

44 가공전선로의 지지물에 시설하는 지선은 지표상 몇 [cm]까지의 부분에 내식성이 있는 것 또는 아연도금을 한 철봉을 사용하여야 하는가?

① 15 ② 20
③ 30 ④ 50

풀이 331.11 지선의 시설
지중부분 및 지표상 0.3[m]까지의 부분에는 내식성이 있는 것 또는 아연도금을 한 철봉을 사용하고 쉽게 부식되지 않는 근가에 견고하게 붙일 것. 다만, 목주에 시설하는 지선에 대해서는 적용하지 않는다.

45 금속 전선관 공사에 필요한 공구가 아닌 것은?

① 파이프 바이스 ② 스트리퍼
③ 리머 ④ 오스터

풀이 와이어 스트리퍼(wire striper) : 절연 전선의 피복 절연물을 벗기는 자동 공구

답 41. ③ 42. ④ 43. ② 44. ③ 45. ②

46 2종 금속제 가요 전선관의 굵기(관의 호칭)가 아니는 것은?

① 10[mm]　　② 12[mm]
③ 16[mm]　　④ 24[mm]

풀이 제2종 금속제 가요 전선관의 호칭 : 10, 12, 15, 17, 24, 30, 38, 50, 63, 76, 83, 101[mm]

47 저압 보안공사 시 저압 가공전선로의 경간은 철탑의 경우 얼마 이하이어야 하는가?

① 100[m]　　② 150[m]
③ 400[m]　　④ 600[m]

풀이 222.10 저압 보안공사

지지물의 종류	경간
목주, A종 철주, A종 철근 콘크리트주	100[m]
B종 철주, B종 철근 콘크리트주	150[m]
철 탑	400[m]

48 저압 옥내 배선 공사에서 부득이한 경우, 전선 접속이 되는 것은?

① 가요 전선관 내　　② 합성 수지관 내
③ 금속관 내　　④ 금속 덕트 내

풀이 232.31 금속덕트공사
금속 덕트 안에는 전선에 접속점이 없도록 할 것. 다만, 전선을 분기하는 경우에는 그 접속점을 쉽게 점검할 수 있는 때에는 그러하지 아니하다.

49 캡타이어케이블의 조영재의 옆면에 따라 시설하는 경우 지지점 간의 거리는 얼마 이하로 하는가?

① 2[m]　　② 3[m]
③ 1[m]　　④ 1.5[m]

풀이 232.51 케이블공사
① 전선은 케이블 및 캡타이어케이블일 것.
② 전선을 조영재의 아랫면 또는 옆면에 따라 붙이는 경우에는 전선의 지지점 간의 거리를 케이블은 2[m](사람이 접촉할 우려가 없는 곳에서 수직으로 붙이는 경우에는 6[m]) 이하 캡타이어케이블은 1[m] 이하로 할 것.

50 철근 콘크리트주에 완금을 고정 시키려면 어떤 밴드를 사용하는가?

① 암 밴드　　② 지선 밴드
③ 래크 밴드　　④ 암타이 밴드

풀이 지지물에 전선을 고정시키기 위하여 사용하는 금구로 아연 도금을 한 앵글을 많이 사용한다. 완금이 상하로 움직이는 것을 방지하기 위하여 암 타이(arm tie)를 사용한다. 암 타이를 고정시키려면 암 타이 밴드(arm tie band)를, 지선에 붙일 때에는 지선 밴드(stay band)를 사용한다.

51 소맥분, 전분 기타 가연성의 분진이 존재하는 곳의 저압 옥내 배선공사 방법에 해당되지 않는 것은?

① 케이블 공사　　② 금속관 공사
③ 애자공사　　④ 합성수지관 공사

풀이 242.2.2 가연성 분진 위험장소
가연성 분진(소맥분·전분·유황 기타 가연성의 먼지로 공중에 떠다니는 상태에서 착화하였을 때에 폭발할 우려가 있는 것을 말하며 폭연성 분진을 제외한다. 이하 같다)에 전기설비가 발화원이 되어 폭발할 우려가 있는 곳에 시설하는 저압 옥내 전기설비는 저압 옥내배선 등은 합성수지관공사·금속관공사 또는 케이블공사에 의할 것.

52 교류 차단기에 포함되지 않는 것은?

① GCB　　② HSCB
③ VCB　　④ ABB

풀이 HSCB(high-speed circuit breaker)은 직류 고속도 차단기로 사고전류 검출 기능과 차단기능을 동시에 갖는다.

53 링 리듀서의 용도는?

① 박스내의 전선 접속에 사용
② 노크 아웃 직경이 접속하는 금속관보다 큰 경우 사용
③ 노크 아웃 구멍을 막는 데 사용
④ 노크 너트를 고정하는 데 사용

풀이 링 리듀서는 노크 아웃이 로크너트 보다 클 경우 사용한다.

54 일종의 전류 계전기로 보호 대상 설비에 유입되는 전류와 유출되는 전류의 차에 의해 동작하는 계전기는?

① 차동 계전기　　② 전류 계전기
③ 주파수 계전기　④ 재폐로 계전기

풀이 차동 계전기는 1차 전류와 2차 전류의 차에 의하여 동작하는 것으로 변압기, 동기기 등의 층간 단락 등의 내부 고장 보호에 사용된다.

55 절연전선을 동일 금속덕트 내에 넣을 경우 금속덕트의 크기는 전선의 피복절연물을 포함한 단면적의 총합계가 금속덕트 내 단면적 몇 [%] 이하가 되도록 선정하여야 하는가?
(단, 제어회로 등의 배선에 사용하는 전선만을 넣는 경우이다.)

① 30[%]　　　　② 40[%]
③ 50[%]　　　　④ 60[%]

풀이 232.31 금속덕트공사
① 전선은 절연전선(옥외용 비닐절연전선을 제외한다)일 것.

② 금속덕트에 넣은 전선의 단면적(절연피복의 단면적을 포함한다)의 합계는 덕트의 내부 단면적의 20[%](전광표시장치 기타 이와 유사한 장치 또는 제어회로 등의 배선만을 넣는 경우에는 50[%]) 이하일 것.

56 일반적으로 저압가공 인입선이 도로를 횡단하는 경우 노면상 시설하여야 할 높이는?

① 4[m] 이상　　② 5[m] 이상
③ 6[m] 이상　　④ 6.5[m] 이상

풀이 221.1.1 저압 인입선의 시설

설치장소		저압 인입선 높이	비고
도로 (차도) 횡단	일반	5[m] 이상	노면상
	기술상 부득이한 경우에 교통에 지장이 없을 때	3[m] 이상	노면상
철도 또는 궤도 횡단		6.5[m] 이상	레일면상
횡단보도교 위		3[m] 이상	노면상
기타	일반	4[m] 이상	지표상
	기술상 부득이한 경우에 교통에 지장이 없을 때	2.5[m] 이상	지표상

57 저압으로 수전한다고 할 때 수용가 설비의 인입구로부터 기기까지의 전압 강하는 조명인 경우 몇 [%] 이하로 하는 것을 원칙으로 하는가?

① 2　　② 3　　③ 4　　④ 5

풀이 232.3.9 수용가 설비에서의 전압강하

설비의 유형	조명	기타
A - 저압으로 수전하는 경우	3[%] 이하	5[%] 이하
B - 고압 이상으로 수전하는 경우[a]	6[%] 이하	8[%] 이하

[a] 가능한 한 최종회로 내의 전압강하가 A 유형의 값을 넘지 않도록 하는 것이 바람직하다.
사용자의 배선설비가 100[m]를 넘는 부분의 전압강하는 미터 당 0.005[%] 증가할 수 있으나 이러한 증가분은 0.5[%]를 넘지 않아야 한다.

58 화약류의 분말이 전기설비가 발화원이 되어 폭발할 우려가 있는 곳에 시설하는 저압 옥내 배선의 공사 방법으로 가장 알맞은 것은?

① 금속관 공사

② 애자공사

③ 버스덕트 공사

④ 합성수지몰드 공사

풀이 242.2.1 폭연성 분진 위험장소

폭연성 분진(마그네슘, 알루미늄, 티탄, 지르코늄 등의 먼지로 쌓여진 상태에서 착화된 때에 폭발할 우려가 있는 것), 화약류 분말이 존재하는 곳, 가연성의 가스 또는 인화성 물질의 증기가 새거나 체류하는 곳의 전기 공작물은 금속관 공사, 또는 케이블 공사(캡타이어 케이블을 제외한다)에 의하여야 하며 금속관 공사를 하는 경우 관 상호 및 관과 박스 등은 5턱 이상의 나사 조임으로 접속하여야 한다.

59 먼지가 많은 장소에 사용되는 소켓은?

① 키 소켓   ② 분기 소켓

③ 키리스 소켓   ④ 풀 소켓

풀이 스파크로 인한 화재의 위험성이 있는 곳은 키리스 소켓을 사용한다.

60 한 수용 장소의 인입선에서 분기하여 지지물을 거치지 아니하고 다른 수용장소의 인입구에 이르는 부분의 전선을 무엇이라 하는가?

① 가공전선   ② 공동지선

③ 가공인입선   ④ 연접인입선

풀이 연접 인입선 : 한 수용 장소의 인입선에서 분기하여 지지물을 거치지 아니하고 다른 수용 장소의 인입구에 이르는 부분의 전선

① 인입선에서 분기하는 점으로부터 100[m]를 넘지 않는 지역이어야 한다.

② 폭 5[m]를 초과하는 도로를 횡단하지 말 것

③ 옥내를 통과하지 아니할 것

01 Q[C]의 전기량이 도체를 이동하면서 한 일을 W[J]이라 했을 때 전위차 V[V]를 나타내는 관계식으로 옳은 것은?

① $V = QW$

② $V = \dfrac{W}{Q}$

③ $V = \dfrac{Q}{W}$

④ $V = \dfrac{1}{QW}$

풀이 전력은 전계가 1초 동안 한 일로 정의된다.

전력의 단위는 일반적으로 watt[W]를 사용하며 $1[W] = 1[J/s] = 1[VA]$의 관계가 있다.

전력 $P = \dfrac{dW}{dt} = \dfrac{dQ}{dt} V$[W]이므로

따라서 $V = \dfrac{W}{Q}$[V]이다.

02 용량이 250[kVA]인 단상변압기 3대를 △ 결선으로 운전 중 1대가 고장 나서 V결선으로 운전하는 경우 출력은 약 몇 [kVA]인가?

① 144[kVA]

② 353[kVA]

③ 433[kVA]

④ 525[kVA]

풀이 △결선 사용중 1대가 소손이 되면 V결선으로 사용이 가능하다.

V결선시 출력은 1대의 용량의 $\sqrt{3}$ 배이므로 $P_V = \sqrt{3} P_1$에서 $P_V = \sqrt{3} \times 250 = 433$[kVA]가 된다.

03 $e = 141\sin\left(120\pi t - \dfrac{\pi}{3}\right)$인 파형의 주파수는 몇 [Hz]인가?

① 120

② 60

③ 30

④ 15

풀이 $\omega = 2\pi f = 120\pi$이므로 $f = 60$[Hz]가 된다.

04 그림에서 a–b 간의 합성저항은 c–d 간의 합성저항 보다 몇 배인가?

① 1배
② 2배
③ 3배
④ 4배

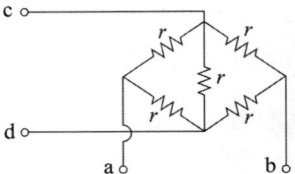

풀이 ① a–b 간의 합성저항

브리지 회로로 현재 평형상태이다. 평형상태의 경우 브리지 저항 (가운데)r은 없다고 볼 수 있으며, 이 경우 합성저항은

$$R_{ab} = \frac{(r+r) \cdot (r+r)}{(r+r) + (r+r)} = \frac{2r \cdot 2r}{2r + 2r} = r$$

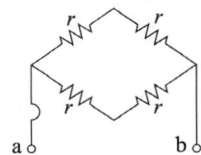

② c–d 간의 합성저항

저항 r 2개가 직렬로 연결된 회로 2개와 저항 r 1개인 회로가 서로 병렬로 연결된 회로이므로 합성저항은

$$R_{cd} = \cfrac{1}{\cfrac{1}{(r+r)} + \cfrac{1}{r} + \cfrac{1}{(r+r)}}$$

$$= \cfrac{1}{\cfrac{1}{2r} + \cfrac{1}{r} + \cfrac{1}{2r}} = \frac{r}{2}$$

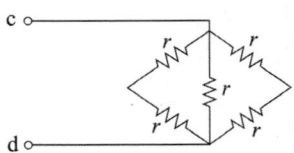

따라서 $\dfrac{R_{ab}}{R_{cd}} = \dfrac{r}{\dfrac{r}{2}} = 2$ 배가 된다.

05 $I = 8 + j6$[A]로 표시되는 전류의 크기 I는 몇 [A]인가?

① 6 ② 8 ③ 10 ④ 12

풀이 전류의 크기 $|I| = |8 + j6| = \sqrt{8^2 + 6^2} = 10$[A]

06 저항 9[Ω], 용량리액턴스 12[Ω]의 직렬 회로의 임피던스는 몇 [Ω]인가?

① 3 ② 15 ③ 21 ④ 32

풀이 임피던스 $Z = \sqrt{R^2 + X^2}$ 에서
$Z = \sqrt{9^2 + 12^2} = 15$ [Ω] 이 된다.

07 PN 접합의 순방향 저항은 (㉠), 역방향 저항은 매우(㉡), 따라서 (㉢)작용을 한다. ( )안에 들어갈 말로 옳은 것은?

① ㉠ 크고, ㉡ 크다, ㉢ 정류
② ㉠ 작고, ㉡ 크다, ㉢ 정류
③ ㉠ 작고, ㉡ 작다, ㉢ 검파
④ ㉠ 작고, ㉡ 크다, ㉢ 검파

풀이 pn 접합 다이오드는 순방향으로만 전류가 흐르는 특성(정류)이 있고, 이 pn 접합 반도체를 다이오드라 한다.

08 제벡 효과에 대한 설명으로 틀린 것은?

① 두 종류의 금속을 접속하여 폐회로를 만들고, 두 접속점에 온도의 차이를 주면 기전력이 발생하여 전류가 흐른다.
② 열기전력의 크기와 방향은 두 금속 점의 온도차에 따라서 정해진다.
③ 열전쌍(열전대)은 두 종류의 금속을 조합한 장치이다.
④ 전자 냉동기, 전자 온풍기에 응용된다.

풀이
- 제벡 효과 : 두 금속 접속점 간에 온도차가 있으면 열기전력(전류)이 발생하는 현상으로 열전 온도계 및 열전대에 사용된다.
- 펠티에 효과 : 서로 다른 두 종류의 금속으로 폐회로를 만들고 온도를 일정하게 유지하면서 전류를 흘려주면 금속의 접합점에서 열의 흡수 또는 발생이 일어나는 현상으로 전자냉동 혹은 열전냉동에 사용된다.

09 전기와 자기의 요소를 서로 대칭되게 나타내지 않은 것은?

① 전계 – 자계 ② 전속 – 자속
③ 유전율 – 투자율 ④ 전속밀도 – 자기량

풀이 전속밀도는 자속밀도에 해당한다.

10 교류 100[V]의 최댓값은 약 몇 [V]인가?

① 90 ② 100
③ 111 ④ 141

풀이

파형	정현파	정현반파	삼각파	구형반파	구형파
실효값	$\dfrac{V_m}{\sqrt{2}}$	$\dfrac{V_m}{2}$	$\dfrac{V_m}{\sqrt{3}}$	$\dfrac{V_m}{\sqrt{2}}$	V_m
평균값	$\dfrac{2V_m}{\pi}$	$\dfrac{V_m}{\pi}$	$\dfrac{V_m}{2}$	$\dfrac{V_m}{2}$	V_m

정현파의 경우 실효값과 최댓값의 관계는
$V = \dfrac{V_m}{\sqrt{2}}$ 이므로
최댓값 $V_m = \sqrt{2} \times 100 = 141$[V]가 된다.

11 평균 반지름이 10[cm]이고 감은 횟수 10회의 원형 코일에 5[A]의 전류를 흐르게 하면 코일 중심의 자장의 세기[AT/m]는?

① 250 ② 500
③ 750 ④ 1000

풀이 원형 코일 중심의 자장의 세기

$$H = \frac{NI}{2r} = \frac{10 \times 5}{2 \times 10 \times 10^{-2}} = 250 [\text{AT/m}]$$

12 비사인파의 일반적인 구성이 아닌 것은?

① 삼각파   ② 고조파

③ 기본파   ④ 직류분

풀이 비정현파 교류 = 직류분 + 기본파 + 고조파

13 그림과 같은 RC 병렬회로의 위상각 θ는?

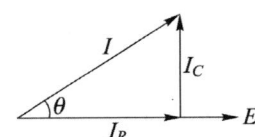

① $\tan^{-1} \dfrac{\omega C}{R}$ ② $\tan^{-1} \omega CR$

③ $\tan^{-1} \dfrac{R}{\omega C}$ ④ $\tan^{-1} \dfrac{1}{\omega CR}$

풀이 순시전류

① RL 병렬회로

$$i = \sqrt{\left(\frac{1}{R}\right)^2 + \left(\frac{1}{\omega L}\right)^2} \cdot V_m \sin\left(\omega t - \tan^{-1}\frac{R}{\omega L}\right)[\text{A}]$$

② RC 병렬회로

$$i = \sqrt{\left(\frac{1}{R}\right)^2 + (\omega C)^2} \cdot V_m \sin\left(\omega t + \tan^{-1}\omega CR\right)[\text{A}]$$

14 그림과 같은 평형 3상 △ 회로를 등가 Y결선으로 환산하면 각상의 임피던스는 몇 [Ω]이 되는가? (단, $Z = 12[\Omega]$이다.)

① 48[Ω]

② 36[Ω]

③ 4[Ω]

④ 3[Ω]

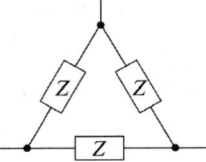

풀이 세 임피던스의 값이 모두 동일한 경우 △결선을 Y결선으로 변경하면 1/3배가 되고, Y결선을 △결선으로 변경하면 3배가 된다.

$$\therefore Z_Y = \frac{1}{3}Z_\Delta = \frac{1}{3} \times 12 = 4[\Omega]$$

15 컨덕턴스 $G[\mho]$, 저항 $R[\Omega]$, 전압 $V[\text{V}]$, 전류를 $I[\text{A}]$라 할 때 G와의 관계가 옳은 것은?

① $G = \dfrac{R}{V}$ ② $G = \dfrac{I}{V}$

③ $G = \dfrac{V}{R}$ ④ $G = \dfrac{V}{I}$

풀이 저항 R의 역수를 컨덕턴스(conductance), G라 하고, 다음과 같이 표시한다.

$$G = \frac{1}{R} = \sigma \frac{S}{l} = \frac{S}{\rho l} [\mho]$$

옴의 법칙에서 $I = \dfrac{V}{R}[\text{A}]$이므로,

$G = \dfrac{1}{R}$을 대입하여 정리하면,

$I = \dfrac{V}{R} = VG[\text{A}]$, 따라서 $G = \dfrac{I}{V}[\mho]$이다.

16 기전력 1.5[V], 내부 저항 0.2[Ω]인 전지 5개를 직렬로 연결하고 이를 단락하였을 때의 단락전류 [A]는?

① 1.5   ② 4.5

③ 7.5   ④ 15

풀이 건전지 5개를 직렬로 접속할 경우 전압은 연결 개수의 배수로 증가하며, 내부저항은 직렬로 5개가 연결된 것이 된다. 등가회로는 그림과 같다.

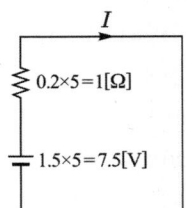

이때 흐르는 전류는

$I = \dfrac{V}{R} = \dfrac{7.5}{1} = 7.5[\text{A}]$ 가 된다.

17 전압 220[V], 전류 10[A], 역률 0.8인 3상 전동기 사용 시 소비전력은?

① 약 1.5[kW]　　② 약 3.0[kW]
③ 약 5.2[kW]　　④ 약 7.1[kW]

풀이 $P = \sqrt{3}\, VI\cos\theta = \sqrt{3} \times 220 \times 10 \times 0.8$
　　　$= 3048[\text{W}] \fallingdotseq 3[\text{kW}]$

18 저항 4[Ω], 유도리액턴스 8[Ω], 용량리액턴스 5[Ω] 이 직렬로 된 회로에서의 역률은 얼마인가?

① 0.8　　　　② 0.7
③ 0.6　　　　④ 0.5

풀이 임피던스 $Z = R + jX_L - jX_C$ 에서
$Z = 4 + j8 - j5 = 4 + j3[\Omega]$ 이므로
역률 $\cos\theta = \dfrac{R}{\sqrt{R^2 + X^2}} = \dfrac{4}{\sqrt{4^2 + 3^2}} = 0.8$

19 유전율이 ϵ의 유전체 내에 있는 전하는 Q[C]에서 나오는 전기력선의 수는?

① Q　　　　② $\dfrac{Q}{\epsilon_0}$

③ $\dfrac{Q}{\epsilon}$　　　④ $\dfrac{Q}{\epsilon_s}$

풀이 가우스 법칙 : 유전율이 ϵ의 유전체 내에 있는 전하는 Q의 전하에서는 Q개의 전속이 나오며, $\dfrac{Q}{\epsilon}$ 개의 전기력선이 나온다.

20 어떤 회로에 $e = 100\sqrt{2}\,\sin\omega t[\text{V}]$의 교류 전압을 가해서 $i = 10\sqrt{2}\,\sin\left(\omega t - \dfrac{\pi}{6}\right)[\text{A}]$ 의 전류가 흘렀다. 무효 전력[Var]은?

① 50　　　　② 100
③ 500　　　④ 1,000

풀이 전압과 전류의 위상차가
$\theta = \dfrac{\pi}{6}[\text{rad}] = 30[°]$이므로
$P_r = VI\sin\theta = 100 \times 10 \times \sin 30° = 500[\text{Var}]$

21 단락비가 큰 동기 발전기에 대한 설명으로 틀린 것은?

① 단락 전류가 크다.
② 동기 임피던스가 작다.
③ 전기자 반작용이 크다.
④ 공극이 크고 전압 변동률이 작다.

풀이 단락비는 기계적 특성을 잘 나타내는 수치로서 일반적으로 단락비가 큰 기계는
① 동기임피던스(리액턴스)가 작기 때문에, 단락전류가 크고 전기자 반작용이 작다.
② 전압강하 및 전압강하율, 전압변동률이 작다.
③ 안정도가 좋다.
④ 철이 많이 사용되어 철기계라 불린다.
⑤ 공극이 크고, 기계 형태 중량이 증가한다.

22 12극과 8극인 2개의 유도전동기를 종속법에 의한 직렬 종속법으로 속도 제어할 때 전원 주파수가 50[Hz]인 경우 무부하 속도 N은 몇 [rps]인가?

① 5　　　　② 50
③ 300　　　④ 3,000

풀이 $N = \dfrac{120f}{p_1 + p_2} = \dfrac{120 \times 50}{12 + 8} = 300[\text{rpm}]$

$\qquad = \dfrac{300}{60} = 5[\text{rps}]$

풀이 $\eta = \dfrac{출력}{출력 + 손실} \times 100[\%]$ 이므로

$\qquad 손실 = \dfrac{출력}{\eta} - 출력 = \dfrac{10}{0.8} - 10 = 2.5[\text{kW}]$

23 직류기에서 보극을 두는 가장 주된 목적은?

① 기동 특성을 좋게 한다.

② 전기자 반작용을 크게 한다.

③ 정류 작용을 돕고 전기자 반작용을 약화 시킨다.

④ 전기자 자속을 증가시킨다.

풀이 보극은 중성대 부근의 반작용을 없애는 데는 유효하나, 전기자 전면에 분포되어 있는 보상 권선에는 비교가 되지 않는다. 균압환은 국부 전류가 브러시를 통하여 흐르지 못하게 하는 작용을 하는 것이며, 탄소 브러시는 저항 정류 시에 쓰이는 것이다.

24 유도 전동기에서 슬립이 0이란 것은 어느 것과 같은가?

① 유도 전동기가 동기 속도로 회전 한다.

② 유도 전동기가 정지 상태이다.

③ 유도 전동기가 전부하 운전 상태이다.

④ 유도 제동기가 역할을 한다.

풀이 $s = \dfrac{N_s - N}{N_s}$ 이므로 회전자 정지 시 $s = 1$, 동기 속도일 때 $s = 0$이다.

25 출력 10[kW], 효율 80[%]인 기기의 손실은 약 몇 [kW]인가?

① 0.6[kW]   ② 1.1[kW]

③ 2.0[kW]   ④ 2.5[kW]

26 자체 인덕턴스가 각각 160[mH], 250[mH]의 두 코일이 있다. 두 코일 사이의 상호 인덕턴스가 150[mH]이면 결합계수는?

① 0.5   ② 0.62

③ 0.75   ④ 0.86

풀이 상호인덕턴스 $M = k\sqrt{L_1 L_2}$ 에서

결합계수 $k = \dfrac{M}{\sqrt{L_1 L_2}} = \dfrac{150}{\sqrt{160 \times 250}} = 0.75$

27 다음 중 병렬운전 시 균압선을 설치해야 하는 직류 발전기는?

① 분권   ② 차동복권

③ 평복권   ④ 부족복권

풀이
- 직권 계자가 있는 발전기나 복권 발전기는 병렬운전을 안정하게 하기 위하여 균압선을 설치하여야 한다.
- 복권 발전기 중 차동 복권이나 부족 복권은 외부 특성이 분권발전기와 같으므로 그대로 병렬운전을 할 수 있으나, 평복권과 과복권은 병렬운전을 안정히 하기 위하여 균압선을 설치하여야 한다.

28 다음 중 토크(회전력)의 단위는?

① [rpm]   ② [W]

③ [N·m]   ④ [N]

풀이 [rpm] : 회전수, [W] : 전력

[N·m] : 토크, [N] : 힘

29 동기 발전기의 병렬운전 중에 기전력의 위상차가 생기면?

① 위상이 일치하는 경우보다 출력이 감소한다.

② 부하 분담이 변한다.

③ 무효 순환전류가 흘러 전기자 권선이 과열된다.

④ 동기화력이 생겨 두 기전력의 위상이 동상이 되도록 작용한다.

풀이 두 발전기의 기전력의 위상차가 있을 때 동기화전류(유효횡류)가 흐르며, 수수전력이 발생하고, 동기화력이 생긴다.

30 유도 전동기에서 비례추이를 적용할 수 없는 것은?

① 토크   ② 1차 전류

③ 부하   ④ 역률

풀이 비례 추이할 수 있는 특성은 1차 전류, 2차 전류, 역률, 동기 와트 등이고, 할 수 없는 것은 출력 외에 2차 동손, 효율 등이다.

31 다음 중 유도전동기의 속도제어에 사용되는 인버터장치의 약호는?

① CVCF   ② VVVF

③ CVVF   ④ VVCF

풀이 유도 전동기의 속도제어에 사용되는 것은 인버터라 하며 가변전압가변주파수 장치를 말한다. 약호로는 VVVF로 적는다.

32 다음 중 역률이 가장 좋은 전동기는?

① 반발 기동 전동기

② 동기 전동기

③ 농형 유도 전동기

④ 교류 정류자 전동기

풀이 동기전동기는 V곡선에서 역률을 1로 할 수 있다.

33 변압기의 자속에 관한 설명으로 옳은 것은?

① 전압과 주파수에 반비례한다.

② 전압과 주파수에 반비례한다.

③ 전압에 반비례하고 주파수에 비례한다.

④ 전압에 비례하고 주파수에 반비례한다.

풀이 변압기의 유도 기전력 $E = 4.44Nf\phi_m$[V]에서

$\phi_m = \dfrac{E}{4.44fN}$[Wb]가 된다.

따라서, 자속은 전압에 비례하고, 주파수에 반비례한다.

34 다음 중 반도체 정류 소자로 사용할 수 없는 것은?

① 게르마늄   ② 비스무트

③ 실리콘   ④ 산화구리

풀이
- 반도체로 사용하는 정류 소자는 최외각 전자의 수가 4개인 원소이다.
- 비스무트는 녹는 점이 낮아 납을 대체하여 사용되며 주물공장과 원자로에도 쓰인다.

35 유도 전동기에 대한 설명 중 옳은 것은?

① 유도발전기일 때의 슬립은 1보다 크다.

② 유도전동기 회전자 회로의 주파수는 슬립에 반비례한다.

③ 전동기 슬립은 2차 동손을 2차 입력으로 나눈 것과 같다.

④ 슬립이 크면 클수록 2차 효율은 커진다.

풀이 ① 유도 발전기(비동기 발전기)

$s < 0$

② 유도 전동기 회전자 주파수는 슬립에 비례

$f' = sf$

답 29. ④ 30. ③ 31. ② 32. ② 33. ④ 34. ② 35. ③

③ 전동기 슬립은 2차 동손을 2차 입력으로 나눈 것과 같다.

$$s = \frac{P_{c2}}{P_2}$$

④ 슬립이 클수록 2차 효율은 작아진다.

$$\eta_2 = (1-s)$$

36 자극수 6, 파권 전기자 도체수 400의 직류 발전기를 600[rpm]의 회전 속도로 무부하 운전할 때 기전력 120[V]이다. 1극당 주자속 [Wb]은?

① 0.89   ② 0.09

③ 0.47   ④ 0.01

풀이 $E = \dfrac{pZ}{a}\Phi\dfrac{N}{60}$ 에서

$$120 = \frac{6 \times 400}{2} \times \Phi \times \frac{600}{60}$$

(단, 파권이므로 $a=2$, Z(총 도체수)$=400$)

∴ $\Phi = 0.01$[Wb]

37 다음 중 SCR의 기호는?

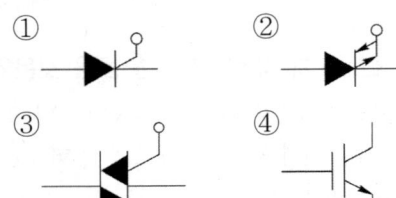

풀이

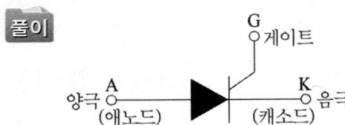

38 다음 그림의 직류 전동기는 어떤 전동기인가?

① 직권 전동기
② 타여자 전동기
③ 분권 전동기
④ 복권 전동기

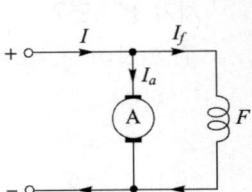

풀이 직류 전동기의 종류

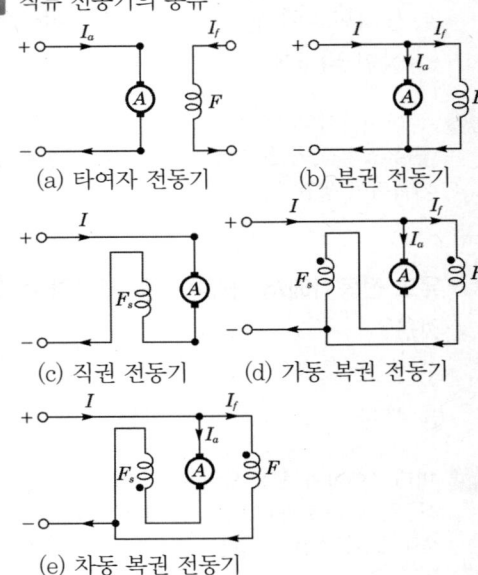

(a) 타여자 전동기   (b) 분권 전동기

(c) 직권 전동기   (d) 가동 복권 전동기

(e) 차동 복권 전동기

39 A, B의 동기 발전기를 병렬 운전 중 A기의 부하 분담을 크게 하려면?

① A기의 속도를 증가
② A기의 계자를 증가
③ B기의 속도를 증가
④ B기의 계자를 증가

풀이 두 대의 동기 발전기를 병렬 운전하고 있을 경우 유효 전력의 분담은 원동기의 속도 특성에 따라 정해진다.

40 철심에 권선을 감고 전류를 흘려서 공극(air gap)에 필요한 자속을 만드는 것은?

① 정류자   ② 계자

③ 회전자   ④ 전기자

풀이 ① 정류자 : 정류 작용

② 계자 : 자속을 만듦

③ 회전자 : 전기자가 일반적으로 회전자에 해당한다.

④ 전기자 : 기전력을 유기함

41 전선에 안전하게 흘릴 수 있는 최대 전류를 무슨 전류라 하는가?

① 과도전류   ② 전도전류

③ 허용전류   ④ 맥동전류

풀이 전선에서 안전하게 흘릴 수 있는 전류를 그 전선의 허용전류라 한다.

42 다음 중 덕트공사의 종류가 아닌 것은?

① 금속 덕트공사

② 버스 덕트공사

③ 케이블 덕트공사

④ 플로어 덕트공사

풀이 덕트 공사의 종류에는 금속 덕트공사, 버스 덕트공사, 플로어 덕트공사가 있다.

43 금속관공사를 할 때 앤트런스 캡의 사용으로 옳은 것은?

① 금속관이 고정되어 회전시킬 수 없을 때 사용

② 저압 가공 인입선의 인입구에 사용

③ 배관의 지각의 굴곡 부분에 사용

④ 조명기구가 무거울 때 조명 기구의 부착 등에 사용

풀이 엔트런스 캡은 옥외 공사의 금속관 인입구에 설치하며 빗물의 침입을 막는 곳에 사용한다.

44 교통 신호등의 시설을 다음과 같이 하였다. 이 공사 중 바르지 못한 것은?

① 전선은 450/750[V] 일반용 단심 비닐 전선을 사용하였다.

② 신호등의 인하선은 지표상 2.5[m]로 하였다.

③ 도로를 횡단할 때에도 지표상 6[m]로 하였다.

④ 제어 장치의 금속제 외함은 접지하지 않았다.

풀이 234.15 교통신호등

교통신호등의 제어장치의 금속제 외함 및 신호등을 지지하는 철주에는 접지공사를 하여야 한다.

45 직류 전동기 운전 중에 있는 기동 저항기에서 정전이거나 전원 전압이 저하되었을 때 핸들을 정지 위치에 두는 역할을 하는 것은?

① 부족전압 계전기

② 계자 제어

③ 기동저항

④ 과부하계전기

풀이 부족전압 계전기 : 전압이 부족한 상태에서 전동기를 기동하게 되면 정격속도에 이르기 어렵고, 운전 중 전압이 부족하게 되면 속도가 떨어지고 과도한 전류가 흐르게 되므로 부족전압에 대한 보호를 하여야 한다.

답 40. ②   41. ③   42. ③   43. ②   44. ④   45. ①

46 지중 또는 수중에 시설되는 금속체의 부식을 방지하기 위한 전기부식방지 회로의 사용전압은?

① 직류 60[V] 이하

② 교류 60[V] 이하

③ 직류 750[V] 이하

④ 교류 600[V] 이하

풀이 241.16 전기부식방지 시설
전기부식방지 회로(전기부식방지용 전원 장치로부터 양극 및 피방식체까지의 전로를 말한다)의 사용전압은 직류 60[V] 이하일 것.

47 인입용 비닐절연전선의 공칭단면적 8[mm^2] 되는 연선의 구성은 소선의 지름이 1.2[mm] 일 때 소선수 는 몇 가닥으로 되어 있는가?

① 3

② 4

③ 6

④ 7

풀이 • 소선의 단면적

$$a = \frac{\pi d^2}{4} = \frac{\pi \times 1.2^2}{4} ≒ 1.13[mm^2]$$

• 연선의 단면적 $A = Na[mm^2]$이므로,

따라서 소선의 총 수 $N = \frac{A}{a} = \frac{8}{1.13} ≒ 7$가닥

48 금속 전선관 공사에서 사용되는 후강 전선관의 규격이 아닌 것은?

① 16

② 28

③ 36

④ 50

풀이 후강 전선관의 안지름 크기는 짝수로 표현하며 16, 22, 28, 36, 42, 54, 70, 82, 92, 104[mm]의 10종이 있다.

49 배전설계를 위한 전등 및 소형 전기기계 기구의 부하용량 산정 시 건축물의 종류에 대응한 표준부하에서 원칙적으로 표준부하를 20 [VA/m^2]으로 적용하여야 하는 건축물은?

① 교회, 극장

② 학교, 음식점

③ 은행, 상점

④ 아파트, 이용원

풀이 표준부하밀도

건축물의 종류	표준 부하 [VA/m^2]
공장, 공회당, 사원, 교회, 극장, 영화관, 연회장 등	10
기숙사, 여관, 호텔, 병원, 학교, 음식점, 다방, 대중 목욕탕	20
사무실, 은행, 상점, 이발소, 미장원	30
주택, 아파트	40

50 철판에 전선관이 들어갈 구멍을 뚫는데 적당한 공구는 무엇인가?

① 둥근 쇠줄

② 도래 송곳

③ 홀소

④ 파이프 커터

풀이 도래 송곳은 목재 구멍을 뚫고, 파이프 커터는 전선관을 절단하는 데 사용하며, 홀소는 철판에 구멍을 뚫는데 사용한다.

51 저압 가공전선 또는 고압 가공전선이 도로를 횡단하는 경우 전선의 지표상 최소 높이는?

① 2[m]

② 3[m]

③ 5[m]

④ 6[m]

풀이 222.7 저압 가공전선의 높이
332.5 고압 가공전선의 높이

설치장소	가공전선의 높이
도로횡단 (번잡하지 않은 도로 제외)	지표상 6[m] 이상

설치장소		가공전선의 높이
철도 또는 궤도 횡단		레일면상 6.5[m] 이상
횡단 보도교 위	저압	노면상 3.5[m] 이상 (단, 절연전선의 경우 3[m] 이상)
	고압	노면상 3.5[m] 이상
일반장소		지표상 5[m] 이상. 단, 저압의 경우 절연전선 또는 케이블을 사용하여 교통에 지장이 없도록 하여 옥외조명용에 공급하는 경우 4[m]까지 감할 수 있다.
다리의 하부 기타 이와 유사한 장소		저압의 전기철도용 급전선은 지표상 3.5[m]까지로 감할 수 있다.

52 애자공사에 의한 저압 옥내배선 시설 중 틀린 것은?

① 전선은 인입용 비닐 절연전선일 것
② 전선 상호 간의 간격은 6[cm] 이상일 것
③ 전선의 지지점 간의 거리는 전선을 조영재의 윗면에 따라 붙일 경우에는 2[m] 이하일 것
④ 전선과 조영재 사이의 이격거리는 사용전압이 400[V] 이하인 경우에는 2.5[cm] 이상일 것

풀이 232.56 애자공사
가. 전선의 종류 : 절연 전선. 단, 옥외용 비닐 절연 전선(OW) 및 인입용 비닐 절연 전선(DV)은 제외한다.
나. 이격 거리

전 압		전선과 조영재와의 이격 거리	전선 상호 간격	전선 지지점 간의 거리	
				조영재의 윗면 또는 옆면에 따라 시설	조영재에 따라 시설하지 않는 경우
저압	400[V] 이하	2.5[cm] 이상			–
	400[V] 초과	건조한 장소 2.5[cm] 이상	6[cm] 이상	2[m] 이하	6[m] 이하
		기타의 장소 4.5[cm] 이상			

53 화약고 등의 위험장소의 배선 공사에서 전로의 대지 전압은 몇 [V] 이하이어야 하는가?

① 300[V]
② 400[V]
③ 500[V]
④ 600[V]

풀이 242.5.1 화약류 저장소에서 전기설비의 시설
① 저압 옥내배선은 금속관공사 또는 케이블공사(캡타이어케이블을 사용하는 것을 제외한다)에 의할 것.
② 전로에 대지전압은 300[V] 이하일 것.
③ 전기기계기구는 전폐형의 것일 것

54 전선로의 직선부분을 지지하는 애자는?

① 핀애자
② 지지애자
③ 가지애자
④ 구형애자

풀이
• 핀애자 : 전선로의 직선 부분의 전선 지지물로 사용하는 애자
• 지지애자 : 전력용 기기의 절연 지지용 또는 모선의 지지용으로 사용하는 애자
• 가지애자 : 배전선로에서 전선로의 방향을 바꿀 때 쓰이는 애자이다.
• 구형애자 : 두 지지선 등을 비전기적으로 연결할 때 전기적 절연을 위하여 사용되는 구모양의 애자

55 일반적으로 정크션 박스 내에서 사용되는 전선 접속방식은?

① 슬리이브
② 코오드놋트
③ 코오드파아스너
④ 와이어커넥터

풀이 정크션 박스 내에서 전선을 접속할 경우 와이어 커넥터를 사용하여 접속하여야 한다.

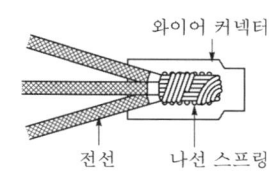 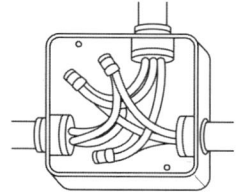

와이어 커넥터
전선
나선 스프링

56 공장 내 등에서 대지전압이 150[V]를 초과하고 300[V] 이하인 전로에 백열전등을 시설할 경우 다음 중 잘못된 것은?

① 백열전등은 사람이 접촉될 우려가 없도록 시설하였다.

② 백열전등은 옥내배선과 직접 접속을 하지 않고 시설하였다.

③ 백열전등의 소켓은 키 및 점멸기구가 없는 것을 사용 하였다.

④ 백열전등 회로에는 규정에 따라 누전차단기를 설치하였다.

풀이 백열전등 또는 방전등

① 백열전등 또는 방전등 및 이에 부속하는 전선은 사람이 접촉할 우려가 없도록 시설할 것

② 백열전등의 전구 수구는 키 기타의 점멸 기구가 없는 것일 것

③ 백열전등, 또는 방전등용 안정기는 저압의 옥내 배선과 직접 접속하여 시설할 것

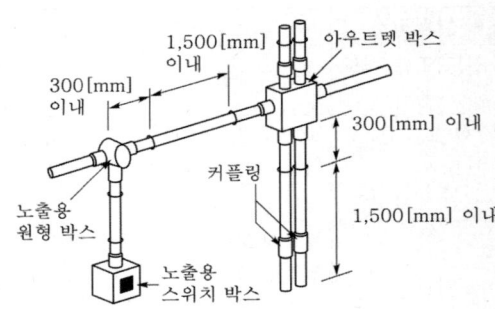

58 고압 가공 전선로의 전선의 조수가 3조일 때 완금의 길이는?

① 1200[mm] ② 1400[mm]

③ 1800[mm] ④ 2400[mm]

풀이 가공 전선로의 장주에 사용되는 완금의 표준 길이

전선의 개수	특고압	고압	저압
2	1800[mm]	1400[mm]	900[mm]
3	2400[mm]	1800[mm]	1400[mm]

57 합성수지관 공사에서 옥외 등 온도 차가 큰 장소에 노출 배관을 할 때 사용하는 커플링은?

① 신축커플링(0C)

② 신축커플링(1C)

③ 신축커플링(2C)

④ 신축커플링(3C)

59 박스에 금속관을 고정할 때 사용하는 것은?

① 유니온 커플링 ② 로크너트

③ 부싱 ④ C형 밸브

풀이 로크너트 : 금속관을 박스에 고정할 때 사용한다.

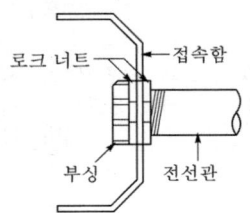 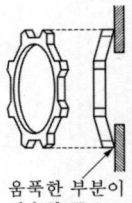

풀이 배관의 지지

① 배관의 지지점 사이의 거리는 다음 그림과 같이 1.5[m] 이하로 하고, 관과 관, 관과 박스의 접속점 및 관 끝은 각각 300[mm] 이내에 지지한다.

② 가는 전선관의 지지점 사이의 거리는 0.8~1.2 [m]가 적당하다.

③ 옥외 등 온도차가 큰 장소에 노출 배관을 할 때에는 12~20[m]마다 신축 커플링(3C)을 사용한다. 신축되는 부분에는 접착제를 사용하지 않는다.

60 가공 전선로의 지지물을 지선으로 보강하여
　서는 안되는 것은?

① 목주
② A종 철근콘크리트주
③ B종 철근콘크리트주
④ 철탑

풀이 331.11 지선의 시설
　가공전선로의 지지물로 사용하는 철탑은 지선을 사
　용하여 그 강도를 분담시켜서는 아니 된다.

01 세변의 저항 $R_a = R_b = R_c = 15[\Omega]$인 Y결선 회로가 있다. 이것과 등가인 △ 결선 회로의 각 변의 저항은?

① $\dfrac{15}{\sqrt{3}}[\Omega]$ ② $\dfrac{15}{3}[\Omega]$

③ $15\sqrt{3}[\Omega]$ ④ $45[\Omega]$

풀이 세 저항의 값이 모두 동일한 경우 △결선을 Y결선으로 변경하면 1/3배가 되고, Y결선을 △결선으로 변경하면 3배가 된다.

02 최댓값이 110[V]인 사인파 교류 전압이 있다. 평균값은 약 몇 [V]인가?

① 30[V] ② 70[V]
③ 100[V] ④ 110[V]

풀이 정현파의 평균값 $= \dfrac{2V_m}{\pi} = \dfrac{2 \times 110}{\pi} ≒ 70[V]$

03 10[℃], 5000[g]의 물을 40[℃]로 올리기 위하여 1[kW]의 전열기를 쓰면 몇 분이 걸리게 되는가? (단, 여기서 효율은 80[%]라고 한다.)

① 약 13분 ② 약 15분
③ 약 25분 ④ 약 50분

풀이 열량 $Q = 860Pt\eta = mC(\theta_2 - \theta_1)[kcal]$이고, 물의 비열은 1이므로,
(단, P : 소비전력[kW], t : 시간[h], η : 효율
  m : 중량[kg], C : 비열[kcal/kg℃]
  θ_1 : 가열 전 온도[℃], θ_2 : 가열 후 온도[℃]
$\therefore t = \dfrac{mC(\theta_2 - \theta_1)}{860P\eta} = \dfrac{5 \times 1 \times (40-10)}{860 \times 1 \times 0.8}$
  $= 0.218[시간] = 13.08[분]$

04 저항 5[Ω], 유도리액턴스 30[Ω], 용량리액턴스 18[Ω]인 RLC 직렬회로에 130[V]의 교류 전압을 가할 때 흐르는 전류는 [A]는?

① 10[A], 유도성 ② 10[A], 용량성
③ 5.9[A], 유도성 ④ 5.9[A], 용량성

풀이 임피던스 $Z = R + j(X_L - X_C)[\Omega]$이므로
$Z = 5 + j(30-18) = 5 + j12[\Omega]$으로
유도성이 된다. 이때 흐르는 전류는
$I = \dfrac{V}{Z} = \dfrac{130}{5+j12} = \dfrac{130}{\sqrt{5^2 + 12^2}} = \dfrac{130}{13} = 10[A]$
가 된다.

05 길이 5[cm]의 균일한 자로에 10회의 도선을 감고 1[A]의 전류를 흘릴 때 자로의 자장의 세기[AT/m]는?

① 5[AT/m] ② 50[AT/m]
③ 200[AT/m] ④ 500[AT/m]

풀이 솔레노이드의 단위 길이 당 권수를 n이라 할 때 5[cm]당 10회 감으면 1[m]당 200회 감은 것이므로,
$\therefore$ 자장의 세기 $H = nI = 200 \times 1 = 200[AT/m]$

06 그림과 같은 비사인파의 제3고조파 주파수는? (단, $V = 20[V]$, $T = 10[ms]$이다.)

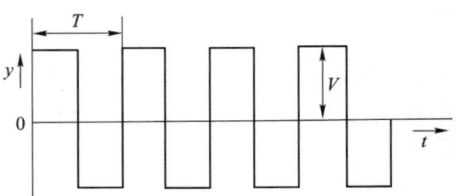

① 100[Hz] ② 200[Hz]
③ 300[Hz] ④ 400[Hz]

풀이 기본파 주파수 $f_1 = \dfrac{1}{T} = \dfrac{1}{10 \times 10^{-3}} = 100[\text{Hz}]$

제3고조파 주파수는 기본파 주파수의 3배이므로,

$\therefore f_3 = 3 \times 100 = 300[\text{Hz}]$

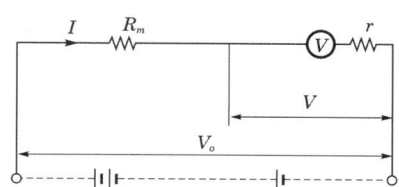

07 자체 인덕턴스가 L_1, L_2 인 두 코일을 직렬로 접속하였을 때 합성 인덕턴스를 나타낸 식은? (단, 두 코일간의 상호 인덕턴스는 M이다.)

① $L_1 + L_2 \pm M$　　② $L_1 - L_2 \pm M$

③ $L_1 + L_2 \pm 2M$　　④ $L_1 - L_2 \pm 2M$

풀이 두 코일을 직렬로 접속하였을 경우 합성 인덕턴스 L_0는,　$L_0 = L_1 + L_2 \pm 2M$

(단, M의 부호는 가동 결합이면 $+$, 차동 결합이면 $-$이다.)

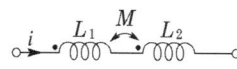　　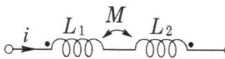

가동결합　　　　　차동결합

08 다음 (1)과 (2)에 들어갈 내용을 알맞은 것은?

> 배율기는 (1)의 측정범위를 넓히기 위한 목적으로 사용하는 것으로써 (2)로 접속하는 저항기를 말한다.

① (1) 전압계 (2) 병렬

② (1) 전류계 (2) 병렬

③ (1) 전압계 (2) 직렬

④ (1) 전류계 (2) 직렬

풀이 전압계의 측정 범위를 넓히기 위하여 전압계에 직렬로 저항을 접속하여 측정한다. 이때 직렬로 연결한 저항을 배율기라 한다.

09 다음 중 전력량 1[J]과 같은 것은?

① 1[cal]　　　　　② 1[W · s]

③ 1[kg · m]　　　④ 1[N · m]

풀이 $W[\text{J}] = Pt\,[\text{W} \cdot \text{s}]$

10 40[Ω]의 저항을 가진 전구에 $V = 200\sqrt{2}\,\sin\omega t[\text{V}]$의 교류 전압을 가하면 전류의 순시값[A]은?

① $5\sin\omega t$　　　　② $5\sqrt{2}\,\sin\omega t$

③ $800\sin\omega t$　　④ $800\sqrt{2}\,\sin\omega t$

풀이 순시전류는 순시전압을 저항의 값으로 나눈다.

즉, $i = \dfrac{v}{R}$ 이므로

$i = \dfrac{200\sqrt{2}\,\sin\omega t}{40} = 5\sqrt{2}\,\sin\omega t\,[\text{A}]$ 가 된다.

11 전장과 반대 방향으로 전하를 20[cm] 이동시키는 데 400[J]의 에너지가 소모되었다. 이 두 점 사이의 전위차가 100[V]이면 전하의 전기량[C]은?

① 1　　　　　② 4

③ 5　　　　　④ 10

풀이 에너지 $W = V \cdot Q[\text{J}]$이므로

전기량 $Q = \dfrac{W}{V} = \dfrac{400}{100} = 4[\text{C}]$

12 콘덴서의 정전용량에 대한 설명으로 틀린 것은?

① 전압에 반비례한다.

② 이동 전하량에 비례한다.

③ 극판의 넓이에 비례한다.

④ 극판의 간격에 비례한다.

풀이 평행판 도체의 정전 용량

극판 간격 d, 면적 S인 평행평판 도체에서의 정전 용량 C는 다음과 같다.

$$C = \frac{\epsilon_0}{d} S \, [\text{F}]$$

여기서, C : 평행판 전극간의 정전 용량[F]

S : 전극 면적[m^2], d : 전극간 거리[m]

따라서 정전용량은 극판의 간격에 반비례한다.

13 자기회로에 기자력을 주면 자로에 자속이 흐른다. 그러나 기자력에 의해 발생되는 자속 전부가 자기회로 내를 통과하는 것이 아니라, 자로 이외의 부분을 통과하는 자속도 있다. 이와 같이 자기회로 이외 부분을 통과하는 자속을 무엇이라 하는가?

① 종속자속   ② 누설자속

③ 주자속   ④ 반사자속

풀이 자기회로에 자속이 한정되지 않고 그 이외의 곳에 자속이 누출되는 것을 누설자속이라 한다.

14 저항 100[Ω]에 부하에서 10[kW]의 전력이 소비되었다면 이때 흐르는 전류는 몇 [A]인가?

① 1   ② 2

③ 5   ④ 10

풀이 전력 $P = I^2 R$ 에서

$$I = \sqrt{\frac{P}{R}} = \sqrt{\frac{10 \times 10^3}{100}} = 10[\text{A}]$$가 된다.

15 히스테리시스 곡선이 종축과 만나는 점의 값은 무엇을 나타내는가?

① 보자력   ② 자화력

③ 잔류 자기   ④ 자속 밀도

풀이 히스테리시스 곡선에서

B_r을 **잔류자기**(residual magnetism)

H_c를 **보자력**(coercive force)이라 한다.

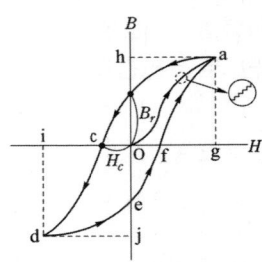

16 전선의 길이를 4배로 늘렸을 때, 처음의 저항값을 유지하기 위해서는 도선의 반지름을 어떻게 해야 하는가?

① 1/4로 줄인다.   ② 1/2로 줄인다.

③ 2배로 늘인다.   ④ 4배로 늘인다.

풀이 전선의 저항 $R = \rho \dfrac{l}{S} = \rho \dfrac{l}{\pi r^2} [\Omega]$ 이므로 처음의 저항값을 유지하기 위해서는 길이와 도선의 반지름의 제곱이 비례해야 한다. ($l \propto r^2$)

$\therefore r = \sqrt{l} = \sqrt{4} = 2$배

17 대칭 3상 △ 결선에서 선전류와 상전류와의 위상 관계는?

① 상전류가 $\dfrac{\pi}{6}$[rad] 앞선다.

② 상전류가 $\dfrac{\pi}{6}$[rad] 뒤진다.

③ 상전류가 $\dfrac{\pi}{3}$[rad] 앞선다.

④ 상전류가 $\dfrac{\pi}{3}$[rad] 뒤진다.

풀이 △ 결선

① 선간전압(V_l), 상전압(V_p)

선간전압은 상전압과 크기가 같고 위상이 동상이 된다.

$$V_l = V_p \underline{/0°}$$

② 선전류(I_l), 상전류(I_p)

선전류는 상전류에 비해 크기가 $\sqrt{3}$ 배이고 위상은 30° 뒤진다.

$$I_l = \sqrt{3}\, I_p \underline{/-30°}$$

18 인덕턴스 0.5[H]에 주파수가 60[Hz]이고 전압이 220[V]인 교류전압이 가해질 때 흐르는 전류는 약 몇 [A]인가?

① 0.59   ② 0.87

③ 0.97   ④ 1.17

풀이 흐르는 전류는

$$I = \frac{V}{X_L} = \frac{V}{\omega L} = \frac{V}{2\pi f L} = \frac{220}{2\pi \times 60 \times 0.5}$$
$$= 1.17[A]$$

19 패러데이 법칙에서 전기분해에 의해서 석출되는 물질의 양은 전해액을 통과한 무엇과 비례하는가?

① 총 전해질   ② 총 전류

③ 총 전압   ④ 총 전기량

풀이 패러데이 법칙은 전극에서 석출되는 물질의 양은 통과한 전기량에 비례하며, 전기량이 같을 경우 석출되는 물질의 양은 그 물질의 화학 당량에 비례한다.

20 다음 중 반자성체는?

① 안티몬   ② 알루미늄

③ 코발트   ④ 니켈

풀이
- 상자성체 : 백금(Pt), 알루미늄(Al), 산소(O_2)
- 반자성체 : 은(Ag), 구리(Cu), 비스무트(Bi), 물(H_2O), 안티몬(Sb), 아연(Zn)
- 강자성체 : 철(Fe), 니켈(Ni), 코발트(Co)

21 전원과 부하가 다같이 △ 결선된 3상 평형회로가 있다. 상전압이 200[V], 부하 임피던스가 $Z = 6 + j8[\Omega]$인 경우 선전류는 몇 [A]인가?

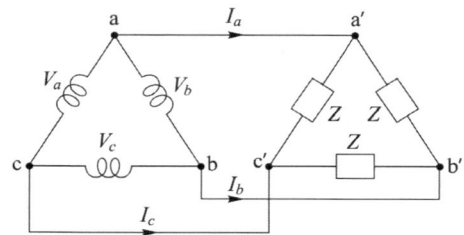

① 20   ② $\dfrac{20}{\sqrt{3}}$

③ $20\sqrt{3}$ ④ $10\sqrt{3}$

풀이
- 상전류 $= \dfrac{\text{상전압}}{\text{등가 임피던스}} = \dfrac{200}{\sqrt{6^2 + 8^2}} = 20[A]$
- △결선시 선전류는 상전류의 $\sqrt{3}$ 배이므로,
  선전류 $= \sqrt{3} \times$ 상전류 $= \sqrt{3} \times 20 = 20\sqrt{3}[A]$

22 단상 유도 전동기의 기동 방법 중 기동 토크가 가장 큰 것은?

① 분상 기동형   ② 반발 유도형

③ 콘덴서 기동형   ④ 반발 기동형

풀이 단상 유도 전동기의 기동 토크
반발 기동형 > 반발 유도형 > 콘덴서 기동형 > 분상 기동형 > 세이딩 코일형

23 동기 전동기의 부하각(load angle)은?

① 공급전압 V와 역기전압 E와의 위상각
② 역기전압 E와 부하전류 I와의 위상각
③ 공급전압 V와 부하전류 I와의 위상각
④ 3상 전압의 상전압과 선간 전압과의 위상각

풀이 공급전압(V)과 역기전압(E)과의 위상차를 부하각, 공급전압(V)과 부하전류(I)와의 위상각을 역률각이라고 한다.

24 게이트(gate)에 신호를 가해야만 작동되는 소자는?

① SCR ② MPS
③ UJT ④ DIAC

풀이 SCR는 게이트에 (+)의 트리거 펄스가 인가되면 통전 상태로 되어 정류 작용이 개시되고, 일단 통전이 시작되면 게이트 전류를 차단해도 주전류(애노드 전류)는 차단되지 않는다. 이때 이를 차단하려면 애노드 전압을 (0) 또는 (−)로 해야 한다.

25 수전단 발전소용 변압기 결선에 주로 사용하고 있으며 한쪽은 중성점을 접지할 수 있고 다른 한쪽은 제3고조파에 의한 영향을 없애주는 장점을 가지고 있는 3상 결선 방식은?

① Y−Y ② △−△
③ Y−△ ④ V

풀이 Y결선은 중성점을 접지할 수 있으며, △결선은 3고조파에 의한 영향을 없애줄 수 있다.

26 회전수 1728[rpm]인 유도 전동기의 슬립[%]은? 단, 동기속도는 1800[rpm]이다.

① 2 ② 3
③ 4 ④ 5

풀이 슬립은
$$s = \frac{N_s - N}{N_s} \times 100 = \frac{1,800 - 1,728}{1,800} \times 100 = 4\,[\%]$$
가 된다.

27 교류 배전반에서 전류가 많이 흘러 전류계를 직접 주 회로에 연결할 수 없을 때 사용하는 기기는?

① 전류 제한기
② 계기용 변압기
③ 계기용 변류기
④ 전류계용 절환 개폐기

풀이 변류기(Current Transformer : CT)
고압회로의 대전류를 소전류로 변성하기 위해서 사용하는 것이며, 배전반의 전류계 및 트립코일(TC)의 전원으로 사용된다. 일반 변류기는 2차측은 사용 중 코일에 전류가 흐르는 상태에서 2차 코일을 개방하면 2차 단자간에 고전압이 발생하여 코일의 손상(2차측 절연파괴)내지 감전사고를 유발한다.

28 3상 동기전동기 자기동법에 관한 사항 중 틀린 것은?

① 기동토크를 적당한 값으로 유지하기 위하여 변압기 탭에 의해 정격전압의 80[%] 정도로 저압을 가해 기동을 한다.
② 기동토크는 일반적으로 적고 전부하 토크의 40~60[%] 정도이다.
③ 제동권선에 의한 기동토크를 이용하는 것으로 제동권선은 2차권선으로서 기동토크를 발생한다.
④ 기동할 때에는 회전자속에 의하여 계자권선 안에는 고압이 유도되어 절연을 파괴할 우려가 있다.

풀이 동기전동기의 자기동법은 제동권선에 의한 기동토크를 이용하는 것으로, 기동토크를 적당한 값으로 유지하고 전류를 억제하기 위해 변압기 탭에 의하여 정격전압의 30~50[%] 정도의 저압을 가해 기동을 한다.

29 직권 발전기의 설명 중 틀린 것은?

① 계자권선과 전기자권선이 직렬로 접속되어 있다.
② 승압기로 사용되며 수전 전압을 일정하게 유지하고자 할 때 사용된다.
③ 단자전압을 V, 유기 기전력을 E, 부하전류를 I, 전기자저항 및 직권 계자저항을 각각 r_a, r_s라 할 때
   $V = E + I(r_a + r_s)$[V]이다.
④ 부하전류에 의해 여자 되므로 무부하시 자기여자에 의한 전압확립은 일어나지 않는다.

풀이 직권 발전기의 단자전압
$V = E - I(R_a + R_s)$[V]이다.

30 출력 12[kW], 회전수 1140[rpm]인 유도전동기의 동기 와트는 약 몇 [kW]인가? (단, 동기속도는 N_s는 1200[rpm]이다.)

① 10.4   ② 11.5
③ 12.6   ④ 13.2

풀이
$$T = 0.975 \frac{P}{N} = 0.975 \times \frac{12 \times 10^3}{1140}$$
$$= 10.26[kg \cdot m]$$이므로
$$\therefore P_2 = 1.026 N_s T$$
$$= 1.026 \times 1200 \times 10.26 \times 10^{-3}$$
$$= 12.6[kW]$$

31 직류 전동기의 특성에 대한 설명으로 틀린 것은?

① 직권전동기는 가변 속도 전동기이다.
② 분권전동기에서는 계자 회로에 퓨즈를 사용하지 않는다.
③ 분권전동기는 정속도 전동기이다.
④ 가동 복권전동기는 기동 시 역회전할 염려가 있다.

풀이 경우에 따라서 역전할 위험이 있는 복권전동기는 차동 복권전동기이다.

32 변압기의 임피던스 전압이란?

① 임피던스에서 소비되는 전력
② 임피던스에 걸리는 전압
③ 퍼센트 임피던스 강하
④ 2차측을 단락하고 1차 전류가 정격 전류와 같게 되도록 조정하였을 때의 1차 전압

풀이 임피던스 전압이란 변압기 2차를 단락하고 1차에 저전압을 가하여 1차 단락전류가 1차 정격전류와 같이 될 때 전압을 말한다. 이때 입력을 임피던스 와트라 하며, 전부하 동손에 해당된다.

33 3상 유도 전동기의 원선도를 그리는데 필요하지 않은 것은?

① 저항측정   ② 무부하 시험
③ 구속시험   ④ 슬립측정

풀이 유도전동기의 원선도 작성에 필요한 시험 : 저항측정시험, 무부하 시험, 구속시험

34 직류 분권 전동기의 기동 방법 중 가장 적당한 것은?

① 기동 저항기를 전기자와 병렬로 접속한다.

② 기동 토크를 작게한다.

③ 계자 저항기의 저항값을 크게한다.

④ 계자 저항기의 저항값을 0으로 한다.

풀이 계자 저항기의 저항값을 0으로 하여 계자 전류를 크게 한다.

계자 전류가 크게 되면 계자 자속이 증가하며, 기동 토크가 증가하여 기동하게 된다.

35 그림은 일반적인 반파 정류 회로이다. 변압기 2차 전압의 실효값을 E[V]라 할 때 직류 전류 평균값은? 단, 정류기의 전압 강하는 무시한다.

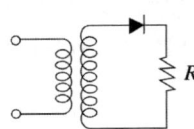

① $\dfrac{E}{R}$

② $\dfrac{1}{2}\dfrac{E}{R}$

③ $\dfrac{2\sqrt{2}\,E}{\pi R}$

④ $\dfrac{\sqrt{2}\,E}{\pi R}$

풀이 무부하 직류 전압 E_{d0}는

$$E_{d0} = \frac{1}{2\pi}\int_0^\pi \sqrt{2}\,E\sin\theta \cdot d\theta = \frac{\sqrt{2}\,E}{\pi}$$

정류기 내의 전압 강하 e를 무시하면 직류 전압 평균값 E_d는 $E_d ≒ E_{d0}$

따라서, 직류 전류 평균값 I_d는

$$\therefore I_d = \frac{E_d}{R} = \frac{E_{d0}}{R} = \frac{\dfrac{\sqrt{2}}{\pi}E}{R} = \frac{\sqrt{2}\,E}{\pi R}\,[\text{A}]$$

여기서, E : 변압기 2차 상전압(실효값)

R : 부하 저항

36 대전류 · 고전압의 전기량을 제어할 수 있는 자기소호형 소자는?

① FET

② Diode

③ TRIAC

④ IGBT

풀이 절연 게이트 양극성 트랜지스터(Insulated gate bipolar transistor, IGBT)는 금속 산화막 반도체 전계효과 트랜지스터 (MOSFET)을 게이트부에 짜 넣은 접합형 트랜지스터이다. 게이트-이미터간의 전압이 구동되어 입력 신호에 의해서 온/오프가 생기는 자기소호형이므로, 대전력의 고속 스위칭이 가능한 반도체 소자이다.

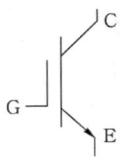

37 변류기 개방 시 2차 측을 단락하는 이유는?

① 2차 측 절연보호

② 2차 측 과전류 보호

③ 측정오차 감소

④ 변류비 유지

풀이 PT(병렬연결)는 개방상태가 무방하지만 CT(직렬연결)는 개방하면 부하전류로 인하여 2차 측이 소손되므로 CT를 점검할 경우에는 반드시 2차 측을 단락한다.

38 동기 전동기의 용도로 적합하지 않은 것은?

① 송풍기

② 압축기

③ 크레인

④ 분쇄기

풀이 동기 전동기는 주로 비교적 저속, 대용량인 것은 시멘트 공장의 분쇄기나 각종 압연기와 송풍기, 제지용 쇄목기, 소형기의 것은 전기 시계, 오실로그래프, 전송 사진에 사용된다. 크레인의 운전용 전동기로는 3상 권선형 유도 전동기가 사용된다.

📋 34. ④ 35. ④ 36. ④ 37. ① 38. ③

39 인버터의 용도로 가장 적합한 것은?

① 직류-직류 변환

② 직류-교류 변환

③ 교류-증폭교류 변환

④ 직류-증폭직류 변환

풀이 인버터는 직류를 교류로 변환하는 역변환 장치이다.

40 동기 와트로 표시되는 것은?

① 1차 입력 ② 2차 효율

③ 토크 ④ 효율

풀이 동기와트란 동기속도로 회전시 2차 입력을 토크로 표시한 것을 말한다.

41 절연물 중에서 가교폴리에틸렌(XLPE)과 에틸렌프로필렌고무혼합물(EPR)의 허용온도[℃]는?

① 70(전선) ② 90(전선)

③ 95(전선) ④ 105(전선)

풀이

절연물의 종류	허용온도[℃]
염화비닐(PVC)	70(전선)
가교폴리에틸렌(XLPE)과 에틸렌프로필렌고무혼합물(EPR)	90(전선)

42 케이블을 구부리는 경우 피복이 손상되지 않도록 하고 그 굴곡부의 곡률반경은 원칙적으로 케이블이 단심인 경우 완성품 외경의 몇 배 이상이어야 하는가?

① 4 ② 6 ③ 8 ④ 10

풀이 연피가 없는 케이블을 구부리는 경우 피복의 손상이 되지 않도록 하여 그 굴곡 반지름이 케이블의 완성품 지름의 6배(단심의 경우 8배) 이상으로 구부려야 한다.

43 합성수지관 상호 및 관과 박스는 접속 시에 삽입하는 깊이를 관 바깥지름의 몇 배 이상으로 하여야 하는가? (단, 접착제를 사용하지 않은 경우이다.)

① 0.2 ② 0.5

③ 1 ④ 1.2

풀이 232.11.2 합성수지관 및 부속품의 시설

① 관 상호 간 및 박스와는 관을 삽입하는 깊이를 관의 바깥지름의 1.2배(접착제를 사용하는 경우에는 0.8배) 이상으로 하고 또한 꽂음 접속에 의하여 견고하게 접속할 것.

② 관의 지지점 간의 거리는 1.5[m] 이하로 하고, 또한 그 지지점은 관의 끝관과 박스의 접속점 및 관 상호 간의 접속점 등에 가까운 곳에 시설할 것.

44 부식성 가스 등이 있는 장소에 시설할 수 없는 배선은?

① 금속관 배선

② 제1종 금속제 가요전선관 배선

③ 케이블 배선

④ 캡타이어 케이블 배선

풀이 부식성가스 등이 있는 장소에 사용가능한 배선

1. 애자사용배선
2. 제2종 금속제 가요전선관배선
4. 합성수지관배선
5. 케이블 배선
6. 캡타이어 케이블 배선

45 어미자와 아들자의 눈금을 이용하여 두께, 깊이, 안지름 및 바깥지름 측정용으로 사용하는 것은?

① 버니어 캘리퍼스

② 채널 지그

③ 스트레인 게이지

④ 스태핑 머신

풀이 버니아 캘리퍼스

46 도로를 횡단하여 시설하는 지선의 높이는 지표 상 몇 [m] 이상이어야 하는가?

① 5[m]
② 6[m]
③ 8[m]
④ 10[m]

풀이 331.11 지선의 시설
도로를 횡단하여 시설하는 지선의 높이는 지표상 5[m] 이상으로 하여야 한다.
(다만, 기술상 부득이한 경우로서 교통에 지장을 초래할 우려가 없을 때는 지표상 4.5[m] 이상, 보도의 경우에는 2.5[m] 이상으로 할 수 있다.)

47 다음 중 나전선 상호 간 또는 나전선과 절연전선 접속시 접속 부분의 전선의 세기는 일반적으로 어느 정도 유지해야 하는가?

① 80[%] 이상
② 70[%] 이상
③ 60[%] 이상
④ 50[%] 이상

풀이 123 전선의 접속
나전선 상호 또는 나전선과 절연전선 또는 캡타이어 케이블과 접속하는 경우
① 전선의 전기저항을 증가시키지 아니하도록 접속
② 전선의 세기(인장하중)를 20[%] 이상 감소시키지 아니할 것.
③ 전선 접속 시 접속부분을 그 부분의 절연전선의 절연물과 동등 이상의 절연성능이 있는 것으로 충분히 피복할 것.

48 다음 그림 중 바닥 은폐 배선은?

① ——————
② — — — —
③ ·············
④ ●————

풀이

명 칭	그림기호	적 요
천장 은폐 배선	———	① 천장 은폐 배선 중 천장 속의 배선을 구별하는 경우는 천장 속의 배선에 —·—·— 를 사용하여도 좋다.
바닥 은폐 배선	— — —	② 노출 배선 중 바닥면 노출 배선을 구별하는 경우는 바닥면 노출 배선에 —··—··— 를 사용하여도 좋다.
노출 배선	········	③ 전선의 종류를 표시할 필요가 있는 경우는 기호를 기입한다.

④ 배관은 다음과 같이 표시한다.

$$\overline{\quad\quad // \quad\quad}$$
2.5°(VE19)
전선관의 종류 ──┘ └── 전선관의 굵기

전선관의 종류
• 강제전선관은 별도의 표기없음
• VE : 경질비닐전선관
• F₂ : 2종 금속제 가요전선관
• PF : 합성수지제 가요관

⑤ 절연 전선의 굵기 및 전선수는 다음과 같이 기입한다.
단위가 명백한 경우는 단위를 생략하여도 좋다.
【보기】

/// 2.5□   // 2   // 2(mm²)   / 8

숫자 표기의 보기 : 1.6×5
5.5×1

49 전로에 지락이 생겼을 경우에 부하기기, 금속제 외함 등에 발생하는 고장전압 또는 지락전류를 검출하는 부분과 차단기 부분을 조합하여 자동적으로 전로를 차단하는 장치는?

① 누전차단장치
② 과전류차단기
③ 누전경보장치
④ 배선용차단기

풀이 전로에 지락이 생겼을 때, 금속제 외함을 가지는 사용전압이 50[V]를 초과하는 저압의 기계기구로서 사람이 쉽게 접촉할 우려가 있는 곳에 시설하는 것에 전기를 공급하는 전로에는 자동으로 차단하는 누전차단기를 시설하여야 한다.

50 후강 전선관의 관 호칭은 (㉠) 크기로 정하여 (㉡)로 표시하는데, ㉠과 ㉡에 들어갈 내용으로 옳은 것은?

① ㉠ 안지름 ㉡ 홀수
② ㉠ 안지름 ㉡ 짝수
③ ㉠ 바깥지름 ㉡ 홀수
④ ㉠ 바깥지름 ㉡ 짝수

풀이
- 후강 전선관은 안지름의 크기에 가까운 짝수로 정하여 16[mm]에서 104[mm]까지 10종류가 있으며, 관의 두께는 2.3[mm] 이상, 1본의 길이는 3.6[m]이다.
- 박강 전선관은 바깥지름의 크기에 가까운 홀수로 정하여 15[mm]에서 75[mm]까지 7종으로 구분하며, 관의 두께는 1.6[mm] 이상이다.

51 그림과 같은 심벌의 명칭은?

| MD |

① 금속덕트
② 버스덕트
③ 피더 버스덕트
④ 플러그인 버스덕트

풀이

명 칭	그림기호
금속덕트	MD
라이닝덕트	☐⌐LD---- ----☐----LD

명 칭	그림기호	
버스덕트	FBD	피드 버스덕트
	PBD	플러그인 버스덕트
	TBD	트롤리 버스덕트
	WP	방수형
	/\/\	인스팬션 표시

52 전주의 길이가 15[m] 이하인 경우 땅에 묻히는 깊이는 전장의 얼마 이상인가? (단, 설계하중이 6.8[kN] 이하이다.)

① 1/8 이상   ② 1/6 이상
③ 1/4 이상   ④ 1/3 이상

풀이 331.7 가공전선로 지지물의 기초의 안전율
강관주 또는 철근 콘크리트주로서 그 전체 길이가 16[m] 이하, 설계하중이 6.8[kN] 이하인 것 또는 목주를 다음에 의하여 시설하는 경우
① 전체의 길이가 15[m] 이하인 경우는 땅에 묻히는 깊이를 전체길이의 1/6 이상으로 할 것.
② 전체의 길이가 15[m]를 초과하는 경우는 땅에 묻히는 깊이를 2.5[m] 이상으로 할 것.

53 전선의 접속이 불완전하여 발생할 수 있는 사고로 볼 수 없는 것은?

① 감전   ② 누전
③ 화재   ④ 절전

풀이 절전(節電)은 전기를 아껴 사용하는 것으로 사고가 아니다.

54 금속관공사에서 금속관을 콘크리트에 매입할 경우 관의 두께는 몇 [mm] 이상의 것이어야 하는가?

① 0.8[mm]　　　② 1.0[mm]
③ 1.2[mm]　　　④ 1.5[mm]

풀이 232.12 금속관 공사(전선관의 두께)
- 콘크리트에 매입 : 1.2[mm] 이상
- 매입 이외의 경우 : 1[mm] 이상
단, 이음매가 없는 길이 4[m] 이하인 것을 건조하고 전개된 곳에 시설하는 경우에는 0.5[mm]

55 다음 중 금속 덕트 공사 방법과 거리가 가장 먼 것은?

① 덕트의 말단은 열어 놓을 것.
② 금속 덕트는 3[m] 이하의 간격으로 견고하게 지지할 것
③ 금속 덕트의 뚜껑은 쉽게 열리지 않도록 시설할 것
④ 금속 덕트 상호는 견고하고 또한 전기적으로 완전하게 접속할 것

풀이
1. 덕트 상호간은 견고하고 또한 전기적으로 완전하게 접속할 것
2. 덕트를 조영재에 붙이는 경우에는 덕트의 지지점간의 거리를 3[m](취급자 이외의 자가 출입할 수 없도록 설비한 곳에서 수직으로 붙이는 경우에는 6[m]) 이하로 하고 또한 견고하게 붙일 것
3. 덕트의 뚜껑은 쉽게 열리지 아니하도록 시설할 것
4. 덕트의 끝부분은 막을 것
5. 덕트 안에 먼지가 침입하지 아니하도록 할 것
6. 덕트는 물이 고이는 낮은 부분을 만들지 않도록 시설할 것
7. 덕트는 접지공사를 할 것

56 S형 슬리브 접속시 슬리브는 몇 회 이상 꼬아서 접속하여야 하는가?

① 2회　　　② 3회
③ 4회　　　④ 5회

풀이 ① 직선접속

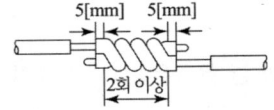

② 분기접속

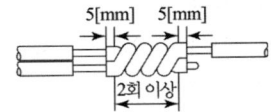

57 아웃렛박스 등의 녹 아웃의 지름이 관의 지름보다 클 때 관을 고정시키기 위해 쓰는 재료의 명칭은?

① 터미널 캡　　　② 링리듀서
③ 엔트랜스 캡　　　④ 유니버셜

풀이 링리듀서는 노크 아웃이 로크너트 보다 클 경우 사용한다.

58 전선의 식별에 있어서 3선식일 경우 포함되지 않는 색깔은?

① 갈색　　　② 회색
③ 노랑색　　　④ 검은색

풀이 121.2 전선의 식별

상(문자)	색상
L1	갈색
L2	검은색
L3	회색
N	파란색
보호도체	녹색-노란색

59 금속관 배관공사를 할 때 금속관을 구부리는
데 사용하는 공구는?

① 히키(hickey)

② 파이프렌치(pipe wrench)

③ 오스터(oster)

④ 파이프 커터(pipe cutter)

풀이 ① 히키 : 금속관을 구부리는 데 사용

② 파이프 렌치 : 금속관 커플링을 물고 죄는 것

③ 오스터 : 금속관 끝에 나사를 내는 공구

④ 파이프 커터 : 금속관을 절단할 때에 사용

60 두 개 이상의 회로에서 선행동작 우선회로 또
는 상대동작 금지회로인 동력배선의 제어회
로는?

① 자기유지회로　　② 인터록회로

③ 동작지연회로　　④ 타이머회로

풀이 인터록 회로 : 한쪽이 동작하면 다른 한쪽은 동작할
수 없는 회로

01 다음 중 전위의 단위가 아닌 것은?

① A·Ω
② J/C
③ V
④ V/m

풀이 [V/m]은 전계의 세기 단위이다.

02 물질에 따라 자석에 반발하는 물체를 무엇이라 하는가?

① 비자성체
② 상자성체
③ 반자성체
④ 가역성체

풀이
① 비자성체 : 자화되지 않는 물체
② 상자성체 : 자석에 끌리는 물체
③ 가역성체 : 모양은 변하나 본질은 변하지 않는 물체

03 R-L-C 직렬공진 회로에서 최소가 되는 것은?

① 저항 값
② 임피던스 값
③ 전류 값
④ 전압 값

풀이

	직렬 공진	병렬 공진
임피던스	최소	최대
전압, 전류	최대	최소

04 도체계에서 임의의 도체를 일정 전위의 도체로 완전 포위하면 내외 공간의 전계를 완전히 차단할 수 있다. 이것을 무엇이라 하는가?

① 전자차폐
② 정전차폐
③ 홀(hall) 효과
④ 핀치(pinch) 효과

풀이 임의의 도체를 접지된 도체로 완전 포위하면 외부에서 유도되는 전하를 차단할 수 있다. 이것을 정전차폐라고 한다.

05 전력과 전력량에 관한 설명으로 틀린 것은?

① 전력은 전력량과 다르다.
② 전력량은 와트로 환산된다.
③ 전력량은 칼로리 단위로 환산된다.
④ 전력은 칼로리 단위로 환산할 수 없다.

풀이
① 전력량은 소비되는 전력에 사용한 시간을 곱한 값으로 나타낸다.
전력량 $W = P \cdot t$[Wh]
② 1[Wh]=860[cal]

06 다음 중 자석의 일반적인 성질에 대한 설명으로 틀린 것은?

① N극과 S극이 있다.
② 자력선은 N극에서 S극으로 향한다.
③ 자력이 강할수록 자기력선 수가 많다.
④ 자석은 고온이 되면 자력이 증가한다.

풀이 자석에는 다음과 같은 성질이 있다.
① 자석에는 N극과 S극이 있다.
② 자석은 같은 극끼리 서로 반발하고, 서로 다른 극끼리 끌어당기는 성질이 있다.
③ 자극으로부터 자력선이 나온다.
④ 자력선은 N극에서 나오고 S극으로 들어간다.
⑤ 자력선이 강할수록 자력선 수가 많다.
⑥ 자력선은 비지성체를 투과한다.
⑦ 발생되는 자력선은 아무리 사용해도 기본적으로 감소하지는 않는다.
⑧ 자력선은 장력이 존재한다.
⑨ 자석은 고온이 되면 자력이 감소되고, 저온이 되면 자력이 증가한다.

⑩ 자석은 임계온도(퀴리온도) 이상으로 가열하면
자석으로서의 성질이 없어진다.

07 비사인파 교류의 일반적인 구성이 아닌 것은?

① 기본파   ② 직류분

③ 고조파   ④ 삼각파

풀이 비정현파 교류 = 직류분 + 기본파 + 고조파

08 일반적으로 절연체를 서로 마찰시키면 이들 물체는 전기를 띠게 된다. 이와 같은 현상은?

① 분극   ② 정전

③ 대전   ④ 코로나

풀이 절연체를 서로 마찰시키면 이들 물체는 전기를 띠게 되고, 가벼운 물체를 끌어당기게 된다. 이와 같이 물체가 전기를 띠는 현상을 대전이라 한다.

09 전압계 및 전류계의 측정 범위를 넓히기 위하여 사용하는 배율기와 분류기의 접속 방법은?

① 배율기는 전압계와 병렬접속, 분류기는 전류계와 직렬접속

② 배율기는 전압계와 직렬접속, 분류기는 전류계와 병렬접속

③ 배율기 및 분류기 모두 전압계와 전류계에 직렬접속

④ 배율기 및 분류기 모두 전압계와 전류계에 병렬접속

풀이 ① 전압계의 측정 범위를 넓히기 위하여 전압계에 직렬로 저항을 접속하여 측정하는데, 이때 직렬로 연결한 저항을 배율기라 한다.

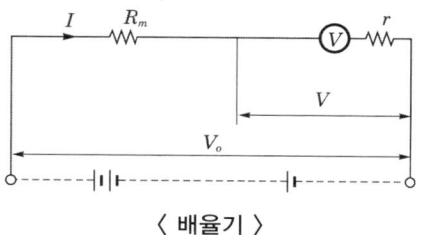

〈 배율기 〉

② 전류계의 측정 범위를 넓히기 위하여 전류계에 병렬로 저항을 접속하여 측정하는데, 이때 병렬로 연결한 저항을 분류기라 한다.

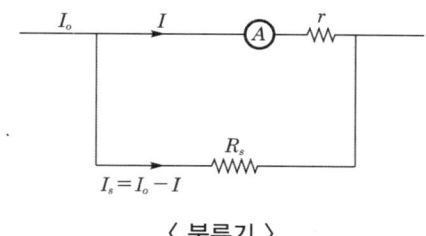

〈 분류기 〉

10 100[V]의 전위차로 가속된 전자의 운동 에너지는 몇 [J]인가?

① 1.6×10^{-20} ② 1.6×10^{-19}

③ 1.6×10^{-18} ④ 1.6×10^{-17}

풀이 운동 에너지

$E = eV = 1.6 \times 10^{-19} \times 100 = 1.6 \times 10^{-17}[J]$

단, 전하량 $e = 1.6 \times 10^{-19}[C]$

11 RL 직렬회로에 교류전압 $v = V_m \sin\theta[V]$를 가했을 때 회로의 위상각 θ를 나타낸 것은?

① $\theta = \tan^{-1} \dfrac{R}{\omega L}$

② $\theta = \tan^{-1} \dfrac{\omega L}{R}$

③ $\theta = \tan^{-1} \dfrac{1}{R\omega L}$

④ $\theta = \tan^{-1} \dfrac{R}{\sqrt{R^2 + (\omega L)^2}}$

풀이 유도성 회로의 임피던스도는 다음과 같다.

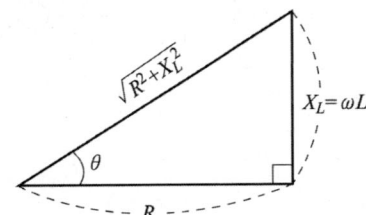

따라서 임피던스 각 또는 전압과 전류의 위상차

$\theta = \tan^{-1}\dfrac{X}{R}$ 이다.

12 두 콘덴서 C_1, C_2를 직렬로 접속하고 양단에 $E[\text{V}]$의 전압을 가할 때 C_1에 걸리는 전압은?

① $\dfrac{C_1}{C_1 + C_2}E$ ② $\dfrac{C_2}{C_1 + C_2}E$

③ $\dfrac{C_1 + C_2}{C_1}E$ ④ $\dfrac{C_1 + C_2}{C_2}E$

풀이 콘덴서의 경우 전압분배 법칙은 전압이 정전용량에 반비례하므로 $E_1 = \dfrac{C_2}{C_1 + C_2}E$가 된다.

13 납축전지가 완전히 방전되면 음극과 양극은 무엇으로 변하는가?

① $PbSO_4$ ② PbO_2
③ H_2SO_4 ④ Pb

풀이

$$\underset{(+극)}{PbO_2} + \underset{전해액}{2H_2SO_4} + \underset{(-극)}{Pb} \underset{충전}{\overset{방전}{\rightleftarrows}} \underset{(+극)}{PbSO_4} + 2H_2O + \underset{(-극)}{PbSO_4}$$

14 전류의 방향과 자장의 방향은 각각 나사의 진행 방향과 회전 방향에 일치한다와 관계가 있는 법칙은?

① 플레밍의 왼손 법칙
② 앙페르의 오른나사법칙
③ 플레밍의 오른손 법칙
④ 키르히호프의 법칙

풀이 직선 도체에 전류가 흐르면 자계가 형성되며 그림과 같이 도체에 수직인 평면상에서 오른나사가 진행하는 방향으로 전류가 흐를 때 나사를 돌리는 방향으로 자계가 발생한다. 즉, 전류에 의한 자계 방향의 관계를 앙페르의 오른나사 법칙이라 한다.

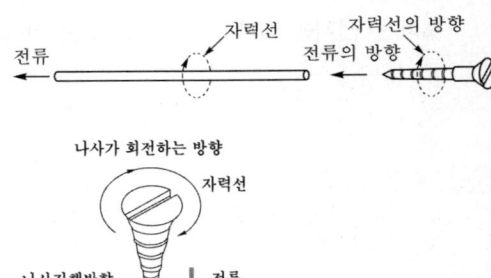

15 인버터의 스위칭 주기가 1[msec]이면 주파수는 몇 [Hz]인가?

① 20 ② 60
③ 100 ④ 1000

풀이 주기 $T = \dfrac{1}{f}[\text{sec}]$이므로

주파수 $f = \dfrac{1}{T} = \dfrac{1}{1 \times 10^{-3}} = 1000[\text{Hz}]$가 된다.

답 12. ② 13. ① 14. ② 15. ④

16 두 자극 사이에 작용하는 힘을 나타내는데 맞는 식은?

① $9 \times 10^9 \dfrac{m_1 \, m_2}{\mu_s \, r^2}$ ② $6.33 \times 10^4 \dfrac{m_1 \, m_2}{\mu_s \, r^2}$

③ $9 \times 10^9 \dfrac{m}{\mu_s \, r^2}$ ④ $6.33 \times 10^4 \dfrac{m}{\mu_s \, r^2}$

풀이 각각 m_1, m_2[Wb], 자극간의 거리를 r[m], 상호 간에 작용하는 자기력을 F[N]라 하면

$$F = \frac{m_1 m_2}{4\pi \mu_0 \, \mu_s \, r^2} = 6.33 \times 10^4 \frac{m_1 m_2}{\mu_s \, r^2}[\text{N}]$$

의 관계가 있으며, 힘의 방향은 두 극을 연결하는 직선상에 있다. 이 식을 쿨롱의 법칙이라 한다.

17 자기 인덕턴스에 축적되는 에너지에 대한 설명으로 가장 옳은 것은?

① 자기 인덕턴스 및 전류에 비례한다.
② 자기 인덕턴스 및 전류에 반비례한다.
③ 자기 인덕턴스와 전류의 제곱에 반비례한다.
④ 자기 인덕턴스에 비례하고 전류의 제곱에 비례한다.

풀이 $W = \dfrac{1}{2} L I^2 [\text{J}]$

(단, W : 자계에너지, L : 자기인덕턴스,
 I : 전류)이므로,
자기 인덕턴스에 축적되는 에너지는 자기 인덕턴스에 비례하고 전류의 제곱에 비례한다.

18 정전 용량 C_1, C_2가 직렬로 접속되어 있을 때의 합성 정전 용량은?

① $\dfrac{1}{C_1} + \dfrac{1}{C_2}$ ② $\dfrac{C_1 C_2}{C_1 + C_2}$

③ $\dfrac{1}{C_1 + C_2}$ ④ $C_1 + C_2$

풀이 직렬연결시 합성 정전용량

$$C = \frac{1}{\dfrac{1}{C_1} + \dfrac{1}{C_2}} = \frac{C_1 C_2}{C_1 + C_2} \text{ 가 된다.}$$

19 $R[\Omega]$인 저항 3개가 △결선으로 되어 있는 것을 Y결선으로 환산하면 1상의 저항(Ω)은?

① $\dfrac{1}{3} R$ ② R

③ $3R$ ④ $\dfrac{1}{R}$

풀이 세 임피던스의 값이 모두 동일한 경우 △결선을 Y결선으로 변경하면 1/3배가 되고, Y결선을 △결선으로 변경하면 3배가 된다.

20 2전력계법으로 3상 전력을 측정할 때 지시값이 $P_1 = 200$[W], $P_2 = 200$[W]일 때 부하전력 [W]은?

① 200   ② 400
③ 600   ④ 800

풀이 2전력계법
① 유효전력 : $P_1 + P_2$ [W]
② 무효전력 : $\sqrt{3}\,(P_1 - P_2)$[Var]
이므로, 이 부하의 전력은
$P = P_1 + P_2 = 200 + 200 = 400$[W]

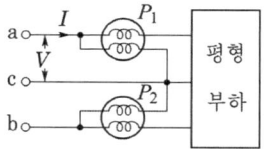

21 부흐홀츠 계전기의 설치 위치로 가장 적당한 것은?

① 변압기 주탱크 내부
② 콘서베이터 내부
③ 변압기의 고압측 부싱
④ 변압기 주탱크와 콘서베이터 사이

풀이 부흐홀츠 계전기 : 변압기 내부 고장에 대한 보호용으로 사용하는 계전기

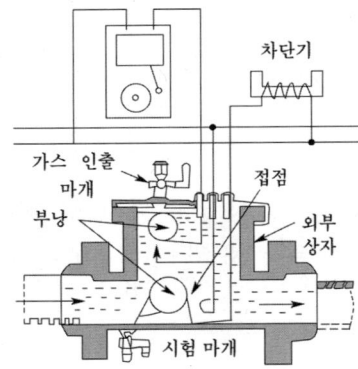

• 원리 : 변압기의 주탱크와 컨서베이터 사이에 부착하여 변압기의 내부 고장이 생기는 때에 오일의 분해가스나 오일의 분류를 이용하여 경보를 발하거나 차단기를 작동시킨다.
• 특징 : 상부의 부낭은 경보용이며 하부의 부낭은 차단기를 동작시킨다.

22 동기 전동기를 자기 기동법으로 기동시킬 때 계자 회로는 어떻게 하여야 하는가?

① 단락시킨다.
② 개방시킨다.
③ 직류를 공급한다.
④ 단상교류를 공급한다.

풀이 보통 기동시에는 계자 권선 중에 고전압이 유도되어 절연을 파괴하므로 방전 저항을 접속하여 단락 상태로 기동한다. 이때 계자 권선은 일종의 단상 2차 권선으로서 토크를 발생하기 때문에 계자 권선의 저항값의 3~7배 정도의 방전 저항을 사용한다.

23 워드 레오너드 방식에 의한 분권 전동기의 속도 제어는?

① 전기자에 가하는 전압을 조정한다.
② 계자를 가감한다.
③ 전기자 회로에 저항을 접속한다.
④ 전기자 유효 도체수를 변화시킨다.

풀이 전압 제어의 일종으로 전동기의 속도 제어용 전용 발전기를 설치하여 여자를 조정, 출력 전압을 조정하면 전기자에 인가되는 전압이 조정되어 속도 제어가 된다.

24 PN접합 다이오드의 대표적인 작용으로 옳은 것은?

① 정류작용　　　② 변조작용
③ 증폭작용　　　④ 발진작용

풀이 PN 접합 다이오드는 순방향으로만 전류가 흐르는 특성(정류)이 있고, 이 PN 접합 반도체를 다이오드라 한다.

25 단락비가 큰 동기 발전기에 대한 설명으로 틀린 것은?

① 단락 전류가 크다.
② 동기 임피던스가 작다.
③ 전기자 반작용이 크다.
④ 공극이 크고 전압 변동률이 작다.

풀이 단락비는 기계적 특성을 잘 나타내는 수치로서 일반적으로 단락비가 큰 기계는
① 동기임피던스(리액턴스)가 작기 때문에, 단락전류가 크고 전기자 반작용이 작다.
② 전압강하 및 전압강하율, 전압변동률이 작다.
③ 안정도가 좋다.
④ 철이 많이 사용되어 철기계라 불린다.
⑤ 공극이 크고, 기계 형태 중량이 증가한다.

26 20[kVA]의 단상 변압기 2대를 사용하여 V-V 결선으로 하고 3상 전원을 얻고자 한다. 이때 여기에 접속시킬 수 있는 3상 부하의 용량은 약 몇 [kVA]인가?

① 34.6　　　　② 44.6
③ 54.6　　　　④ 66.6

풀이 V결선 시 출력은 1대의 용량에 $\sqrt{3}$ 배이므로
$P_V = \sqrt{3}\,P_1 = \sqrt{3} \times 20 = 34.64[kVA]$

27 200[V] 50[Hz] 8극 15[kW]의 3상 유도 전동기에서 전부하 회전수가 720[rpm]이면 이 전동기의 2차에 효율은 몇 [%]인가?

① 86　　　　② 96
③ 98　　　　④ 100

풀이

2차 효율은 $\eta_r = \dfrac{P_o}{P_2} = 1 - s = \dfrac{N}{N_s} \times 100[\%]$

이므로 슬립을 구하여야 한다.

동기속도 $N_s = \dfrac{120f}{p} = \dfrac{120 \times 50}{8} = 750[rpm]$

슬립 $s = \dfrac{N_s - N}{N_s} = \dfrac{750 - 720}{750} = 0.04$

2차 효율은 $\eta_2 = 1 - s = 1 - 0.04 = 0.96$

28 일정 전압 및 일정 파형에서 주파수가 상승하면 변압기 철손은 어떻게 변하는가?

① 증가한다.
② 감소한다.
③ 불변이다.
④ 어떤 기간 동안 증가한다.

풀이 $P_h \propto \dfrac{1}{f}$ 에서 히스테리시스손은 주파수에 반비례한다.
따라서 히스테리시스손은 감소하므로 결국 철손은 감소한다.

29 직류 발전기 전기자 구성으로 옳은 것은?

① 전기자, 철심, 정류자
② 전기자 권선, 전기자 철심
② 전기자 권선, 계자
④ 전기자 철심, 브러시

풀이 직류발전기의 전기자는 기전력을 유기하는 부분으로 철심과 전기자 권선으로 되어 있다.

30 변압기의 2차 저항이 0.1[Ω]일 때 1차로 환산하면 360[Ω]이 된다. 이 변압기의 권수비는?

① 30　　　　② 40
③ 50　　　　④ 60

풀이 변압기 권수비의 식

$a = \dfrac{N_1}{N_2} = \dfrac{V_1}{V_2} = \dfrac{I_2}{I_1} = \sqrt{\dfrac{R_1}{R_2}}$ 이다.

$\therefore a = \sqrt{\dfrac{R_1}{R_2}} = \sqrt{\dfrac{360}{0.1}} = 60$

31 유도 전동기의 2차측 저항을 2배로 하면 그 최대 회전력은?

① 1/2배　　　② $\sqrt{2}$ 배
③ 2배　　　　④ 불변

풀이 유도 전동기의 2차측 저항을 증가시키면 슬립이 증가하여 최대 토크 발생슬립이 이동하게 된다. 최대 토크의 크기는 불변이며, 속도는 감소한다. 이러한 현상을 비례추이라 한다.

32 동기 발전기의 병렬운전 조건이 아닌 것은?

① 유도 기전력의 크기가 같을 것
② 동기발전기의 용량이 같을 것
③ 유도 기전력의 위상이 같을 것
④ 유도 기전력의 주파수가 같을 것

풀이 동기발전기 병렬운전 조건
① 기전력의 크기가 같을 것(발전기 내부에 무효 횡류가 흐른다.)
② 상회전이 일치하고, 기전력이 동위상일 것(유효 횡류가 흐른다.)
③ 기전력과 주파수가 같을 것
④ 기전력과 파형이 같을 것

---

33 3상 농형유도전동기의 Y−△ 기동시의 기동전류를 전전압 기동시와 비교하면?

① 전전압 기동전류의 1/3로 된다.
② 전전압 기동전류의 $\sqrt{3}$배로 된다.
③ 전전압 기동전류의 3배로 된다.
④ 전전압 기동전류의 9배로 된다.

풀이
• Y−△ 기동법은 5.5[kW]에서 15[kW] 정도의 3상 유도 전동기에 사용된다.

• Y결선으로 기동하는 경우 선간전압을 $\dfrac{1}{\sqrt{3}}$배 낮춤으로써 기동전류를 $\dfrac{1}{3}$배 줄일수 있다.

---

34 농형 유도전동기의 기동법이 아닌 것은?

① Y−△ 기동법
② 기동보상기에 의한 기동법
③ 2차 저항기법
④ 전전압 기동법

풀이 유도 전동기의 기동법
• 농형 유도 전동기 : 전전압 기동법, Y−△ 기동법, 변연장 △결선법, 기동 보상기법
• 권선형 유도 전동기 : 기동 저항기법, 게르게스법

---

35 다음 중 변압기의 원리와 가장 관계가 있는 것은?

① 전자유도 작용   ② 표피작용
③ 전기자 반작용   ④ 편자작용

풀이 그림과 같이 자기회로를 가진 1개의 철심에 두개의 코일을 감고 한쪽권선에 교류 전압을 가하면 철심에 교번 자계에 의한 자속이 흘러 다른 권선을 지나가면 전자유도작용에 의해 그 권선에 비례하여 유도 기전력이 발생한다. 이것을 변압기(transformer)라 한다.

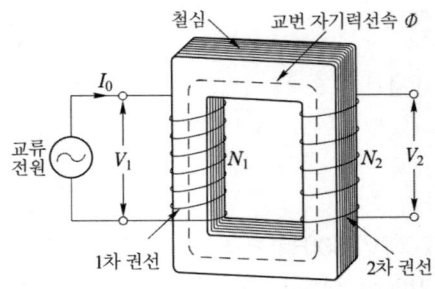

---

36 교류회로에서 양방향 점호(ON) 및 소호(OFF)를 이용하며, 위상제어를 할 수 있는 소자는?

① TRIAC   ② SCR
③ GTO   ④ IGBT

풀이 TRIAC(Trielectrode AC switch)

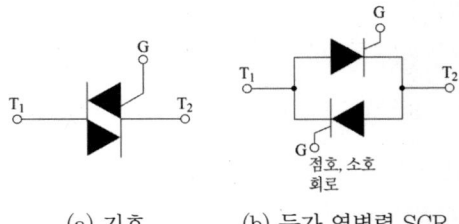

(a) 기호   (b) 등가 역병렬 SCR

---

37 다음은 3상 유도전동기 고정자 권선의 결선도를 나타낸 것이다. 맞는 사항을 고르시오.

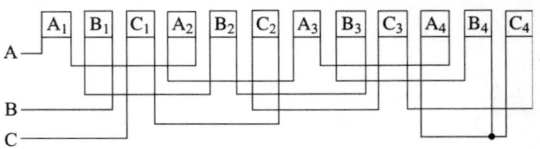

① 3상 2극, Y결선   ② 3상 4극, Y결선
③ 3상 2극, △결선   ④ 3상 4극, △결선

풀이 3상(A, B, C) 4극(1, 2, 3, 4)이 하나의 접점에 연결되어 있으므로 Y결선이다.

---

38 상전압 300[V]의 3상 반파 정류 회로의 직류 전압은 약 몇 [V]인가?

① 520[V] ② 350[V]
③ 260[V] ④ 50[V]

풀이 3상 반파정류회로의 직류 전압

$$E_d = \frac{3\sqrt{6}}{2\pi}V = \frac{3\sqrt{6}}{2\pi} \times 300 = 350.86[V]$$

---

39 직류발전기에서 균압환을 설치하는 이유로 옳은 것은?

① 전압을 높인다.
② 전압강하 방지
③ 저항 감소
④ 브러시 불꽃 방지

풀이 중권에서는 유기기전력의 불평형으로 인한 순환전류가 브러시를 통해 흘러 정류에 나쁜 영향(불꽃발생 등)을 미치게 되는데, 이것을 방지하기 위하여 균압환을 설치한다.

---

40 동기 발전기의 돌발 단락 전류를 주로 제한하는 것은?

① 누설 리액턴스 ② 역상 리액턴스
③ 동기 리액턴스 ④ 권선저항

풀이 동기기에서 저항은 누설 리액턴스에 비하여 작으며 전기자 반작용은 단락 전류가 흐른 뒤에 작용하므로 돌발 단락 전류를 제한하는 것은 누설 리액턴스이다. 역상 리액턴스는 역상 전류에 대응하는 것으로 3상 평형 단락이 되면 역상 전류는 흐르지 않는다.
• 동기 리액턴스 = 누설 리액턴스 + 반작용 리액턴스

---

41 무대, 무대 밑, 오케스트라 박스, 영사실, 기타 사람이나 무대 도구가 접촉할 우려가 있는 장소에 시설하는 저압옥내배선, 전구선 또는 이동전선은 사용 전압이 몇 [V] 이하이어야 하는가?

① 60[V] ② 110[V]
③ 220[V] ④ 400[V]

풀이 242.6 전시회, 쇼 및 공연장의 전기설비
무대·무대마루 밑·오케스트라 박스·영사실 기타 사람이나 무대 도구가 접촉할 우려가 있는 곳에 시설하는 저압 옥내배선, 전구선 또는 이동전선은 사용전압이 400[V] 이하이어야 한다.

---

42 금속관을 절단할 때 사용되는 공구는?

① 오스터 ② 녹 아웃 펀치
③ 파이프 커터 ④ 파이프 렌치

풀이 ① 오스터 : 금속관 끝에 나사를 내는 공구
② 노크 아웃 펀치 : 분전반, 풀박스 등의 전선관 인출을 위한 인출공을 뚫는 공구
③ 파이프 커터 : 금속관을 절단하는 공구
④ 파이프 렌치 : 금속관을 커플링으로 접속할 때 금속관 커플링을 물고 죄는 것

---

43 전기 울타리의 시설에서 전기 울타리용 전원장치에 전기를 공급하는 전로의 사용 전압은 몇 [V] 이하인가?

① 250 ② 500
③ 600 ④ 700

풀이 241.1 전기울타리
전기울타리용 전원장치에 전기를 공급하는 전로의 사용전압은 250[V] 이하일 것.

답 38. ② 39. ④ 40. ① 41. ④ 42. ③ 43. ①

44 플로어 덕트 공사의 설명 중 옳지 않은 것은?

① 덕트 상호간 접속은 견고하고 전기적으로 완전하게 접속하여야 한다.

② 덕트의 끝 부분은 막는다.

③ 덕트 및 박스 기타 부속품은 물이 고이는 부분이 없도록 시설하여야 한다.

④ 플로어 덕트는 접지공사를 아니하여야 한다.

> 풀이 232.32.3 플로어덕트 및 부속품의 시설
>
> ① 덕트 상호 간 및 덕트와 박스 및 인출구와는 견고하고 또한 전기적으로 완전하게 접속할 것.
>
> ② 덕트 및 박스 기타의 부속품은 물이 고이는 부분이 없도록 시설하여야 한다.
>
> ③ 박스 및 인출구는 마루 위로 돌출하지 아니하도록 시설하고 또한 물이 스며들지 아니하도록 밀봉할 것.
>
> ④ 덕트의 끝부분은 막을 것.
>
> ⑤ 덕트는 접지공사를 할 것.

45 저압크레인 또는 호이스트 등의 트롤리선을 애자공사에 의하여 옥내의 노출장소에 시설하는 경우 트롤리선의 바닥에서의 최소 높이는 몇 [m] 이상으로 설치하는가?

① 2 ② 2.5
③ 3 ④ 3.5

> 풀이 232.81 옥내에 시설하는 저압 접촉전선 배선
>
> ① 이동기중기 · 자동청소기 그 밖에 이동하며 사용하는 저압의 전기기계기구에 전기를 공급하기 위하여 사용하는 저압 접촉전선을 옥내에 시설하는 경우에는 기계기구에 시설하는 경우 이외에는 전개된 장소 또는 점검할 수 있는 은폐된 장소에 애자공사 또는 버스덕트공사 또는 절연트롤리공사에 의하여야 한다.
>
> ② 저압 접촉전선을 애자공사에 의하여 옥내의 전개된 장소에 시설하는 경우에는 전선의 바닥에서의 높이는 3.5[m] 이상으로 하고 또한 사람이 접촉할 우려가 없도록 시설할 것.

46 다음 중 전선 및 케이블 접속 방법이 잘못된 것은?

① 전선의 세기를 30[%] 이상 감소시키지 않을 것

② 접속 부분은 접속관 기타의 기구를 사용하거나 납땜을 할 것

③ 코드 상호, 캡타이어 케이블 상호, 케이블 상호, 또는 이들 상호를 접속하는 경우에는 코드 접속기, 접속함 기타의 기구를 사용 할 것

④ 도체에 알루미늄을 사용하는 전선과 동을 상용하는 전선을 접속하는 경우에는 접속 부분에 전기적인 부식이 생기지 않도록 할 것

> 풀이 전선 접속시 주의 사항
>
> ① 전선의 전기 저항은 증가시키지 말아야 한다.
>
> ② 전선의 인장 하중을 20[%] 이상 감소시키지 말아야 한다.
>
> ③ 전선 접속시 절연내력은 접속전의 절연내력 이상으로 절연하여야 한다.

47 고압 가공 전선로로부터 수전하는 수용가의 인입구에 시설하는 피뢰기의 접지 공사에 있어서 접지선이 피뢰기 접지 공사 전용의 것이면 접지저항[Ω]은 얼마까지 허용되는가?

① 5 ② 10
③ 30 ④ 75

> 풀이 341.14 피뢰기의 접지
>
> 가. 고압 및 특고압의 전로에 시설하는 피뢰기 접지 저항 값은 10[Ω] 이하로 하여야 한다.
>
> 나. 고압가공전선로에 시설하는 피뢰기의 접지공사의 접지선이 전용의 것인 경우에는 접지 저항치가 30[Ω]까지 허용된다.

48 인입용 비닐절연전선을 나타내는 약호는?

① OW   ② EV

③ DV   ④ NV

풀이 ① OW : 옥외용 비닐 절연 전선
② EV : 폴리에틸렌 절연 비닐 시스 케이블
③ DV : 인입용 비닐 절연 전선
④ NV : 비닐 절연 네온 전선

49 고압 가공 케이블을 설치하기 위한 조가용선은 단면적 몇 [mm²]인 아연도 철연선 또는 이와 동등 이상의 세기 및 굵기의 연선을 사용하여야 하는가?

① 8   ② 14

③ 22   ④ 30

풀이 332.2 가공케이블의 시설
저압 가공전선 또는 고압 가공전선에 케이블을 사용하는 경우에는 다음에 따라 시설하여야 한다.
가. 케이블은 조가용선에 행거로 시설할 것. 이 경우에는 사용전압이 고압인 때에는 행거의 간격은 0.5[m] 이하로 하는 것이 좋다.
나. 조가용선은 인장강도 5.93[kN] 이상의 것 또는 단면적 22[mm²] 이상인 아연도강연선일 것
다. 조가용선 및 케이블의 피복에 사용하는 금속체에는 접지공사를 할 것
라. 조가용선을 케이블에 접촉시켜 금속 테이프를 감는 경우에는 20[cm] 이하의 간격으로 나선상으로 한다.

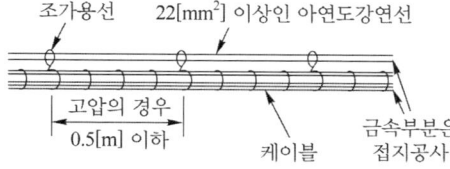

50 조명기구를 배광에 따라 분류하는 경우 특정한 장소만을 고조도로 하기 위한 조명기구는?

① 직접 조명기구

② 전반확산 조명기구

③ 광천장 조명기구

④ 반직접 조명기구

풀이 ① 직접조명 : 빛을 직접 대상물에 비추는 조명방식
② 전반확산조명 : 하향광속으로 직접 작업면에 직사시키고 상향광속의 반사광으로 작업면의 조도를 증가시키는 조명방식
③ 광천장 조명 : 천장 전면을 발광면으로 하는 조명
④ 반직접조명 : 빛의 60~90[%]가 아래로 향하여 직접 표면을 비추고 나머지 10~40[%]는 천정면을 향하여 반사시키는 조명방식

51 합성수지관의 특성은?

① 내열성   ② 내부식성

③ 내한성   ④ 내충격성

풀이 합성수지관은 내부식성이 강하며, 절연성이 우수하다.

52 전주의 길이가 16[m]이고, 설계하중이 6.8[kN] 이하의 철근콘크리트주를 시설할 때 땅에 묻히는 깊이는 몇 [m] 이상이어야 하는가?

① 1.2   ② 1.4

③ 2.0   ④ 2.5

풀이 331.7 가공전선로 지지물의 기초의 안전율
강관주 또는 철근 콘크리트주로서 그 전체 길이가 16[m] 이하, 설계하중이 6.8[kN] 이하인 것 또는 목주를 다음에 의하여 시설하는 경우
① 전체의 길이가 15[m] 이하인 경우는 땅에 묻히는 깊이를 전체길이의 1/6 이상으로 할 것.

② 전체의 길이가 15[m]를 초과하는 경우는 땅에 묻히는 깊이를 2.5[m] 이상으로 할 것.

53 저압가공전선이 철도 또는 궤도를 횡단하는 경우에는 레일면상 몇 [m] 이상이어야 하는가?

① 3.5 　　　　　② 4.5
③ 5.5 　　　　　④ 6.5

풀이 222.7 저압 가공전선의 높이
332.5 고압 가공전선의 높이

설치장소		가공전선의 높이
도로횡단(번잡하지 않은 도로 제외)		지표상 6[m] 이상
철도 또는 궤도 횡단		레일면상 6.5[m] 이상
횡단 보도교 위	저압	노면상 3.5[m] 이상 (단, 절연전선의 경우 3[m] 이상)
	고압	노면상 3.5[m] 이상
일반장소		지표상 5[m] 이상. 단, 저압의 경우 절연전선 또는 케이블을 사용하여 교통에 지장이 없도록 하여 옥외조명용에 공급하는 경우 4[m]까지 감할 수 있다.
다리의 하부 기타 이와 유사한 장소		저압의 전기철도용 급전선은 지표상 3.5[m]까지로 감할 수 있다.

54 고압 이상에서 기기의 점검, 수리 시 무전압, 무전류 상태로 전로에서 단독으로 전로의 접속 또는 분리하는 것을 주목적으로 사용되는 수·변전기기는?

① 기중부하 개폐기　② 단로기
③ 전력퓨즈　　　　④ 컷아웃 스위치

풀이 ① 부하 개폐기(LBS) : 변압기 등의 운전·정지 또는 전력계통의 운전·정지 등 부하전류가 흐르고 있는 회로의 개폐를 목적으로 사용

② 단로기(DS) : 전류가 흐르지 않는 상태(무부하 시)에서 회로의 접속 변경 및 점검 수리시에 사용되는 개폐기를 말한다.
③ 전력퓨즈(PF) : 회로를 단락사고로부터 보호
④ 컷아웃 스위치(COS) : 기계 기구(변압기)를 과전류로부터 보호

55 지중전선로 시설 방식이 아닌 것은?

① 직접 매설식　　② 관로식
③ 트라이식　　　　④ 암거식

풀이 지중전선로의 종류 : 관로식, 암거식, 직접 매설식

56 다음 중 접지 저항의 측정에 사용되는 측정기의 명칭은?

① 회로 시험기　　② 변류기
③ 검류기　　　　④ 어스테스터

풀이 접지 저항측정에는 어스테스터를 사용한다.

57 랙(rack)을 이용한 배선 방법은 어떤 전선로에 사용되는가?

① 저압 가공선로　② 고압 가공선로
③ 저압 지중선로　④ 고압 지중선로

풀이 저압 배전선로에서 전선을 수직으로 지지할 때 사용하는 장주용 자재를 랙(rack)이라고 한다.

58 자가용 전기설비의 보호 계전기의 종류가 아닌 것은?

① 과전류계전기　　② 과전압계전기
③ 부족전압계전기　④ 부족전류계전기

풀이 ① 자가용 전기설비의 보호 계전기 종류로는 과전류계전기, 과전압계전기, 지락계전기, 선택지락계전기, 차동계전기, 비율차동계전기, 저전압계전기, 부흐홀쯔계전기, 충격압력계전기 등이 있다.
② 부족전류계전기는 보호 목적보다는 주로 제어용으로 사용한다.

풀이 종단접속의 방법에는 가는 단선의 종단접속, 동선 압착단자에 의한 접속, 비틀어 꽂는 형의 전선접속기에 의한 접속, 종단겹침용 슬리브(E형)에 의한 접속, 직선겹침용 슬리브(P형)에 의한 접속, 꽂음형 커넥터에 의한 접속이 있다.

59 최대 사용 전압이 220[V]인 3상 유도 전동기가 있다. 이것의 절연 내력 시험 전압은 몇 [V]로 하여야 하는가?

① 330
② 500
③ 750
④ 1050

풀이 133 회전기 및 정류기의 절연내력

종 류			시험전압 (최대사용 전압의 배수)	시험 방법
회전기	발전기 · 전동기 · 조상기 · 기타회전기	최대 사용전압 7[kV] 이하	1.5배 (최저 500[V])	권선과 대지 사이에 연속하여 10분간
		최대 사용전압 7[kV] 초과	1.25배 (최저 10.5[kV])	
	회전 변류기		직류측의 최대 사용 전압의 1배의 교류전압(최저 500[V])	

∴ 시험 전압 = 220 × 1.5 = 330[V](최저 500[V])

60 동전선의 접속방법에서 종단접속 방법이 아닌 것은?

① 비틀어 꽂는 형의 전선접속기에 의한 접속
② 종단겹침용 슬리브(E형)에 의한 접속
③ 직선 맞대기용 슬리브(B형)에 의한 압착 접속
④ 직선 겹침용 슬리브(P형)에 의한 접속

01 진공 중에 놓인 3[μC]의 점전하에서 3[m] 되는 점의 전계는 몇 [V/m]인가?

① 100
② 1000
③ 300
④ 3000

풀이 점의 전계

$$E = \frac{Q}{4\pi\epsilon_0 r^2} = 9 \times 10^9 \times \frac{Q}{r^2}$$

$$= 9 \times 10^9 \times \frac{3 \times 10^{-6}}{3^2} = 3000[\text{V/m}]$$

02 비유전율이 9인 물질의 유전율은 약 얼마인가?

① $80 \times 10^{-12}[\text{F/m}]$
② $80 \times 10^{-8}[\text{F/m}]$
③ $1 \times 10^{-12}[\text{F/m}]$
④ $1 \times 10^{-8}[\text{F/m}]$

풀이 $\epsilon = \epsilon_s \epsilon_0 = 9 \times 8.85 \times 10^{-12} = 80 \times 10^{-12}[\text{F/m}]$

03 다음 중 선형소자는 어느 것인가?

① 바리스터
② 서미스터
③ 커패시터
④ 트랜지스터

풀이
• 선형소자 : 전압이나 전류의 변화 또는 외부 환경 조건에 의해서 소자의 상수값이 변하지 않고 일정하게 유지되는 소자로 저항, 인덕터, 커패시터 등이 있다.
• 비선형소자 : 인가된 전압이나 온도 등에 의해서 소자의 상수값이 변하는 소자로 바리스터, 서미스터, 트랜지스터 등이 있다.

04 비유전율이 큰 산화티탄 등을 유전체로 사용한 것으로 극성이 없으며 가격에 비해 성능이 우수하여 널리 사용되고 있는 콘덴서의 종류는?

① 전해 콘덴서
② 세라믹 콘덴서
③ 마일러 콘덴서
④ 마이카 콘덴서

풀이 ① 전해 콘덴서
케미콘이라 한다. 유전체를 산화 피막으로 만들어 비교적 큰 용량을 얻을 수 있다. 전원의 평활 회로, 저주파 바이패스 등에 쓰인다.
② 세라믹 콘덴서
전극에 티탄산바륨과 같은 유전율이 높은 세라믹 재료로 만들었으며, 전극의 극성이 없는 것이 특징이다. 용량은 비교적 작아 아날로그 신호계에 사용할 수 있다.
③ 마일러 콘덴서
얇은 폴리에스테르필름의 양면에 금속박을 대고 원통형으로 감은 것으로 극성이 없다. 가격은 저렴하나 정밀하지 못한 결점이 있다.
④ 마이카(운모) 콘덴서
소용량의 콘덴서로 널리 쓰이며, 온도에 따른 용량변화가 적고 절연저항이 높다.

05 전기력선에 대한 설명으로 틀린 것은?

① 같은 전기력선은 흡인한다.
② 전기력선은 서로 교차하지 않는다.
③ 전기력선은 도체의 표면에 수직으로 출입한다.
④ 전기력선은 양전하의 표면에서 나와서 음전하의 표면에서 끝난다.

풀이 전기력선의 성질
① 전기력선은 정전하에서 출발하여 부전하에서 멈추거나 무한원까지 퍼진다.
② 전기력선상의 임의의 한 점에서의 접선 방향은 그 점의 전계의 방향을 나타낸다. 즉, 전기력선

의 방향은 전계의 방향과 일치한다.
③ 전기력선 밀도는 전계의 세기와 같다.
④ 전기력선은 서로 교차하지 않으며, 전하가 없는 곳에서는 전기력선의 발생과 소멸이 없고 연속적이다.
⑤ 전기력선은 전위가 높은 곳에서 낮은 곳으로 향한다.
⑥ 전기력선은 등전위면과 직교한다.

06 $R_1[\Omega]$, $R_2[\Omega]$, $R_3[\Omega]$의 저항 3개를 직렬 접속했을 때의 합성저항$[\Omega]$은?

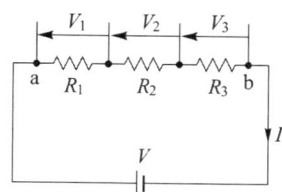

① $R = \dfrac{R_1 \cdot R_2 \cdot R_3}{R_1 + R_2 + R_3}$

② $R = \dfrac{R_1 + R_2 + R_3}{R_1 \cdot R_2 \cdot R_3}$

③ $R = R_1 \cdot R_2 \cdot R_3$

④ $R = R_1 + R_2 + R_3$

풀이
• 직렬 연결 시 합성저항
$R = R_1 + R_2 + R_3 + \cdots\cdots + R_n[\Omega]$
• 병렬 연결 시 합성저항
$R = \dfrac{1}{\dfrac{1}{R_1} + \dfrac{1}{R_2} + \dfrac{1}{R_3} + \cdots\cdots + \dfrac{1}{R_n}}[\Omega]$

07 평균 반지름이 r[m]이고, 감은 횟수가 N인 환상 솔레노이드에 전류 I[A]가 흐를 때 내부의 자기장의 세기 H[AT/m]는?

① $H = \dfrac{NI}{2\pi r}$

② $H = \dfrac{NI}{2r}$

③ $H = \dfrac{2\pi r}{NI}$

④ $H = \dfrac{2r}{NI}$

풀이

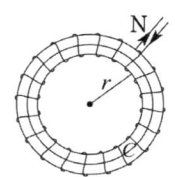

그림과 같이 반지름 r[m]인 적분로 C에 대해서 암페어의 주회 적분의 법칙을 적용하면 H=일정, $\theta = 0$이므로

$$\oint_c H \cdot dl = H \cdot 2\pi r = NI$$

$$\therefore H = \dfrac{NI}{2\pi r} = n_0 I [\text{AT/m}]$$

단, n_0는 단위 길이당 권수이다.

08 평균 반지름이 10[cm]이고 50회의 원형 코일에 전류를 흐르게 하였을 때 그 코일 중심의 자장의 세기는 1,500[AT/m]이었다고 한다. 이 코일에 흐르는 전류는 몇 [A]인가?

① 6 ② 10

③ 50 ④ 250

풀이
원형 코일 중심의 자장의 세기 $H = \dfrac{NI}{2r}$에서

전류 $I = \dfrac{2rH}{N} = \dfrac{2 \times 0.1 \times 1,500}{50} = 6[\text{A}]$가 된다.

09 50회 감은 코일과 쇄교하는 자속이 0.5[sec] 동안 0.1[Wb]에서 0.2[Wb]로 변화하였다면 기전력의 크기는?

① 5[V] ② 10[V]

③ 12[V] ④ 15[V]

풀이
$e = -\dfrac{d\Phi}{dt} = -N\dfrac{d\phi}{dt} = -50 \times \dfrac{0.2 - 0.1}{0.5}$
$= -10[\text{V}]$
여기서 (−)는 기전력의 방향이 쇄교 자속의 변화를 방해하는 방향으로 발생하는 것을 의미한다.

 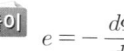

10 전류를 흐르게 하는 능력을 무엇이라 하는가?

① 전기량   ② 저항
③ 기전력   ④ 중성자

> **풀이** 전원(전원)에서 에너지를 공급받는 경우를 전압상승(電壓上昇)이라 한다. 전압상승은 전류를 흘리는 역할을 한다.

11 황산구리($CuSO_4$) 전해액에 2개의 구리판을 넣고 전원을 연결하였을 때 음극에서 나타나는 현상으로 옳은 것은?

① 변화가 없다.
② 구리판이 두터워진다.
③ 구리판이 얇아진다.
④ 수소 가스가 발생한다.

> **풀이** 양극에서는 산화반응, 음극에서는 환원반응이 각각 진행되므로, 양극 쪽은 얇아지고 음극 쪽은 두터워진다. 이러한 원리는 구리 도금·정련에 사용된다.

12 전기회로에서 일어나는 과도현상은 그 회로의 시정수와 관계가 있다. 이 사이의 관계를 옳게 표현한 것은?

① 회로의 시정수가 클수록 과도현상은 오래동안 지속된다.
② 시정수는 과도현상의 지속시간에는 상관되지 않는다.
③ 시정수의 역이 클수록 과도현상은 천천히 사라진다.
④ 시정수가 클수록 과도현상은 빨리 사라진다.

> **풀이** 시정수(τ)는 과도현상의 길고 짧음을 나타낸 양이다.
> • 시정수가 크면 과도현상이 오래 지속되어 과도현상 소멸 시간은 길어진다.
> • 시정수가 작으면 과도현상이 짧아진다.

13 히스테리시스 곡선이 횡축과 만나는 점은?

① 보자력   ② 기자력
③ 잔류자기   ④ 포화특성

> **풀이** 히스테리시스곡선에서
> B_r 을 **잔류자기**(residual magnetism)
> H_c 를 **보자력**(coercive force)이라 한다.

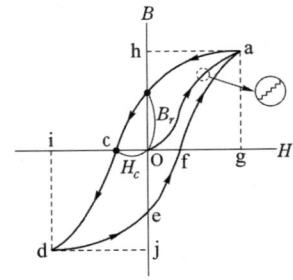

14 기전력이 50[V], 내부저항 $r = 5[\Omega]$인 전원이 있다. 이 전원에 부하를 연결하여 얻을 수 있는 최대 전력은 몇 [W]인가?

① 50   ② 75
③ 100   ④ 125

> **풀이** 전력 $P = \dfrac{V^2}{4R}$ 에서 $P = \dfrac{50^2}{4 \times 5} = 125$[W]가 된다.

15 두 종류의 금속의 접합부에 전류를 흘리면 전류의 방향에 따라 열의 발생 또는 흡수 현상이 생긴다. 이러한 현상을 무엇이라 하는가?

① 펠티에 효과   ② 톰슨 효과
③ 제어벡 효과   ④ 제3금속의 법칙

답 10. ③   11. ②   12. ①   13. ①   14. ④   15. ①

풀이 제어벡 효과의 반대되는 현상으로 두 종류의 금속을 폐회로를 만들고, 두 금속의 접합점에 전류를 흘려주면 접합점 주변에서 열의 흡수 또는 발생이 일어나는 현상을 펠티에 효과라 한다.
펠티에 효과는 전자 냉동기의 원리에 이용된다.

16 1차 전지로 가장 많이 사용되는 것은?

① 니켈 · 카드뮴 전지
② 연료 전지
③ 망간 건전지
④ 납축 전지

풀이 1차 전지 : 충전에 의하여 구성 물질의 재생이 불가능한 전지를 1차 전지라 부르고, 이것을 크게 나누면 망간 건전지, 알칼리 · 망간 건전지, 산화은 전지, 리튬 1차 전지, 수은 전지, 공기 전지, 연료 전지, 고체 전해질 전지 등이 있다.

17 100[V]의 교류 전원에 선풍기를 접속하고 입력과 전류를 측정하였더니 500[W], 7[A]였다. 이 선풍기의 역률은?

① 0.61 ② 0.71
③ 0.81 ④ 0.91

풀이 유효전력 $P = VI\cos\theta$[W]에서
$\cos\theta = \dfrac{P}{VI}$ 가 된다.

따라서, $\cos\theta = \dfrac{P}{VI} = \dfrac{500}{100 \times 7} = 0.71$

18 전류에 의한 자기장의 세기를 구하는 비오-사바르의 법칙을 옳게 나타낸 것은?

① $\Delta H = \dfrac{I\Delta l \sin\theta}{4\pi r^2}$ [AT/m]

② $\Delta H = \dfrac{I\Delta l \sin\theta}{4\pi r}$ [AT/m]

③ $\Delta H = \dfrac{I\Delta l \cos\theta}{4\pi r}$ [AT/m]

④ $\Delta H = \dfrac{I\Delta l \cos\theta}{4\pi r^2}$ [AT/m]

풀이 비오-사바르의 법칙

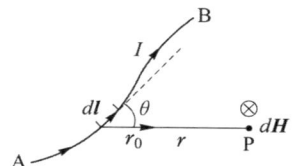

전류와 자장의 세기의 관계를 나타내는 법칙으로 임의의 형상의 도선에 전류 I[A]가 흐를 때, 도선상의 미소길이 dl 부분에 흐르는 전류에 의하여 거리 r만큼 떨어진 점 P에서의 자계의 세기 dH는
$dH = \dfrac{Idl \sin\theta}{4\pi r^2}$ [AT/m]가 된다.
여기서 θ는 dl과 거리 r이 이루는 각이다.

19 비정현파의 실효값을 나타낸 것은?

① 최대파의 실효값
② 각 고조파의 실효값의 합
③ 각 고조파의 실효값의 합의 제곱근
④ 각 고조파의 실효값의 제곱의 합의 제곱근

풀이 왜형파의 실효값은 각 고조파 실효값 제곱의 합의 제곱근이다.

20 동기 전동기 전기자 반작용에 대한 설명이다. 공급전압에 대한 앞선 전류의 전기자 반작용은?

① 감자 작용
② 증자 작용
③ 교차 자화 작용
④ 편자 작용

풀이 동기기의 전기자 반작용

부 하	동기발전기	동기전동기
저항(동상, $\cos\theta = 1$)	교차 자화 작용(횡축 반작용)	
유도성 부하 (지상 전류)	감자 작용 (직축 반작용)	증자 작용 (직축 반작용)
용량성 부하 (진상 전류)	증자 작용 (직축 반작용)	감자 작용 (직축 반작용)

21 $v = V_m \sin(\omega t + 30°)$[V],

$i = I_m \sin(\omega t - 30°)$[A]일 때

전압을 기준으로 할 때 전류의 위상차는?

① 60° 뒤진다.　② 60° 앞선다.

③ 30° 뒤진다.　④ 30° 앞선다.

풀이

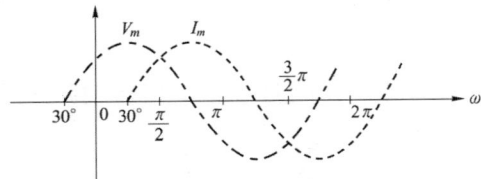

전압은 위상이 30° 빠르고, 전류는 위상이 30° 느리므로 그 차이는 60°이다. 전압을 기준으로 하므로 전류는 전압에 비해 위상이 60° 뒤진다.

22 전기기계의 효율 중 발전기의 규약 효율 η_G는 몇 [%]인가? (단, P는 입력, Q는 출력, L은 손실이다.)

① $\eta_G = \dfrac{P-L}{P} \times 100$

② $\eta_G = \dfrac{P-L}{P+L} \times 100$

③ $\eta_G = \dfrac{Q}{P} \times 100$

④ $\eta_G = \dfrac{Q}{Q+L} \times 100$

풀이 규약 효율 η는

전동기 $\eta = \dfrac{P-L}{P} \times 100$[%]

발전기 $\eta = \dfrac{Q}{Q+L} \times 100$[%]

23 6극 36슬롯 3상 동기 발전기의 매극 매상 당 슬롯수는?

① 2　　　　　② 3

③ 4　　　　　④ 5

풀이 1극 1상의 슬롯수 : $q = \dfrac{Z}{mp} = \dfrac{36}{3 \times 6} = 2$

24 전기자 저항이 0.1[Ω], 전기자 전류 104[A], 유도 기전력 110.4[V]인 직류 분권 발전기의 단자 전압은 몇 [V]인가?

① 98　　　　　② 100

③ 102　　　　　④ 105

풀이 직류 분권 발전기의 단자전압

$V = E - R_a I_a$[V]이므로

$V = 110.4 - 0.1 \times 104 = 100$[V]가 된다.

25 직류 분권 전동기의 토크 T와 회전수 N과의 관계는?

① $T \propto N$　　　② $T \propto N^2$

③ $T \propto \dfrac{1}{N}$　　　④ $T \propto \dfrac{1}{N^2}$

풀이 전압 전류가 일정하면 $N = \dfrac{V - I_a R_a}{K\phi}$에서

$\phi \propto \dfrac{1}{N}$, $T = K\phi I = K' \dfrac{1}{N}$

즉, 토크는 속도에 반비례한다.

답 21. ①　22. ④　23. ①　24. ②　25. ③

26 변압기 V결선의 특징으로 틀린 것은?

① 고장시 응급처치 방법으로도 쓰인다.

② 단상변압기 2대로 3상 전력을 공급한다.

③ 부하증가가 예상되는 지역에 시설한다.

④ V결선시 출력은 △결선시 출력과 그 크기가 같다.

풀이 V결선은 △결선에 비해 출력이 57.74[%]로 저하된다.

27 3상 유도전동기의 운전 중 급속 정지가 필요할 때 사용하는 제동방식은?

① 단상 제동

② 회생 제동

③ 발전 제동

④ 역상 제동

풀이 유도전동기의 전기 제동법

① 발전 제동 : 운전 중인 전동기를 전원에서 분리하면 발전기로 동작한다. 이때 발생된 전력을 열로 소비하는 제동법을 발전제동이라 한다.

② 회생 제동 : 운전 중인 전동기를 전원에서 분리하면 발전기로 동작한다. 이때 발생된 전력을 제동용 전원으로 사용하면 회생제동이라 한다. 이 경우는 언덕을 내려가는 전차 등에서 사용할 수 있다.

③ 플러깅(plugging) 제동 : 플러깅 제동은 급제동시 사용하는 방법으로 역전제동이라고도 한다. 제동시 전동기를 역회전시켜 속도를 급감시킨 다음 속도가 0에 가까워지면 전동기를 전원에서 분리하는 제동법이다.

28 다음 중 2단자 사이리스터가 아닌 것은?

① SCR

② DIAC

③ SSS

④ Diode

풀이
- 2극(단자) 소자 : DIAC, SSS, Diode
- 4극(단자) 소자 : SCS
- 3극(단자) 소자 : SCR, LASCR, TRIAC, GTO
- 양방향성(쌍방향성) 소자 : DIAC, TRIAC, SSS
- 단방향성 : SCR, LASCR, GTO, SCS

29 주상변압기의 고압 측에 여러 개의 탭을 설치하는 이유는?

① 선로 고장대비

② 선로 전압조정

③ 선로 역률개선

④ 선로 과부하 방지

풀이 전원 전압의 변동이나 부하에 의해 변압기 2차 측에 전압변동이 생긴다. 전압변동을 보상하려면 변압기의 권수비(변압비)를 바꾸어야 하는데, 이를 위해 2차 측에 몇 개의 탭을 설치한다.

30 220[V]/60[Hz], 4극의 3상 유도전동기가 있다. 슬립 5[%]로 회전할 때 출력 17[kW]를 낸다면, 이때의 토크는 약 [N·m]인가?

① 56.2[N·m]

② 95.5[N·m]

③ 191[N·m]

④ 935.8[N·m]

풀이 전동기의 회전수

$$N = (1-s)\frac{120f}{P} = (1-0.05) \times \frac{120 \times 60}{4}$$
$$= 1710[\text{rpm}]$$

토크

$$\tau = 0.975\frac{P_o}{N} \times 9.8 = 0.975 \times \frac{17,000}{1710} \times 9.8$$
$$\fallingdotseq 95[\text{N·m}]$$

31 발전기를 정격 전압 220[V]로 운전하다가 무부하로 운전하였더니, 단자 전압이 253[V]가 되었다. 이 발전기의 전압 변동률은 몇 [%]인가?

① 15[%]

② 25[%]

③ 35[%]

④ 45[%]

풀이 전압 변동률

$$\epsilon = \frac{V_0 - V_n}{V_n} \times 100 = \frac{253-220}{220} \times 100 = 15[\%]$$

32 단상변압기 3대로 Y-Y결선을 하는 경우에 대한 설명으로 틀린 것은?

① 중성점 접지가 가능하다.
② 제3고조파 전류가 흐르며 유도장해를 일으킨다.
③ 1차측과 2차측의 각 상전압의 위상은 같다.
④ 상전압이 선간전압의 $\sqrt{3}$ 배이므로 절연이 용이하다.

풀이 Y-Y결선의 특징
  ① 장점
  • 1차 전압, 2차 전압 사이에 위상차가 없다.
  • 1차, 2차 모두 중성점을 접지할 수 있으며 고압의 경우 이상 전압을 감소시킬 수 있다.
  • 상전압이 선간 전압의 $\frac{1}{\sqrt{3}}$ 배이므로 절연이 용이하여 고전압에 유리하다.
  ② 단점
  • 제3고조파 전류의 통로가 없으므로 기전력의 파형이 제3고조파를 포함한 왜형파가 된다.
  • 중성점을 접지하면 제3고조파 전류가 흘러 통신선에 유도 장해를 일으킨다.

33 동기임피던스 5[Ω]인 2대의 3상 동기 발전기의 유도 기전력에 100[V]의 전압 차이가 있다면 무효순환전류[A]는?

① 10
② 15
③ 20
④ 25

풀이
$$I_c = \frac{E_1 - E_2}{2Z_s} = \frac{E_r}{2Z_s} = \frac{100}{2 \times 5} = 10[\text{A}]$$

34 직류발전기의 철심을 규소 강판으로 성층하여 사용하는 주된 이유는?

① 브러시에서의 불꽃방지 및 정류개선
② 맴돌이 전류손과 히스테리시스손의 감소
③ 전기자 반작용의 감소
④ 기계적 강도 개선

풀이 전기 기계의 전기자 철심은 규소 강판으로 성층하여 만드는데, 규소를 넣는 것은 자기 저항을 크게 하여 와류손과 히스테리시스손을 감소하게 하지만 투자율이 낮아지고, 기계적 강도가 감소되어 부서지기 쉬우며, 가공이 곤란하게 된다. 성층하는 이유는 와류손을 적게 하기 위한 것이다.

35 직류 전동기에서 무부하가 되면 속도가 대단히 높아져서 위험하기 때문에 무부하운전이나 벨트를 연결한 운전을 해서는 안 되는 전동기는?

① 직권전동기
② 분권전동기
③ 타여자전동기
④ 분권전동기

풀이 속도의 식 $N = \frac{E}{K\phi} = \frac{V - R_a I_a}{K\phi} = k\frac{V - R_a I_a}{\phi}$ 에서 $\phi = 0$이면 속도가 무한대가 되어 위험하게 된다. 직류 직권 전동기의 경우 부하전류 $I = I_a = I_f$ 이므로 부하전류가 0이면 자속이 0이 된다.
따라서, 직권 전동기의 경우 벨트 부하를 걸면 벨트가 벗겨져 무부하가 될 수 있으므로 벨트 부하를 사용하지 않으며, 기어부하를 사용한다.

36 직류 전동기에서 전부하 속도가 1500[rpm], 속도 변동률이 3[%]일 때 무부하 회전 속도는 몇 [rpm]인가?

① 1455
② 1410
③ 1545
④ 1590

풀이 속도 변동률 $\epsilon = \frac{N_0 - N_n}{N_n} \times 100[\%]$에서
$$N_0 = \left(\frac{\epsilon}{100} + 1\right)N_n = \left(\frac{3}{100} + 1\right) \times 1500$$
$$= 1545[\text{rpm}]\text{가 된다.}$$

37 고압전동기 철심의 강판 홈(slot)의 모양은?

① 반폐형　　　② 개방형

③ 반구형　　　④ 밀폐형

풀이 유도전동기에서 슬롯은 저압용에는 반폐형, 고압용에는 주로 개방형이 사용된다.

38 변압기의 결선에서 제3고조파를 발생시켜 통신선에 유도장해를 일으키는 3상 결선은?

① Y-Y　　　　② △-△

③ Y-△　　　　④ △-Y

풀이 Y-Y 결선 방법은 기전력의 파형이 제3고조파를 포함한 왜형파가 되며, 중성점 접지 시 제3고조파 전류가 흘러 통신선 유도 장해를 일으키므로 거의 사용되지 않는다.

39 60[Hz]의 전원에 접속되어 5[%]의 슬립으로 운전되고 있는 유도 전동기의 2차 권선에 유기되는 전압의 주파수[Hz]는?

① 2　　　　　② 3

③ 4　　　　　④ 5

풀이 2차 주파수 $f_2 = sf_1$ 이므로
$f_2 = 0.05 \times 60 = 3[\text{Hz}]$가 된다.

40 반도체 사이리스터에 의한 전동기의 속도 제어 중 주파수 제어는?

① 초퍼 제어　　② 인버터 제어

③ 컨버터 제어　④ 브리지 정류 제어

풀이 VVVF(인버터)제어는 가변 전압 가변 주파수로 속도제어 및 기동을 하는 방법을 말한다.

41 화약류의 분말이 전기설비가 발화원이 되어 폭발할 우려가 있는 곳에 시설하는 저압 옥내 배선의 공사 방법으로 가장 알맞은 것은?

① 금속관 공사

② 애자공사

③ 버스덕트 공사

④ 합성수지몰드 공사

풀이 242.2.1 폭연성 분진 위험장소

폭연성 분진(마그네슘, 알루미늄, 티탄, 지르코늄 등의 먼지로 쌓여진 상태에서 착화된 때에 폭발할 우려가 있는 것), 화약류 분말이 존재하는 곳, 가연성의 가스 또는 인화성 물질의 증기가 새거나 체류하는 곳의 전기 공작물은 금속관 공사, 또는 케이블 공사(캡타이어 케이블을 제외한다)에 의하여야 하며 금속관 공사를 하는 경우 관 상호 및 관과 박스 등은 5턱 이상의 나사 조임으로 접속하여야 한다.

42 노출장소 또는 점검 가능한 은폐장소에서 제 2종 가요전선관을 시설하고 제거하는 것이 부자유하거나 점검 불가능한 경우의 곡률 반지름은 안지름의 몇 배 이상으로 하여야 하는 가?

① 2　　　　　② 3

③ 5　　　　　④ 6

풀이 가요전선관의 곡률 반지름

① 1종 가요전선관을 구부릴 경우 곡률반지름은 관 안지름의 6배 이상으로 하여야 한다.

② 2종 가요전선관을 구부릴 경우 노출장소 또는 점검 가능한 장소에서 시설 제거하는 것이 자유로운 경우 관 안지름의 3배 이상으로 하여야 하며, 노출장소 또는 점검이 가능한 은폐장소에서 시설하고 제거하는 것이 부자유하거나 또는 점검이 불가능할 경우는 관 안지름의 6배 이상으로 한다.

📋 37. ② 38. ① 39. ② 40. ② 41. ① 42. ④

43 배전반을 나타내는 그림 기호는?

①  ②

③ ④ S

풀이

			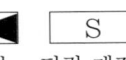
분전반	배전반	제어반	단락 계전기

44 S형 슬리브 접속시 슬리브는 몇 회 이상 꼬아서 접속하여야 하는가?

① 2회 ② 3회

③ 4회 ④ 5회

풀이 ① 직선접속

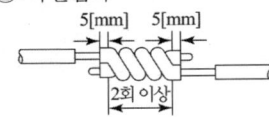

② 분기접속

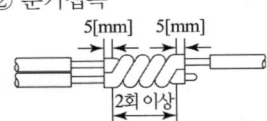

45 플로어덕트 공사에서 금속제 박스는 강판이 몇 [mm] 이상 되는 것을 사용하여야 하는가?

① 2.0 ② 1.5

③ 1.2 ④ 1.0

풀이 플로어덕트 및 부속품의 선정
금속제의 플로어덕트 및 박스 기타 부속품으로서 두께 2.0[mm] 이상의 강판으로 견고하게 제작되고, 아연도금이나 에나멜 등으로 피복한 것

46 전선을 접속하는 경우 전선의 강도는 몇 [%] 이상 감소시키지 않아야 하는가?

① 10 ② 20

③ 40 ④ 80

풀이 123 전선의 접속
① 전선의 전기저항을 증가시키지 아니하도록 접속
② 전선의 세기(인장하중)를 20[%] 이상 감소시키지 아니할 것.
③ 전선 접속 시 접속부분을 그 부분의 절연전선의 절연물과 동등 이상의 절연성능이 있는 것으로 충분히 피복할 것.

47 가공전선의 지지물에 승탑 또는 승강용으로 사용하는 발판 볼트 등은 지표상 몇 [m] 미만에 시설하여서는 안되는가?

① 1.2 ② 1.5

③ 1.6 ④ 1.8

풀이 331.4 가공전선로 지지물의 철탑오름 및 전주오름 방지
가공전선로의 지지물에 취급자가 오르고 내리는데 사용하는 발판 볼트 등을 지표상 1.8[m] 미만에 시설하여서는 아니 된다.

48 제어 회로용 절연전선을 금속 덕트 공사에 의하여 시설하고자 한다. 절연 피복을 포함한 전선의 총면적은 덕트의 내부 단면적의 몇 [%]까지 할 수 있는가?

① 20 ② 30

③ 40 ④ 50

풀이 232.31 금속덕트공사
금속덕트에 넣은 전선의 단면적(절연피복의 단면적을 포함한다)의 합계는 덕트의 내부 단면적의 20[%] (전광표시 장치 기타 이와 유사한 장치 또는 제어회로 등의 배선만을 넣는 경우에는 50[%]) 이하일 것.

49 애자공사에 사용하는 애자가 갖추어야 할 성질과 가장 거리가 먼 것은?

① 절연성   ② 난연성
③ 내수성   ④ 내유성

풀이 애자공사에 사용하는 애자는 절연성·난연성 및 내수성의 것이어야 한다.

50 굵은 전선을 절단할 때 사용하는 전기공사용 공구는?

① 프레셔 툴
② 노크 아웃 펀치
③ 파이프 커터
④ 클리퍼

풀이
- 프레셔 툴 : 솔더리스 커넥터 또는 솔더리스 터미널을 압착하는 것
- 노크 아웃 펀치 : 분전반, 풀박스 등의 전선관 인출을 위한 인출공을 뚫는 공구
- 파이프 커터 : 금속관을 절단하는 공구
- 클리퍼 : 굵은 전선을 절단할 때 사용하는 가위

51 한국전기설비규정에서 가공전선로의 지지물에 하중이 가하여지는 경우에 그 하중을 받는 지지물의 기초의 안전율은 얼마 이상인가?

① 0.5   ② 1
③ 1.5   ④ 2

풀이 331.7 가공전선로 지지물의 기초의 안전율
가공전선로의 지지물에 하중이 가하여지는 경우에 그 하중을 받는 지지물의 기초의 안전율은 2(이상 시 상정하중이 가하여지는 경우의 그 이상 시 상정하중에 대한 철탑의 기초에 대하여는 1.33) 이상이어야 한다.

52 전선의 식별에 있어서 보호도체는 어떤 색을 쓰고 있는가?

① 갈색   ② 회색
③ 녹색–노랑색   ④ 검은색

풀이 121.2 전선의 식별

상(문자)	색상
L1	갈색
L2	흑색
L3	회색
N	청색
보호도체	녹색–노란색

53 점착성은 없으나 절연성, 내온성 및 내유성이 있어 연피 케이블 접속에 사용되는 테이프는?

① 고무 테이프   ② 리노 테이프
③ 비닐 테이프   ④ 자기 융착 테이프

풀이 리노 테이프 : 와니스 바이어스 테이프라고도 하며 면의 바이어스 테이프에 와니스를 여러 번 발라 건조시킨 것으로 접착성은 없으나 절연성, 내온성, 내유성이 좋으며 연피 케이블에 반드시 사용한다.

54 동일 지지물에 저압가공전선(다중접지된 중성선은 제외)과 고압가공전선을 시설하는 경우 저압가공전선은?

① 고압가공전선의 위로 하고 동일 완금류에 시설
② 고압가공전선과 나란하게 하고 동일 완금류에 시설
③ 고압가공전선의 아래로 하고 별개의 완금류에 시설
④ 고압가공전선과 나란하게 하고 별개의 완금류에 시설

정답 49. ④   50. ④   51. ④   52. ③   53. ③   54. ③

풀이 332.8 고압 가공전선 등의 병행설치
저압 가공전선(다중접지된 중성선은 제외한다. 이하 같다)과 고압 가공전선을 동일 지지물에 시설하는 경우에는 다음에 따라야 한다.
가. 저압 가공전선을 고압 가공전선의 아래로 하고 별개의 완금류에 시설할 것.
나. 저압 가공전선과 고압 가공전선 사이의 이격거리는 0.5[m] 이상일 것.

55 다음 중 점유 면적이 좁고 운전, 보수에 안전하여 공장, 빌딩 등의 전기실에 많이 사용되는 배전반은?

① 큐비클형
② 라이브 프런트형
③ 데드 프런트형
④ 철제 수직형

풀이 폐쇄식 배전반 : 일반적으로 큐비클형(cubicle type)이라고 하며, 점유 면적이 좁고, 운전, 보수에 안전하여 공장, 빌딩 등의 전기실에 많이 사용되는 고압용 배전반이다.

56 케이블 공사에 의한 저압 옥내배선에서 케이블을 조영재의 아랫면 또는 옆면에 따라 붙이는 경우에는 전선의 지지점간 거리는 몇 [m] 이어야 하는가?

① 0.5
② 1
③ 1.5
④ 2

풀이 232.51 케이블공사
① 전선은 케이블 및 캡타이어케이블일 것.
② 전선을 조영재의 아랫면 또는 옆면에 따라 붙이는 경우에는 전선의 지지점 간의 거리를 케이블은 2[m](사람이 접촉할 우려가 없는 곳에서 수직으로 붙이는 경우에는 6[m]) 이하 캡타이어케이블은 1[m] 이하로 할 것

57 저·고압 가공전선에 케이블을 사용할 때, 조가용선을 케이블에 접촉시켜 금속 테이프를 감는 경우에는 간격 몇 [m] 이하의 나선상으로 하여야 하는가?

① 0.1
② 0.2
③ 0.3
④ 0.4

풀이 332.2 가공케이블의 시설
저압 가공전선 또는 고압 가공전선에 케이블을 사용하는 경우에는 다음에 따라 시설하여야 한다.
가. 케이블은 조가선에 행거로 시설할 것. 이 경우에는 사용전압이 고압인 때에는 행거의 간격은 0.5[m] 이하로 하는 것이 좋다.
나. 조가선은 인장강도 5.93[kN] 이상의 것 또는 단면적 22[mm²] 이상인 아연도강연선일 것
다. 조가선 및 케이블의 피복에 사용하는 금속체에는 접지공사를 할 것
라. 조가선을 케이블에 접촉시켜 그 위에 쉽게 부식하지 아니하는 금속 테이프 등을 감는 경우에는 0.2[m] 이하의 간격으로 나선상으로 한다.

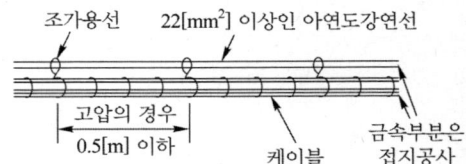

58 작업면에서 천장까지의 높이가 3[m]일 때 직접 조명인 경우의 광원의 높이는 몇 [m]인가?

① 1
② 2
③ 3
④ 4

풀이 등고(광원의 높이)란 작업면으로부터 광원까지의 거리를 말한다. 즉, 직접 조명의 경우 천정면에 광원이 매입되므로 3[m]가 광원의 높이가 된다.

59 보호를 요하는 회로의 전류가 어떤 일정한 값 (정정값) 이상으로 흘렀을 때 동작하는 계전 기는?

① 과전류 계전기
② 과전압 계전기
③ 차동 계전기
④ 비율 차동 계전기

풀이
- 과전류 계전기 : 회로의 전류가 일정값이 이상으로 흘렀을 때 동작
- 과전압 계전기 : 회로의 전압이 일정값이 이상이 되었을 때 동작
- 차동 계전기 : 1차 전류와 2차 전류의 차에 의하여 동작
- 비율 차동 계전기 : 1차 전류와 2차 전류의 차에 비율에 의하여 동작

60 다음 중 과전류 차단기를 설치해야 되는 곳 은?

① 접지공사의 접지선
② 인입선
③ 다선식 전로의 중성선
④ 저압가공전선로의 접지측 전선

풀이 접지공사의 접지선, 다선식 전로의 중성선 및 전로의 일부에 접지공사를 한 저압 가공전선로의 접지측 전선에는 과전류차단기를 시설하여서는 아니 된다.

01 전기와 자기의 요소를 서로 대칭되게 나타내지 않은 것은?

① 전계 – 자계
② 전속 – 자속
③ 유전율 – 투자율
④ 전속밀도 – 자기량

풀이 전속밀도는 자속밀도에 해당한다.

02 다음은 정전 흡인력에 대한 설명이다. 옳은 것은?

① 정전 흡인력은 전압의 제곱에 비례한다.
② 정전 흡인력은 극판 간격에 비례한다.
③ 정전 흡인력은 극판 면적의 제곱에 비례한다.
④ 정전 흡인력은 쿨롱의 법칙으로 직접 계산한다.

풀이 정전 흡인력 $F = \dfrac{\partial W}{\partial l}$[N],

정전 에너지 $W = \dfrac{1}{2}CV^2$[J]이므로

정전 흡인력은 전압의 제곱에 비례한다.

03 단상전력계 2대를 사용하여 2전력계법으로 3상 전력을 측정하고자 한다. 두 전력계의 지시값이 각각 P_1, P_2이었다. 3상 전력 P를 구하는 식으로 옳은 것은?

① $P = \sqrt{3}\,(P_1 \times P_2)$
② $P = P_1 - P_2$
③ $P = P_1 \times P_2$
④ $P = P_1 + P_2$

풀이 2전력계법에 의한 3상 전력측정

① 유효전력 $P = P_1 + P_2$

② 무효전력 $Q = \sqrt{3}\,(P_1 - P_2)$

③ 피상전력 $P_a = \sqrt{P^2 + Q^2}$
$= 2\sqrt{{P_1}^2 + {P_2}^2 - P_1 P_2}$

④ 역률 $\cos\theta = \dfrac{P}{P_a} = \dfrac{P_1 + P_2}{2\sqrt{{P_1}^2 + {P_2}^2 - P_1 P_2}}$

04 진공 중에서 같은 크기의 두 자극을 1[m] 거리에 놓았을 때 작용하는 힘이 6.33×10^4[N]이 되는 자극의 단위는?

① 1[N]
② 1[J]
③ 1[Wb]
④ 1[C]

풀이 자기력 $F = 6.33 \times 10^4 \dfrac{m_1 m_2}{r^2}$[N]

(단, m_1, m_2[Wb], 자극 간의 거리는 r[m]이다.)

$\therefore F = 6.33 \times 10^4 \times \dfrac{1 \times 1}{1^2} = 6.33 \times 10^4$[N]이므로, 자극의 단위는 [Wb]이다.

05 정격전압에서 1[kW]의 전력을 소비하는 저항에 정격의 90[%] 전압을 가했을 때, 전력은 몇 [W]가 되는가?

① 630[W]
② 780[W]
③ 810[W]
④ 900[W]

풀이 전력 $P = \dfrac{V^2}{R}$에서 저항은 일정하므로,

정격의 90[%] 전압을 가하면
$P \propto V^2 = 0.9^2 = 0.81$배가 된다.

따라서, 정격의 90[%] 전압을 가했을 때의 전력
$P' = 0.81 \times 1000 = 810$[W]

06 환상 솔레노이드 내부의 자기장의 세기에 관한 설명으로 옳은 것은?

① 자장의 세기는 권수에 반비례한다.
② 자장의 세기는 권수, 전류, 평균 반지름과는 관계가 없다.
③ 자장의 세기는 평균 반지름에 비례한다.
④ 자장의 세기는 전류에 비례한다.

풀이 $H = \dfrac{NI}{2\pi r}$ [AT/m]

07 2[Ω]의 저항과 3[Ω]의 저항을 직렬로 접속할 때 합성 컨덕턴스는 몇 [℧]인가?

① 5   ② 2.5
③ 1.5   ④ 0.2

풀이 합성저항 $R = 2 + 3 = 5[\Omega]$

따라서 합성 컨덕턴스 $G = \dfrac{1}{R} = \dfrac{1}{5} = 0.2[\mho]$

08 회로망의 임의의 접속점에 유입되는 전류는 $\sum I = 0$ 라는 법칙은?

① 쿨롱의 법칙
② 패러데이의 법칙
③ 키르히호프의 제1법칙
④ 키르히호프의 제2법칙

풀이 키르히호프의 제1법칙 (Kirchhoff's Current Law : KCL)

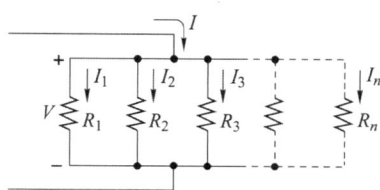

그림의 저항의 병렬회로에서, 각 지로에 흐르는 전류는 각각

$$I_1 = \frac{V}{R_1}, \; I_2 = \frac{V}{R_2}, \; I_3 = \frac{V}{R_3}, \; \cdots, \; I_n = \frac{V}{R_n}$$

가 되고, 각 저항소자에 흐르는 전류는 저항크기에 반비례하여 나타난다.

이때 키르히호프의 전류법칙에 따라 유입전류(전전류) I는

유출전류(각 지로전류) $I_1, I_2, I_3, \cdots$의 합으로 계산된다.

$$I = I_1 + I_2 + I_3 + \cdots + I_n$$

09 자석의 성질로 옳은 것은?

① 자석은 고온이 되면 자력이 증가한다.
② 자기력선에는 고무줄과 같은 장력이 존재한다.
③ 자력선은 자석 내부에서도 N극에서 S극으로 이동한다.
④ 자력선은 자성체는 투과하고, 비자성체는 투과하지 못한다.

풀이 자석의 성질
① 자석에는 N극과 S극이 있다.
② 자석은 같은 극끼리 서로 반발하고, 서로 다른 극끼리 끌어당기는 성질이 있다.
③ 자극으로부터 자력선이 나온다.
④ 자력선은 N극에서 나오고 S극으로 들어간다.
 (내부에서는 S극에서 N극으로 이동)
⑤ 자력선이 강할수록 자력선 수가 많다.
⑥ 자력선은 비자성체를 투과한다.
⑦ 발생되는 자력선은 아무리 사용해도 기본적으로 감소하지는 않는다.
⑧ 자력선은 장력이 존재한다.
⑨ 자석은 고온이 되면 자력이 감소되고, 저온이 되면 자력이 증가한다.
⑩ 자석은 임계온도(퀴리온도) 이상으로 가열하면 자석으로서의 성질이 없어진다.

10 줄의 법칙에 있어서 발생하는 열량의 계산으로 맞는 식은?

① $Q = 0.24 I^2 Rt$ ② $Q = 0.024 I^2 Rt$

③ $Q = 0.024 I^2 R$ ④ $Q = 0.24 I^2 R$

풀이 줄의 법칙

$$Q = 0.24 Pt = 0.24 VIt = 0.24 I^2 Rt [cal]$$

11 비정현파의 종류에 속하는 직사각형파의 전개식에서 기본파의 진폭[V]은?
(단, $V_m = 20[V]$, $T = 10[mS]$)

① 23.47   ② 24.47

③ 25.47   ④ 26.47

풀이 직사각형파는 정현, 반파 대칭이므로 기수항의 sin 항만이 존재한다.

$$v(t) = \frac{4 V_m}{\pi} \left(\sin \omega t + \frac{1}{3} \sin 3\omega t + \frac{1}{5} \sin 5\omega t + \cdots \right)$$

따라서, 기본파의 진폭은

$$v_1 = \frac{4 V_m}{\pi} = \frac{4 \times 20}{\pi} = 25.47[V]$$

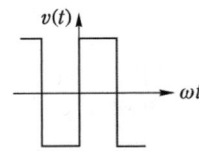

12 정상상태에서의 원자를 설명한 것으로 틀린 것은?

① 양성자와 전자의 극성은 같다.

② 원자는 전체적으로 보면 전기적으로 중성이다.

③ 원자를 이루고 있는 양성자의 수는 전자의 수와 같다.

④ 양성자 1개가 지니는 전기량은 전자 1개가 지니는 전기량과 크기가 같다.

풀이 ① 원자는 양전기를 가진 원자핵과 음전기를 가진 전자로 구성되고, 원자핵은 전자와 같은 수의 양자와 전기를 전혀 가지지 않은 중성자로 구성되어 있다.

② 정상 상태에서 원자는 원자 내의 양성자 수와 전자 수가 같으므로 외부에는 전기적인 성질을 나타내지 않는 중성이 된다.

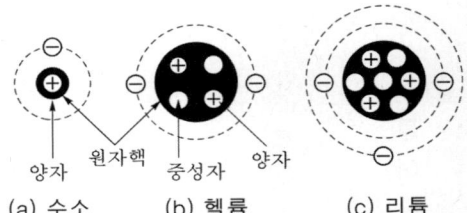

양자   원자핵   중성자   양자

(a) 수소   (b) 헬륨   (c) 리튬

원자핵과 전자의 구조

13 다음 회로에서 a, b 간의 합성 저항은?

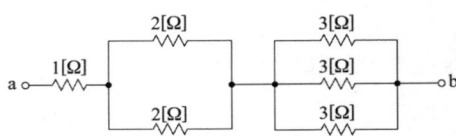

① 1[Ω]   ② 2[Ω]

③ 3[Ω]   ④ 4[Ω]

풀이 직렬 연결 시 합성저항

$$R = R_1 + R_2 + R_3 + \cdots + R_n [\Omega]$$

병렬 연결 시 합성저항

$$R = \cfrac{1}{\cfrac{1}{R_1} + \cfrac{1}{R_2} + \cfrac{1}{R_3} + \cdots + \cfrac{1}{R_n}} [\Omega]$$

$$\therefore R = 1 + \cfrac{1}{\cfrac{1}{2} + \cfrac{1}{2}} + \cfrac{1}{\cfrac{1}{3} + \cfrac{1}{3} + \cfrac{1}{3}} = 3[\Omega]$$

14 R-L-C 직렬 공진회로의 선택도 Q는?

① $\sqrt{\dfrac{L}{C}}$ ② $\dfrac{1}{R} \sqrt{\dfrac{L}{C}}$

③ $\sqrt{\dfrac{C}{L}}$ ④ $R \sqrt{\dfrac{C}{L}}$

풀이 전압 확대율(선택도)

$$Q = \frac{V_L}{V} = \frac{V_C}{V} = \frac{X}{R} = \frac{\omega L}{R} = \frac{1}{\omega CR},$$

$$\omega = \frac{1}{\sqrt{LC}} \text{이므로}$$

$$\therefore \ Q = \frac{1}{R}\sqrt{\frac{L}{C}}$$

15 용량이 45[Ah]인 납축전지에서 3[A]의 전류를 연속하여 얻는다면 몇 시간 동안 축전지를 이용할 수 있는가?

① 10시간 ② 15시간
③ 30시간 ④ 45시간

풀이 축전지의 용량＝전류×시간[Ah]에서

$$\text{시간} = \frac{\text{용량}}{\text{전류}} = \frac{[\text{Ah}]}{[\text{A}]} = \frac{45}{3} = 15[\text{시간}]$$

16 다음 중 비유전율이 가장 큰 것은?

① 종이 ② 염화비닐
③ 운모 ④ 산화티탄 자기

풀이

유 전 체	비유전율 ϵ_s	유 전 체	비유전율 ϵ_s
진 공	1.000	운 모	6.7
공 기	1.00058	유 리	3.5~10
종 이	1.2~1.6	물(증류수)	80
폴리에틸렌	2.3	산화티탄	100
변압기 유	2.2~2.4	로 셀 염	100~1000
고 무	2.0~3.5	티탄산바륨 자기	1000~3000

17 동일한 저항 4개를 접속하여 얻을 수 있는 최대 저항값은 최소 저항값의 몇 배인가?

① 2 ② 4
③ 8 ④ 16

풀이 동일한 저항을 직렬로 연결 시 합성저항

$$R_1 = nR$$

동일한 저항을 병렬로 연결 시 합성저항

$$R_2 = \frac{R}{n}$$

$$\frac{R_1}{R_2} = \frac{nR}{\dfrac{R}{n}} = n^2 \text{ (여기서, } n\text{은 저항의 개수)}$$

따라서 $n^2 = 4^2 = 16$

18 권수가 같은 2대의 단상 변압기를 그림과 같이 스코트 결선을 할 때, P는 주좌 변압기의 1차 권선 A의 중점이다. Q는 T좌 변압기 1차 권선의 몇 분의 몇이 되는 점인가?

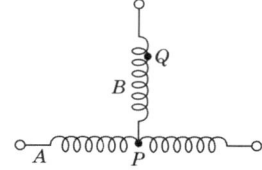

① $\dfrac{\sqrt{3}}{2}$ ② $\dfrac{2}{\sqrt{3}}$
③ $\dfrac{1}{2}$ ④ $\dfrac{3}{\sqrt{2}}$

풀이 T좌 변압기는 1차 권선이 주좌 변압기와 같다면 $\sqrt{3}/2$ 지점에서 인출한다.

19 코일의 자기 인덕턴스는 다음 어느 매개 상수에 따라 변화하는가?

① 도전율 ② 투자율
③ 절연 저항 ④ 유전율

풀이 코일의 자기인덕턴스 $L = \dfrac{\mu A N^2}{l}$에서

L은 μ에 비례한다.

20 히스테리시스 곡선에서 가로축과 만나는 점과 관계있는 것은?

① 보자력 ② 잔류자기
③ 자속밀도 ④ 기자력

풀이 히스테리시스곡선에서
B_r 을 **잔류자기**(residual magnetism)
H_c 를 **보자력**(coercive force)이라 한다.

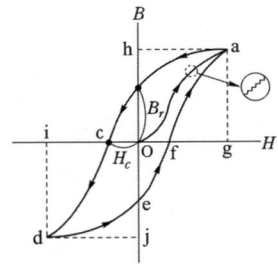

21 3단자 사이리스터가 아닌 것은?

① SCS ② SCR
③ TRIAC ④ GTO

풀이 각 종 반도체 소자의 비교
① 방향성
  • 양방향성(쌍방향성) 소자 : DIAC, TRIAC, SSS
  • 역저지(단방향성) 소자 : SCR, LASCR, GTO, SCS
② 극(단자) 수
  • 2극(단자) 소자 : DIAC, SSS, Diode
  • 3극(단자) 소자 : SCR, LASCR, GTO, TRIAC
  • 4극(단자) 소자 : SCS

22 직류전동기의 전기자에 가해지는 단자전압을 변화하여 속도를 조정하는 제어법이 아닌 것은?

① 워드 레오나드 방식 ② 일그너 방식
③ 직·병렬 제어 ④ 계자 제어

풀이 직류 전동기의 속도제어법

구분	특성	분권 및 타여자	직권
계자 제어법	효율 양호 정류 악화 정출력 가변 속도	속도 제어 범위는 최저 최고비가 1 : 2 ~ 1 : 4(보상 권선이 있을 때) 정도	무부하에 있어서 ϕ 가 대단히 작으면 속도가 아주 높아지므로 주의가 필요
직렬 저항법	효율 나쁨 정토크 가변 속도	정속도 특성을 잃는다.	직렬 저항법과 전압 제어법을 병용하여 전차 등에 널리 사용되고 있다.
전압 제어법	위의 두 가지에 비하여 고가이나 광범위한 속도 제어가 가능하다.	타여자 전동기에 적용된다. 워드 레오나드 방식, 일그너 방식, 승압기 방식 등이 있다.	

23 전기기기의 냉각 매체로 활용하지 않는 것은?

① 물 ② 수소
③ 공기 ④ 탄소

풀이 전기기기의 냉각 매체로는 물, 수소, 공기 등이며, 탄소는 방열소재의 핵심 성분으로 사용된다.

24 3상 유도전동기의 회전 방향을 바꾸려면?

① 전원의 극수를 바꾼다.
② 전원의 주파수를 바꾼다.
③ 3상 전원 3선 중 두 선의 접속을 바꾼다.
④ 기동 보상기를 이용한다.

풀이 3상 유도 전동기는 3선 중 2선의 위치를 서로 교환하면 상회전이 반대로 되어 전동기의 회전방향도 바뀐다.

25 변압기의 효율이 가장 좋을 때의 조건은?

① 철손 = 동손 ② 철손 = 1/2 동손
③ 동손 = 1/2 철손 ④ 동손 = 2 철손

풀이 최대 효율 조건은 고정손(철손) = 가변손(동손)이다.

26 동기기의 전기자 권선법이 아닌 것은?

① 전절권
② 분포권
③ 2층권
④ 중권

풀이 교류기의 전기자 권선법은 기전력의 파형을 정현파로 하기위한 것이다. 즉, 전절권보다 단절권을 집중권 보다 분포권을 채용한다. 전기자를 단절권으로 하면 기전력의 값은 줄지만 기전력의 파형이 좋아지고 끝 접속선의 길이가 짧아지므로 구리선이 그만큼 절약되어 기계의 치수도 줄일 수 있다.

27 그림은 4극 직류 발전기의 자기 회로를 보인 것이다. 자기 저항이 가장 큰 부분은?

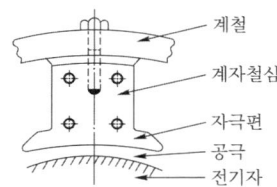

① 계철
② 계자 철심
③ 자극편
④ 공극

풀이 자기저항 $R_m = \dfrac{l}{\mu A}$

따라서, 철심(계철, 계자 철심, 자극편)은 비투자율이 커서 자기저항이 작고, 공극(공기)의 비투자율은 1이므로 자기저항이 가장 크다.

28 회전자가 1초에 30회전을 하면 각속도는?

① $30\pi[\text{rad/s}]$
② $60\pi[\text{rad/s}]$
③ $90\pi[\text{rad/s}]$
④ $120\pi[\text{rad/s}]$

풀이 주파수 $f = 30[\text{c/s}]$이므로,
각속도 $\omega = 2\pi f = 2\pi \times 30 = 60\pi[\text{rad/s}]$

29 전부하 슬립이 5[%], 2차 저항손 5.26[kW]의 3상 유도전동기의 2차 입력은 몇 [kW]인가?

① 2.63
② 5.26
③ 105.2
④ 226.5

풀이

2차 동손 $P_{c2} = sP_2$에서

$$P_2 = \frac{P_{c2}}{s} = \frac{5.26}{0.05} = 105.2[\text{kW}]\text{가 된다.}$$

30 동기기에 제동권선을 설치하는 이유로 옳은 것은?

① 역률 개선
② 출력 증가
③ 전압 조정
④ 난조 방지

풀이 난조는 회전자가 어떤 부하각에서 새로운 부하각으로 변화하는 도중 회전자의 관성에 의해 생기는 하나의 과도적인 진동 현상을 말한다.
이것을 방지하기 위해서 제동 권선(damper winding)을 설치한다.

31 정격이 10000[V], 500[A], 역률 90[%]의 3상 동기발전기의 단락전류 I_s[A]는? (단, 단락비는 1.3으로 하고, 전기자 저항은 무시한다.)

① 450
② 550
③ 650
④ 750

풀이 %동기 임피던스 Z_s는 전부하시 임피던스 전압 강하 $I_n Z_s$와 정격 상전압 E_n의 비로 나타내므로

$$Z_s = \frac{I_n Z_s}{E_n} \times 100 = \frac{I_n}{E_n} \cdot \frac{E_n}{I_s} \times 100$$

$$= \frac{I_n}{I_s} \times 100 = \frac{1}{K_s} \times 100$$

$$\therefore I_s = K_s I_n = 1.3 \times 500 = 650[\text{A}]$$

32 다음 중 유도전동기에서 비례추이를 할 수 있는 것은?

① 출력　　　　　　② 2차 동손
③ 효율　　　　　　④ 역률

[풀이] 비례 추이할 수 있는 특성은 1차 전류, 2차 전류, 역률, 동기 와트 등이고, 할 수 없는 것은 출력 외에 2차 동손, 효율 등이다.

33 권수비 30의 변압기의 1차에 6600[V]를 가할 때 2차 전압은 몇 [V]인가?

① 220　　　　　　② 380
③ 420　　　　　　④ 660

[풀이] 변압기 2차 전압 $V_2 = \dfrac{V_1}{a} = \dfrac{6600}{30} = 220[\text{V}]$

34 동기기의 전기자 권선법이 아닌 것은?

① 전절권　　　　　② 분포권
③ 2층권　　　　　④ 중권

[풀이] 교류기의 전기자 권선법은 기전력의 파형을 정현파로 하기위한 것이다. 즉, 전절권보다 단절권을 집중권 보다 분포권을 채용한다. 전기자를 단절권으로 하면 기전력의 값은 줄지만 기전력의 파형이 좋아지고 끝 접속선의 길이가 짧아지므로 구리선이 그만큼 절약되어 기계의 치수도 줄일 수 있다.

35 퍼센트 저항 강하 1.8[%] 및 퍼센트 리액턴스 강하 2[%]인 변압기가 있다. 부하의 역률이 1일 때의 전압 변동률은?

① 1.8[%]　　　　　② 2.0[%]
③ 2.7[%]　　　　　④ 3.8[%]

[풀이] 백분율 전압강하와의 관계는

$\epsilon = p\cos\phi + q\sin\phi + \dfrac{1}{200}(q\cos\phi - p\sin\phi)^2 [\%]$

　　　$≒ p\cos\phi + q\sin\phi$　(ϕ : 부하 Z의 위상각)

가 된다. 따라서

$\epsilon ≒ p\cos\phi + q\sin\phi = 1.8 \times 1 + 2 \times 0 = 1.8[\%]$

36 직류를 교류로 변환하는 장치는?

① 컨버터　　　　　② 초퍼
③ 인버터　　　　　④ 정류기

[풀이]
• 직류를 교류로 변환 : 역변환 장치(인버터)
• 교류를 직류로 변환 : 순변환 장치(정류기, 컨버터)

37 PN 접합 정류소자의 설명 중 틀린 것은? (단, 실리콘 정류소자인 경우이다.)

① 온도가 높아지면 순방향 및 역방향 전류가 모두 감소한다.
② 순방향 전압은 P형에 (+), N형에 (−) 전압을 가함을 말한다.
③ 정류비가 클수록 정류특성은 좋다.
④ 역방향 전압에서는 극히 작은 전류만이 흐른다.

[풀이] 반도체는 저온에서는 전류가 흐르기 힘들어 절연체와 같지만, 온도가 높아지면 도체와 같이 전류가 흐르기 쉬운 물질(셀렌, 게르마늄, 규소)이다.
즉 PN접합 정류소자는 온도가 높아지면 저항이 감소하고, 전류가 증가하게 된다.

38 다음의 변압기 극성에 관한 설명에서 틀린 것은?

① 우리나라는 감극성이 표준이다.
② 1차와 2차 권선에 유기되는 전압의 극성이 서로 반대이면 감극성이다.
③ 3상결선 시 극성을 고려해야 한다.
④ 병렬운전 시 극성을 고려해야 한다.

[답] 32. ④　33. ①　34. ①　35. ①　36. ③　37. ①　38. ②

풀이 고압측의 경우 U V, 저압측의 경우 u v 로 하여 아래와 같이 극성을 표시한다.

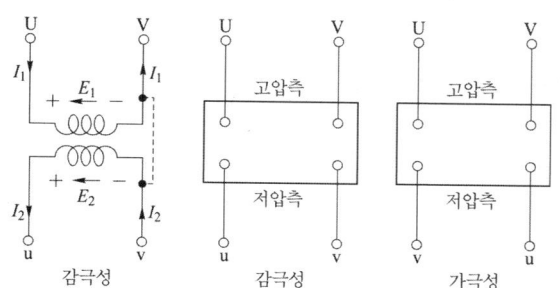

변압기의 극성에는 감극성과 가극성의 두 가지가 있으며, 우리나라에서는 감극성을 표준으로 하고 있다.

39 E종 절연물의 최고 허용온도는 몇 [℃]인가?

① 40   ② 60
③ 120   ④ 155

풀이 전기 기기의 규격에서는 절연물을 그 내열성에 따라서 다음 표와 같이 7종으로 나누어 허용 최고 온도를 정해 놓았다.

절연의 종류	Y	A	E	B	F	H	C
허용 최고 온도[℃]	90	105	120	130	155	180	180 초과

40 60[Hz]용 변압기에 50[Hz]의 동일 전압을 가할 때의 자속밀도는 60[Hz]일 때의 몇 배인가?

① $\dfrac{5}{6}$ ② $\left(\dfrac{6}{5}\right)^{1.6}$

③ $\dfrac{6}{5}$ ④ $\left(\dfrac{5}{6}\right)^{2}$

풀이 변압기의 유도기전력
$E_2 = 4.44 f N_2 \phi_m = 4.44 f N_2 B_m A$에서
최대자속밀도는 주파수에 반비례한다.

최대자속 $\phi_m = B_m A$이므로, $50 B_{50} = 60 B_{60}$
∴ $B_{50} = \dfrac{6}{5} B_{60}$

41 고압 가공전선로의 지지물 중 지선을 사용해서는 안 되는 것은?

① 목주
② 철탑
③ A종 철주
④ A종 철근콘크리트주

풀이 331.11 지선의 시설
가공전선로의 지지물로 사용하는 철탑은 지선을 사용하여 그 강도를 분담시켜서는 안 된다.

42 주상 변압기의 1차측 보호 장치로 사용하는 것은?

① 컷아웃 스위치
② 자동구분개폐기
③ 캐치홀더
④ 리클로저

풀이 주상 변압기 1차 측 보호를 위하여 컷 아웃 스위치(COS)를 2차 측(저압 측) 보호는 캐치 홀더를 설치한다.

43 배전반 및 분전반과 연결된 배관을 변경하거나 이미 설치되어 있는 캐비닛에 구멍을 뚫을 때 필요한 공구는?

① 오스터   ② 클리퍼
③ 토치램프   ④ 녹아웃펀치

풀이 녹아웃용 펀치는 캐비닛의 철판 등에 녹아웃(전선관을 넣기 위한 구멍)을 만들기 위한 공구로 홀소와 같은 용도이다.

답 39. ③   40. ③   41. ②   42. ①   43. ④

44 선택 지락 계전기의 용도는?

① 단일 회선에서 접지 전류의 대소의 선택
② 단일 회선에서 접지 전류의 방향의 선택
③ 단일 회선에서 접지 사고 지속시간의 선택
④ 다 회선에서의 접지고장 회선의 선택

풀이 선택 지락 계전기는 다 회선에서의 접지고장 회선의 선택한다.

45 전압의 구분에서 고압에 대한 설명으로 가장 옳은 것은?

① 직류는 1.5[kV], 교류는 1[kV] 이하인 것
② 직류는 1.5[kV], 교류는 1[kV] 이상인 것
③ 직류는 1.5[kV], 교류는 1[kV]를 초과하고, 7[kV] 이하인 것
④ 7[kV]를 초과하는 것

풀이 111 통칙

분류	전압의 범위
저 압	• 직류 : 1.5[kV] 이하 • 교류 : 1[kV] 이하
고 압	• 직류 : 1.5[kV]를 초과하고, 7[kV] 이하 • 교류 : 1[kV]를 초과하고, 7[kV] 이하
특고압	7[kV]를 초과

46 ACSR은 다음 중 어떤 것을 말하는가?

① 경동 연선
② 중공 연선
③ 알루미늄선
④ 강심 알루미늄 연선

풀이 ACSR은 합성 연선에 대표적인 전선으로 강심 알루미늄 연선을 나타낸다.

47 옥내배선 공사에서 절연전선의 피복을 벗길 때 사용하면 편리한 공구는?

① 드라이버
② 플라이어
③ 압착펜치
④ 와이어스트리퍼

풀이 와이어 스트리퍼(wire striper) : 절연 전선의 피복 절연물을 벗기는 자동 공구

48 주택용 분전반 및 배전반은 어떤 장소에 설치하는 것이 바람직한가?

① 전기회로를 쉽게 조작할 수 있는 장소
② 개폐기를 쉽게 개폐할 수 없는 장소
③ 은폐된 장소
④ 이동이 심한 장소

풀이 옥내에 시설하는 저압용 배분전반의 기구 및 전선은 쉽게 점검할 수 있도록 하고, 주택용 분전반은 노출된 장소(신발장, 옷장 등의 은폐된 장소에는 시설할 수 없다)에 시설한다.

49 다음 심벌이 나타내는 것은?

① 지락계전기   ② 과전류계전기
③ 지진감지기   ④ 연기감지기

풀이

명칭	지락 계전기	과전류 계전기	지진 감지기	연기 감지기
기호	(GR)	(OCR)	(EQ)	S

50 실내전체를 균일하게 조명하는 방식으로 광원을 일정한 간격으로 배치하며 공장, 학교, 사무실 등에서 채용되는 조명방식은?

① 국부조명 ② 전반조명
③ 직접조명 ④ 간접조명

풀이 전반조명방식은 조명 기구의 배광에 의한 분류 중 40~60[%] 정도는 빛이 위쪽과 아래쪽으로 고루 향하고 가장 일반적인 용도를 가지고 있으며 상하좌우로 빛이 모두 나오므로 부드러운 조명이 되는 조명방식이다.

51 경질 비닐관(PVC)을 구부릴 때 사용하는 공구는?

① 토치 램프 ② 파이프 커터
③ 리머 ④ 나사 절삭기

풀이 경질 비닐관을 구부리는 경우 토치램프 또는 가스 토치를 이용하여 가열한 후 구부리기를 한다.

52 접지도체와 접지극의 접속에 대한 설명 중 옳지 않은 것은?

① 클램프를 사용하는 경우, 접지극 또는 접지도체를 손상시키지 않아야 한다.
② 납땜에만 의존하는 접속을 사용할 수 있다.
③ 접속은 견고하고 전기적인 연속성이 보장되도록 한다.
④ 접속부는 발열성 용접, 눌러 붙임 접속, 클램프 또는 그 밖에 기계적 접속장치에 의해야 한다.

풀이 142.3.1 접지도체
접지도체와 접지극의 접속은 다음에 의한다.
가. 접속은 견고하고 전기적인 연속성이 보장되도록, 접속부는 발열성 용접, 눌러 붙임 접속, 클램프 또는 그 밖에 기계적 접속장치에 의해야 한다. 다만, 기계적인 접속장치는 제작자의 지침에 따라 설치하여야 한다.
나. 클램프를 사용하는 경우, 접지극 또는 접지도체를 손상시키지 않아야 한다. 납땜에만 의존하는 접속은 사용해서는 안 된다.

53 F40[W]의 의미는?

① 수은등 40[W]
② 나트륨등 40[W]
③ 메탈 할라이드등 40[W]
④ 형광등 40[W]

풀이 H40 : 수은등 40[W], N40 : 나트륨등 40[W]
M40 : 메탈 할라이드등 40[W]

54 하나의 콘센트에 둘 또는 세가지의 기계 기구를 끼워서 사용할 때 사용되는 것은?

① 노출형 콘센트 ② 키이리스 소켓
③ 멀티 탭 ④ 아이언 플러그

풀이 하나의 콘센트에 둘 또는 세 가지의 기구를 사용할 때 끼우는 것을 말한다.

55 고압 가공인입선이 케이블 이외의 것으로서 그 아래에 위험표시를 하였다면 전선의 지표상 높이는 몇 [m]까지로 감할 수 있는가?

① 2.5 ② 3.5
③ 4.5 ④ 5.5

풀이 331.12.1 고압 가공인입선의 시설

가. 고압 가공인입선의 높이는 지표상 5[m]로 하여야 한다. 그러나 그 고압 가공인입선이 케이블 이외의 것인 때에는 그 전선의 아래쪽에 위험표시를 하면 고압 가공인입선의 높이는 지표상 3.5[m]까지로 감할 수 있다.

나. 횡단보도교의 위에 시설하는 경우에는 그 노면상 3.5[m] 이상

56 가공전선물의 지지물에 시설하는 지선의 시설에서 맞지 않은 것은?

① 지선의 안전율은 2.5 이상일 것
② 지선의 안전율이 2.5 이상일 경우에 허용 인장하중의 최저는 4.31[kN]으로 할 것
③ 소선의 지름이 1.6[mm] 이상의 동선을 사용한 것일 것
④ 지선에 연선을 사용할 경우에는 소선 3가닥 이상의 연선일 것

풀이 지선은 안전율 2.5 이상 1가닥 허용 인장 하중 4.31[kN] 이상이고, 2.6[mm] 이상의 금속선은 3조 이상 꼬아서 만든다.

57 가요전선관과 금속관의 상호 접속에 쓰이는 것은?

① 스프리트 커플링
② 콤비네이션 커플링
③ 스트레이트 복스커넥터
④ 앵글 복스커넥터

풀이
• 스트레이트 박스 커넥터, 앵글 박스 커넥터 : 박스와 가요 전선관
• 플렉시블 커플링 : 가요 전선관과 가요 전선관 접속
• 콤비네이션 커플링 : 가요 전선관과 금속관 접속

58 과전류차단기로 저압전로에 사용하는 80[A] 퓨즈는 수평으로 붙일 경우 정격전류의 1.6배 전류를 통한 경우에 몇 분 안에 용단되어야 하는가?

① 30분   ② 60분
③ 120분   ④ 180분

풀이 212.3.4 보호장치의 특성

과전류차단기로 저압전로에 사용하는 범용의 퓨즈는 표에 적합한 것이어야 한다.

표. 퓨즈(gG)의 용단특성

정격전류의 구분	시간	정격전류의 배수	
		불용단 전류	용단 전류
4[A] 이하	60분	1.5배	2.1배
4[A] 초과 16[A] 미만	60분	1.5배	1.9배
16[A] 이상 63[A] 이하	60분	1.25배	1.6배
63[A] 초과 160[A] 이하	120분	1.25배	1.6배
160[A] 초과 400[A] 이하	180분	1.25배	1.6배
400[A] 초과	240분	1.25배	1.6배

59 지중전선로를 직접매설식에 의하여 시설하는 경우 차량, 기타 중량물의 압력을 받을 우려가 있는 장소의 매설 깊이[m]는?

① 0.6[m] 이상
② 1.0[m] 이상
③ 1.5[m] 이상
④ 2.0[m] 이상

풀이 334.1 지중전선로의 시설

① 지중 전선로는 전선에 케이블을 사용하고 또한 관로식·암거식 또는 직접 매설식에 의하여 시설하여야 한다.
② 직접매설식에 의하여 시설하는 경우에는 매설 깊이를 차량 기타 중량물의 압력을 받을 우려가 있는 장소에는 1.0[m] 이상, 기타 장소에는 0.6[m] 이상으로 하고 또한 지중 전선을 견고한 트라프 기타 방호물에 넣어 시설하여야 한다.

60 전선의 도체 단면적이 2.5[mm²]인 전선 3본
을 동일 관내에 넣은 경우의 2종 가요전선관
의 최소 굵기[mm]는?

① 10 ② 15
③ 17 ④ 24

풀이 2종 가요전선관의 굵기 선정

도체 단면적 (mm²)	전선 본수				
	1	2	3	4	5
	2종 가요전선관의 최소 굵기(mm)				
2.5	10	15	15	17	24
4	10	17	17	24	24
6	10	17	24	24	24
10	12	24	24	24	30

01 단면적 5[cm²], 길이 1[m], 비투자율 10^3인 환상 철심에 600회의 권선을 감고 이것에 0.5[A]의 전류를 흐르게 한 경우 기자력은?

① 100[AT]　　　　② 200[AT]

③ 300[AT]　　　　④ 400[AT]

풀이 기자력 $F = NI = 600 \times 0.5 = 300$[AT]

02 비정현파를 여러개의 정현파 합으로 표시하는 방법은?

① 키르히호프의 법칙

② 노튼의 정리

③ 푸리에 분석

④ 테일러의 분석

풀이
- 비정현파를 해석할 경우 푸리에 급수를 이용하여 해석하여야 한다.
- 푸리에 급수는 주파수와 진폭을 달리하는 무수히 많은 성분을 갖는 비정현파를 무수히 많은 정현항과 여현항의 합으로 표현하는 방법을 말한다.
- 비정현파를 푸리에 급수 전개한 결과는 직류분, 기본파, 고조파로 구성된다.

03 파형률은 어느 것인가?

① $\dfrac{\text{평균값}}{\text{실효값}}$　　　　② $\dfrac{\text{실효값}}{\text{최댓값}}$

③ $\dfrac{\text{실효값}}{\text{평균값}}$　　　　④ $\dfrac{\text{최댓값}}{\text{실효값}}$

풀이 파형률(form factor)=$\dfrac{\text{실효값}}{\text{평균값}}$이고,

파고율(crest factor)=$\dfrac{\text{최댓값}}{\text{실효값}}$이다.

04 플레밍의 왼손법칙에서 전류의 방향을 나타내는 손가락은?

① 약지　　　　② 중지

③ 검지　　　　④ 엄지

풀이
- 플레밍의 왼손 법칙
엄지는 힘의 방향, 검지는 자속의 방향, 중지는 전류의 방향이다.

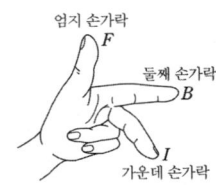

엄지 손가락
F
둘째 손가락
B
I
가운데 손가락

05 콘덴서의 정전용량에 대한 설명으로 틀린 것은?

① 전압에 반비례한다.

② 이동 전하량에 비례한다.

③ 극판의 넓이에 비례한다.

④ 극판의 간격에 비례한다.

풀이 평행판 도체의 정전 용량
극판 간격 d, 면적 S인 평행평판 도체에서의 정전 용량 C는 다음과 같다.

$$C = \frac{\epsilon_0}{d} S \, [\text{F}]$$

여기서, C : 평행판 전극간의 정전 용량[F],
　　　　S : 전극 면적[m²], d : 전극간 거리[m]
따라서 정전용량은 극판의 간격에 반비례한다.

06 3상 220[V], △결선에서 1상의 부하가 $Z = 8 + j6[\Omega]$이면 선전류[A]는?

① 11　　　　② $22\sqrt{3}$

③ 22　　　　④ $\dfrac{22}{\sqrt{3}}$

풀이 △결선 시 선전류(I_l)는 상전류(I_p)의 $\sqrt{3}$ 배이므로,

$$\therefore I_l = \sqrt{3}\, I_p = \sqrt{3} \times \frac{V_P}{Z} = \sqrt{3} \times \frac{220}{8+j6}$$

$$= \sqrt{3} \times \frac{220}{\sqrt{8^2+6^2}} = \sqrt{3} \times \frac{220}{10}$$

$$= 22\sqrt{3}\,[\mathrm{A}]$$

---

07 저항이 10[Ω]인 도체에 1[A]의 전류를 10분간 흘렸다면 발생하는 열량은 몇 [kcal]인가?

① 0.62 ② 1.44
③ 4.46 ④ 6.24

풀이 줄의 법칙에서 열량

$$Q = 0.24 I^2 R t = 0.24 \times 1^2 \times 10 \times 10 \times 60$$
$$= 1440[\mathrm{cal}] = 1.44[\mathrm{kcal}]$$

---

08 콘덴서의 정전용량이 커질수록 용량리액턴스의 값은 어떻게 되는가?

① 무한대로 접근한다.
② 커진다.
③ 작아진다.
④ 변화하지 않는다.

풀이 용량 리액턴스 $X_c = \dfrac{1}{2\pi f C}$ 에서 정전용량에 반비례하는 것을 알 수 있다. 즉, 정전용량이 증가하면, 용량리액턴스는 감소하게 된다.

---

09 다음 중 저항의 온도계수가, 부(−)의 특성을 가지는 것은?

① 경동선 ② 백금선
③ 텅스텐 ④ 서미스터

풀이
· 서미스터 : 부(−)의 온도 계수
· 금속 : 정(+)의 온도 계수
· 반도체 : 부(−)의 온도 계수
· 레너 다이오드 : 정(+) 또는 부(−)의 온도 계수

---

10 반지름 5[cm], 권수 100회인 원형 코일에 15[A]의 전류가 흐르면 코일중심의 자장의 세기는 몇 [AT/m]인가?

① 750 ② 3000
③ 15000 ④ 22500

풀이 원형 코일 중심의 자장의 세기 $H = \dfrac{NI}{2r}$에서

$$H = \frac{100 \times 15}{2 \times 0.05} = 15,000[\mathrm{AT/m}]$$가 된다.

---

11 절연체 중에서 플라스틱, 고무, 종이 운모 등과 같이 전기적으로 분극 현상이 일어나는 물체를 특히 무엇이라 하는가?

① 도체 ② 유전체
③ 도전체 ④ 반도체

풀이 전계 중에서 분극현상이 나타나는 절연체를 유전체라 한다.

---

12 어떤 도체에 1[A]의 전류가 1분간 흐를 때 도체를 통과하는 전기량은?

① 1[C] ② 60[C]
③ 1,000[C] ④ 3,600[C]

풀이 전기량 $Q = I \cdot t = 1 \times 60 = 60[\mathrm{C}]$

圖 7. ② 8. ③ 9. ④ 10. ③ 11. ② 12. ②

13 히스테리시스손은 최대 자속밀도 및 주파수의 각각 몇 승에 비례하는가?

① 최대자속밀도 : 1.6, 주파수 : 1.0
② 최대자속밀도 : 1.0, 주파수 : 1.6
③ 최대자속밀도 : 1.0, 주파수 : 1.0
④ 최대자속밀도 : 1.6, 주파수 : 1.6

풀이 스타인메츠의 식 $W_h = \eta f B_m^{1.6}$ 에서 최대 자속밀도의 1.6승, 주파수 1승에 비례한다.

14 주파수가 100[Hz]인 교류의 주기[sec]는?

① 0.01 ② 0.02
③ 0.05 ④ 50

풀이 주기는 주파수에 반비례 한다.
즉 $T = \dfrac{1}{f}$ 에서 $T = \dfrac{1}{100} = 0.01[\text{sec}]$가 된다.

15 다음은 평판 콘덴서에 대해서 쓴 것이다. 옳지 않은 것은?

① 정전 용량은 금속판 사이에 있는 유전체의 유전율에 비례한다.
② 정전 용량은 금속판의 거리에 반비례한다.
③ 정전 용량은 금속판의 면적에 비례한다.
④ 정전 용량은 금속판의 넓이에 반비례한다.

풀이 평행판 콘덴서의 정전용량 $C = \dfrac{\epsilon_o \epsilon_s S}{d}$ 에서 정전용량은 면적에 비례하며, 간격에 반비례한다.

16 평형 3상 교류회로의 Y회로로부터 △회로로 등가 변환하기 위해서는 어떻게 하여야 하는가?

① 각 상의 임피던스를 3배로 한다.
② 각 상의 임피던스를 $\sqrt{3}$ 배로 한다.
③ 각 상의 임피던스를 $\dfrac{1}{\sqrt{3}}$ 배로 한다.
④ 각 상의 임피던스를 $\dfrac{1}{3}$ 배로 한다.

풀이 동일한 임피던스를 Y에서 △로 등가변환할 경우 임피던스는 3배가 되면 된다.

17 전압계의 측정 범위를 넓히기 위한 목적으로 전압계에 직렬로 접속하는 저항기를 무엇이라 하는가?

① 전위차계(potential meter)
② 분압기(voltage divider)
③ 분류기(shunt)
④ 배율기(multiplier)

풀이
① 전위차계 : 전위차나 기전력을 측정하는 장치
② 분압기 : 고압의 전압을 적당한 크기의 전압으로 조정하는 장치
③ 분류기 : 전류계의 측정 범위를 넓히기 위하여 전류계에 병렬로 접속하는 저항
④ 배율기 : 전압계의 측정 범위를 넓히기 위하여 전압계에 직렬로 접속하는 저항

18 기본파의 3[%]인 제3고조파와 4[%]인 제5고조파, 1[%]인 제7고조파를 포함하는 전압파의 왜형률은?

① 약 2.7[%] ② 약 5.1[%]
③ 약 7.7[%] ④ 약 14.1[%]

풀이 왜형률[%] = $\dfrac{\text{전 고조파의 실효값}}{\text{기본파의 실효값}} \times 100$

$= \dfrac{\sqrt{I_3^2 + I_5^2 + I_7^2}}{I_1} \times 100$

$= \dfrac{\sqrt{0.03^2 + 0.04^2 + 0.01^2}}{1} \times 100$

$\approx 5.1[\%]$

풀이 중권과 파권의 비교

비교 항목	중권(병렬권)	파권(직렬권)
전기자 병렬 회로수(a)	극수와 같다 ($a = p$)	항상 $2(a = 2)$
브러시의 수(B)	극수와 같다 ($B = p$)	2개 또는 극수만큼 설치
균압 접속	4극 이상 필요	불필요
용 도	저전압, 대전류	고전압, 소전류

19 3분 동안에 180000[J]의 일을 하였다면 전력은?

① 1[kW]
② 30[kW]
③ 1000[kW]
④ 3240[kW]

풀이 전력은 단위시간(단위시간이란 1초를 말한다.)에 전기가 한 일로 나타낸다. 3분은 180초에 해당한다.

$P = \dfrac{W}{t} = \dfrac{180,000}{3 \times 60} = 1000[W] = 1[kW]$

22 변압기유의 열화 방지를 위해 쓰이는 방법이 아닌 것은?

① 방열기
② 브리이더
③ 콘서베이터
④ 질소봉입

풀이 변압기유의 열화란 공기 중의 수분과 산소에 의해 절연유가 산화되고, 침전물이 생기게 되는 것을 말하며 방지설비로는 브리이더, 질소봉입, 컨서베이터가 있다.
그림은 개방형 콘서베이터로 질소가스가 봉입되어 있지 않은 형태이다.

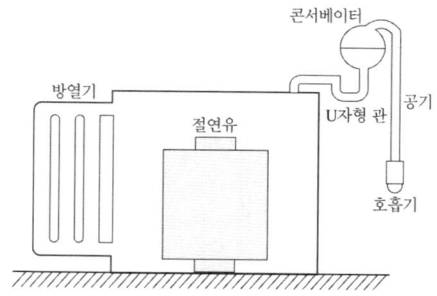

20 어떤 콘덴서에 전압 20[V]를 가할 때 전하 800[μC]이 축적되었다면 이때 축적되는 에너지는?

① 0.008[J]
② 0.16[J]
③ 0.8[J]
④ 160[J]

풀이 정전 에너지 $W = \dfrac{1}{2} VQ = \dfrac{1}{2} CV^2[J]$에서

$W = \dfrac{1}{2} \times 20 \times 800 \times 10^{-6} = 0.008[J]$이 된다.

21 8극 파권 직류발전기의 전기자 권선의 병렬 회로수 a는 얼마로 하고 있는가?

① 1
② 2
③ 6
④ 8

23 부하의 변동에 대하여 단자전압의 변화가 가장 적은 발전기는?

① 직권
② 분권
③ 평복권
④ 과복권

풀이 가동복권 발전기 중 평복권발전기는 무부하 전압과 전부하 전압이 같도록 만들어진 발전기로 전압변동률이 0이다.

24 직류 직권전동기의 특징에 대한 설명으로 틀린 것은?

① 부하전류가 증가하면 속도가 크게 감소된다.
② 기동토크가 작다.
③ 무부하 운전이나 벨트를 연결한 운전은 위험하다.
④ 계자권선과 전기자권선이 직렬로 접속되어 있다.

풀이 직류 직권 전동기에서 회전속도 N은 전기자전류 I_a(부하전류)에 반비례하고, 토크 T는 I_a^2에 비례하므로 기동 시 직류 직권전동기의 부하전류는 작고, 기동토크는 크다.

25 동기 전동기의 특징으로 잘못된 것은?

① 일정한 속도로 운전이 가능하다.
② 난조가 발생하기 쉽다.
③ 역률을 조정하기 힘들다.
④ 공극이 넓어 기계적으로 견고하다.

풀이 동기 전동기의 특징
① 장점
 • 속도가 일정, 불변이다.
 • 항상 역률 1로 운전할 수 있다.
 • 필요시 앞선 전류를 통할 수 있다.
 • 유도 전동기에 비하여 효율이 좋다.
② 단점
 • 보통 구조의 것은 기동 토크가 적고 속도 조정을 할 수 없다.
 • 난조를 일으킬 염려가 있다.
 • 여자용의 직류 전원을 필요로 하여 설비비가 많이 든다.

26 전력계통에 접속되어 있는 변압기나 장거리 송전 시 정전 용량으로 인한 충전특성 등을 보상하기 위한 기기는?

① 유도 전동기   ② 동기 발전기
③ 유도 발전기   ④ 동기 조상기

풀이 동기 조상기의 여자를 과여자로 운전하면 선로에 앞선 전류가 흘러 일종의 콘덴서로 작용해서 보통 부하의 뒤진 전류를 보상하여 송전 선로의 역률을 양호하게 하고, 전압 강하를 보상한다. 또, 부족 여자로 운전하면 뒤진 전류가 흘러서 일종의 리액터로 작용하여 무부하의 장거리 송전 선로에 흐르는 충전 전류에 의하여 발전기의 자기 여자 작용으로 일어나는 단자 전압의 이상 상승을 방지할 수 있다.

27 동기기의 3상 단락곡선이 직선이 되는 이유로 가장 알맞은 것은?

① 누설리액턴스가 크므로
② 자기포화가 있으므로
③ 무부하 상태이므로
④ 전기자 반작용으로

풀이 단락전류는 전기자 저항을 무시하면 동기리액턴스에 의해 그 크기가 결정된다. 즉, 동기리액턴스에 의해 흐르는 전류는 90° 늦은 전류가 크게 흐르게 되며, 이 전류에 의한 전기자 반작용이 감자 작용이 되므로 3상 단락곡선은 직선이 된다.

28 출력 12[kW], 회전수 1140[rpm]인 유도전동기의 동기 와트는 약 몇 [kW]인가?
(단, 동기속도는 N_s는 1200[rpm]이다.)

① 10.4   ② 11.5
③ 12.6   ④ 13.2

풀이 $T = 0.975\dfrac{P}{N} = 0.975 \times \dfrac{12 \times 10^3}{1140}$
$= 10.26[\text{kg} \cdot \text{m}]$이므로

$$\therefore P_2 = 1.026 N_s T$$
$$= 1.026 \times 1200 \times 10.26 \times 10^{-3}$$
$$= 12.6[kW]$$

29 변압기의 여자 전류가 일그러지는 이유는 무엇 때문인가?

① 와류(맴돌이 전류) 때문에
② 자기 포화와 히스테리시스 현상 때문에
③ 누설리액턴스 때문에
④ 선간의 정전용량 때문에

풀이 변압기의 여자전류는 자기포화와 히스테리시스 현상 때문에 왜곡이 된다.

30 슬립 4[%]인 유도 전동기의 등가 부하 저항은 2차 저항의 몇 배인가?

① 5
② 19
③ 20
④ 24

풀이 유도 전동기의 기계적 출력을 나타내는 정수
$r = \left(\dfrac{1}{s} - 1\right)r_2$ 에서
$r = \left(\dfrac{1}{0.04} - 1\right)r_2 = 24r_2$ 가 된다.

31 계자 권선이 전기자에 병렬로만 접속된 직류기는?

① 타여자기
② 직권기
③ 분권기
④ 복권기

풀이 분권기(발전기)는 계자 권선이 전기자 권선에 병렬로 연결

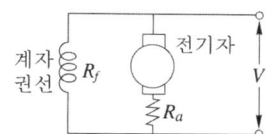

32 교류 배전반에서 전류가 많이 흘러 전류계를 직접 주 회로에 연결할 수 없을 때 사용하는 기기는?

① 전류 제한기
② 계기용 변압기
③ 계기용 변류기
④ 전류계용 절환 개폐기

풀이 변류기(Current Transformer : CT)
고압회로의 대전류를 소전류로 변성하기 위해서 사용하는 것이며, 배전반의 전류계 및 트립코일(TC)의 전원으로 사용된다. 일반 변류기는 2차측은 사용 중 코일에 전류가 흐르는 상태에서 2차 코일을 개방하면 2차 단자간에 고전압이 발생하여 코일의 손상(2차측 절연파괴)내지 감전사고를 유발한다.

33 동기속도 30[rps]인 교류 발전기 기전력의 주파수가 60[Hz]가 되려면 극수는?

① 2
② 4
③ 6
④ 8

풀이 동기속도 $N_s = \dfrac{2f}{p}[\text{rps}] = \dfrac{120f}{p}[\text{rpm}]$
따라서, 극수 $p = \dfrac{2f}{N_s} = \dfrac{2 \times 60}{30} = 4$극

34 직류 발전기의 무부하 특성곡선은?

① 부하전류와 무부하 단자전압과의 관계이다.
② 계자전류와 부하전류와의 관계이다.
③ 계자전류와 무부하 단자전압과의 관계이다.
④ 계자전류와 회전력과의 관계이다.

풀이 유기 기전력 E와 계자 전류 I_f의 관계 곡선을 무부하 특성곡선이라 한다.

답 29. ② 30. ④ 31. ③ 32. ③ 33. ② 34. ③

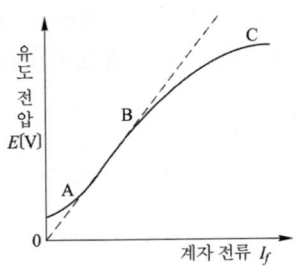

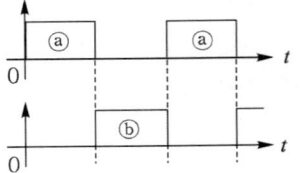

① ⓐ는 TR1과 TR2, ⓑ는 TR3과 TR4
② ⓐ는 TR1과 TR3, ⓑ는 TR2과 TR4
③ ⓐ는 TR2과 TR4, ⓑ는 TR1과 TR3
④ ⓐ는 TR1과 TR4, ⓑ는 TR2과 TR3

풀이 H-브리지 회로는 전원과 모터를 4개의 스위치로 연결한 회로이며, 스위치를 2개씩 짝지어 동작시키면 전동기를 구동시키거나 속도를 제어할 수 있다.

35 변압기의 규약 효율은?

① $\eta = \dfrac{출력}{입력} \times 100[\%]$

② $\eta = \dfrac{출력}{출력 + 손실} \times 100[\%]$

③ $\eta = \dfrac{출력}{입력 - 손실} \times 100[\%]$

④ $\eta = \dfrac{입력 + 손실}{입력} \times 100[\%]$

풀이 규약 효율 η는

$\eta = \dfrac{입력 - 손실}{입력} \times 100[\%]$ (전동기)

$\eta = \dfrac{출력}{출력 + 손실} \times 100[\%]$ (발전기, 변압기)

37 비례추이를 이용하여 속도제어가 되는 전동기는?

① 권선형 유도전동기
② 농형 유도전동기
③ 직류 분권전동기
④ 동기 전동기

풀이 비례추이는 2차 회전자에 저항을 삽입할 수 있는 권선형 유도 전동기에서 가능하다.

36 그림은 유도전동기 속도제어 회로 및 트랜지스터의 컬렉터 전류 그래프이다. ⓐ와 ⓑ에 해당하는 트랜지스터는?

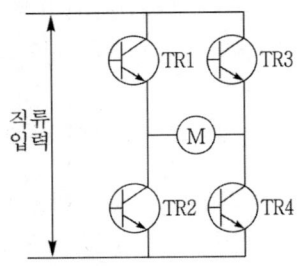

38 다음 중 변압기의 1차측이란?

① 고압측   ② 저압측
③ 전원측   ④ 부하측

풀이 변압기의 1차측은 전원측을 의미하며, 2차측은 부하측을 의미한다.

39 3상 유도전동기의 회전방향을 바꾸기 위한 방법으로 옳은 것은?

① 전원의 전압과 주파수를 바꾸어 준다.
② △-Y 결선으로 결선법을 바꾸어 준다.
③ 기동보상기를 사용하여 권선을 바꾸어 준다.
④ 전동기의 1차 권선에 있는 3개의 단자 중 어느 2개의 단자를 서로 바꾸어 준다.

풀이 3상 유도 전동기의 회전 방향을 반대로 하려면 상회전을 반대로 하여야 하며, 전원의 3선 중 2선의 위치를 서로 바꾸어 주면 상회전을 반대로 할 수 있다.

40 직류기의 전기자 반작용의 영향을 보상하는 데 효과가 큰 것은 어느 것인가?

① 탄소 브러시　　② 보극
③ 균압 고리　　　④ 보상 권선

풀이 전기자 반작용 방지에 가장 유효한 것은 보상권선으로, 전기자 권선과 직렬로 연결하여 반대 방향의 전류를 흘려줌으로써 대부분의 전기자 반작용을 방지할 수 있다. 중성축 부근의 전기자 반작용 억제방법으로는 보극이 사용된다. 보극은 중성축의 브러시 이탈을 방지하여 양호한 정류를 얻는 조건이 된다. 이를 전압정류라 한다.

41 배전용 전기기계기구인 COS(컷아웃스위치)의 용도로 알맞은 것은?

① 배전용 변압기의 1차측에 시설하여 변압기의 단락보호용으로 쓰인다.
② 배전용 변압기의 2차측에 시설하여 변압기의 단락보호용으로 쓰인다.
③ 배전용 변압기의 1차측에 시설하여 배전구역 전환용으로 쓰인다.
④ 배전용 변압기의 2차측에 시설하여 배전구역 전환용으로 쓰인다.

풀이 컷아웃 스위치(COS)는 주상 변압기 1차측에 설치하여 변압기의 보호와 개폐에 사용하는 스위치를 말하며, 변압기 설치시 필수적으로 설치해야 한다.

42 일반적으로 저압 가공 인입선이 도로를 횡단하는 경우 노면상 설치 높이는 몇 [m] 이상이어야 하는가?

① 3[m]　　　　② 4[m]
③ 5[m]　　　　④ 6.5[m]

풀이 221.1.1 저압 인입선의 시설
저압 가공인입선의 높이는 도로(도로와 보도의 구별이 있는 도로인 경우에는 차도)를 횡단하는 경우 노면상 5[m](기술상 부득이한 경우에 교통에 지장이 없을 때에는 3[m]) 이상일 것

43 다음 중 접지시스템의 종류가 아닌 것은?

① 계통접지　　② 단독접지
③ 공통접지　　④ 통합접지

풀이 141 접지시스템의 구분 및 종류
① 구분 : 계통접지, 보호접지, 피뢰시스템 접지 등
② 종류 : 단독접지, 공통접지, 통합접지

44 금속덕트 배선에 사용하는 금속 덕트의 철판 두께는 몇 [mm] 이상이어야 하는가?

① 0.8　　　　② 1.2
③ 1.5　　　　④ 1.8

풀이 232.31 금속덕트공사
폭이 40[mm] 이상, 두께가 1.2[mm] 이상인 철판 또는 동등 이상의 기계적 강도를 가지는 금속제의 것으로 견고하게 제작한 것일 것

45 A종 철근 콘크리트주의 길이가 9[m]이고, 설계 하중이 6.8[kN]인 경우 땅에 묻히는 깊이는 최소 몇 [m] 이상이어야 하는가?

① 1.2   ② 1.5

③ 1.8   ④ 2.0

풀이 331.7 가공전선로 지지물의 기초의 안전율
강관주 또는 철근 콘크리트주로서 그 전체 길이가 16[m] 이하, 설계하중이 6.8[kN] 이하인 것 또는 목주를 다음에 의하여 시설하는 경우
① 전체의 길이가 15[m] 이하인 경우는 땅에 묻히는 깊이를 전체길이의 1/6 이상으로 할 것.
② 전체의 길이가 15[m]를 초과하는 경우는 땅에 묻히는 깊이를 2.5[m] 이상으로 할 것.

따라서 $9 \times \dfrac{1}{6} = 1.5$[m]

46 간선에서 분기하여 분기 과전류차단기를 거쳐서 부하에 이르는 사이의 배선을 무엇이라 하는가?

① 간선   ② 인입선

③ 중성선   ④ 분기회로

풀이 ① 간선 : 인입구에서부터 분기회로에 이르는 배선, 분기회로의 전원측
② 인입선 : 가공 및 지중 전선로의 지지물로부터 다른 지지물을 거치지 않고 전기사용장소의 연결점이나 인입구에 이르는 전선
③ 중성선 : 전원의 중성점에 접속된 전선

47 전선의 굵기를 측정할 때 사용되는 것은?

① 와이어 게이지   ② 파이프 포트

③ 스패너   ④ 프레셔 툴

풀이 와이어 게이지(wire guage)
① 용도 : 전선의 굵기를 측정하는 것
② 종류 : 선번용, 밀리미터용

48 논이나 기타 지반이 약한 곳에 건주 공사시 전주의 넘어짐을 방지하기 위해 시설하는 것은?

① 완금   ② 근가

③ 완목   ④ 행거밴드

풀이 지지물(전주)을 땅에 세울 때에 논이나 그 밖의 지반이 연약한 곳에서는 특히 견고한 근가(根架)를 시설하여야 한다.

49 옥내에 시설하는 전동기에는 전동기가 손상될 우려가 있는 과전류가 생겼을 때 자동적으로 이를 저지하거나 이를 경보하는 장치를 하여야 하는데, 단상 전동기인 경우 전원측 전로에 시설하는 과전류차단기의 정격전류가 몇 [A] 이하이면 이 과부하 보호장치를 시설하지 않아도 되는가? (단, 단상 전동기는 KS C 4204(2013)의 표준정격의 것을 말한다.)

① 10[A]   ② 16[A]

③ 30[A]   ④ 50[A]

풀이 212.6.3 저압전로 중의 전동기 보호용 과전류보호장치의 시설
옥내에 시설하는 전동기에는 전동기가 손상될 우려가 있는 과전류가 생겼을 때에 자동적으로 이를 저지하거나 이를 경보하는 장치를 하여야 한다. 다만, 다음의 어느 하나에 해당하는 경우에는 그러하지 아니하다.
가. 전동기를 운전 중 상시 취급자가 감시할 수 있는 위치에 시설하는 경우
나. 전동기의 구조나 부하의 성질로 보아 전동기가 손상될 수 있는 과전류가 생길 우려가 없는 경우
다. 단상전동기로써 그 전원측 전로에 시설하는 과전류 차단기의 정격전류가 16[A](배선용 차단기는 20[A]) 이하인 경우
라. 정격 출력이 0.2[kW] 이하의 전동기

50 접지공사에서 접지도체를 철주, 기타 금속체를 따라 시설하는 경우 접지극은 지중에서 그 금속체로부터 몇 [cm] 이상 떼어 매설해야 하는가?

① 30 　　　　　② 60

③ 75 　　　　　④ 100

풀이

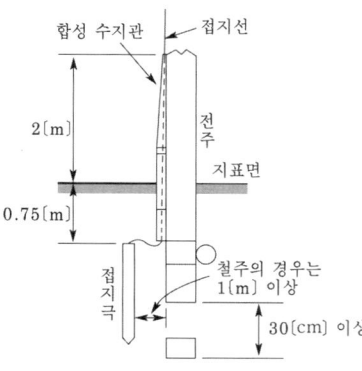

51 전등 1개를 2개소에서 점멸하고자 할 때 3로 스위치는 최소 몇 개 필요한가?

① 4개 　　　　　② 3개

③ 2개 　　　　　④ 1개

풀이 전등 1개를 2개소에서 점멸

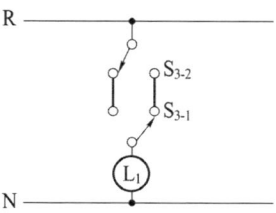

52 가공전선로의 지선에 사용되는 애자는?

① 노브 애자 　　　② 인류 애자

③ 현수 애자 　　　④ 구형 애자

풀이 • 노브 애자 : 옥내 배선에 사용

• 인류 애자 : 가공 배전선로 또는 인입선에 사용

• 현수 애자 : 송전선에 가장 많이 사용

53 옥내 배선을 합성수지관 공사에 의하여 실시할 때 사용할 수 있는 단선의 최대 굵기 [mm^2]는?

① 4 　　　　　② 6

③ 10 　　　　　④ 16

풀이 232.11 합성수지관공사

① 전선은 절연전선(옥외용 비닐절연전선을 제외한다)일 것.

② 전선은 연선일 것. 다만, 다음의 것은 적용하지 않는다.

　• 짧고 가는 합성수지관에 넣은 것.

　• 단면적 10[mm^2](알루미늄선은 단면적 16[mm^2]) 이하의 것.

54 저압 가공 인입선의 인입구에 사용하며, 금속관 공사에서 끝 부분의 빗물 침입을 방지하는데 적당한 것은?

① 엔드 　　　　　② 엔트런스캡

③ 부싱 　　　　　④ 라미플

풀이

55 전선과 기구 단자 접속 시 나사를 덜 죄었을 경우 발생할 수 있는 위험과 거리가 먼 것은?

① 누전 　　　　　② 화재 위험

③ 과열 발생 　　　④ 저항 감소

풀이 단자 접속 시 나사를 덜 죄었을 경우에는 접촉 저항의 증가에 따른 발열로 인한 전기 화재 발생의 위험이 있다.

56 코일 주위에 전기적 특성이 큰 에폭시 수지를 고진공으로 침투시키고, 다시 그 주위를 기계적 강도가 큰 에폭시 수지로 몰딩한 변압기는?

① 건식 변압기　　② 유입 변압기

③ 몰드 변압기　　④ 타이 변압기

풀이 몰드변압기는 권선을 난연성의 Epoxy 수지에 실리카 등의 무기질 충전재를 배합 또는 유리섬유의 기본재를 함침한 것으로 환경오염방지 및 난연성, 자기소화성을 가지고 있어 화재발생 가능성을 최소화한 변압기이다.

57 배전설계를 위한 전등 및 소형 전기기계 기구의 부하용량 산정 시 건축물의 종류에 대응한 표준부하에서 원칙적으로 표준부하를 20 [VA/m^2]으로 적용하여야 하는 건축물은?

① 교회, 극장　　② 학교, 음식점

③ 은행, 상점　　④ 아파트, 이용원

풀이 표준부하밀도

건축물의 종류	표준 부하 [VA/m^2]
공장, 공회당, 사원, 교회, 극장, 영화관, 연회장 등	10
기숙사, 여관, 호텔, 병원, 학교, 음식점, 다방, 대중 목욕탕	20
사무실, 은행, 상점, 이발소, 미장원	30
주택, 아파트	40

58 비교적 장력이 적고 다른 종류의 지선을 시설할 수 없는 경우에 적용하며 지선용 근가를 지지물 근원 가까이 매설하여 시설하는 지선은?

① Y지선　　② 궁지선

③ 공동지선　　④ 수평지선

풀이 • Y 지선 : 다단의 완금이 설치되거나 또한 장력이 큰 경우에 시설

• 궁지선 : 비교적 장력이 적고 다른 종류의 지선을 시설할 수 없는 경우에 적용하며 지선용 근가를 지지물 근원 가까이 매설하여 시설하는 지선

• 수평지선 : 토지의 상황이나 기타 사유로 인하여 보통 지선을 시설할 수 없는 경우 시설

• 공통지선 : 지지물 상호간의 거리가 비교적 접근하여 있을 경우 시설

59 옥내에 시설하는 사용전압이 400[V] 이상인 저압의 이동전선은 습기가 많은 장소 또는 수분이 있는 장소에 시설할 경우 0.6/1[kV] EP 고무 절연 클로로프렌 캡타이어 케이블로서 단면적이 몇 [mm^2] 이상이어야 하는가?

① 0.75[mm^2]　　② 2[mm^2]

③ 5.5[mm^2]　　④ 8[mm^2]

풀이 234.3 코드 및 이동전선

옥내에서 조명용 전원코드 또는 이동전선을 습기가 많은 장소 또는 수분이 있는 장소에 시설할 경우에는 고무코드(사용전압이 400[V] 이하인 경우에 한함) 또는 0.6/1[kV] EP 고무 절연 클로로프렌캡타이어케이블로서 단면적이 0.75[mm^2] 이상인 것이어야 한다.

60 다음 심벌의 명칭은?

① 과전압 계전기　　② 환풍기

③ 콘센트　　④ 룸에어콘

풀이 그림은 콘센트의 심벌이며,

$_{WP}$ 는 방수형 콘센트를 나타낸다.

CBT 완벽대비
전기기능사필기

발　　행 / 2025년 12월 15일
　　　　　·

편　　저 / 검정연구회
펴 낸 이 / 정 창 희
펴 낸 곳 / 동일출판사
주　　소 / 서울시 강서구 곰달래로31길7 (2층)
전　　화 / (02) 2608-8250
팩　　스 / (02) 2608-8265
등록번호 / 제109-90-92166호

저자와의
협의에
따라
인지생략

ISBN 978-89-381-1732-8 13560
값 / 15,000원